北京减灾年鉴

BDRA

北京减灾协会

2011—2014

BEIJING JIANZAI NIANJIAN

北京减灾年鉴

北京减灾协会 主编

天津大学出版社
TIANJIN UNIVERSITY PRESS

图书在版编目(CIP)数据

北京减灾年鉴.2011—2014 / 北京减灾协会主编. —
天津：天津大学出版社，2016.7
ISBN 978-7-5618-5605-5

Ⅰ.①北… Ⅱ.①北… Ⅲ.①自然灾害－防治－北京
市－2011—2014－年鉴 Ⅳ.①X432.1-54

中国版本图书馆CIP数据核字（2016）第173757号

策划编辑 金 磊 韩振平
责任编辑 常 红
装帧设计 谷英卉

出版发行 天津大学出版社
地 址 天津市卫津路92号天津大学内（邮编：300072）
电 话 发行部：022-27403647
网 址 publish.tju.edu.cn
印 刷 北京市信彩瑞禾印刷厂
经 销 全国各地新华书店
开 本 185mm×260mm
印 张 40
字 数 998千
版 次 2016年7月第1版
印 次 2016年7月第1次
定 价 90.00元

凡购本书，如有缺页、倒页、脱页等质量问题，烦请向我社发行部门联系调换

林克庆会长出席北京减灾协会第四届理事会第一次常务理事会并讲话（2014 年）

北京减灾协会第四届理事会第一次常务理事会（2014 年）

中国地震局陈建民局长和北京市陈刚副市长参加地震与建筑科学教育馆对外开放日活动
（2014 年 5 月 12 日）

在德国多瑙沃特市 空客直升机公司正式向 999 交付中国首架专业医疗救援直升机（2014 年 10 月 9 日）

2014 年突发环境事件暨反恐应急综合演练（2014 年 9 月 25 日，第一排右 8 为市环保局陈添局长）

5·12 防灾减灾宣传周（2014 年 5 月 12 日，左 3 为市环保局姚辉副局长）

石景山区喜隆多商场火灾现场（2013 年 10 月 11 日）

北京消防组织开展地震救援实战演练（2013 年 7 月 23 日）

999 救援队医务人员为芦山地震受灾村民巡诊发药（2013 年 4 月 23 日）

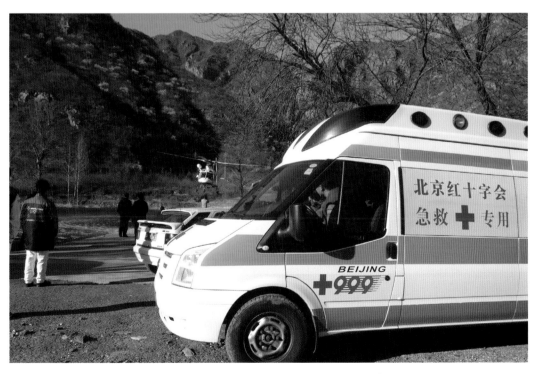

999 值守 21 天参与台湾老人登山失踪搜救工作（2013 年 4 月 6 日）

由首都精神文明建设委员会办公室和市防火安全委员会办公室联合主办的北京市"安正杯"家庭消防安全知识竞赛总决赛在首都图书馆举行（2012年12月16日下午）

中国地震局赵和平副局长出席北京市防灾减灾日活动并为武警北京市总队地震灾害应急救援队揭牌（2012年5月12日）

北京市地震应急志愿者服务队参加北京应急志愿者队伍授旗仪式及展示活动（2011 年 5 月 10 日）

北京市地震局举办北京市防震减灾工作集体采访暨《汶川大地震冲击波》赠书活动（2011 年 5 月 6 日）

首都圈巨灾应对高峰论坛（2013 年）

首都圈巨灾应对高峰论坛（2012 年）

首都圈巨灾应对高峰论坛会场（2012 年）

处置 APEC 会场查收的危险废物

科技周期间深受公众欢迎的地震体验车

科学预防自然灾害科普知识讲座

编制说明

2016 年 5 月 12 日是中国第八个"国家减灾日",今年的主题强调减少灾害风险和建设安全城市,无疑体现了国家对城市安全建设的重视,也表现了城市安全对城市发展的根本作用。北京减灾协会在坚持历时三卷《北京减灾年鉴》编撰的基础上,自 2014 年 12 月便启动了第四卷《北京减灾年鉴(2011—2014)》的编撰,经过北京各委办局与相关研究机构的通力合作,第四卷《北京减灾年鉴(2011—2014)》即将面世,在此感谢各级领导及专家学者的大力支持。为此,简述本卷的几个特点。

一、本年鉴系《北京减灾年鉴(2011—2014)》,主要记载 2011—2014 年四年间北京市域范围内灾情及防、抗、救诸方面的文献资料,由北京市相关各委办局提供资料后,再由北京减灾协会秘书处组织专家按灾种及类型予以编制。

二、本年鉴合理吸收过去各卷的编写思想,力求更丰富、更全面、更准确地反映北京城市在综合减灾应急管理上的最新进展,尤其在对策与措施、跨学科研究乃至全市公众的安全文化教育上都进一步强化落实大安全观、安全文化、安全北京建设等新理念及精细化管理的实效。从而对建设北京世界城市和京津冀一体化综合减灾战略乃至北京城市新布局,都提供了新研究、新思路、新对策。

三、由于主编单位北京减灾协会在北京市科学技术协会、北京市气象局的支持下,每年都结合"首都圈巨灾应对高峰论坛"主题召开有特色的学术年会且出版论文集,因此本年鉴未收编各灾种的研究文献,但选择与城市综合减灾相关的部分论文及政策建议予以介绍。相信本年鉴将继续成为行业内外具有参考价值的城市综合减灾文献工具书。

编委会

2016 年 5 月

目 录

第一篇

概论

第一章　文件和文献

第一节　林克庆副市长在北京减灾协会第三届理事会
第一次常务理事会上的讲话

在北京减灾协会成立二十周年和第四届理事会成立之际，我代表北京市政府对北京减灾协会多年来，特别是第三届理事会期间所取得的突出成绩表示热烈的祝贺！此次会议进行了第四届理事会换届选举。在接下来的四年里，各位理事将履行新一届理事会的职责。刚才，姚学祥同志做了北京减灾协会第三届理事会工作报告，报告总结了四年来北京减灾协会所做的工作、取得的经验、存在的不足，并对第四届理事会的工作提出了很好的建议。对此，我完全赞同。中国灾害防御协会领导也莅临会议，在此，对中国灾害防御协会表示感谢！

北京是自然灾害多发的地区，在城市建设与发展取得巨大成就的同时，资源环境超负荷运转导致的"城市病"也日益凸显。作为我国的首都和对外开放的特大城市，国内社会矛盾和国际外交纷争也往往聚焦在北京，使得北京市面临的城市安全形势尤为严峻，加强城市减灾和应急管理工作势在必行。多年来，北京减灾协会围绕市委、市政府的工作部署，团结广大城市减灾科技工作者，为北京市社会经济的可持续发展和城市安全运行提供科技支撑，特别是为2008年北京奥运会的安全保障，为2012年北京"7·21"特大暴雨洪涝的应急管理和经验教训总结，为近年来的城市雾霾污染的综合治理等，提供了重要的决策咨询。北京减灾协会开展的大量科普宣传和培训，为全面提高市民安全减灾素质发挥了重要作用。我代表市委和市政府，对北京减灾协会和广大城市减灾科技工作者表示衷心的感谢。下面，我就北京减灾协会第四届理事会今后的工作讲四点意见。

一、正确认识首都功能定位，为实施京津冀协同发展提供科技支撑

北京是我国的首都，党中央一直十分关怀北京的城市建设与发展。最近，习总书记再次视察北京，在肯定北京工作取得成绩的同时，就北京发展和管理需要重点研究解决的重大问题提出了明确的要求，把京津冀协同发展上升为国家战略，为北京市的社会经济可持续发展指明了方向。北京市灾害事故近年来呈加重态势，看起来是自然现象和社会现象，实质是城市发展与资源环境制约的矛盾日益尖锐的"城市病"的表现。提高北京的安全保障水平，首先要明确首都的功能定位，下决心调整和疏解非首都核心功能，改变北京城市资源环境超负荷运转的现状。总书记对北京工作的指示，对于北京城市发展具有里程碑意义，我们一定要认真学习，深刻领会。希望北京减灾协会的专家们积极开展京津冀区域资源优化配置、环境整治与综合减灾的研究，为实施京津冀协同发展的国家战略和首都可持续发展战略提供科技支撑。

二、深入研究城市灾害规律，为提高城市减灾精细化管理水平献计献策

近年来，北京先后发生"非典"疫情、"7·21"特大暴雨洪涝、严重雾霾污染、高温热浪、低温冰雪等重大灾害，城市火灾、重大交通事故和生命线系统事故也频繁发生，随着人口急剧增加和流动性增大，社会的隐患增多。面对日益严峻的城市安全形势，我们要深入研究城市灾害事故的发生规律，促进科技创新，依靠科技来减灾，特别是重大灾害事故的发生与北京的自然条件、资源环境、社会经济状况、城市规划布局、城市基础设施、城市居民心理和素质等的关系；全面盘查各类灾害事故，进行风险分析与评估；运用现代管理科学理论和先进信息技术，努力提高城市减灾的精细化管理水平，尽可能消除和减少城市灾害事故的隐患。对于不可预测或无法阻止的重大灾害事故，要力争在第一时间控制事态的蔓延，把损失和负面影响降低到可能的最低限度。北京减灾协会的专家过去对北京市的减灾工作提出过许多有见地、有价值的建议，今后在提高城市减灾精细化管理水平方面要继续献计献策，并承接本市有关城市减灾精细化管理的相关课题，争取使北京城市减灾研究与管理走在全国的前列。

三、稳妥有序承接政府转移职能，当好政府安全减灾工作的参谋和智囊

随着我国社会经济的发展和民主建设的进程，政府职能从计划经济体制下低效率的全能型管理向市场经济体制下的服务型管理转变是大势所趋，也是当前深化改

革的一项重要内容。一方面，微观经济活动主要由市场调节；另一方面，宏观经济调控和社会公共管理也要有公众积极参与并实行科学决策。学术团体具有人才密集和广泛联系群众的优势，完全有条件承接政府的部分职能，如参与地方性法规、建设规划、预案、技术标准等的制定，接受市政府委托组织专题调研和论证，对减灾科普和技术服务方面的先进个人和团体进行表彰和奖励，对减灾科研成果与优秀人才进行评价，面向市民和脆弱人群开展减灾领域的社会化服务等。我们要认真学习和贯彻习总书记和有关中央领导同志关于推进学会承接政府转移职能工作的重要批示，积极进取，当好市政府安全减灾的参谋部和智囊团，同时要抓住机遇，促进协会自身的发展壮大。

四、加强协会自身建设，发挥桥梁和纽带作用，提高全民减灾意识和能力

学术性社会团体对于促进学术交流、发展民主政治、构建和谐社会、提高科学决策水平具有不可替代的重要作用，是现代社会管理中的思想库和智囊团。在社会主义市场经济体制下，必然越来越多地承接政府疏解和转移的部分功能。北京减灾协会具有人才荟萃、智力密集和联系面广的优势，在市委、市政府与在京减灾科技工作者之间，市领导和减灾专家与市民之间都起到桥梁与纽带的作用。一方面，北京减灾协会要把市领导的工作部署与要求及时准确地传达给减灾专家与社会公众，另一方面又要及时反映市民在安全减灾方面的诉求和减灾专家的建议。作为科技群体，我们在开展安全减灾科普教育和培训，提高全民减灾意识与能力方面，具有政府部门不可替代的作用。要充分发挥好桥梁和纽带作用，协会需要不断加强自身建设，多方会集人才，筹措资金，改善工作条件，增强各减灾管理部门与科技工作者的凝聚力。当前最为迫切的是培养造就一批中青年减灾科技骨干和学术带头人。

各位理事，今年是贯彻十八届四中全会精神，全面深化改革的开局之年，也是首都城市发展进入新阶段的开始。确保首都安全稳定和可持续发展责任重大，让我们在实现中华民族伟大复兴的中国梦的过程中，牢记肩负的减灾使命，为保障首都经济社会安全运行和保障人民群众福祉安康发挥新的更大的作用！

谢谢大家！

2014 年 12 月

第二节　北京市卫生局提供的文件、文献

一、2011 年卫生应急工作概况

【概述】2011 年是"十二五"规划开局之年，进一步完善卫生应急体系，巩固联防联控工作机制，加强各项卫生应急准备，提高应急处置能力，有效应对各类突发公共卫生事件，完成突发事件紧急医疗救援任务。卫生应急"一案三制"建设取得进展；妥善应对各类突发事件，突发事件卫生应急处置能力不断提高；推进风险管理长效机制建设；推进应急队伍建设，物资储备能力明显提升；院前医疗急救体系建设取得突破。

（一）卫生应急体系建设

【完善卫生应急管理体制】2011 年内，重新核定市突发公共卫生事件应急指挥部及其相关成员单位、日常办事机构的职责，调整市指挥部领导成员。市指挥部共有 46 个成员单位，确立联络员制度，进一步明确突发事件紧急医疗救援、流感大流行等应对指挥决策机构及其职责。

【巩固联防联控机制】初步建立部门工作会商、信息共享、日常联络和联合训练等工作机制。建立"120/999 院前医疗急救联合指挥调度平台"，启动 120/999 突发事件紧急医疗救援联合指挥协调调度机制；120 与 110、119、122 建立 4 台资源共享和应急联动协作机制；举办京津冀餐饮业食品安全联席会议，通过了《京津冀餐饮服务食品安全事故卫生应急处置合作联动机制》，不断深化三地餐饮业食品安全事故协查、突发事件紧急医疗救援等协作联动机制；与武警北京市总队建立卫生应急协作机制，将武警卫勤力量纳入本市卫生应急体系统筹使用。在卫生部指导下，举办北方九省（市、区）鼠疫联防工作会暨专家咨询成员会议，组织专家组成员分赴陕西、辽宁两省，对当地鼠防工作进行督导检查和经验交流。

【《北京市院前医疗急救服务条例》立项】配合相关部门和处室开展急救立法调研与专家论证，《北京市院前医疗急救服务条例》的立项申请通过了市人大主任会议的审查批准。

【开展预案体系建设】按照《市级专项应急预案修订指导意见》的要求，组织专家全面梳理市级卫生应急预案和部门工作方案，完成 3 个市级专项预案和 7 个部门工作方案的修订。针对新疆维吾尔自治区出现脊髓灰质炎野毒株输入病例，完成

《北京市脊髓灰质炎野毒株输入性疫情和疫苗衍生病毒相关事件应对工作方案》。本次预案方案修订强调应对工作流程和现场处置机制，增强了针对性与实操性。

【实施"十二五"卫生应急规划】按照"十二五"卫生应急体系发展规划，制定实施方案，推进体系建设和发展规划的实施。优化、整合各类资源，合理安排主要任务和重点项目建设时序，合理规划应对突发事件的日常准备、预测预警、风险评估、应急处置等工作。重点加强应急体系薄弱环节和相关基础设施建设，稳妥推进各项工作的落实。

【推进卫生应急信息体系建设】制定《关于进一步做好突发事件紧急医疗救援信息报告工作的通知》，规范信息报送内容和工作流程。为加强各单位和部门之间的卫生应急信息交流，全年编辑《北京卫生应急（半月刊）》24 期。

【加强对外交流合作】全年接待兄弟省、市卫生应急管理考察交流 4 批次 20 余人。参加香港圣约翰救护机构内地交流协作 10 周年回顾与前瞻研讨会，实地考察了香港院前急救运行模式。参与中法在急救领域方面的交流合作。

（二）风险管理长效机制建设

【完善风险管理体系建设】组织专家完成市级重点专项——传染病风险管理体系和示范项目——实验室生物安全风险管理体系的建设，形成长效管理、动态更新机制。每季度末总结本季度突发公共卫生事件应对工作，分析和研判下一季度公共卫生安全形势，提出针对性应对方案和措施，提前做好充分准备。

【应急培训演练注重实效】逐步规范卫生应急培训。举办了 120 网络骨干培训班、120 网络应急培训班，全市 120 网络工作人员 300 余人参加。受卫生部委托，举办卫生应急风险沟通项目培训班，区县卫生局和相关专业机构 80 余人参加。举办餐饮业食品安全卫生应急人员培训班，疾控系统 160 余人参加。制定《卫生应急培训规划（2011—2015 年）》，规范和指导培训演练工作，提高培训质量和效率，逐步建立卫生应急培训体系。

【卫生应急演练更加实用】按照《突发事件应急演练实施指南》，规范应急演练的组织与实施。120/999 首次展示直升机空中医疗救援能力。全年组织市级演练 5 次，并突出了实战效果。

（三）应对突发事件

【增强服务保障意识和能力】重要节日、重大活动和敏感事件等重要时期，全市启动卫生应急工作机制已成常态。全市卫生应急系统的各个单位增强责任意识和敏感性，完成了全市和全国"两会"、国际电影季、科博会、建党90周年、十七届六中全会等重大活动的卫生应急保障任务，并确保"黄金周"及清明祭扫、全国高考等重点时段医疗卫生服务保障万无一失。配合相关部门，完成永定门西甲二号、久敬庄接济服务中心大批量上访人员的卫生应急保障任务，得到市领导的表扬。

【不断提高突发事件卫生应急处置能力】全年未发生较大突发公共卫生事件，妥善应对一般突发公共卫生事件24起，较上年下降25%；发病253人，较上年减少35.6%；无死亡病例。其中，传染病疫情9起，发病26人；食物中毒事件15起，发病227人。高效应对5起突发事件："4·11"和平东街燃气泄漏爆炸、"4·25"大兴区旧宫火灾、"6·2"平谷区马昌营重大交通事故、"7·5"地铁4号线动物园站电梯事故等，出色完成紧急医疗救援任务。

按照卫生部要求，全年派出专家组5批次16人支援兄弟省、市开展重特大突发事件致伤人员的医疗救治，如"3·11"新疆维吾尔自治区喀什特大交通事故、"7·22"京珠高速信阳明港段客车起火事故、"7·23"甬温线特大铁路交通事故、"7·30"新疆维吾尔自治区喀什恶性案件、新疆维吾尔自治区脊髓灰质炎输入性野毒株疫情等，得到卫生部领导的充分肯定。

此外，在敏感和特殊时期派出联络员进驻市反恐指挥部，加强院前反恐、生物反恐力量备勤，做好各项应对准备，提升对政治核心区等重点区域和大型活动的综合卫生应急服务保障能力。

二、2012年卫生应急工作概况

【概述】2012年全市卫生应急工作按照构建中国特色世界城市卫生应急体系的要求，在坚持预防与应急并重、常态与非常态管理相结合的基础上，增强了卫生应急管理工作的前瞻性、主动性和科学性，继续强化卫生应急体系建设能力，强化预防和应急准备能力，强化卫生应急处突能力，切实减少突发事件的数量及造成的损失。

（一）卫生应急体系建设

【完善卫生应急管理体制】2012年内，在全市组织开展北京市和全国卫生应急综合示范区（县）创建工作，制定《北京市卫生局关于印发〈北京市卫生应急综合示范区（县）建设方案〉的通知》（京卫急字〔2011〕25号），朝阳区、西城区和石景山区通过北京市卫生应急综合示范区评审，获得 "北京市卫生应急综合示范区"的称号。朝阳区和西城区通过国家卫生应急综合示范区的评审。积极推进急救体系建设，年内完成《北京市院前医疗急救工作相关标准及规范》《院前急救机构管理考核评价标准》《急救站申报审批流程》《急救信息统计》。开展各区（县）120 急救分中心和市红十字会紧急救援中心（999）急救车辆更新购置项目，共涉及救护车200 台，随车设备 200 套。

【巩固联防联控机制】初步建立部门工作会商、信息共享、日常联络和联合训练等工作机制。市卫生局和武警北京市总队联合举办了"卫生应急协作机制启动仪式"。在卫生部指导下，组织专家组赴吉林、黑龙江两省进行鼠疫防控工作调研，并进行督导和经验交流。

【急救立法工作取得突破】开展急救立法调研工作，形成《急救立法调研工作报告》，10 月完成《北京市院前医疗急救服务条例（草案）》的起草工作。《北京市院前医疗急救服务条例（草案）》包括五个主要方面：总则、急救医疗服务体系、急救医疗服务机制与管理、急救医疗服务的保障、法律责任。

【开展预案体系建设】按照《市级专项应急预案修订指导意见》的要求，组织专家全面梳理市级卫生应急预案和部门工作方案，完成 3 个市级专项预案和 7 个部门工作方案的修订。

【推进卫生应急信息体系建设】制定《关于进一步做好突发事件紧急医疗救援信息报告工作的通知》，规范信息报送内容和工作流程。为加强各单位和部门之间的卫生应急信息交流，全年编辑《北京卫生应急（半月刊）》24 期。

（二）风险管理长效机制建设

【完善风险管理体系建设】在已有传染病风险管理体系建设工作的基础上，研究制定了《北京市传染病疫情风险管理体系建设工作方案》。针对国庆节和十八大期间卫生应急管理工作，进行深入的专题公共卫生风险评估，并根据风险评估结果，进一步做好风险沟通、预警发布、风险控制等风险管理工作。每季度末总结本季度突发公共卫生事件应对工作，分析和研判下一季度公共卫生安全形势，提出针对性应对方案和措施，提前做好充分准备。

【应急培训演练注重实效】组织举办北京市国家卫生应急队伍第一期卫生应急培训、2012 年北京市卫生应急示范区（县）建设暨突发事件公共卫生风险评估专题培训班、北京市卫生应急示范区（县）建设评审专家培训班。

【卫生应急演练更加实用】组织开展了北京市国家卫生应急队伍救援能力及应急装备展示活动、2012年北京市防灾减灾与卫生应急主题宣传活动、北京市国家卫生应急队伍首次远程拉动演练、重大交通事故紧急医疗救援演习。

（三）应对突发事件

【增强服务保障意识和能力】重要节日、重大活动和敏感事件等重要时期，全市启动卫生应急工作机制已成常态。全市卫生应急系统各单位增强责任意识和敏感性，出色完成了元旦、春节等重要节日，春运和全国"两会"、清明祭扫、高考等重要活动以及久敬庄接济服务中心上访人员的医疗卫生保障任务，得到市领导的表扬。

【不断提高突发事件卫生应急处置能力】全年未发生特别重大、重大突发公共卫生事件。发生较大突发公共卫生事件1起，为房山区周口店大韩继村一住户发生家庭亚硝酸盐食物中毒，死亡1人。发生一般突发公共卫生事件30起，发病357人，无死亡。较去年同期发生起数上升25%，发病人数上升41%。其中，传染病疫情12起，发病58人；非职业性一氧化碳中毒1起，发病10人；食物中毒事件17起，发病289人。

按照卫生部要求，全年派出专家组9批次27人支援兄弟省、市开展重特大突发事件致伤人员的医疗救治，包括黑龙江牡丹江居民楼爆炸事故、京津塘高速公路武清段交通事故、山西晋中市寿阳县"11·23"火锅店爆炸燃烧事故等。

此外，在敏感和特殊时期派出联络员进驻市反恐指挥部，加强院前反恐、生物反恐力量备勤，做好各项应对准备，提升对政治核心区等重点区域和大型活动的综合卫生应急服务保障能力。

【完成"7·21"特大暴雨灾害应急处置工作】7月21日，北京市遭遇历史罕见的特大暴雨自然灾害，部分地区出现山洪内涝，导致重大人员伤亡和财产损失。按照市防汛抗旱指挥部的统一部署，启动卫生应急机制，动员市、区（县）医疗卫生力量，按照"救灾、善后、维稳"原则，有力、有序、有效地开展灾后救援工作。经过一个月的努力，有效地实现了"大灾之后无大疫"的目标。

三、2013年卫生应急工作概况

【概述】2013年，卫生应急工作妥善处置各类突发公共卫生事件；圆满完成其他突发事件紧急医疗卫生救援任务；进一步完善卫生应急体系；巩固了联防联控工作机制；加强各项卫生应急准备；提高卫生应急处置能力；完成全国"两会"、党的十八届三中全会、维稳等卫生应急服务保障工作。

（一）卫生应急体系建设

【推进院前急救体系建设】海淀区、丰台区、顺义区和昌平区通过北京市卫生应急综合示范区评审，被评为"北京市卫生应急综合示范区"，海淀区、丰台区和顺义区通过了国家卫生应急综合示范区的评审。推进急救体系建设，完善应急救援处理机制，修订了《北京市突发事件紧急医疗救援预案》。加强院前急救系统信息化建设，开发了"急救助手手机应用项目"，该项目是国内首个官方手机急救软件应用项目。为进一步提高全市 120 急救系统的指挥调度能力，开展了 120 急救网络郊区、县急救分中心指挥调度系统升级项目，逐步推进急救站点的建设。在全市急救站点总体规划布局的基础上，优先解决重点地区、需求量高的地区的站点建设。3 月，在市第一福利院建立 120 急救站，解决了福利院老年多病人员的急救问题；5 月，在亦庄开发区建立 120 急救站，解决了该地区急救资源不足的问题。同时，从总体上完善调整全市的急救站点的布局建设，使急救资源的配置更加合理，急救能力进一步提升。

【健全部门应急联动协作机制】一是与北京出入境检验检疫局签署《北京出入境检验检疫局、北京市卫生局北京口岸突发急性传染病及有害生物因子入侵突发公共卫生事件联防联控合作协议》，双方将共同应对北京口岸突发急性传染病及有害生物因子入侵等突发公共卫生事件，提升北京市应对突发公共卫生事件的能力。二是与市属各委办局加强协作。在人感染 H7N9 禽流感防控等各项突发公共卫生事件的应对工作中，加强与农业、园林绿化、交通等部门的信息沟通，加大监测力度，加强疫情研判，普及疾病防治知识，巩固首都联防联控工作机制。三是完善市突发公共卫生事件应急指挥部的组织建设。4 月，核实、整理指挥部各成员单位的领导及联络员名录，结合机构改革，调整了部分成员单位的工作职责。四是做好应对雾霾天气的卫生应急工作，编制应急分预案，部署应对工作，要求北京急救中心（120）、市红十字会紧急救援中心（999）增加 20 辆值班车，10 个调度座席；要求市疾控中心充分利用官方微博、网站、报纸、广播、电视等媒体，发布相关防护自救常识，开展雾霾天气公众健康宣教。

（二）应急长效机制建设

【应急培训演练常抓不懈】开展卫生应急培训演练。举办防控人感染 H7N9 禽流感疫情综合实战应急演练；结合"5·12 防灾减灾日"开展救援演练和事故灾难的医疗卫生救援综合演习；开展应对流感大流行桌面演练；举办国家卫生应急队伍能力提升培训班；组织召开卫生应急能力评估工作培训班。

【全面做好反恐防范各项基础性工作】 2013 年，对反恐卫生应急处置工作领导小组进行了调整，明确了职责，强化了生物反恐和涉恐突发事件医疗救治工作的组织指挥和综合协调职责。由卫生监督、实验室生物安全管理专家及区县卫生局工作人员共同组成督查组，对包括中国疾病预防控制中心病毒所、中国医学科学院医学实验动物研究所、市疾病预防控制中心等 10 家重点涉源单位进行了实验室生物安全专项督查检查，对发现的不足提出整改意见。举办了北京地区实验室生物安全市级师资培训班。

（三）应对突发事件

【处理突发公共卫生事件】 2013 年，全市无重大突发公共卫生事件报告，报告 25 起突发公共卫生事件均为一般级别，处理及时有效。全市突发公共卫生事件报告及时率达 100%，突发公共卫生事件网络直报率 100%，突发公共卫生事件规范处置率 100%，突发公共卫生事件评估率 100%。

【突发事件的医疗卫生救援】 2013 年，本市院前急救共参与各类突发事件紧急医疗救援 300 余次，处置伤员 2000 余人，其中抢救极危重、危重伤员 35 人。典型的事件有："1·6"丰台区岳各庄北桥加油站塌方事件；"1·20"通州区台湖图书馆东侧交通事故；"5·4"东城区广渠门金桥国际公寓附近刀扎伤事件；"7·24"光明楼中街金凤呈祥蛋糕店燃爆事件；"10·28"天安门暴力恐怖袭击事件；"11·19"小武基村库房火灾事件。

【协调救援外省市突发事件】参与四川雅安地震救助协调。在 4 个半小时内组建了 6 支 180 人的医疗救援队伍、1 支 30 人的卫生应急防疫队伍和 2 支 30 人的心理危机干预队伍。实际先后派出三类队伍共 79 人，携带标准化的专业应急装备和后勤保障车辆以及包括通信指挥、P2+ 病原微生物检测、负压救护、消杀、生活保障、宿营、电力供应等 12 个移动式车载平台。

参与吉林宝源大火爆炸协调救助。派遣医疗专家 10 余人赴吉林省，及时有效地指导当地伤员的救治工作。

参与青岛输油管道爆炸事件医疗救助协调工作。先后派出来自本市 10 家医院 8 个学科的 24 名医疗专家赴青岛指导医疗救治工作。

四、2014 年卫生应急工作年鉴

【概述】 2014 年，全市卫生应急工作加强管理，强化应急准备和能力建设，妥善应对各类突发事件。全年共报告突发公共卫生事件 20 起，均为一般级别。突发公共卫生事件网络直报率、报告及时率、规范处置率均达到 100%。全年院前急救力量开展各类突发事件紧急医疗救援 1382 次，转运伤员 4941 人次，出动救护车 2194 车次。120/999 院前急救力量出动救护车 3358 车次、保障人员 9591 人次，完成了大型活动、重大节日、重点区域和特殊敏感时期的卫生应急保障任务。全年累计抽调 7 家医院 34 名专家指导处置"4·22"山东威海文登区礼花厂爆炸事件、"5·12"四川宜宾公交车爆燃事故、"7·5"杭州公交车燃烧事件、"8·2"江苏昆山工厂爆炸事故、"8·20"山东龙口公交车起火事故、"9·26"云南昆明小学生踩踏事件、"11·26"辽宁阜新矿难事故、"12·15"河南新乡长恒县 KTV 火灾事故等 8 起重特大突发事件。

（一）卫生应急体系建设

【建立京津冀突发事件卫生应急协作机制】 6 月 17 日，与天津、河北卫生计生部门在北京签署了《京津冀突发事件卫生应急合作协议》。协议主要内容包括突发事件信息通报、突发事件协调联动、应急资源互通共享、联合开展培训演练、互相学习交流，建立了信息互通、协调联动、应急资源共享、联合培训演练和互相学习交流等工作机制。由北京市相关部门牵头，在北京组织举办了中以突发事件应对策略培训班、中法灾难医学救援培训班和在北京怀柔区三方多类卫生应急队伍共同参与的重大泥石流灾害综合卫生应急演练。

【强化首都公共卫生联防联控机制】 全年在防控人感染 H7N9 禽流感、埃博拉出血热工作中，主动对接，相互支持，有效落实"属地、部门、单位、个人"四方责任，与农业、出入境检验检疫等部门加强协作，于 2014 年 8 月建立了多部门联防联控人员信息传输系统，强化了首都公共卫生联防联控工作机制。

【完善突发公共卫生事件应急指挥部组织建设】 市卫生计生委作为首都突发公共卫生事件应急指挥部办公室日常办事机构，于 2014 年 6 月重新核定了各成员单位主管领导及处级联络员名录，结合机构改革，调整了市卫生计生委、市食药监管

局、市质监局、市工商局有关食品安全、食物中毒等工作职责。

（二）卫生应急能力建设

【制定大规模疫情暴发应急预案】　根据北京市突发事件应急委员会要求，按照"底线思维"原则，即设想最坏情形，达到最好结果，针对可能出现的不明原因大规模传染病疫情，2014年初就开展了巨灾情景构建研究，提升应对大规模传染病疫情暴发流行的应急准备能力。年底完成了研究报告、视频资料，制定了《北京市应对大规模传染病疫情暴发流行应急预案》。预案主要内容包括构建了北京市发生大规模传染病暴发流行时的工作目标、响应措施、能力建设、指挥体系、社会动员等诸多方面。

【卫生应急综合示范区创建工作】　2014年1月，对门头沟区创建卫生应急综合示范区工作进行了复核验收并授予其市级示范区称号，石景山区、昌平区通过市级验收并申报了国家卫生应急综合示范区，朝阳区代表在全国卫生应急办主任会议上做了典型发言。通过创建工作，提升了全市基层卫生应急管理水平和综合卫生应急能力。

【举办突发事件医疗卫生应对策略培训班】　9月1日至4日，按照"中国—以色列"援智合作项目安排，在国家外专局、市外专局支持下，市卫生计生委在大兴举办了突发事件医疗卫生应对策略培训班，邀请2名以色列专家系统介绍了突发事件的组织管理、现场处置和急救流程等相关内容。京津冀地区和山西省共80名学员体验了以色列突发事件医疗救援的实战经验。

【举办中法灾难医学培训班】　10月9日至10日，市卫生计生委、市消防局训练中心举办了中法灾难医学培训班，4名法国专家介绍了法国灾难医学现场急救处理标准化流程和做法。此次培训形式新颖，贴近实战，注重实效。京津冀地区70余名学员分享了法国灾难医学急救技术及先进理念。

【举行航空器失事医疗救援演练】　2月27日，市卫生计生委会同首都机场急救中心，组织120/999系统各5个车组共40余人在T3航站楼停机坪举行航空器失事医疗救援演练，检验机场急救与各单位的有效衔接以及与社会联动力量在救治、转运、支援等方面的分工协作，提升医疗系统对突发事件的现场处置和协同配合能力。

【举行京津冀综合拉动演练】　7月13日至15日，市卫生计生委联合天津市和河北省卫生应急系统，在北京怀柔某山区开展了历时3天2夜的重大泥石流医疗卫生救援大型综合突击拉动演练。京津冀地区院前医疗急救、紧急医疗救援、突发传染病防控、灾害心理危机干预 4 类队伍 13 家单位 425 人、124 台应急车参加，演练涵盖了拉动集结、野外生存训练、装备车辆保障、院前处置转运、院内医疗救治、灾后卫生防控、心理危机干预和现场联合指挥 8 个方面内容，检验了三地备战水平，提升了协同处置能力。

【埃博拉出血热输入疫情处置演练】　10 月 30 日，市卫生计生委组织 8 家专业机构和 9 个机关处室 200 余人在地坛医院模拟北京出现输入性疫情，进行了实操演练与桌面推演，展现了机场发现疑似病例后各方应急响应，包括报告、转运、救治、防护、消毒隔离、现场流调、标本采集、指挥协调的全过程，并通过现场视频直接传送到指挥部。国家卫生计生委有关领导出席并观摩指导。

【举办卫生应急技能竞赛】　市卫生计生委分别于 2 月 25 日、5 月 12 日举办了全市突发急性传染病防控、突发中毒事件处置技能竞赛活动。16 个区县 34 支队伍 170 名疾控队员参加了理论笔试、操作考核和现场竞答，全面检验疾控应急系统专业技术水平。根据比赛结果，30 人被授予"市级职业技术岗位能手"，10 人获得 2015 年全国卫生应急技能竞赛资格并将代表北京参赛。

（三）院前医疗急救

【提升院前急救工作质量】　全年全市院前急救体系共出车 63.26 万车次，急危重症呼叫满足率超过 95%，120、999 避免重复派车 4785 车次。8 月，999 引进先进的医疗专用直升机，救护、运送患者 12 人，推动了国内空中医疗救援工作的开展。

【启用 120 统一垂直调度】　年初开始，应急办组织探索 120 分级分类调度工作思路，依据病情轻重确立了病人呼叫优先医疗调度。6 月，启动了郊区县 120 市级统一垂直调度，取消郊区县原有的二级调度模式，提升了院前医疗急救效率，通州区和昌平区试运行良好。

【朝阳区急救社区化试点工作】　朝阳区急救社区化试点工作涉及朝阳区 43 个社区卫生服务中心，加强了社区急救分站建设，值班车辆日均增加 4 至 5 辆。急救站点设在社区，提高了社区基层医护人员急救水平，缩短了急救半径和时效，使社区居民在最短的时间内获得最有效的急救服务。

【推进急救立法工作】在市法制办和市人大指导下，全年开展了多方位、多部门合作调研急救立法工作，赴广州、武汉等多地调研，并与本市院前急救专家、法律人士、国务院参赞、人大代表、政协委员、基层卫生计生行政管理人员等开展研讨、座谈、单访。《北京市院前医疗急救条例》进入修改完善阶段。

【突击拉动专项督查考评】 12月5日，市卫生计生委组织院前急救系统突击拉动专项督查考评，组建6个专家组随机定点，模拟患者呼叫120、999各12个救护车组，对人员资质、反应时间、车载药械、知识技能、病历质量、病人满意度等日常院前急救服务进行了综合考评，对发现的诸如车组人员配备不规范、车载装备不统一、急救服务能力有欠缺、急救病历管理不规范、急救服务满意度有待提升等情况进行了通报。

（四）突发事件处置

【严防埃博拉出血热疫情传入】 2月以来，针对西非蔓延的埃博拉出血热疫情，市卫生计生委应急办作为综合协调牵头处室，开展总体防控工作。制定了实操性和指导性较强的《北京市应对埃博拉出血热应急预案》《北京市卫生计生委埃博拉出血热防范工作总体方案》《北京市首例埃博拉出血热病例卫生计生部门应对工作方案》和《北京市应对埃博拉出血热疫情文件汇编》，明确了工作流程、岗位职责和分级响应措施。安排国家卫生计生委李斌主任、北京市委郭金龙书记及王安顺市长等领导对机场口岸、北京地坛医院、北京急救中心、市疾控中心进行督导调研。先后组织筹办了市政府专题防控工作会议、市突发公共卫生事件应急指挥部工作会议、卫生系统内防控专题会议。密切跟踪疫情进展，适时组织开展形势研判和风险评估，严控重点人群。8月，开发启用了多部门联防联控信息传输系统。10月30日，组织北京出入境检验检疫局以及8家医疗卫生专业机构和9个委机关处室200余人开展了防控输入性疫情应急处置实操演练和桌面推演，明晰了处置程序和指挥体系。10月30日，对解放军301医院、北京大学第一医院、北京友谊医院、北京普仁医院不同类别的医疗机构进行突击暗访，查找薄弱环节，及时通报整改。依托市突发公共卫生事件应急指挥部工作机制，强化多部门联防联控和沟通协调。

【防控人感染H7N9禽流感疫情】 2014年内，市卫生计生委继续强化人感染H7N9禽流感疫情防控工作，加强监测排查，并联合农业、园林绿化、工商等部门继续落实活禽源头控制措施。3月，为指导区县防控工作，市卫生计生委组织专家对朝阳、海淀、顺义、怀柔4个区县卫生计生部门、4家二级综合医院和4家社区卫生服务中心（站）防控措施落实情况开展了督导检查，对发现的问题及时通报、反馈、整改。

【严密关注季节性流感疫情】 11月，全市季节性流感高峰前移，12所中小学校暴发疫情。为此，市卫生计生委组织专家开展季节性流感疫情形势研判，并通报教委加强联合防控，加强督导检查，采取有力措施迅速予以控制。

【"3·27"怀柔区持刀伤人事件救治工作】　3月27日，怀柔区王化村发生持刀伤人事件，致6死12伤。市卫生计生委应急办及时抽调儿童医院、安贞医院、积水潭医院、朝阳医院、安定医院5家医疗机构的创伤、骨科、儿科、ICU、心理等专业的8名专家指导怀柔救治工作，将6名危重伤员分转6家市属综合或专科医院，伤员伤情得以控制。

【"12·26"工体撞人案件救治工作】　12月26日，北京工人体育场南门发生故意开车撞人事件，致3死7伤。120/999院前急救机构和朝阳医院、军区总医院、武警北京总院3家医疗机构参与救治，3家医院医护人员配合做好安抚、心理疏导等善后工作。市卫生计生委派人分驻3家医院，及时评估伤情，保证信息报送渠道畅通。

【"12·29"工地脚手架倒塌事故救治工作】　12月29日，位于海淀区的清华附中在建工地脚手架倒塌，致10死4伤。由120、999分送4名伤员到市红十字会急诊抢救中心、海淀医院、解放军306医院3家医疗机构接受救治，伤者转危为安。

（五）卫生应急保障

【马航失联乘客家属医疗保障】　3月8日，马来西亚航空公司飞往北京的MH370飞机失联，市卫生计生委应急办立即启动应急保障机制，制定了失联乘客家属医疗保障预案，抽调急救人员、心理医生、内科专家分批进驻5个乘客家属临时安置点，指定9家医院作为乘客家属定点收治医院。医务人员每日监测家属健康状况，对重点人员实行"一对一"盯防，全天候满足家属医疗及心理需求。5月，分三批组织262名家属赴小汤山医院体检，全程进行保障。3月8日至5月2日，5个驻地常规安排8个急救车组24人、心理疏导医生10人、疾控人员2人，应急办2名干部常驻现场参加值守。在关键时间节点，加强力量，部署预备梯队。历时56天，累计开展主动巡诊8479人次，实施医疗处置1223人次，现场心理干预814人次，投送心理药物177人次。73名家属被送往医院诊治，其中7名家属住院治疗。

【APEC峰会医疗保障】　11月中旬，APEC峰会在北京举行。为做好医疗保障工作，市卫生计生委启动了全市卫生应急机制，加强风险评估和安全形势分析，强化值守应急，组织市属反恐力量和在京突发急性传染病防控类、突发中毒事件处置类国家卫生应急队伍备战待命。每日向国家卫生计生委应急办、市应急办报送情况，每天安排一人与国家卫生计生委驻京工作组进行衔接，沟通情况。安排市疾控中心和 120 应急力量 41 人、15 辆车，实行 24 小时全天候驻守国家会议中心和怀柔区雁栖湖。

第三节　北京市农业局提供的文件、文献

文件一：

关于印发《北京市农业自然灾害突发事件应急预案》的通知

京政农函〔2012〕4 号

郊区各区县人民政府：

根据《北京市突发事件总体应急预案》（京政发〔2010〕12 号）、《北京市突发事件应急委员会办公室关于开展区县总体应急预案、市级专项和市级部门应急预案修订与编制工作的通知》要求，为做好农业自然灾害突发事件的预防、处置和灾后生产恢复工作，市农委、市农业局制定了《北京市农业自然灾害突发事件应急预案》。现予印发，请结合实际贯彻执行。

北京市农村工作委员会　北京市农业局

二○一二年一月十八日

北京市农业自然灾害突发事件应急预案

1　总则

1.1　编制目的

为做好农业自然灾害的预防、应急处置和灾后农业生产恢复工作，最大限度地减轻自然灾害造成的农业损失，保障都市型现代农业安全、有序和可持续发展。

1.2　指导思想

以邓小平理论和"三个代表"重要思想为指导，深入贯彻落实科学发展观，从构建社会主义和谐社会、建设有中国特色的世界城市、发展都市型现代农业的需要

出发，建立"集中领导、统一指挥、结构完整、功能全面、反应灵敏、运转高效"的农业自然灾害应急体系，最大限度地减轻自然灾害对北京农业造成的损失。

1.3 工作原则

1.3.1 坚持以人为本，全面、协调、可持续的科学发展观，最大限度减轻农业自然灾害损失，努力实现人与自然的和谐。

1.3.2 坚持生态治理与防灾减灾相结合，预防与抗灾相结合，以预防为主。

1.3.3 在政府的统一领导下，实行分级管理和行政首长负责制，落实属地管理，分级负责。抗灾相关部门密切配合，分工协作，各司其职，各尽其责。

1.3.4 依靠科技，充分发挥农业与相关减灾专业技术人员的作用，提高农业灾害预警水平和应急能力。

1.4 编制依据

依据《中华人民共和国突发事件应对法》《中华人民共和国农业法》《中华人民共和国抗旱条例》《国家防汛抗旱应急预案》《自然灾害救助条例》《北京市实施〈中华人民共和国突发事件应对法〉办法》《北京市突发公共事件总体应急预案》《北京市防汛应急预案》等有关法律、法规，结合北京市农业工作实际，制定本预案。

1.5 事件等级

依据农业自然灾害造成或即将造成的危害程度、发展情况和紧迫性等因素，分为特别重大（Ⅰ级）、重大（Ⅱ级）、较大（Ⅲ级）、一般（Ⅳ级）四个级别。

1.5.1 具备以下条件之一的，为特别重大（Ⅰ级）农业自然灾害突发事件。

（1）发生涉及半数以上区县的区域性特大农业自然灾害，农作物受灾面积达100万亩以上，或占受灾区域耕地总面积50%以上，且其中大部分可能成灾，部分农田可能绝收；或饲养动物或鱼类的因灾损失率达30%以上。

（2）一个区县发生特大农业自然灾害，农作物受灾面积占受灾区域耕地总面积的80%以上，且其中大部分可能成灾，部分农田可能绝收；或饲养动物或鱼类的因灾损失率达50%以上。

（3）重大作物病虫害发生面积占农作物种植面积的80%以上，且绝大部分可能受灾，大部分可能成灾；或重大动物疫病或鱼病已在本市大范围发生并迅速蔓延。

（4）在特殊情况下需要划定为特别重大（Ⅰ级）的农业自然灾害。

1.5.2 具备以下条件之一的，为重大（Ⅱ级）农业自然灾害突发事件。

（1）发生涉及两个以上区县的区域性农业自然灾害，农作物受灾面积达到50

万～ 100 万亩，或占受灾区域耕地总面积的 30% ～ 50%，且其中有相当大的部分可能成灾，少部分可能绝收；或饲养动物或鱼类的因灾损失率达 20% ～ 30%。

（2）	个区县发生农业自然灾害，农作物受灾面积占受灾区域耕地总面积的 50% ～ 80%，且其中有相当部分可能成灾，少部分可能绝收；或饲养动物或鱼类的因灾损失率达 30% ～ 50%。

（3）重大作物病虫害发生面积占农作物种植面积的 50% ～ 80%，且大部分可能受灾，少部分可能成灾；或重大动物疫病或鱼病已在本市多个小片区域发生并继续蔓延。

（4）在特殊情况下需要划定为重大（Ⅱ级）的农业自然灾害。

1.5.3　具备以下条件之一的，为较大（Ⅲ级）农业自然灾害突发事件。

（1）发生涉及两个以上区县区域性较大农业自然灾害，农作物受灾面积达到 30 万～ 50 万亩，或占受灾区域耕地总面积的 20% ～ 30%，其中一部分可能成灾，个别地块可能绝收；或饲养动物或鱼类的因灾损失率达 10% ～ 20%。

（2）一个区县发生较大农业自然灾害，农作物受灾面积占受灾区域耕地总面积的 30% ～ 50%，其中一部分可能成灾，个别地块可能绝收；或饲养动物或鱼类的因灾损失率达 20% ～ 30%。

（3）重大作物病虫害发生面积占农作物种植面积的 30% ～ 50%，部分地块可能受灾，个别地块可能成灾；或重大动物疫病或鱼病已在本市多点发生。

（4）在特殊情况下需要划定为较大（Ⅲ级）的农业自然灾害。

1.5.4　具备以下条件之一的，为一般（Ⅳ级）农业自然灾害突发事件。

（1）发生涉及两个以上区县区域性农业自然灾害，农作物受灾面积达到 10 万～ 30 万亩，或占受灾区域耕地总面积的 10% ～ 20%，少数地块可能成灾；或饲养动物或鱼类的因灾损失率达 5% ～ 10%。

（2）一个区县发生农业自然灾害，农作物受灾面积占受灾区域耕地总面积的 20% ～ 30%，少数地块可能成灾；或饲养动物或鱼类的因灾损失率达 10% ～ 20%。

（3）重大作物病虫害发生面积占农作物种植面积的 10% ～ 30%，少数地块有可能受灾；或发生重大动物疫病或鱼病的传播源已接近本市。

（4）在特殊情况下需要划定为一般（Ⅳ级）的农业自然灾害。

1.6　适用范围

本预案适用于本市范围内危害农业生产的各类自然灾害预防、应急处置和灾后农业生产恢复。

农业自然灾害发生区域涉及重大动物疫情的，按照《北京市重大动物疫情应急预案》规定执行；涉及农业重大有害生物突发事件的，按照《北京市农业重大有害生物及外来有害生物入侵突发事件应急预案》规定执行。

2　组织机构与职责

2.1　组织机构

在市应急委的领导下，市农委、市农业局成立"市农业自然灾害突发事件应急领导小组"，由市农委主任任组长，市农业局局长任常务副组长，市农委、市农业局主管领导为副组长；市农委办公室、产业发展处、发展规划处，市农业局办公室、动植物疫情应急处、粮经作物管理处、蔬菜管理处、畜牧管理处、水产管理处、农业机械化管理处、农村能源生态处、农产品质量安全处，各郊区县农业主管部门负责人为成员。

领导小组下设办公室，办公室设在市农业局应急处。

各郊区县农业主管部门也要设立本区县的农业自然灾害突发事件应急领导小组和办公室。

2.2　领导小组职责

负责组织部署农业自然灾害突发事件的应急工作；根据农业灾情和生产恢复情况，及时做出启动或解除应急预案的决定；指导农业抗灾、救灾和灾后恢复生产；参与国家和本市农业救灾资金的管理，负责救灾种子储备和调剂，协调救灾化肥、农药等物资供应，协调有关部门共同做好防灾减灾工作。

2.3　领导小组办公室职责

2.3.1　编制农业防灾减灾工作计划；筹备领导小组办公会议。

2.3.2　密切与气象、水利、地质等部门的联系，及时收集、整理和反映与农业有关的自然灾害预测预报信息，组织有关部门专家会商，分析对农业生产的可能影响。根据灾情及时提出应急预案启动或应急解除建议。

2.3.3　负责收集、整理、分析和核查灾情并报告灾情信息及动态。

2.3.4　在灾情多发时期，组织安排人员值班，协调相关部门有关农业抗灾救灾的工作。

2.3.5　负责协调救灾资金、物资的使用和分配。

2.3.6　负责组派农业抗灾救灾工作组和专家组。

2.3.7　督导区县农业行政主管部门的农业防灾减灾工作。

2.3.8　负责处理农业防灾减灾的其他日常工作。

2.4　领导小组成员职责

2.4.1　市农委、市农业局办公室：协调委、局各成员开展防灾减灾工作，做好值班人员安排和后勤保障。

2.4.2　产业发展处：负责协调、制定和组织实施农业自然灾害的有关政策措施。

2.4.3　发展规划处：负责了解灾后政策性农业保险理赔情况。

2.4.4　应急处：承担农业自然灾害突发事件应急领导小组办公室的有关职责。

2.4.5　粮经作物管理处：负责粮经作物的灾情收集、核查和反映；负责组织协调粮经作物防灾减灾和灾后恢复生产的技术指导工作；协调救灾物资（含救灾备荒种子）的分配调剂和管理；负责组织协调灾后耕地质量监测、农田修复与土壤改良和农作物病虫害防治；承担农业防灾减灾方面的具体工作。

2.4.6　蔬菜管理处：负责蔬菜生产灾情的收集、核查和反映；负责组织协调蔬菜作物防灾减灾、灾后恢复生产的技术指导工作。

2.4.7　畜牧管理处：负责畜牧生产灾情的收集、核查和反映；负责组织协调畜牧养殖业防灾减灾、灾后恢复生产的技术指导工作。

2.4.8　水产管理处：负责水产生产灾情的收集、核查和反映；负责组织协调水产养殖业防灾减灾、灾后恢复生产的技术指导工作。

2.4.9　农业机械化管理处：负责组织督导区（县）农机管理部门及时组织农机人员和农机具参与抗旱、排涝、抗灾抢险和灾后恢复生产服务工作。

2.4.10　农村能源生态处：负责与防灾及灾后恢复有关的农业生态工程建设；组织对因灾损毁农业可再生能源及农业生态工程设施的修复。

2.4.11　农产品质量安全处：负责组织有关单位对因灾受损可能造成农产品质量安全问题的农产品进行检测和指导处置。

2.4.12　区县农业部门：负责区县农业自然灾害突发事件应急预案的启动或解除；安排部署本区县农业自然灾害突发事件应急工作；组织指导本区县农业抗灾救灾、灾后恢复生产、农业防灾减灾技术示范与推广应用；参与国家和市政府下达本区县的农业救灾资金管理，负责救灾种子储备和调剂，协调救灾化肥、农药等物资供应；组织重大病虫害的统防统治。

2.5　专家顾问组职责

成立农业减灾专家顾问组，主要职责如下。

（1）为编制北京农业减灾有关规划和农业自然灾害应急管理等提供咨询、

建议。

（2）在发生农业自然灾害时，协助农业自然灾害突发事件应急领导小组分析判断灾害类型与特点，评估灾害形势与可能造成的损失，为确定预警和响应等级提供建议和咨询。

（3）协助市农业主管部门开展重大农业自然灾害防灾减灾技术难点的攻关研究和农业防灾减灾的技术培训等。

3　监测和预警

3.1　监测

各级农业部门要加强与气象、水务、地质等部门的沟通协调，完善信息交换机制，健全和完善农业自然灾害监测预警体系，及时掌握气象预警信息、水情、汛情、旱情、地质灾害等农情信息，加强对农业病虫灾害的监测，对农业自然灾害进行适时监测，确保有效监测、及时发现并逐级上报灾情。

3.1.1　信息采集。

（1）采集途径。市农委、市农业局与气象、水务、地质等部门定期、不定期会商灾情；区县农业主管部门农业报告的农业自然灾害突发事件情况。农业自然灾害突发事件应急领导小组各成员要与区县建立稳定畅通的信息交换渠道，确保农业信息网络系统畅通。

（2）采集内容。降水、水文、汛情等资料；气温、光照、风雹等情况；农业自然灾害种类、发生时间、地点、范围，农作物受灾、成灾、绝收面积，农作物、畜禽损失程度；农田及农业基础设施损毁程度；农业直接经济损失；采取的对策措施等。

3.1.2　信息报告。

（1）实行分级上报，归口处理。农业自然灾害发生后，由农业行政主管部门向当地政府和上级农业行政主管部门报告；市农业自然灾害突发事件应急领导小组办公室汇总情况后，统一向市应急办或市政府报告。造成重大农业损失的农业自然灾害突发事件，可直接上报，并同时报上级农业行政主管部门和市农业自然灾害突发事件应急领导小组办公室。

（2）区县发生农业自然灾害的，区县农业行政主管部门应立即向市农业自然灾害突发事件应急领导小组办公室报告灾情状况。

（3）因不可控因素一时难以掌握详细农业自然灾害信息的，应及时报告基本情况，同时抓紧核查，在发生后24小时内补报详情。

（4）农业自然灾害突发事件信息的内容应包括：时间、地点、信息来源、事件性质、危害程度、事件发展趋势、已采取的措施等，并及时续报事件处置进展情况。

3.1.3　信息研判。

收到气象、水务、地质及其他部门的黄色或橙色自然灾害预警信息，或收到农情信息部门的自然灾害上报信息后，市农业自然灾害突发事件应急领导小组办公室组织有关人员会商和研究灾害形势，分析评估可能造成的产量和经济损失，初步判断灾害等级，提出发布灾害预警及其等级的意见。

在灾害发展过程中跟踪采集信息和动态研判，为及时调整预警等级和响应行动提供依据。

3.2　信息发布

农业自然灾害发生后，确需对外发布的，由市农业自然灾害突发事件应急领导小组办公室严格按照相关法律、法规规定的渠道发布。

3.3　预警的级别

依据突发事件即将造成的危害程度、发展情况和紧迫性等因素，由低到高划分为一般（Ⅳ级）、较大（Ⅲ级）、重大（Ⅱ级）、特别重大（Ⅰ级）四个预警级别，依次采用蓝色、黄色、橙色和红色来加以表示。

3.3.1　蓝色预警（Ⅳ级）：收到气象、水务、地质、植保及其他部门的自然灾害预测预报或预警信息，事件即将临近，可能造成局地农业受灾，预计将要发生一般农业自然灾害；或已轻微发生的农业自然灾害有发展趋势，事态可能会扩大。

3.3.2　黄色预警（Ⅲ级）：收到气象、水务、地质、植保及其他部门的自然灾害预警信息，事件已经临近，预计将要发生较大农业自然灾害；或已轻度发生的农业自然灾害有发展趋势，可能造成较明显的农业灾害损失。

3.3.3　橙色预警（Ⅱ级）：收到气象、水务、地质、植保及其他部门的黄色或橙色自然灾害预警信息，事件即将发生，预计将要发生重大农业自然灾害；或已中度发生的农业自然灾害有蔓延扩展或明显加强趋势，事态正在逐步扩大，可能造成较为严重的农业灾害损失。

3.3.4　红色预警（Ⅰ级）：收到气象、水务、地质、植保及其他部门的橙色或红色自然灾害预警信息，预计将要发生特别重大（Ⅰ级）农业自然灾害，事件会随时发生；或已重度发生的农业自然灾害有迅速蔓延扩展或急剧增强趋势，事态正在不断蔓延，可能造成特大的农业灾害损失。

3.4　预警发布和解除

3.4.1　预警发布。

（1）蓝色预警和黄色预警，由市农业自然灾害突发事件应急领导小组办公室负责发布和解除，并报市应急办备案。

（2）橙色预警和红色预警，由市农业自然灾害突发事件应急领导小组办公室向市应急办提出预警建议，由市应急办或授权市农业自然灾害突发事件应急领导小组办公室发布和解除。

（3）预警信息应包括突发事件的类别、预警级别、起始时间、可能影响范围、警示事项、应采取的措施和发布机关等。

3.4.2　预警等级变更。

市农业自然灾害突发事件应急领导小组办公室根据农业自然灾害致灾因子强度、范围及农业灾情的变化，分别提出预警等级升级或降级变更的意见。

（1）由黄色预警或橙色预警升级为橙色或红色预警，或由红色或橙色预警降级为橙色或黄色预警的变更，由市农业自然灾害突发事件应急领导小组办公室向市应急办提出预警建议，由市应急办或授权市农业自然灾害突发事件应急领导小组办公室发布。

（2）由蓝色预警升级为黄色预警，或由黄色预警降级为蓝色预警的变更，由市农业自然灾害突发事件应急领导小组办公室负责发布和解除，并报市应急办备案。

3.4.3　预警解除。

根据农业自然灾害致灾因子强度和范围的缩小及农业灾情的逐步缓解，由市农业自然灾害突发事件应急领导小组办公室根据预警等级变更的程序，发布解除较重一级预警并转入较轻一级预警，直至解除全部预警。

3.5　预警响应

3.5.1　蓝色、黄色预警响应：根据发生农业自然灾害的特点和可能造成的危害，各级农业自然灾害应急机构应立即采取以下措施。

（1）市农业自然灾害突发事件应急领导小组办公室在第一时间通过电话、传真、专用通信渠道等形式，将预警信息发送至各区县农业主管部门；根据需要通过新闻媒体、政府网站、手机短信等渠道向社会发布农业自然灾害预警信息。

（2）与气象、水务、地质、植保等灾害监测部门保持密切联系，加密农情观测，加强农业自然灾害信息监测和采集，及时分析评估灾害形势。

（3）受灾地区的各级农业主管部门根据需要实行领导带班制度和值班人员24

小时在岗，确保联络畅通。

（4）及时向可能受灾地区发布灾害信息，提出防灾减灾的措施建议。

（5）根据需要调动受灾区县的应急救灾队伍、物资、资金等应急资源。

3.5.2　橙色、红色预警响应：根据农业自然灾害的发展态势和可能造成的严重后果，各级农业自然灾害应急机构应立即采取以下措施。

（1）市农业自然灾害突发事件应急领导小组办公室在第一时间通过电话、传真、专用通信渠道等形式将预警信息发送至各区县农业主管部门，并报送至市应急办以及市有关部门；根据需要通过新闻媒体、政府网站、手机短信等渠道向社会发布农业自然灾害预警信息。

（2）加强与气象、水务、地质、植保等灾害监测部门的会商与信息采集，相关农情信息实行日报告制度。

（3）市级农业主管部门根据需要实行领导带班制度和值班人员 24 小时在岗，确保联络畅通。

（4）及时向受灾地区发布灾害信息，提出抗灾或补救措施建议。

（5）根据需要调动市级应急救灾队伍、物资、资金等应急资源。

3.5.3　预警信息发布后，市农业自然灾害突发事件领导小组办公室要密切关注农业自然灾害情况，并依据事态变化情况和专家顾问组提出的调整预警建议，适时调整预警级别，并将调整结果及时通报各相关部门。

3.5.4　当确定突发事件不可能发生或危险已经解除时，市农业自然灾害突发事件领导小组办公室应立即宣布解除预警，并通报相关部门。

3.6　灾害预防和应急准备

3.6.1　思想准备。不断完善农业防灾减灾组织，落实责任制。加强宣传，强化农业部门和农民群众的防灾减灾意识，做好防大灾抗大灾的思想准备。

3.6.2　风险管理准备。组织有关部门、有关企业、农村干部并动员农户加大辖区农业自然灾害隐患排查，评估灾害风险，找出薄弱环节，确定灾害风险对策。

3.6.3　预案准备。根据农业自然灾害的发生规律，修订完善农业自然灾害的应急预案，确定防御重点；研究制定关键时段、重点地区和薄弱环节的农业抗灾救灾、恢复生产措施；指导自然灾害多发地区的农业结构调整，提高农业的避灾与抗灾能力。

3.6.4　工程准备。加强农业基础设施建设，做好农田设施、棚室建筑的加固和防护，配合水利部门做好水利基础设施的维修和加固，增强抗御自然灾害的能力。

3.6.5 适时防控。

（1）及时组织抢收灾前已成熟农作物；对没有成熟和来不及抢收的农作物，因地制宜地采取防护措施。

（2）根据旱情和作物生长状况，及时组织采取中耕、镇压、灌溉等抗旱措施；建议气象部门利用有利时机适时开展人工增雨作业。根据受涝程度与地形、土壤、作物状况，及时采取排水和耕耙散墒、补肥等措施。

（3）接到低温冻害、干热风等灾害预报后，根据灾害强度与作物生长状况，必要时组织、指导农民采取熏烟、覆盖或喷灌、喷药等相应防范措施。

（4）接到大风、冰雹、大雪等灾害预报后，要对果树和大棚、畜舍等农业设施采取临时保护与加固措施。

4 应急响应

根据农业自然灾害突发事件的发生范围、危害程度、受灾面积和紧迫性，分四级启动应急响应。

4.1 分级响应

4.1.1 一般农业自然灾害突发事件（Ⅳ级）应急响应。

区县农业自然灾害突发事件应急领导小组组织会商，做出工作安排，指导救灾工作，并报告市农业自然灾害突发事件应急领导小组办公室。市农业自然灾害突发事件应急领导小组办公室关注事态发展，必要时报告市政府，并通报有关部门。

4.1.2 较大农业自然灾害突发事件（Ⅲ级）应急响应。

（1）市农业自然灾害突发事件应急领导小组主持会商，部署应急工作；及时向市政府报告灾情，并通报有关部门。

（2）市农业自然灾害突发事件应急领导小组前往受灾区县现场检查情况，及时掌握受灾区县农业灾情。

（3）根据灾情需要，提出救灾意见和灾后恢复农业生产的措施，派出专家组指导救灾工作，组织技术人员开展救灾技术服务。

（4）协助灾区调剂、调运救灾物资，必要时动用救灾备荒物资。

（5）监督救灾措施的落实和救灾资金、物资的使用。

4.1.3 重大农业自然灾害突发事件（Ⅱ级）应急响应。

（1）提请市有关领导主持会商，研究部署应急处置工作；及时将情况报告市政府，并通报有关部门。

（2）根据灾区救灾工作需要，派出救灾工作组或专家指导组，指导救灾工作，组织技术人员开展救灾技术服务。

（3）适时提出支持灾区恢复农业生产的意见和措施，建议市政府从市级财政安排农业生产救灾资金。

（4）根据救灾需求，调剂、调运救灾物资，必要时动用救灾备荒物资，动员社会各界对重灾区给予救助。

（5）监督救灾应急措施的落实，规范救灾资金和物资的使用。

4.1.4　特别重大农业自然灾害突发事件（Ⅰ级）应急响应。

（1）提请市有关领导主持会商，研究部署应急处置工作；重大问题报请市政府组织协调，有关部门予以支持。

（2）迅速向重灾区派出工作组或专家指导组，组织指导救灾工作，组织技术人员开展救灾技术服务。

（3）提出支持灾区恢复农业生产的意见和措施，建议市政府从市级财政安排农业生产救灾资金，争取国家救灾资金。

（4）根据救灾需求，调剂、调运救灾物资，必要时动用救灾备荒种子，协调恢复农业生产所需救灾物资，动员社会各界对重灾区给予救助。

（5）监督救灾应急措施的落实，规范救灾资金和物资的使用。

4.2　响应升级

因事态发展，应急事件已超出市农业行政主管部门控制范围，需要其他部门提供援助和支持时，由市农业自然灾害突发事件领导小组办公室报请领导小组负责同志批准后，启动扩大应急响应。必要时请求市应急办或市政府组织协调相关部门参与。

4.3　应急结束

4.3.1　农业自然灾害突发事件处置工作基本完成，农业生产基本恢复正常时，应急处置工作宣告结束，并在1周内向市政府、市应急办报告应急处置工作。

4.3.2　一般（Ⅳ级）和较大（Ⅲ级）农业自然灾害突发事件处置工作全部结束后，由市农业自然灾害突发事件领导小组办公室宣布应急响应结束。

4.3.3　重大（Ⅱ级）和特别重大（Ⅰ级）农业自然灾害突发事件处置工作全部结束后，由市农业自然灾害突发事件应急领导小组办公室报市应急办批准后宣布应急响应结束。

5 后期处置

5.1 善后处置

5.1.1 与民政部门协调开展区域自然灾害的农业产量损失、农业设施装备损失的调查评估与核实，准确掌握灾情信息。

5.1.2 主动与水务部门沟通，及时掌握农田灌溉、排涝，损毁农田和各类受损农业基础设施的修复情况。

5.1.3 督促、帮助、指导灾区加强农作物田间管理和畜牧生产管理，及时抢种、补种、改种各类应时农作物。

5.2 协调救助

5.2.1 根据灾区需求，及时协调有关部门，组织区域间种子、化肥、地膜、农药、饲草料等农业生产资料的供应。

5.2.2 积极与金融部门协商，落实灾后农业生产恢复所需贷款。

5.2.3 配合有关部门做好农业灾害保险理赔工作。

5.2.4 配合有关部门做好灾民生活与生产救助。

6 应急保障

6.1 资金保障

根据灾情程度，积极向上级申请专项救灾资金。

6.2 信息保障

各级农业自然灾害突发事件应急领导小组要加强农业自然灾害灾情信息体系建设，实现上下畅通，达到早预报、早发现、早处置的要求。加强通信设施建设与维护，保证农业自然灾害突发事件应急工作电话、网络等信息渠道畅通。

6.3 物资保障

各级农业部门为农业自然灾害突发事件储备必要的种子、农药等救灾物资。应急预案启动后，应优先保证救灾物资的及时供应和调运。每次救灾动用后，应在下一年度内补齐缺额。

6.4 应急队伍保障

区县农业自然灾害突发事件应急领导小组要建立农业自然灾害突发事件应急救援队伍，保证农业自然灾害突发事件应急工作有专人负责，并定期对救灾应急工作专业技术人员进行培训。

6.5 职责保障

各级农业部门要落实责任制，加强宣传，消除隐患，强化防灾减灾意识，做好防大灾抗大灾的思想准备，推广普及农业防灾减灾技术。

6.6 宣传保障

各级农业自然灾害突发事件应急领导小组要组织农业技术人员充分利用新闻媒体、网络和手机等信息手段，加强农业防灾减灾技术与法律知识的科普宣传。

7 附则

7.1 名词术语

7.1.1 本预案中的农业包括种植业和养殖业，前者包括粮油等大田作物和蔬菜、瓜果、花卉、中药材等园艺作物及食用菌生产，后者包括畜牧业、水产养殖、养蜂和其他养殖对象。

7.1.2 本预案中的农业自然灾害是指干旱、洪涝、低温冻害（含冷害、霜冻、冻害、雪灾等）、风雹（含雷雨大风、寒潮大风、龙卷风等风灾及冰雹）、高温（含干热风）、沙尘暴、阴害、重大动植物生物灾害等危害农业生产的自然灾害。

7.1.3 根据《中华人民共和国突发事件应对法》的规定，本预案中的农业自然灾害突发事件是指突然发生，造成或者可能造成严重社会危害，需要采取应急处置措施予以应对的自然灾害。农业自然灾害中的干旱、渍涝、冷害、冻害、阴害和许多植物病虫害属累积型灾害，并非突发；但在灾害事态严重发展时，同样会出现紧急事态，也应纳入农业自然灾害突发事件应急管理范畴。

7.1.4 本预案中的农作物受灾面积是指在遭受上述自然灾害的受灾面积中，农作物实际收获量较常年产量减少 10% ~ 30% 的农作物播种面积；成灾面积是指在遭受上述自然灾害的受灾面积中，农作物实际收获量较常年产量减少 30% ~ 80% 的播种面积；绝收面积是指在遭受上述自然灾害的受灾面积中，农作物实际收获量较常年产量减少 80% 以上的播种面积。受灾面积不得重复计算，在同一播种面积地块上如先后遭受几种或几次灾害，只按其受害最大最重的一次计算受灾面积。

7.2 预案管理

7.2.1 本预案由市农委、市农业局编制和管理，根据实际情况及时作相应修改，报北京市突发公共事件应急委员会办公室备案。

7.2.2 各区县农业主管部门应依照本预案并结合辖区实际，制定区县农业自然灾害突发事件应急预案，并报市农业自然灾害突发事件领导小组办公室备案。

7.3 预案的衔接

具体灾种的应急响应等级与行动应与北京市相关部门已编制的应急预案和专项预案中与农业有关的内容衔接，如《北京市地震应急预案》《北京市突发地质灾害应急预案》《北京市防汛应急预案》《北京市抗旱应急预案》《北京市扑救森林火灾应急预案》《北京市气象应急保障预案》《北京市灾害救助应急预案》等。

7.4　预案解释

本预案由市农委、市农业局负责解释。

7.5　预案生效

本预案自公布之日起生效。

文件二：

关于"7·21"特大暴雨灾害的经验和反思

为准确判断"7·21"特大暴雨对本市秋粮生产及"三秋"工作的影响，进一步做好当前农业恢复生产和"三秋"工作准备工作，市农业局组织十个郊区县种植业生产管理部门负责人和市统计局、市气象局等相关处室负责人以及玉米、小麦栽培专家和气象减灾专家等召开了专门研讨会，进一步分析研判近期农业气象灾害对本市秋粮生产的影响，总结经验教训，研究部署当前抓好秋粮灾后恢复生产和田间生产管理的工作。

一、分析灾情对秋粮和蔬菜生产影响

（一）灾情总体情况

7月21日，本市遭遇自1951年有完整气象记录以来最大暴雨的袭击，此次强降雨过程持续时间长、雨量大、范围广，对农业生产造成了较大影响。7月28日，怀柔区汤河口镇、密云县不老屯镇和太师屯镇等地遭遇大风和冰雹天气，造成当地部分地块玉米倒伏。据市农情信息调度系统统计，截至目前，全市粮经作物受灾总面积49.7万亩，绝收面积7.9万亩，涉及108个乡镇。其中玉米受灾41.9万亩，主要受灾类型有农田过水、积水浸泡、倒伏、倒折等，共造成经济损失2.28亿元。"7·21"特大自然灾害造成12.78万亩菜田受到水淹，占全市菜田面积的20.5%。其中，设施过水面积5.17万亩，包括绝收面积2.4万亩，受损设施2.75万亩，倒塌设施7797.33亩；露地蔬菜过水面积7.61万亩，绝收面积2.06万亩；总经济损失达9.75亿元。

（二）灾情对秋粮和蔬菜的影响分析

总体来看，尽管此次降雨造成局部地区农田积水、在田农作物受淹，给秋粮生产造成了一定影响，尤其房山区秋粮减产严重，但是从全市来看，此次降雨有效补充了农田土壤水分，解除了 6 月中旬以来本市春、夏玉米出现的明显旱情，延庆、顺义、大兴、通州等区县的玉米在需水关键生长期得到水分补充，对玉米生长十分有利，做到以丰补歉，弥补了灾情引起的损失。专家分析研判认为，从全局来看，此次降雨对秋粮生产利大于弊。蔬菜受灾特点表现为：①受灾区域相对集中，受灾严重区域主要集中在房山、通州、密云和大兴 4 个区县的 21 个镇；②受损设施以老旧设施及土温室为主；③绝收作物以水淹叶菜及食用菌为主。"7·21"灾害造成较大的经济损失，但是对本市蔬菜生产没有造成严重影响。原因如下：①虽然重灾区菜田过水面积较大，但总体成灾面积不大；②重灾区县设施水淹面积较大，部分设施倒塌严重，但主要表现为点状和局部分布；③当时本市蔬菜生产处于夏淡季，蔬菜在田面积和产量处于低值，对全年产量和市场供给影响不大；④各个部门采取科学的应对措施，受灾地区的蔬菜很快得到恢复生产。

二、灾后恢复生产取得的经验和做法

（1）出台了灾后农业恢复生产政策措施。灾后，市农委、市农业局及有关单位迅速成立了"7·21"灾后农业恢复生产工作领导小组，紧急协商安排资金 1 亿元，研究制定了 7 项政策措施，加快推进灾后农业恢复生产工作。

（2）切实抓好技术指导服务。市农业局印发了《关于切实做好种植业灾后恢复生产工作的通知》（京农发〔2012〕170 号），提出了做好种植业灾后恢复生产工作的意见，组织 5 个技术督导服务组赴区县开展督导检查和技术服务工作，科学开展抗灾和恢复生产工作，指导农民生产自救。

（3）提出了灾后玉米和蔬菜生产技术措施。通过组织专家多次会商，针对不同生育期、不同灾害类型和不同受灾程度，按照因地制宜、分类指导的原则，提出了灾后玉米和蔬菜生产和抗灾减灾技术措施。

（4）保障了灾后恢复生产农用物资的供应。一是全力抓好玉米螟防治工作任务落实；二是对灾区提供物资支持；三是紧急启动救灾备荒种子储备。

三、进一步反思，提高防灾减灾的能力

（一）强化灾害监测预警

要进一步加强与气象部门的沟通会商，做好预测预报，密切关注近期降雨可能造成的次生灾害，及时发布灾情信息，确保信息畅通。加强应急值守，坚持 24 小时值班制度，密切关注强降雨、台风等灾害性天气发生动态，及时发布预警信息，收集、核实和反映灾情，做到灾情随时上报。

（二）狠抓灾后恢复生产

总结灾后恢复生产的经验和做法，结合不同灾情特点，研究和制定灾后恢复生产应急方案，科学指导农民生产自救。同时，相关部门帮助灾区搞好种子、种苗、化肥、农药、疫苗等生产资料的调剂工作，为灾区恢复农业生产提供物资保障。及时抓好灾区补种、改种工作，千方百计弥补灾害损失。积极组织农机投入抗灾救灾，及时抢排农田积水、修复水毁农田。加大灾区农作物重大病虫害和鼠疫的监测防控，确保灾后无大疫。

（三）统筹抓好粮食中后期田间管理

做到灾后恢复生产与在田作物管理"两手抓、两不误"，组织专家和农技人员深入生产第一线，分区域、分品种有针对性地加强分类指导。重点以"抢积温、促早熟"为重点，加快作物生育进程，及早做好防倒伏、防早霜各项准备，确保作物安全成熟，尽量减少灾害损失，以丰补歉，确保粮食有个好收成。

（四）提早做好三秋各项准备工作

针对今年的特殊生产形势，要进一步提早谋划，精心组织，做好种子、化肥、农药等农资的准备和农机具检修，及早做好"三秋"各项准备工作。

第二章 减灾工作大事记

第一节 地震

一、2011 年

3月至7月，市地震局配合市人大城建环保委积极做好《中华人民共和国防震减灾法》贯彻实施情况执法检查，组织部分委员和市人大代表对全市区县防震减灾工作情况、地震安全农居试点、防震减灾示范校建设、中小学校舍安全工程进展情况、地震应急体系和应急避难场所建设等工作进行了5次专题调研及检查，较全面地总结了近年来首都防震减灾工作的经验教训，重点查找薄弱环节及存在的问题，提出了解决措施和建议，为防震减灾地方法规修订工作起到了积极的促进作用。

5月，市地震局在万寿宾馆举办了北京市防震减灾工作"5·12"集体采访暨《汶川大地震冲击波》赠书活动。市地震局新闻发言人团队、各区县地震局分管新闻宣传工作局领导、新闻发言人和社区志愿者代表共60余人参加了活动。北京电视台、北京人民广播电台、《北京日报》《北京青年报》《北京晨报》《北京交通广播》《北京晚报》《法制晚报》《北京科技报》《劳动午报》和千龙网等11家市属新闻媒体记者对活动进行了现场采访报道。与会领导与嘉宾向16个区县的社区志愿者代表赠送了北京市地震局创作的《汶川大地震冲击波》一书。

8月，市地震局、市发改委联合印发了《北京市"十二五"时期防震减灾规划》。该规划对未来五年的防震减灾工作做了全面部署。特别是对推进全市老旧建筑、基础设施、农村房屋的抗震加固，对完善首都地震烈度速报系统，对推进地震预警系统做了全面规划。

12月27日，市地震局以政府对地震应急准备工作的要求为基准，制定印发了《北京市地震风险评估实施细则》，规范了风险评估体系建设工作。

2011年，市地震局制定印发了《关于开展地震安全社区创建工作的通知》，指导西城、朝阳、昌平、海淀等区县开展地震安全社区创建工作，全年新建地震安全示范社区 12 个、地震安全示范学校 9 所。截至 2011 年底，已建设防震减灾示范校 25 所，示范社区、企业、村庄 60 多个。

2011 年，在北京市委、市政府和市应急委的统一领导下，组建了驻京部队地震灾害专业应急救援队、武警北京市总队地震灾害应急救援队。截至 2011 年底，北京市已建成卫戍区、武警、消防 3 支市级地震专业救援队伍。全市共有地震应急救援志愿者 15654 人，队伍 540 余支。

2011 年，市地震局深入推进地震应急避难场所规划建设工作，加强对各区县地震应急避难场所建设的指导。截至 2011 年底，北京市规范建设地震应急避难场所 71 处，总面积约 1406.48 万平方米，疏散面积约 469.26 万平方米，可疏散人数约 236.74 万人。根据城市发展实际，以社区为单位，划定了用于紧急避险的各类社区级、乡镇级的应急避难场所。

二、2012 年

3 月，完成了《北京市 2012 年地震风险评估报告》的编制工作。北京市地震风险评估由风险源调查、风险可能性分析、风险承受能力与控制能力分析、风险后果分析、确定风险等级和可控性分类以及风险控制对策等环节组成。《北京市 2012 年地震风险评估报告》的完成，为科学合理采取风险控制措施，全面做好 2012 年突发地震事件的预防与应急准备工作提供了保障。

5 月，成立了武警北京市总队地震灾害应急救援队。通过公开招募，成立北京市地震应急志愿者服务队，全市地震应急救援志愿者 16000 余人。

5 月，与北京市非紧急求助服务中心签订了合作协议，建立了地震信息合作机制，为震情、灾情信息的快速、有效传递和地震舆情的收集奠定了基础。

5 月 29 日，北京市十三届人大常委会第三十三次会议对《北京市实施〈中华人民共和国防震减灾法〉规定（草案）》进行了一审，目前正在进行草案二审的沟通协调工作。

7 月，开通北京市地震局官方微博，积极主动宣传防震减灾知识和技能，展示首都各项防震减灾工作。截至 2012 年底，微博粉丝已接近 30 万。

9 月，北京市防震减灾中心正式投入使用，该中心集行政办公、监测预报、震害防御、应急救援、科普宣传于一身，建筑总面积 13400 多平方米，将在首都的防震减灾事业发展中发挥重要作用。

11 月，北京市地震局及各区县地震局开通了 12322 防震减灾公益服务短信平台。当本市发生地震时，除全市地震灾情速报员外，广大市民也可以短信形式向平台反馈所在地的震情信息，主要包括影响范围、人员伤亡、破坏情况、社会影响等情况。

2012 年，新建地震前兆站点 4 个，对 2 个台站进行了仪器更新，前兆台网运行率达到 98%；完成了昌平地震台环境改造项目，继续开展了延庆、房山地震台综合环境改造后续工作。新增地震宏观观测点 11 个。对测震台网速报技术平台进行了优化调整，完善了应急流动观测体系，全年完成地震速报任务 10 次，台网运行率达到 97%。建设完成国内第一个具有井下强震仪的结构台阵——北京市防震减灾中心结构台阵项目，补充完善了 80 个速报台站的建台资料。

按照 2010 年全市防震减灾工作会议和 2012 年市防震抗震工作领导小组会议的总体部署和要求，对纳入 2012 年和 2013 年改造范围的房屋完成了抗震鉴定，鉴定总面积超过 1000 万平方米。2012 年，全市综合改造已实施 184.49 万平方米，完成 128.33 万平方米；实施了 125686 户农宅的建设和改造；全市校安工程三年规划改造任务基本完成，累计改造校舍 701 万平方米，其中加固 525 万平方米，翻建 176 万平方米；同时开展了全市桥梁基础设施安全普查工作，共排查桥梁 10161 座，其中在役桥梁 9815 座，在建和已完成施工图设计桥梁 346 座。

2012 年，全市新建应急避难场所 10 处，总面积 114.5 万平方米，可疏散 28.75 万人。目前，全市共建成应急避难场所 81 处，总面积约 1520.98 万平方米，可疏散约 265.49 万人。同时，加强了生活必需品与应急商品的政府储备，建立了应急商品数据库，全市已确定 6 个区商务部门、12 个应急物资投放集散地、236 个应急物资投放网点。

2012 年，全市 15 个社区获评北京市地震安全示范社区，全市地震安全示范社区达 35 处。

三、2013 年

3 月，出台了《2013 年北京市地震应急准备工作方案》和《2013 年首都圈地区地震应急准备工作方案》。同时，调整充实市地震应急指挥部成员单位组成，目前指挥部成员单位达 59 家。全市各有关委办局、北京卫戍区、武警北京市总队，16 个区县、300 余个乡镇（街道）、2500 余个社区（村）、2000 余个人员密集场所、近 700 个生产经营单位已制定了地震应急预案。

5月，启动北京市地震监测发展战略规划编制工作，优化整合现有测震、强震、前兆台网布局，充分共享资源，进一步提高首都地区地震监测预测能力。积极推进综合深井观测项目实施，已完成6个观测点的钻井施工。2013年，前兆台网仪器运行率达98%以上，数据汇集率达99%以上，数据连续率达96%以上。

7月，出台《北京市工程建设场地地震安全性评价工作管理办法（暂行）》，进一步强化建设项目抗震设防管理，规范工程建设场地地震安全性评价工作。在北京市固定资产投资项目"地震安全性评价报告审定及抗震设防要求确定"的基础上，增加前置抗震设防意见审批环节，作为控制性规划编制工作的约束条件。还新增了"甲、乙级地震安全性评价单位资质审批"和"一级地震安全性评价人员职业资格核准"两项服务许可事项。全年共对39项重大工程地震安评报告和1项活动断裂探测报告进行了批复，对18项重点工程进行了抗震设防要求审查，对427项北京市绿色通道项目进行了梳理审查，有效保障了新建工程抗震设防要求的落实。全年完成地震安全性评价项目50余个。

7月26日，北京市第十四届人民代表大会常务委员会第5次会议表决通过了《北京市实施〈中华人民共和国防震减灾法〉规定》，并将于2014年1月1日起施行。该规定重点解决强震动监测、农村民居抗震设防、应急避难场所运行管理和城镇老旧房屋抗震加固改造等问题。

2013年，全市新建成符合标准的地震应急避难场所11处，总面积127.07万平方米。目前，全市共建设地震应急避难场所92处，总面积约1648.05万平方米，可疏散约278.28万人。

截至2013年底，以市公安局消防局、武警北京市总队为主体的市级地震灾害紧急救援队已组建完成。各区县政府以消防队伍为主相应组建了23支救援队伍，总人数达到1297人。

截至2013年底，北京市已建成防震减灾科普教育基地45个，其中国家级防震减灾科普教育基地6个，市级防震减灾科普教育基地10个。建成地震安全示范社区92个，其中国家级地震安全示范社区13个，市级地震安全示范社区34个。各区县已建成防震减灾科普示范学校53所。

四、2014 年

1月1日，《北京市实施〈中华人民共和国防震减灾法〉规定》（以下简称《规定》）正式施行，原《北京市实施〈中华人民共和国防震减灾法〉办法》同时废止。

《规定》的颁布实施是本市防震减灾工作中的一件大事，标志着北京市防震减灾法制建设迈入了新的阶段。

年初制定了《2014年度震情跟踪工作方案》，部署安排年度震情跟踪工作。分别组织召开全市年中、年度地震趋势会商会，科学研判地震趋势和震情形势。积极推行震情会商制度改革，注重基础研究与短临跟踪紧密结合，加强重大异常落实和联合分析会商，圆满完成全国"两会"、世界葡萄大会、APEC（亚洲太平洋经济合作组织）会议等重要时段震情保障工作。

1月，制定了行政许可事项的模板，在市编办和市地震局的网站上公示。3月，在市编办的组织下，与国土、发改、住建等市各委办局，提出了科学、合理、合法而又切实可行的细化方案，梳理出了土地储备和一级开发阶段的细化流程，将朝阳区、海淀区、丰台区、通州区、大兴区列为五个试点区县，试行新的审批流程。

3月，推进台站基础设施优化改造，先后完成海淀地震台、房山地震台环境综合改造和通州地震台地电观测线路迁移工作。启动全市地震监测规划编制工作，推进地震台站整合，提高监测资源利用效率。加快监测台网技术系统升级改造，引进地震超快速报与集成发布软件系统，测震台网工作能力明显提升。

4月1日，《地震应急避难场所运行管理规范》（DB11/T 1044—2013）颁布实施。6月1日，《北京市〈人员疏散掩蔽标志设计与设置〉地方标准》（DB11/T 1062—2014）颁布实施。2014年，本市新建成地震应急避难场所2处，总面积4.31万平方米，可疏散1.9万人。目前，本市共建地震应急避难场所94处，其中Ⅰ类场所11处、Ⅱ类场所37处、Ⅲ类场所46处，总面积约1652.36万平方米，可疏散约280.18万人。

5月，以"中国梦·减灾有我"为主题，举办了首届"城市与减灾杯"防灾减灾作品大赛和以"防震减灾"为主题的"科普讲解大赛"选拔赛。力求从不同人群的不同视角出发，努力促进防灾减灾知识的全面普及，推动防灾减灾文化作品的创作与传播，引导全体公民增强防灾减灾意识。

5月12日，地震与建筑科学教育馆正式对外开放。该馆利用奥运工程建设馆现有场地，由北京市地震局和北京市规划展览馆共同策划、设计和建设完成。该馆以提高公众科学避险意识为核心任务，通过科学、系统、生动、直观的宣传方式，全方位介绍地震和建筑抗震的相关知识，积极推广抗震节能技术手段。教育馆展示面积1400平方米，设有序厅、地震知识百科、历史重现、应急避险、抗震建筑、4D影院、自救互救、灾后重建8个展区。

10月，组织召开2014年首都圈地区地震应急联席会议，对地震应急准备、预案编制、培训演练、队伍建设等工作展开了深入探讨，研究了2014年度首都圈地区应急联动工作计划。组织召开了京津冀地区活断层探测成果应用与联合探测研讨会，深入讨论了《关于建立京津冀地区活断层联合探测及成果共享机制》。

11月，在充分总结震后工作实践经验的基础上，完成了北京市地震系统地震应急预案的修订工作，并印发实施。预案对组织机构、响应层级、任务分工等内容进行了修改，力求突出重点、明确流程、落实任务，为科学、规范、高效地开展地震应急工作提供保障。

11月，建设完成了北京市震害防御管理系统，整合了北京市范围内地震安全性评价和活动断裂探测等工作成果，设有"安评项目""历史地震""监测台站""应急避难场所""断裂展布"等几个模块，可以对所需信息进行关键字查询、归类查询、圈选查询等多种查询。

2014年，按照《北京市突发事件应急委员会关于印发〈北京市巨灾情景构建总体工作方案〉的通知》要求，北京市地震局承担了"北京市地震灾害巨灾情景构建试点研究"项目。该研究将为本市地震巨灾情景构建的开展提供科学指导。

2014年，市地震局窗口共办结了建设项目抗震设防要求申请98件，核发了建设工程抗震设防要求审查67项，批复了京震抗发文件30件，评审了地震安全性评价报告40件，办理了绿色通道项目审查项目357件。依法管理好全市地震安全性评价资质，按要求完成了北京市9家地震安全性评价资质单位延期注册的初审，并上报中国地震局。组织完成了地震安全性评价委员会换届工作，确定了第四届北京市地震安全性评价委员会名单。

截至2014年底，全市已建成区县级防震减灾科普基地46个，其中国家级6个，市级10个；建成区县级防震减灾科普示范学校105所，其中市级科普示范学校22所；大兴区团河社区等18个社区和密云县黄土梁村被批准命名为"北京市地震安全社区（村）"，房山区大自然新城社区被中国地震局认定为"国家地震安全示范社区"。

第二节　地质

2011年4月，北京市国土资源局下发了《关于做好2011年汛期地质灾害防治工作的通知》（京国土环〔2011〕174号），强调要落实应急值守、地质灾害险情巡查、应急预案、灾情报告、灾情速报等各项制度。

2012 年 3 月，北京市国土资源局下发了《关于做好 2012 年汛期地质灾害防治工作的通知》(京国土环〔2012〕137 号)，强调要加强组织领导、应急值守和信息报送等。

2012 年，北京市国土资源局制作了地质灾害避险自救宣传片，在北京电视台多个频道进行播放；邀请专家进行"在线访谈"宣传地质灾害防治常识。

2012 年"7·21"北京特大暴雨发生后，北京市国土资源局立即启动应急响应，组织 60 多支应急调查队伍对居民点和公路开展灾后调查工作。共调查险村险户隐患点 478 处(其中新增 196 处)、公路 366 条(总里程 3761 千米)，排查出公路地质灾害隐患点 2335 处。同时，对房山区、丰台区临时安置房选址和避险场地的安全性进行了调查，并将成果第一时间提交当地政府。

2013 年，北京市国土资源局组织开展了全市 10 个山区县 1∶50000 地质灾害详查，对避险路线及避险场地(所)的现状进行了调查，划分了地质灾害易发区和危险区，建立了地质灾害数据库，将成果及时提交当地政府，并在局网站公布。

2013 年，按照市政府要求，北京市国土资源局牵头成立了北京市地质灾害防汛专项分指挥部。

2013 年，北京市国土资源局组织全市 700 余名地质灾害群测群防员首次进行防灾减灾知识系统培训，并签订了地质灾害防灾责任书。

2013 年，北京市国土资源局重新细化"防灾避险明白卡"，详细记录了灾害体的基本特征、受威胁险户、避险与转移方案、村民须知等信息，绘制了村级避险路线图，发放到每一个险户，并张贴在村中显著位置。

2014 年，北京市国土资源局组织在房山、门头沟、密云 3 个山区县开展地质灾害动态、实时监测和预警工作，共安装监测设备 479 台，覆盖突发地质灾害隐患 130 处。

2014 年，北京市国土资源局开发完成地质灾害气象风险预警平台，推动了区县自主预警工作。

2014 年，北京市国土资源局研究开发地质灾害防汛移动终端，提升了地质灾害防治管理水平。

2014 年，北京市国土资源局按照《国土资源部办公厅关于开展地质灾害防治高标准"十有县"建设工作的通知》要求，开展了全市高标准"十有县"建设工作，其中房山、门头沟、延庆、昌平、密云、海淀和石景山 7 个区县通过验收。

2014 年，北京市国土资源局组织地质灾害应急调查队伍入驻 10 个山区县分局，参与应急值守和调查。

2014 年，北京市国土资源局开发了全市地质灾害隐患点及避险场地的电子地图服务平台，供广大市民查询。

2014 年，北京市国土资源局会同水务、地勘等单位共同编制完成了《北京市地面沉降防治规划（2013—2020 年）》。

第三节　洪旱

2012 年 7 月 22 日上午，北京市市委书记、市长郭金龙在市防汛抗旱指挥中心就全市相关部门应对"7·21"特大暴雨工作进行再部署。会议听取了市水务局关于此次雨情的情况和防洪抢险的工作汇报。

郭金龙在讲话中说，在新中国成立以来最大一场降雨面前，北京经受住了考验，在各相关职责部门的努力和市民的积极配合下，取得了阶段性的胜利。特别提到的是，广大市民积极弘扬"爱国、创新、包容、厚德"的北京精神，互相伸出援助之手，首都市民的素质得到充分体现。

郭金龙指出，北京作为一个特大城市，既有老城区，又有现代化新城。经历这场暴雨可以看到，城市基础设施还比较薄弱。在今后工作中，我们要不断升级应急预案，完善基础设施建设，提升动员能力，加大对群众避灾自救知识的宣传教育普及，有效应对极端自然灾害带来的影响，确保城市平稳有序运行。

郭金龙对下一步防汛工作进行了部署，他强调，目前全市已从抢险转入救灾、善后阶段，目前的工作重点是保证城市运行的全面恢复，要进一步排查险情，防止次生灾害，特别是地质次生灾害的发生，同时全面做好灾区卫生防疫工作，防止疫病的发生，受灾地区要尽快组织开展灾情调查和核查工作，做好遇难群众的善后工作，对受灾群众的生活进行妥善安置，积极开展赈灾和自救工作。

2012 年 7 月 22 日 17 时，市防汛办组织防汛相关成员单位召开"北京应对'7·21'暴雨新闻通报会"，会议由市防汛抗旱指挥部副指挥、市水务局副局长潘安君主持。

会上，市气象局首先对近两日天气情况进行汇报，说明本次降雨呈现雨量大、雨量急、范围广等特点。市农委副主任张贵忠同志通报了"7·21"强降雨天气对农业造成的灾害。市建委、市交通委等单位分别就应对本次强降雨所作工作情况依次进行了通报。

市防汛抗旱指挥部副指挥、市水务局副局长潘安君对"7·21"强降雨过程和特点、造成的主要灾情、军民并肩作战取得的初步胜利、暴露出的问题和下一步工作等方面进行了总结性发言。

潘安君强调，我们将继续本着对人民群众高度负责的态度，认真做好后续救灾和善后工作，将工作重点由抢险转向救灾，做好灾后恢复重建，尽快恢复灾区人民正常生产生活；尽快恢复交通、通信、电力、水利等公共设施；进一步排查险情，防止次生灾害特别是地质次生灾害的发生；全面做好灾区卫生防疫工作，防止疫病的发生；组织开展灾情调查和核查工作，积极开展赈灾和自救工作；同时做好遇难群众的善后工作。

据了解，7月21日午后至22日凌晨，本市普降特大暴雨。降雨总量之多，历史罕见。全市平均降雨量170毫米，城区平均降雨量215毫米，为新中国成立以来最大一次降雨过程。全市最大降雨点房山区河北镇平均降雨量为460毫米，接近五百年一遇，城区最大降雨点石景山模式口平均降雨量为328毫米，达到百年一遇；小时降雨量超70毫米的站数多达20个。局部洪水之巨，历史罕见。拒马河最大流量达2500立方米/秒，北运河最大流量达1700立方米/秒。截至7月22日19时，全市共转移群众56933人，其中房山区转移20990人。全市参加本次强降雨应对人数为16万余人。解放军出动兵力2300人，武警部队出动兵力890人。截至7月22日8时，全市17座大中型水库共来水5300万立方米，其中密云水库来水2155万立方米，官厅水库来水117万立方米。经初步测算，利用湖泊滞蓄、河道调度、雨洪利用设施储蓄、加大入渗等多种措施，获得可利用水资源约9亿立方米。这场特大暴雨对改善空气质量和水环境起到一定作用。

市农委、市交通委、市重大办、市建委等相关委办局主管领导参加了此次会议。中央电视台、新华社、中央人民广播电台、北京电视台、《中国水利报》《北京日报》等20多家媒体和报纸对此次会议进行了全程报道。

2012年7月23日上午，夏占义副市长率领市水务局、市国土局、市民政局、市发展改革委、市卫生局、市财政局、市公路局等有关部门赶赴房山区大石河，就"7·21"特大暴雨灾情进行现场调研。现场查看了河北镇山体滑坡和道路损毁、大石河洪水、南窖乡水峪村险村险户转移以及受灾群众安置情况，听取了两名乡镇书记的情况汇报。夏占义同志指出，市委、市政府高度重视此次暴雨应对工作，派出多个工作组赶赴现场进行指导，目前的工作重点要由抗洪抢险转到灾后恢复重建上来，接下来，各区县、乡镇政府一定要千方百计做好受灾群众安置和供水、道路、电力、通信等基础设施的灾后恢复，力争将损失降到最低；各部门要有针对性地制定救灾计划和措施，落实资金，尽快恢复群众正常生产生活。他强调，灾后重建工作要统筹规划，着眼长远；要加强宣传抗洪抢险中涌现出的先进事迹和模范人物，凝结社会力量，做好各项工作。

2012 年 7 月 23 日晚，郭金龙、王安顺等市领导连夜赶赴房山重灾区调研指导，极大鼓舞了房山区各级干部和基层群众防汛抗灾的士气，增强了信心。各级干部纷纷表示，要发扬"不怕疲劳、连续作战"的精神，把市委、市政府关于"救灾、善后、维稳"的工作要求做细做实，及时抢通道路、电力、通信等基础设施，确保受灾群众吃上放心饭、喝上干净水。同时，明确各部门和各单位责任，防止次生灾害发生。灾区群众按照市领导关于"只要人在都好办"的精神，积极开展生产自救，情绪稳定，生活有序。

2012 年 7 月 24 日上午，夏占义、安钢同志在市防汛指挥部部署工作，要求各部门坚决落实郭金龙、王安顺同志 23 日会议上关于防汛抗灾工作的指示精神。一是重点做好因灾死亡人员的身份认定工作，决定派宋钰同志率队配合当地政府和有关部门做好相关工作；二是抓紧做好受损房屋的安全鉴定工作，确保 100% 安全后再组织群众返回；三是明确责任，防止次生灾害发生，严格管理危险品；四是及时总结防汛抗灾经验，完善相关预案，做好应对下一次强降雨工作；五是做好受灾损失的调研，进一步摸清灾情，组织机关干部发扬北京精神，带头向灾区捐赠；六是加强舆情监测，每天提出舆论引导对策和措施。

2012 年 7 月 26 日，民政部部长李立国率领由 12 个部门组成的国务院救灾工作组看望慰问受灾群众，实地查看灾情，研究进一步加大救灾工作力度的措施，明确要继续加大救灾支持力度，全力保障北京防灾减灾。市委副书记、代市长、市政协主席王安顺表示，北京市将以实际行动落实好国务院救灾工作组的要求，把各项措施做得更加细致周到，下一步要尽快通路、通电、通水、通信，保证灾民有房住、有饭吃、有水喝。

2012 年 7 月 27 日，市委书记郭金龙、代市长王安顺等市领导到房山区指导防汛救灾善后工作。在房山区十渡镇前头港村拒马河边，郭金龙等市领导向在灾害中不幸罹难的同胞表示哀悼。郭金龙和王安顺表示，市委、市政府将竭尽全力做好救灾善后工作。郭金龙说，特大自然灾害给我们的教训异常深刻，在灾害面前，我们的规划建设、基础设施、应急管理都暴露出许多问题。在这里，想想已经逝去的生命，看看受灾的群众，我们必须深刻反思，永远铭记这个教训，不断地加强和改进我们的工作，使我们的规划建设更科学、更符合自然规律；使我们的各项工作更加以人为本，并确保这样的灾难不再重现。

2012年7月27日夜，北京迎来新一轮降雨，郭金龙书记、王安顺代市长前往复兴门、莲花桥、南岗洼桥等积水点实地检查值勤值守情况，并赴房山查看雨情。郭金龙要求各部门、各单位，精神振作起来，作风硬朗起来，制度执行起来，责任明确起来。在基础设施改造到位之前，坚持实施对立交公路交通设置警戒线等行之有效的办法，确保在主汛期内不再出现人员死亡，不再出现积水点特别是下凹式道路车辆被泡现象。市委副书记吉林在市应急指挥中心值守。

2012年9月9日，全市中小河道治理工程开工仪式在房山区小清河畔举行，副市长夏占义宣布工程开工，该工程计划利用4年时间，通过开展水利建设大会战等方式，实现全市中小河流防洪排水达标治理，使流域水系整体防洪能力得到全面提高。今冬明春将完成34条、278千米中小河道防洪达标治理，13座小型水库除险消隐，15条小流域及7条大型河道水毁工程修复。

2013年1月10日，北京市抗击"7·21"特大自然灾害总结表彰大会在北京会议中心召开。市委书记郭金龙出席大会并讲话，代市长王安顺主持会议，市常务副市长李士祥做了北京市抗击"7·21"特大自然灾害工作报告，副市长夏占义、丁向阳分别宣读了关于表彰抗击"7·21"特大自然灾害先进集体和先进个人的决定和致中央有关部委的感谢信。

2013年5月11日，市委书记郭金龙调研全市防汛准备工作，先后查看了大钟寺、五路居雨水泵站升级改造工程，并听取了各部门的工作汇报。他强调，要树立"生命至上、安全第一"的宗旨。各部门要加强组织领导，落实工作责任，确保按时高质量地完成各项任务，特别要保证完成河道和中心城区积水点治理任务；要提升应急能力，提高预报、预警、预防和应急处置水平；要加大防汛知识宣传普及力度，提高公众防灾避灾意识和自救能力；要抓好工作统筹，全面提升防洪和水资源收集利用能力。市领导李士祥、牛有成、赵凤桐、林克庆以及市政府秘书长李伟一同参加调研。

2013年8月14日、16日和21日，北京市按照国家防总的要求，调运防汛物资支援黑龙江省防汛抢险。接到通知后，市防汛办紧急组织北京祥龙公司人员、车辆，并协调沿途省市高速路快速通行事宜，分别调运40万条编织袋、6万平方米土工布、21400件救生衣、30艘冲锋舟、100只橡皮舟、130台船外机、20台救生绳索抛射器、50 只强光搜索灯、200 盏查险灯、100 顶防汛帐篷、7 台打桩机等防汛物资至黑龙江省。

2014 年 5 月 22 日，市委书记郭金龙用一整天时间，前往丰台、海淀、昌平、朝阳四区，调研河道水环境治理、防洪水利工程建设和雨水综合利用等工作，要求各区县各部门积极发挥防洪治理工程作用，把各项工作做实做细，确保安全度汛，同时把防洪排涝设施建设和水资源利用结合起来，实现量水发展。

第四节　消防

一、2011 年

1 月 30 日，刘淇书记、郭金龙市长等领导对工人体育场北门烟花爆竹销售点、鑫春秀路菜市场进行春节前安全检查，消防局赵子新局长陪同检查。

2 月 10 日，北京市 2011 年第一次消防工作联席会议在市政府召开，副市长苟仲文出席会议并做重要讲话。

2 月 28 日，消防局举行突发事件媒体沟通与应对专题培训会，副局长骆原出席会议并讲话。机关司、政、后、防各部门秘书处相关负责人，各消防支（大）队、消防监督处（科）主管宣传领导和宣传工作具体负责人，共计 40 余人参加了培训。

3 月 30 日，苟仲文副市长主持召开会议，专题听取《北京市"十二五"时期消防事业发展建设规划》编制情况汇报。

5 月 17 日，消防局召开火灾隐患情报信息中心成立暨揭牌仪式大会。

5 月 27 日，北京市第十三届人民代表大会常务委员会第二十五次会议表决通过《北京市消防条例（修订稿）》，定于 2011 年 9 月 1 日起施行。为做好《北京市消防条例（修订稿）》的对外宣传工作，5 月 27 日下午，消防局组织召开专题新闻发布会，对该条例相关内容进行分析解读。

6 月 26 日至 27 日，台湾消防署署长叶吉堂一行 9 人代表团到市公安局消防局，就城市消防基础设施建设、高层和地下灭火救援、消防宣传、技术装备等进行消防技术交流。

7 月 24 日 6 时至 25 日 6 时，全市消防部队共接报抢险救援 356 起，出动 378 队次、385 车次、2695 人次，其中排水抢险 281 起，占抢险总数的 79%。广大官兵连续作战、顽强拼搏、昼夜排涝，成功处置了一起起城市干道立交桥桥区、低洼路段积水断路以及暴雨引发的输电线路损坏、道路阻断等事故，最大限度地保障了城市安全运行和群众的生产生活，得到了各级政府和人民群众的高度赞誉。

8月1日，消防局隆重举行"北京消防"官方微博开通仪式，邀请中央电视台主持人文静担任"北京消防"官方微博形象代言人。

9月1日，是北京市首个消防中队开放日。北京消防总队和首都精神文明办联合在全市举行"消防中队开放日暨消防演练一日观摩体验"活动，组织所有消防中队向社会开放，全市7000余名群众走进消防中队参观体验、学习消防安全知识。

9月13日，消防局与北京市科学技术研究院共同组建的"北京市综合应急救援总队技术支持中心"正式揭牌成立。

11月8日，北京市公安局消防局顺利开通"96119"火灾隐患举报投诉热线，正式受理群众的举报。

12月15日，北京市120与110、122、119资源共享与应急联动协作机制正式签字启动。市应急办樊宇副主任、市卫生局赵涛副巡视员、市公安局勤务指挥部郑晓非副主任以及消防局司令部李建春参谋长出席了签字仪式。

二、2012 年

1月27日晚，市委副书记、市长郭金龙，市委常委、常务副市长吉林，市委常委、市公安局局长傅政华，副市长刘敬民、苟仲文，市政府秘书长孙康林，市委副秘书长严力强，市烟花办主任、市政府副秘书长周正宇等领导坐镇市公安局消防局，指挥部署全市烟花爆竹安全燃放工作。

2月17日，市政府组织召开北京市贯彻《国务院关于加强和改进消防工作的意见》全面推进2012年消防工作大会。

3月5日，由北京市委宣传部、市公安局、市教委、市民政局、市文化局、市卫生局、市广播电影电视局、市安全生产监督管理局联合制定的《北京市贯彻落实〈全民消防安全宣传教育纲要（2011—2015 年）〉的实施意见》正式出台实施。

4月27日，市公安局消防局召开图像监控系统与公安部消防局综合平台整合项目验收会。

5月14日，法国巴黎消防代表团一行5人在市公安局消防局李进副局长陪同下，到大兴消防支队西红门中队就首都消防部队正规化建设工作进行参观交流。

5月25日，中宣部、公安部、教育部、民政部、文化部、卫生部、广电总局和安全监管总局等8部门联合在北京市朝阳区望京体育公园广场举办《全民消防安全宣传教育纲要（2011—2015 年）》宣传周活动启动仪式，全国 31 个省、自治区、直辖市也同步举办启动仪式。

6 月 13 日，由首都精神文明建设委员会办公室与市防火安全委员会办公室联合举办的第二届"消防连着你我他，平安幸福进万家"主题宣传教育活动暨首场"安正杯"家庭消防安全知识竞赛在西直门消防中队拉开帷幕。

7 月 21 日，北京市遭遇 60 年来最大暴雨袭击，消防局迅速启动重大灾害事故应急预案，展开救援。从 7 月 21 日 12 时至 7 月 22 日 6 时，消防局共接报警 1651起，出动警力 1657 队次、1867 车次、13069 人次，解救被困群众 133 人，疏散被困群众 578 人，排水 7724 吨。

8 月 2 日，在"北京消防"官方微博运行一周年之际，消防局举办城市突发事件微博应对及舆论引导座谈会，正式发布"北京消防"官方微博吉祥物。

8 月 29 日，消防局与北京市教委联合在石景山区教委召开"校园消防安全新闻发布会暨百名校长学消防宣传教育活动"。

9 月 20 日，消防局联合北京市公交集团，在 119 路公交车站举行宣贯《全民消防安全宣传教育纲要（2011—2015 年）》公益活动启动仪式。

11 月 1 日，由首都精神文明办、市公安局消防局主办，顺义区人民政府承办的以"人人关注消防，共筑平安和谐"为主题的北京市第二十二届"119"消防宣传月活动启动仪式在顺义区东方太阳城社区举行。

11 月 29 日，新浪网在京召开"微政道——2012 新浪政法微博年度高峰论坛"，"北京消防"官方微博荣获 2012 年度"全国政法微博十佳应用奖"。

12 月 2 日，消防局与市经信委网管中心共同召开消防车辆北斗定位终端安装协调会，会议决定分三步完成定位终端安装工作，并将数据连入市应急办统一定位平台并网运行。

三、2013 年

1 月 27 日，共青团北京市委在消防局培训基地举办"社区青年汇新青年城市体验营走进北京市公安消防总队培训基地"活动。

4 月 26 日，市政府组织召开 2013 年第二次消防工作联席会议，部署强调全年及阶段性重点工作，就开展"打基础、除隐患、创平安"百日专项行动进行部署。张延昆副市长出席会议并做重要讲话。

5 月 15 日，由中国科学技术协会和北京市公安局联合主办的第五届中国（北京）国际警用装备及反恐技术装备展览会在北京展览馆隆重开幕。此次展览会上，由北京市公安局消防局官兵承担和研发的"重大活动和公众聚集场所火灾风险评估关键技术及应用研究""消防/安防紧急出口安全控制机报警逃生门锁系统""戒指切割机"等消防技术成果参加了展示。

6月14日，在由公安部消防局和中央电视台联合举办的"走基层·寻找最美消防员"活动颁奖典礼上，消防局密云支队溪翁庄中队指导员郑建成荣获"最美消防员"称号。

7月2日，张延昆副市长组织召开专题会议，研究国务院《消防工作考核办法》落实意见。

9月26日，市委常委、副市长陈刚深入轨道交通施工现场，开展节前消防安全大检查，并听取全市轨道交通工程建设进展汇报。

9月27日至30日，市防火委集中组织市属教育、民政、商务、旅游、文化、卫生、广电、消防等8个部门，深入城六区，对行业系统经营单位落实国庆节前消防安全工作进行督导检查。

10月11日凌晨2点59分，石景山区喜隆多商场发生火灾，消防局迅速出动15个消防中队、63辆消防车、300余名消防官兵赶赴现场处置，上午11时大火被扑灭。在灭火战斗中，石景山消防支队司令部参谋长刘洪坤、石景山消防支队八大处中队副中队长刘洪魁主动请缨、身先士卒，多次深入火场危险区域内部侦察，带领攻坚队破拆攻坚灭火，因火势引发部分建筑物坍塌，不幸壮烈牺牲。刘洪坤年仅35岁，刘洪魁年仅28岁。

11月15日，张延昆副市长带队深入基层社区调研，对进一步做好冬季火灾防控工作提出明确要求。

四、2014 年

1月12日，市政府召开全市安全生产、消防、森林防火工作部署电视电话会。林克庆、张延昆副市长出席会议并做重要讲话。

1月15日，消防局联合首都精神文明办，在北京航空航天大学开展以"清剿火患，志愿者在行动"为主题的消防志愿服务活动。北京航空航天大学、中国农业大学、中国地质大学等多所高校的400余名消防志愿者参加活动。

1月26日，中央政治局委员、北京市委书记郭金龙，市长王安顺带队到人员密集场所检查节日安全生产和消防工作落实情况。

2月14日（正月十五），北京市副市长张延昆，市政府副秘书长刘志，市政府烟花办常务副主任、副局长李润华等领导亲临消防局，坐镇指挥全市烟花爆竹安全管理工作。

3月25日，消防局与国家电网北京市电力公司举行应急联动合作协议签订仪式。

5月24日，消防局联合市政府新闻办，在中国消防博物馆举办"百名新闻发言人学消防"活动。

6月11日，市政府张延昆副市长组织召开推进夏季火灾防控暨重大火灾隐患集中整治动员部署会议，分析消防安全形势，传达贯彻上级部署，全面推进重大火灾隐患集中整治专项行动。

6月24日，市委副书记、市长王安顺带队，深入朝阳区暗访检查社会单位消防安全。

7月23日，市政府张延昆副市长带领由安监、消防等部门组成的联合检查组，对丰台区城乡结合部消防安全进行专题调研和检查指导。

9月4日，市政府张延昆副市长听取消防局吴志强局长、夏夕岚政委近期重点工作汇报，对维护首都消防安全稳定、全面加强消防队伍建设做出重要指示。

9月25日，市公安局"民生服务平台"正式上线，隆重推出"消防隐患快拍"。

10月8日，市委常委、常务副市长李士祥深入"水立方"就内部改造工程期间消防安全等工作进行调研，并召开现场工作会。

10月28日，中央政治局委员、北京市市委书记郭金龙，市长王安顺莅临国家会议中心、国家游泳中心，检查指导APEC会议期间消防安保等工作。

11月2日至9日，全市组织开展第二十四届119消防宣传周活动，以"找火灾隐患、保家庭平安"为主题，在全市设立消防宣传站800余个，开展消防宣传活动4500余场，发放消防宣传材料120余万份，悬挂宣传横幅、标语15万幅，在户外视频播放消防公益广告800万条（次），在新闻媒体刊播稿件400篇（条）。

12月19日，市政府副市长张延昆、市公安局副局长李润华、市安监局局长张树森等到消防局召开专题会议，对元旦、春节期间防火及烟花爆竹燃放安全管理相关工作进行检查部署。

12月24日晚19时至次日零时，全市范围内集中打响圣诞节、平安夜消防安全"零点夜查"行动攻坚战。

12月29日，市政府召开紧急视频会议，全面部署年终岁末安全生产和消防工作。市委常委、副市长陈刚，副市长张延昆，市政府秘书长李伟、副秘书长刘志参加会议。

第五节　农业

2011 年 1 月，北京市农业局印发了《关于应对灾害性天气 保障蔬菜生产应急工作方案的通知》（试行）（京农发〔2011〕21 号）。

2011 年 7 月，北京市农业局印发了《关于切实做好农机防汛抗旱及应对自然灾害突发事件等工作的通知》（京农发〔2011〕176 号）。

2012 年 7 月 21 日下午，市农业局启动防汛抗旱应急预案，及时通知区县农口管理部门与各乡镇相关人员到岗值班，22 日晨主要领导带领科室人员查看灾情，并组织恢复生产，印发了《关于切实做好种植业灾后恢复生产工作的通知》（京农发〔2012〕170 号）。

2012 年 7 月 23 日，市农业局赵根武局长带领相关业务处室负责人到通州区视察灾情，督导救灾工作，对通州区农业局在救灾方面以及开展的工作给予肯定，同时鼓励大家坚定信心，采取科学措施，进行灾后重建，确保尽快恢复生产。

2012 年 7 月，市农委、市农业局及有关单位迅速成立 "7·21" 灾后农业恢复生产工作领导小组，紧急协商安排资金 1 亿元，研究制定了七项政策措施，加快推进灾后农业恢复生产工作。

2012 年 7 月，市农委、市农业局印发了《关于做好灾后农业恢复生产工作的通知》（京政农函〔2012〕45 号），提出加快推进灾后农业恢复生产工作的相关措施和政策，要求各级党委、政府认真落实防汛工作责任制，积极主动地抓好农业防灾减灾工作。

2012 年 7 月，瑞士再保险公司向房山区捐赠资金共计 225000 瑞士法郎（约合 150 万元人民币），帮助房山灾后重建。

2012 年 8 月，市农业局指导房山区开展灾后农村能源设施安全隐患排查及抢修恢复工作，对受灾乡镇的沼气站、生物质气化站和太阳能公共浴室等农村能源设施逐一进行检查，在确保安全的基础上加紧进行抢修，排除安全隐患。

2012 年 11 月 7 日，市农业局吴宝新副局长带领局 "11·3" 暴雪救灾指导组赴延庆县指导救灾工作。救灾指导组分蔬菜救灾指导分队和畜牧救灾指导分队两个分队，了解当地受灾情况，并针对暴雪灾害对农业生产的影响进行了技术指导。

2013 年 4 月，北京市农业局编印了《农业防灾减灾实用手册》，分发到郊区农业管理部门、技术推广部门和生产者手中。

2013 年 8 月，召开全国农业科技抗灾促秋粮丰收视频会议，贯彻落实国务院常务会议精神和韩长赋部长的要求，进一步分析当前秋粮生产形势，部署安排以科技抗灾为重点的生产管理工作，全力以赴夺取秋粮丰收。

2014 年 7 月，农业部办公厅发布《关于全力抓好当前防汛抗旱夺取秋粮丰收的紧急通知》，要求各地要立足抗灾夺丰收，加强灾情监测，科学有效应对，切实抓好各项防灾减灾措施落实，全力以赴夺取秋粮丰收。

第六节　环境应急管理

一、2011 年

（一）组织突发环境事件应急管理工作培训

按照年度工作计划，市环保局于 9 月 6 日至 9 日在房山分两期组织对各区县环保局应急人员、监察总队和监测中心部分人员、两支专业处置队伍应急人员，约 100 人进行了突发环境事件应急工作培训。

培训以强化突发环境事件应急管理理念，提高应急处置过程中个人防护能力为主要目的。邀请环保部应急办专家就全国环境应急管理形势、环境应急管理体系给大家授课，系统介绍了全国环境应急的形势、任务和典型案例，对环境应急全过程管理和事件应对各环节的具体要求进行讲解；邀请市劳保所同志介绍了环境安全风险评估的基本办法和要求；组织全体人员进行实毒状态下人员防护的气密性检查。

通过培训，应急人员基本了解了全国环境应急管理体系，明确了突发环境事件应急处置具体要求；亲身进入毒区，感受了个人防护的严密状态，增强了应急意识，提高了个人防护能力。

（二）组织开展涉氨单位隐患排查专项整治工作

市环保局于 5 月在全市开展了为期一个月的涉氨单位环境安全隐患排查整治活动。

排查整治的对象主要是制冷、肉食品加工、啤酒酿造、食品水果和水产品批发、制药、玻璃制造等使用、储存液氨的企业。检查内容主要是涉氨企业是否按照《北京市液氨事故状态下环境污染防控技术导则》的要求落实事故状态下环境污染防治措施，包括预案制定、演练记录、喷淋装置、气体报警装置、清净下水收集设施、排风设施及其他物资储备、空气呼吸器、堵漏工具等内容。

此次检查活动共清查涉氨单位153家，责令企业按照《北京市液氨事故状态下环境污染防控技术导则》的要求进行整改的有43家，下发限期整改通知20余份，对4家违反建设项目"三同时"的环境违法行为进行处罚，罚款金额4万元。检查发现，有32家企业无堵漏工具；16家企业无空气呼吸器；9家企业无预案或预案不完善；15家企业无报警装置；14家企业无风向标；13家企业污水排放未进入市政管道且无清净下水收集设施。

6月14日，对9个区县共28家企业进行专项督查活动，督查发现8家企业存在问题，主要问题是3家企业预案制定不完善，3家企业无清净下水收集设施，3家企业无固定喷淋装置。对有问题的单位立即下达限期整改通知书，及时消除环境安全隐患，确保首都的环境安全。

二、2012年

（一）成功应对"7·21"暴雨灾害，妥善处置次生环境灾害影响

7月21日以来，北京地区连续遭受强降雨袭击，个别地区引发了山洪和泥石流。为了及时处置洪水可能带来的环境污染，防止发生次生环境灾害，主要采取了以下措施。一是加强环境应急值守。接到市防汛抗旱指挥部的"7·21"特大暴雨预警通告后，市环保局及时进行统一部署，明确应急、监察重点保障要求，做好各种应急准备工作。局领导亲自带班加强汛期环境应急值守工作，认真落实应急准备，保持通信畅通，做好应急车辆、仪器、设备器材检查，使其性能随时处于良好的待用状态。二是开展隐患排查。"7·21"强降雨后，市环保局下发《关于开展强降雨后环境安全隐患排查工作的通知》，扎实开展灾后环境安全隐患排查，及时发现问题消除隐患。针对房山区受灾严重的情况，在局领导指挥下，市环境监察总队组织专门人员赴房山区对国控重点源中石化北京燕山分公司和拒马河附近污染源受灾情况开展实地摸排和处置工作。先后对房山区188家储油设施单位及17家涉源单位进行了环境安全排查。对多个河流的水质开展连续监测，联合安监、卫生等部门采取应对措施，及时消除环境风险隐患。三是快速反应，妥善处置多起突发环境

事件。市、区两级环保部门通力合作，快速反应，及时应对灾后引发的突发环境事件，妥善处置了多起突发环境事件，化解了险情。先后处理了房山区城关街道国金养殖场1800多头猪被淹亡后产生的污水，房山区琉璃河镇燕硫加油站2号油罐汽油泄漏事件，房山区韩村河镇东南章村发生泄漏燃油爆燃及被洪水冲毁的18个储油罐泄漏事件，房山区拒马河十渡区域河道水质出现异常情况等突出的次生环境问题和重大环境隐患。指导房山区环保局处置了10余起突发环境事件。在处置突发环境事件中，局领导高度重视，亲自到现场指导应急监测和处置工作，环境应急人员履职尽责，持续作战，不畏艰险，始终冲在应急救灾一线，妥善处置突发环境事件，确保了本市环境安全。

（二）全力做好十八大的环境安全保障工作

2012年11月，党的十八大在北京召开，为了确保首都地区环境安全，市环保局专门下发了环境应急保障工作方案，对十八大期间的环境应急保障进行明确，提出具体要求：加强组织领导，严格领导住岗带班制度，每天保持一个应急小组在岗值守。区县环保局始终保持一个监察组、一个监测组和一个辐射组处于备勤值守状态。市自来水集团、北京金隅红树林环保技术有限责任公司专业应急救援队伍要有一个应急组处于值守应急状态。市环境监测中心和市辐射安全技术中心均要有1名指挥员和1个应急组始终处于值守应急状态。加强信息报送，要求每日实施"零报告"制度。加强应急装备的维护保养，使各类应急车辆、设备、仪器的性能处于良好的待用状态，能随时执行应急处置任务。合理调配人员，加强应急保障、车辆保障等措施。圆满完成了十八大期间的环境安全保障任务。

三、2013年

（一）启动第九届园博会期间环境安全保障联动机制

2013年5月18日至11月18日，第九届中国（北京）国际园林博览会在丰台举办，为确保园博会期间的环境安全，市环保局积极做好园博会期间的环境安全保障工作。

5月9日，市环保局组织丰台、石景山、门头沟、房山区环保局以及市环境应急中心、市环保监测中心、市环保宣传中心、市固体废物和化学品管理中心、市辐射安全技术中心召开启动区域环境应急联动机制会议，部署建立以园博会环境安全保障为重点，市环保局应急办为总协调，海淀、丰台、石景山、门头沟、房山等地区环保局相配合的环境安全保障工作体系。

根据联动工作机制规定，市环保局应急办根据丰台区发生突发环境事件的情况调动应急处置力量，并迅速派出应急现场指挥员；市环保局相关单位担负应急支援和专业指导任务。丰台区环保局在园博会举办期间发生突发环境事件后要第一时间报告市局应急办，第一时间赶赴现场，第一时间开展监测，第一时间组织开展调查。海淀、石景山、门头沟、房山区环保局接到通知后迅速启动应急预案，按要求开展应急支援行动。

同时，要求相关单位：一是要从讲政治的高度做好园博会期间的环境安全；二是要做好隐患排查，确保不发生环境污染事件；三是要加强应急值守，做好应急处置准备工作；四是保证应急指挥通信、应急监测车辆和装备始终处于良好状态，确保能够及时妥善处置突发环境事件。

（二）积极开展"5·12防灾减灾日"主题宣传活动

为进一步唤起社会各界对环境应急管理工作的重视，增加全社会环境应急与防灾减灾意识。市环保局认真组织参与2013年"5·12防灾减灾日"主题宣传活动。

此次宣传活动以"普及环境安全常识、增强公众环保意识"为主题。活动现场通过悬挂标语、发放宣传资料、展示应急监测装备等多种形式向群众进行宣传。宣传内容涉及如何应对雾霾天气，如何预防并减轻电磁辐射的伤害等方面。

姚辉副局长全程参加了此次主题宣传活动并指出，做好突发环境应急知识的宣传是保障人民生命安全、促进社会和谐稳定的重要举措。

据统计，此次宣传活动全市环保系统共出动400人次，悬挂宣传条幅20条，展出宣传图板70块，发放各类宣传资料30000余份，共接待咨询群众30000余人次。通过此次宣传活动，普及推广了全民环境应急常识和避灾自救、互救技能，提高了群众的自我防护意识和能力，产生了良好的社会效应。

（三）组织开展环境安全大检查活动

2013年6月至9月，市环保局开展2013年环境安全大检查活动，局领导高度重视，成立了活动领导小组，陈添局长亲自担任组长，召开专门会议进行部署安排。

为确保大检查活动的实效，市环保局组织开展了座谈调研，成立了专项督查组，并联合安监、公安等部门进行协调联动督查。

在环境保护部要求检查重点内容的基础上，市环保局还将涉氨、涉氯单位和地下水饮用水水源地一级、二级保护区内的环境风险源排查纳入检查与整治活动中。

大检查活动分为企业自查、区县检查、市级督查、梳理总结四个阶段。全市累计出动环境监察人员 3812 人次，检查企业 1400 余家，更新、建立了重点行业企业、地下水饮用水水源地、尾矿库、涉氨涉氯企业等几大类环境安全风险源台账。

四、2014 年

（一）建立京津冀地区突发水污染事件应急联动机制

根据京津冀协调发展领导小组的部署和要求，2014 年 10 月 11 日，市环保局组织召开京津冀水污染突发事件联防联控机制第一次联席会议，环保部应急中心冯晓波副主任，北京市环保局姚辉副局长，天津市环保局吴光亮副局长，河北省环保厅殷广平副厅长及市政府应急办、京津冀三省市相关地市级环保局应急工作主管领导参加了会议。

会上，三省市环保部门主管领导共同签署了《京津冀水污染突发事件联防联控机制合作协议》，协议对京津冀区域内水污染突发环境事件的组织协调、联合预防、信息共享、联合监测、应急联动进行了详细的规定。会议还对 2015 年联防联控工作方案进行了讨论，确定了 2015 年联防联控工作的重点。

京津冀水污染突发事件联防联控机制的建立对突发水环境事件的预防和应急处置工作具有十分重要的战略意义，为流域内水污染防控工作奠定了基础。下一步联防联控机制将进一步向基层环保部门延伸，提高一线应急人员联防联控协调处置的能力。

（二）组织开展突发环境事件暨反恐应急综合演练

2014 年 9 月 25 日，由市环保局组织的 2014 年突发环境事件暨反恐应急综合演练在怀柔区雁栖镇莲花池村成功举行。

陈添局长带领部分局领导和机关处室、直属单位的代表，亲临现场进行了观摩指导，还邀请国家核安全局、环保部应急中心、市应急办、市反恐办和怀柔区政府的主要领导进行了观摩。

此次演练的背景是：恐怖分子驾驶装有放射性材料的车辆，在公安部门的围追过程中，撞击了装有危险化学品的车辆，遭围堵后，引爆车辆，事故分别造成危险化学品泄漏和辐射泄漏。演练重点突出了市、区两级环保部门的应急联动以及各专业应急处置力量、专业应急处置队伍和社会应急处置力量的协同配合，达到了练指挥、练组织、练协同的目的。

演练结束后，陈添局长做了重要讲话，他对本次演练活动给予充分的肯定，并向全体参演人员表示亲切的慰问。要求全体同志要提高认识，从维护首都安定的政治大局出发，"下好先手棋、打好主动仗"；要着眼长远，全面夯实环境应急工作基础，努力强化应急能力建设，不断提升应急响应水平，训练出一支高素质的应急队伍；围绕隐患，全面加强环境应急风险防范；加强值守，全力保障新中国成立 65 周年庆典和 APEC 会议期间的环境安全。

（三）积极做好 APEC 会议期间环境安全保障工作

APEC 会议期间，市环保局多措并举，全力做好环境安全保障工作。一是全面启动 APEC 会场周边区域环境安全应急联动机制，即启动两个重点区域联动机制；明确联动机制环境应急处置出动序列。两个重点区域联动，一个是指以怀柔区环保局为主，由昌平区、顺义区和密云县环保局组成的雁栖湖会议中心区域联动机制；另一个是指以朝阳区环保局为主，由东城区、西城区、海淀区和昌平区环保局组成的国家会议中心区域联动机制。二是强化会议期间值守要求。各单位应急值守人员按照"单岗双人"的原则安排应急值守，全体应急备勤人员 24 小时在岗值班，应急装备物资器材保持良好状态，确保第一时间妥善处置各类突发环境事件。三是妥善处置国家会议中心、雁栖国际会都查扣的一批危险废物。11 月 8 日，接到 APEC 会议核生化反恐保障团队通报，国家会议中心、雁栖国际会都查扣了一批危险废物。市环保局接报后，环境应急人员带领金隅红树林危险化学品专业处置队伍分别将国家会议中心、水立方 16 个安检口及雁栖国际会都查收的危险废物进行收处，共计收集危险废物 60 多千克。

第七节　北京市公安局减灾年鉴（2011—2014 年）

一、2011 年

【强化行业场所从业人员培训】2011 年内，治安管理总队先后组织全市范围的旅馆业经营人培训班、旅馆业前台人员培训班、歌舞场所从业人员培训班、洗浴场所从业人员培训班，共培训从业人员 18 万人次，强化了行业场所从业人员的法制意识。

【开展娱乐场所反恐防爆应急疏散演练】4 月 9 日，治安管理总队在海淀区蓝黛迪厅举行了娱乐场所反恐防爆应急疏散演练观摩会。300 余名娱乐场所从业人员以场所内发现爆炸物为背景，按照发现、处置、疏散、警戒、通信保障等环节进行了演练。各分（县）局治安支（大）队行业队队长及全市 150 余家娱乐场所经营者到场观摩。新华社、《北京日报》等 20 余家媒体进行了新闻报道。

【公安机关对大兴旧宫一厂房发生火灾事故进行立案侦查】2011 年 4 月 25 日，大兴区旧宫镇南街三村振兴北路 27 号发生火灾事故，造成 18 人死亡、24 人受伤。事故发生后，按照市领导指示要求，治安管理总队立即会同朝阳公安分局和市政府相关职能部门成立联合调查组开展事故调查处理工作。经查，犯罪嫌疑人张军伙同其父张保河于 2009 年 6 月在没有任何手续的情况下，私自翻建房屋，且无任何建筑设计和消防通道等设施。并将房屋私自出租给无照经营的高德发开设服装厂，高某日常疏忽防火安全管理，导致事发当日因给电瓶车充电时间过长，造成电线短路而发生火灾。犯罪嫌疑人张军、张保河依法被刑事拘留。

【安全迎汛工作】根据市委、市政府、市防汛办总体部署，结合 2011 年汛期特点以及公安机关承担的职责任务，市公安局制发了《防汛安全保卫工作方案》，局属各单位联动配合、快速处置，积极应对主汛期雨情、汛情，强化督导检查，落实各项安全措施。期间，全局共出动警力 3.5 万人次，会同有关部门开展安全检查 312 次，检查重点部位、要害部门 5706 处，危旧平房 8200 间；参与各类排险 1270 起，清理各类暴风刮倒树木、交通障碍 119 起，圆满完成了防汛安全保卫工作。

【预防煤气中毒工作】2011—2012 年取暖季，市预防煤气中毒工作协调小组新增市委宣传部为成员单位。经调查摸底，全市共有煤火取暖户 210 万户，取暖人员 582 万人；全市共开展集中安全检查 4 次，出动检查力量 53 万余人次，发放宣传材料 1163 万余份，签订责任书 260 万余份，集中设点宣传 867 次，制作展板、条幅 3 万余条，检查取暖户 850 万余户次，发现并整改各类隐患问题 37002 件；推广技防措施，共安装一氧化碳报警器 302936 台。整个取暖季，因煤火取暖发生煤气中毒死亡事故 26 起，死亡 38 人。

二、2012 年

【开展地下空间整治】2012 年内，治安管理总队组织开展地下空间整治工作，共检查经营场所 865 家、地下空间出租房屋 64594 户，签订治安责任书 15256 份，发现并消除各类安全隐患 1223 处，配合政府相关部门及时发现化解矛盾纠纷 49 起。并组织开展了高层建筑和地下空间火灾隐患排查整治"消防平安 1 号"行动，共检查地下空间 7000 处，发现火灾隐患 11203 处，督促整改 9047 处，责令限期整改 1728 处，罚款 355.1 万元。

【预防煤气中毒工作】2012—2013 年取暖季，市预防煤气中毒工作协调小组新增市志愿者联合会为成员单位。经调查摸底，全市共有煤火取暖户 168 万户，取暖人员 462 万人；全市共开展集中安全检查 4 次，出动检查力量 152 万余人次，发放宣传材料 1700 万余份，利用电视、广播、报纸宣传 21000 余次，制作宣传展板、横幅、海报、标语等 12.5 万余块，发现并整改各类隐患问题 68251 件；推广技防措施，累计安装一氧化碳报警器 67 万余台。整个取暖季，因煤火取暖发生煤气中毒死亡事故 29 起，死亡 45 人。

三、2013 年

【开展打击"黑开"旅店专项行动】9 月 6 日 21 时至 7 日 9 时，全局治安系统开展 12 小时不间断打击无证经营"黑开"旅店集中行动，共取缔"黑开"旅店 290 家，查获"黑开"旅店经营者等各类违法犯罪嫌疑人 269 名，行政拘留 145 名，核录从业及住店人员 1239 名。

【本市"迪厅"首次使用 X 光机安检】11 月 1 日至 20 日，治安管理总队对本市"迪厅"首次执行"迪厅、慢摇吧等人员密集场所实行 X 光机安检"措施。期间，全市 31 家"迪厅"中 12 家停业，19 家营业的迪厅、慢摇吧类场所共发现各类刀具 73 把、警棍等其他管制物品 11 件，降低了此类场所发生刑事、治安案件概率。

【安全迎汛工作】2013 年，按照市委、市政府提出的汛期"不死人、不塌房、不泡车"的重要指示，市公安局坚持"底线思维"和"防大汛、抗大洪、救大灾"的思路，在深刻吸取 2012 年"7·21"特大暴雨灾害事故经验教训基础上，提前介入，精心谋划，全警联动，科学处置。期间，全局共出动警力 5.5 万人次，会同有关部门开展安全检查 2163 次，检查重点部位、要害部门、危旧平房等 6343 处；共接汛情报警 738 次，参与各类排险 352 起，救援遇险群众 2450 人；自行组织或配合有关部门开展综合演练 380 余次，进行各类防汛宣传 2000 余次，发放宣传资料 3.2 万份，圆满完成了防汛安全保卫工作。

【预防煤气中毒工作】2013—2014 年取暖季，经调查摸底，全市共有煤火取暖户 128 万户，取暖人员 354 万人；全市共开展集中安全检查 4 次，出动检查力量 139 万余人次，发放宣传材料 1900 万余份，签订责任书 941 万余份，集中设点宣传 7200 余次，制作展板、条幅 14 万余条，发现并整改各类隐患问题 40348 件；推广技防措施，累计安装一氧化碳报警器 116 万余台。整个取暖季，因煤火取暖发生煤气中毒死亡事故 29 起，死亡 45 人。

四、2014 年

【公安机关对涉嫌在建的海淀清华大学附属中学体育馆发生坍塌事故进行立案侦查】2014 年 12 月 29 日，在北京市海淀区清华大学附属中学体育馆及宿舍楼工程工地，作业人员在基坑内绑扎钢筋过程中，筏板基础钢筋体系发生坍塌，造成 10 人死亡、4 人受伤。事故发生后，党中央、国务院高度重视，习近平总书记和李克强总理做出重要批示，要求北京市全力搜救被困人员、救治伤员，务必把损失减少到最小程度。后经治安管理总队会同海淀公安分局、海淀检察院对事故原因开展依法调查，查明了事故原因并认定了事故性质，依法对刘船等 16 名责任人员进行刑事拘留，上述人员被海淀检察院批准逮捕。

【安全迎汛工作】按照市委、市政府提出的防汛工作"生命至上、安全第一"的指导思想以及"立足于防大汛、抗大洪、抢大险、救大灾，立足于应对极端天气和局部强降雨，确保城市运行安全，确保人民生命财产安全，实现保安全、多蓄水"的总体目标，市公安局成立防汛指挥部，由主要领导担任指挥部总指挥，下设"一室五部"，即 1 个防汛办公室和灾区治安秩序维护、警力调配、内部防汛安全、交通保障、督导检查等 5 个分指挥部，相关主管局长分工负责，进一步明确各部门职责任务，做到组织到位，有效提高了应对突发汛情的处置能力和效率。期间，全局会同有关部门开展安全检查 327 次，检查重点部位、要害部门 4092 处，参与各类排险 553 起，自行组织或配合有关部门开展综合演练 592 余次，疏导拥堵车辆 4200 余辆，圆满完成了防汛安全保卫工作。

【预防煤气中毒工作】2014—2015 年取暖季，经调查摸底，全市共有煤火取暖户 114 万户，取暖人员 339 万人；全市共开展集中安全检查 4 次，发放宣传材料 1000 万余份，签订责任书 828 万余份，集中设点宣传 6800 余次，制作展板、条幅

31 万余条，发现并整改各类隐患问题 6 万余件；推广技防措施，基本实现了技防措施 100% 全覆盖的目标。整个取暖季，因煤火取暖发生煤气中毒死亡事故 18 起，死亡 33 人。

第二篇

灾害与灾情

第一章　气象灾害

第一节　逐年气候概况

一、2011 年气候概况

2011 年北京地区主要气候特点是：降水接近常年，气温略偏高，日照偏少。其中，冬季气温、降水接近常年；春季气温偏高，降水偏少；夏季气温偏高，降水偏多；秋季气温比常年略偏高，降水略偏少；冬季、春季日照时数略偏多，夏季、秋季日照时数比常年偏少。

（一）气温

2011 年北京地区平均气温为 11.5℃，比常年（11.4℃）偏高 0.1℃，与近十年平均值（11.6℃）偏低 0.1℃，比 2010 年偏高 0.7℃。空间分布上，西部山区和北部山区气温介于 5 ～ 9℃，其他地区气温在 10 ～ 15℃；与常年相比，除斋堂、霞云岭、汤河口和怀柔几个山区观测站气温偏低 0.2 ～ 0.5℃，佛爷顶和房山气温与常年同期持平以外，其他大部分地区气温偏高 0.2 ～ 1.6℃。

（二）降水

2011 年北京地区降水量为 601.1 毫米，比常年（545.9 毫米）偏多 10.1%，比近十年平均值（545.3 毫米）和 2010 年分别偏多 10.2% 和 25.1%。全市各观测站降水量在 287.7 ～ 746.7 毫米，降水主要集中在城区周围的石景山、海淀、朝阳、丰台和观象台；降水的总体分布呈现西北少、东南多的格局。城区及东南部地区，如海淀、朝阳、观象台和石景山等，降水量比常年偏多 8.0% ～ 28.6%，其中海淀年降水量最多，为 746.7 毫米，比常年偏多 28.6%；西北部山区的降水量普遍偏少，大部分地区降水量较常年偏少 6.6% ～ 40.7%，汤河口年降水量最少，为 287.7 毫米，比常年偏少 40.7%。

（三）日照

2011 年本市年日照时数为 2418 小时，比常年（2504 小时）偏少 86 小时，比 2010 年偏多 183 小时。全市各观测站日照时数在 2224 ~ 2782 小时。其中，延庆、丰台、昌平、顺义和汤河口 5 个观测站日照时数高于常年平均值；大兴、平谷和观象台日照时数与常年平均值持平；其他各观测站日照时数均比常年同期偏少 68 ~ 359 小时不等。

二、2012 年气候概况

2012 年北京地区主要气候特点是：全市平均气温正常略偏低，降水偏多，日照接近常年；大风、沙尘、大雾天气明显偏少，霾日明显偏多，高温日数正常；汛期多次出现极端强降水事件，其中"7·21"特大暴雨为历年最强，造成了巨大的人员伤亡和财产损失，"9·1"暴雨为 1958 年以来 9 月最强；深秋初冬季节冷空气强度大，多低温雨雪天气，特别是 11 月现罕见雨雪天气，降水量同期最多，12 月平均气温创新低，寒冷异常。

（一）气温

2012 年北京地区平均气温为 11.0℃，比常年（11.4℃）偏低 0.4℃，比近十年平均值（11.6℃）偏低 0.6℃，比 2011 年（11.5℃）偏低 0.5℃。主要特点是季节差异明显，冬冷、春暖、夏秋正常。其中，1 至 3 月平均气温明显偏低，4 月回暖迅速，4 至 5 月平均气温均排在 1951 年以来同期第 4 高，6 至 10 月气温基本正常，而 11 至 12 月则明显偏低，特别是 12 月，刷新了 1951 年以来平均气温的最低纪录。

（二）降水

2012 年北京地区降水量为 756.5 毫米，比常年（545.9 毫米）和近十年平均值（545.3 毫米）偏多近 4 成，比 2011 年（601.1 毫米）偏多近 3 成，是 1978 年以来降水最多的年份。主要特点是降水空间分布不均匀，多数月份降水均偏多，且大范围强降水过程主要集中在 6 月下旬、7 月下旬、9 月上旬和 11 月上旬，年降水日数略偏多。

（三）日照

2012 年北京地区日照时数为 2395.2 小时，接近常年（2504 小时）、近十年平均值（2353 小时）和 2011 年（2418 小时），日照时数较常年正常。

三、2013 年气候概况

2013 年北京地区主要气候特点是：平均气温接近常年，降水、日照略偏少。其中，冬季气温显著偏低，降水显著偏多；春季气温正常略低，降水显著偏少；夏季气温、降水正常；秋季气温略偏低，降水略偏少。全年各季日照时数均接近常年且略偏少。2013 年北京地区大风及雾日偏少，沙尘日数略多，高温日数偏多，霾日明显偏多，为 1953 年以来最多。汛期多次出现强降水事件，其中 7 月 15 日为当年最大一次暴雨过程，3 个观测站日降水量超建站以来 7 月中旬日降水量极值。7、8 月连续出现高温闷热天气，使得本市供水量及电力负荷连创新高。

（一）气温

2013 年北京地区平均气温为 11.3℃，接近常年（11.4℃）及近十年平均值（11.6℃），比 2012 年（11.0℃）偏高 0.3℃。主要特点是高温日数偏多，季节差异明显，上半年气温以偏低为主，下半年以偏高为主。其中，冬季全市平均气温为 −5.2℃，比常年同期（−3.1℃）偏低 2.1℃，比近十年平均值（−3.2℃）偏低 2.0℃，比 2012 年冬季（−4.2℃）偏低 1.0℃，是 1985 年以来的最低值；春季全市平均气温为 12.2℃，比常年同期（12.8℃）偏低 0.6℃，比近十年平均值（13℃）偏低 0.8℃，比 2012 年春季（13.5℃）偏低 1.3℃；夏季全市平均气温为 24.7℃，接近常年同期（24.4℃）、近十年平均值（24.7℃）以及 2012 年夏季（24.6℃）；秋季全市平均气温为 11.8℃，接近常年同期（11.6℃）和近十年平均值（11.9℃），比 2012 年秋季（11.2℃）偏高 0.6℃。各观测站的平均气温在 6.3 ~ 14.1℃。

（二）降水

2013 年北京地区降水量为 516.7 毫米，比常年（545.9 毫米）、近十年平均值（545.3 毫米）和 2012 年（758.7 毫米）分别偏少 5.3%、5.2% 和 31.9%。主要特点是年降水量略偏少，降水空间分布不均匀，且多数月份降水偏少，年降水日数接近常年。其中，冬季全市平均降水量为 15.5 毫米，比常年（8.5 毫米）偏多 8 成多，比近十年平均值（9.7 毫米）偏多近 6 成，比 2012 年同期（2.6 毫米）偏多近 5 倍；

春季全市平均降水量为 30.7 毫米，比常年（70.3 毫米）偏少近 6 成，比近十年平均值（77.4 毫米）偏少 6 成多，比 2012 年同期（83.7 毫米）偏少 6 成多；夏季全市降水量为 384.4 毫米，接近常年（379.6 毫米），比近十年同期平均值（368.3 毫米）偏多近 5%，比 2012 年同期（472.4 毫米）偏少 18.6%；秋季（2013 年 9 月至 11 月）全市平均降水量为 86.1 毫米，接近常年同期（85.4 毫米），比近十年同期平均值（105.5 毫米）偏少 18.4%，比 2012 年同期（197.8 毫米）偏少 56.5%。

（三）日照

2013 年北京地区日照时数为 2293.2 小时，比常年（2504 小时）少 8.4%，比近十年平均值（2353 小时）和 2012 年（2395.2 小时）分别偏少 2.5% 和 4.3%。其中，冬季日照时数为 455.2 小时，比常年同期（555.9 小时）偏少近 2 成；春季日照时数为 709.1 小时，比常年同期（719.9 小时）略少；夏季日照时数为 563.9 小时，比常年同期（626 小时）偏少近 1 成；秋季日照时数为 565 小时，比常年同期（601 小时）略少。

四、2014 年气候概况

2014 年北京平均气温偏高，是 1951 年以来最暖的一年；平均降水量较常年偏少 2 成，是 2000 年以来降水量最少的一年；平均日照时数也较常年偏少。2014 年北京极端天气气候事件频发，降水日数、最早 41℃ 高温日等均突破 1951 年以来历史纪录，还出现了局地大风、冰雹、高温、暴雨等天气气候事件。

（一）气温

2014 年北京市 20 站平均气温为 12.6℃，比常年（11.4℃）偏高 1.2℃，为 1951 年以来第 1 高值年，比近十年平均值（11.6℃）偏高 1.0℃，比 2013 年（11.3℃）偏高 1.3℃。其中，冬季平均气温为 −1.9℃，比常年同期（−3.1℃）偏高 1.2℃，比近十年同期平均值（−3.2℃）偏高 1.3℃；春季平均气温为 15℃，比常年同期（12.8℃）偏高 2.2℃，比近十年平均值（13℃）偏高 2℃，为 1951 年以来同期最高；夏季平均气温为 25.1℃，较常年同期（24.4℃）偏高 0.7℃；秋季平均气温为 12.2℃，比常年同期（11.6℃）偏高 0.6℃，接近近十年同期气温（11.9℃）。

（二）降水

2014 年北京市 20 站降水量为 420.9 毫米，比常年（545.9 毫米）偏少 22.9%，比近十年平均值（545.3 毫米）和 2013 年（508.4 毫米）分别偏少 22.8% 和 17.2%。全市各观测站降水量在 264 ~ 561.5 毫米，主要集中在平谷和顺义，大部分地区降水量较常年偏少 1 ~ 5 成。其中，冬季平均降水量为 5 毫米，比常年同期（8.5 毫米）和近十年同期平均值（9.7 毫米）及 2013 年冬季（15.5 毫米）偏少；春季平均降水量为 58.5 毫米，比常年同期（72.6 毫米）及近十年平均值（73.8 毫米）偏少 2 成左右，比 2013 年春季（30.7 毫米）偏多 9 成多；夏季平均降水量为 256.2 毫米，比常年同期（379.6 毫米）、近十年同期平均值（368.3 毫米）、2013 年同期（384.4 毫米）均偏少 3 成多，是近十年来同期降水最少的一年，也是 1978 年以来排名第 4 的少雨年；秋季平均降水量为 101.2 毫米，比常年（85.4 毫米）和近十年平均值（95.4 毫米）及 2013 年同期（86.1 毫米）均偏多。

（三）日照

2014 年北京市 20 站平均年日照时数为 2327.3 小时，比常年（2504 小时）偏少 176.7 小时，比近十年平均值（2353 小时）偏少 25.7 小时，比 2013 年（2293.2 小时）偏多 34.1 小时。其中，冬季平均日照时数为 479 小时，比常年同期（555.9 小时）偏少；春季平均日照时数为 722.2 小时，接近常年同期（719.9 小时）；夏季日照时数为 657.9 小时，与常年同期（626 小时）基本持平；秋季日照时数为 468.2 小时，比常年期（601 小时）偏少。

第二节　逐年气象灾害

一、2011 年气象灾害

2011 年北京市主要气象灾害有局地性暴雨、大风、冰雹、强降雪、干旱和雷暴等。

（一）局地强对流

2011 年北京市大风、冰雹等局地强对流天气频发，共造成受灾人口 910 人，受害面积 2.09 万公顷，经济损失达 2.18 亿元。其中，8 月 9 日，大兴区发生降雨伴随大风雷电天气，致使部分梨树和桃树出现落果，玉米倒伏，共有9283亩作物受灾，15亩大棚棚膜受损，2栋钢架大棚棚膜被刮开，预计经济损失437.72万元；平谷区11个乡镇出现强雷雨、大风、冰雹强对流大气，导致玉米、豆角、黄瓜等作物及多种果树折树、落果，造成直接经济损失10926.5万元。

（二）暴雨洪涝

2011年北京地区共出现12次局地大雨或暴雨和3次全市大到暴雨。其中，6月23日、7月24日至25日和7月29日至30日的3次全市性的大到暴雨，危害尤为严重，共造成6000多人被迫转移，670人受灾，4人死亡，农作物受灾面积11.85万公顷，成灾面积0.31万公顷，直接经济损失10.39亿元。6月10日，延庆出现强降水洪涝灾害，涉及3个行政村、400户农户、670人，造成经济损失223.5万元；6月23日至24日出现的大到暴雨天气过程，是本市城区近十年来最大一场降雨，共造成3人死亡，因道路积水交通中断22处，3条地铁线路出现险情，自来水团城湖泵站停电，并造成10千伏线路故障134次，6座市政泵站外电源停电，62架次航班被迫取消，92架次航班延误，80个大棚受损，8000亩玉米及3500亩大葱倒伏，农业经济损失约80万元；7月24日，顺义区、密云县、大兴区、平谷区局部地区遭受暴雨、大风袭击，此次降水使得平谷、密云部分地区发生泥石流灾害，近6000人被转移，密云太师屯镇龙潭沟村4名村民被山洪卷走，其中2人死亡、1人失踪；7月26日和29日，大兴区局部地区遭受暴雨、大风袭击，导致首都机场延误和取消航班近百架次，北京机场航班运行严重受阻；7月24日至25日，顺义区、密云县、大兴区、平谷区局部地区遭受暴雨、大风袭击，共计造成损失8.42亿元，并使得平谷、密云部分地区发生泥石流灾害（其中涉及平谷区镇罗营镇北水峪、五里庙、清水湖、北寺峪4个村和金海湖镇、大华山镇和黄松峪乡3个乡镇8个村），密云县大城子红门川河发生区域洪水（洪峰流量约200立方米/秒，全县玉米、蔬菜、果树总计绝收2300公顷，房屋倒塌673间，估计经济损失约5.5亿元）。

二、2012年气象灾害

2012年北京市主要的天气气候事件有暴雨、大风、冰雹、强降雪和雷暴等。因气象灾害造成受灾人口122.07万人，死亡79人，直接经济损失达120亿元。总体上讲，属气象灾害较重年景。

（一）暴雨洪涝

6月25日，北京丰台区发生暴雨洪涝，车辆被淹，直接经济损失1万元。

7月21日至22日，全市出现的大暴雨到特大暴雨，为1951年以来最强降雨过程；全市范围共发现79具遇难者遗体，其中因公殉职5人。全市受灾人口约190万人，紧急转移约8.69万人；倒塌房屋1.19万间，房屋进水10.21万间，房屋漏雨6.29万间；农作物受灾面积95.95万亩，成灾面积57.27万亩，绝收面积14.18万亩；停产企业940家，公路中断39945条次，供电中断16809条次，通信中断23102条次；堤防损坏1688处361千米，损坏护岸1089处、水库2座、水闸259座、水井891眼、泵站117座、灌溉设施44处、水文设施40个；全市共形成积水点426处，中心城区道路积水点63处；3处在建地铁基坑进水；轨道7号线明挖基坑雨水流入；5条运行地铁线路的12个站口因漏雨或进水临时封闭，机场线东直门至T3航站楼段停运；1条110千伏站水淹停运，25条10千伏架空线路发生永久性故障；降雨造成京原等铁路线路临时停运8条；首都机场取消了545架次航班，延误1小时以上的航班达到28架，8万多名旅客滞留机场。因洪涝灾害造成的直接经济损失达118.35亿元，其中农林牧渔业26.10亿元、工业交通业20.98亿元、水利工程水毁30.75亿元。密云县全县16个镇、2个街道受灾。粮食及其他经济作物受灾面积36885亩；蔬菜受灾面积3512亩；设施大棚受损166栋；禽舍受损657间，死亡家禽10.21万只；牲畜养殖舍损毁148间（6360平方米），死亡家禽5255只；渔业受灾面积225亩，损失数量26吨；果树受灾面积9067亩。顺义区城区及各镇均出现大暴雨，其中最大降水和最大雨强均出现在大孙各庄镇，过程降水量为301.5毫米，最大雨强为77.2毫米/小时，大田作物、果蔬及设施均遭受到不同程度损失。大兴观测站及17个区域自动站有1个站点超过250毫米，达到特大暴雨量级，其余17个站点均超过150毫米，达到了大暴雨量级。致使大兴区礼贤镇、庞各庄镇等共11个镇209个村的果树、瓜菜及农业设施等遭受不同程度损失，其中蔬菜受灾面积9192.5亩，果树受灾面积3032亩，大棚受灾面积6843亩，粮田受灾面积68942亩，花生受灾面积800亩。

7月21日至22日，怀柔区全区平均降水量达138毫米，最大降水量为230毫米。全区农作物过水、倒伏面积3520亩；坡路、田间损毁9400米；冲走河鸭400只；175栋大棚进水；冲走鲤鱼、草鱼12.2万斤；坝阶180道局部受损；1614棵果树受灾；直接经济损失546.7万元。

7月30日至31日，大兴区出现暴雨天气，部分粮食作物、蔬菜、果树、经济作物受灾，受灾面积达 152 公顷，其中成灾面积 106 公顷，绝收面积 46 公顷，经济损失 2070.8 万元。

8 月 11 日至 12 口，丰台区出现暴雨，直接经济损失 0.2 万元。

8 月 27 日，丰台区出现暴雨，直接经济损失 25 万元。

11 月 3 日，丰台区出现暴雨，车辆被淹，直接经济损失 0.3 万元。

（二）雷雨、冰雹、大风

2012 年北京多次出现局地大风、冰雹等局地强对流天气，共造成受灾人口 2.79 万人，受害面积 1808.8 公顷，经济损失 1.99 亿元。

3 月 23 日，大兴区出现大风天气，致使 252.5 公顷西瓜、西红柿、黄瓜、菠菜受灾，经济损失 2530.76 万元。

6 月 3 日，丰台区出现大风、冰雹天气，造成车辆被砸、温室大棚受损，经济损失 50.4 万元。

6 月 9 日，丰台区出现大风天气，造成温室大棚受损、广告立柱倾倒，经济损失 29 万元。

6 月 21 日，大兴区出现大风天气，致使 860.8 公顷果树、瓜菜、粮田、大棚受灾，经济损失 1736 万元。

7 月 10 日，平谷区出现冰雹天气，玉米受灾面积达 695.5 公顷，其中成灾面积 564.1 公顷，绝收面积 78 公顷，经济损失 3423 万元。

7 月 28 日至 29 日，密云县出现雷雨大风天气，受灾人口达 27904 人，转移安置人口 9672 人，倒塌房屋 12 间，损坏房屋 3328 间，经济损失 12136 万元。

（三）低温冻害

2012 年 12 月，北京出现 1951 年以来最冷的 12 月，受持续性低温的影响，北京市能源消耗屡创新高。12 月 24 日，电网负荷达到 1555.8 万千瓦，同比增长 10.94%，第七次刷新历史纪录；全市天然气用量达到 6257 万立方米，也创出新高。

（四）雪灾

2012 年 11 月 3 日至 4 日，北京市出现历史罕见的 11 月强雨雪天气过程，特别是西部山区，延庆降雪量达 56.3 毫米，最大积雪深度达 47.8 厘米。降雪导致交通路网严重拥堵，部分高速路段中断，一度北京及周边地区高速路封闭。其中，京藏高速、京新高速水关长城至八达岭大桥 852 辆车滞留、2000 余人被困；楼自庄至南涧路段滞留 1500 余辆车、3000 余人；110 国道昌平德胜口至西三岔路段滞留 500 余辆车、1000 余人；地铁 S2 线因降雪原因一度停运。

11 月 3 日至 4 日的雨雪降温天气直接导致北京提前供暖，比常年提前 12 天。根据北京燃气集团分析，11 月 3 日至 4 日本市天然气用量出现最高 2000 万立方米的增量。因暴雪导致供电线路中断，致使 4 日延庆 1815 户供暖中断。

据调查，延庆县损坏日光温室 498 栋，钢架大棚 2934 栋；怀柔区汤河口镇损坏 86 栋大棚，宝山镇损坏 180 栋大棚；大兴区榆垡镇南黑垡村约 40% 的农业大棚不堪雨雪积压垮塌；海淀区西北旺镇唐家岭损坏 43 栋大棚，上庄镇损失 12 个日光温室；其他各区县农业设施也遭受不同程度的损坏。此次暴雪灾害还造成了延庆、海淀部分地区树木倒伏，并影响了大白菜收获。

三、2013 年气象灾害

2013 年北京地区主要气象灾害有大风、冰雹、暴雨和低温等，因气象灾害造成受灾人口 21.1 万人，死亡 1 人，直接经济损失达 4.8 亿元。总体上讲，属气象灾害较轻年景。

（一）暴雨洪涝

7 月 1 日夜间，大兴区局地发生大到暴雨，并伴有 4 级左右大风，造成部分农田出现积水、水淹现象，受灾面积 910.13 公顷。

7 月 15 日至 16 日，密云县出现暴雨过程，农作物受灾面积 616.6 公顷。

7 月 31 日至 8 月 1 日，大兴区发生暴雨，有 25083 人受灾，受灾面积达 5032.5 公顷，经济损失达 4733.91 万元。

（二）局地强对流

3 月 9 日上午 10 时至傍晚 20 时，大兴区出现五六级偏北风，阵风七八级，其中庞各庄镇最大瞬时风速达到 11 级（29.6 米 / 秒）。大风造成礼贤镇、庞各庄镇、安定镇、采育镇、榆垡镇、北臧村镇、长子营镇 7 个镇的 87 个村的 184.2 公顷农业设施的棚膜及部分设施主体受到损坏，同时两家养殖场的畜禽舍遭到大风破坏，造成家禽死亡 1600 只，共计造成经济损失 1384.55 万元。

6 月 11 日下午 14 时 30 分，北京市城区普遍降雨，昌平区延寿镇海字村、慈悲峪村发生冰雹灾害，据统计，80 公顷的果木等农业受灾面积，直接经济损失 265 万元。6 月 11 日晚 21 点至 21 点 20 分，怀柔区开始普降大雨，并夹杂着冰雹。琉璃庙镇青石岭村、白河北村等 11 个村以及长哨营满族乡遥岭村、古洞沟村等 10 个村和汤河口镇二号沟门村、黄花甸子村等 13 个村，共计 34 个村遭受冰雹灾害，最大粒径 15 毫米，造成 10737 人受灾，农作物受灾面积 744.2 公顷，林果受灾 142.7 万余株，直接经济损失 1722.4 万元。

6 月 24 日，大兴区出现冰雹，对农业保护地设施及部分农作物造成了较大损失。灾害涉及黄村镇、青云店镇、礼贤镇、榆垡镇、庞各庄镇、北臧村镇、魏善庄镇、长子营镇等 8 个镇 146 个村，造成设施及农作物受损，受灾总面积 1743.3 公顷（其中农业保护地设施 173 亩、粮食作物 24231.5 亩、蔬菜 1108 亩、果树 337 亩、西甜瓜 300 亩），经济损失 1750.16 万元。

8 月 4 日，大兴区出现雷雨大风天气，受灾面积达 1984.9 公顷，经济损失达 2248.234 万元；平谷区受灾面积达 4209.2 公顷，经济损失达 3598.5 万元。

8 月 11 日，全市出现大面积雷电天气，8：00—9：00 全市共发生闪电 332 次，其中在首都机场及其附近约 52 平方千米内，共发生闪电 48 次，闪电电流强度为 40 ~ 60 千安，最大电流强度达 71 千安，一名保洁员不幸遭雷击身亡。

四、2014 年气象灾害

2014 年北京地区主要气象灾害有暴雨、大风、冰雹、强降雪和雷暴等。全年受灾人口 49588 人，受伤 1 人，死亡 2 人，转移安置 84 人，倒塌房屋 753 间，损坏房屋 157 间，直接经济损失约 18.5 亿元，农作物受灾面积 17861.6 公顷，成灾面积 12900.02 公顷，绝收面积 2151.24 公顷，大棚损坏 1769 座，经济损失约 5.2 亿元。

（一）暴雨洪涝

2014 年 7 月 16 日，丰台区丽泽桥地区暴雨，直接经济损失 10 万元。

2014 年 7 月 30 日，丰台区玉泉营地区暴雨，直接经济损失 16.3 万元。

（二）局地强对流

2014 年 5 月 31 日 20 时 30 分开始，受高空低涡影响，大兴区自南向北先后出现了雷阵雨天气，短时雨强较大，并伴有短时大风；截至 6 月 1 日 6 时，平均降雨量 11.6 毫米，最大降水量为南各庄 28.5 毫米；极大风速为 28.4 米 / 秒（10 级），出现在黎明村站。造成房屋、基础设施等损坏，家庭财产损失，农业作物及设施受损（小麦倒伏严重，果树落果，设施大棚受损，棚膜和棚架都有不同程度的损坏）。共涉及9个镇、1个街道，其中农业受灾面积58972.95亩（其中粮食受灾面积36746亩、蔬菜2214亩、西瓜3491亩、果树6018亩、设施3766.5亩），乔木倒伏13237株，直接经济损失达13094.7264万元（其中农业11491.9564万元、工矿企业24.4万元、基础设施1153.26万元、家庭财产421.11万元）。

2014年6月10日，丰台区方庄地区遭受冰雹，直接经济损失1万元。

2014年6月10日15时，受对流云团影响，大兴区自北向南先后出现雷阵雨天气，雷雨期间伴有短时大风，局地出现了冰雹。6月10日傍晚前后降雨逐渐结束。最大降水量为魏善庄镇26.5毫米；极大风速为23.9米/秒（9级），出现在礼贤镇。造成小麦倒伏严重，果树落果，设施大棚受损，棚膜和棚架都有不同程度的损坏。共涉及6个镇126个村，受灾面积90681.45亩（其中小麦41484亩、玉米20331亩、蔬菜4677亩、西瓜10450亩、果树8247亩、设施1959亩），乔木倒伏10655株，直接经济损失达16636.73万元（其中工矿企业损失47万元、基础设施损失183.43万元、家庭财产损失118.7万元）。

2014年6月10日至12日，大兴区发生雷雨大风，受灾人口27813人，损坏房屋157间，直接经济损失16985.86万元，小麦、玉米、西瓜、蔬菜、果树受灾，受灾面积6045.43公顷，成灾面积5293.77公顷，绝收面积739.86公顷，经济损失16636.73万元。

2014年6月26日，通州区永乐店镇17：40左右开始出现冰雹天气，加之瞬时强风，给永乐店镇带来严重灾害。从永乐店镇农办获悉：降雹开始时如指甲盖大小，后如乒乓球大小，第一次持续20分钟左右，第二次降雹在18时后出现，大小如黄豆粒，以德仁务片区为中心。据信息员及受灾民众反馈，冰雹最大直径有鸡蛋、拳头大小，多数冰雹直径为1~2厘米，降雹密度大；18：20永乐店自动站的极大风达到33.8米/秒。此次风雹天气造成永乐店镇，除小店屯、熬硝营、临沟屯、胡村、应寺外，其余33个村均受到大风冰雹灾害，其中以德仁务受灾最重。冰雹造成永乐店镇受灾人口500人，农作物受灾面积100公顷，一般损坏房屋54间，无人员伤亡，刮倒树木共35545棵，14个行政村停水停电，电信线路受损3.5千米，歌华有线光缆受损1千米。

2014年9月1日17时左右，受强降水回波影响，延庆自西向东出现雷阵雨天气。延庆县永宁镇盛世营村村民郝某于2014年9月1日18：30左右，在下班途中骑电动车行走至延庆县滨河北路连家营村南十字路口，突遭雷击，经 120 急救中心认定为当场死亡。

（三）大风沙尘

2014 年 11 月 30 日下午到夜间，受强冷空气影响，本市大部分地区出现大风天气，局地伴有扬沙。平原地区，海淀最大阵风达到 10 级（风速 26.2 米／秒）；朝阳、昌平最大阵风达到 9 级（风速 22.5 米／秒、21.5 米／秒）。17：10 左右，朝阳大悦城外墙近 30 平方米的外墙材料被大风吹落，砸中行人，造成 1 人死亡、1 人重伤。19 时许，在昌平区马池口镇中学门口附近一根树杈被吹断，一人骑车经过时被砸中头部，经抢救无效后死亡。

（四）干旱

据统计，延庆县共有四海镇、永宁镇、沈家营镇、香营乡、珍珠泉镇、千家店镇、井庄镇等乡镇受到干旱影响，受灾村数为 123 个，总计受灾面积为 9.31 万亩，合计经济损失为 4656.43 万元。其中，粮食作物（主要是春玉米）受灾面积为 47245.2 亩，减产面积为 30859.6 亩，绝收面积为 1060 亩，经济损失为 1891.1 万元；蔬菜受灾面积为 3730.0 亩，减产面积为 427.0 亩，经济损失为 194.5 万元；果树受灾面积为 39968.2 亩，受灾株数达到 57.57 万株，经济损失为 2374.7 万元。

第三节　雷电灾害事例

一、2011 年雷电灾害事例

据不完全统计，2011 年本市共发生雷电灾害 104 起，给国家财产和人民生命财产安全造成很大的损失。其中，人身伤亡事故 1 起，单位电子设备等遭雷击 44 起，居民区电器设备等遭雷击 54 起，直击雷造成高压线、民居等受损 5 起，具体雷击灾情如下。

（一）人身伤亡事故

2011 年 6 月 7 日 22 时 30 分左右，位于昌平区马池口镇土楼村的煤厂内，一姓赵的女士在大树下收衣服时遭雷击死亡。

（二）单位电子设备受损

2011 年 4 月 22 日 12 时 40 分左右，位于房山区十渡镇旅游景区内的索道遭受雷击，造成上站供电分配电柜开关及下站运行控制柜损坏，直接经济损失约 2 万元。

2011 年 4 月 22 日 14 时 34 分左右，北京地铁 10 号线海淀区巴沟至知春路区段地面信号设备遭雷击，造成一块信号控制板损坏，致使部分路段停止运行约 1 小时 30 分钟。

2011 年 4 月 26 日，位于怀柔区的某旅游景区电话交换机及有线电视系统因遭雷击损坏，直接经济损失约 1.9 万元。

2011 年 4 月 29 日，位于海淀区的某单位信息中心机房因遭雷击，造成数据模块板 9 块及主控板 2 块损坏，直接经济损失约 2 万元。

2011 年 5 月 4 日 18 时 15 分左右，位于密云县的某单位遭受雷击，造成生活区供电系统 35 平方毫米电缆烧断长约 8 米，电表箱短路起火，并击坏 1 台电视机，直接经济损失约 0.8 万元。

2011 年 5 月 26 日 16 时左右，位于昌平区老峪沟的某单位因遭雷击，造成供电系统、通信系统全部损坏，通信系统备用电源电池组起火，同时引燃人工增雪烟条 30 余支，直接经济损失约 2 万元。

2011 年 5 月 26 日，位于怀柔区慕田峪附近的某有限公司因遭雷击，造成程控交换机、电视机机顶盒损坏，直接经济损失约 3 千元。

2011 年 5 月 26 日，位于怀柔区的某食品生产公司因遭雷击，造成水泵变频器损坏，直接经济损失约 6 千元。

2011 年 6 月 7 日 6 时左右，位于顺义区的某单位因遭雷击，造成安防监控摄像头 115 只、消防主机 1 台、16 路视频分配器 6 台、安全出口灯 1 套、低压互投开关 1 支、直流屏电机 1 台及 YWI 控制器 1 台等设备损坏，直接经济损失约 40 万元。

2011 年 6 月 7 日夜间，位于怀柔区的某单位因遭雷击，造成监控系统部分设备损坏，直接经济损失约 1 万元。

2011 年 6 月 7 日 17 时左右，位于丰台区程庄路的某单位遭受雷击，造成数台计算机网卡、7 只安防监控摄像头、2 块光端机解读卡损坏，直接经济损失约 1 万元。

2011 年 6 月 7 日夜间，位于中山公园内唐花坞前的一棵古树遭到雷击。

2011 年 6 月 10 日 18 时 45 分左右，位于密云县的某单位遭受雷击，造成 2 只安防监控摄像头、2台计算机、1台地温变送箱损坏。

2011年6月11日14时30分左右，位于密云县的某单位遭受雷击，造成安防监控系统的1台显示器及1块控制板损坏，直接经济损失约0.2万元。

2011年6月15日12时左右，位于顺义区的某公司遭受雷击，造成计算机网卡3块、路由器1块、交换机1台、显示器2台损坏，直接经济损失约0.5万元。

2011年6月15日，位于昌平区的某单位因遭雷击，造成3只安防监控摄像头、3块电话用户板、2块电话交换板、约20台计算机及1台CT机主板损坏，直接经济损失约60万元。

2011年6月16日3时左右，位于平谷区的某公司因遭雷击，造成空气压缩机损坏，直接经济损失约0.6万元。

2011年6月16日3时左右，位于平谷区的某公司因遭雷击，造成配电系统损坏，直接经济损失约1.4万元。

2011年7月7日3时30分左右，位于平谷区的某度假山庄因遭雷击，造成消防控制系统损坏，直接经济损失约5万元。

2011年7月14日，位于平谷区的某宾馆因遭雷击，造成安防监控系统损坏，直接经济损失约3万元。

2011年7月14日18时左右，位于昌平区的某部队因遭雷击，造成中控室内高压脉冲箱、脉冲主机、报警主机、数据硬盘存储机、码分配器、电子地图联动板、AB矩阵杆、电子计算机1台及防区警灯电源箱损坏，直接经济损失约80万元。

2011年7月14日，位于怀柔开发区的某公司因遭受雷击，造成供电系统设备损坏，直接经济损失约3万元。

2011年7月20日，位于昌平区的某部队因遭雷击，造成8台电视机、2台计算机、2部加油机及1套广播系统损坏，直接经济损失约40万元。

2011年7月21日，位于怀柔区的某学校因遭受雷击，造成安防监控系统部分设备损坏，直接经济损失约0.8万元。

2011年7月21日，位于怀柔区的某工厂因遭受雷击，造成安防监控系统部分设备、pH值传感器、解码变送器、控制仪表及硬盘刻录机损坏，直接经济损失约4万元。

2011年7月22日凌晨，位于顺义区的某度假村因遭雷击，造成电视接收信号系统、电话交换机、餐厅点菜电子系统损坏，直接经济损失约1万元。

2011年7月23日夜间，位于朝阳区的某学校因遭雷击，造成消防控制系统主控板 1 块、安防监控系统监控摄像头 10 只损坏，直接经济损失约 3 万元。

2011 年 7 月 24 日，位于平谷区的某单位因遭雷击，造成变频器损坏，直接经济损失约 2 万元。

2011 年 7 月 24 日 20 时左右，位于顺义区的某公司因遭雷击，造成 1 台电子设备损坏，直接经济损失约 2 万元。

2011 年 7 月 24 日 20 时 01 分左右，位于顺义区的某公司因遭雷击，造成 1 台称重用地泵及 1 部货运电梯损坏。

2011 年 7 月 24 日 20 时 15 分左右，位于顺义区的某单位因遭雷击，造成 1 台信号监控机损坏，直接经济损失约 0.5 万元。

2011 年 7 月 24 日 20 时 15 分左右，位于顺义区的某单位因遭雷击，造成安防监控系统损坏，直接经济损失约 5 万元。

2011 年 7 月 24 日，位于平谷区的某公司因遭受雷击，造成供电系统及安防监控系统损坏，直接经济损失约 7.7 万元。

2011 年 7 月 24 日，位于平谷区的某公司因遭受雷击，造成供电系统瘫痪，致使生产车间内投入的原料全部报废，直接经济损失约 1.5 万元。

2011 年 7 月 25 日，位于平谷区的某单位因遭雷击，造成流量计 1 套损坏，直接经济损失约 1 万元。

2011 年 7 月 25 日 23 时左右，位于顺义区的某养殖场因遭雷击，造成安防监控系统损坏，直接经济损失约 5 万元。

2011 年 7 月 26 日 22 时左右，位于顺义区的某养殖场因遭雷击，造成机组控制系统、负压控制板及调制解调器等损坏，直接经济损失约 5 万元。

2011 年 8 月 9 日 19 时左右，位于海淀区的某公司因遭受雷击，造成计算机、网卡、网络交换机及电视机损坏，直接经济损失约 10 万元。

2011 年 8 月 14 日，位于朝阳区某驻华大使馆因遭受雷击，造成电话交换机、电视信号放大器、计算机网卡及门禁系统损坏。

2011 年 8 月 14 日，位于怀柔区的某旅游景区因遭雷击，造成安防监控系统、电话交换机及有线电视系统损坏，直接经济损失约 8 万元。

2011 年 8 月 24 日，位于怀柔区的某食品制造公司因遭受雷击，造成电话交换机损坏，直接经济损失约 1.2 万元。

2011 年 8 月 26 日 8 时左右，位于朝阳区的某单位因遭受雷击，造成科研楼电梯机房顶部东北角水泥层被击落，该楼的两部电梯的主控板也被击坏，被雷电击坏的还有安防监控系统主回路板 1 块、摄像头 17 只、电话交换机主板 2 块、计算机接口板 1 块，直接经济损失约 6 万元。

2011 年 8 月 26 日，位于大兴区的某单位因遭受雷击，造成配电室内变压器损毁，直接经济损失约 45 万元。

2011 年 8 月 27 日 0 时左右，位于顺义区的某塑料制品有限公司因遭雷击，造成 1 台水泵、1 只安防监控摄像头及 1 台考勤打卡机损坏，直接经济损失约 1 万元。

（三）居民区电器设备受损

2011 年 5 月 29 日 14 时左右，位于大兴区吴村的某单位职工宿舍因遭遇雷击，造成 1 台电视机、1 台空调、1 台电冰箱损坏，直接经济损失约 0.5 万元。

2011 年 6 月 7 日 6 时左右，位于顺义区北小营镇的前礼务村因遭雷击，造成 3 户村民家中 3 台电视机、1 台计算机、1 部电话及 1 台 ADSL 损坏，直接经济损失约 2 万元。

2011 年 6 月 7 日夜间，位于平谷区的大华山村因遭雷击，造成近 50 户村民家中 50 台电视机和 20 部电话损坏，直接经济损失约 10 万元。

2011 年 6 月 14 日 19 时 40 分左右，位于顺义区的临河路路口，一辆汽车被雷电击中。

2011 年 6 月 14 日 19 时 40 分左右，位于顺义区的窑坡村因遭雷击，造成 20 户村民家中 17 台电视机、10 台计算机及 VCD、路由器等损坏，直接经济损失约 10 万元。

2011 年 6 月 14 日 19 时 40 分左右，位于顺义区的古城村因遭雷击，造成一村民家中电视机及计算机损坏，直接经济损失约 0.8 万元。

2011 年 6 月 14 日 19 时 40 分左右，位于顺义区的河南村因遭雷击，造成多户村民家中空调、电视机、计算机等家用电器损坏，直接经济损失约 4 万元。

2011 年 6 月 15 日 12 时左右，位于顺义区的河北村因遭雷击，造成一村民家中电视机及计算机损坏，直接经济损失约 0.8 万元。

2011 年 6 月 16 日 3 时左右，位于顺义区的大韩庄因遭雷击，造成 4 户村民家中空调、电视机、计算机损坏，直接经济损失约 2 万元。

2011 年 6 月 16 日 3 时左右，位于顺义区的安辛庄因遭雷击，造成 10 户村民家中电视机损坏，直接经济损失约 4 万元。

2011 年 6 月 16 日 3 时左右，位于顺义区的贾山村因遭雷击，造成一村民家损坏电视机 1 台，直接经济损失约 0.4 万元。

2011 年 6 月 16 日 3 时左右，位于顺义区的良善庄村因遭受雷击，造成安防监控系统损坏，直接经济损失约 10 万元。

2011 年 6 月 16 日 3 时左右，位于顺义区的河南村一 KTV 中心因遭雷击，造成 2 台主机及 9 台分机、10 台音响、1 台消防主机、1 部功放机损坏，直接经济损失约 20 万元。

2011 年 6 月 30 日，位于平谷区的岳各庄村因遭雷击，造成 1 户村民家中电视机损坏，直接经济损失约 0.3 万元。

2011 年 7 月 7 日 3 时 14 分左右，位于顺义区的王泮村因遭雷击，造成 2 户村民家中 2 台电视机损坏，直接经济损失约 1 万元。

2011 年 7 月 7 日，位于平谷区的岳各庄村因遭雷击，造成 1 户村民家中电视机损坏，直接经济损失约 0.3 万元。

2011 年 7 月 12 日 23 时左右，位于顺义区的古城村因遭雷击，造成 5 户村民家中 2 台电视机及 5 台计算机损坏，直接经济损失约 3.5 万元。

2011 年 7 月 12 日 23 时左右，位于顺义区的窑坡村因遭雷击，造成 1 只安防监控摄像头、1 台空调机损坏，直接经济损失约 0.7 万元。

2011 年 7 月 14 日 18 时 40 分左右，位于顺义区的后晏子村因遭雷击，造成村民家中 8 台电视机损坏，直接经济损失约 2 万元。

2011 年 7 月 15 日 22 时 5 分左右，位于顺义区的河北村因遭雷击，造成 7 户村民家中 7 台电视机、1 台计算机损坏，直接经济损失约 3 万元。

2011 年 7 月 16 日，位于平谷区的岳各庄村因遭雷击，造成 1 户村民家中电视机损坏，直接经济损失约 0.3 万元。

2011 年 7 月 21 日 9 时左右，位于顺义区的古城村因遭雷击，造成 2 户村民家中 2 台电视机损坏，直接经济损失约 0.5 万元。

2011 年 7 月 22 日凌晨，位于顺义区的大韩庄村因遭雷击，造成近 30 户村民家中 29 台电视机、5 台计算机、1 台电冰箱及 1 台空调损坏，直接经济损失约 8 万元。

2011 年 7 月 22 日凌晨，位于顺义区的河南村因遭雷击，造成 6 户村民家中 6 台电视机和 2 台计算机损坏，直接经济损失约 2.5 万元。

2011 年 7 月 22 日凌晨，位于顺义区的南彩村因遭雷击，造成 1 户村民家中 1 台电视机损坏，直接经济损失约 0.3 万元。

2011 年 7 月 24 日 19 时 50 分左右，位于顺义区的李桥镇因遭雷击，造成 1 户村民家中 1 台计算机损坏，直接经济损失约 0.6 万元

2011 年 7 月 24 日 20 时 50 分左右，位于顺义区的良山村因遭雷击，造成多户村民家中 19 台电视机及 1 台 DVD 损坏，直接经济损失约 4 万元。

2011 年 7 月 24 日 20 时左右，位于顺义区的行宫村因遭雷击，造成 3 户村民家中 3 台电视机损坏，直接经济损失约 0.8 万元。

2011 年 7 月 24 日 20 时左右，位于顺义区的贾山村因遭雷击，造成多户村民家中 17 台电视机、3 台 DVD 和 1 台计算机损坏，直接经济损失约 4.5 万元。

2011 年 7 月 24 日 20 时左右，位于顺义区的大韩庄村因遭雷击，造成 6 户村民家中 6 台电视机、3 台计算机及 2 台空调室外机损坏，直接经济损失约 3.5 万元。

2011 年 7 月 24 日 20 时左右，位于顺义区的安辛庄村因遭雷击，造成村民家中 24 台电视机、4 台计算机和 3 台 DVD 损坏，直接经济损失约 7 万元。

2011 年 7 月 24 日 20 时 15 分左右，位于顺义区的南彩村因遭雷击，造成 1 户村民家中 1 台电视机损坏，直接经济损失约 0.3 万元。

2011 年 7 月 24 日 20 时 15 分左右，位于顺义区的唐指山村因遭雷击，造成 1 户村民衫中 2 台电视机及 1 台计算机损坏，直接经济损失约 1 万元。

2011 年 7 月 24 日，位于平谷区的东高村因遭雷击，造成 1 户村民家中电视机损坏，直接经济损失约 0.3 万元。

2011 年 7 月 26 日 11 时 30 分左右，位于顺义区的南彩村因遭雷击，造成 1 户村民家中 1 台电视机损坏，直接经济损失约 0.3 万元

2011 年 8 月 9 日 18 时 30 分左右，位于顺义区的南彩村因遭雷击，造成 1 户村民家中电视机及计算机损坏，直接经济损失约 0.7 万元。

2011 年 8 月 9 日 18 时 30 分左右，位于顺义区的杨二营村因遭雷击，造成 4 户村民家中 4 台电视机及 1 台计算机损坏，直接经济损失约 1.3 万元。

2011 年 8 月 9 日 18 时 50 分左右，位于顺义区的古城村因遭雷击，造成 1 户村民家中 1 台电视机损坏，直接经济损失约 0.3 万元。

2011 年 8 月 9 日 19 时左右，位于顺义区的良山村因遭雷击，造成 17 户村民家中 17 台电视机损坏，直接经济损失约 3.5 万元。

2011 年 8 月 9 日 19 时左右，位于顺义区的河南村因遭雷击，造成 3 户村民家中 3 台电视机和 2 台计算机损坏，直接经济损失约 1.5 万元。

2011 年 8 月 13 日 23 时 50 分左右，位于顺义区的贾山村因遭雷击，造成多户

村民家中 13 台电视机、4 台计算机及 2 台 DVD 损坏，直接经济损失约 5 万元。

2011 年 8 月 13 日夜间，位于怀柔区的一渡河村因遭雷击，造成 1 户村民家中电视机损坏，直接经济损失约 0.3 万元。

2011 年 8 月 14 日 1 时左右，位于顺义区的南卷村因遭雷击，造成村民家中 3 台电视机损坏，直接经济损失约 0.7 万元。

2011 年 8 月 14 日 1 时左右，位于顺义区的临河村因遭雷击，造成村民家中 14 台电视机及 5 台计算机损坏，直接经济损失约 5.5 万元。

2011 年 8 月 14 日 1 时左右，位于顺义区的文化营村因遭雷击，造成村民家中 9 台电视机及 2 台计算机损坏，直接经济损失约 3 万元。

2011 年 8 月 14 日 1 时左右，位于顺义区的李家史山村因遭雷击，造成近 30 户村民家中 27 台电视机、7 台计算机及 5 台电磁炉损坏，直接经济损失约 8 万元。

2011 年 8 月 14 日 1 时左右，位于顺义区的南彩村因遭雷击，造成 2 户村民家中电视机损坏，直接经济损失约 0.5 万元。

2011 年 8 月 14 日 2 时左右，位于顺义区的窑坡村因遭雷击，造成 10 户村民家中电视机及计算机损坏，直接经济损失约 3 万元。

2011 年 8 月 24 日 18 时 50 分左右，位于顺义区的文化营村因遭雷击，造成 7 户村民家中 7 台电视机及 2 台计算机损坏，直接经济损失约 2.5 万元。

2011 年 8 月 24 日 18 时 50 分左右，位于顺义区的后晏子村因遭雷击，造成 11 户村民家中 11 台电视机、2 台计算机及 1 台空调室外机损坏，直接经济损失约 4 万元。

2011 年 8 月 24 日 19 时 05 分左右，位于顺义区的贾山村因遭雷击，造成近 30 户村民家中 27 台电视机、4 台计算机及 2 台 DVD 损坏，直接经济损失约 7.8 万元。

2011 年 8 月 27 日 0 时左右，位于顺义区的南卷村因遭雷击，造成 1 户村民家中 1 台电视机损坏，直接经济损失约 0.3 万元。

2011 年 8 月 27 日 0 时左右，位于顺义区的大韩庄村因遭雷击，造成 6 户村民家中 6 台电视机及 2 台计算机损坏，直接经济损失约 3 万元。

2011 年 8 月 27 日 0 时左右，位于顺义区的杜兰村因遭雷击，造成 3 户村民家中 3 台电视机及 1 台计算机损坏，直接经济损失约 2 万元。

（四）高压线、民房等受损

2011 年 6 月 14 日 21 时 30 分左右，位于西城区的某单位宿舍因遭受雷击，造成电梯机房顶部东北角女儿墙一块约 40 平方厘米水泥脱落,水泥脱落过程中还造成 5 部轿车不同程度受损。

2011 年 7 月 18 日 8 时 05 分左右,位于延庆县的尚书苑小区因遭雷击,造成 18 块电梯主控板及 4 号楼顶部西北角女儿墙水泥敷面损坏,直接经济损失约 12 万元。

2011 年 8 月 9 日,位于西城区的某单位因遭受雷击,造成办公楼顶设备层女儿墙角水泥层掉落,水泥块掉落过程中造成 4 部轿车受到不同程度损坏。

2011 年 8 月 24 日,位于顺义区某别墅区内的一棵大树被雷电击倒,同时砸坏停在树下的轿车 1 辆。

2011 年 8 月 26 日 5 时左右,位于西城区的某单位因遭受雷击,造成宿舍楼顶设备层女儿墙角水泥层掉落,同时该楼的两部电梯的限速器、层控设备及轿箱内监控摄像头也被击坏,直接经济损失约 8 万元。

二、2012 年雷电灾害事例

据不完全统计,2012 年本市发生雷电灾害 22 起。其中,人身伤害 2 起,单位电子设备等遭雷击 11 起,居民区电器设备等遭雷击 5 起,直击雷造成树木、高压线、民居等受损 4 起,共造成直接经济损失约 72 万元。具体雷击灾情如下。

(一)人身伤亡事故

2012 年 4 月 20 日 20 时左右,首都机场飞机地勤维护人员在作业时,因携带有线通信设备遭受雷电,造成 2 人受轻伤。

2012 年 7 月 21 日 16 时 10 分左右,位于通州区张家湾镇枣林庄村的一居民因遭雷击死亡。

(二)单位电子设备受损

2012 年 4 月 18 日夜间,位于平谷区峪口镇某单位因遭雷击,造成 2 台计算机损坏,直接经济损失约 1 万元。

2012 年 4 月 24 日,位于通州区张家湾镇的皇木厂村某单位因遭受雷击,造成折页机车间 PLC 设备损坏。

2012 年 5 月 13 日 19 时 50 分左右,位于平谷区的某宾馆因遭受雷击,造成安防监控系统及信息交换机损坏,直接经济损失约 10 万元。

2012 年 5 月 18 日 23 时左右，位于顺义区的某单位因遭雷击，造成 1 台消防主机损坏，直接经济损失约 0.5 万元。

2012 年 5 月 19 日 02 时左右，位于大兴区的某公司因遭雷击，造成直流充电模块两组、包装及自控车间的 CP5116 通信控制板两块损坏，还造成正在酿造的两锅啤酒发生变质，直接经济损失约 15 万元。

2012 年 5 月 19 日 21 时左右，位于顺义区的一公园因遭到雷击，造成喷灌控制板 1 块、进口球机 7 台、高速球 6 个、光端机 2 台、消防主机 6 台及电瓶器、彩色监视器各 1 台损坏，直接经济损失约 20 万元。

2012 年 5 月 19 日 23 时左右，位于顺义区的某公司因遭雷击，造成 5 只摄像头损坏，直接经济损失约 1.5 万元。

2012 年 6 月 23 日 21 时左右，位于天安门地区的某单位因遭雷击，造成消防报警系统损坏，直接经济损失约 10 万元。

2012 年 7 月 12 日 14 时 30 分左右，位于大兴区亦庄的某有限公司的一台变频水泵因遭受雷击烧毁，造成直接经济损失约 1.15 万元。

2012 年 7 月 21 日 16 时 10 分左右，位于通州区的张家湾镇因遭雷击，造成 1 台变压器毁坏，全镇约 14000 个用户停电。

2012 年 9 月 11 日 20 时 05 分左右，位于顺义区窑坡村的某单位安防监控摄像头 10 只因遭雷击损坏，直接经济损失约 10 万元。

（三）居民区电器设备受损

2012 年 4 月 18 日夜间，位于平谷区的某居民家因遭受雷击，造成家中电视机损坏，直接经济损失约 0.3 万元。

2012 年 5 月 19 日 0 时左右，位于顺义区高丽营镇西马各庄村的 1 户村民家因遭雷击，造成计算机及电视机各 1 台损坏，直接经济损失约 0.8 万元。

2012 年 5 月 19 日 0 时左右，位于顺义区南彩村的 3 户村民家因遭雷击，造成计算机 1 台、电视机 3 台及空调机 1 台损坏，直接经济损失约 1.8 万元。

2012 年 6 月 23 日 21 时左右，位于平谷区北寨的 1 处民居因遭受直接雷击，造成房屋及家用电器全部烧毁。

2012 年 6 月 23 日 21 时左右，西城区东北园北巷因遭雷击，造成 25 户居民家中电视机、计算机及家用电表等家用电器损坏。

（四）高压线、树木、民房等受损

2012 年 5 月 18 日 23 时左右，位于海淀区的北京植物园园内 1 棵高约 30 米的鹅掌楸树遭受直接雷击，造成该棵大树死亡。

2012 年 6 月 9 日 16 时 40 分左右，北京南苑机场因遭雷击，造成供电系统停电约 1 小时。

2012 年 6 月 23 日晚间，因雷击造成五路居、六里桥、右安门外、成寿寺、龙爪树及玉泉营等 6 座排水泵站供电系统停电。

2012 年 6 月 23 日 21 时左右，位于东城区的某旅游景点 1 棵槐树遭到雷击，造成该树距地面 2 米以上主干及 1 只分枝劈折。

三、2013 年雷电灾害事例

据不完全统计，2013 年本市共发生雷电灾害 29 起。其中，人身伤害 3 起，造成 2 人死亡、2 人受伤，单位电子设备等遭雷击 15 起，居民区电器设备等遭雷击 7 起，直击雷造成树木、高压线、民居等受损 4 起，共造成直接经济损失近百万元。具体雷击灾情如下。

（一）人身伤亡事故

2013 年 6 月 4 日 15 时左右，一名 14 岁的深圳男孩在攀登慕田峪长城途经 14 号烽火台时，遭受雷击造成短时休克。

2013 年 7 月 7 日 23 时左右，位于大兴区黄村镇周村的一村民家因遭雷击，造成房屋倒塌，将屋内 1 人砸死。

2013 年 8 月 11 日 8 时 30 分左右，位于首都机场 T3 航站楼的 626 机位因遭雷击，造成 1 人死亡、1 人受伤。

（二）单位电子设备受损

2013 年 6 月 4 日 10 时 49 分，位于平谷区南独乐河的北京大发正大有限公司种鸡场因遭受雷击，造成部分电器设备损坏。

2013 年 6 月 4 日 10 时 50 分，位于平谷区的北京谷兴建筑开发有限公司因遭雷击，造成水泵变频器及计算机、电视机各 1 台损坏，直接经济损失约 1.8 万元。

2013 年 6 月 28 日 20 时左右，位于顺义区李遂镇的北京市艺辉印刷有限公司因遭雷击，造成监控系统及多台计算机损坏，直接经济损失约 20 万元。

2013 年 7 月 8 日夜间，位于大兴区的大兴交通局榆垡检测站因遭雷击，造成 1 台计算机损坏，直接经济损失约 0.5 万元。

2013 年 7 月 8 日夜间，位于大兴区的正华混凝土公司榆垡分公司因遭雷击，造成 3 只光电转换器损坏，直接经济损失约 0.2 万元。

2013 年 7 月 14 日 18 时左右，位于顺义区的丽京花园小区因遭雷击，造成供电系统控制箱、部分安防监控摄像头、蓝牙读卡器损坏。

2013 年 8 月 11 日 15 时左右，位于通州区的某仓库因遭雷击，造成监控系统 7 只摄像头损坏，直接经济损失约 1 万元。

2013 年 8 月 11 日 15 时 20 分左右，位于海淀区箭亭桥附近的一个信息采集显示系统站因遭雷击，造成 6 要素采集器、通信转换器损毁及多条线缆爆裂，直接经济损失约 5 万元。

2013 年 8 月 11 日 17 时左右，位于昌平区沙河镇的三元绿荷奶牛场饲草堆因遭雷击起火燃烧。

2013 年 8 月 13 日夜间，位于顺义区的全球国合国际货运（北京）有限公司因遭雷击，造成电动门损坏。

2013 年 8 月 13 日夜间，位于顺义区的北京中科天力电子有限公司因遭雷击，造成 2 台计算机、2 只路由器、1 只调制解调器损坏，直接经济损失约 1 万元。

2013 年 8 月 15 日夜，位于平谷区的天昊源度假村因遭雷击，造成安防监控系统、考勤打卡机及计算机损坏，直接经济损失约 1 万元。

2013 年 8 月 15 日夜，位于平谷区的乳旺食品有限公司因遭雷击，造成食品生产线闪停，直接经济损失约 2 万元。

2013 年 8 月 15 日夜，位于通州区马驹桥镇的某公司因遭雷击，造成消防控制系统 3 块主板损坏，直接经济损失约 3.5 万元。

2013 年 9 月 5 日 20 时 10 分左右，位于平谷区大兴庄镇的北京家禽育种有限公司因遭雷击，造成水泵变频器烧毁，直接经济损失约 1 万元。

（三）居民区电器设备受损

2013 年 6 月 4 日 10 时 49 分，位于平谷区峪口镇云峰寺村 25 号的 1 村民家因遭雷击造成 1 只监控摄像头损坏。

2013 年 6 月 7 日，位于丰台区的榆树庄村因遭雷击，造成居民家中家用电器损坏，直接经济损失约 0.7 万元。

2013 年 6 月 11 日 22 时左右，位于西城区陟山门街的 20 余户居民家因遭雷击造成电视机及计算机损坏，歌华有线电视的干线放大器也同时损毁，直接经济损失约 20 万元。

2013 年 7 月 7 日夜间，位于顺义区木林镇陈坨村一村民家因遭雷击造成 1 辆汽车电路板烧毁，直接经济损失约 3 万元。

2013 年 7 月 8 日夜间，位于大兴区的十里铺村因遭雷击，造成 8 户村民家中电视机 8 台、电话机 4 部损毁，直接经济损失约 4 万元。

2013 年 6 月 7 日，位于丰台区的榆树庄村因遭雷击，造成居民家中家用电器损坏，直接经济损失约 0.7 万元。

2013 年 8 月 11 日 15 时 30 分左右，位于顺义区南彩村的一村民家因遭雷击，造成 1 台电视机损坏，直接经济损失约 0.3 万元。

（四）高压线、树木、民房等受损

2013 年 6 月 4 日 12 时左右，位于顺义区的蓝岸丽舍小区内一栋三层别墅因遭直接雷击，造成楼顶保温层及挂瓦用木条烧毁，过火面积约 260 平方米。

2013 年 6 月 4 日 12 时左右，位于顺义区聂庄村一农户家因遭雷击造成两间北房屋顶烧毁，同时西厢房内的电源开关、瓷砖及柱子也有不同程度损坏，直接经济损失约 3 万元。

2013 年 7 月 7 日 23 时左右，位于大兴区黄村镇周村因遭雷击，造成一村民家房屋倒塌。

2013 年 8 月 11 日，门头沟区因遭雷击，造成两处高压供电线路断路。

四、2014 年雷电灾害事例

据不完全统计，2014 年本市共发生雷电灾害 29 起。其中，人身伤害 1 起，单位电子设备等遭雷击 16 起，居民区电器设备等遭雷击 9 起，直击雷造成树木、高压线、民居等受损 3 起，共造成直接经济损失约 38.25 万元。具体雷击灾情如下。

（一）人身伤亡事故

2014 年 9 月 1 日 18 时 30 分，北京市延庆县滨河北路连家营村南十字路口因雷击造成 1 名男性（51 岁）身亡。灾情发生时，受灾人员正在下班途中骑电动车行走于延庆县滨河北路连家营村南十字路口。

（二）单位电子设备受损

2014 年 3 月 28 日凌晨 2 点左右某小区发生雷击事故造成室内一配电箱损毁，无人员伤亡，经济损失约 5000 元。

2014 年 5 月 1 日 19 时 45 分左右，通州某小区地下一层消防控制室内的消防联动控制柜遭到损坏，工作人员称当时机柜冒烟、有煳味，后无法启动，疑似雷击事故。经查阅，19 时至 20 时 30 分均有雷闪记录。5 月 13 日下午，经设备厂家人员分析、调查，查到 700 多个故障点，损坏电源 1 块、主机回路板 4 块，造成直接经济损失约 2 万元。故障点经由小区 4 栋高层建筑（楼顶风机），其中 3 栋建筑约 90 米。

2014 年 5 月 20 日 22 时，北京市房山区十渡镇北京拒马娱乐有限公司遭雷击，击坏 1 台变压器、1 台设备，直接经济损失 6 万元。

2014 年 6 月 1 日 16 时至 20 时，北京市朝阳区发生雷电。朝阳区和平里惠新东街 17 号北京市樱花宾馆的电控盘、显示器、电视等设备被雷击。

2014 年 6 月 8 日 14 时 31 分，北京市顺义区后沙峪镇莱蒙湖别墅小区遭雷击，消防报警主机回路子站板损坏。

2014 年 6 月 8 日 14 时 50 分，北京市顺义区大发正大公司遭雷击，环境控制系统主板被烧毁，经济损失约 5 万元。

2014 年 6 月 17 日 03 时 20 分，北京市通州梨园某小区地下一层消防联动控制柜遭到损坏，工作人员称当时控制柜冒烟、有煳味，报警器响，事后查到 1500 多个故障点。

2014 年 6 月 17 日，北京市平谷区北京大旺食品有限公司电话语音板遭雷击。

2014 年 7 月 1 日 21 时 35 分，北京市顺义区北务镇王各庄村粮食收储库 41 块电子测温系统遭雷击损坏，经济损失达 4 万元。

2014 年 7 月 2 日，北京市平谷区北京大旺食品有限公司电话语音板遭雷击。

2014 年 7 月 29 日 23 时，北京市丰台区马家堡街道北京市国泰安物业管理有限责任公司遭雷击，损坏 1 台监控设备、1 套消防控制设备，直接经济损失 5 万元。

2014 年 8 月 28 日 18 时 45 分，北京市顺义区杨镇鲜花港遭雷击，损坏 1 台青饲料粉碎机。

2014 年 8 月 28 日 18 时 45 分，北京市顺义区顺鑫石门市场遭雷击，损坏 1 台监控主机、1 台消防报警系统主机。

2014 年 9 月 1 日 21 时，北京市顺义区北京大发正大有限公司遭雷击，损坏 1

台热力仪，直接经济损失 1 万元。

2014 年 9 月 22 日，北京市平谷区南华山庄酒店有限公司电话交换机遭雷击。

2014 年 10 月 9 日上午，北京市石景山古城星座商厦股份有限公司遭雷击。

（三）居民区电器设备受损

2014 年 5 月 19 日 01 时 05 分左右，北京市顺义区龙湾屯镇焦庄户村遭雷击，致使村民家中电视、计算机、路由器被击毁。

2014 年 6 月 1 日 15 时 27 分，北京市顺义区李遂村一村民家中冰箱因遭雷击损坏，经济损失 4000 元。

2014 年 6 月 1 日 18 时，北京市丰台区榆树庄地区居民住宅小区遭雷击，击坏 12 台电视机、15 台计算机，经济损失 2 万元。

2014 年 6 月 8 日 14 时 50 分，北京市顺义木林镇大韩庄一村民家中 2 台液晶电视因雷击损坏，造成经济损失 1.2 万元。

2014 年 6 月 13 日 16 时 55 分，北京市顺义区焦庄户村一村民家中电视机被雷电击坏，经济损失约 1500 元。

2014 年 6 月 15 日 18 时，北京市丰台区榆树庄地区居民住宅小区遭雷击，击坏 8 台电视机、6 台计算机，经济损失 1 万元。

2014 年 8 月 21 日，北京市平谷区南独乐河镇峨眉山村村民电视机遭雷击。

2014 年 8 月 28 日 18 时 45 分，北京市顺义区后沙峪村遭雷击，击坏 1 台电视机、1 台空调机。

2014 年 9 月 1 日 22 时，北京市平谷区夏各庄镇安固村村民家中电视机遭雷击。

（四）高压线、树木、民房等受损

2014 年 5 月 31 日 21 时至 22 时，北京市朝阳区发生雷暴天气，朝阳区东风南路东山墅管理处配电箱元器件和电缆被击损坏。

2014 年 6 月 6 日 12 时 10 分左右，北京市顺义区龙湾屯镇唐洞村一村民家四间房屋因雷击起火，致使屋顶被烧毁，造成经济损失 6 万多元。

2014 年 7 月 1 日 22 时 50 分，北京市大兴区亦庄经济技术开发区中钞锡克拜安全油墨有限公司遭雷击，击坏 50 米电缆、7 只监控摄像头、1 台消防报警系统主机、1 台消防控制主机，直接经济损失 4 万元。

雷电灾害原因是防雷措施不完善。

第二章 地震灾害

第一节 2011 年地震灾害

根据中国遥测地震台网测定，2011 年北京行政区（以下简称北京地区）共记录到 ML ≥ 1.0 地震 90 次，其中 ML1.0 ～ 1.9 地震 81 次，ML2.0 ～ 2.9 地震 7 次，ML3.0 ～ 3.9 地震 2 次，最大地震为 2 月 11 日密云 ML3.0 地震和 10 月 12 日石景山 ML3.0 地震。2011 年北京地区地震活动表现出如下特征。

（1）ML ≥ 4.0 地震继续平静。1970 年以来，北京地区 ML ≥ 4.0 地震平均 3 ～ 4 年发生 1 次。自 1996 年 12 月 16 日顺义发生 ML4.5 震群以来，北京地区已 15 年未发生 ML ≥ 4.0 地震。

（2）地震活动水平有所上升。2011 年，北京地区发生 ML ≥ 1.0 地震 90 次，高于 1970 年以来约 66 次的年平均水平；发生 ML ≥ 2.0 地震 9 次，略低于 1970 年以来约 11 次的年平均水平；发生 ML ≥ 3.0 地震 2 次，与 1970 年以来约 2 次的年平均水平持平，但高于 1998 年以来约 1 次的年平均水平。

（3）2011 年，北京地区最显著的地震活动为 1 月 25 日昌平—怀柔交界 ML2.8 震群、2 月 11 日密云 ML3.0 地震和 10 月 12 日石景山 ML3.0 地震。其中，昌平—怀柔交界 ML2.8 震群自 2010 年 12 月 8 日至 2011 年 5 月 18 日共记录到 ML1.0 ～ 1.9 地震 27 次、ML ≥ 2.0 地震 4 次，最大地震为 1 月 25 日 ML2.8 地震和 2 月 14 日 ML2.8 地震。

第二节 2012 年地震灾害

根据中国遥测地震台网测定，2012 年北京行政区（以下简称北京地区）共记录到 ML ≥ 1.0 地震 74 次，其中 ML1.0 ～ 1.9 地震 63 次，ML2.0 ～ 2.9 地震 9 次，ML3.0 ～ 3.9 地震 2 次，最大地震为 4 月 26 日门头沟 ML3.0 地震和 4 月 28 日朝阳

ML3.0 地震。2012 年北京地区地震活动表现出如下特征。

（1）ML ≥ 4.0 地震继续平静。1970 年以来，北京地区 ML ≥ 4.0 地震平均 3～4 年发生 1 次。自 1996 年 12 月 16 日顺义发生 ML4.5 震群以来，北京地区已 16 年未发生 ML ≥ 4.0 地震。

（2）地震活动水平有所上升。2012 年，北京地区发生 ML ≥ 1.0 地震 74 次，高于 1970 年以来约 66 次的年平均水平；发生 ML ≥ 2.0 地震 11 次，与 1970 年以来约 11 次的年平均水平持平；发生 ML ≥ 3.0 地震 2 次，与 1970 年以来约 2 次的年平均水平持平。对比 1998—2010 年的相对平静，2011 年以来北京地区地震活动水平有所上升。

（3）除 ML ≥ 4.0 地震长期缺震和 2011 年以来地震活动水平有所上升外，2012 年北京地区未出现显著的地震活动异常。

第三节　2013 年地震灾害

根据中国遥测地震台网测定，2013 年北京行政区（以下简称北京地区）共记录到 ML ≥ 1.0 地震 70 次，其中 ML1.0～1.9 地震 66 次，ML2.0～2.9 地震 3 次，ML3.0～3.9 地震 1 次，最大地震为 11 月 15 日门头沟 ML3.1 地震。2013 年北京地区地震活动表现出如下特征。

（1）ML ≥ 4.0 地震继续平静。1970 年以来，北京地区 ML ≥ 4.0 地震平均 3～4 年发生 1 次。自 1996 年 12 月 16 日顺义 ML4.5 震群以来，北京地区已 17 年未发生 ML ≥ 4.0 地震。

（2）地震活动水平有所下降。2013 年，北京地区发生 ML ≥ 1.0 地震 70 次，高于 1970 年以来约 66 次的年平均水平；发生 ML ≥ 2.0 地震 4 次，低于 1970 年以来约 11 次的年平均水平；发生 ML ≥ 3.0 地震 1 次，低于 1970 年以来约 2 次的年平均水平。对比 2011—2012 年的相对活跃，2013 年地震活动水平有所下降。

（3）除 ML ≥ 4.0 地震长期缺震和地震活动水平有所下降外，2013 年北京地区未出现显著的地震活动异常。

第四节　2014 年地震灾害

根据中国遥测地震台网测定，2014 年北京行政区（以下简称北京地区）共记录到 ML ≥ 1.0 地震 69 次，其中 ML1.0 ～ 1.9 地震 59 次，ML2.0 ～ 2.9 地震 7 次，ML3.0 ～ 3.9 地震 3 次，最大地震为 3 月 14 日门头沟 ML3.4 地震。2014 年北京地区地震活动表现出如下特征。

（1）ML ≥ 4.0 地震继续平静。1970 年以来，北京地区 ML ≥ 4.0 地震平均 3 ～ 4 年发生 1 次。自 1996 年 12 月 16 日顺义 ML4.5 震群以来，北京地区已 18 年未发生 ML ≥ 4.0 地震。

（2）地震活动水平有所上升。2014 年，北京地区发生 ML ≥ 1.0 地震 69 次，高于 1970 年以来约 66 次的年平均水平；发生 ML ≥ 2.0 地震 10 次，接近 1970 年以来约 11 次的年平均水平；发生 ML ≥ 3.0 地震 3 次，高于 1970 年以来约 2 次的年平均水平。对比 2013 年的相对平静，2014 年地震活动水平有所上升。

（3）除 ML ≥ 4.0 地震长期缺震和地震活动水平有所上升外，2014 年北京地区未出现显著的地震活动异常。

第三章 洪旱灾害

2011—2014 年，本市防汛抗旱系统在国家防总、海河防总的支持和指导下，在市委、市政府的坚强领导下，以"保安全、多蓄水"为目标，全市各级防汛部门立足于"防大汛、抗大洪、抢大险、救大灾"，牢记阴天就是预警、汛情就是命令，以对人民群众生命财产和城市运行安全高度负责的精神，按照"有雨无雨按有雨准备，小雨大雨按大雨准备，白天夜晚按夜晚准备"的要求，日夜坚守、连续奋战，加强指挥调度，加强预报预警，加强社会动员，加强应急值守，付出艰辛努力，保障人民生命安全，并确保城市运行安全。

2012 年"7·21"特大自然灾害，全市各级各部门和广大市民团结奋战、顽强拼搏，开展了艰苦卓绝的抗洪抢险救灾工作，最大限度地减轻了灾害损失，经受住了这场特大自然灾害的考验。

第一节 防洪概况

2011—2014 年，2011、2013、2014 年全年降雨均小于多年平均降水量 585 毫米，2012 年全市平均降水量 708 毫米，比多年平均降水量多 21%。汛期降水量、河道水情、水库水情、境外调水以及南水北调输水等具体情况如下。

一、汛期降水量

（1）2011 年全市平均降水量 552 毫米，比常年 585 毫米少近 6%。汛期 6 至 9 月累计降水量 479 毫米，比多年平均同期降水量 488 毫米少近 2%。

（2）2012 年全市平均降水量 708 毫米，比常年 585 毫米多 21%。汛期 6 至 9 月累计降水量 532 毫米，比多年平均同期降水量 488 毫米多 9%。

（3）2013 年全市平均降水量 501 毫米，比常年 585 毫米少 14%。汛期 6 至 9 月累计降水量 457 毫米，比多年平均同期降水量 488 毫米少 6%。

（4）2014 年全市平均降水量 439 毫米，比常年 585 毫米少近 25%。汛期 6 至 9

月累计降水量 353 毫米，比多年平均同期降水量 488 毫米少近 28%。

二、河道水情

（1）2011 年汛期北京局部地区降水偏多，部分河道断面受暴雨影响出现明显涨水过程，其中沙厂水库入库站北山下出现新中国成立以来最大洪峰流量 610 立方米 / 秒。

（2）2012 年汛期降雨较常年偏多，部分河道断面受暴雨影响出现明显涨水过程。潮白河苏庄站自 2000 年断流以来首次恢复流量，最大流量 92 立方米 / 秒；永定河三家店自 2000 年以来首次提闸泄水，最大下泄流量为 155 立方米 / 秒；拒马河张坊站洪峰流量 2570 立方米 / 秒，大石河漫水河洪峰流量 1110 立方米 / 秒，均为 1963 年以来最大值；北运河通州北关闸发生新中国成立以来实测最大洪水，拦河闸洪峰流量 1200 立方米 / 秒，分洪闸洪峰流量 450 立方米 / 秒；凉水河张家湾站出现历史最大洪水，洪峰流量达 790 立方米 / 秒；蓟运河泃河英城断面洪峰流量 197 立方米 / 秒。2012 年主要河道站最大流量见表 1。

表 1　2012 年主要河道站最大流量统计表

河　系	站　名	最大流量 /（立方米 / 秒）	出现时间
永定河	八号桥	4.60	7.31，11：30
	东大桥	4.06	8.01，00：00
	雁翅	67.5	6.05，16：30
潮白河	张家坟	66.1	7.21，22：30
	下　会	7.11	7.29，06：00
	口　头	5.49	7.28，09：00
	前辛庄	1.95	8.01，17：00
	苏　庄	92	7.22，08：00
北运河	北关拦河闸	1200	7.22，00：00
	北关分洪闸	450	7.22，00：15
	高碑店闸	516	7.21，21：00
	杨洼闸	844	7.21，10：00
	张家湾	790	7.21，23：45
大清河	张　坊	2570	7.22，19：20
	漫水河	1110	7.21，22：45

续表

河 系	站 名	最大流量/（立方米/秒）	出现时间
蓟运河	桑 园	175	7.22，05：42
	英 城	197	7.22，05：50

2012 年 7 月 21 日，强降雨引发本市多条河流发生洪水。房山区拒马河洪峰流量 2570 立方米/秒，大石河洪峰流量 1110 立方米/秒，均为 1963 年以来最大洪水。北运河拦河闸洪峰流量 1200 立方米/秒，通过分洪闸向潮白河分洪流量达 450 立方米/秒，为新中国成立以来实测最大洪水。

房山区丁家洼河、夹括河、周口店河、小哑巴河、刺猬河，门头沟区黑河沟、中门寺沟、西峰寺沟，平谷区镇罗营石河、黄松峪石河等郊区中小河道出现了较大洪水。

房山城关、良乡、坨里、韩村河、周口店、河北镇等地区因暴雨暴发山洪，水深达 2 米以上。

人民渠、马草河、丰草河、旱河、坝河、亮马河等城近郊区主要河道河水满槽或漫溢，接近 20 年一遇洪水标准。

（3）2013 年汛期北京降雨整体正常略偏少，局部暴雨时有发生，仅部分出境断面受暴雨影响出现明显涨水过程，其中北运河出境站杨洼闸 7 月 8 日 20 时 55 分出现最大流量 450 立方米/秒。

（4）2014 年汛期北京降雨整体偏少，发生局部暴雨，仅部分河道断面受暴雨影响出现明显涨水过程，其中北运河出境站杨洼闸 9 月 2 日 8 时出现最大流量 214 立方米/秒。潮白河苏庄站和大清河漫水河站汛期河道流量为零。

三、水库水情

（一）2011 年

截至 2012 年 1 月 1 日 8 时，全市大、中型水库共蓄水 14.78 亿立方米，比 2011 年初增加 0.46 亿立方米。其中，密云水库蓄水 11.01 亿立方米，比 2011 年初增加 0.35 亿立方米；官厅水库蓄水 1.44 亿立方米，比 2011 年初减少 0.27 亿立方米。

2011 年密云水库可利用来水量 4.08 亿立方米，比多年平均值 9.12 亿立方米少

55％；官厅水库可利用来水量 0.44 亿立方米，比多年平均值 8.66 亿立方米少 95％。

（二）2012 年

截至 2013 年 1 月 1 日 8 时，全市大、中型水库共蓄水 15.04 亿立方米，比 2012 年初增加 0.26 亿立方米。其中，密云水库蓄水 10.87 亿立方米，比 2012 年初减少 0.14 亿立方米；官厅水库蓄水 1.38 亿立方米，比 2012 年初减少 0.06 亿立方米。

2012 年密云水库可利用来水量 3.05 亿立方米（包含调水，下同），比多年平均值 9.12 亿立方米少 67％；官厅水库可利用来水量 0.22 亿立方米，比多年平均值 8.66 亿立方米少 97％。

（三）2013 年

截至 2014 年 1 月 1 日 8 时，全市大、中型水库共蓄水 15.34 亿立方米，比 2013 年初增加 0.30 亿立方米。其中，密云水库蓄水 10.72 亿立方米，比 2013 年初减少 0.15 亿立方米；官厅水库蓄水 1.32 亿立方米，比 2013 年初减少 0.06 亿立方米。受局地暴雨影响，部分河道出现明显涨水过程，8 座水库出现超汛限水位运行。

2013 年密云水库可利用来水量 4.41 亿立方米，比多年平均值 9.12 亿立方米少 52％；官厅水库可利用来水量 1.62 亿立方米，比多年平均值 8.66 亿立方米少 81％。

（四）2014 年

截至 2015 年 1 月 1 日 8 时，全市大、中型水库共蓄水 13.90 亿立方米，比 2014 年初减少 1.44 亿立方米。其中，密云水库蓄水 8.39 亿立方米，比 2014 年初减少 2.33 亿立方米；官厅水库蓄水 2.69 亿立方米，比 2014 年初增加 1.37 亿立方米。2014 年汛期受局地暴雨影响，海子、北台上、遥桥峪、大水峪、崇青、斋堂、珠窝等 7 座水库超汛限水位运行。

2014 年密云水库可利用来水量 2.41 亿立方米（包含调水，下同），比多年平均值 9.12 亿立方米少 74％；官厅水库可利用来水量 0.46 亿立方米，比多年平均值 8.66 亿立方米少 95％。

四、外省市调水情况（不包括南水北调输水）

2011 年外省向北京调水共 2906 万立方米，北京实际收水 2250 万立方米，平均收水率77.4%，详见表2。

表2　2011年境外输水调度情况表

序号	调水区间	起止时间	历时（天）	累计输水量（万立方米）	实际累计收水量（万立方米）	收水率（%）
1	洋河—官厅	2.17—4.25	68	1162	848	73.0
2	云州—白河堡	10.10—12.2	54	1744	1402	80.4
合计				2906	2250	77.4

五、南水北调输水

（一）2011年

南水北调调水分两阶段，2011年初至2011年5月9日16：03总干渠冀京界惠南庄泵站关闭为第一阶段，2011年7月21日8时黄壁庄水库开闸放水为第二阶段。

王快水库于2010年7月7日10时开始供水，于2011年2月18日8时闭闸，总出库水量2.87亿立方米，2010年出库水量2.27亿立方米，2011年1月1日至2月18日出库水量0.60亿立方米；2011年9月19日14时，王快水库再次开闸放水，截至2012年1月1日8时，出库水量1.40亿立方米，2011年总出库水量2.00亿立方米。

安各庄水库于2011年2月12日开始供水，于4月29日8时闭闸，出库水量0.64亿立方米。

黄壁庄水库7月21日8时开闸放水，于9月19日8时闭闸，出库水量0.70亿立方米。

2011年河北省第一阶段调水1.24亿立方米，第二阶段调水2.10亿立方米，共计调水3.34亿立方米；冀京界惠南庄站第一阶段收水1.01亿立方米，第二阶段收水1.74亿立方米，共收水2.75亿立方米。

（二）2012年

黄壁庄水库于2012年3月13日至6月30日、11月22日至年底向北京供水，累计出库水量4.55亿立方米，石津干渠入总干渠水量1.23亿立方米，由于黄壁庄水库承担着农业灌溉和石家庄市区供水的任务，因此部分出库水量被省内利用。王快水库于 2011 年 9 月 19 日至 2012 年 3 月 15 日、7 月 2 日至 7 月 16 日分别向北京供水，其中 2012 年度出库水量 1.24 亿立方米，沙河干渠入总干渠水量 1.16 亿立方米。安格庄水库于 2012 年 3 月 15 日至 7 月 6 日、12 月 2 日至年底向北京供水，累计出库水量 1.27 亿立方米，易水干渠入总干渠水量 0.79 亿立方米。2012 年度惠南庄站累计收水 2.82 亿立方米。

（三）2013 年

2013 年 1 月 1 日至 2014 年 1 月 1 日，惠南庄水库累计收水 3.68 亿立方米，黄壁庄水库累计出库水量 6.39 亿立方米，石津干渠入总干渠水量 2.88 亿立方米，王快水库累计出库水量 0.99 亿立方米，沙河干渠入总干渠水量 0.69 亿立方米，安各庄水库累计出库水量 0.07 亿立方米，易水干渠入总干渠水量 0.05 亿立方米。

（四）2014 年

2014 年 1 月 1 日至 2014 年 4 月 5 日，惠南庄水库累计收水 0.90 亿立方米，1 月 1 日到 3 月 17 日黄壁庄水库累计出库水量 1.14 亿立方米，石津干渠入总干渠水量 0.49 亿立方米，王快水库 2014 年没有放水，安各庄水库 1 月 1 日到 3 月 22 日累计出库水量 0.46 亿立方米，易水干渠入总干渠水量 0.44 亿立方米。

六、出入境水量情况

（1）2011 年本市入境水量约 4.62 亿立方米（不包括南水北调来水），出境水量约 12.56 亿立方米，2010 年入境水量约 3.93 亿立方米，出境水量约 7.20 亿立方米。出境水量主要是北运河的城市排水。

（2）2012 年本市入境水量约 5.79 亿立方米（不包括南水北调来水），比去年同期 4.62 亿立方米多 25%；出境水量约 18.51 亿立方米，比去年同期 12.56 亿立方米多 47%。入境水量主要是潮白河、拒马河来水，出境水量主要是北运河的城市排水和拒马河洪水。

（3）2013 年本市入境水量约 6.39 亿立方米（不包括南水北调来水），比去年同期 5.79 亿立方米多 10%；出境水量约 11.20 亿立方米，比去年同期 18.51 亿立方米少 39%。入境水量主要是潮白河、拒马河来水，出境水量主要是北运河的城市排水。

（4）2014 年本市入境水量约 3.60 亿立方米（不包括南水北调来水），比去年同期 6.39 亿立方米少 44%；出境水量约 11.83 亿立方米，比去年同期 11.20 亿立方米多 6%。入境水量主要是潮白河、拒马河来水，出境水量主要是北运河的城市排水。

七、典型降雨

（一）2011 年

6 月 23 日，本市遭受强降雨袭击。14 时前后，本市自西北向东南出现中到大雨，降雨分布不均，城近郊区、西南部地区及北部山区降雨偏大，东南部地区降雨相对较小，其中城区、海淀、石景山、丰台、朝阳等地出现局地特大暴雨。6 月 23 日全市平均降雨量 50 毫米，达到暴雨级别，城区平均降雨量 73 毫米，最大降雨点气象站石景山区模式口 214.9 毫米，石景山区模式口 1 小时降雨量达 128.9 毫米，超过百年一遇。

7 月 24 日午后，本市自西向东开始出现降雨，降雨分布不均，顺义、密云、平谷和通州等地雨量较大，局地出现特大暴雨。7 月 24 日全市平均降雨量 62 毫米，达到暴雨级别，城区平均降雨量 55 毫米，最大降雨点密云县北山下 244 毫米；密云、官厅水库流域平均降雨量分别为 41 毫米和 17 毫米。本次降雨有 8 站出现小时雨量达十年一遇以上暴雨，其中密云县北山下 1 小时降雨量 111 毫米，达百年一遇。全市大部分河道均有明显产流，其中沙厂水库入库站北山下 24 日 22 时 45 分洪峰流量（事后调查）达到 610 立方米 / 秒，为新中国成立以来最大流量。

7 月 26 日 21 时前后，本市出现雷阵雨天气，雨量分布不均，城区、密云、平谷等地区雨量较大。截至 7 月 27 日 6 时，全市平均降雨量为 17 毫米，城区平均降雨量 44 毫米，最大点在市水务局站，为 190 毫米。城区降雨量在 50~100 毫米的范围有 195 平方千米，超过 100 毫米的范围有 41 平方千米。城区主要降雨时段集中在 22 时至 24 时，局部地区出现极端天气。降雨量超过 100 毫米的站点有 9 个：甘家口 132 毫米、中国气象局 125 毫米、紫竹院 119 毫米、首体 116 毫米、玉渊潭 110 毫米、西直门 103 毫米、松林闸 102 毫米、复兴门 102 毫米、车道沟 102 毫米。

7 月 29 日 7 时，本市开始出现降雨天气，全市降雨量达到大到暴雨量级，城区和东南部地区雨量较大，平均降雨量超过 50 毫米，降雨主要出现在 29 日上午和半夜前后。截至 7 月 30 日 6 时，全市平均降雨量 38 毫米，最大点在通州东果园，为 98.8 毫米。城区平均降雨量 56 毫米，最大点在南郊观象台，为 78 毫米。密云水库流域平均降雨量为 19 毫米，官厅水库流域平均降雨量为 14 毫米。

8月26日，城区平均降雨量40毫米，最大点在高碑店，为117毫米。全市平均降雨量15毫米。7：00—8：00，气象朝阳站小时降雨量69.2毫米。

（二）2012年

2012年6月24日上午至25日早晨，本市出现大雨、局地暴雨过程。此次降雨持续时间长、降雨过程不连续，雨势总体平稳。截至6月25日6时，全市平均降雨量41毫米，最大点在昌平区响潭水库，为92毫米。城区平均降雨量58毫米，最大点在西城区松林闸，为78毫米。密云水库流域平均降雨量为27毫米，官厅水库流域平均降雨量为7毫米。

7月21日9时至22日4时，本市发生特大暴雨山洪泥石流灾害。全市平均降雨量170毫米，为新中国成立以来最大降雨，城区平均降雨量215毫米，房山区平均降雨量301毫米，暴雨中心房山区河北镇日降雨量541毫米，达五百年一遇。房山、城近郊区、平谷和顺义平均降雨量均在200毫米以上，降雨量超过100毫米的覆盖面积为1.42万平方千米，占本市总面积的86%。全市超过六分之一的地区小时降雨量达到70毫米以上。这次特大暴雨降雨总量之多、强降雨历时之长、强降雨覆盖范围之广、局部山洪之巨历史罕见，给城市运行造成了严重影响，给人民生命财产带来严重损失。

2012年9月1日13时至3日6时，本市出现大到暴雨天气，全市平均降雨量65毫米，最大降雨点门头沟区龙泉站160毫米。城区平均降雨量65毫米，最大降雨点温泉站103毫米。密云水库流域平均降雨量为38毫米，官厅水库流域平均降雨量为31毫米。

（三）2013年

2013年7月1日，本市出现大到暴雨。本次降雨是本市入汛以来最大一场降雨，全市平均降雨量37毫米，城区平均降雨量53毫米，最大降雨点平谷区雕窝站108毫米。密云水库流域平均降雨量30毫米，官厅水库流域平均降雨量31毫米。

2013年7月14日20时至15日22时，本市出现入汛以来最大一场降雨，全市普降大到暴雨，局部地区达到大暴雨。全市平均降雨量58毫米，达到暴雨级别，城区平均降雨量49毫米，最大降雨点气象站怀柔区雁栖湖站208.4毫米。密云水库流域平均降雨量66毫米，官厅水库流域平均降雨量53毫米。降雨空间分布不均，怀柔南部、密云西部降雨较大。

2013 年 8 月 11 日，本市出现两次明显降雨过程，局地大暴雨。全市平均降雨量 16 毫米，最大降雨点海淀树村站 127 毫米；城区平均降雨量 26 毫米。主要降雨过程出现在 8 月 11 日 13 时至 18 时，最大雨强为海淀青龙桥站 86.5 毫米／小时。

（四）2014 年

2014 年 9 月 1 日 15 时至 2 日 20 时，全市出现大到暴雨，局地出现大暴雨天气过程，全市平均降雨量 46.2 毫米，城区平均降雨量 43.0 毫米，最大降雨量顺义东风小学站 152.7 毫米，最大雨强顺义南彩站 71.8 毫米／小时。此次降雨超过 100 毫米的观测站点有 20 个。密云水库流域平均降雨量为 31 毫米，官厅水库流域平均降雨量为 25 毫米。

第二节　灾情

一、洪涝灾情

（一）2011 年

2011 年汛期，全市累计降雨量 478 毫米，是自 1999 年以来最多的一年，7 月降雨尤为频繁，降雨日数 18 天，7 月中旬出现 10 天的持续降雨。

据统计，全市共有密云、平谷、房山、通州、怀柔、顺义、门头沟、大兴、延庆等 9 个区县受灾，受灾人口 4.59 万人，紧急转移 1.4 万人；倒塌房屋 647 间；农作物受灾面积 44.19 万亩，成灾面积 18.35 万亩，绝收面积 6.91 万亩；停产企业 3 家，公路中断 25 条次；损坏堤防 358 处共 44.05 千米，损坏护岸 148 处，损坏水闸、桥梁、泵站、水文设施 150 多座（个）。因灾造成的直接经济损失 13.83 亿元。其中，6 月 23 日，城区出现特大暴雨，全市共有 29 处桥区或道路出现积滞水，造成城区道路交通中断 20 处；雷电、大风造成供电线路故障 134 次，导致丰台地区 3 万余户用电受到影响，6 座排水泵站停电；暴雨、雷电、大风还造成了部分地铁线路停运、树木倒伏断枝等次生灾害，2 人落井死亡，1 人触电死亡。7 月 24 日，密云、平谷等东北部山区出现特大暴雨，引发山洪和山体滑坡等险情，部分地区供水、供电、通信、交通中断。其中，密云县受灾较为严重，倒塌房屋 430 间，农作物受灾面积 11.91 万亩；两个区县连夜转移群众 5900 人；山洪造成 2 人死亡、1 人失踪。

（二）2012 年

2012 年汛期，本市降雨场次较多，降雨量达 532 毫米，比 2011 年同期降雨量多 11%，主要大范围强降水过程有 4 次，分别为 6 月 24 日至 25 日、7 月 21 日至 22 日、7 月 30 日至 8 月 1 日和 9 月 1 日至 2 日。其中，7 月 21 日 9 时至 22 日 4 时全市平均降雨量 170 毫米，为新中国成立以来最大降雨。

据统计，全市因洪涝灾害受灾人口 127.48 万人，紧急转移 9.4 万人，因灾死亡 79 人；倒塌房屋 1.38 万间；农作物受灾面积 109.71 万亩，成灾面积 57.49 万亩，绝收面积 16.718 万亩；停产企业 942 家，公路中断 39984 条次，供电中断 16814 条次，通信中断 23135 条次；损坏堤防 1107 处 348.42 千米，损坏护岸 1633 处，损坏水闸 276 座，损坏机电井 907 眼，损坏机电泵站 134 座，损坏水文设施 39 个。

因洪涝灾害造成的直接经济损失 162.15 亿元，其中农业直接经济损失 33.74 亿元，工业交通业直接经济损失 23.69 亿元，水利工程水毁直接经济损失 37.33 亿元。

全市年洪涝灾害主要是"7·21"特大暴雨灾害。全市范围发现 79 具遇难者遗体，全市受灾人口超过 93 万人，受损倒塌房屋 13 万间，水利堤防受损 1688 处，冲毁公路 361 千米，供电中断 1.7 万条次，农作物受灾面积 6.7 万公顷，机动车被淹 4 万余辆，中心城区发生道路积水点 63 处。房山等重灾区基础设施严重损毁，部分地区交通、供电、通信发生中断。全市直接经济损失 160 多亿元。

"7·21"洪涝灾害主要特点：一是灾害瞬时集中发生，全市洪涝灾情主要发生在"7·21"特大暴雨之时，灾害造成巨大损失；二是受灾范围广，"7·21"特大暴雨灾害几乎覆盖了本市全部区域；三是局地灾情重，房山区是本次洪涝灾害重灾区，全区受灾损失达 84.39 亿元，受灾损失占全市损失的 52%；四是人员伤亡大，全市境内共发现遇难者遗体 79 具。

（三）2013 年

2013 年汛期未发生全市性洪涝灾害，但由于局地雨强较大或风雹袭击，共形成 13 次洪涝、风雹等自然灾害，造成密云、怀柔、大兴、平谷、房山、昌平、通州等 7 区县 66 个乡镇及永定河、城市河湖、官厅水库、东水西调、凉水河等单位不同程度受灾。受灾人口 23.72 万人，紧急转移 0.91 万人；倒塌房屋 99 间；农作物受灾面积 34.14 千公顷，成灾面积 21.82 千公顷，绝收面积 3.75 千公顷。

（四）2014年

2014年汛期未发生全市性洪涝灾害，但由于局地雨强较大或风雹袭击，共形成10次风雹灾害，造成密云、怀柔、大兴、平谷、昌平、通州、门头沟、延庆、房山、海淀等10个区县42个乡镇不同程度受灾。受灾人口5.78万人，农作物受灾面积20.2千公顷，成灾面积11.9千公顷，绝收面积2.47千公顷。因灾造成的直接经济损失5.52亿元，其中农业损失5.35亿元，水利工程水毁损失0.02亿元，其他损失0.15亿元。

2011—2014年洪涝灾情统计表详见表3。

表3　2011—2014年洪涝灾情统计表

年份	洪涝面积（千公顷）		受灾人口	死亡人口	倒塌房屋	直接经济总损失
	受灾	成灾	（万人）	（人）	（万间）	（亿元）
2011	29.46	12.23	4.59	2	0.0647	13.83
2012	73.14	38.33	127.48	79	1.38	162.15
2013	34.14	21.82	23.72		0.0099	7.17
2014	20.2	11.9	5.78			5.52

二、山洪泥石流避险转移

2011年7月24日共计11个站点降雨量超过100毫米，密云县、平谷区前期土壤含水量接近饱和。两个区县加密监测、预警，及时组织群众转移避险。从7月24日21时至24时，密云县陆续对巨各庄、大城子、北庄、太师屯4个镇、51个村实施了提前避险转移，共转移1611户、4010人；平谷区镇罗营镇北水峪、五里庙、清水湖、北寺峪4个村出现泥石流滑坡险情，提前转移31人；金海湖镇、大华山镇和黄松峪乡3个乡镇8个村陆续转移1859人。

2011年7月26日22时至27日2时，密云县张泉、大城子地区降雨量较大。密云县根据实时雨情，及时对大城子、巨各庄、北庄和太师屯4个镇52个村的1345户3492人提前避险转移，确保群众人身安全。

2011年7月29日上午，怀柔区根据雨情，提前将渤海镇、琉璃庙镇的10个村110户292人转移到安全地区。

2012年9月1日，针对雨情及时采取避险转移，共提前转移12733名群众。其中，房山145个村2168户8331人；门头沟10个镇（街）359户929人；密云81

个村 813 户 1778 人；延庆 13 个乡镇 710 户 1560 人；昌平区十三陵镇 6 个村 59 户 124 人；怀柔 5 个村 6 户 11 人。

2013 年 7 月 14 日至 15 日降雨过程，全市共转移群众 6525 人，其中门头沟区 191 人、昌平区 15 人、怀柔区 1535 人、密云县 1619 人、延庆县 2994 人、房山区 171 人。

三、城市积水情况

（一）2011 年

6 月 23 日，暴雨导致城区 29 处道路积水，其中 22 处交通中断；3 个地铁线路出现险情（到 20∶18，故障地铁全部恢复运营）；院落进水 74 处，雨水倒灌 7 起。

7 月 24 日，强降雨导致全市 24 处非主干道出现积滞水，造成交通中断的有 14 处，基本在 2 小时内排除积水。

7 月 26 日，强降雨造成 11 处道路积水，其中积水 1 小时以内排除的有 1 处，为紫竹桥；积水 1~2 小时排除的有 6 处，分别为莲花桥、白锥子、复兴门桥、文慧桥下、宣武门路口和北太平庄桥；积水 2 小时以上排除的有 4 处，分别为西直门桥东、西直门小立交桥下、德外桥下辅路、赵登禹路口。积水时间最长的为西直门小立交桥下，3 小时排除积水。

7 月 29 日，受强降雨影响，西三旗桥、一亩园、万泉河辅路等出现短时滞水，均得到及时处置。当日 8 时至 9 时海淀站小时降雨量 50.6 毫米，长春桥积水 1.5 米，造成交通中断。经海淀区相关部门、排水集团、自来水集团联合抢险，4 小时积水排除，交通恢复。

8 月 26 日，城区平均降雨量 40 毫米，最大点在高碑店，为 117 毫米。受强降雨影响，十里河桥下、十八里店南桥内环辅路、五方桥匝道等多处道路出现积水。自来水、排水、公联、环卫等抢险队伍赶赴现场抢险排水，及时恢复交通。

（二）2012 年

6 月 24 日，受强降雨影响，科丰桥、复兴门桥、北太平庄桥、东土城路等路段出现短时滞水，大屯路隧道积水 1 米，都及时得到处置。

7 月 21 日，特大暴雨导致中心城区发生道路积水点 63 处。

9 月 1 日，强降雨致使石景山区双峪桥、丰台西路洪泰庄铁路桥下、朝阳区石材城路口、丰台富丰桥西铁路桥下、海淀区田村路什邡院车站铁路桥下、海淀区杏石口路口南侧、大兴区小红门路等 12 处积滞水。

（三）2013 年

7 月 1 日，受强降雨影响，丰台区康辛路铁路桥下、张仪村北口、丰台西路丰裕桥下、石景山梁公庵地区道路、麻峪桥下、朝阳区北苑东路、京秦铁路金家村下凹桥、海淀区玉泉路航天中心医院周边道路、延庆县康庄镇货场路、东红寺东西进村路、怀柔庙城 K0+800 桥下、房山区窦店镇京石高速环岛东侧铁路桥下及石楼镇房政铁路桥下等 15 处道路积滞水，都已及时排除。

7 月 14 日至 15 日，降雨过程造成全市道路积水 14 处（怀柔区 5 处、延庆县 3 处、丰台区 1 处、朝阳区 1 处、海淀区 2 处、密云县 2 处）。

8 月 11 日，强降雨造成海淀区上地南路桥区积水 100 厘米；昌平沙河桥下复线，房山大件路动力厂门前，怀柔庙城铁路桥下，海淀区一亩园、北宫门、上地东路南口、肖家河桥南等地分别出现 20~45 厘米积滞水，11 日 18 时前均已排除。

（四）2014 年

7 月 1 日，受降雨影响，造成通州区科印桥、潞河中学桥、北关结核医院铁路桥、北刘铁道桥（丁各庄）、大兴区磁各庄海鑫村级路积水断路。截至 1 日 23 时 30 分，除大兴区磁各庄海鑫村级路积水状况待查外，其他路段积水均已排除完毕。

7 月 16 日 20：35，短时局地强降雨致使海淀区田村山东路铁路桥下积水 1.5 米，导致铁路桥下道路两侧停放的 18 辆私家车被泡，无人员伤亡。海淀交警第一时间封闭交通，海淀消防支队和市排水集团随后开展排水作业，交通、环卫部门连夜清理淤积物，17 日 3：20 恢复交通。

第三节　旱情

一、2011 年

由于汛前本市降雨偏少，全市有两个区县 2252 人出现饮水困难，其中房山区南窖乡和大安山乡 1521 人，延庆县千家店镇和大庄科村 731 人，主要分布在以山泉为水源的地势高、居住分散、人口较少的山区自然村。

二、2013 年

春季干旱，延庆县千家店镇和大庄科村等以山泉为水源的地势高、居住分散、人口较少的山区自然村共计 2700 余人存在饮水困难，通过配备拉水车进行日常送水，解决了人畜饮水困难问题。据本市农业部门分析，全市 90 余万亩冬小麦生长受到影响，通过采取适时浇灌等措施保障了抽穗灌浆期生长以及完成了春玉米等农作物的春播。

三、2014 年

由于降雨偏少，6 个山区县部分地区出现不同程度的用水紧张和饮水困难，涉及 204 个村 12.96 万人，其中门头沟、密云、怀柔、延庆等区县饮水困难人数为 2.21 万人，需要通过拉水等应急措施解决；本市农业受旱面积 135.3 万亩。

第四章 环境质量

第一节 环境质量状况

一、2011 年

（一）概况

全市按照"人文北京、科技北京、绿色北京"和中国特色世界城市的建设要求，加快实施《北京市"十二五"时期环境保护和建设规划》和《北京市清洁空气行动计划（2011—2015 年大气污染控制措施）》，深入开展大气污染防治、污染减排等重点工作，推动首都环境保护取得新的成就，实现了"十二五"时期良好开局。

2011 年全市空气质量二级和好于二级天数达到 286 天，其中一级天数达到 74 天，同比增加 21 天。大气中二氧化硫、二氧化氮、可吸入颗粒物年均浓度值较上年都有下降，降幅分别为 12.5%、3.5%、5.8%。全市集中式地表水饮用水源地水质符合国家饮用水源水质标准。河流、湖泊、水库水质总体保持稳定。全市声环境质量和生态环境状况基本保持稳定。全市辐射环境质量保持正常。日本福岛核电事故期间，全市加强辐射监测，每日公布监测情况，监测数据均在正常范围内。

（二）大气污染防治

制定了《北京市清洁空气行动计划（2011—2015 年大气污染控制措施）》，实施并完成了 2011 年大气污染控制措施。坚持能源低碳清洁化，完成 1218 蒸吨燃煤锅炉清洁能源改造工程，实现核心区无燃煤锅炉，建成东南燃气热电中心。坚持削减机动车污染排放，实施老旧机动车淘汰更新鼓励政策，累计淘汰更新老旧机动车超过 22 万辆。着手制定本市第五阶段轻型汽车地方标准和第五阶段车用燃油地方标准，累计投入运营新能源车超过 1000 辆，北京公交集团新增车辆全部为国 V 排放标准燃气车和电车。进一步控制扬尘污染，在东城、西城区启动扬尘污染控制区创建试点，全市 25 家混凝土搅拌站通过第一批绿色达标考核验收，在 34 家工地开展高效冲洗车轮技术示范。

（三）水污染防治

进一步加强对密云、怀柔水库等饮用水源地水质监管，确保水质安全；提高全市污水处理水平，建成永定河"四湖一线"工程和北运河"引温入潮"二期工程。

（四）噪声污染和固废污染防治

贯彻国家《关于加强噪声污染防治改善城乡声环境质量的指导意见》，落实重点任务；扩大限制列车鸣笛范围，减轻噪声扰民。严格固体废物处理处置，华星集团环保产业发展有限公司废弃电器电子产品拆解二期工程建成投运，北京润泰环保科技有限公司医疗废物处置设施完成土建施工和设备安装，废弃电器电子产品和医疗废物处理能力得到提升。

二、2012 年

（一）概况

2012 年，本市认真贯彻党中央、国务院和市委、市政府关于环境保护特别是首都大气污染防治的决策部署，主动顺应广大市民过上美好生活的新期待，以治理 PM2.5 为重点，全面推进大气污染防治、污染减排等重点工作，取得了积极成效。大气污染防治力度显著加大，空气中二氧化硫、二氧化氮和可吸入颗粒物浓度同比分别下降了 1.5%、5.5% 和 4.4%，平均降幅达到 3.8%。污染减排幅度继续保持全国领先，二氧化硫、氮氧化物、化学需氧量和氨氮排放量同比分别下降 4.12%、5.75%、3.46% 和 3.95%，超额完成了分别削减 2%、3%、2% 和 2% 的任务。集中式地表水饮用水源地水质符合国家饮用水源地水质标准。河流、湖泊、水库水质总体稳中略有改善。声环境质量、辐射环境质量、生态环境状况良好。

（二）大气污染防治

编制实施了《北京市 2012—2020 年大气污染治理措施》，加快燃煤压减进程，2600 蒸吨燃煤锅炉改用清洁能源，城市核心区 2.1 万户平房实现"煤改电"，四大燃气热电中心全面建设。完成了实施第五阶段机动车排放标准准备，全面供应符合第五阶段标准要求的汽柴油；继续实施经济鼓励政策，淘汰老旧机动车 37.7 万辆。印发《不符合首都功能定位的高污染工业行业调整、生产工艺和设备退出指导目录》，促进高污染企业退出。推行绿色文明施工管理模式，对 11 家扬尘污染严重单位通报批评，并暂停其在京投标资格。发布实施《北京市空气重污染日应急方案（暂行）》，按照分级、分区域应对原则，开展监测预警，及时发布信息，加强健康防护提示，提倡排污单位和市民自主减排，并有针对性地采取强制减排措施。

（三）水污染防治

在加快污水处理设施建设的同时，严格执行水污染防治条例、城镇污水处理厂水污染物排放标准，贯彻海河流域水污染防治规划，落实水污染防治措施。

（四）噪声污染及固废污染防治

努力改善声环境，防治固废污染。开展噪声污染联合执法检查，查处噪声扰民行为 1 万多起。润泰医疗废物处置设施、琉璃河水泥厂处置垃圾焚烧飞灰工程投入试运行，提高了危险废物处置能力。实施停产搬迁的工业企业场地污染评价和治理修复，共治理修复污染土壤约 290 万立方米。

（五）辐射安全监管

严格辐射监管，保障环境安全。严格放射源活动的准入和安全监管，开展核技术利用、放射性物品运输辐射安全综合检查专项行动，加强废旧放射源和放射性废物的排查、清剿和收贮，安全处理历史遗留的放射源安全隐患。

（六）生态环境保护

大力开展生态建设，完成平原造林 25 万余亩。加强自然保护区建设和管理，松山、百花山等 2 处国家级自然保护区管理工作被国务院七部委评定为"优"。生态示范建设取得新进展，怀柔区、平谷区创建国家环保模范城区总体规划通过评审，14 个乡镇获得"国家级生态乡镇"命名，7 个镇和 220 个村分别获得"北京郊区环境优美乡镇""北京郊区生态村"命名。

三、2013 年

（一）概况

2013 年，本市将环境保护工作摆在首都建设和发展大局中更加重要的位置，把大气污染防治作为全市工作的当务之急、重中之重，以时不我待、只争朝夕的责任感和紧迫感，以壮士断腕的决心和勇气，打响了治理空气污染的攻坚战，初步形成了政府主导、单位施治、全面参与、社会监督、区域联动的新格局，环境保护工作取得新成效。

2013 年，不利气象条件频发，区域污染加剧，经济社会发展继续带来较大污染"增量"。经过全市共同努力，主要污染物二氧化硫、氮氧化物、化学需氧量和氨氮排放总量比上年分别下降 7.25%、6.29%、4.30% 和 3.80%，提前两年动态完成国家下达的"十二五"污染减排任务。大气环境质量、地表水环境质量和声环境质量基本稳定，辐射环境质量保持正常，生态环境状况总体良好，环境安全得到有效保障。

（二）大气污染防治

制定实施了《北京市 2013—2017 年清洁空气行动计划》，分解落实 84 项重点任务，以保障市民健康为出发点，以防治 PM2.5 污染为重点，实施源头控制、能源结构调整、机动车结构调整、产业结构调整、末端治理、城市精细化管理、生态环境建设和空气重污染应急等八项工程，完善法规体系、经济政策、科技支撑、组织领导、分解责任、考核问责等六项保障措施；开展企业自律治污、公众自觉减污和社会监督防污等三大全民参与行动，发布实施《北京市空气重污染应急预案（试行）》，完善应急管理机制，将空气重污染应急纳入全市应急体系统一管理。

城市核心区 4.4 万户平房居民实现"煤改电"，全市 3428 蒸吨燃煤锅炉改用清洁能源，城乡结合部和农村地区实施"五个一批"减煤换煤工程，远郊区县实施集中供热锅炉整合，替代分散小锅炉 156 台；率先实施第五阶段汽油车排放标准和第四阶段柴油车排放标准，更新高排放老旧机动车 36.6 万辆。全年退出 288 家高污染企业，提前关停两家水泥生产企业，压缩水泥产能 150 万吨。

（三）水污染和噪声污染防治

落实国家《重点流域水污染防治规划》，制定实施《北京市加快污水处理和再生水利用设施建设三年行动方案（2013—2015 年）》，加快污水处理和再生水设施建设。全市新增污水处理能力 18.6 万吨／日，新建污水处理厂完善污水管网。在 107 家规模养殖场实施粪污治理工程。根据群众投诉，解决了一批噪声扰民问题。

（四）生态环境保护

全市着力改善生态环境质量，完成平原造林 36.4 万亩，开展了自然保护区边界与功能区划核定。7 个乡镇获得"国家级生态乡镇"命名，5 个镇和 138 个村获得"北京郊区环境优美乡镇"和"北京郊区生态村"命名。

四、2014 年

（一）概况

2014 年，本市综合运用法律、经济、科技和行政手段，扎实做好以大气污染防治为重点的各项环境保护工作，严格执行《北京市大气污染防治条例》，加快实施《北京市 2013—2017 年清洁空气行动计划》。以亚太经济合作组织第二十二次领导人非正式会议保障为契机，进一步推进区域协同减排。主要污染物二氧化硫、氮氧化物、化学需氧量和氨氮排放总量比上年分别下降 9.35%、9.24%、5.40% 和 3.82%，提前超额完成"十二五"期间污染减排任务。大气环境质量、地表水和声环境质量稳中向好，辐射环境质量保持正常，生态环境状况略有改善，环境安全得到有效保障，造就了弥足珍贵的"APEC 蓝"。

（二）大气污染防治

落实《北京市 2013—2017 清洁空气行动计划》2014 年措施任务，累计 6595 蒸吨燃煤锅炉改造使用清洁能源；西北燃气热电中心和东北燃气热电中心京能项目建成投运，大唐高井燃煤电厂全面关停；东城和西城 2 万户平房居民采暖实施"煤改电"；划定高污染燃料禁燃区，北京经济技术开发区率先建成"无煤区"；城乡结合部和农村地区已累计减煤、换煤 210 万吨。淘汰老旧机动车 47.6 万辆，在全国率先基本淘汰黄标车。退出 392 家污染企业，启动了 116 项环保技改项目。关停退出了 25 家无资质的混凝土搅拌站，6800 余辆密闭化渣土车投入使用，道路清扫保洁新工艺作业覆盖率达到 85%。

（三）水污染防治

落实国家《重点流域水污染防治规划》，推进《北京市加快污水处理和再生水利用设施建设三年行动方案（2013—2015 年）》的实施。垡头再生水厂、黄村污水处理厂等一批污水处理厂建成投运或升级改造，全市新增污水处理能力 22 万吨/日。在 114 家规模养殖场实施粪污治理工程，减少水污染物排放。

（四）噪声污染防治和生态环境保护

缓解噪声扰民问题，完成京新高速公路上地桥段噪声污染治理工程，开展中高考期间噪声污染专项执法检查。

在平原地区植树造林 37 万亩，累计完成平原区造林任务 97 万亩。5 个乡镇获得"国家级生态乡镇"命名。

第二节　处置突发环境事件概况

2011—2014 年，全市共接报、处置突发环境事件 180 起，均为一般性事件，未造成环境污染。按事件发生的诱因分：交通事故引发的突发环境事件 47 起，占 26.11%；安全生产事故引发的突发环境事件 46 起，占 25.56%；不明废弃、遗弃物引发的突发环境事件 25 起，占 13.89%；辐射或疑似辐射引发的环境事件 16 起，占 8.89%；违法排污引发的突发环境事件 9 起，占 5%；由非法倾倒引起的突发环境事件 2 起，占 1.11%；其他突发环境事件 35 起，占 19.44%。

本市发生的突发环境事件的特点主要有：

（1）因安全生产引发的突发环境事件呈逐年减少的趋势，说明本市环境风险管理和事故预防工作取得明显实效；

（2）交通事故引发的突发环境事件呈明显上升趋势，成为威胁本市环境安全的主要因素，且大部分为外埠车辆途经本市境内六环路、高速路发生交通事故造成的，主要发生在远郊区县；

（3）其他原因引发的突发环境事件呈上升趋势，随着首都功能和产业结构的调整步伐的加快，影响本市环境安全的不确定因素将进入增长期，且呈多样性、复杂性、突发性的态势。

第三节　典型的突发环境事件案例

一、2011年典型案例

（一）平谷区北京维多化工厂违法排放事件

2011年5月14日，平谷区环保局接到平谷镇东鹿角村民反映，该村空气弥漫刺激性气味，请区环保局调查处理。接报后，环境应急人员立即赶赴现场调查处置。

经查，刺激性气味是北京维多化工有限责任公司私自外排氨水所致。5月12日，北京维多化工有限责任公司委托大厂回族自治县永昌化工有限公司对已停用制冷设备中的液氨进行回收处置。在设备内部有液氨残留的情况下，因无法回收而采取加水的方法使残余液氨溶进水中，沿管道从排污口排入泃河。

因外排氨水中氨气浓度较高，导致泃河东鹿角段上游南岸树木的树叶、蔬菜叶、果树树叶等干枯、发黄、果实脱落，刺激性气味弥漫在东鹿角村周边，对居民的正常生活带来严重影响。

现场指挥部决定采取覆盖、中和等措施对外排废水进行处置。环境执法人员现场勘查确定：北京维多化工有限责任公司采取用水稀释液氨并外排氨水，造成环境污染，依据相关法律法规决定对该单位罚款人民币5万元。

（二）大兴区104国道油罐车泄漏事件

2011年10月19日，接大兴区环保局报告，大兴区境内104国道瀛海段一辆油罐车与一辆小轿车于18日22时相撞，造成油罐车内27吨汽油进入下水管道内，请市环保局支援。

经查，2011年10月18日22时许，大兴区瀛海镇境内104国道三槐堂村路段一辆油罐车与一辆小轿车相撞，一人死亡，并造成油罐车阀门被撞坏，所装93号汽油泄漏，泄漏量约为27吨。

事发地东侧为三槐堂村，东南侧为瀛海工业园。事故现场处置产生含油消防退水沿104国道路面经路边方沟（暗渠）流入104国道东侧边沟及三槐堂村市政管网。

市环保局环境应急人员到达现场后发现，现场比较混乱，人员车辆没有得到及时控制，汽油味浓重，情况比较危险，非环保、消防能力能够解决。

环境应急人员立即向市应急办报告现场情况，请市应急办支援。随后市安监局局长张家明、市公安消防局局长张高潮、大兴区区长等领导先后赶到事发现场，成立现场指挥部。

为防止流入市政管网的汽油挥发出油蒸气遇明火引起爆燃，造成次生灾害，现场指挥部采取用水冲洗，加快市政管道内存留的汽油向明渠排放等方式清理暗渠管道内残余废油。环境应急人员建议指挥部采取以下污染防控措施：

（1）在含油污水流向明渠的四海支流出口下游约30米处河段设置隔油坝，阻止含油废水向下游扩散；

（2）对进入该河段的含油废水采用吸油毡除油，同时请燕山石化公司采取抽取回收的方式进行处置；

（3）在四海支流隔油坝下游、四海支流与新凤河入口及新凤河与通州交接处河流断面，设三个监测点对水质特征污染物进行实时监测；

（4）通知通州区环保局在新凤河入通州界断面及凉水河交汇处对水质特征污染物进行实时监测。

经监测，四海支流石油类物质浓度较高，但呈下降趋势；通州段水质监测正常。经应急妥善处置后，事件未对周边环境造成影响。

二、2012 年典型案例

（一）拒马河十渡区域河道水质异常事件

2012年8月1日12时，接房山区环保局报告，拒马河十渡区域河道水质出现异常，呈现豆浆状。接报后，市环保局立即启动突发环境事件应急预案，环境应急人员第一时间赶赴事发现场进行调查处理。

现场调查发现，拒马河北京段流域全境水体感观呈乳白色，无异味，未发现异常排污情况。环境监测人员对该区域水质进行取样检测，各项指标均符合该河流水体功能指标，未发现水质受到明显污染。

市环保局及时将有关情况报环保部应急中心，请求环保部协调河北省环保部门对拒马河上游进行调查。

据河北省排查，7月21日以来，先后4次强降雨导致河北省涞源县发生近60年以来特大洪灾，造成拒马河上游涞源县多家企业厂区内的石灰石、矿料及多年以来的积淀物冲入拒马河，流入下游造成拒马河水体呈灰白色。

8月3日，环境监测人员对水质进行取样检测，河水感观已恢复正常。

（二）海淀区人大附中历史遗留的放射源事件

2012年9月29日，接辐射处通报，中国人民大学附属中学报告本单位存有放射性物质。接报后，监察总队立即启动应急预案，组织海淀区环保局、公安分局进行联合处置。

经查，该校实验楼与人行道之间的花坛中存有一枚之前埋入的放射源，表面β射线剂量90 cps，初步判断为V类或类似仪器标定源。经了解，该源是一名物理老师清理实验室时发现并埋在花坛中，直至近期报请校长同意后向市环保局申请送贮。

在公安部门的监督下，该校将放射源密封包装后，送海淀区有资质单位暂时储存。

三、2013年典型案例

（一）房山区放射性废物事件

2013年5月17日，接房山区环保局报告，在房山区窦店镇一废品收购站内发现一批贴有放射性标识的桶，可能有放射性。

接报后，市环保局立即启动应急预案，组织环境应急人员赶赴现场，对事件进行调查处置。

经查，废品收购站内堆放了一批放射性药品外包装桶。其中，完整的桶336个，另有约1200个桶被压扁打包，桶身贴有放射性标识，经辐射中心技术人员现场监测，有1个桶带有一定的放射性，属于放射性固体废物。

环境应急人员现场要求所有的废桶由原单位回收，并责成房山区环保局对该单位实施行政处罚。

（二）怀柔区杨宋镇解村随意倾倒危险废物事件

2013年11月21日，接怀柔区环保局通报，在杨宋镇解村和北年丰村交界周边有刺激性气味，并导致旁边工地5名工人慢性中毒，疑似有危险化学品泄漏。

接报后，市环保局高度重视，令怀柔区环保局应急处置人员立即赶赴现场，会同区公安、消防、卫生等部门开展联合处置。

经查，犯罪嫌疑人李兰启、项中恩、张颖芳等人自 2013 年 11 月 16 日至 21 日间，从山东滨州市侨昌化学有限公司共计收购了 336 只塑料桶，为了再次出售塑料桶，将其中 168 只桶内的危险废物倾倒在了怀柔区杨宋镇解村北侧的垃圾坑内，并将另外 168 只桶内的残留物倾倒至顺义区李遂镇牌楼村西南侧一废弃沙坑旁。

环境应急人员到达现场后，分别对残留液体及周边土壤进行取样，并现场提出如下处置建议：一是疏散周边居民，并对部分路段进行暂时性封堵，禁止通行；二是立即与监测中心联系，请求技术支持，对该化学品进行分析检测；三是联系专业救援队伍，对垃圾坑内倾倒物进行集中处置；四是全程监督该化学品清理处置工作，避免二次污染的发生，处置完毕后，监测中心对处置现场进行监测，结果显示事发现场已经恢复至正常状态。公安机关依法对此案进行了处理。

四、2014 年典型案例

（一）通州区通惠河双桥至八里桥水面浮油污染事件

2014 年 7 月 18 日，接 12369 投诉举报中心通报，有群众反映通州区天时名苑小区北侧八里桥市场至八里桥地铁河面漂浮大量油污，并伴有刺鼻性气味。

接报后，市环保局立即启动应急预案，令朝阳区环保局、通州区环保局立即赶赴现场展开调查并对通惠河朝阳双桥至八里桥段面水域取样进行监测。环境应急人员到达现场查看污染情况后，立即向市应急办报告，请市应急办协调水务部门对污染河道水面进行联合处置。

经查，造成河道水面污染的是北京怀柔北机务段双桥运用车间，该车间更换管道施工过程中，未采取任何防护措施，致使管道残余柴油渗漏到厂区污水沟内。由于强降雨，致使污水沟内污油直接排至通惠河，造成河道内约 8 千米水面受污染，污染水域约 16 万平方米。

市环保局会同市水务部门、朝阳区环保局、通州区环保局现场决定：一是由市水务局负责在污染河道设置两道拦油坝，并进行吸附处理，同时关闭通惠河与北运河交汇处的菩提闸，防止油污流至河北省境内；二是朝阳区环保局负责监督对北京怀柔机务段双桥运用车间污染物进行清理并进行无害化处理，同时立案调查；三是朝阳区、通州区环保局对清理后的水面进行水质监测。

朝阳区环保局对该事件进行后续的调查处置，对该事件造成的污染后果进行 20

万元的行政处罚，对该单位危废品存放不规范的违法行为实施 10 万元的行政处罚，监督该单位支出应急处置费用 50 万元。

（二）东城区东大地街不明化学试剂事件

2014 年 10 月 21 日，接东城区环保局报告，在东城区红桥路口东大地街 1 号，鑫企旺写字楼院内一地下储存室里发现有大量不明化学试剂，请市环保局派专业处置队伍协助处理。

接报后，市环保局启动应急预案，立即调金隅红树林公司（危险化学品专业处置队伍）前往协助处理。晚 21 时许，东城区环保局报告，金隅红树林公司在清理化学品试剂过程中，发现有放射性物质，市环保局立即调辐射专业力量赶赴现场进行调查处置。经辐射应急人员现场监测，辐射剂量率约为 50 μ Sv/h，核素为 Th-232（天然放射性核素）。现场要求业主单位加强监控，待专业队伍收储。

10 月 22 日上午，市环保局组织北京金隅红树林环保技术有限责任公司和北京树诚科技发展有限公司两支专业应急处置队伍到达事发现场，对地下储存室内表面及化学试剂进行监测、甄别、排查和分类收处。共收储剧毒品 1175 毫升、砒霜 60 克、危险化学品试剂以及其他不明化学试剂 526 瓶和 1 千克袋装物、硝酸钍放射性物质 2750 毫升、5 千克放射性污染物。

现场清理完毕后，组织对周边环境进行了监测，各项指标均达标，现场环境已安全恢复常态。之后，环境应急人员现场要求东城区对北京玻璃研究院历史储存场所进行全面清查；责令北京鑫企旺物业管理中心从即日起至 APEC 会议结束前停止施工，待问题调查清后，再行施工。

（三）房山区城关街道非法倾倒不明液体事件

2014 年 12 月 28 日，接房山区环保局报告，城关街道派出所反映房山区城关街道宏塔小区南墙外有两辆货车正在向土地中倾倒不明液体。

接报后，市环保局迅速启动应急预案，环境应急人员立即赶赴现场展开调查。

经查，有两辆货车将车上装载的"ZSFS1000 混凝土减缩防裂防水密实剂"倾倒在土地中，两车共装载液体约 700 桶，已倾倒约 400 余桶，每桶重量约 20 千克，倾倒总量约 8 吨，还有约 300 桶 6 吨左右遗留现场，倾倒面积约 100 平方米。

经调查，两辆货车由一对夫妇（均为废品收购人员）带到事故发生地进行倾倒。该产品由北京永泰亿成科技发展有限公司生产，注册地为海淀区彰化路 138

号，生产地位于密云县经济开发区（目前已停产）。该产品用于京沪高铁建设，京沪高铁全线通车后，剩余产品均已过期，由永泰亿成公司进行处理，自上海运至北京。

现场检测，该物质 pH 值在 11 左右，属碱性物质。市环保局令海淀区环保局对该公司进行调查，重点查明该物质如何流入废品收购站，同时令密云县环保局对该公司的生产基地进行调查。

经监测中心取样检测，该物质为含有 NaOH 成分的碱性混合物，属一般工业废弃物。现场调北京生态岛科技有限责任公司的专业处置队伍进行收集并做无害化处理。处置费用由北京永泰亿成科技发展有限公司承担。事件未对环境造成影响。

第五章　农业灾害

第一节　2011—2014 年北京市农业气象灾害

（1）2010 年 10 月 25 日至 2011 年 2 月 9 日，连续 108 天无有效降水，全市降水量仅为 21.8 毫米，成为 1951 年以来仅次于 1971 年的无有效降水的连续时长。制定下发《关于实施抗旱保苗促春管补贴政策的意见》，市财政共安排 1765 万元对全市 88 万亩小麦普遍实施镇压、保墒等抗旱措施，对全市 16.1 万农户实施每亩 20 元的抗旱保苗促春管补贴政策，共落实补贴资金 1765.4 万元。

（2）2011 年 7 月 24 日至 25 日，密云县全县范围内普降大到暴雨。农作物受灾面积 11.67 万亩，成灾面积 7.19 万亩，绝收面积 4.11 万亩，因灾直接经济损失 3.49 亿元。此外，本次强降雨受灾人口达到 3.9 万人，倒塌房屋 700 余间，紧急转移 0.81 万人，其中 2 人死亡、1 人失踪。

（3）2011 年 8 月 9 日，全市普降大雨并伴随大风天气，局部地区有暴雨冰雹。全市 10 个区县 80 个乡镇受灾面积 142425 亩，初步估计经济损失约 1354.5 万元。

（4）2012 年 7 月 21 日至 22 日，全市普降暴雨，平均降雨量 170 毫米，最大降雨量发生在房山区河北镇，达 460.6 毫米。造成全市农业经济损失 16.08 亿元，新农村"5+3"工程损失 20 亿元。粮经产业受灾面积 51.5 万亩（包含绝收面积 9.1 万亩），经济损失 2.6 亿元；设施蔬菜水淹面积 5.2 万亩，设施受损和倒塌面积分别为 2.7 万亩和 0.8 万亩，露地蔬菜受灾面积 7.6 万亩，经济损失 9.7 亿元。

（5）2012 年 11 月 3 日至 4 日，全市大部分地区出现了 50 毫米左右的降水量，特别是延庆遭遇 52 年来最大降雪。全市设施蔬菜受灾 4653 栋，其中倒塌 2662 栋、受损 1807 栋、水淹 184 栋，连栋温室倒塌 2.3 万平方米；露地蔬菜受灾面积 589 亩。

（6）2013 年 3 月 9 日，全市发生大风天气，平均风力 6~7 级，阵风 8~9 级，极大风速达到 12 级。全市 8 个区县受灾，造成 7100 多个温室大棚倒塌和损毁。

（7）2014年5月31日至6月1日，本市局部地区遭受大风、雷电和暴雨等灾害。全市5个区县造成小麦倒伏、果树落果以及设施大棚受损。大兴8个镇，受灾面积52235亩，其中种植业42450.5亩、果树6018亩、设施大棚3766.5亩；房山12个镇，受灾面积10148.5亩，其中种植业8819亩、果树1316.5亩、设施大棚13亩；海淀部分乡镇和园区受灾，其中果树84亩、大棚78个（温室架子压塌6栋、后墙倒塌1栋）；门头沟果树受灾10亩；通州受灾面积2500亩，其中种植业700亩、果树1800亩；顺义受灾面积6311亩，其中种植业3665亩、果树2580亩、大棚66亩。

（8）2014年6月10日，本市发生大风、冰雹、暴雨天气，局部地区雨量较大、风力较强。造成大兴区6个镇126个村受灾面积87147亩，直接经济损失16122.5万元。

（9）2014年6月16日至17日，全市遭遇中到大雨，局部发生暴雨，并伴有雷电和大风天气。平谷区6个乡镇51个村受灾，灾害面积达5.98万亩，其中粮食作物受灾0.29万亩，成灾0.02万亩；果树受灾5.69万亩128.6万株，成灾2.6万亩101.6万株，绝收0.7万亩28万株。

（10）2014年7月16日，本市遭遇短时暴雨、大风和冰雹天气。据不完全统计，全市有延庆、昌平、海淀、门头沟等区县受灾：延庆县4个镇受灾，其中粮食作物23541亩、设施大棚1882栋、蔬菜1067亩、药材894亩、其他经济作物1469亩，经济损失1379.52万元；海淀区4个乡镇及西山农场受灾，其中果树6507亩、蔬菜932亩、花卉16000盆；门头沟区军庄镇受灾，其中果树1834亩、蔬菜85亩、粮经作物751亩，经济损失约1550万元；昌平区4个镇38个村受灾，其中粮食作物4476.5亩、蔬菜241.3亩、果树11736.38亩，直接经济损失约6700万元。

（11）2014年6月中旬以来，全市平均降水量仅为47.7 mm，累计无有效降水日数达24.6天，持续干旱致使全市部分农作物受灾。全市秋粮受旱面积41.12万亩，占秋播面积的28.84%，其中受灾面积12.76万亩，成灾面积18.12万亩，绝收面积10.24万亩，延庆、怀柔、密云、昌平、平谷、门头沟等区县受灾严重。

第二节 2011—2014 年北京市农业生物灾害

一、农作物病虫草害发生与防治概况

2011—2014 年，北京市农作物病虫草害发生程度总体为中等，个别病虫偏重甚至大发生，发生总面积为 7270.54 万亩次，防治总面积 7960.29 万亩次。其中，2011 年中等发生，发生面积 2093.29 万亩，防治面积 2051.46 万亩，挽回损失 293119 吨；2012 年偏重发生，发生面积 1999.87 万亩，防治面积 2147.33 万亩，挽回损失 308884 吨；2013 年中等发生，发生面积 1763.24 万亩，防治面积 2153.52 万亩，挽回损失 301523 吨；2014 年中等发生，发生面积 1414.14 万亩，防治面积 1607.98 万亩，挽回损失 228381 吨。与过去几年相比，病虫发生的总体特点是部分常规病虫偏重发生，个别重大迁飞性害虫暴发突发频率增加，潜在病虫上升为新发病虫的风险逐渐加剧，新入侵有害生物的发生为害呈蔓延之势。其中，常见病虫中小麦蚜虫在 2011 年和 2014 为偏重至大发生，其余年份为中等至偏重发生；小麦吸浆虫 2011 年偏重发生，其余年份偏轻至中等发生。2011—2014 年，迁飞性重大害虫黏虫暴发 2 次，2012 年为三代黏虫大发生，发生面积 61 万亩，累计防治 55.8 万亩，重发地块被害株率达 100%，最高密度百株虫量达 3500 头以上；2013 年为二代黏虫幼虫暴发，麦田黏虫发生面积 52 万亩，玉米田发生面积 60.7 万亩，针对二代黏虫虫情，全市实施以"带麦防治、夏玉米播后苗前结合除草防治、玉米苗期达标防治"的防治策略，累计开展防治 60.4 万亩。2011—2014 年夏玉米上几种潜在害虫暴发成灾，其中二点委夜蛾在平谷区马昌营镇西双营村夏玉米上突发为害，发生面积 200 亩，最高被害株率达 18%，但未出现毁种情况。褐足角胸肖叶甲原属于局部发生的一种夏玉米害虫，但近几年发生面积不断增加，为害程度不断加重，被害株率最高可达 100%，百株虫量最高 400 余头。此外，2011 年在房山区石楼镇双柳树村等 6 个村的玉米田还发生灰尖巴蜗牛为害，面积 1 万亩。入侵有害生物方面，2013 年本市延庆县发现刺果藤为害，发生面积 0.4 万亩，涉及 7 个乡镇。刺果藤除为害玉米之外，还对果树和绿化带造成不利影响。灾害发生后，市、县两级各相关部门，积极开展普查并组织人力、机械对农田、绿化带、果园和荒地等发生区进行全面防除，防除面积 4115.5 亩。草莓病虫害方面，随着草莓种植年限的增加，部分区域土传病害发生程度上升，种类有炭疽病、枯萎病等。2011—2014 年，白粉病仍是草莓普遍发生的病害，但总体防控效果较好，未对产业构成严重威胁。2012—2013 年，二斑叶螨在局部地区发生较重，且种群已对常用杀螨剂产生不同程度抗药性。植物疫情方面，2011—2014 年本市未出现新的植物疫情，老疫情由于连年防除，发生面积基本稳定或有所减少，危害程度有所减轻。

2011—2014 年北京市农作物病虫草害发生防治情况详见表1。

表1　2011—2014 年北京市农作物病虫草害发生防治情况

年份	发生面积（万亩）	防治面积（万亩）	挽回粮食损失（吨）	挽回蔬菜损失（吨）	生物防治面积（万亩）
2011	2093.29	2051.46	181834	111285	127.93
2012	1999.87	2147.33	197921	110963	146.48
2013	1763.24	2153.52	180199	121324	174.84
2014	1414.14	1607.98	126326.94	102054.106	96.26
总计	7270.54	7960.29	686280.94	445626.106	545.51

二、农业生物灾情

（一）2011 年

2011 年，年平均温度为 12.6 ℃，较常年偏高 0.7 ℃；年降水量为 601.6 毫米，比常年偏多；年日照时数 2479.3 小时，比常年偏少。总体气象条件对冬小麦、春夏玉米和保护地作物生长有利，但强降温和阶段性连阴寡照天气不利于保护地果蔬生产。

1. 粮食作物病虫害

2011 年，本市小麦、玉米病虫草害总体为中等程度发生，虫害重于病害，草害接近常年。据统计，全市粮食病虫草害发生面积 1584.17 万亩次，其中小麦病虫发生面积 241.07 万亩次，麦田杂草发生面积 76.12 万亩，玉米病虫发生面积 968.89 万亩，玉米田草害发生面积 205.96 万亩，其他作物病虫草害发生面积 92.13 万亩。

2011 年，冬小麦种植面积 94 万亩，新品种占 77.7%，更新品种主要有农大211、京冬 12、京冬 17、农大 212、中麦 175 和中优 206 等。小麦病虫害种类主要以麦蚜、吸浆虫、地下害虫、白粉病等为主。其中，麦蚜普遍发生，发生面积 89.3万亩，发生程度大部地区为中等至偏重，局部偏重。与常年相比，麦蚜始见期提早10 天左右，但是拔节期至抽穗期气温偏低，田间蚜量激增期比常年（5 月 9 日）偏晚 1 周左右。发生盛期平均百株蚜量 656.1 头，最高 6945 头。小麦吸浆虫整体为偏重发生，部分地区大发生，发生面积 71.6 万亩，主要发生区域为顺义、通州、房山、大兴等小麦主产区。发生特点为虫量偏高，羽化时间偏早。剥穗检查平均百穗有虫 53.1 头，最高百穗有虫达 1117 头。受感病品种播种面积增加的影响，小麦白粉病发生程度呈加重趋势，发生面积 34.2 万亩。小麦杂草总体为中等发生，发生面积 76.1 万亩，种类以荠菜、播娘蒿等为主。在房山、通州两个区县局部麦田中，雀麦优势度较高，为害较重，发生面积 4 万余亩，一般田块平均 3~5 株／平方米，较重田块 11 株／平方米。此外，近两年北京房山小麦田出现新杂草——节节麦，目前为零星发生。

2011 年，全市春播玉米面积为 116.5 万亩，主栽品种有郑单 958、中单 28、先玉 335、中金 368、纪元一号和农大 108 等；夏播玉米面积为 103.6 万亩，主栽品种以郑单 958 和京单 28 为主。玉米病虫害种类除常发的玉米螟、桃蛀螟、黏虫、玉米大（小）斑病之外，局部地区还发生二点委夜蛾和灰尖巴蜗牛为害。玉米螟一代、二代、三代总体为偏轻发生（2 级），北部山区重于平原地区，发生面积 316.9 万亩次。桃蛀螟多与玉米螟混合发生为害雌穗，临近果园的玉米田，桃蛀螟的优势度明显更高，严重田块被害株率达 83.3%，平均百株有虫 239 头，最高百株有虫 435 头。黏虫整体偏轻发生，发生面积 66.5 万亩，其中三代黏虫偏重发生，发生面积为 26.6 万亩，大发生面积约 0.1 万亩（平谷区），大发生地块，百株有虫 2600 头，最高百株虫量达 4000 头。新发害虫：受多种因素影响，2011 年二点委夜蛾在黄淮海地区大面积暴发。本市 7 月中下旬，在平谷区马昌营镇西双营村夏玉米田发现二点委夜蛾暴发为害，发生面积 200 亩，平均被害株率 3%，最高被害株率 18%。部分受害较重的植株出现倒伏、枯芯或萎蔫等症状，产量损失严重。另外，在房山区石楼镇双柳树村、梨园店村、坨头村、夏村等 6 个村的玉米田还发生灰尖巴蜗牛为害，面积 1 万亩，发生密度一般为 10~15 头／株，严重的 30 头／株。灰尖巴蜗牛在玉米田主要为害下部叶片，吃光叶肉后余叶脉呈丝条状，为害雌穗顶端时严重影响玉米的授粉和结实。其他害虫如蓟马、双斑萤叶甲等轻发生，双斑萤叶甲发生范围与面积有所增加。病害方面，玉米大（小）斑病偏轻发生，发生面积 172.37 万亩；其他病害总体为偏轻发生，发生面积 165.6 万亩，发生种类有褐斑病、弯孢菌叶斑病、纹枯病等。玉米田杂草为中等程度发生，发生面积 205.96 万亩，发生种类主要有马唐、苋、藜、稗草、牵牛、狗尾草、田旋花等。

2. 蔬菜病虫害

2011 年，北京蔬菜种植面积约 100 余万亩，病虫发生面积 254.62 万亩次，总体为偏轻至中等发生。

春茬保护地病虫害总体偏轻至中等发生，接近常年。其中，番茄灰霉病较 2010 年发生晚，持续时间短，发生程度轻，但部分棚室受阶段性低温寡照影响，发生较重。其他常规病害接近常年，但菌核病、番茄晚疫病在个别棚室偏重发生。番茄黄化曲叶病毒病（TY）轻发生，育苗棚均未发现 TY 显症株。定植后，密云、顺义、大兴、平谷四个区县发现 TY 病株，其中密云病棚率为 7.87%，其余 3 个区县均为零星发生。春季露地蔬菜病害偏轻发生，种类主要有晚疫病、叶霉病、早疫病、斑枯病和黄化曲叶病毒病等。由于部分菜区露地番茄与温室番茄茬口存在重叠期，前茬烟粉虱防控不力的棚室，周边种植露地番茄后黄化曲叶病毒病陆续显症，病田率 80% 左右，病株率平均 30%，重者提早拉秧。春季露地害虫总体为偏轻至中等发生，种类有蚜虫、潜叶蝇、鳞翅目害虫等。蚜虫平均百株 1034 头，潜叶蝇平均百株 248.9 头，小菜蛾蛾峰单盆诱蛾 103 头，鳞翅目害虫平均百株 650 头，发生程度明显重于去年。

秋季病虫害总体偏轻发生。受夏秋降水偏多影响，烟粉虱和 TY 发生轻于去年。个别区县斑潜蝇偏重发生，被害株率 50%，重者被害株率近 100%。露地大白菜发生的病害有霜霉病，9 月上旬为害下部叶片，后期未继续发展。在个别区县，玉米接近成熟时，蜗牛转移为害露地白菜，蜗牛百株虫量 8~120 头，平均 55 头。

3. 草莓病虫害

根腐病在元旦前造成草莓大面积死苗，昌平区病棚室率为 30%~60%，平均病株率 15%~60%，严重地块死苗率接近 80%。10 月中下旬至 11 月初，炭疽病偏重发生。11 月下旬，白粉病开始零星发生，12 月中上旬病棚率达 28%，平均病株率 8% 左右。蚜虫、红蜘蛛、蓟马等虫害普遍轻发生，蓟马在昌平区兴寿镇桃林村局部偏重发生，虫株率可达 40% 以上，百株虫量 80~760 头。

（二）2012 年

2012 年，年平均温度为 12.1℃，较常年偏低 0.3℃，比 2011 年偏低 0.5℃；年降水量为 794.5 毫米，比常年偏多 3 成；年日照时数 2424.8 小时，与常年和去年相比，均基本持平。总体气象条件表现为热量偏少、水分充足、光照持平。气象条件对冬小麦生长有利，但对春夏玉米生长总体不利。冬春季气温总体偏低，部分时段发生连阴寡照天气，造成保护地蔬菜生长缓慢。夏秋季，由于暴雨、阶段性低温和光照偏少，对露地蔬菜生长总体不利，气象条件对病虫发生较为有利。

1. 粮食作物病虫害

2012 年，本市粮食作物病虫草害总体为偏重发生，虫害重于病害，草害接近常年。其中，三代黏虫大发生，发生面积之大、范围之广、程度之重、密度之高为本市 1997 年以来最重的一年。据统计，全市粮食作物病虫草害发生面积 1487.59 万亩次，其中小麦病虫发生面积 236.48 万亩次，麦田杂草发生面积 74.85 万亩次，玉米病虫发生面积 911.12 万亩次，玉米田杂草发生面积 186.55 万亩次，其他作物病虫草害发生面积 78.59 万亩次。

2012 年，冬小麦种植面积 85.5 万亩，主要品种与 2011 年类似。小麦病虫害种类以麦蚜、吸浆虫、地下害虫、白粉病等为主。小麦蚜虫全市普遍发生，发生程度大部地区为偏重发生，局部大发生，发生面积 85.5 万亩。发生特点是见蚜早，增长速度快。发生盛期平均百株蚜量 1240 头，最高 17716 头。小麦吸浆虫整体为偏轻发生，部分地区偏重发生，发生面积 70.74 万亩，主要发生区域在顺义、通州、房山、大兴等小麦主产区。发生特点是虫量较大，羽化时间较早，成虫持续时间较长。全市平均百穗有虫 80.4 头，最高百穗有虫达 2199 头。小麦白粉病大部地区偏轻发生，部分地区中等发生，发生面积 24.5 万亩，发生程度有加重的趋势。小麦散黑穗病偏轻发生，发生面积 9.6 万亩。小麦叶锈病轻发生，发生面积 3.5 万亩，发生面积比常年有所缩减，发生程度轻于常年。小麦田杂草中等程度发生，发生面积 74.85 万亩，种类有荠菜、播娘蒿和打碗花等，平均密度为 10.6 株 / 平方米，最高为 147 株 / 平方米。雀麦在房山和通州两个区县局部麦田发生较重，发生面积 1 万余亩，较重田块密度达 128 株 / 平方米。

2012 年，本市玉米种植面积 182.4 万亩，其中春玉米 99.1 万亩，品种仍以郑单 958 为主，另有中单 28、先玉 335、中金 368、纪元一号和农大 108 等品种；夏玉米 83.3 万亩，主栽品种以郑单 958 和京单 28 为主。玉米螟偏轻发生，发生面积 268.2 万亩次，三代发生程度重于一、二代。桃蛀螟为害进一步加重，严重田块被害率株达 96%，平均百株有虫 198 头，最高百株有虫 388 头，为害所造成的损失远高于玉米螟。受异常气候的影响，2012 年黏虫发生较重，发生面积 61 万亩，一般发生地块被害株率 20%~35%，百株虫量 30~250 头；重发地块被害株率 100%，百株虫量 300~1000 头，最高达 3500 头以上。受充沛降水影响，灰尖巴蜗牛在房山区地势较低洼玉米田发生量较大，发生面积 1 万亩。褐足角胸肖叶甲在局部地区偏重发生，主要集中在玉米苗中上部叶片或芯叶内活动为害，啃食叶肉形成网状孔洞。顺义区部分玉米田发生较重，发生面积 6 万亩，被害株率 40%~50%，单株虫量一般

2~3 头，高的单株虫量达 7~10 头。蚜虫、蓟马、双斑萤叶甲、耕葵粉蚧等其他害虫轻发生。

玉米大（小）斑病中等发生，发生面积 169.67 万亩。受 7 月降水天气频繁的影响，玉米大斑病发病早，发生偏重，北部春玉米区发病较重，先玉 335 品种后期大斑病发生普遍，发病率为 100%。其他病害偏轻发生，发生面积 156.3 万亩，主要发生种类有褐斑病、弯孢菌叶斑病、纹枯病、瘤黑粉病等。玉米田杂草发生程度为中等，发生面积 186.55 万亩。发生种类以马唐、稗草、苋、藜等为主，平均杂草密度 32.9 株 / 平方米，最高杂草密度 267 株 / 平方米。

2. 蔬菜病虫害

2012 年，北京蔬菜面积约 70 余万亩，病虫发生面积约 249.92 万亩次，总体发生程度接近 2011 年，为偏轻至中等发生。

春茬保护地病虫害总体偏轻至中等发生，接近常年，但因阶段性低温寡照及管理不力，局部地区个别棚室灰霉病、叶霉病发生较重。番茄灰霉病病棚率 35%~100%，病株率 2%~31%，平均 14.3%；病果率 2%~5%，平均 3.2%。番茄叶霉病病棚率 44%，病株率 15%~80%，平均 34.3%；番茄晚疫病、早疫病、番茄黄化曲叶病毒病轻发生。瓜类病害：黄瓜霜霉病偏轻至中等发生，病棚率 49.43%，病株率 8%~85%；黄瓜细菌性角斑病、白粉病、西甜瓜炭疽病、蔓枯病偏轻发生。春茬保护地虫害总体轻至偏轻发生，种类以粉虱、斑潜蝇为主。

在夏秋茬和秋茬保护地中，偏多降雨不利于番茄黄化曲叶病毒病和烟粉虱的发生及蔓延，番茄黄化曲叶病毒病偏轻至中等发生，全市未出现育苗棚室毁苗或生产棚室拉秧毁种情况，为近 4 年来最轻的一年。虫害：烟粉虱轻发生，斑潜蝇在个别区县偏重发生，有虫地块为 85%，虫株率为 8%~100%，平均为 62%。烟青虫在个别辣椒棚室发生量较大，局部单株虫量 3~4 头，为历年少见。

露地番茄种植面积较零散，不成规模，不具备病害流行的栽培环境，露地番茄病害偏轻发生，主要为黄化曲叶病毒病，该病对露地番茄的影响较 2011 年明显减轻。露地蚜虫中等发生，个别地块偏重发生。潜叶蝇中等发生，局部地区虫量较去年偏高，生菜、莴笋、油麦菜等作物受害较重。小菜蛾在延庆中等发生。菜青虫、甜菜夜蛾等鳞翅目害虫偏轻发生。二代棉铃虫轻至中等发生，局部偏重发生。平原地区二代卵高峰日为 6 月 15 日至 17 日，较 2011 年偏早 3~5 天，较常年偏早 10 天。系统田累计百株卵量分别为 26 粒、16 粒，幼虫分别为 9 头、16 头，田间卵、幼虫量均低于 2011 年。大白菜病害偏轻发生，发生特点及程度接近常年，种类以霜霉病为主。大白菜虫害：蚜虫、鳞翅目害虫轻至偏轻发生，黄条跳甲有不同程度为害，部分地块虫量较大，被害率60%~80%，百株虫量30余头。蜗牛在房山局部地区发生较重，其中双柳树村的小白菜田发生最为严重，虫量达48头/平方米。地下害虫蛴螬、蝼蛄在怀柔普遍发生危害，宝山镇生菜田蛴螬发生为2~4头/平方米，损失率最高达70%，蝼蛄发生为0.4头/平方米。

3. 草莓病虫害

炭疽病、根腐病继续大面积危害，发生区域由昌平区向平谷、密云等区县扩散，病棚率约35%，病株率8%~65%。白粉病整体为偏轻至中等发生，3月发生较重，病株率5%~60%，平均病果率15%。灰霉病零星发生，平均病株率4%，平均病果率3%。蚜虫中等发生，3月中旬普查，虫棚率100%，百株虫量57~5713头，最高达7235头。红蜘蛛中等发生，4月下旬普查，虫棚率45%，虫株率20%~50%，百株虫量197~1845头。蓟马中等发生，百株虫量185~1050头。

（三）2013年

2013年春季，本市平原地区平均气温接近常年，大部分地区降水量比常年偏少，不利于虫害发生，对病害发生有一定抑制作用。夏季平均气温接近常年，平均降水量比常年略偏多，比2012年偏少，有利于病害及喜高温高湿害虫的发生。

1. 粮食作物病虫害

2013年，本市小麦、玉米病虫草害总体为中等发生，全市粮食作物病虫草害发生面积1263.35万亩次，其中小麦病虫发生面积175.3万亩次，麦田杂草发生面积53.81万亩次，玉米病虫发生面积799.25万亩次，玉米田杂草发生面积163.86万亩次，其他作物病虫草发生面积71.13万亩次。

2013年，冬小麦种植面积64万亩，比上年减少21.5万亩，主要品种有农大211、农大212、轮选987、中麦175等。小麦病虫害发生主要以麦蚜、吸浆虫、地下害虫、白粉病等为主。其中，麦蚜全市普遍中等发生，发生面积为64.8万亩。各区县麦蚜始见期与激增始期比常年和上年偏晚。小麦吸浆虫整体为偏轻发生，受气候影响，本市小麦抽穗期比常年偏晚5~6天，小麦吸浆虫成虫发生期比常年偏晚一周左右。剥穗查残虫，全市平均百穗有虫32.6头，比常年（98.9头）和上年（80.4头）值偏低，最高百穗虫量402头。二代黏虫幼虫在小麦田偏重至大发生，6月中旬，麦田黏虫发生面积52万亩，平均虫量34.1头/平方米，最高285头/平方米，高于常年和上年，由于小麦接近成熟，并未对小麦生产造成实际损失，但周边春玉米受害较重。小麦白粉病偏轻发生，发生面积14.4万亩，种植农大211、农大175、京9428发病较重，全市平均普遍率为1.4%，最高44.5%。小麦散黑穗病、小麦叶锈病、黄矮病等其他病害轻发生，其中小麦黄矮病在顺义区春白地交界处小麦田发生较重，发病植株明显矮化，抽穗比正常植株晚。麦田杂草中等程度发生，主要杂草种类为播娘蒿、荠菜、麦家公、麦瓶草、雀麦等越年生杂草，个别地区罔草、碱茅、打碗花等发生呈加重趋势。全市平均杂草密度为4.7株／平方米，最高为48株／平方米。

2013年，全市春播玉米面积为65万亩，比上年减少34.1万亩，主栽品种以农大108、郑单958、中单28、纪元一号为主，另有先玉335、中金368等品种。夏玉米播种面积为95万亩，比上年增加了11.7万亩。品种以郑单958、京单28、纪元一号为主。受小麦生育期推迟和6月中旬降雨偏多等不利因素影响，北京市夏玉米播种推迟1周左右。一代黏虫成虫迁入量大，本市二代黏虫幼虫偏重发生，局部大发生，玉米田发生面积60.7万亩。春玉米平均百株虫量2.3头，最高33头，平均被害株率3.2%，最高60%。夏玉米平均百株虫量2.2头，最高120头，平均被害株率2.8%，最高95%。7月下旬，本市出现阶段性高温，局地超过39℃，阶段性高温不利于黏虫成虫卵巢发育和卵孵化，加之二代防治效果较好，田间残虫量较低，三代黏虫大部偏轻发生，发生面积23.1万亩。玉米螟偏轻发生，发生面积198.3万亩次，发生特点是卵量低、被害率低，三代玉米螟发生程度略重于一、二代。三代被害株率一般为4%~16%，最高被害株率为21%。桃蛀螟发生程度轻于前两年，严重田块被害率达48%，平均百株有虫32头，最高百株有虫57头。受黏虫防治的影响，二点委夜蛾轻发生，发生面积5万亩。褐足角胸肖叶甲在顺义、密云、通州局部地区偏重发生，发生面积5.5万亩。玉米蓟马、玉米蚜、双斑萤叶甲等其他害虫轻发生。2013年房山区灰尖巴蜗牛发生面积约0.5万亩，发生程度与去年相当。玉米病害：玉米大（小）斑病偏轻发生，发生面积149.3万亩。受气候因素影响，玉米大（小）斑病发生比常年略偏晚，部分地区发病较重。2013年夏季，北京多阵雨天气，气温较高，田间湿度较大，玉米褐斑病在多地偏重发生，发生面积73.2万亩。通州、房山、大兴等区县一般病株率为14.8%左右，最高病株率达100%。弯孢菌叶斑病偏轻发生，发生面积为56.8万亩。玉米瘤黑粉病轻发生，发生程度略重于上年，发生面积15.5万亩。2013年降水偏多，杂草发生比较普遍，发生程度中等，面积163.86万亩。发生种类以马唐、稗草、苋、藜等为主，平均杂草密度24株／平方米，最高110株／平方米。此外，在延庆县发生刺果藤为害，有 7 个乡镇发生，发生面积 0.4 万亩。刺果藤除为害玉米之外，还对果树和绿化带造成不利影响。

2. 蔬菜病虫害

2013 年，蔬菜病虫害总体为偏轻至中等发生，局部个别病虫害重于上年。病虫发生面积 223.92 万亩次，其中病害发生面积 80.34 万亩次，虫害 143.58 万亩次。

春茬设施蔬菜以病害为主，总体偏轻发生，略轻于常年，部分地区个别病害相对发生较重。虫害后期零星发生。番茄灰霉病偏轻发生，3 月上旬始发，4 月上旬普发，病棚率 30%~50%，平均病株率 6.8%，最高病株率 25%。番茄叶霉病偏轻发生，在部分区县呈发生偏早、较重、持续时间长特点。黄瓜霜霉病偏轻至中等发生，局部个别棚偏重发生，接近常年，病棚率 30%~90%，平均病株率 34%，病指 15.4。个别区县黄瓜细菌性病害较往年发生普遍且重，病棚率 30%，平均病株率 47%，病指 11.8，尤其泡泡病在个别棚病株率为 100%。西甜瓜炭疽病、蔓枯病、瓜类白粉病、菌核病轻至偏轻发生。春茬设施蔬菜虫害总体轻至偏轻发生，局部中等发生，主要种类有蓟马、叶螨类、粉虱。其中，蓟马、红蜘蛛在部分地区果瓜类蔬菜上发生较普遍，重于往年。延庆普查，蓟马虫棚率 30%~62%，百株虫量 37~236头。通州红蜘蛛虫棚率 40%，平均百株虫量 215 头。野蛞蝓在部分温室生菜、芹菜、油菜、架豆等蔬菜上发生，虫株率 10%~30%，重者达 50% 以上，局部地区生菜、芹菜、油菜上发生较普遍，有虫田块占调查田块的 62.5%。

夏秋茬、秋（延后）茬设施蔬菜生长期间，虽有阶段性阴雨寡照天气出现，但总体看没有持续出现对生产明显不利的气候，病虫害总体为偏轻发生，接近常年，部分病虫害在局部中等或偏重发生。番茄病害主要有叶霉病、早疫病、黄化曲叶病毒病、晚疫病等。其中，叶霉病轻至偏轻发生，局部中等发生；番茄晚疫病轻发生。受烟粉虱发生晚且轻的影响，黄化曲叶病毒病偏轻发生。菜椒、瓜类白粉病轻至偏轻发生，个别区县中等发生。菜椒白粉病在部分温室发生严重，病株率达100%；黄瓜、西葫芦白粉病平均病株率 23.5%，病指 5.9。虫害轻至偏轻发生，轻于常年。烟粉虱偏轻发生，个别区县中等发生，区域间、棚室间差异大，轻者零星，重者百株虫量 2000~8000 头。斑潜蝇轻至偏轻发生，个别区县偏重发生，有虫地块占 82%，平均虫株率 62%，最高为 100%。个别温室辣椒棚发生甜菜夜蛾、斜纹夜蛾等夜蛾科害虫，虫量较大。

春露地蔬菜病害总体偏轻发生，局部番茄早疫病，黄瓜霜霉病、细菌性角斑病中等发生。虫害偏轻发生，部分虫害局部偏重发生，由于去年冬季及 2013 年春季前中期气温偏低，不利于害虫的越冬存活及发育繁殖，在一定程度上抑制了虫口数量，田间虫口密度较近年偏低，但地块间虫量差异较大。潜叶蝇轻至偏轻发生，局部偏重发生。5月中下旬虫田率32.1%，平均虫株率47.0%，最高100%；平均百株虫量216.5头，最高2547头。蚜虫轻至偏轻发生，个别田虫量偏大。5月中下旬虫田率38.3%，平均有虫株率20.3%，最高100%；平均百株虫量85.7头，最高846头。红蜘蛛局部偏重发生。部分区县发生较往年早且普遍，为害作物有露地黄瓜、茄子、架豆、豇豆、西瓜等，虫田率20%~50%。蓟马局部偏重发生，果菜虫田率37.5%，百株虫量20~170头。小菜蛾等鳞翅目害虫轻至偏轻发生，个别区县小菜蛾中等发生。

秋露地蔬菜主要种植十字花蔬菜，病虫总体偏轻发生，个别病虫在局部中等或偏重发生。病虫发生面积105.9万亩次，其中病害18.4万亩次，虫害87.5万亩次。白菜霜霉病、黑斑病、黑腐病局部中等至偏重发生，重于近年。前期病害普遍轻，由于9月连阴寡照天气较多，其中9月下旬出现阴湿、雾霾天气，白菜黑斑病、霜霉病、黑腐病在部分地区呈发展趋势，尤其以黑斑病发展明显。9月20日调查，田间未发现黑斑病，9月底发病田块占调查田块的100%，平均病株率为6.8%，最高90%，病株为0.1级至1级，个别田出现2级病株。受天气影响，霜霉病也有所发展，部分田块出现2级病株，病叶上升至中部。V字形黑腐病9月底、10月初在个别区县中等至偏重发生，个别地块病株率达90%以上。白菜软腐病在个别区县偏重发生，病田率56.8%，平均病株率45.5%，最高100%。甘蓝、菜花黑腐病轻至偏轻发生，个别区县中等发生。虫害种类主要有蚜虫、鳞翅目害虫、黄条跳甲等，发生程度为轻至偏轻，个别地区小菜蛾、菜青虫中等发生；局部个别地块甜菜夜蛾、甘蓝夜蛾等夜蛾科害虫虫量较大；黄条跳甲在个别区县密度较高。地区或地块间情况各异，以鳞翅目害虫突出，优势种有小菜蛾、菜青虫、夜蛾科害虫。8月下旬至9月上中旬调查，鳞翅目害虫虫田率100%，甜菜夜蛾、甘蓝夜蛾平均百株虫量为13头，最高达75头，斜纹夜蛾零星发生；菜青虫平均百株虫量为11头，最高121头，局部重于常年；小菜蛾虫田率33.3%，平均百株虫量为9头，最高为121头；黄条跳甲虫田率为60%，平均百株虫量为19头，最高为60头，局部发生量超过近年同期。蚜虫多为零星或轻发生。另外，蜗牛在西南局部仍发生较重，虫田率100%，虫株率2%~46%，百株虫量2~68头（虫量最高出现在10月上中旬，比去年晚一个月）。原因主要在于发生地区地势低洼、潮湿及近年蜗牛连年发生，有一定虫源基数，加之连阴雨天气出现利于蜗牛的发生与繁殖。

3. 草莓病虫害

育苗期炭疽病、斜纹夜蛾发生较为普遍，炭疽病病株率 15%，斜纹夜蛾百株虫量 90~410 头。10 月，炭疽病发生较重，病棚率 20%~35%，死苗率 5%~35%。白粉病呈周年发生趋势，11 月下旬即开始发生，全市病棚率 8% 左右，3 月上旬上升至 30%，病株率 18%，病果率 12%，发生期较往年有所提前，持续为害周期延长至 5 月底。叶螨局部危害较重，4 月上中旬普查，虫棚率 50%，虫株率 10%~60%，百株虫量 450~8540 头。

（四）2014 年

2013—2014 年冬，气温明显偏高，降水偏少，日照偏多。冬季气象条件不利于小麦冬前分蘖及越冬返青，但有利于喜干燥环境的害虫如小麦叶螨等越冬。2014 年春，气温明显偏高，且降水偏少，对麦蚜发生较为有利。5 月，北京大部分地区气温偏高、降水偏多，利于小麦生长，但是频繁降雨形成了板结，影响了部分地区的春玉米出苗及生长。夏季本市平均气温接近常年同期，降水量比常年同期略偏少，大部地区出现不同程度旱情，对玉米生长不利，同时不利于玉米病害及喜高温高湿害虫的发生与为害。

1. 粮食作物病虫害

2014 年，全市粮食作物病虫草害发生面积 949.13 万亩次，其中小麦病虫发生面积 104.1 万亩次，杂草发生面积 35.17 万亩次，玉米病虫发生面积 622.68 万亩次，杂草发生面积 126.34 万亩次，其他作物病虫草发生面积 60.84 万亩次。除麦蚜和麦蜘蛛以外，其余病虫的发生程度轻于上年。

2014 年，冬小麦种植面积 41.7 万亩，比上年减少 22.3 万亩，主要品种有农大 211、农大 212、轮选 987、中麦 175 等。小麦病虫害主要以麦蚜、吸浆虫、白粉病等为主，部分区县小麦返青期苹毛丽金龟成虫为害较重。麦蚜全市大发生，发生面积 41.7 万亩，发生特点为发生早、蚜量大、分布不均、常年优势种不明显等。2014 年蚜虫始见期比常年偏早 13 天，比上年偏早 7 天，各区县麦蚜激增始期（百株蚜量 300 头）也比常年和上年偏早。4 月 30 日调查，平均有蚜株率和百株蚜量均高于常年和上年同期平均值。本市麦蚜种类主要有麦长管蚜、禾谷缢管蚜和麦无网蚜，其中禾谷缢管蚜发生数量较常年同期明显偏多，约占总蚜量的 30%。吸浆虫大部麦区偏轻发生，局部中等发生，发生面积约 26.5 万亩。2014 年小麦吸浆虫成虫发生期较常年略偏早，吸浆虫化蛹进度较常年和上年偏早，化蛹率高。4 月 15 日调查，

有虫地块占 62.1%，27.3% 的地块达到防治指标（≥ 2 头）。全市平均每样方虫量
2.6 头，最高每样方虫量 27 头。地下害虫在大部分地区偏轻发生，局部中等发生，
发生面积 8.86 万亩。其中，前茬是豆类、花生的地块虫量偏高，发生较重，种类以
金针虫、蛴螬为主。受干旱少雨气候影响，返青以后平谷、密云、顺义部分管理粗
放的麦田麦蜘蛛发生较重，重发地块平均每尺行长虫量 300~500 头，最高达 1000
余头，小麦下部叶片变白或发黄。3 月底 4 月初，本市部分麦田发生瓦矛夜蛾幼虫
为害，田间小麦被害状非常明显，叶片多缺刻或孔洞。发生田块害虫密度一般为
1~3 头 / 平方米，最高为 20 头 / 平方米左右，严重地块小麦被害株率达 15% 以上。
3 月底至 4 月上中旬，本市平谷区、顺义区等多个区县陆续发现冬小麦被苹毛丽金
龟为害，一般发生地块虫量为 2~4 头 / 平方米，偏重发生地块虫量最高达 54 头 /
平方米。小麦白粉病偏轻发生，局部中等发生，发生面积 14.7 万亩。小麦生长前
期，气温偏高，降雨偏少，不利于白粉病发生。小麦生长后期，降水偏多，部分地
区白粉病发生较常年偏重。全市平均病株率为 1.4%，最高为 44.5%，主要发生区为
房山、顺义、通州、密云等区县，其中农大 211、农大 175、京 9428 发病较重。其
他病害轻发生，与去年相比，变化不明显。麦田杂草中等程度发生，发生面积 35.2
万亩。平均杂草密度为 4.7 株 / 平方米，较去年同期偏低。返青期主要发生的有麦
蒿、麦家公、米瓦罐、雀麦、罔草。拔节期主要发生有葎草、旋花、藜。抽穗期主
要发生有蓼、旋花、藜、芦苇、反枝苋、马唐。

2014 年，北京市玉米种植面积进一步缩减，共播种 125.5 万亩，比上年减少
34.5 万亩。其中，春玉米播种面积为 85.5 万亩，比上年增加 20.5 万亩，主栽品种
以农大 108、郑单 958、中单 28、纪元一号为主，另有先玉 335、中金 368 等品种。
夏玉米播种面积为 40 万亩，比上年减少 55 万亩，主栽品种以郑单 958、京单 28、
纪元一号为主。玉米病虫害主要以玉米螟、黏虫、褐足角胸肖叶甲、大（小）斑
病、褐斑病等为主。玉米螟偏轻发生，局部中等发生，发生面积 149.1 万亩次。一、
二代玉米螟卵量、百株虫量、被害株率较低，卵量、被害株率和残虫量均低于常年
平均值。三代玉米螟发生程度略重于一、二代，三代玉米螟平均被害株率一般为
5.3%，最高被害株率为 26%。一代黏虫迁入量小，因此二代黏虫轻发生，局部偏轻
发生，发生面积 53.4 万亩。由于二代黏虫残虫量低，三代黏虫轻发生，发生面积
11.9 万亩。二点委夜蛾轻发生，发生面积 0.5 万亩，防治面积 0.5 万亩。黑光灯下 4
月 9 日开始见蛾，比上年提早 14 天。褐足角胸肖叶甲在顺义、密云、平谷、通州
局部地区偏重发生，发生面积 2.1 万亩，为害较重的田块虫株率达 100%，单株虫量

一般为1~3头，最高达10头，百株虫量400头左右。二代棉铃虫中等发生，主要发生区域是密云、顺义、平谷、通州等区县，虫田率约为55%，百株虫量10~30头。由于幼虫暴食期正处于夏玉米幼苗期，玉米叶片受害较重。三代棉铃虫偏轻发生，主要为害雌穗，发生面积26万亩。蓟马、蚜虫、双斑萤叶甲等害虫轻发生。值得注意的是，赤须盲蝽为害呈加重趋势，虫田率约85%，百株虫量最高可达350头。病害：玉米大（小）斑病偏轻发生，发生面积104.1万亩。受气候因素影响，玉米大（小）斑病始见期比常年偏早，受6月降水偏多影响，玉米大（小）斑病蔓延流行较快，7月干旱少雨限制了叶斑病的发生。大斑病平均病株率16.9%，最高病株率为68%；小斑病平均病株率7.7%，最高病株率为18%。褐斑病大部地区偏轻发生，发生面积44.6万亩，防治面积25.7万亩，平均病株率15%，最高病株率68%。受天气影响，其他喜湿病害如弯孢菌叶斑病等轻发生。北部冷凉地区，前期降雨偏多导致出苗缓慢，部分地块玉米丝黑穗病发生较重。玉米田杂草总体为中等发生，发生程度轻于上年，发生面积126.3万亩。杂草种类主要有马唐、稗草、鸭拓草、马齿苋、狗尾草、灰藜、苦荬菜、葎草、反枝苋等，平均12.9株/平方米，最高90株/平方米。受干旱影响，刺果藤发生较轻，粮田发生面积55.5亩，密度1~8株/平方米。

2. 蔬菜病虫害

总体为偏轻至中等发生，局部个别病虫害重于上年。病虫发生面积213.71万亩次，其中病害发生面积79.74万亩次，虫害133.97万亩次。

春茬设施蔬菜以病害为主，总体偏轻发生，局部中等发生，接近常年，部分地区叶霉病、晚疫病发生较重。番茄灰霉病偏轻至中等发生，个别地区中等发生，接近常年，部分地区发生偏早约20天。番茄叶霉病偏轻至中等发生，略重于去年，发生范围呈扩大态势。番茄晚疫病、早疫病总体轻发生，个别棚室中等至偏重发生，与去年相比有加重趋势。黄瓜霜霉病偏轻发生，病棚率30%~50%，平均病株率26%，病指11.0。黄瓜细菌性病害较去年发生偏轻，由于该病害出现在生产后期，未对产量造成严重损失。瓜类白粉病偏轻至中等发生，在全市发生较普遍，病株率一般在25%~85%，主要发生在黄瓜、西葫芦、西瓜、甜瓜、南瓜、冬瓜等作物上。瓜类蔓枯病及茄果类白粉病，在个别区县偏轻至中等发生。菜椒病毒病、炭疽病、疫病及西甜瓜炭疽病、菌核病轻至偏轻发生。虫害总体为轻至偏轻发生，种类以蓟马、螨类、蚜虫、粉虱等小型害虫为主。

夏秋茬和秋（延后）茬保护地番茄黄化曲叶病毒病总体偏轻发生，重于去年。

由于菜农防护意识逐年增强，防控措施普遍比较到位，使得该病发生较晚，且并未对产量造成较大损失。局部地区因烟粉虱防控不到位，病棚率较高，平均显症率为8.4%，最高显症率达70%。番茄叶霉病、晚疫病，黄瓜霜霉病、白粉病等其他病害为偏轻至中等发生。虫害方面，烟粉虱偏轻至中等发生，局部地区虫量较高，百株虫量平均为953头，最高达4000头以上；斑潜蝇、红蜘蛛、蚜虫等在个别区县中等至偏重发生，有虫地块达80%以上，虫株率为20%~100%；个别棚室受瓜绢螟为害较重，单株虫量最高达6头。

2014年，全市露地蔬菜进一步缩减，露地番茄病害总体轻发生，其中黄化曲叶病毒病在个别区县偏轻发生，晚疫病在一些区县为中等发生。黄瓜霜霉病、细菌性角斑病、白粉病在局部地区偏轻至中等发生，霜霉病的发生程度略偏重，主要发生在生产后期，对产量影响不大。虫害：春季露地蚜虫总体中等至偏重发生，北部区县延庆、密云发生偏轻，东南部地区发生偏重。潜叶蝇局部偏轻至中等发生。红蜘蛛局部偏轻发生。

鳞翅目害虫主要有小菜蛾、甜菜夜蛾、棉铃虫等，不同区县其优势种差异较大。在北京延庆，小菜蛾为优势种，中等发生。二代棉铃虫全市偏轻至中等发生，地区间差异较大，东南部地区局部偏重发生，延庆偏轻发生。大白菜及其他露地十字花科蔬菜病害偏轻至中等发生，种类以霜霉病最普遍，软腐病、黑腐病在个别区县偏轻发生。甘蓝、菜花黑腐病局部偏轻发生，仅限于东南部和延庆。大白菜田蚜虫在局部偏轻至中等发生，虫田率20%~70%，平均44%，百株蚜量为70~350头，平均110头。鳞翅目害虫偏轻至中等发生，鳞翅目害虫虫田率为40%~100%，平均88%，百株虫量5~30头，平均11头，局部地块发生偏重，百株虫量达到30头以上。粉虱、红蜘蛛、美洲斑潜蝇局部地区偏轻发生，主要受设施转移为害影响。

3. 草莓病虫害

主要病害种类有白粉病、枯萎病和炭疽病，虫害有红蜘蛛、蚜虫、蓟马、斜纹夜蛾、野蛞蝓。其中，白粉病发生早，幼苗带菌，定植后一个月内开始发病，平均病株率2%~25%，11月中旬初见白粉病果，平均病株率5%~55%，平均病果率13%，发生较重地块病株率接近80%。草莓普通叶斑病、镰孢霉果腐病零星发生。叶螨棚室发生率10%，平均百株虫量210~3900头。蚜虫在个别棚室零星发生。蓟马局部严重发生，平均百株虫量75~2040头。

第三节　2011—2014 年北京市动物疫情灾害

2011 年，本市共报告发生 13 种动物疫病，总发病 12200 头 / 只 / 条，死亡 2257 头 / 只 / 条。其中，羊肠毒血症发病 5 只，死亡 5 只；猪圆环病毒病发病 10 头，死亡 8 头；新城疫发病 5224 只，死亡 300 只，已对发病动物进行扑杀及无害化处理；马立克氏病发病 150 只，死亡 140 只；禽白血病发病 3 只，死亡 3 只；鸡败血支原体病发病 1504 只，死亡 832 只；传染性法氏囊炎发病 1330 只，死亡 137 只；鸡球虫病发病 1151 只，死亡 359 只；犬弓形虫发病 21 头；犬瘟热发病 983 条，死亡 219 条；犬细小病毒病发病 1657 条，死亡 203 条；猫泛白细胞减少症发病 121 只，死亡 21 只；兔出血病发病 41 只，死亡 30 只。

2012 年，全市共报告发生 14 种动物疫病，总发病 19657 头 / 只 / 条，死亡 9560 头 / 只 / 条。其中，鸡新城疫发病 11467 只，死亡 7467 只；猪圆环病毒病发病 40 头，死亡 35 头；猪附红细胞体病发病 1 头，死亡 1 头；伪狂犬病发病 148 头，死亡 38 头；禽白血病发病 476 只，死亡 295 只；鸡球虫病发病 938 只，死亡 376 只；鸡败血支原体病发病 1148 只，死亡 624 只；马立克氏病发病 163 只，死亡 91 只；禽痘发病 300 只，死亡 30 只；犬瘟热发病 1163 条，死亡 230 条；犬细小病毒病发病 3430 条，死亡 320 条；猫泛白细胞减少症发病 355 只，死亡 33 只；弓形虫病发病 9 只，死亡 1 只；兔出血病发病 19 只，死亡 19 只。

2013 年，全市共报告发生 11 种动物疫病，总发病 7875 头 / 只 / 条，死亡 2252 头 / 只 / 条。其中，伪狂犬病发病 5 头，死亡 4 头；副猪嗜血杆菌病发病 16 头，死亡 9 头；禽白血病发病 18 只，死亡 15 只；禽霍乱发病 23 只，死亡 20 只；鸡球虫病发病 1952 只，死亡 986 只；鸡败血支原体病发病 1242 只，死亡 442 只；马立克氏病发病 40 只，死亡 20 只；犬瘟热发病 1205 条，死亡 299 条；犬细小病毒病发病 2935 条，死亡 390 条；猫泛白细胞减少症发病 422 只，死亡 67 只；弓形虫病发病 17 只。

2014 年，全市共报告发生 11 种动物疫病，其中包含猪病 2 种（猪伪狂犬病、副猪嗜血杆菌病）、禽病 4 种（禽白血病、鸡败血支原体感染、鸡球虫病和马立克氏病）、草食家畜动物疫病 1 种（羊肠毒血症）、宠物病 4 种（犬瘟热、犬细小病毒病、犬弓形虫病和猫泛白细胞减少症），发病范围涉及 2 个区县的 238 个村次，总发病数 7183 头 / 只 / 条，发病率 18.94%；总病死数 1424 头 / 只 / 条，病死率 19.82%；总销毁数 1424 头 / 只 / 条。

第六章　林业危害

第一节　林业危害概况

一、概况

2011—2014年森林防火期内，北京市干旱少雨天气较多，森林火险等级持续偏高。各级森林防火机构加强组织领导，严格落实森林防火岗位责任制，市、区县、乡镇分组逐级进行全方位监督检查，查隐患，堵漏洞。加强专业森林消防队、防火巡查队、生态林管护员等队伍建设，完善管理，加大火源管控力度和森林防火宣传力度，从源头进行防控。加强预警监测系统、应急通信和指挥系统、林火阻隔系统、机具装备系统建设，并针对北京市平原重点造林工程，积极推进平原造林地区防火设施建设，提高北京市森林火灾综合防控水平，为实现首都森林资源安全提供了支撑和保障。

2011年度森林防火期，本市遭遇60年来最晚降雪，长达108天无降水，造成全市大部分地区严重干旱，加之接连不断的大风天气，森林火险等级居高不下。市森林防火指挥部办公室及时发布森林火险预警警报，其中红色预警2次累计10天，橙色预警11次累计27天。市森林防火指挥中心共接各类火情报警139起，同比增长69.5%，总过火面积3.21公顷，过火树木1175株，死亡80株，其中构成一般森林火灾5起。

2012年度森林防火期，主要特点是前期平稳，中期严峻，后期和缓。4月，受气候形势干旱多风影响，全市发布森林火险橙色预警6次累计19天，加之清明节期间祭扫和农事活动繁忙，导致火情集中爆发，共发生火情42起，占全部接报警数量的28.4%。市森林防火指挥中心共接各类火情报警148起，同比增长8.8%。其中，构成一般森林火灾1起，过火面积3.2公顷，其中有林地面积0.96公顷，过火树木以灌木为主，其余火情均被及时控制，未造成林木损失。2012年度未发生较大以上森林火灾，较好实现了本市"确保不发生重大森林火灾，确保不发生人员伤亡事故"的预期目标。

2013年度森林防火期，前期雨水充沛，形势平稳；中后期相对干旱，火情多发。全市发布高火险预警9次共18天，其中红色预警1次2天，橙色预警8次共16天。市森林防火指挥中心共接火情报警57起，同比下降61%。其中，构成一般森林火灾1起，未发生较大以上森林火灾。

2014年度森林防火期，全市发布橙色高火险预警14次累计44天，为历年同比之最。市森林防火指挥中心共接火情报警103起，同比增加44.7%。其中，构成一般森林火灾1起，过火林地面积0.9公顷，同比下降86.0%，过火林木1238株。

二、灾情

（一）2011年度森林火灾

1.怀柔区九渡河镇庙上村一般森林火灾

2011年4月5日，怀柔区九渡河镇庙上村发生森林火灾，过火有林地面积0.92公顷，过火树木主要为次生山杏。火灾是因烧荒引起的。

2.海淀区西山林场金山陵园一般森林火灾

2011年4月15日，海淀区西山林场金山陵园发生森林火灾，过火林地面积0.63公顷，过火油松100株。起火原因为精神不正常上访人故意纵火。依照《治安管理处罚法》规定，将肇事者移交香山派出所处理。

3.门头沟区龙泉镇九龙山一般森林火灾

2011年5月2日，门头沟区龙泉镇九龙山发生一起森林火灾，过火面积0.966公顷，以杂灌木为主，起火原因不明。

（二）2012年度森林火灾

2012年4月3日，昌平区南口镇四桥子村东沙岭自然村和九仙庙自然村之间发生一般森林火灾，过火面积3.2公顷，其中有林地面积0.96公顷，过火树木以灌木为主。市森防办派出移动通信指挥车，调集市直属专业森林消防大队50人、延庆专业森林消防大队30人、八达岭林场专业森林消防队30人，并调动武警森林机动支队100名官兵扑火。次日7时30分，直升机对火场进行侦察，确认火场全部扑灭。起火原因为清明祭扫，嫌疑人被控制在事发现场。此次火灾预防方面暴露问题：一是部分社会成员法律意识淡薄，要进一步加强宣传教育；二是生态林管护员存在麻痹思想，要进一步加强细节管理以及巡逻检查工作力度和密度，将防火责任落实到每一个细节；三是散坟管理难度大，要进一步探索散坟管理机制。从扑救方面分析：一是专业森林消防队技战术水平不高，队伍建设和业务培训亟待加强；二是扑救手段单一，要大力推进以水灭火技术的运用；三是通信盲点多，要加强防火通信网建设；四是地方专业森林消防队扑救工具、装备和扑救手段相对落后，不能适应当前火场需要。

（三）2014年度森林火灾

2014年3月21日，怀柔区渤海镇沙峪村寇家峪发生森林火灾，过火面积0.97公顷，其中有林地0.9公顷，过火林木1238株，其中栗树525株、油松713株。这起火灾是渤海镇沙峪村村民在自家的栗树园干农活时烧树叶引起的。肇事者，女，63岁，文盲，群众，依法承担民事责任。对渤海镇人民政府相关领导的处理：依据《怀柔区森林防火指挥部2014年度森林防火责任书》第10条规定，责令渤海镇镇长、主管副镇长向怀柔区人民政府写出书面检查，并在电视上曝光；责成渤海镇人民政府对沙峪村相关领导做出处理。对责任区生态林管护员的处理：依据《怀柔区森林防火指挥部2014年度森林防火责任书》第9条"发生一般森林火灾的单位扣发责任区生态林管护员两个月管护费，并予以除名"的规定，责成渤海镇人民政府对沙峪村寇家峪责任区两名生态林管护员扣发两个月管护费，并予以除名。

第二节　有害生物灾情

一、概况

2011—2014年，北京市林业有害生物防控工作，在国家林业局的大力支持和市委、市政府的正确领导下，以生态文明建设和科学发展观为指导，以确保首都绿色景观完整和生态安全为目标，坚持"预防为主、科学治理、依法监管、强化责任"的防治方针和"政府主导、属地管理"的防控工作原则，紧紧围绕全市中心工作和重点绿化造林工程建设，理思路，抓重点，重服务，进一步加强了林业有害生物防治检疫机构建设，进一步加大了检查、抽查、普查、巡查和督查工作力度，大力推进生物和无公害防治进程，在防控体制上做文章，在科学防控上下功夫，在社会化防治上寻突破，不断提高突发林业有害生物灾害事件应对能力和综合防治水平，防灾减灾工作取得了显著成效。

2011—2014年，全市累计完成防治作业面积331.22万公顷次，其中人工地面防控面积299.32万公顷次；组织开展飞机防治9571架次，预防控制面积31.90万公顷次，无公害防治率均达到了100%；全市果树有害生物发生面积84.35万公顷次，防治面积148.77万公顷次。2011—2014年，预计林业有害生物发生面积分别为4.10、4.10、4.10、4.11万公顷，实际发生面积分别为3.97、4.03、4.03、3.96万公顷，测报准确率为96.83%、98.29%、98.29%、96.35%；实施种苗产地检疫面积分别为1.21、1.18、1.19万公顷，种苗产地检疫率均为100%；成灾面积分别为0.0002、0.002、0.003、0.003万公顷，成灾率分别为0.05‰、0.02‰、0.03‰、0.04‰。

二、灾情

【发生的主要林业有害生物种类】　2011—2014年，北京市发生的林业有害生物种类主要有春尺蠖、杨扇舟蛾、杨小舟蛾、延庆腮扁叶蜂、黄连木尺蠖、柳毒蛾、国槐尺蠖、草履蚧、柏肤小蠹、纵坑切梢小蠹、杨潜叶跳象、双条杉天牛、油松毛虫、黄褐天幕毛虫、落叶松叶蜂、美国白蛾和杨树溃疡病等。其中，4年发生总面积在0.20万公顷以上的分别是：杨扇舟蛾3.04万公顷，春尺蠖2.13万公顷，黄连木尺蠖1.42万公顷，柳毒蛾1.18万公顷，杨小舟蛾1.15万公顷，草履蚧0.61万公顷，延庆腮扁叶蜂0.61万公顷，双条杉天牛0.56万公顷，槐尺蛾0.56万公顷，纵坑切梢小蠹0.49万公顷，杨潜叶跳象0.39万公顷，天幕毛虫（黄褐天幕毛虫和绵山天幕毛虫）0.39万公顷，榆蓝叶甲0.28万公顷，杨树溃疡病0.28万公顷，油松毛虫0.27万公顷，落叶松（红腹）叶蜂0.27万公顷，黄点直缘跳甲0.25万公顷。其中，较2008—2010年发生面积明显下降的主要有美国白蛾、延庆腮扁叶蜂、杨潜叶跳象、春尺蠖和杨扇舟蛾等，年均发生面积分别由0.08万公顷、0.18万公顷、0.22万公顷、0.54万公顷和1.06万公顷下降为0.03万公顷、0.15万公顷、0.1万公顷、0.53万公顷和0.76万公顷；较2008—2010年发生面积明显增加的主要有黄点直缘跳甲、黄褐天幕毛虫、油松毛虫、纵坑切梢小蠹、槐尺蛾、黄连木尺蠖、柳毒蛾和杨小舟蛾等，年均发生面积分别由0.05万公顷、0.05万公顷、0.05万公顷、0.09公顷、0.11万公顷、0.24万公顷、0.25万公顷和0.27万公顷上升为0.06万公顷、0.10万公顷、0.07万公顷、0.12万公顷、0.14万公顷、0.35万公顷、0.30万公顷和 0.29 万公顷。

【美国白蛾监测情况】2011—2014 年，美国白蛾共发生 0.12 万公顷。其中，2011 年，在东城、西城、朝阳、海淀、丰台、石景山、房山、通州、大兴、平谷、怀柔和密云等 12 个区县的 79 个乡镇（街道）共 302 个村点（社区）的 1464 株树木上监测到第三代美国白蛾幼虫或网幕，折合发生面积 0.02 万公顷；2012 年，在东城、西城、朝阳、海淀、丰台、房山、通州、大兴、昌平、平谷和密云等 11 个区县的 132 个乡镇（街道）共 554 个村点（社区）的 3466 株树木上监测到第三代美国白蛾幼虫或网幕，折合发生面积 0.04 万公顷；2013 年，在东城、西城、朝阳、海淀、丰台、石景山、门头沟、房山、通州、大兴、昌平、怀柔和密云等 13 个区县的 126 个乡镇（街道）共 621 个村点（社区）的 4938 株树木上监测到第三代美国白蛾幼虫或网幕，折合发生面积 0.04 万公顷；2014 年，在东城、西城、朝阳、海淀、丰台、房山、通州、顺义、大兴和怀柔等 10 个区县的 68 个乡镇（街道）共 347 个村点（社区）的 1766 株树木上监测到第三代美国白蛾幼虫或网幕，折合发生面积 0.02 万公顷。

【红脂大小蠹监测情况】2011—2014 年，红脂大小蠹仍呈点状发生，且 2013 年、2014 年的发生数量较 2011 年、2012 年明显减少。2011 年，在门头沟、昌平、怀柔等 3 个区 7 个乡镇 32 个村点监测到 1684 头成虫和 2347 株受害状树木；2012 年，在门头沟、昌平、怀柔和密云等 4 个区县 6 个乡镇 41 个村点监测到 2051 头成虫和 2378 株受害状树木；2013 年，在门头沟、昌平、怀柔等 3 个区 4 个乡镇 27 个村点监测到 934 头成虫和 677 株受害状树木；2014 年，在门头沟、昌平等 2 个区 4 个乡镇 23 个村点监测到 294 头成虫和 1882 株受害状树木。

【白蜡窄吉丁】2011 年 6 月，北京市开展了白蜡窄吉丁专项调查。调查结果显示，在门头沟、昌平、顺义、丰台、大兴、朝阳、海淀、延庆等 8 个区县发现白蜡窄吉丁危害，发现受害树木 2816 株，销毁 2432 株；白蜡窄吉丁危害程度较轻，但发生范围较大，且在局部地区危害严重。2013—2014 年，全市再次组织开展白蜡窄吉丁危害情况调查。共调查白蜡树 122.94 万株，在门头沟、海淀、昌平、顺义、朝阳、通州、大兴、丰台、房山等 9 个区县发现受害树 9448 株，其中死亡 906 株。与 2011 年专项调查房山、通州 2 个区结果相比，发生范围、面积、危害程度、受害株数进一步增加，疫情呈点多面广的扩散态势，且局部地区白蜡窄吉丁危害严重。2011—2014 年，各区县林业检疫机构在林木调运检疫过程中查处了大量外来受害苗木，并及时开展了检疫除害处理。经统计，全市共在丰台、昌平、大兴、房山、通州、顺义、怀柔和延庆 8 个区县截获 67 批次，总株数 52.85 万株，其中染疫株数 7848 株，处理 1.74 万株，主要采取树干输液、放蜂防治、药剂处理以及全部销毁等措施，防止白蜡窄吉丁扩散危害。

【杨扇舟蛾】2011—2014 年，杨扇舟蛾在顺义、通州、房山等区县发生较重，发生面积 3.04 万公顷。通过使用诱虫杀虫灯监测诱杀成虫，高龄幼虫期使用 1.2% 烟碱—苦参碱等植物源类药剂喷雾防治等措施，有效控制该虫的危害。

【春尺蠖】2011—2014 年，春尺蠖在昌平、顺义、大兴等区县发生较重，发生面积 2.13 万公顷。采用在树干胸径处围环阻止雌成虫上树，使用 1.2% 烟碱—苦参碱等植物源类药剂喷雾防治等措施，有效控制了该虫的危害。

第七章　地质灾害

第一节　北京市地质灾害概况

北京市突发性地质灾害和缓变性地质灾害均有发育。

突发性地质灾害有泥石流、崩塌、滑坡和地面塌陷等类型，主要分布在西山和北山的沟谷、陡坡、采煤分布集中地区及构造活动较强烈的地区。全市突发性地质灾害易发区面积为 9169.2 km²，占全市总面积的 55.87%，其中高、中、低易发区面积分别为 3019.3 km²、3491.1 km² 和 2658.8 km²，分别占全市总面积的 18.40%、21.27% 和 16.20%。截至 2014 年底，全市突发性地质灾害隐患点共 4614 处，威胁乡镇 84 个行政村 683 个，威胁住户 21087 户 57909 人。

缓变性地质灾害主要有地面沉降和地裂缝两种，主要分布在朝阳区、昌平区、顺义区、大兴区和通州区等平原地区。全市地面沉降区分为南北两个大区，共 8 个沉降中心，其中北区面积较大，主要包含平原区东部和北部的昌平区八仙庄、海淀区西小营、顺义区平各庄、朝阳区金盏、朝阳区三间房、朝阳区黑庄户和通州城区 7 个沉降中心；南区面积较小，主要为平原区南部的大兴区榆垡沉降中心。截至 2014 年底，发现的地裂缝主要有顺义地裂缝、高丽营地裂缝、羊房地裂缝、北彩地裂缝和庙卷地裂缝等。

第二节　2011—2014 年灾情

2011—2014 年，全市共发生地质灾害 95 起。总体来看，北京地区灾害多发生在 6 月至 8 月的雨季，灾害类型以崩塌为主，灾情级别以小型为主，多发生在房山、门头沟、延庆、密云、怀柔和海淀 6 个区县。

一、2011 年灾情

2011 年全市共发生 13 起突发性地质灾害，以小型崩塌和地面塌陷为主，造成三次交通阻断，无人员伤亡，主要发生在 6 月至 8 月的雨季，主要分布在平谷、房山、门头沟等区县，详见表 1。

表 1 2011 年北京市突发性地质灾害发生情况一览表

序号	时间	地点	灾害类型	受损情况
1	2011.02.22	门头沟区潭王路南涧村以南约 700 m 处不稳定斜坡	崩塌	未造成人员伤亡和财产损失
2	2011.04.20	房山区大石窝镇南尚乐中学校舍墙体开裂	地面塌陷	未造成人员伤亡和财产损失
3	2011.05.05	海淀区四季青镇塔后身村甲 19 号居民房屋北侧斜坡	崩塌	未造成人员伤亡和房屋建筑的损坏
4	2011.05.28	门头沟区 109 国道 K87 m 处	崩塌	约 50 m 长的路段受损，造成交通阻断，未造成人员伤亡
5	2011.06.16	延庆县千家店镇红石湾村市道 S309（滦赤路）K132＋100 m 处	崩塌	塌方量约 40 m³，无人员伤亡和财产损失
6	2011.06.26	延庆县千家店镇六道河村市道 S309（滦赤路）K144＋100 m 处	崩塌	塌方量约 300 m³，严重影响车辆通行，无人员伤亡和财产损失
7	2011.06.29	房山区史家营乡史家营村房屋开裂	地面塌陷	未发现墙体倒塌，未造成人员伤亡
8	2011.07.21	平谷区镇罗营镇桃园村村口不稳定斜坡变形	崩塌	未造成人员伤亡和财产损失
9	2011.07.21	平谷区镇罗营镇清水湖村	崩塌	造成一间房屋受损，无人员伤亡
10	2011.07.26	平谷区 S330 市道 K90+600 m 至 K90+750 m 处	滑坡	塌方量约 2000 m³，致使约 100 m 长的路段受损，造成交通阻断，未造成人员伤亡
11	2011.08.04	房山区大安山乡寺尚村	滑坡	塌方量约 150 m³，造成前缘挡土墙滑移开裂，西段挡土墙下沉变形
12	2011.08.10	平谷区南独乐河镇北独乐河村	地面塌陷	造成塌陷区域约 30 m² 玉米地损毁，未造成人员伤亡
13	2011.08.16	门头沟区军庄镇灰峪村灰峪西街 5 号	崩塌	约 30 m³ 崩塌岩块崩落到房屋院内，未造成人员伤亡

二、2012 年灾情

2012 年全市共发生 18 起突发性地质灾害，以小型崩塌、滑坡和地面塌陷为主，造成两次交通受阻，主要发生在 6 月至 8 月的雨季，分布在房山区、门头沟区、海淀区和石景山区等区县，详见表 2。

表 2　2012 年北京市突发性地质灾害发生情况一览表

序号	时 间	地 点	灾害类型	灾害级别	备注
1	2012.03.15	海淀区四季青镇塔后身村甲 19 号居民房屋北侧斜坡	崩塌	小型	
2	2012.04.11	延庆县千家店镇花盆村（耗眼梁村）	地裂缝	小型	威胁住户 3 户
3	2012.04.23	房山区霞云岭乡四马台村白草畔景区公路	地面塌陷	小型	
4	2012.06.05	门头沟区石担路 K12+800 m 处	崩塌	小型	
5	2012.06.27	房山区佛子庄乡山川村	崩塌	小型	损坏斜坡下方道路、供水水管、电话及有线电视线路等人工建筑
6	2012.06.29	门头沟区军装镇灰峪村	崩塌	小型	约 6 m³ 崩塌岩块崩落致使道路通行受影响，砸毁村民储物房一间
7	2012.07.02	房山区史家营乡史家营村	地面塌陷	小型	60 余户房屋开裂，威胁 200 余人
8	2012.07.09	门头沟区 G109 国道 K32+690 m 处	崩塌	小型	崩塌物致使行驶中一辆货车被砸，司机重伤，路边防护堤被撞毁
9	2012.07.22	石景山区金顶街街道赵山小区	滑坡	小型	造成约 10 m 长范围内的平房受损，威胁坡脚平房及坡顶楼房基础的安全
10	2012.07.22	石景山区首钢特钢厂宿舍楼	滑坡	小型	造成约 12 m 长范围内的砖混结构挡墙损毁，北侧一空置厂房出现多处裂缝，严重威胁宿舍内人员安全以及边坡东北侧坡顶高压电塔的基础安全

序号	时间	地　点	灾害类型	灾害级别	备注
11	2012.07.22	海淀区四季青镇香山地区塔后身村	崩塌	小型	对坡脚居民及房屋造成安全隐患
12	2012.07.22	房山区霞云岭乡庄户台鱼骨寺村	滑坡	小型	造成坡脚处1户村民房屋被毁
13	2012.07.25	房山区大安山乡乡政府	崩塌	小型	造成水泥平台开裂,地面下沉,围墙拉裂
14	2012.07.31	房山区史家营乡史金路青林台村村口	崩塌	小型	
15	2012.07.26	门头沟区潭柘寺镇北村西北侧	崩塌	小型	
16	2012.08.01	门头沟区南雁公路K29+750 m处	崩塌	小型	
17	2012.08.01	海淀区香山街道办事处公主坟村	崩塌	小型	所形成的不稳地斜坡隐患威胁住户2户,人口60人,房屋30间
18	2012.11.19	房山区大安山乡中心幼儿园	地裂缝	小型	造成幼儿园围墙、房屋开裂,威胁房屋13间,人口9人,暂时搬迁

三、2013 年灾情

2013 年全市共发生 40 起突发性地质灾害,造成两次交通受阻和多处房屋受损,无人员伤亡。灾害主要发生在 6 月至 7 月,以公路两侧小型崩塌为主,占总数的 55%,主要发生在房山、怀柔、密云、延庆和门头沟等区县,详见表3。

表3　2013 年北京市突发性地质灾害发生情况一览表

序号	时间	地点	灾害类型	灾情级别	备注
1	2013.01.15	房山区青龙湖镇坨里村	地面塌陷	小型	
2	2013.04.07	房山区大安山乡大安山村	地面塌陷	中型	
3	2013.06.05	怀柔区宝山乡宝碾公路	崩塌	小型	损坏公路防护栏10 m

序号	时间	地点	灾害类型	灾情级别	备注
4	2013.06.05	密云县石城镇琉辛路段	崩塌	小型	造成30 m路段受损
5	2013.06.06	房山区大安山乡瞧煤涧村	地面塌陷	中型	造成房屋墙体发生开裂、倾倒
6	2013.06.06	房山区大安山乡宝地洼村	地面塌陷	大型	
7	2013.06.07	门头沟区妙峰山镇妙峰山路K13+230 m处	崩塌	小型	损坏挡墙6 m、公路护栏5 m
8	2013.06.07	房山区霞云岭乡G108国道K116+900 m处	崩塌	小型	
9	2013.06.07	怀柔区G111国道K86+060m至070m路段	崩塌	小型	
10	2013.06.07	怀柔区延琉路（S323）K62+880m至900m路段	崩塌	小型	
11	2013.06.08	怀柔区G111国道K75+150 m处	崩塌	小型	
12	2013.06.26	怀柔区雁栖镇西栅子村南沟	崩塌	小型	造成村民房屋后墙损坏，屋内部分设施损坏
13	2013.06.28	怀柔区雁栖镇北湾村阳坡	崩塌	小型	砸断核桃树和杏树各1棵
14	2013.06.30	房山区大安山乡大安山村小妹台	崩塌	小型	造成灌溉水管损坏、河道堵塞
15	2013.07.02	密云县大城子镇柏崖村孝女台	崩塌	小型	
16	2013.07.03	延庆县S309公路K132+000 m处	崩塌	小型	恐龙足迹的护栏损坏约30m
17	2013.07.07	延庆县千家店镇村	崩塌	小型	造成坡下数棵树木折断
18	2013.07.09	延庆县X019公路K4+800 m处	崩塌	小型	
19	2013.07.09	房山区G108国道K127+650 m处	崩塌	小型	公路内侧挡墙损坏约2 m，外侧护栏部分损坏
20	2013.07.09	房山区六石路K27+200 m处	崩塌	小型	

序号	时间	地点	灾害类型	灾情级别	备注
21	2013.07.10	房山区 G108 国道复线 K15+650 m 处	崩塌	小型	公路内侧挡墙损坏约 10 m,外侧护栏损坏约 15 m
22	2013.07.12	昌平区十三陵镇果庄村	崩塌	小型	造成民房局部损坏
23	2013.07.15	密云县冯家峪镇三岔口村王家岭沟	滑坡	小型	滑坡堆积物压占农田
24	2013.07.15	密云县冯家峪镇高庄子村白莲峪	滑坡	小型	造成坡脚处鸡舍局部房顶坍塌、后墙开裂,部分养殖设施破坏
25	2013.07.15	延庆县滦赤路 K132+500 m 处	崩塌	小型	
26	2013.07.15	延庆县河石路（河口 - 石槽）K1+500 m 处	崩塌	小型	
27	2013.07.15	延庆县延琉路 K53+200 m 处	崩塌	小型	
28	2013.07.15	门头沟区灵山公路 K8+800m 到 K9 处	崩塌	小型	
29	2013.07.15	门头沟区高芹路 K28+220 m 处	崩塌	小型	
30	2013.07.15	门头沟区南雁路 K25+300 m 处	崩塌	小型	
31	2013.07.15	门头沟区南雁路 K31+575 m 处	崩塌	小型	
32	2013.07.16	怀柔区雁栖镇长元村兔尾坡	滑坡	小型	
33	2013.07.18	延庆县 S212 公路 K63+000 m 处	崩塌	小型	造成道路中断,路边坡护网损坏 200 m²
34	2013.07.31	房山区河北镇三十亩地村	崩塌	小型	造成房屋墙体表层受损,排水通道堵塞
35	2013.08.01	怀柔区京加路 K105+800 m 处	崩塌	小型	崩塌落石砸毁 1 辆机动车、公路西侧护栏及路面损坏
36	2013.08.01	房山区大安山乡大安山村	崩塌	小型	造成干砌石挡墙和房屋损坏

续表

序号	时间	地点	灾害类型	灾情级别	备注
37	2013.08.08	海淀区四季青镇香山村普安店	地面塌陷	小型	造成通信电线杆倾斜
38	2013.08.16	延庆县旧县镇古城村	崩塌	小型	
39	2013.08.28	房山区 G108 国道 K62+800 m 处	崩塌	小型	造成 G108 国道受损、交通受阻
40	2013.10.16	门头沟区王平镇南港村	崩塌	小型	砸损坡下干砌石挡墙 5 m、防护网约 20 m²、警示牌 1 个及村民堆放杂物

四、2014 年灾情

2014 年全市共发生突发性地质灾害 24 起，无人员伤亡。灾害主要发生在 6 月至 7 月，为小型崩塌和地面塌陷，主要发生在房山、延庆等区县。

2014 年北京市突发性地质灾害发生情况一览表

序号	时间	地点	灾害类型	灾害规模
1	2014.01.21	延庆县旧县镇古城村（龙庆峡风景区外）	崩塌	小型
2	2014.03.18	房山区大安山乡瞧煤涧村	地面塌陷	小型
3	2014.03.31	房山区大安山乡大安山村	地面塌陷	小型
4	2014.04.09	怀柔区九渡河镇庙上村东南 1.5km 处	崩塌	小型
5	2014.04.15	房山区大石窝镇岩上村	地面塌陷	小型
6	2014.04.23	密云县冯家峪镇黄梁根村亿客隆山庄	崩塌	小型
7	2014.06.04	平谷区平谷镇西鹿角村	地面塌陷	小型
8	2014.06.17	怀柔区宝山镇 X006（宝碾路）K800+150 m 处	崩塌	小型
9	2014.06.17	门头沟区王平镇韭园村	地面塌陷	小型
10	2014.06.20	延庆刘干路 K9+300m 至 K9+350 m 处	崩塌	小型
11	2014.06.20	密云县 101 国道京沈路 K110+450 m 处	崩塌	小型
12	2014.06.23	延庆县刘干路 K14+400 m 至 K14+450 m 处	崩塌	小型
13	2014.06.23	房山区河北镇阎河路 K16+900 m 处	崩塌	小型
14	2014.06.23	房山区史家营乡金鸡台村道路	崩塌	小型
15	2014.06.26	房山区河北镇阎河路 K16+700 m 处	崩塌	小型

续表

序号	时间	地点	灾害类型	灾害规模
16	2014.07.03	门头沟区大台街道办事处清干路	崩塌	小型
17	2014.07.05	房山区张坊镇涞宝路 K5+770 m 处	崩塌	小型
18	2014.07.30	门头沟区雁翅镇淤白村	崩塌	小型
19	2014.08.05	房山区大安山乡大安山村	地面塌陷	小型
20	2014.08.31	延庆县滦赤路（S309省道延庆段）K144+600 m 处	崩塌	小型
21	2014.09.02	延庆县 X004 县道（刘干路）K10+ 700 m 处	崩塌	小型
22	2014.09.02	平谷区镇罗营镇 X002（胡关路）K27+620 m 处	崩塌	小型
23	2014.09.02	密云县水库环南线 K20+790 m 处	崩塌	小型
24	2014.09.07	延庆县滦赤路（S309省道延庆段）K135+300 m 处	崩塌	小型

第三篇

预防减灾措施

第一章　地震减灾

第一节　地震监测预报

一、2011 年

（一）震情跟踪与分析预测

2011 年，北京市地震局结合震情形势和本市地震监测预报工作实际积极开展地震监测、震情跟踪和分析会商工作，震情跟踪和分析会商进一步得到强化，地震监测及效能进一步得到提升。

2011 年 1 月制定印发了《北京市 2011 年度震情跟踪工作方案》，年中制定了《北京市地震局庆祝中国共产党成立 90 周年活动期间北京市震情保障工作方案》。组织召开北京市 2011 年中、2012 年度地震趋势会商会，提出了北京市 2011 年中及 2012 年度地震趋势研究主要结论意见，会议邀请多名业内专家针对北京、首都圈和华北地区的震情形势开展专题交流和研讨，较为全面准确地把握了 2011 年度北京地区的地震趋势。对平谷区东高村镇大旺务村墙体坍塌、大兴区魏善庄镇南田各庄村水井温度升高、房山区闫村镇果各庄村井水温度升高、房山区大安山乡红大路群蛇聚集、平谷区马昌营镇前芮营村地裂缝等宏观异常进行了调查、跟踪和落实。2011 年，市、区县两级地震部门共落实宏观异常 15 次，每次都做到及时、客观、准确。

2011 年，共召开周、月、加密和紧急会商会 64 次，其中加密和紧急会商会 11 次，共计上报各类会商意见 78 份，完成了春节、"两会"、"五一"、"庆祝建党 90 周年活动"以及"十一"期间震情保障工作。全年共完成地震速报 16 次，启动震情应急 3 次，即 2 月 11 日密云 2.3 级、10 月 12 日石景山 2.3 级、12 月 4 日延庆 2.0 级地震。地震发生后，有关人员迅速到岗并进行紧急会商，对震后趋势及时做出了正确的判定；通过严密的跟踪工作措施，继续强化背景研究与分析预测研究，坚持地震背景研究与震情短临跟踪的密切结合，较好地把握了北京地区全年的震情形势。

（二）台网运行管理

2011年，北京市地震前兆台网参评观测仪器运行率平均为99.53%。北京市地震前兆台网按照相关技术要求编写了台网及学科观测报告，共产出台网观测月报12份，学科月报300份，台网年报1份，学科年报36份，异常落实报告3份。

结合台网的实际情况，本着既做到逐步更新，又沿用部分老仪器的原则，更新了4个水位传感器，并且在同期完成了6个台站6套流体综合观测设备的更新改造。同时，为进一步完善通州徐辛庄、顺义板桥、平谷赵各庄、房山良乡台4个无人值守流体台站的观测，购置4套QY-1型气压传感器，为水位测项提供气压辅助观测，符合学科组要求的观测规范，并于12月全部安装完成。

2011年全年速报共计16次，启动应急8次；无错报、漏报、迟报现象发生；完成地震快报编目442条，正式报地震编目442条；观测数据归档达2.36TB，存储了全年台网产出的单台24小时连续波形、单小时所有台站波形、事件波形、标定波形和标定数据处理结果；撰写、报送台网运行报告12期，地震观测报告12期；编印《北京市测震台网运行年报（2011年）》1部。

（三）台站建设与管理

根据年度观测资料评比结果和工作实际，停测了延庆县地震局松山台水氡测项、撤销了通州地震台95地电阻率等2个手段，淘汰落后项目，整合有效资源。完成了平谷地震台地电阻率观测线路迁移方案和昌平地震台环境优化改造项目申请材料的编制、评审及上报，完成了丰台地震台优化改造项目的建设任务。

2011年，市地震局完成了2个测震台观测仪器更换，完成了8个台的中科光大流体观测设备升级更新、7个台站进行"九五"接入"十五"系统升级改造和1个水位设备升级改造等前兆台网改造，并完成强震台网5个台站的电源改造任务。

2011年，区县地震局共新建4个地倾斜观测站，并对1个观测井、3个电位台站进行了升级改造，新建宏观观测站点18个。

二、2012 年

（一）震情跟踪与分析预测

2012 年 1 月组织制定《北京市 2012 年度震情跟踪工作方案》，统一部署了 2012 年度全市震情跟踪工作，对年度内的监测台网运行维护、震情应急值班、异常落实上报、震情分析会商、通信网络维护、重大活动和节假日期间震情保障等工作提出了明确要求。

2012 年 10 月下发《关于做好党的十八大期间震情监视应急保障及安全稳定工作的通知》，编印《中国共产党十八大北京市地震安全保障工作手册》，全力做好十八大期间的地震安全保障工作，并圆满完成各项地震安保任务。

2012 年，共完成地震速报 12 次，其中北京地区 5 次、天津地区 2 次、河北地区 5 次；启动应急 4 次，各次地震速报均在规定时间内完成；责任区内发生的 ML0.0 级以上地震，无错报、漏报、迟报现象发生。

2012 年，共召开日常会商 54 次、加密会商 7 次、紧急会商 5 次，上报各类会商意见 84 份，完成《震情通报》12 份。全年共接收并及时回复地震预报意见 3 份，及时准确落实宏观异常 12 次。

2012 年 5 月、10 月分别召开了年中和 2013 年度地震趋势会商会，重点对北京市 2012 年下半年及 2013 年度震情趋势进行分析会商，提出了相应的地震趋势判定意见。选派震情跟踪与分析预报人员先后参加了中国地震局组织召开的 2012 年中、2013 年度全国地震趋势会商会、华北东北地震趋势会商会以及 2013 年度全国、华北、首都圈地区地震趋势会商会，并做相关研究预测报告，提出震情预测意见。

（二）台网运行管理

2012 年 1 月制定完成《北京市地震局地震速报工作管理办法（试行）》，完善了测震台网日常运行绩效的奖惩制度，为提高测震台网运行时效性和质量提供制度保障。2012 年重新编制《北京市地震台网工作手册》，建立健全各项规章制度。2012 年，北京市地震前兆台网仪器运行率达到 99%，数据汇集率达到 99% 以上，数据连续率达到 96%。北京市测震台网中心系统全年运行率为 99.86%，台站平均运行率为 97.66%。

北京市测震台网全年共完成地震快报编目 1564 条，地震正式编目 297 条，观测数据达 2.6TB；撰写、报送台网运行报告 12 期，地震观测报告 12 期；编印

《2012年度北京市测震台网年报》1部；存储了全年台网产出的单台24小时连续波形、单小时所有台站波形、事件波形、标定波形和标定数据处理结果。

北京市地震前兆台网全年共产出前兆观测数据3.5GB；产出台网观测月报12份，学科月报300份，台网年报1份，学科年报36份；产出2012年度《前兆数据异常跟踪简报》12期，《地震前兆观测简报》3期。

全年共上报各类会商意见78份，编写上报《震情通报》12期；完成《北京市2012年中地震趋势研究报告》《北京市2013年度地震趋势研究报告》《2012年度北京市地震风险评估报告》。

（三）台站建设与管理

2012年，完成了昌平地震台站和房山地震台站环境优化改造项目申请材料的组织编制、评审及上报工作；全市新建宏观观测站点共11个；新建地倾斜观测站4个；通过学科组专家评议，同意了海淀区地震局和昌平区地震局压磁应力测项撤销申请2项；完成仪器的升级改造任务6项。

2012年，测震台网完成了1个台站的环境改造，更换了4个台站的数据采集器和3个台站的地震计；对5个台站进行了环境优化改造，有效改善了台站观测环境；另外，还更换了部分台站蓄电池，保证了台网技术系统的可靠运行。

三、2013年

（一）震情跟踪与分析预测

2013年2月向全市地震系统制定印发了《北京市2013年度震情跟踪工作方案》，部署安排年度监测台网运行维护、震情应急值班、异常落实上报、震情分析会商、通信网络维护、重大活动和节假日期间震情保障等工作任务。

2013年2月下发《关于印发"两会"期间震情监视跟踪工作方案》，3月1日至15日启动了特殊时段的震情跟踪工作机制。

2013年开展日常会商52次、加密会商2次、紧急会商1次，上报各类会商意见55份。全年共接收并及时回复地震预报意见2份，及时准确落实宏观异常1次。

2013年5月、10月分别组织召开了全市的2013年中和2014年度地震趋势会商会，重点对北京市2013年下半年及2014年度震情趋势进行分析会商，提出了相应的地震趋势判定意见。选派震情跟踪与分析预报人员先后参加了中国地震局组织召开的 2013 年中和 2014 年度的全国地震趋势会商会、华北东北地震趋势会商会以及 2014 年度全国、华北、首都圈地区地震趋势会商会，并做相关研究预测报告，提出震情预测意见；完成《北京市 2013 年中地震趋势研究报告》《北京市 2014 年度地震趋势研究报告》《2013 年度北京市地震风险评估报告》等的研究和编写任务。

（二）北京市地震前兆台网、台站的运行管理

2013 年，北京市地震前兆台网总体运行良好，仪器运行率达到 98.5% 以上，数据汇集率达到 99.9% 以上，数据连续率达到 98.1% 以上。全年严格按照前兆台网运行技术要求，每日监控台网、台站观测系统和技术系统运行状况，及时反馈并落实解决台网运行监控中发现的问题，圆满地完成了 2013 年的观测运行工作。总体来讲，2013 年度台网仪器运行比较稳定，仪器故障范围已缩小至个别类型仪器，观测系统有所改进，取得了明显成效。

2013 年，北京市地震前兆台网全年共产出前兆观测数据 3.5GB；完成台网及学科观测报告 336 份（台网观测月报 12 份，学科月报 288 份，台网年报 1 份，学科年报 35 份）。此外，完成了 12 期 2013 年度《前兆数据异常跟踪简报》和台站观测数据异常落实报告 2 份。

（三）北京市测震台网运行管理

2013 年，全年筛查和处理地震事件共计 1809 次，其中快报 427 次，正式报 425 次、速报 6 次，启动应急 1 次（2013 年 11 月 15 日 07 点 57 分发生在北京市门头沟区 M2.2 级地震）；无错报、漏报、迟报现象发生；完成地震快报编目 427 条，正式报地震编目 425 条；观测数据归档达 2.53TB，存储了全年台网产出的单台 24 小时连续波形、单小时所有台站波形、事件波形、标定波形和标定数据处理结果；撰写、报送台网运行报告 12 期，地震观测报告 12 期，编印《北京市测震台网运行年报（2013 年）》1 部。

四、2014 年

（一）震情跟踪与分析预测

2014 年 2 月向全市地震系统制定下发《北京市 2014 年度震情跟踪工作方案》，围绕年度监测台网运行维护、震情应急值班、异常落实上报、震情分析会商、通信

网络维护、重大活动和节假日期间震情保障等工作任务进行统一部署和安排，并在职责划分、人员组织方面提出了更加明确的要求。

2014年2月、9月分别根据《关于做好2014年全国"两会"期间震情监视应急准备及安全稳定工作的通知》的具体要求，启动了特殊时段的震情监视跟踪机制。

2014年11月制定《北京市2014年APEC第22次领导人非正式会议地震安全保障工作方案》，部署安排好重大政治活动的震情保障工作，适时启动震情加密会商机制和震情宏微观异常零报告机制，扎实做好震情保障。

2014年开展周月会商53次、加密会商2次、紧急会商8次，上报各类会商意见63份。全年接收并及时回复地震预报意见2份，及时准确落实宏观异常2次。

2014年5月、10月分别开展了2014年中和2015年度地震趋势会商会，重点对北京市2014年下半年及2015年度震情趋势进行分析会商，提出了地震趋势判定意见。组织选派相关人员先后参加了中国地震局组织召开的2014年中和2015年度的全国地震趋势会商会、华北东北地震趋势会商会以及2015年度全国、华北、首都圈地区地震趋势会商会，提交相关研究预测报告和震情趋势判定预测意见。完成《北京市2014年中地震趋势研究报告》《北京市2015年度地震趋势研究报告》《2014年度北京市地震风险评估报告》等研究和编写任务。

（二）北京市前兆台网、台站运行管理

2014年，前兆台网运行总体良好，运行管理能力显著提升，全年仪器维修51次，数据连续率达到95.67%以上，仪器运行率达到95.20%以上，数据报送汇集率平均99.9%以上。全面完成了区域前兆台网中心及台站数据的多重备份、前兆仪器更新、台站观测环境异常调研维护、地震前兆数据异常跟踪分析等工作任务。

2014年3月至5月，完成了严重受城镇片区改造发展影响的通州台地电观测线路的改迁工作，将原架空观测线路改为地埋，最大限度地降低了周围环境对于地电观测的干扰，目前新观测线路的仪器运行平稳。

2014年，对房山地震台进行了优化改造，改造项目完成后，台站的工作环境得到很大改变，面貌焕然一新，有力保障了监测各项工作的顺利开展，更好地发挥了该台在首都圈地区地震监测工作中的作用。

（三）北京市测震台网运行情况

2014 年，全年地震事件筛查和处理共计 1752 次，其中快报 515 次、正式报 517 次，完成速报任务共计 13 次，启动应急 6 次，无错报、漏报发生。

完成地震快报编目 515 条、正式报地震编目 517 条。观测数据归档达 2.74TB，存储了全年台网产出的单台 24 小时连续波形、单小时所有台站波形、事件波形、标定波形和标定数据处理结果。撰写、报送台网运行报告 12 期，地震观测报告 12 期，编印《北京市测震台网运行年报（2014 年）》1 部。

第二节　地震灾害预防

一、2011 年

（一）建设工程抗震设防管理

2011 年，北京市地震局组织完成了石油科技国际交流中心工程等 40 项工程的地震安全性评价报告函审和批复工作，完成北京市档案馆新馆等 35 个项目抗震设防要求（标准）审查意见，八 8 批次对"绿通"联审平台共计 845 个项目进行梳理，对不需要进行地震安全性评价的项目及时放行，保证了项目审批顺利进行。

（二）防震减灾法制建设

2011 年 3 月至 7 月，北京市人大城建委组织部分委员和市人大代表，对北京市区县防震减灾工作进展、地震安全农居试点、防震减灾示范校建设及中小学校舍安全工程开展情况、地震应急体系和应急避难场所建设等专题进行了 5 次专题调研及检查工作。通过执法检查，较全面地总结了近年来首都防震减灾工作的经验教训，并重点查找薄弱环节及存在问题，提出了解决措施和建议，为防震减灾地方法规修订工作奠定了基础。

2011 年 9 月，北京市人大常委会通过了北京市政府提交的《北京市实施〈中华人民共和国防震减灾法〉的规定》的立项申请，并正式列入北京市人大 2012 年的计划项目。

（三）建筑抗震排查和加固改造工作

2011年5月，经北京市市长专题会批准，由政府投入150亿元，全面启动北京市城镇老旧房屋抗震排查和加固改造工作，年内已完成鉴定127.6万平方米。积极推进抗震节能型农居建设，全市共完成抗震节能型农居建设3130套，建筑面积约33.8万平方米。完成全市4357座公路桥梁的排查鉴定工作，其中3098座达到规定的抗震设防等级（8度），达标率71.1%，未达到抗震设防等级的桥梁正分步采取增设抗震构造措施。共完成大修工程28项，中修工程17项。完成地质灾害防治工程12项，治理公路里程348.09千米。完成武警部队所属产权97.82万平方米营房的抗震排查鉴定工作，完成铁路部门总计3422栋125.92万平方米建筑的抗震调查工作。

（四）防震减灾科普教育基地和示范区建设

2011年，继续大力推进防震减灾科普教育基地建设，已建成防震减灾科普教育基地35处，其中国家级基地6处、市级基地9处，建有社区宣传教育站70多处。印发了北京市防震减灾示范学校、示范社区建设指南和标准，明确了区县建设任务和责任。北京市已建设区县级防震减灾示范校25所，示范社区、企业、村庄60多个。

（五）防震减灾社会宣传工作

北京市各区县地震局以大型宣传活动、科普知识互动展、防震减灾工作表彰大会、报告会、有奖答题、讲座、专家咨询等形式，在街头、社区或在乡镇、村社举办宣传活动，各区县领导积极参与，向群众散发防震减灾宣传册，讲解防震减灾知识。一系列富有成效的防震减灾宣传活动，对普及地震科普知识，提高公众的防震减灾意识，掌握基本、实用的灾时应对、应急避险和自救、互救技能发挥了积极作用。

二、2012 年

（一）抗震设防管理工作

在抗震设防要求管理上，按照应该进行地震安全性评价工作的项目不漏、需要进行部门审查的工程全审、能够直接依据《中国地震动参数区划图》进行抗震设计的项目全放过的原则，2012年对北京市政府网上审批平台中的984个项目进行了审查。一是所有重大项目完成"地震安评"工作排查；二是对应办理地震安评审查手续的 256 个重大项目提出办理要求；三是对应进行地震安全性评价的 34 个项目，进行地震安全性评价工作监管、报告审定及抗震设防要求的确认，不留任何地震隐患；四是对无须办理手续的工程项目严格按照《中国地震动参数区划图》进行监督检查，未发现违规现象；五是积极参加市政府秘书长牵头的协调会，随时解决问题，2012 年共参加市政府项目协调会几十次，包括立项、选址、项目推进等方面，共协调项目 300 余项。

（二）地震安全性评价管理

北京市具有甲级地震安全性评价资质单位 7 家，乙级地震安全性评价资质单位 4 家，无丙级地震安全性评价资质单位。北京市地震局定期对地震安全性评价资质单位进行监督检查。

（三）活断层探测工作

北京市地震局已完成穿越北京市城区的 5 条主要活动断裂的探测工作。主要探测断裂为：黄庄—高丽营断裂，探测长度 55km；顺义—良乡断裂，探测长度 50km；南苑—通县断裂，探测长度 35km；南口—孙河断裂，探测长度 58km；东北旺—小汤山断裂，探测长度 23km。

（四）防震减灾科普基地建设和示范区建设

有关部门利用各种资源，如地震专业台站、公共安全馆、科技馆、社区活动场所、地下民防工事等建设宣传教育基地，在宣传方式上进行了创新和探索，一批互动和体验项目获得了广大市民的好评。目前，北京市共建成国家级、市级、区县级防震减灾科普教育基地 35 个，社区宣传站 70 多个，年接待 25 万人。

2012 年 4 月，北京市地震局召开评审会，组织专家对申报"北京市地震安全示范社区"的单位进行了评审认定。朝阳区的惠新北里社区，丰台区的三角地第二社区、枫竹苑社区，海淀区的世纪新景园、怡丽北园、亮甲店社区，昌平区的东关南里、望都家园、云趣园、南农社区，大兴区的丽园、枣园社区，通州区的颐瑞东里、玉桥东里南社区和门头沟的绮霞苑社区被批准命名为"北京市地震安全社区"。

（五）防震减灾社会宣传工作

2012 年投入宣传经费 60 余万元，制作各种宣传品 30 多万册，利用防灾减灾日、科技周、宣传演练等场合发放。组织防震减灾知识"进社区、进乡村、进学校"活动，定期开展不同层级、不同形式的业务培训和应急演练。2012 年，各区县组织各类宣传活动约 300 场，举办各种讲座培训班约 160 场（次）。

三、2013 年

（一）抗震设防管理工作

在 2013 年北京市固定资产审批改革中，按照市政府改革精神要求，对所有的行政许可事项和审批环节予以精简。在此次固定资产审批改革中，通过扎实工作和积极沟通，市地震局重要审批事项"地震安全性评价报告审定及抗震设防要求确定"不仅予以保留，还在北京市固定资产投资项目的土地储备及一级开发类建设项目办理流程中增加了一个前置审批环节，作为规划部门编制土地供地条件前的约束条件，没有市地震局的抗震设防审查批件，土地储备和一级开发项目无法上市。至此，市地震局抗震设防行政许可不仅在全市审批流程中实现了单一事项设置两个审批环节的质的飞跃，同时也首创了地震系统一个许可事项设置两个审批环节的先例。

（二）地震安全性评价管理工作

2013 年 7 月 1 日，北京市地震局出台了《北京市工程建设场地地震安全性评价工作管理办法（暂行）》（以下简称《管理办法》），进一步规范北京市工程建设场地地震安全性评价工作。

《管理办法》要求，在北京从事工程建设场地地震安全性评价工作的资质单位应严格按照《工程场地地震安全性评价》（GB 17741—2005）的要求开展相关工作，切实提高安评质量和效能；管理部门不断完善安评备案制度，规范安评市场收费标准，防止出现恶意竞争；明确要通过对北京市安评工作的全过程监管，确保在北京市安评市场、安评资质单位和谐发展和共同推进的基础上，逐步强化安评管理，达到进一步推进首都抗震设防管理、保障首都地震安全的目的。

2013 年，共对 39 项重大工程地震安评报告和 1 项活动断裂探测报告进行了批复，对 18 项重点工程进行了抗震设防要求审查，对 321 项北京市绿色通道项目进行梳理审查，有效保障了新建工程抗震设防要求的落实。

（三）防震减灾科普示范单位建设

2013 年，北京市西城区金融街街道丰汇园等 5 个社区获 "国家地震安全示范社区" 称号，朝阳区安贞西里等 19 个社区被认定为 "北京市地震安全示范社区"。

（四）法律法规体系建设进一步完善

2013 年 7 月 26 日，新的北京市防震减灾地方性法规《北京市实施〈中华人民共和国防震减灾法〉规定》经北京市第十四届人民代表大会常务委员会第五次会议表决通过，并于 2014 年 1 月 1 日起正式施行。法律体系的建设与完善，助推着本市防震减灾事业发展，对保障首都经济建设的可持续性发展发挥了重要作用。

（五）防震减灾社会宣传工作

2013 年，投入宣传经费近 60 万元，制作各种宣传品约 30 万册，利用防灾减灾日、科技周、宣传演练等场合发放。本市各级地震部门组织数百人以上的各种科普宣传活动 40 多场，7 万多群众参加了现场活动。本市地震部门组织的数百人参与的规模较大的地震应急演练有 30 多次，直接参与人数超过 2 万。

四、2014 年

（一）抗震设防管理工作

2013 年北京市政府开始行政审批制度改革工作，2014 年是梳理和细化的一年。按照北京市人民政府办公厅下发的《北京市人民政府办公厅印发关于进一步优化投资项目审批流程办法（试行）的通知》（京政办函〔2013〕86 号）的精神，将朝阳区、海淀区、丰台区、通州区、大兴区列为 5 个试点区县，试行新的审批流程。

根据改革精神和市地震局的细化方案，制定了行政许可事项的模板，在市编办和市地震局的网站上公示。在市编办的组织下，与国土、发改、住建等市各委办局，就市政府 86 号文规定的新的试行审批流程，提出了科学的、合理合法而又切实可行的细化方案，梳理出了土地储备和一级开发阶段的细化流程，建立了一系列常态化的沟通协调制度。

（二）建设完成北京市震害防御管理系统

为整合北京市范围内进行过的大量地震安全性评价和活动断裂探测等工作成果，便于累计资料、查询和使用，于2014年度搭建了北京市震害防御管理系统。该管理系统共有"安评项目""历史地震""监测台站""应急避难场所""断裂展布"等几个模块，可以对所需信息进行关键字查询、归类查询、圈选查询等多种查询方式。

在构建系统平台的基础上，对2014年以前已完成的地震安全性评价报告等历史数据进行了录入。录入内容包括安评项目的项目名称、位置、批复年份、批复文号、项目类型、场地基岩参数、场地地表参数、报告电子版、批复扫描件等信息。

（三）组织召开了京津冀地区活断层探测成果应用与联合探测研讨会

为响应国家关于京津冀一体化的战略，加快推进京津冀地区防震减灾一体化进程，牵头组织的"京津冀地区活断层探测成果应用与联合探测研讨会"在北京召开，中国地震局、地质所和两市一省地震局震防处、工程院负责同志及相关人员等17人参加了会议。

研讨会上，三省市震防处、工程院负责同志详细介绍了各自地区的活断层探测成果及其推广应用情况，共同深入探讨了如何在京津冀一体化的大形势下，做好区域活断层探测及其管理工作，并深入讨论了《关于建立京津冀地区活断层联合探测及成果共享机制》（讨论稿）的相关内容。此次会议，为京津冀两市一省提供了良好的交流契机，跨出了跨区域开展活断层探测及管理工作的第一步，为下一步更好地开展活断层探测工作提供了全新的工作思路。

（四）进一步加强防震减灾科普示范单位建设

近年来，本市的有关部门积极利用各种资源，如地震专业台站、公共安全馆、科技馆、社区活动场所、地下民防工事等建设宣传教育基地。截至2014年底，全市已建成区县级防震减灾科普基地46个，其中包括国家级6个、市级10个。

根据市地震局、应急办、教委、科委联合印发的《关于在北京市中小学校开展防震减灾科普示范学校创建活动的通知》（京震联发〔2014〕2号）要求，各区县积极开展防震减灾科普示范学校创建活动。截至2014年底，本市已建成区县级防震减灾科普示范学校105所，其中包括市级科普示范学校22所。

大兴区团河等18个社区和密云县黄土梁村被批准命名为"北京市地震安全示范社区（村）"。本市房山区大自然新城社区被中国地震局认定为"国家地震安全示范社区"。

（五）新的北京市防震减灾地方性法规正式实施

《北京市实施〈中华人民共和国防震减灾法〉规定》于 2013 年 7 月 26 日经北京市第十四届人民代表大会常务委员会第五次会议表决通过，并于 2014 年 1 月 1 日起正式施行。其颁布实施是本市防震减灾工作中的一件大事，标志着北京市防震减灾法制建设迈入了新的历史阶段。

（六）防震减灾社会宣传工作

2014 年，共投入宣传经费 300 多万元，制作和购买挂图、图书、环保袋、地震仪模型等多种宣传材料、宣传品共 40 万多份（套）。组织地震宣传活动 70 多场，讲座 30 多场，地震应急志愿者培训等各种培训 40 多场次，防震减灾应急演练 60 多场次，受众人数达 30 多万人次，极大地增强了社会公众的防震减灾意识，有效提高了自救互救能力。

第三节　地震应急救援

一、2011 年

（一）地震风险评估体系建设

组织开展了北京市 2011 年地震风险评估工作，编写了《北京市 2011 年地震风险评估报告》，并报送北京市突发事件应急委员会、中国地震局。

2011 年 12 月 27 日，制定印发了《北京市地震风险评估实施细则》，进一步规范了地震风险评估工作。

（二）首都圈地区地震应急协作联动机制建设

2011 年 10 月 24 日，牵头组织召开了 2011 年首都圈地区地震应急准备工作会议。北京市地震局、天津市地震局、河北省地震局、中国地震台网中心、中国地震应急搜救中心等单位有关领导参加会议，会议对构建首都圈地区地震应急准备工作长效机制提出了具体任务目标。

2011 年 11 月 3 日，组织开展了首都圈地区地震应急联动演练，天津市地震局、河北省地震局、中国地震台网中心、中国地震应急搜救中心等单位参加演练。室内演练突出地震应急指挥系统和政务工作、宣传工作、现场工作相结合，现场工作队和救援队相结合的原则，提升演练流程的实用化。室外演练突出现场应急处置和实际工作，强调工作的快速展开和保障能力。演练贴近实战，有效提高了首都圈地区地震应急联动能力。

（三）地震灾害应急救援队伍建设

在北京市委、市政府统一领导下，根据军民融合加强非战争军事行动能力建设的精神，北京市政府和北京卫戍区联合印发了《北京市人民政府北京卫戍区关于建设驻京部队专业应急救援队伍的通知》（京政发〔2011〕66 号），成立了驻京部队地震灾害专业应急救援队。

（四）地震应急避难场所规划建设与管理

深入推进地震应急避难场所规划建设工作，2011 年全市新建地震应急避难场所 11 处。截至 2011 年，本市建设的符合国家标准的地震应急避难场所 71 处，总面积约 1406.48 万平方米、疏散面积约 469.26 万平方米、可疏散人数约 236.74 万。

（五）地震灾情速报员队伍建设

修订了《北京市地震系统灾情速报工作实施细则》，并印发各区县地震局施行。重新修订了全市地震灾情速报员相关信息，截至 2011 年底，全市在册地震灾情速报员共 7594 人，基本覆盖到了每个社区，为震后及时收集灾情奠定了基础。

（六）地震应急志愿者队伍建设

2011 年，市地震应急志愿者服务队在"志愿北京平台"注册为团体会员，6 个区县地震局在市地震应急志愿者服务队下注册为二级团体会员，地震应急志愿者工作开始走向网络化管理。

（七）地震应急演练工作

2011 年 3 月 25 日，牵头组织开展了北京市 2011 年春季地震应急联合演练，中国地震局震灾应急救援司、中国地震台网中心、中国地震应急搜救中心及北京市昌平区地震局、怀柔区地震局等单位 140 余人参加。演练采取无脚本演练的方式，贴近实战，进一步检验了在京地震系统各单位的应急联动，提高了北京市的地震应急能力。

二、2012 年

（一）地震风险评估体系建设

进一步规范北京市地震风险评估工作，制定了《北京市地震风险评估实施细则》，组织开展了北京市 2012 年地震风险评估工作，编写了《北京市 2012 年地震风险评估报告》，并报送北京市突发事件应急委员会、中国地震局震灾应急救援司。

（二）地震应急预案的编修工作

修订完成了《北京市地震应急预案》，该预案吸取汶川、玉树地震的应急处置经验，进一步增强预案的针对性和实操性。

（三）首都圈地区地震应急协作联动机制建设

为强化首都圈地区应急准备工作，2012 年 5 月，北京市地震局组织召开了首都圈地区地震应急准备工作会议，邀请北京市、天津市、河北省应急办领导参加，将地震应急联动纳入了政府应急联动层面。会议讨论了 2012 年首都圈地区地震应急联动工作方案等 8 项制度，制定了 2012 年联动工作方案和演练方案。

（四）地震应急检查工作

2012 年 2 月，市地震局组织市应急办、市发展改革委、市教委、市民政局、市规划委、市市政市容委、市安全监管局、市体育局、市园林绿化局、市民防局等单位组成市应急避难场所联合检查组，对全市应急避难场所规划与建设情况进行了检查，并形成北京市应急避难场所建设工作检查情况报告，上报市政府。

2012 年 4 月 12 日，由市地震局、市发展改革委、市民政局、市安全监管局制定了《北京市地震应急工作检查管理办法》，进一步规范了地震应急检查工作。

（五）地震应急避难场所工作

2012 年，北京市新建成应急避难场所 10 处。截至 2012 年底，北京市共建设地震应急避难场所 81 处，总面积约 1520.98 万平方米，可疏散人数约 265.49 万。

2012 年 10 月，全国第一个应急避难场所互动软件由市应急办、市地震局共同开发制作完成。软件包括北京市应急避难场所分布情况介绍、应急避难场所功能展示以及应急避难场所互动等内容。

2012 年 10 月，《北京市地震应急避难场所运行指南》地方标准（二类项目）通过专家审定会。中国地震局、全国地震标准化委员会、市应急办、市质监局、市卫生局等单位的领导及专家参加了会议。

（六）地震灾情速报网络建设

建设了 12322 防震减灾公益服务短信平台，开通了全市各区县地震局 12322 防震减灾公益服务短信平台，制定了《区县地震局 12322 防震减灾公益服务短信平台管理办法》，使全市地震灾情速报工作得到了进一步加强。

（七）地震灾害损失评定工作

2012 年 2 月，印发了《北京市地震应急指挥部关于成立北京市地震灾害损失评定委员会的通知》，正式成立了北京市地震灾害损失评定委员会，负责评定北京市辖区内破坏性地震的灾害损失结果。

（八）地震灾害应急救援队伍建设

2012 年 5 月 12 日，北京市政府在大兴区南海子公园举行北京市"5·12"防灾减灾日主题宣传活动。在活动中为武警北京市总队地震灾害应急救援队授旗和揭牌。时任北京市市长郭金龙为武警北京市总队地震灾害应急救援队授旗，中国地震局赵和平副局长和武警总部牛志忠参谋长、刘敬民副市长、武警北京市总队刘巨田副总队长共同为救援队揭牌。

2012 年 7 月，编写完成了驻京部队救援队组建方案，上报市政府。

（九）地震应急救援志愿者队伍建设

通过在网上公开招募和审核，组建了首支 40 余人的具备现场应急工作相关专业知识的北京市地震应急志愿者服务队伍。2012 年 5 月 9 日，召开了市地震应急志愿者服务队成立大会。

（十）地震应急演练工作

2012 年 5 月 5 日，北京市地震局、海淀区政府联合举办了 "纪念'5·12'防灾减灾日家庭地震应急演练现场会"。北京市海淀区千个家庭参加地震应急演练竞赛活动。延庆县、通州区、昌平区等区县也开展了防震减灾应急演练工作。此外，北京市地震局还开展了北京市地震现场工作队现场灾害损失评估桌面演练、全市地震灾情速报员演练、市地震现场工作队集结演练等。

三、2013 年

（一）地震风险评估体系建设

按照《年度地震危险区地震灾害应急风险评估与应急对策工作指南》《北京市地震风险评估实施细则》的规定开展了 2013 年地震风险评估工作，并完成评估报告。在编制过程中向市水务局致函，协助提供全市水库应对地震事件的风险承受能力，对全市水库进行全面调查，提供了大、中型水库及部分小型水库的设计抗震烈度，为地震风险评估工作提供了重要的基础数据。《北京市 2013 年地震风险评估报告》为科学合理地采取风险控制措施，全面做好 2013 年突发地震事件的预防与应急准备工作提供了保障。

（二）开展预案体系调查

为全面了解掌握全市地震应急预案体系建设情况，总结经验，查找薄弱环节，深入分析地震应急预案编制和管理中存在的问题。2013 年 2 月，向各区县地震局印发了《关于开展地震应急预案体系建设情况调查的通知》，在全市范围内开展了地震应急预案体系建设与管理工作情况调查。目前，本市有关委办局、北京卫戍区、武警北京市总队，16 个区县 300 余个乡镇（街道）2500 余个社区（村）2000 余个人员密集场所近 700 个生产经营单位已制定了涉及地震的应急预案，地震应急预案体系基本建立。

（三）制定地震应急工作手册

为进一步增强本市地震应急处置能力，强化应急指挥工作流程、明确重点处置工作内容，突破现有预案文本的框架模式，编制完成了《北京市重大及以上地震灾害事件应急指挥工作手册》《北京市重大及以上地震灾害事件应急指挥发令手册》

和《外省地震波及本市有感应急指挥工作手册》。各手册进一步明确了应急处置不同时段的重点工作、指挥部署的具体内容、各级政府的指挥权限。为总指挥制定了任务卡，明确不同时间段的工作内容，规定了各工作组的主责部门、成员构成、职责及工作任务，对修订预案起到了很好的促进作用。

（四）加强地震灾害调查评估管理

为加强全市地震灾害调查评估工作管理，按照中国地震局地震灾害调查评估上岗资格管理制度，编写印发了《地震灾害调查评估上岗资格管理办法（试行）》。

（五）推进地震应急避难场所建设管理工作

开展了全市应急避难场所建设情况的普查。通过普查，摸清了场所底数、现状、存在问题，为本市场所规划、建设与管理提供了有力的数据依据。截至2013年底，本市已建成符合国家相关标准的地震应急避难场所92处，总面积约1648.05万平方米，可疏散人数约298.28万。

（六）深入推进地震应急演练工作

2013年是汶川特大地震5周年，为做好各区县"5·12"防灾减灾日演练，参加并指导了西城区、房山区、大兴区、平谷区的地震应急演练工作。参加并指导"房山区应急避难场所启用综合演练"和大兴区2013年"防灾减灾日"宣传活动暨地震灾害应急演练活动，参加演练筹备会议，实地查看演练场地，对演练进程安排、现场功能区域布局进行现场指导，并参与模拟演练活动。演练活动得到了市政府相关领导的高度评价。

为检验应急响应和处置能力，市地震局组织开展了局内地震应急集结演练。局领导及全局职工（包括局属地震台站工作人员）共200余人参加了本次演练。通过演练，提高了全局人员的地震应急意识，加强了地震应急准备工作，为进一步完善地震应急预案、改进工作机制打好基础。

（七）构建首都圈应急联动工作长效机制

为深入贯彻落实中国地震局关于做好首都圈地区地震应急准备工作的指示精神，牵头组织召开了2013年首都圈地区地震应急准备工作会议。会议从首都圈实际情况出发，结合近年来我国地震应急工作的最新发展，就《首都圈地区地震现场应急联动预案》及《首都圈地区地震应急联动准备工作办法》进行深入讨论，区域联动工作的深入开展和相关工作方案的逐步完善，有效提升了区域应急联动能力，促进了联动区域内的资源及信息共享，形成了相互支持、密切配合、协调应对的地域灾害处置工作合力。

（八）做好应急准备工作

为落实王安顺市长等市领导的重要批示，根据市应急办要求，起草了《认真贯彻落实王安顺同志指示精神　全面做好震情监测与应急准备工作的情况报告》。报告中就本市地震灾害的背景和特点，现有灾害应对的指挥体系、预案体系、监测预报能力、城市抗震设防能力、专业救援队伍规模、应急避难场所建设、科普宣教活动成效、信息发布与舆情监控机制、区域联动机制等工作现状和存在问题，提出了地震预防工作建议，并将相关工作明确到具体部门。该通知已下发各区县及相关委办局执行。

（九）促进评估工作规范管理

在对其他省地震灾害损失评估工作调研的基础上，结合北京市的实际情况，2013 年 6 月完成了《北京市地震灾害损失评定委员会工作章程（初稿）》。该工作章程的编制对本市地震灾害损失评估工作起到了很好的规范和促进作用，多部门参与保证了评定结果的权威性和有效性。

（十）推动地震应急志愿者队伍建设

按照《北京市人民政府关于进一步加强本市应急能力的意见》中要求，加强对社会团体、民间应急救援力量的支持、引导、整合和规范管理工作。与中国地质大学和北京宝利信通科技有限公司、北京市地震应急志愿服务工作站签订项目协议，组织地震应急志愿者开展应急指挥通信和数据传输演练、灾情速报演练、应急知识培训以及应急知识宣传等活动，并于项目结束后提交项目总结报告；组织局内相关人员参加团市委、市应急办组织的志愿者讲师培训，为今后本市志愿者的培训工作奠定了基础；北京市地震应急志愿者服务队的 8 名志愿者参加了"5·12"防灾减灾日宣传活动，向参观市民发放防震减灾宣传知识图书及资料，详细讲解家庭及办公场所防震避震和自救互救知识、建筑抗震模型和流动测震仪器的工作原理及相关背景知识，收到了良好的社会效果。

（十一）提高地震现场工作队应急能力

1. 做好市地震现场工作队装备建设

按照《北京市人民政府关于进一步加强本市应急能力的意见》（京政发〔2013〕4号）中明确提出的"强化应急队伍管理保障机制建设，提高综合应急能力"的工作要求，开展了市地震现场工作队的建设与管理调研工作，对地震现场工作队应急装备进行了详细整理，确定了应急装备更新及添置计划；按照《北京市突发事件应急委员会办公室关于做好应急物资保障能力建设方案编制工作的通知》要求，编制了《北京市地震现场工作队应急物资保障能力建设方案》，明确了建设目标和实施计划。

2. 修订地震现场应急物资装备管理办法

为了加强地震现场应急物资装备的管理，提高地震现场应急工作能力，保障地震现场所需应急物资装备的有效使用，依据《中国地震局地震现场应急工作队个人装备管理办法》等有关管理规定，修订完成了《北京市地震局地震现场应急物资装备管理办法》。

3. 开展现场工作队应急救援培训

为增强现场工作队的现场工作技能，2013年6月27日至28日，邀请市红十字会的有关专家，为地震现场工作队的60多名队员进行了初级急救员培训，学习基本救护概念、现场心肺复苏术、创伤救护技术、常见急症处理和意外事故的现场自救互救方法，并参加了理论知识笔试和操作技能考试，成绩合格者获得由北京市红十字会颁发的急救员证（初级）。通过此次培训，地震现场工作队队员掌握了初级急救知识和技能，在突发事件现场，将更加科学地参与到救援之中。

四、2014 年

（一）地震风险评估体系建设

组织开展了北京市2014年地震风险评估工作，编写了《北京市2014年地震风险评估报告》，并报送北京市突发事件应急委员会、中国地震局震灾应急救援司。

（二）编制出台北京市地震系统应急预案

在充分总结震后工作实践经验的基础上，完成了北京市地震系统地震应急预案的修订工作，并于2014年11月印发实施。预案对组织机构、响应层级、任务分工等内容进行了修改，力求突出重点、明确流程、落实任务，为科学、规范、高效地开展地震应急工作提供保障。

（三）推进京津冀一体化地震应急联动工作

组织召开了2014年首都圈地区地震应急联席会议，对地震应急准备、预案编制、培训演练、队伍建设等工作展开了深入探讨，研究了2014年度首都圈地区应急联动工作计划；制定完成了《2014年北京市地震应急准备工作方案》，并组织实施；着手编制了京津冀协同发展地震应急工作推进计划，并组织进行了"十三五"地震应急规划编制工作。

（四）深入推进地震应急避难场所规范化管理

我国第一部应急避难场所运行管理规范——《地震应急避难场所运行管理规范》（DB11/T 1044—2013）于2014年4月1日颁布实施。北京市地方标准《人员疏散掩蔽标志设计与设置》（DB11/T 1062—2014）于2014年6月1日颁布实施。

北京市部分区县深入开展场所建设。截至2014年底，本市新建成地震应急避难场所4处，总面积4.31万平方米，可疏散人数1.9万。本市共建地震应急避难场所94处，其中Ⅰ类场所11处、Ⅱ类场所37处、Ⅲ类场所46处，总面积约1643.79万平方米，可疏散人数约276.07万。

（五）地震灾情速报网络建设

为进一步加强本地区灾情速报员队伍建设，多次对区县12322灾情速报平台的使用情况进行核查。向各区县地震局下发通知，要求及时对地震灾情速报人员信息进行更新和重新备案。截至2014年底，全市共有灾情速报人员5995人。

（六）积极开展地震应急志愿者队伍管理与建设

市地震局与共青团中国地质大学（北京）委员会、北京宝利信通科技有限公司签订2014年北京市地震应急志愿服务工作站工作协议。协议规定要组织志愿者开展应急指挥通信和数据传输演练、灾情速报演练、应急知识培训和宣传等活动。为了提高市地震应急志愿者的现场应急工作能力，举办了培训会和队伍全员轮训。

（七）积极推动华北地区地震应急区域协作联动工作

为进一步落实并做好华北地区地震应急区域协作联动工作，市地震局牵头组织召开了 2014 年华北地区地震应急区域协作联动会议。中国地震局修济刚副局长出席了会议，并做了主题报告。与会各单位就华北地区地震应急区域联动工作今后的工作方向、重点内容以及《华北地区地震应急区域协作联动联席会议章程》和《华北区地震应急联动方案》进行了深入研讨并提出了修订意见。

（八）积极探索地震巨灾情景构建研究试点工作

按照《北京市突发事件应急委员会关于印发北京市巨灾情景构建总体工作方案的通知》的要求，市地震局承担了"北京市地震灾害巨灾情景构建试点研究"项目。该研究在我国尚属首次，经多次召开方案编写会和方案论证会，制定了《北京市地震灾害巨灾情景构建试点研究工作方案》，得到了市应急办和中国地震局领导的充分肯定，陈刚副市长对方案进行了圈阅。通过向市属有关单位和各区县政府主动发函，目前已收集完成平谷区现场勘察建筑物、生命线设施、应急能力、应急资源调查、建筑物建模分析、生命线抗震性能分析等地震应急基础数据信息。正在编制《平谷主城区建筑抗震鉴定报告》《生命线系统抗震评价报告》《平谷区地震应急资源与应急能力评价报告》《平谷区地震巨灾应对方案》和录制视频等。该研究试点工作将为本市地震巨灾情景构建的开展提供科学指导，有利于大幅提高全市地震巨灾的防御能力。

第二章　地质灾害减灾

2010 年以来，北京市国土资源局认真落实《国务院关于加强地质灾害防治工作的决定》，扎实抓好地质灾害防治"调查评价、监测预警、综合防治、应急处置"四个体系建设，有力地推动了北京市地质灾害防治工作。

在加强调查评价体系建设方面，从 2013 年 5 月开始，北京市国土资源局组织开展了全市 10 个山区县 1：50000 地质灾害详查，对避险路线及避险场地（所）的现状进行了调查，划分了地质灾害易发区和危险区，建立了地质灾害数据库，将成果及时提交当地政府，并在局网站公布。

在加强监测预警体系建设方面，自 2003 年开始，北京市国土资源局和北京市气象局建立了突发地质灾害气象预警会商制度，每年汛期适时进行会商，向社会公众发布地质灾害预警信息。同时，从 2014 年开始，在市级部门间联合发布地质灾害气象风险预警的基础上，开展区县地质灾害气象风险预警，进一步提高地质灾害气象风险预警的针对性、有效性、科学化和精细化水平。组织在房山、门头沟、密云 3 个山区县开展地质灾害动态、实时监测和预警工作，共安装监测设备 479 台，覆盖突发地质灾害隐患 130 处。

在加强综合防治体系建设方面，严格落实"三查"制度。为全面真实掌握地质灾害隐患点存在的隐患，建立并严格落实"汛前排查、雨中巡查、汛后核查"制度，及时督促整改；认真抓好群测群防员培训。每年汛前组织全市约千余名群测群防员进行以简易监测方法、避险常识等为主要内容的防灾减灾知识系统培训，积极进行宣传演练。充分利用电视、网络、在线访谈等媒体，开展面向大众的防灾减灾宣传普及活动，利用"地球日""防灾减灾日"等特殊节日，开展防灾减灾宣传教育活动。编制《北京市突发地质灾害》科普宣传手册和"防灾避险明白卡"，分发到每一个地质灾害险村险户手中。在地质灾害高风险源点，重点是交通干线两侧、旅游景区（点），竖立突发地质灾害隐患警示牌，提醒过往车辆和游人注意安全。每年汛前组织市级和区县级地质灾害应急演练，抓好地质灾害治理工程。利用中央财政资金，区分轻重缓急，对重点地质灾害隐患点进行治理，减轻地质灾害隐患对当地人民群众的威胁。

在加强应急处置体系建设方面，坚持适时修订预案，不断完善本市地质灾害防治与应急管理体系，提升地质灾害快速应急处置能力。2012年和2014年分别修订了《北京市突发地质灾害应急预案》；从2003年开始，市国土局组建地质灾害应急调查队伍，突发性地质灾害发生后，第一时间赶赴现场，开展灾情调查，编写应急调查报告，提出相应的建议措施。2014年，又组建了10个应急调查小队，汛期入驻10个山区县分局，全程参与应急值守和应急调查。

第三章　旱涝灾害防御

在总结"7·21"应对经验教训的基础上，防汛工作创建了新的指挥体系，加强汛期会商，开展广泛的宣传动员，使全市防汛工作的决策指挥能力、预报预警能力、社会动员能力得到了明显提高。

在非工程措施方面，重点修改完善了全市防汛应急预案，编制了北京市防汛工作方案，对各级各部门防汛工作予以统筹和指导，形成制度化、规范化、常态化的全市防汛工作体系。

在工程措施方面，积极推进了中小河道疏浚、下凹式立交桥泵站改造以及雨洪利用工程建设等。

第一节　防洪非工程措施建设

一、各级领导高度重视

市委、市政府高度重视防汛抗旱工作，年初开始布置全市防汛抗旱工作，汛后及时总结，提早开展第二年防汛抗旱工作。国家防总、水利部、中国气象局领导十分关心北京的防汛工作，陈雷部长、刘宁副部长等多次询问汛情，对北京防汛工作给予大力支持。中国气象局郑国光局长多次亲自参加北京地区天气会商，指导预报预警工作。

2011—2014 年市领导的重要防汛活动如下。

（一）2011 年

7 月 11 日，刘淇书记、郭金龙市长调研水务工作，明确指出要坚持外部开源、内部挖潜、厉行节约、循环利用的工作方针，通过"集、蓄、拦、调"多措并举，确保首都用水安全。要求进一步完善排水网络系统，加强雨洪收集，形成科学的城市防洪排涝体系。

5月25日，郭金龙市长主持召开市指挥部第一次全体会议，对2011年全市安全度汛工作进行全面动员和具体部署。

（二）2012年

7月20日，郭金龙书记亲自部署强降雨应对工作，王安顺代市长就强降雨应对工作做出重要指示，牛有成常委对强降雨应对工作提出明确要求，夏占义副市长做出具体部署。

7月21日，郭金龙书记召开紧急防汛部署会，要求抢险工作要以人为本、安全至上。王安顺代市长、吉林副书记及时奔赴房山区，靠前指挥抢险。牛有成常委坐镇防汛指挥中心，指挥全市防汛抢险工作。苟仲文副市长连夜赶赴京港澳高速南岗洼积水路段，现场指挥抢险。

在随后的抢险救灾过程中，市委、市政府多次召开会议研究部署防汛抢险、救灾、善后、维稳工作，提出"三有四通"工作重点。郭金龙书记、王安顺代市长、吉林副书记、李士祥常务副市长等市领导多次深入灾区视察灾情、指导救灾，保障了抢险救灾工作有力、有序、高效进行。

（三）2013年

郭金龙书记亲自主持召开市委常委会，专题审定《北京市2013年防汛工作方案》，先后7次调研全市防汛和水务工作，做出"准确预报、落实责任、社会动员，做好防灾减灾各项工作"的重要指示。

王安顺市长主持召开市防汛抗旱指挥部第一次全体会议，签署汛令，与16个区县、18个重点委办局签订防汛责任书；先后5次深入区县检查危旧房屋抢修、中小河道治理、下凹式立交桥雨水泵站升级改造；及时召开市政府常务会，对强降雨应对工作进行专题部署，提出"提高决策指挥、预报预警、社会动员能力"的明确要求，指挥调度全市防汛工作。

杜德印、吉林、吕锡文等市领导关心、关注防汛工作，对全市防汛工作给予指导。其他市委、市领导结合各自分管工作，加强值守，亲临一线指挥调度，全面推进工作落实。各专项分指、区县防指和相关部门主要领导深入基层、亲自指挥，勇于担当、积极响应、果断处置，充分发挥了行政首长第一责任人的作用。

（四）2014 年

9 月 1 日至 2 日，本市出现 2014 年汛期最大的一场降雨，郭金龙书记坐镇市防汛指挥中心，要求高度重视、领导在岗、一线到位，加强宣传、有序调度、确保安全。王安顺市长在市应急指挥中心指挥部署。全市启动Ⅲ级响应，各部门领导在岗在位，全力应对了此次降雨。

二、创新防汛指挥体系

市委、市政府在认真总结"7·21"特大自然灾害教训的基础上，针对防汛体系存在的不足，通过调查研究，确立了"7+7+5+16"的新的防汛指挥体系，增加了 7 位市领导分别任市防指副总指挥和秘书长，加强了防汛工作的指挥协调；根据北京防汛工作特点，增加了宣传、住房和建设、道路交通、城市地下管线、地质灾害、旅游景区和综合保障 7 个专项分指，强化了行业统筹和专业化处置；强化了永定河、潮白河、北运河、大清河、蓟运河 5 个流域防指建设；强化了 16 个区县防指的行政首长负责制；充实和加强了市防指办公室的领导和工作力量。指挥体系延伸到各行业、各镇街乡、各行政村和社区，实现了指挥体系的全覆盖。

建立了专项与区县、流域与区县、政府与企业、单位与个人条块结合、点面结合的防汛责任制体系，防汛责任落实到每一级政府、每一级组织、每一个行业、每一个单位和每一个责任人，初步实现了责任制的全覆盖。

三、强化预报预警，明确预警管理权限

2013 年，预警类别由暴雨预警、地质灾害气象风险预警、洪水预警组成，新增了洪水预警，三类预警从低到高划分为蓝、黄、橙、红四色预警。

全市性暴雨预警、地质灾害气象风险预警以及市重点河道的洪水预警需经市气象部门、市国土部门、市水文部门与市防汛办会商后分别由市气象部门、市国土部门、市水文部门按照《北京市突发事件预警信息发布管理暂行办法》（京应急委发〔2013〕4 号）的有关规定发布、变更及解除。全市性预警的发布、变更及解除需报市防汛办和市应急办备案。

区县可根据全市性预警情况结合本区县情况自主发布、变更及解除高于全市性的暴雨预警、地质灾害气象风险预警及洪水预警，报市防汛办、市应急办备案。

四、改进防汛应急响应机制

2013年，将预警响应和事件响应合并为预警响应。由于汛期灾害天气突发性强，预警发出到出现事件时间间隔很短，原预警响应和事件响应内容重复较多，不便操作，结合实际工作，将预警响应和事件响应合并为预警响应。

全市性暴雨预警、地质灾害气象风险预警以及市重点河道的洪水预警响应由市防汛指挥部启动和结束；区县防汛指挥部可根据本区县情况自主启动和结束本辖区内的暴雨预警、地质灾害气象风险预警以及洪水预警响应。

五、加大宣传力度，提高社会动员能力

2012年"7·21"后，全市各级防汛指挥部紧紧围绕"关爱生命、远离洪水、人人参与、安全度汛"的主题，开展形式多样的宣传活动，利用电视、广播、报纸、互联网、公共交通移动媒体、公共交通广告等媒体，普及防汛知识，增强市民防汛意识，通过进单位、进学校、进景区、进村庄、进社区、进家庭，努力实现社会宣传全覆盖，取得良好的社会宣传效果。

社区、村庄积极购置防汛抢险物资，组织开展抢险避险演习；施工工地、工矿企业和其他社会单位认真履行防汛责任，采取安全检查、隐患整改、调整作息时间等措施，确保单位度汛安全；蓝天救援队和其他志愿者组织广泛宣传普及防汛知识，积极参与抢险救灾；广大市民积极响应政府号召，雨天主动减少出行，礼让抢险车辆，主动报告险情灾情，形成了防汛减灾各尽其责、人人参与的良好工作局面。

六、加强防汛队伍建设，充实防汛物资储备

截至2014年底，全市组织抢险队伍28万人，其中地方24万人，驻京部队4万人，并细化了抢险救灾分工，做到职责清、任务明，召之即来、来之能战、战之能胜。

市级防汛专业抢险队伍21支，其中城区防汛抢险队伍8支，驻京部队防汛专业应急队伍2支，均结合实际组织了形式多样的培训、演练，抢险人员的技能得到提高。

"7·21"后全市重点增加了防汛抢险救生物资和救灾物资储备，共落实冲锋舟和橡皮艇1200余艘、救生衣8万余件、发电机1600余台等15大类。全市各级民政部门扩大救灾物资储备种类，可满足20万人应急生活保障。

七、进一步完善工作机制

（1）为进一步加强城区和郊区防汛工作，提高城区和郊区防汛管理水平和工作效率，北京市于2013年提出城区防汛网格化管理和郊区流域化管理的理念。

2014年，北京市防汛办下发《城区防汛网格化管理实施意见》，要求城六区完善防汛网格化管理体系、划分防汛网格、整合防汛人员队伍并制定相关工作机制，城区防汛网格化管理框架基本形成。城六区分别制定了防汛网格化管理方案和办法，建立了防汛网格化管理机构，划分防汛网格5500余个，落实了网格化巡查队伍4100余人。

同年，北京市防汛办下发《郊区防汛流域化管理工作机制》，要求流域管理与行政区域管理相结合，充分发挥现有河道管理机构和防汛组织体系作用，统筹协调流域内上下游、左右岸、区县间防汛抗洪工作。防洪抢险落实区县主责与流域统筹相结合。

（2）军地联动机制进一步深化。北京卫戍区、武警北京市总队全力做好抢险准备，组织抢险部队实地踏勘，划分抢险责任区，落实抢险队伍布控图。武警水电部队主动请缨，积极参与本市防汛工作。市防指落实专项资金，为部队两支专业抢险队伍配置物资。

第二节　防洪工程措施建设

一、积极推进中小河道治理

第一和第二阶段完成108条共计780千米中小河道疏浚。通过一、二阶段中小河道治理，朝阳、海淀、丰台、石景山有效解决了因河道排水不畅造成的积水问题；部分山区险村险户得到保护；平谷初步形成环抱新城的循环水系。

二、加强下凹式立交桥泵站改造工作

完成43座下凹式立交桥雨水泵站升级改造，改造后的雨水泵站汛期发挥蓄水调峰作用，共蓄水4.3万立方米。

三、继续推进雨洪利用工程建设

积极推进西郊雨洪调蓄和全市雨洪利用工程建设。截至2014年底，全市已建成各类雨水利用工程 2100 余处，其中城镇雨水利用工程 967 处。西郊雨洪调蓄工程已具备调蓄能力，有效保障了城市安全。结合东郊森林公园项目，建设小中河蓄滞洪区及温榆河蓄滞洪区围堤，可蓄滞洪水 1000 万立方米，为保障首都机场和通州区的防洪安全打下基础。汛期，全市雨洪利用工程共蓄滞雨洪水近 5000 万立方米。

四、继续推进积滞水点治理工作

2011—2014 年，积滞水点挂账督办完成总计 139 处：2011 年 49 处、2012 年 30 处、2013 年 25 处、2014 年 35 处。

2012 年对香山南路、田村山南路铁路桥下积滞水点治理，2013 年对杏石口路铁路桥下积滞水点治理，以前都是积水的多发地区，经过工程措施改造，近几年没有再出现过积水。

五、提高全市防汛信息化水平

2014 年全面改造了市防汛指挥调度中心，新建了北京市防汛综合指挥平台，建成了通达市应急办、7 个专项分指、16 个区县应急办及防汛办、10 个市属水管单位以及北京卫戍区、武警北京市总队的视频会商系统。防汛指挥更加便捷，信息服务更加全面，值班处置更加规范。

六、加强抗旱服务能力建设

2012 年，中央下拨本市 7 支县级抗旱服务队（每支 200 万元）共计 1400 万元特大抗旱补助费，用于采购抗旱设备。按照国家防总和财政部要求，全市共购置应急拉水车 26 辆、打井洗井设备 12 台套、移动灌溉设备 320 套、移动节水设备 68 套、输水软管 7.18 万米（另有电缆线 0.85 万米、镀锌板 10 吨、法兰泵管 1220 根等配件）、净水设备 22 套、发电和动力设备 31 台套等抗旱设备，极大补充了抗旱服务队的硬件配置，增强了抗旱服务能力。

在防汛期可能出现洪水的同时，各区县、各部门加大抗旱力度，充分发挥抗旱服务组织作用，通过增派拉水车、打井、启用备用水源、建设地表饮水工程、加强水源调度、开源节流等措施，保障了城市供水安全，保障了山区人畜饮水安全。

第四章　民政局救济

第一节　2011 年灾害救济

一、灾害情况

2011 年入夏以来，本市降雨量较少，大部分区县旱情比较严重，5 月下旬至 6 月上旬的降雨天气对全市的干旱情况有所缓解。进入主汛期以来，本市与往年相比，降雨量较大，强降雨、雷雨风雹天气较多，石景山区及部分远郊区县均发生了不同程度的自然灾害。

二、灾情统计

2011 年受灾人口共 25.55 万人，因灾死亡人口 7 人，农作物受灾面积近 3.86 万公顷，其中绝收面积 0.48 万公顷，直接经济损失近 14.76 亿元，给灾区人民群众的生产生活造成较严重影响。

三、灾民救助

（一）做好本市灾害救助工作

灾害发生后，市、区各级民政部门及时采取有力措施，尤其是针对"7·24"洪涝灾害，市民政局和密云县及时启动应急响应，紧急调运价值 112.13 万元、3320 件套的救灾物资和转移安置受灾群众，保证了救灾工作的顺利开展。2011 年共安排救灾资金 2978.1 万元，其中中央级 300 万元、市级 1348.3 万元、区县级 1329.8 万元，有力保障了灾区困难人员的基本生活，维护了当地社会稳定。

（二）加强调研，推进灾害救助立法进程

2010 年国务院公布《自然灾害救助条例》后，市民政局与市政府法制办商定将《北京市实施〈自然灾害救助条例〉办法》（以下简称《实施办法》）列入 2011 年立法调研项目。经过前期调研和资料收集，已经初步完成了《实施办法》草案和《立项论证报告》的起草工作，并征求了各区县的修改意见。此外，将制定《北京市灾害救助资金管理办法（试行）》列入北京市民政工作"折子工程"项目，并于 2011 年底完成了该文件的草案起草工作。

（三）完善体制，提高应急管理统筹能力

2011 年，市民政局多次组织专项调研，与市编办、市应急办协商成立市突发事件应急救助专项指挥机构相关事宜，并起草了《北京市突发事件救助应急指挥部组建方案》《北京市突发事件应急救助分级标准及响应程序》《市民政局关于北京市突发事件救助应急指挥部组建方案的情况说明》等文稿。

（四）开展对口支援贫苦地区工作

1. 大力开展对西藏拉萨的支援工作

经与拉萨市民政局沟通协商，确定了 5 个援藏项目，包括流浪乞讨人员救助管理站维修改造项目、流浪未成年人救助保护中心项目、城市社区老年人日间照料中心项目、农村社区综合服务中心项目和乡村级救灾物资储备仓库体系建设项目，涉及资金 4462.7 万元。目前，这 5 个项目已纳入北京市对口援藏工作整体方案。从局机动、公用经费中给予市委政法委援藏干部慰问款 20 万元、市对口支援西藏拉萨指挥部慰问款 20 万元。

2. 积极推动新疆地区发展

2011 年，支援新疆维吾尔自治区老年公寓改造项目款 500 万元，支援新疆和田地区"1 市 3 县"及农 14 师民政局救灾车 10 部；从局机动、公用经费中给予市对口支援新疆和田指挥部慰问款 20 万元。

2011 年，市民政局分别在北京、新疆和田先后承办三期援疆教育培训项目。培训了来自新疆和田的 146 名基层民政干部和社区干部，有力推动了新疆和田地区民政者业务水平，加大了两地民政工作的交流，使两地民政系统之间建立了良好的关系。

3. 做好外省市的援助工作

2011 年 3 月，针对云南省德宏傣族景颇族自治州盈江县昭通市彝良县地震灾害，分别紧急援助救灾资金 300 万元；向四川什邡民政局支援救灾车辆一部；向内蒙古赤峰市民政局支援 956 余万元捐赠物资、50 台旧笔记本电脑用于民政信息报送工作；向内蒙古敖汉旗民政局支援 2.6 万元电脑设备；向乌兰察布市捐赠 140 余万元电脑设备。同时，通过社会捐助活动，为江西、内蒙古、青海、新疆、拉萨、什邡、巴东等灾区和对口支援地区拨付捐赠款物合计 3595 万元。其中，向内蒙古支援捐赠款和救灾物资共计 1200 余万元（不包括其他社会捐助）。

四、防灾减灾

（一）综合减灾社区建设标准制定

在民政部颁布的《全国综合减灾示范社区标准》基础上，市民政局积极研究制定《北京市综合防灾减灾社区建设标准》，根据城市和农村、新旧社区的差异制定了相应的建设标准。文稿起草后，市民政局组织召开了数次专家研讨会和征求意见会，进行了 8 次修改。同时，根据国家减灾委《关于加强城乡社区综合减灾工作的指导意见》精神，为进一步提升全市社区减灾综合能力，起草制定了《北京市人民政府关于加强本市城乡社区综合减灾工作的指导意见（代拟稿）》。

（二）创建综合减灾示范社区

为全面推进基层防灾减灾能力建设，市民政局下发了《市民政局关于做好 2011 年全国综合减灾示范社区创建工作的通知》（京民救发〔2011〕196 号），全市共有 103 个社区自觉提升社区防灾减灾硬件配备和软件环境，积极参与"全国综合减灾示范社区"的评比创建活动，其中有 70 个社区得到了民政部的批准，在全市社区防灾减灾工作中起到了较好的示范和带头作用。截至目前，全市共有 162 个社区获得"全国综合减灾示范社区"荣誉称号。

（三）深入宣传，提升防灾减灾社会效应

在"防灾减灾日"和"国际减灾日"期间，市民政局对灾害风险隐患进行了系统排查治理，开展了一系列防灾减灾和应急管理系列宣教活动。据不完全统计，在全市民政系统的共同努力下，共组织专场活动 120 多场次，参与活动的市民超过

200 万人，展出防灾减灾展板 3000 余块，悬挂横幅 5000 多条，发放各种宣传资料和张贴防灾减灾挂图 160 多万份，播放宣传教育片 170 余场次，全市各大媒体组织采编、刊发、播出相关稿件、专题 200 余条，在全市范围内营造了浓厚的活动氛围，取得了良好的社会效益。

（四）积极推进灾害信息员培训工作

为全面提高北京市基层灾害信息管理水平，增强灾害信息收集、传递、分析等工作的规范性和科学性，2011 年市民政局会同民政管理学院在部分区县陆续开展了灾害信息员培训工作，完成了门头沟区、东城区、石景山区、房山区和海淀区社区、行政村灾害信息员的培训工作，共培训 2300 人，进一步提升了各级民政工作者的救灾工作业务素质。

（五）开展避险地图标注工作

为进一步加强社区综合防灾减灾工作，提高社区应对突发事件处置能力，市民政局依托市政务地理空间信息平台，对全市各社区居（村）委会的防灾减灾机构、应急队伍、避险安置场所、居民疏散路线、社区风险源、社区人口情况以及政府办公地点等进行标点、标识，共录入各类信息 5 万余条。该系统既可用于市和区县两级应急部门和各专项指挥部在应急状态下进行指挥，也方便社区居民了解周边风险源及逃生路线等信息，北京市在全国率先实现了社区应急疏散避险图的电子化。

（六）创新开发紧急广播预警系统

面对我国没有统一的紧急广播信息发布系统的实际情况，市民政局与有关部门共同研发了社区紧急广播系统，并在全国率先应用于社区防灾减灾工作。该系统以强制开机接收社区广播的形式，实现向社区居民发布灾前预警信息的功能，并指导社区居民选择最优路线及时逃生。同时，还可用于平时的减灾科普宣传，实现了平战结合。在"防灾减灾日"和"国际减灾日"期间，通过防灾减灾演练活动在全国率先推出紧急广播预警系统。2011 年，完成了在市科委的科技项目立项工作。

五、灾害实录

（1）2011 年 5 月 29 日，房山区局部出现大风和雷阵雨天气，降水量达 44 毫米，瞬时风力达 7 级，造成 20 个蔬菜大棚被损坏，受灾面积 20 亩，造成直接经济损失 40 万元，受灾人口 21 人。

（2）2011 年 5 月 30 日 15 时 10 分，大兴区榆垡镇遭受雷电风雹袭击，阵雨持续时间 30 分钟，降雨量 2.5 毫米，部分地区有雹灾，最大的如枣状。据统计，受灾人口 607 人，受灾面积 600 公顷，直接经济损失 342 万元。

（3）2011 年 6 月 10 日 17 时，延庆县千家店镇大石窑、红旗甸、河口三村遭受上游河北省赤城县东卯镇古子坊、万泉寺地区突降暴雨造成的洪水袭击，造成部分道路受损、断水停电、农田被冲毁。据统计，受灾人口 670 人，饮水困难人口 500 人，受灾面积 46.7 公顷，绝收面积 46.7 公顷，直接经济损失 223.5 万元。

（4）2011 年 6 月 11 日 15 时至 16 时，顺义区张镇、杨镇、大孙各庄三镇遭受风雹袭击，共有 61 个村灾情比较严重。经实地核查，受灾总人口 3597 人，受灾农作物总面积 1570 公顷，其中绝收面积 120 公顷，农业损失共计 2234.7 万元。

（5）2011 年 6 月 23 日 15 时至 19 时，城区普遍遭受强降雨袭击，部分路段积水，道路严重拥堵，给人民群众工作和生活造成了不便。此次强降雨的特点是雨量大、强度大、范围大。降雨量比较大的区县有石景山区、丰台区、海淀区，灾情较严重的石景山区，降雨量最大达到 182 毫米，有 9 个街道遭受强降雨袭击，石景山区苹果园地区 2 名外地务工人员不慎掉入排水管道，经全力搜救，在 25 日和 26 日分别找到两具遗体。据统计，石景山区有 1097 户普遍出现房屋进水，使人民群众生活和工作受到了很大影响。

（6）2011 年 7 月 24 日、25 日以来，顺义区、平谷区、密云县、房山区、大兴区遭受暴雨、冰雹袭击，因灾死亡 5 人，受灾人口 151204 人，紧急转移人口 8554 余人，农作物受灾面积达 23927.45 公顷，倒塌房屋 400 间，损坏房屋 8425 间，直接经济损失共计 119302.33 万元。

第二节　2012 年灾害救济

一、灾害情况

2012 年，北京市气候出现异常，特别是进入主汛期后，大部分区县不同程度遭受了强降雨袭击，与往年相比降雨量较大，强降雨、雷雨风雹天气较多。特别是 7 月 21 日全市普降大到暴雨，房山区、门头沟区、丰台区和通州区等受灾严重，对灾区群众的生产生活带来较为严重的影响。

二、灾情统计

据统计，2012 年北京市受灾人口 101.6998 万人次，死亡人口 79 人，倒塌房屋 8799 间，紧急转移人口 91302 人，农作物受灾面积 77067.29 公顷，直接经济损失 1797040.25 万元。

三、灾民救助

（一）迅速调拨救灾款物，妥善安置受灾群众

7 月 21 日灾害发生当日中午，市民政局针对灾情，于 18 时及时启动应急预案，连夜向房山区和通州区紧急调拨价值 320 万元的救灾物资，并根据实际需要连续向受灾区县调拨价值 1344.5 万元的市级救灾储备物资。会同市财政紧急下拨中央级救灾资金 1.3 亿元、市级应急救灾资金 1 亿元，用于房山区、门头沟区、丰台区和通州区等受灾区县抢险救助工作，确保受灾群众"有水喝""有饭吃""有地方住"，有效稳定了群众情绪。

（二）认真制定政策措施，保障受灾群众基本生活

制定了受灾群众生活补助和抚慰政策，因灾倒损农村房屋翻建维修政策，"7·21"特大自然灾害救灾资金管理办法，中央及市级下拨本市的应急救灾资金分配使用方案以及加强下拨救灾物资使用管理的有关规定；10 月底前完成农村受灾人员今冬、明春期间的基本生活困难和需求统计、评估工作，核实救助对象，编制工作台账，制定救助工作方案；11 月中下旬落实相关救助资金；12 月下旬市民政局会同市财政局安排下拨中央及市级自然灾害生活补助资金共 1800 万元，及时对因灾生活困难群众给予救助，确保他们在"两节"和冬春期间的基本生活。同时，要求各相关区县对因灾致贫、返贫的城乡居民，凡符合城乡低保条件的，纳入城乡低保救助范围。

（三）及时部署救灾储备物资的管理工作

"7·21"特大自然灾害发生后，市民政局先后向房山、通州、门头沟和丰台区紧急调拨了救灾帐篷、折叠床、桌凳、应急灯和棉被等市级救灾储备物资，用于妥善安置受灾群众，市民政局下发《关于加强市级调拨救灾物资管理使用工作的通知》（京民救发〔2012〕293 号），用于加强救灾储备物资的管理和规范发放程序。

另外，根据本市第六次人口普查的实际情况（本市人口已达到 1961 万人），按照 1% 的规模，全市物资储备总量应达到可应急救助 20 万人左右的规模。其中，市级物资储备总量达到可保障 18 万人的规模，区县级物资储备达到可保障 2 万人以上的规模，已获得市政府批准实施。

（四）加强农村倒损住房排查及翻建维修工作

为了尽快对"7·21"特大自然灾害造成因灾倒损住房的本市农村居民家庭进行救助，市民政局提前下发《北京市民政局关于尽快做好因灾倒损农村住房排查和鉴定等工作的通知》（京民救发〔2012〕292 号），要求各区县尽快摸清倒损住房的底数，做好倒损住房维修翻建的各项准备工作，及时制定《因灾倒损农村房屋翻建维修工作方案》。据统计，2012 年以来因灾造成倒房需重建户数 3814 户，已完成户数 3643 户；需维修加固户数 13047 户，已完成户数 12763 户；市级财政投入资金数量 18668.25 万元。

（五）广泛开展社会捐赠活动

灾情发生后，全社会广泛关注，迅速掀起了为灾区人民奉献爱心的热潮。全市 19 家慈善公益组织及 15 个市区捐赠站点，依托市、区（县）、街道（乡镇）、社区四级捐赠服务网络，24 小时接受社会捐赠，并开通 96156 捐赠咨询热线，方便市民就近捐赠。同时，加强资金监管，提高资金使用效能。所有募集款物按照救灾援建项目，与慈善组织对接后统筹拨付，确保资金使用有的放矢。

（六）及时总结交流经验，推进防灾减灾建设

针对北京市"7·21"特大暴雨洪涝灾害情况，组织专家学者进行调研，形成了关于北京"7·21"特大暴雨洪涝灾害情况的专题调研报告，对灾害成因和特点进行了分析，总结城市灾害应对的经验和存在的问题，提出了应对特大灾害的对策和建议。同时，2012 年 12 月，救灾处与民政干部教育管理学院联合召开研讨会，专题进行北京"7·21"特大自然灾害的座谈交流，对各区县救灾工作进行总结，分析大灾来临时暴露的问题，并对下一步救灾防灾工作启示、思路等进行了认真细致的研究。

（七）紧急支援受灾兄弟省救灾工作

2012 年，启动 2 次应急援助响应，分别紧急援助云南省德宏傣族景颇族自治州盈江县昭通市彝良县地震灾区 200 万元和甘肃省冰雹洪涝灾区 100 万元，有力地支援了兄弟省份的抗灾救灾工作。2012 年 9 月，市民政局积极拓展支援建设新疆和田地区社会福利中心民生项目的正式启动。由北京市慈善协会系统募集 1000 万元社会捐赠给予支援。新疆和田地区社会福利中心建筑面积 3000 平方米，床位 150 张，拟建在和田市北京和田工业园内。

四、防灾减灾

（一）推进体制机制建设，完善防灾减灾体系

完成了筹建北京市突发事件救助应急指挥部的前期各项准备工作，同时根据《自然灾害救助条例》规定，结合北京市防灾减灾工作实际，已申报成立市减灾委员会等减灾机构，负责组织、协调全市开展自然灾害防灾减灾工作。2012 年 7 月31 日，市政府印发并实施《北京市人民政府关于加强本市城乡社区综合防灾减灾工作的指导意见》和《北京市综合防灾减灾社区标准（试行）》，进一步推进综合防灾减灾工作的规范化管理。同时，起草了《北京市实施〈自然灾害救助条例〉办法草案》、《立项论证报告》《北京市综合防灾减灾规划（2011—2015 年）（征求意见稿）》。并且已经着手开展起草《北京市防灾减灾人才发展中长期规划（2010—2020年）》的相关工作，进一步完善防灾减灾体系建设。

另外，开展了编撰《中国灾害志·北京卷》工作。根据民政部《关于编撰出版〈中国灾害志〉的通知》精神，经请示局领导，市民政局成立了《中国灾害志》北京卷编撰委员会，该项工作于 2012 年正式启动，2016 年最终完成《中国灾害志》北京卷的编撰任务。

（二）加强基层队伍建设，提升专业人才素质

2012 年，北京市会同民政干部教育管理学院继续共同开展灾害信息员职业技能培训鉴定工作，培训灾害信息员 5189 名，初步建立了市、区县、乡镇、村四级灾害信息员队伍体系。同时，为提高北京市灾害信息员综合素质和专业技能，结合全市灾害信息员工作实际，组织开展了市民政局灾害信息员职业技能大赛，对大赛前三名获得者颁发了国家灾害信息员职业技能鉴定二级证书。

（三）开展综合减灾示范社区创建活动，加强宣传演练和救援体系建设

2012 年，创建 150 个以上"市级综合减灾示范社区"，另有 50 个社区创建"全国综合减灾示范社区"，已获得民政部颁发的荣誉称号。全市已创建"全国综合减灾示范社区"212 个。在"防灾减灾日"和"国际减灾日"期间，开展了形式多样、内容丰富的防灾减灾和应急管理系列宣教活动，取得了良好的社会效益。5 月 12 日，市民政局举办了北京市社区防灾减灾电子地图启动仪式。此外，5 月 7 日，市民政局会同市应急办、市红十字会、西城区政府和市紧急救援基金会在广外街道联合举办社区紧急救援演练，并与市紧急救援基金会举办了"北京市防灾减灾社区救援体系建设项目"启动仪式。西城区广外街道作为第一个试点街道建设社区救援队，按照国际轻型救援队的标准进行了专业培训，拟定配备救援箱 1500 个、救援车辆 54 辆等物资共计 30 万件，总价值约 1000 万元。

（四）加强防灾减灾基础设施建设

按照市科协项目计划，完成在东城区、西城区、朝阳区、石景山区和怀柔区 5 个社区试点安装紧急广播工作。市民政局依托市政务地理空间信息平台，对全市各社区居（村）委会的防灾减灾机构、应急队伍建设、避险安置场所、居民疏散路线、社区风险源、社区人口情况以及政府办公地点等进行标点、标识，共录入各类信息 7 万余条。该系统既可用于市和区县两级应急部门和各专项指挥部在应急状态下进行指挥，也方便社区居民了解周边风险源及逃生路线等信息，首次实现了北京市社区防灾减灾地图的信息化。

（五）增强应急保障能力

继续加快救灾物资库建设，目前一个中心库和三个分中心库的规划和选址已通过市规划委的批准，中心库建设已报市发改委立项审批。探索分中心库市区联建形式，实现有限资源社会效益最大化的科学途径，目前已委托延庆县代储 1 万人市级救灾物资储备。经市政府批准，已经开展新增 4 万人市级物资储备和补充入库物资的政府招投标工作，全市物资储备总量将达到可应急救助 20 万人左右的规模。其中，市级物资储备总量达到可保障 18 万人的规模，区县级物资储备达到可保障 2 万人以上的规模。

五、灾情实录

（1）2012年3月23日至6月13日，本市部分地区发生大风冰雹灾害，共接到灾情报告7起。据统计，灾害共涉及门头沟区、房山区、怀柔区、密云县和延庆县，导致18418人次受灾，农作物受灾面积1944.03公顷，直接经济损失共3159.8万元。

（2）2012年7月21日，本市发生特大暴雨灾害，受灾人口928217人，受灾乡镇232个，因灾死亡79人，紧急转移安置81628人，农作物受灾面积67604.06公顷，倒塌房屋8787间，严重损坏房屋44195间，一般损坏房屋78680间，区县直接经济损失143.8亿元，其中损失在5亿元以上的区县7个，市属部门经济损失17.01亿元，全市直接经济损失合计160.81亿元。灾情发生后市民政局迅速调拨救灾款物，妥善安置受灾群众，加强因灾倒损住房排查及翻建维修管理工作，保证受灾群众的居住安全。

第三节　2013年灾害救济

一、灾害情况

2013年，本市进入汛期以来，大部分远郊区县不同程度地遭受了风雹、洪涝灾害和强降雨袭击，给人民群众生命财产带来较大损失。

二、灾情统计

据统计，2013年灾害共造成房山、平谷、怀柔、大兴、密云等9个区县231291人受灾，因灾死亡1人，紧急转移安置2033人，农业受灾面积30770.06公顷，其中绝收面积3986.3公顷；倒塌房屋48间，严重损坏9间，造成直接经济损失7.0132亿元，部分受灾地区损失较为严重。

三、灾民救助

（一）做好本市灾害救助工作

为保障受灾群众基本生活，维护社会稳定，市、区县财政和民政部门积极配合，分别根据受灾地区的相关情况，相继下拨救灾资金解决受灾群众实际困难。同时，为顺利开展本市冬令春荒救助工作，市民政局和市财政局向民政部和财政部申请中央冬春救助资金，目前财政部和民政部已向本市下拨救灾资金800万元。其中，下拨房山区200万、门头沟区80万、怀柔区40万、平谷区40万、密云县60万、延庆县380万，用于保证受灾群众安全过冬，切实保障受灾人员在元旦、春节期间的基本生活。

（二）推动救灾物资储备建设工作

积极开展新增可应急保障4万人的救灾储备物资招投标工作，价值近亿元的相关救灾储备物资已于6月30日前入库，市级救灾物资储备的应急保障能力由可救助14万人提高到18万人的规模，救灾储备物资的种类扩大到11大类、30小项。新增补充采购的指挥帐篷、场地照明灯、淋浴车、净水车等物资也将在年底前后生产完成并入库。同时，将区县级救灾储备物资应急保障能力提高到2000人，全市救灾物资储备的应急保障能力已达到可救助20万人的规模，并在延庆县设立代储市级救灾储备物资库，完成调拨可应急保障1万人的救灾储备物资工作。

（三）探索推进农村住房保险工作

市民政局会同财政、保监和农委研究制定了《关于探索推进农村住房保险工作的通知》。研究设定农村住房保险缴纳基础保险费10元，拟定由财政部门和参保农户分别按一定比例分担，农户在出险后最高可获得5万元补偿。力争有农村住房的所有农户均能享受农房保险相关待遇，以减轻政府财政负担，完善灾害风险防控体系。

（四）认真做好防汛救灾工作

成立了北京市防汛综合保障专项分指挥部，制定了《北京市防汛综合保障专项分指挥部工作方案》《北京市防汛综合保障专项分指挥部启动条件及响应程序》；研究制定了《市民政局2013年防汛工作方案》，组建防汛领导机构和灾情评估、转移安置和物资保障等若干应急保障小组；召开区县防汛工作会议，下发《市民政局关于做好2013年安全度汛工作的通知》（京民救发〔2013〕181号），签订"安全度汛责任书"。

（五）开展对口支援新疆地区工作

2013 年，市民政局积极协调政府资金对口支援新疆和田地区及农十四师投资计划，其中 2013 年交钥匙项目有和田社会福利及救助示范中心工程、洛浦县北京援建敬老院工程、洛浦县社会福利园区基础设施配套工程；2013 年交支票项目有墨玉县北京援建敬老院工程、和田县民族殡仪馆项目，以上总投资 1.0172 亿元。

（六）应急援助兄弟省受灾地区

10 月 7 日，第 23 号强台风"菲特"造成严重水灾，受灾人口 83 万人，转移 2.6 万多人，直接经济损失 70 亿元。北京市及时启动应急援助机制，以北京市委、市政府名义，代表首都人民向浙江省余姚市受灾地区捐赠人民币 200 万元，并向浙江省委、省政府致慰问电。这是北京市 2013 年第 7 次启动应急援助机制，援助了 8 个兄弟省份（9 省次）的受灾地区，援助金额已达 2200 万元。

四、防灾减灾

（一）完善防灾减灾的政策法规

研究制定了《北京市自然灾害生活救助资金管理暂行办法》《"十二五"综合防灾减灾规划》《物资保障能力建设方案》《2013 年防汛工作方案》《自然灾害救助条例实施办法（草案）》和《关于探索推进农村住房保险工作的通知》等政策法规，其中《自然灾害救助资金管理办法》已下发，《关于探索推进农村住房保险工作的通知》已完成制定工作。

（二）积极推进北京市应急救助指挥部组建工作

市民政局与市编办、市应急办沟通协调，起草了《北京市突发事件救助应急指挥部组建方案》《北京市突发事件应急救助分级标准及响应程序》《市民政局关于北京市突发事件救助应急指挥部组建方案的情况说明》等文稿。市民政局按照市应急办的有关工作要求，确认北京市突发事件应急救助指挥部成员单位领导名单，推进成立市突发事件应急救助专项指挥部及常设办公室的组建工作。

（三）加强城乡基层防灾减灾能力建设

开发救灾工作人员基本信息统计数据应用程序，开展全市救灾工作系统平台建设和灾害信息员有关信息采集工作，与市气象局进一步加强合作，确保及时将预警信息发布到市、区县、街乡镇民政救灾工作人员和社区居（村）委会灾害信息员等1万余人的手机。研究北斗终端设备应用的可行性，尽快实现向市、区县、街乡镇应急管理人员和7个山区县的灾害信息员配发北斗便携终端。完成本市综合防灾减灾社区紧急广播系统项目的试点工作，在本市5个社区安装使用发射装置5台、接收装置10000台。同时，门头沟区率先开展全市第一个社区灾害预警紧急广播系统试点建设工作，在4个试点社区应用社区紧急广播系统和建设应急避难场所。另外，继续开展"综合减灾示范社区"创建工作，50个社区获得"全国综合减灾示范社区"荣誉称号，183个社区创建"市级综合减灾示范社区"，"综合减灾示范社区"总数已达到600个。

（四）完成灾害信息员培训工作

2013年，昌平区、怀柔区等相继开展了灾害信息员培训工作，10月下旬，市局针对因调换工作岗位而产生的近200名新任乡镇级灾害信息员，组织开展培训工作。截至目前，全市已累计培训鉴定具有职业资质的各级灾害信息员1万名以上，提前两年多时间在全国率先完成"十二五"期间的村（社区）级灾害信息员培训任务。同时，提前完成培训鉴定7000名以上灾害信息员的任务指标。

（五）积极开展防灾减灾宣传教育活动

结合全国"防灾减灾日"，2013年10月13日由门头沟区政府主办，民政部国家减灾中心和市民政局协办的社区灾害预警及应急救助综合演练在北京市门头沟区城子街道华新建社区举行防灾减灾演练活动。据统计，全市共组织专场活动200多场次，参与活动的市民超过200多万人，展出防灾减灾展板3000余块，悬挂横幅4000多条，发放各种宣传资料和张贴防灾减灾挂图200多万份，播放宣传教育片200余场次，全市各大媒体组织采编、刊发、播出相关稿件、专题300余条，在全市范围内营造了浓厚的活动氛围，取得了良好的社会效益。

五、灾害实录

（1）2013年一季度，本市发生一次风灾，房山区蒲洼乡、霞云岭乡等6个乡镇遭到大风侵袭，风力最大达到10级，导致部分住房的房顶被大风掀起，部分村庄的基础设施损坏，种养殖户的彩钢棚顶损坏，直接经济损失达400万元。

（2）2013年6月11日，怀柔区琉璃庙镇等3个乡镇的34个村遭受冰雹灾害，冰雹最大粒径15毫米，造成10737人受灾，农作物受灾面积744.2公顷，林果受灾142.7万余株，直接经济损失1722.4万元。

（3）2013年6月24日，大兴区长子营、青云店等8个镇农作物遭受不同程度损失，受灾总面积1743.3公顷，1户3间农房倒塌，直接经济损失1752.18万元。

（4）2013年7月14日，密云县冯家峪、石城等5个镇不同程度受灾，农作物受灾面积577.3公顷，公路中断7条次，供电中断2条次，因洪涝灾害造成直接经济损失5295.8万元。

（5）2013年7月31日，房山区遭受暴雨大风灾害，导致琉璃河镇、窦店、十渡、长阳四个乡镇8515户23685人受灾，受灾面积约2466.1公顷，绝收面积150公顷，树木倒损24758棵，因灾受损房屋总户数824户，受损房屋总间数2682间，直接经济损失约1.87亿元。

第四节　2014年灾害救济

一、灾害情况

2014年，北京市气候出现异常，部分区县不同程度遭受了风雹、干旱、洪涝等自然灾害袭击，有的受灾区县灾情较严重，导致一些农作物减产甚至绝收，对农业生产造成较严重的损失，给当地人民群众的生活造成一定影响。

二、灾情统计

据统计，2014年北京市自然灾害共造成大兴、平谷、怀柔、房山、延庆等9个区县32.12万人受灾，因灾死亡1人，农业受灾面积69866.24公顷，其中绝收面积25365.6公顷，严重损坏房屋22间，全年共造成直接经济损失10.5亿元，部分受灾区县损失较为严重。

三、灾民救助

（一）做好北京市灾害救助工作

2014年，北京市未发生重大自然灾害事件，没有构成启动救灾应急响应的条件。6 月进入汛期以后，平谷、大兴等区县相继发生较为严重的风雹灾害袭击，各级政府及民政部门积极主动开展工作，受灾区县民政部门认真查看灾情，迅速上报灾害发展情况，及时解决受灾群众基本生活问题。7 月中旬，市民政局会同市财政局向受灾区县下拨应急救助资金 600 万元，用于解决受灾群众的生活困难，确保了本市受灾群众的基本生活。

（二）积极开展各类灾害救助工作

汛期市级财政共下拨 600 万元用于应急救助。市民政局和市财政局加强协调、密切配合，及时向受灾区县下拨市级冬春救助补助资金 900 万元，下拨中央级冬春救助补助资金 500 万元。切实坚持公开、公正、公平原则开展相关工作，确保受灾群众在今冬明春期间的基本生活。

（三）积极援助受灾省份救助工作，及时启动应急响应机制

积极参与有序做好支援鲁甸地震灾区抗震救灾工作。第一时间启动应急援助响应机制，及时以市委、市政府名义向云南灾区捐赠人民币 1000 万元。紧急向云南发运本市代储的中央级救灾物资 12 平方米单帐篷 1106 顶，从市级救灾储备物资中调拨价值 730 余万元的 5 万条毛巾被、2 万支远光手电、2 万节充电电池，援助云南灾区。北京市紧急救援基金会等专业救援组织第一时间奔赴灾区开展救援。积极开展救灾募捐活动，支持灾区抗震救灾和灾后重建工作。全市有 15 家具有救灾宗旨的慈善组织接收社会捐款共计 402.17 万元，其中有 5 家慈善组织接收的捐款 48.52 万元根据各自的救灾宗旨已用于鲁甸救灾项目，为鲁甸骡马口板房学校 2600 名学生每人购置了一套过冬物资（包括被褥、被套、床单、鞋、袜）开支 123.7 万元，其余 229.95 万元将用于鲁甸骡马口板房学校的图书馆建设。

四、防灾减灾

（一）建立健全综合保障管理机制

加强对全市防汛综合保障工作的领导，建立与各成员单位的协调联动机制，构建全民参与的防汛综合保障管理机制。加强与气象、国土、农业等部门的汛情会商，及时掌握汛情发展趋势。印发《北京市防汛综合保障分指挥部工作方案》《关于做好 2014 年度安全度汛工作的通知》，签订了《北京市安全迎汛责任书》，明确

防汛责任，扎实稳妥地做好各项防汛救助准备工作。防汛期间，定期召开防汛综合保障工作联席会议，协商研究综合保障工作存在问题及应对举措。在区县层面，门头沟区、西城区等区县修订了《防汛综合保障专项分指挥部工作方案》《防汛救助预案》等制度，确保各个区县能安全度汛。为进一步规范本市因灾死亡、失踪人员认定和统计报送工作，保证灾情信息的准确和统一发布，在市公安局、市卫计委、北京铁路局、首都机场公安分局和朝阳区民政局、顺义区民政局等部门的密切配合下，起草制定了《北京市因灾死亡、失踪人员认定和统计报送管理办法（试行）》。

（二）提升全市综合防灾减灾能力，积极开展示范创建工作

积极推进"综合减灾示范区县"建设工作。市民政局与西城区、延庆县认真贯彻落实《共建综合减灾示范区县合作框架协议》，着力打造富有北京特色的综合防灾减灾体系。尤其是延庆县编办印发文件，在全市率先成立了区县级的突发事件应急救助指挥部，完成国家级和市级综合减灾示范社区创建任务。各区县积极成立综合减灾示范社区创建工作领导小组，积极推进综合减灾示范社区创建工作，创建50个"全国综合减灾示范社区"，168个"市级综合减灾示范社区"，有力提升了全市社区综合防灾减灾能力。

（三）加强培训和信息员队伍建设，提升基层灾情报送能力

为推进由区县扩展到乡镇（街道）的网络报灾试点工作，市区两级共投入经费100万元，专门组织10期乡镇（街道）级的汛情培训，总计培训2000余人；门头沟区、怀柔区、平谷区和密云县等专门组织了基层灾害信息员培训。截至目前，北京市已培训灾害信息员12000余人，超额完成"十二五"期间培训7000名灾害信息员的任务目标，显著提升了基层灾情报送能力。同时，专门会同市公安局治安总队组织全市各区县民政救灾和治安工作负责人及工作人员举办救灾防汛业务培训班，重点围绕《北京市因灾死亡、失踪人员认定和统计报送管理办法》的制定工作进行政策解读和广泛征求意见，并就有关信息和数据统计报送等进行业务培训。

（四）举办防灾减灾宣传演练活动，提升社会公众防灾意识

为进一步提升社会公众的防灾意识，市民政局开展了贴近群众、形式多样的应急管理和防灾减灾系列宣传教育活动。据初步统计，全市共组织专场活动200多场次，参与活动的市民超过300多万人，展出防灾减灾展板5000余块，悬挂横幅

1000 多条，发放各种宣传资料 50000 套，张贴防灾减灾挂图 200 多万份，播放宣传教育片 200 余场次，全市各大媒体组织采编、刊发、播出相关稿件、专题 200 余条，营造了浓厚的防灾减灾救灾氛围，取得了良好的社会效果，圆满完成了国家防灾减灾日宣传演练活动。同时，为提升教育部门全体师生防灾减灾意识和自救互救能力，制作了《儿童及小学生紧急自救逃生画册》，同时计划尽快在小学开展画册涉及课程的试点培训工作。

（五）推进家庭应急储备体系建设，提升应急避险救助能力

为提升社会及家庭防灾减灾意识和自救互救能力，构建了家庭应急储备物资"产、学、研、销、用"一体化服务网络，先后召开 3 次新闻发布会，陆续向社会发布《北京市家庭应急储备物资建议清单》《北京市家庭应急储备物资产品标准》《北京市家庭应急储备物资供应网点分布图》及家庭应急储备物资样品包，被多家媒体报道，并于 10 月 13 日"国际减灾日"实现上市供应销售，全年共卖出 6000 多套，满足了广大市民购买防灾减灾产品的基本需求，提升了市民自救互救能力。

（六）促进救灾物资储备体系建设，提升物资应急保障能力

圆满完成可应急保障 4 万人救灾物资入库扫尾工作。编制《救灾物资储备库"十三五"建设规划》，完成中心库及西南分库建设项目的立项工作，已经列入发改委 2015 年重点建设项目。修订完善《救灾物资应急发运预案》，根据北京市 10 个远郊区县的地理特点和道路情况，分别设计规划了 4~5 条紧急运输救灾物资的线路和备用线路，设定 2~3 个救灾物资集散点，编制《救灾物资运输路线实用操作手册》，确保救灾物资能够及时送达受灾一线。区县救灾物资储备工作成绩显著，如顺义区、房山区已投入资金并建成高标准救灾物资库房；西城区积极推进街道救灾物资储备工作，在街道物资储备工作方面走在全市前列；门头沟区、海淀区和密云县等积极采购救灾储备物资，保障标准均超过 2500 余人。

（七）完成自然灾害季度形势分析，按时汇总提供相关材料

根据市应急办的工作要求，从 2014 年开始，由市突发事件应急救助指挥部（市民政局）负责汇总全市自然灾害情况及分析工作，此项工作在市民防局的积极配合下，实现了顺利平稳交接。同时，在气象、地震、国土、园林等部门的大力支持下，市民政局圆满完成了自然灾害季度形势分析的相关工作。

五、灾情实录

（1）2014年6月9日下午，怀柔区发生风雹灾害，次日15时前后开始，大兴区自北向南先后出现雷阵雨天气，雷雨期间伴有短时大风，局地出现了冰雹。据统计，怀柔区造成喇叭沟门满族乡和渤海镇2个乡镇受灾，大兴区庞各庄镇、礼贤镇、魏善庄镇、榆垡镇等6个镇受灾，灾害导致树木、农田、果树、蔬菜、露天西瓜等不同程度受损；受灾人口27813人（其中怀柔区105人、大兴区27708人），农作物受灾面积6553.5公顷（其中怀柔区743.7公顷、大兴区5809.8公顷），大兴区一般损坏房屋157间共43户，直接经济损失16971.04万元（其中怀柔区536.2万元、大兴区16434.84万元）。

（2）2014年6月17日凌晨，平谷区遭受持续长达22分钟风雹袭击，冰雹直径1~3厘米，并伴有大风，阵风等级达8级。造成大华山镇和山东庄等乡镇严重受灾，特别是以林果业为主的农户，部分果树绝收。据统计，风雹灾害导致13976人受灾，造成直接经济损失14018万元，受灾面积2717公顷，成灾面积1890公顷，绝收面积470公顷。

（3）2014年6月以后，延庆县千家店镇、四海镇、珍珠泉乡、大庄科乡、井庄镇、旧县镇、永宁镇、刘斌堡乡、延庆县镇、张山营镇、香营乡、大榆树镇、八达岭镇、康庄镇一直持续高温，没有有效降雨，部分村庄出现旱情，造成农作物受到严重影响。据统计，灾害导致104962人受灾，农作物受灾面积30126.8公顷，其中19955.25公顷绝收。因旱导致饮水困难需救助人口8149人，直接经济损失22377.71万元。

第五章　红十字救灾

第一节　2011—2014 年重大灾害救援

2011 年以来，国内和世界多地自然灾害频发。首都红十字组织积极行动起来，多次在特大自然灾害救灾救援行动中彰显红十字组织的救援能力，经受住了历史性检验。

一、全面做好国内灾害救援救助工作，彰显首都人道公益组织作用

2013 年 4 月 20 日，四川芦山雅安发生 7.0 级地震。4 月 20 日，市红十字会第一时间派出了 70 名救援队员和 13 辆救援车辆组成的中国（北京）红十字芦山地震抢险救援队，奔赴一线展开救援。先后建立了野战医院 3 所，巡诊里程 5600 多千米，巡诊 1 万余人次，救治受灾群众 3000 多人次，转运重病患者 30 余人，发放价值 600 万元救灾物资，为 12200 多人次提供就餐，圆满完成了抢险救援任务。全市红十字系统接收芦山地震专项捐赠款物共计 3099.39 万元，已按要求上缴中国红十字会总会，用于雅安市血站建设。对此，郭金龙、王安顺、吕锡文、李士祥、赵凤桐、李伟、姜志刚等市委、市政府领导和赵白鸽等总会领导分别做出批示。四川省雅安市政府向北京市红十字会发出感谢信。

在 2014 年鲁甸地震灾害救援中，截至 2014 年底，全市红十字系统共接收募捐款物 1078.93 万元。

芦山、鲁甸地震募捐过程，实现募捐款物信息网上数据即时公开，自觉接受社会和捐赠者监督。对援建项目进行追踪，先后赴四川省德阳、雅安追踪考察汶川、雅安地震募捐款援建项目的执行情况。

2012 年，"博爱送万家"捐赠活动共募集物资 197470 件，先后向西藏、甘肃和青海省玉树地区发放价值 100 余万元的衣被、书籍和文体用品。

在推进对口支援任务中践行人道。2014 年，向新疆和田地震灾区拨付 40 万元

救助款，向内蒙古赤峰市红十字会拨付价值 30 余万元的培训教材教具。制定并实施 2014—2016 年对口支援新疆和田地区长效化工作机制，以和田地区的人道需求为导向，开展人道博爱 6 个项目，确保援助项目产生良好的社会效益。完成什邡对口援建的心理援助"一中心、六分站"项目，"我们在一起　北京—什邡心灵关爱"项目进入第三年总结收尾阶段。市红十字基金会开展"同心·共铸中国心"等多个项目，用于北京、陕西、青海、云南、贵州、西藏、宁夏、新疆的助学、助老、助困等。

二、积极应对本市突发自然灾害

在 2012 年"7·21"特大自然灾害抢险救援中，市红十字会及时启动应急预案，紧急向重灾区县配发了价值 427.83 万元的救灾物资，拨付了 180 万元救灾款。救援期间，先后向受灾地区发放家庭救助箱 200 个、棉被 4000 条、帐篷 350 顶和价值 181.6 万元的米面各 200 吨、食用油 4 万升。向房山、丰台等重灾区捐赠了总价值 38.2 万元的自动直饮机 15 台，价值 3.2 万元的消毒片、消毒粉和价值 50950 元的收音机 460 台。紧急启动募捐活动，全市红十字系统专项募集捐款 2202.56 万元。"999"出动应急救援车辆 631 次，救援人员 600 余人，对 79 名遇难者中的 54 名进行了遗体转运。市红十字会人道应急餐饮车为受灾群众和救援队提供餐饮服务 1300 余人次。红十字蓝天救援队救出被困群众 90 余人，为 150 余名轻伤群众做了外伤处理，协助市政府成功完成了京港澳高速 17.5 千米处积水路段救援。房山、通州、门头沟、丰台、平谷、密云等重灾区红十字会积极协助区委、区政府完成灾害应对和灾后救助工作。市红十字会撰写了"7·21"抢险救灾工作反思材料四篇，在中国红十字会总会《会内通报》和《中国红十字报》全文转发。

三、在国际救援行动中彰显中国红十字组织良好形象

2013 年 11 月 20 日至 12 月 6 日，根据中央指示精神，按照中国红十字会总会要求，经市委、市政府批准，依托"999" 和蓝天救援队成立了由 15 人组成的国际救援队赴菲律宾执行救援任务。此次救援是新中国成立后，中国红十字救援队首次执行国际救灾援助任务，展现了中国作为负责任大国的道义和胸怀。救援队在菲律宾 16 天，克服重重困难，经过艰苦奋战，巡诊灾民 1891 人，治疗 959 人，搜寻移交遗体 53 具，向当地灾民发放了价值 400 万元的各类药品器械。赵白鸽、王安顺、戴均良等领导先后就国际救援队的组建和救援工作做出了重要批示并提出要求。

第二节　北京红十字应急体系建设

一、加强统筹谋划，初步建立并形成首都红十字人道应急体系

经市编办同意，市红十字会增设应急工作部，负责指导全市红十字系统应急救援工作。制定了《北京市红十字会关于加强人道应急能力建设的实施意见》，召开自然灾害情况研判会，首次编制了《北京市红十字会防汛应急预案》，编制完成了《北京市红十字会救援队工作手册》等规章制度，形成应急预案、应急演练、应急救护培训、应急指挥、应急救援、应急物资储备多维立体化应急体系。

二、红十字应急队伍建设不断加强

2011年，在市委、市政府的关心支持下，北京市红十字会成立了国内首支红十字救援队——999紧急救援队。同年，999紧急救援中心实现120/999院前急救指挥平台的链接，进一步确立了999在首都医疗急救和紧急救援方面的重要地位。

2012年，市红十字会成功承办了中国红十字会总会举办的"全国红十字医疗救援队培训"，初步组建了首都供水、大众卫生、人道应急救援队。北京市红十字蓝天救援队举办了各类培训训练310次，近7000人参加了培训，全年参与大型灾害救援19起，救援群众达3.7万余人。

2013年，根据总会的要求，北京市红十字会先后成立了医疗、供水、大众卫生和营地保障等应急救援队，并接受了总会专业培训。中国红十字会总会为四支专业救援队分别配备了医疗急救设备、营地保障设备以及部分通信设备和单兵装备。

三、红十字应急装备水平不断提升

2011—2014年，999紧急救援中心新建、调整急救站点49个。截至2014年底，中心共有急救站点130个，各类急救车311辆。

备灾物资储备库的建设是红十字应急救援体系建设的重要组成部分。2013年，经实地调查论证和多方协调，报请市领导批准，征得市财政局同意，在现有库房所在地增租了2668平方米的库房和辅助用房，仓库面积从原有1100平方米增至3768平方米，主要用于救援队装备和备灾救灾物资的储备。市红十字会备灾救灾中心仓库数字化管理纳入市红十字会电子政务信息平台建设，实现物资储备管理科学化、规范化、精细化，使救援、救灾物资仓储安全，调拨运转高效快速。

制定了《北京市红十字急救箱管理办法（试行）》，在北京地铁 260 个站点配置安装 520 个红十字急救箱。在深入分析首都应急物资需求的基础上，形成了救灾储备物资购置和分配方案。

第三节 北京市红十字人道防灾减灾教育步入常态化

一、应急救护培训实现新发展

2011—2014 年，全市红十字系统共完成应急救护知识技能普及培训 355 万余人。

实现人道应急救护培训的拓展延伸。按照"培训与督导同步、考评与组训分开"的原则，对教学、课程和督导体系进行顶层设计和优化。加强督导考评工作制度建设和师资队伍建设，举办了"综合救援队骨干培训班暨应急救护督导考评师资培训班"，组建了全国第一支应急救护培训督导考评师资队伍。

联合市直属机关工委、首都文明办、市总工会推出"首都紧急救援志愿服务站"建设，先后在石景山工商分局、北京国际邮电局建国门支局推出两个示范站点。会同市人社局联合下发了《关于在家政服务行业中开展应急救护培训工作的意见》，完成了家政服务员、邮政服务员、文明引导员和公务员的课程设计和实施，建立了长效协作机制。完成了"红十字反恐减灾与自救互救知识"课程开发，在"北京干部教育网"上线运行，成为机关公务员在线学习选修课程。

2012 年，举办了首届"北京市人道应急救护大赛"。圆满完成了中国红十字会、北京市政府主办的"第二届全国红十字应急救护大赛"的承办任务，此次共有全国 32 支代表队 230 余名队员参加了比赛，北京代表队荣获亚军，市红十字会获得中国红十字会总会颁发的特别贡献奖。为此，中国红十字会总会致函北京市委、市政府表示感谢。

2014 年，面对市民新期待，加强反恐减灾和应急救护培训。"红十字反恐减灾与自救互救知识"课程在"北京干部教育网"上线，成为全市干部在线教育的内容之一。市红十字会建立了 121 人的应急救护师资库，积极开展国家公务员、窗口服务员、社区急救员、文明引导员、汽车驾驶员、养老护理员和家政服务员等"七大员"培训。

二、自救互救应急演练实现常态化

2011 年，根据丁向阳副市长"实现群众性自救互救演练常态化"的要求，在各级党委、政府及有关部门的大力支持和协助下，各区县均以社区、学校为重点开展了应急演练，参加人数达 16 万人。西城区、延庆县红十字会分别举办了应急演练大赛，顺义区红十字会利用地下人防工程设立了防灾减灾宣教中心。开展"防灾减灾从我做起——999 校园安全行、景区安全行"活动，在 13 个区县 18 所中小学校和景区、景点开展了应急疏散演练，参演人员达 3 万余人。

2012 年，会同市教委联合下发了《关于在全市中小学开展应急疏散演练活动的通知》，全市 16 个区县 1000 多所中小学开展应急演练，20 多万学生接受了避险逃生知识和技能教育。石景山、平谷等区形成了红十字会与应急办等机构联合开展中小学生应急疏散演练的常态化机制。

三、加强红十字防灾减灾理念传播

"人道、博爱、奉献"的红十字精神与社会主义核心价值体系高度契合，是"人文北京"建设的重要内容。首都红十字组织创新宣传形式和方式，进一步加大红十字精神和理念的传播和推广。促进红十字文化繁荣与发展。市区两级红十字组织结合"5·8"世界红十字日、"6·14"世界献血日等重要纪念日，组织了形式多样的红十字文化传播活动；开展了第一届红十字人道公益品牌推荐活动，产生了"天使圆梦行动"等 10 项公益品牌活动和"我们在行动——紧急疏散及救护演练"等 10 项提名活动。市红十字会制作完成了《抗击水灾当先锋》《应急竞技展风采》两部视频纪实片，北京出版社编撰出版了《勇于担当，彰显人道力量》和《生命高于一切》2 本图册。充分利用网络、手机等新媒体开展文化传播。新广告语征集活动征集到全市 130 个单位和个人投稿 394 条，获奖广告语在北京新闻台和交通台黄金时间段及高速公路 LED 显示屏连续播放。

《北京红十字报》由办报转为办刊，出版了由欧阳中石先生题名的《人道北京》期刊，为加强市红十字会创新实践和经验交流提供了载体和平台。拍摄制作了《人道雄鹰》《人道尖兵》《我们一直在》等视频作品。

第四节　北京市红十字会在应对非传统危机中的探索与创新

随着经济体制改革深化和社会结构深刻变化，人道事业面临新需求和新担当，人道工作与安全、环境、资源等可持续发展问题的联系日趋紧密，在传统的人道工作之外，还要应对能源、水资源、气候、环境、恐怖主义、人口迁移等非传统人道工作的挑战。红十字会需要积极引进国际标准和理念，提高运用国际通用并认可的方式解决国内发展中问题的水平。

一、在贯彻首都城市管理体制改革中有新进展

2014年，北京市红十字会纳入了市维稳工作领导小组和首都反恐怖工作领导小组。

北京市红十字会形成"一线、两街、多点布防、全网格管理、立体化救援"的工作格局，在全国红十字系统率先实现体制机制创新。与市公安局、市卫生局、市应急办、市交通委、市市政市容委联合启动应急交通勤务机制，实现了110、119、122、120、999以及市应急办等应急指挥系统的联网运行。相关应急部门一旦遇到需要交通保障的紧急情况，将第一时间通报应急交通联勤指挥席，指挥席将统一协调指挥应急车辆和路面执勤交警，开通绿色通道，保障急救、救援车辆快速通行。

全面实施哨兵、护航、丰翼、协同、驰援"五大行动"，从信息情报对接、反恐知识技能宣传、装备平台硬件建设、区域立体化协同发展和快速反应机制建设等方面，落实红十字组织参与反恐维稳工作职责。研发推出50辆集防毒、防化、防暴、现场处置及救治等84项功能于一体的反恐维稳"人道救援医疗专用车"，组建人道救援队伍。与市公安局合作在反恐维稳工作中推出"一分钟处置"模式，在人群聚集、重要敏感地区，执行反恐维稳人道救援任务。在北京市监管场所为95%以上的被监管人员提供医疗服务，实现"监所医疗社会化"。

二、在城市应急救援体系建设中有新突破

大力发展航空医疗应急救援体系建设。与民营航空公司合作，启动空中急救转运业务，率先在全国开启空中医疗应急救援体系建设探索。与北京首都航空直升机有限公司联合组织了"地空联合医疗急救演练"，并签署长期急救转运合作协议，标志着北京市空中急救进入实施阶段。2014年，与欧洲直升机有限公司签订购买两架专业航空医疗救援直升机协议，并计划引进一架固定翼飞机。在京津冀及周边地区500千米半径内设置89个应急机降点，2014年10月28日中国首架专业航空医疗救援直升机正式启航，并迅速投入跨省市医疗应急转运工作。APEC会议期间，医疗救援直升机24小时备勤，发挥了重要保障作用。航空医疗救援体系的建立实

现了中国航空医疗救援领域的突破：引进中国第一架专业航空医疗救援直升机，成立中国第一支专业航空医疗救援飞行队，推出中国第一个航空医疗保险服务产品，获准中国低空开放改革第一批航空医疗救援机降点，成立中国第一家创新发展空地救援合作联盟，开通中国第一家空地救援网。

三、在智慧人道建设中有新成果

为适应首都特大型城市公共安全体系建设的新形势，建成全国首个红十字人道应急指挥中心（反恐维稳指挥中心）。指挥中心是以信息技术为主导，以数据传输网络为纽带，以计算机信息系统为支撑，以视频会议和卫星通信为手段，集语音、视频、计算机网络、图像监控等多种功能于一体的现代化、网络化、智能化决策指挥中枢。同时，整合红十字募捐救助、志愿服务、查人转信、心理干预、"三献"报名等业务职能，建立人道服务热线，以人道服务热线为平台，发挥红十字会在开展人道救助、反映民生诉求、化解社会矛盾等方面的独特优势。

争取各方支持，建立移动指挥系统。2014年以来，北京市红十字会遵照习近平总书记在视察北京时的重要讲话精神，认真总结吸取"12·31"上海公共场所踩踏事故经验教训，配合市公安局反恐维稳和突发事件处置工作需要，研发推出集危机应对、紧急处置和组织转运功能为一体的"人道维稳处突保障车"。车辆同时具备突发事件处置的临时指挥部、医疗救援物资补给车、人道救援人员备勤值班场所、现场紧急处置专业医疗车和情报对接、情况会商工作室的作用。实现与市维稳办、市应急办、市反恐办音视频通信对接以及与市红十字会、999各层级应急指挥中心、怀柔直升机基地和全市重点区域的50辆"人道应急医疗专用车"的互联互通，体现了以现代化、信息化手段治理特大型城市的理念，符合当前国际应急救援发展趋势。

全市各区县红十字人道应急指挥平台建设已全部完成，基本实现市区红十字会指挥平台的指挥调度、视频对接、信息互通。首都红十字组织将继续推进信息化服务体系建设，尽早实现从地面到空中、从中心城区到郊区、从北京到京津冀全方位设点布控、及时救援，切实为首都的和谐稳定提供人道支撑。

创新募捐方式，打造公开透明的募捐平台。巩固原有银行转账支付等渠道，开发第三方支付平台、短信平台等新渠道，进一步拓展网络募捐、新媒体募捐等新方式，拓宽募捐救助平台。规范和加强对市红十字会捐赠款物的募集、接收、使用和审计等信息公开与监督工作，建成市红十字会捐赠信用信息管理平台。实现芦山、鲁甸地震募捐款物信息网上数据即时公开，自觉接受社会和捐赠者监督。

第五节　北京市红十字紧急救援中心（999）
应急救援工作基本情况

一、日常医疗救援基本情况

2011—2014 年，北京市红十字紧急救援中心（999）电话呼入量共计 1435 万余次，出车 110.2 万次，救治患者 112.1 万人次，日均出车 800 余次，单日最高出车 968 次，用户回访率 100%，回访满意率均在 95.5% 以上。

对指挥中心智能化数字指挥调度平台系统进行 10 余项功能升级，并组织技术人员设计、实施了北京市 120/999 院前医疗急救联合指挥调度平台。平台于 2011 年 7 月 15 日正式投入使用。

二、重大国事要事保障工作

2011—2014 年，999 共完成医疗保障任务 11000 余次。

十八大期间，999 实行 24 小时值班制，每天 600 余名工作人员全部在岗，同时在天安门、午门等 10 个重点地区增加急救车辆。999 与 122、110、120 以及市卫生局应急办形成联动，确保十八大顺利安全召开。

2014 年马航失联事件，999 派出 3 辆救护车、12 名医护人员到失联乘客家属所在的丽都假日酒店，并分别派驻蟹岛、春晖园及京林大厦失联家属安置点急救车各 1 辆、医务人员各 1 组。3 月 20 日，在丽都假日酒店增派急救车 1 辆、医生 2 名、护士 1 名。至 5 月 2 日，999 共出动急救保障人员 862 人次、急救车 279 车次。

2014 年国际汽联赛车锦标赛（第六站）期间，派出 5 辆急救车及 37 名医务人员负责医疗急救保障工作。

亚太经济合作组织领导人会议周（APEC）期间，共派出 18 辆急救车、42 名工作人员在 24 个地点为 APEC 会议领导人车队沿途做专职医疗保障。APEC 残疾人主题活动期间，派出 2 辆救护车、3 组医护人员执行医疗急救保障任务。

三、应急培训及应急演练

参与由市卫计委主办的京津冀重大泥石流突发事件医疗卫生救援应急演练。共派出救护车、餐饮保障车等 20 辆，救援队成员 94 人，携带全套救援物资。

启动面向全市中小学的"防灾减灾从我做起——999校园安全行"活动，为17所中小学普及急救知识、安装应急装备，进一步增强中小学生群体的防灾减灾意识，提高避险逃生和自救互救能力，完善学校安全相关硬件设施建设，建立学校的急救绿色通道，搭建学校的急救网络建设。

在香山公园启动"999景区安全行"活动。完善公园景区内旅游安全相关软硬件设施和急救网络建设，加强公园景区职工队伍的应急救援和自救互救能力，建立急救绿色通道。同时，将避险逃生、自救互救知识在游客中普及。

十八大期间，为本市部分公园和中小学校配备应急箱1000余只，并将应急箱配备范围扩大到更多重点地区，如鸟巢、水立方等旅游景点，自来水公司、燃气公司等机关单位，共10余处，增设应急箱200余只。对各单位员工进行培训，使他们能够熟练掌握各种逃生方法和急救工具的操作技能。

举办第二届"中法医疗调度培训"专题班。详细讲解医疗调度、组织航空转移、大规模公共卫生事件的医疗组织救治等工作。

配合市公安局警航总队在延庆县千家店开展空中应急联合演练。为北京警方警用直升机进一步积累空中应急救援经验，提升地空联合处置能力，更好地执行空中救援行动进行一次探索性实战演练。通过演练，警用直升机的飞行组织、科目训练、后勤保障以及与999急救人员协同配合能力得到了锻炼。

四、航空医疗救援

2014年3月31日，"999"与欧直公司签署直升机紧急医疗服务合作协议。"999"购进2架欧直EC-135双发直升机，2014年10月第一架到京，2015年3月第二架到京。市红十字会举行中国首都红十字航空救援专家指导委员会成立仪式。红十字会党组书记、常务副会长马润海为30名中国首都红十字航空救援专家指导委员会成员颁发聘书。开通首都空地救援网，市民可登录www.brccairrescue999.com，随时了解首都空中及地面救援工作的最新动态。

2014年10月28日，市红十字会举办"人道惠民生，共圆中国梦"——中国首架专业航空医疗救援直升机启航仪式。2014年10月30日，"999"接到报警，山东东营人民医院一名砷化氢中毒患者病情危重，要转运到北京307医院治疗。当日下午，中国首架专业医疗救援直升机从"999"停机坪起飞赶赴山东东营，经过近2小时的往返飞行，平安降落在307医院门诊广场。这是中国首架专业医疗救援直升机首次执行空中转运任务。

第六章　林业灾害防御

第一节　林业火灾灾害防御

一、2011 年度森林防火措施、队伍建设及设施建设

（一）完善健全长效机制

巩固森林防火投入保障机制建设：森林防火经费已纳入各级财政预算，继续加大森林防火基础设施建设投入，集体林权改革健康林经营资金 20% 已用于森林防火项目投入。完善森林防火指挥部职能，明确市森林防火指挥部及其办公室职责，增补市商委、监察局、市广电局、市安监局等单位为指挥部成员单位，建立完善《森林火情报告程序管理规定》。推进森林防火扑救保险机制发展：继生态林管护员全部参保人身意外伤害险后，从事森林防火的森林公安民警也将全部参保意外伤害险。夯实森林防火联防机制建设：在军地联防上，森林高火险期再次成功实施武警森林指挥部机动支队"定点靠前驻防"；在省市联防上，京津冀晋蒙等华北五省市、自治区，建立了省市区森林防火联防座谈会议制度，完成了京冀森林防火合作项目的年度建设任务。

（二）统筹谋划，夯实基础建设

深入落实"十二五"规划，项目建设扎实稳步推进。一是 400 兆森林防火无线数字通信系统建设已完成一期设备采购。共投资 1140 万，采购了 45 套数字基站和 300 部手台，预计年底所有设备将配置到位。通信指挥车改造工作项目进展顺利，现在车辆已经到位，正准备安装设备，预计年底完成并投入使用。二是北京市森林火灾红外监控自动报警系统建设项目已报市发改委，已完成与环保、规划、水利和国土等多部门协调工作。三是市属林场森林防火阻隔系统建设持续推进。西山、八

达岭和松山等三个林场已全部完成年度防火公路建设任务，共计建设防火公路
30.74千米。四是航空护林站和物资储备库项目建设稳步推进。部分建设内容调整
的请示已得到国家林业局批复，并委托市规划委完成了对项目选址方案及控规的编
制和批复，完成了项目地址原有地上物的评估、拆除伐移、场地平整以及初步方案
布置图和项目地址测绘等的编制工作。现已全面落实好项目建设所需的水、电、暖
三大开工前期的准备工作，并已向市规划委报送了关于建设项目建设地点征询意
见函。

（三）强力推进依法治火，加强组织领导

一是严格落实森林防火行政首长负责制和区域管护责任制。市委书记刘淇、市
长郭金龙和副市长夏占义等领导同志，高度重视森林防火工作，多次做出重要指
示，听取工作汇报，进行实地检查；市防火办先后16次召开专题会议，10次下发
通知，2次组队检查，共计派出28个工作组指导、督促森林防火措施的有效落实；
各区县党委、政府将森林防火工作列入重要议事日程，主要领导和分管领导倾力抓
防火，专题听汇报，亲自作部署，深入督落实。从市、区县森林防火指挥部，到乡
镇、村和有林单位，都划分了各自责任区，层层明确了责任分工，共签订各类森林
防火责任书19.5万份。二是扎实推进森林防火法制体系建设。《北京市森林防火办
法》于2011年9月20日经市政府第103次常务会议审议通过，于2011年11月1
日正式出台实施。为协调做好《北京市森林防火办法》出台和实施的配套工作，市
森防办组织编制了《北京市森林火灾隐患认定手册》，并会同市监察局着手开展了
《北京市森林防火责任追究办法》的制定工作。三是加大隐患排查责任追究。2011
年度防火期，全市各级园林绿化主管部门下发隐患通知书3600余份，全部得到整
改。昌平、房山、门头沟、密云等区县加强违章用火查处，共依法处罚121人，罚
款2.53万元。四是加强火案查处。本防火年度发生的5起森林火灾，其中破获3
起，2名肇事者被刑事拘留，1人被经济处罚。

（四）强力推进队伍建设

重点抓好专业森林消防队、防火巡查队和生态林管护员队伍三支队伍建设。一
是全市专业森林消防队伍实行持证上岗。制定出台了《北京市专业森林消防队员持
证上岗管理办法（试行）》，举办了3期全市专业森林消防队骨干培训班，并完成了
全市专业森林消防队员岗前培训工作。全市103支专业森林消防队2500人均获得

了北京市专业森林消防队上岗资格证书。二是充分发挥全市森林防火巡查队伍的重要作用。房山、怀柔、延庆、密云等区县不断优化护林员和巡查队伍结构，并加大技术装备投资，人人增强了森林防火巡查防护能力。三是全面加强生态林管护员管理工作。大力加强生态林管护员岗前培训和岗位管理，不断提高其业务水平和履行职责能力，共计有224名管护员因履职不到位被扣除工资总计5.11万元，其中14人被取消管护员资格。

（五）坚持预防为主，做好应急处置

重点从宣传教育、源头防控、火源管理和应急处置"四个强化"入手，逐步形成了全民防火、全年防火的有利工作格局。一是强化宣传教育。全市统一开展了"共享绿色森林，严防森林火灾"和"5·12"防灾减灾日等大型森林防火宣传活动。本防火年度，全市架设森林防火语音宣传杆62个，共计发放各类宣传品159余万份，悬挂横幅8900余条，发送短信67000余条，积极营造出了全民参与森林防火的良好氛围。二是强化源头防控。市防火办投入40万元购置阻燃剂，喷洒到重点森林防火区；全市共割除隔离带和清理林下易燃物8.57万公顷，其中房山、密云、怀柔等山区县割除隔离带超过1万公顷，顺义、大兴、通州、朝阳等区县则对平原林下可燃物实施了100%清理。三是强化火源管理。针对分布在全市森林防火区内的734个加油站、输变电站、名胜古迹、靶场等重点设施，增加护林力量，延长守护时间。全市节日巡逻检查总计达到6267次，出动检查车5611车次，行程约17.4万千米，有效控制了森林火灾的发生。四是强化应急处置。进一步完善应急预案，开展扑火实战演练，强化火情报告、现场指挥等应急处置环节，严格落实领导带班、24小时值班和专业森林消防队备班制度。针对元旦、春节和清明等重要节点，全市各级森林防火机构均按照专项预案要求，关口前移，严阵以待。本防火年度，共接报各类火情139起，均启动预案及时、指挥得当、快速扑救，未形成大的森林火灾。

二、2012年度森林防火措施、队伍建设及设施建设

（一）坚持高位推动，加强责任落实力度

一是各级领导高度重视。特别是在森林防火关键时期，市委、市政府领导高度重视，副市长夏占义8次做出批示，并2次带队深入区县检查部署森林防火工作。

国家森防指密切关注首都森林防火工作，赵树丛、杜永胜等领导先后 4 次带队检查本市森林防火工作。市园林绿化局领导班子 2 次分组带队督导检查。市森防办先后 12 次召开专题会议，16 次下发通知，均创历年之最。各区县党委、政府将森林防火工作列入重要议事日程，房山、门头沟、怀柔、延庆等区县党委、政府主要领导亲自带队检查防火。各级森林防火机构主要领导和分管领导倾力抓防火，深入督落实。二是严格落实森林防火责任。依据《北京市森林防火办法》，坚决实行森林防火行政首长负责制和区域管护责任制，全市层层签订各类责任书 19.5 万份，并逐级落实了森林防火责任追究制度。本防火年度，全市共有 200 余名管护员因履职不到位被扣除工资总计 4.03 万元，24 人被取消管护员资格。三是强化预案实施力度。市森防办先后开展了 2 次高质量的扑火实战演练，完成了《北京市扑救森林火灾应急预案》的修订，增补市商委、监察局、市广电局、市安监局等单位为成员单位。全年共启动预案 148 次，均快速反应、措施得力、迅速控制和消灭了各类火情。

（二）坚持超常防范，提升火源管理能力

一是深入开展宣传教育。以《北京市森林防火办法》宣传年为契机，在全市统一开展了以"森林防火靠大家，遵章守法我先行"为主题的大型宣传活动，共设置宣传点 516 个，累计发放宣传品 121 余万份，设立固定宣传牌 5313 块、电子宣传屏幕 374 块、语音宣传杆 83 个，悬挂横幅 6209 条，发送手机短信 61.3 万条。二是实施重点林区直升机巡航。组织召开航空护林防火协调会，并于 4 月 3 日至 4 日每天 9 点至 12 点使用北空航运团 1 架直 -9 直升机，对房山、门头沟、昌平、海淀、延庆、怀柔、密云和平谷等 8 个区县的 6 个划定区域，开展重点林区巡航作业，执行森林防火巡护、火场侦察、火场指挥调动等任务，为及时准确发现、侦察、传递火情提供有力保障。三是组织护林员严防死守。经市政府批准，全市设立了 395 个临时性森林防火检查站，在进入林区和风景旅游区的主要路口，对进山人员、车辆进行森林防火宣传，杜绝火种进山。全市 179 座瞭望塔，昼夜坚守，严密监控林区火情动态。全市 5 万余名生态林管护员、护林员、巡查员，坚持全天候在岗在位，共检查和制止违章用火 4211 起。

（三）坚持突出重点，消除火灾隐患

一是加强重点时段防控。在重要节日、重要会议和高火险期，市防火办先后组织了 4 次全市性森林防火检查，派出 16 个工作组，深入查找隐患、堵塞漏洞，各级防火机构共发现和排除各类森林火灾隐患 1791 处，罚款 20.84 万元。特别是在清明节期间，全市提前召开森林防火专题会议，提前发布预警警报，每天安排 190 余名森林公安民警深入管区巡逻检查，并临时增加 8000 余名护林员加强看护，日均巡逻检查次数 1237 次，日均出动检查车 801 车次，日均里程 3.3 万千米。二是加强重点区域防控。鉴于西山地区森林防火工作的重要性和特殊性，组织召开了西山地区军地森林防火联席会议，加强了与西山地区 38 家军事单位的沟通合作，共同着手制定了《西山地区森林火灾专项应急处置预案》，并于 3 月 28 日召集武警森林指挥部机动支队相关负责人，海淀、石景山和门头沟三个区县森防办领导，专门就西山地区森林防火工作进行了座谈，强化落实森林防火各项部署，有效提升了西山地区森林防火综合防控能力。自 2 月 1 日起，武警森林指挥部机动支队在房山、密云实施了"定点靠前驻防"，有力推动了重点区域重点防控的落实到位。三是加强重点部位防控。全市集中人力、物力，组织开展了隐患"五清"行动攻坚战，彻底清除林边、地边、矿边、坟边、隔离带内的各类可燃物，对分布在全市森林防火区的 734 个中央及本市重要单位、名胜古迹、旅游景点、大型仓储库房、加油站、射击靶场、输变电站等重点单位周边的可燃物进行清理。本防火年度，全市共割除隔离带和清理林下易燃物 8.6 万公顷。特别是在重点森林防火区域喷洒阻燃剂 50 吨，有效降低了森林火险等级。

（四）坚持长效发展，提高综合保障能力

一是加强森林防火投入保障机制建设。2012 年度，市和区县两级财政森林防火经费投入近 1.5 亿元。市财政追加投入 750 万元，购置森林防火设施设备；市发改委加大森林防火基础设施建设投入，阻隔系统建设持续推进，红外监测自动报警系统建设完成项目评审，森林防火数字通信网开工建设。大兴区政府在"十二五"期间投入近 4500 万元，用于森林防火基础建设。二是加强森林防火扑救队伍保障建设。2012 年度，新建专业森林消防队 6 支，全市专业森林消防中队达到 109 支2645 人，并实现了人员统一考试、持证上岗。专业森林消防队员意外伤害险参保率达到了 82.7%。三是加强协作联动机制建设。各成员单位密切配合森林防火工作，市气象局每天通过电视台发布森林火险预警等级，市教委下发了《关于进一步加强各级各类学校学生森林防火宣传教育工作的通知》，公安消防与森林防火指挥平台实现火警信息共享，电力、铁路等部门主动加大隐患排查力度，形成了强大的工作合力。四是加强省市联防机制建设。华北五省市、自治区，建立了省市区森林防火联防联席会议制度，出台了边界火联合扑救应急预案。京冀森林防火合作项目一期建设项目全部竣工，筹备启动京冀森林防火合作二期项目。2012 年度，共接报边界火情 5 起，均做到了快速反应、处置得当，山火未向本市蔓延。五是加强森林防火法制建设。市森防办编撰完成了《北京森林防火办法》解读本初稿，并编制出台了《北京市森林火灾隐患认定手册》《北京市森林防火护林员管理规范》《北京市临时性森林防火检查站管理规范》《森林火灾现场应急通信运行管理规定》等配套规范性政策文件，有力推动了本市依法治火水平的较大提升。

三、2013 年度森林防火措施、队伍建设及设施建设

（一）加强宣传教育

全市统一开展以"绿色森林你我共享，森林火灾你我共防"为主题的大型宣传活动，期间共举办各类宣传活动 342 次，设立固定宣传牌 4619 块、电子宣传屏幕298 块、语音宣传杆 83 个，悬挂横幅 6517 条，发放宣传品 124.5 余万份，发送手机短信 81.2 万条，积极营造出了全民参与森林防火的良好氛围。其中，延庆县打造"五个一"工程，实现了防火宣传村不漏户、户不漏人的良好效果；昌平区联合中国移动，发布高火险预警短信 6 次共计 2.2 万条；通州区定期制作森林防火电视专题片和报纸专刊，有效扩大了宣传范围和影响力；门头沟百花山森林公安派出所开设新浪微博，及时发布森林防火信息，广泛宣传相关法律、法规。强化责任追究，全面排查森林火灾隐患，下发隐患通知书 1169 起，隐患未及时整改处罚 31 起，共计罚款 8.3 万元。其中，石景山对西山林场"4·29"山火肇事者予以行政处罚 500元，并赔偿西山林场森林资源损失 2 万元；平谷区对金海湖"4·13"火灾肇事者采取刑事拘留，并移交检察机关进一步处理；怀柔区政府执行森林防火责任追究办法，把森林防火工作纳入"三个文明考核"。

（二）强化重点防控

一是因时设防。为迎接党的十八大胜利召开，全市提前一个月进入森林防火期，制定专项方案并一以贯之，共开设隔离带、清理林下可燃物超过 8 万公顷，有力确保了十八大期间及前后全市森林资源安全。二是因地制宜。针对火情多发地区，市森防办派出工作组，开展专项调研，有针对性地加强监督和检查；为加强园博会森林防火工作，市森防办成立临时指挥部，制定工作方案，建立"条块结合"

的勤务模式，由市森防办统一指挥，其中丰台区为主体防控力量，门头沟、房山、石景山等三区全力配合，有力确保了园博会举办期间园内及周边未发生森林火灾。三是因险而动。针对大风、高温等极端高火险天气，市森防办及时向社会发布预警信息。特别在春节、清明、"五一"等重点节日，全市5万余名生态林管护员、护林员、巡查员以及186座瞭望塔和395个临时性森林防火检查站延长看护时间，共制止各类野外用火7202起，从源头上管住了火源。此外，市森防办还在重要时段租用直升机开展空中巡护，并在重点森林防火区域喷洒阻燃剂100吨，有效降低了森林火险等级。

（三）严格队伍管理

一是规范管理专业森林消防队伍。全市113支专业森林消防队统一挂牌，专业森林消防队员实行统一考试、持证上岗。全市各山区县开展了以水灭火专项演练，形成了战斗力。此外，房山、门头沟、怀柔、平谷、延庆、密云等6区县，落实专业森林消防队管理编制90名。二是严格森林防火巡查队伍管理。全市197支巡查队1770人明确责任，严格管理。特别是房山、怀柔、延庆、密云等区县不断优化巡查队伍结构，并加大技术装备投资；平谷区严管巡查队伍，发现并制止违章用火980余起，消除各类火灾隐患200处。三是全面落实《北京市森林防火护林员管理办法》，加强对全市4.6万名生态林管护员的岗前培训和岗位管理。密云县出台《密云县山区生态公益林管护办法》，优化生态林管护员人员结构，数量上消减了40%，但人员素质明显提高，为全市生态林管护员奖惩和退出机制做出了有益尝试。此外、延庆、平谷、怀柔、房山等区县加大管护责任追究力度，共依法扣除经费6.88万元，其中33人被取消管护员资格。

（四）夯实基础保障

一是进一步明确森林防火责任机制。按照《关于进一步明确区县级森林防火岗位责任的意见》规定，全面落实森林防火各级政府、部门和单位行政主要领导负责制，逐级签订防火责任书超过21万份。延庆县修订了《森林防火考核办法》，规定森林防火工作实行一票否决制。二是进一步巩固森林防火投入机制。市、区县两级财政森林防火经费年度投入均超过亿元。其中，平谷区争取财政投资4000万，加强视频监控系统建设；大兴区争取发改委投资1300万，强化基础设施建设。此外，全市森林防火数字通信网年内完工，森林防火阻隔系统建设持续推进。三是进一步完善森林防火联防机制。在军地联防上，加强共建共防，武警森林指挥部机动支队在2月至5月间第四次实施"靠前驻防"。在省市联防上，筹办京津冀晋蒙等华北五省市、自治区联席会议，制定了《京津晋冀蒙交界区森林火灾联合处置应急预案》，启动了京冀森林防火合作二期项目。

四、2014年度森林防火措施、队伍建设及设施建设

（一）强化巩固森林防火机制

一是预警预报机制不断完善。市森防办会同气象部门及时向社会发布预报预警，全年发布橙色高火险预警14次共44天，为历年同比之最，及时启动预警响应，确保了高火险天气无火灾。二是应急响应机制不断完善。市森林防火指挥中心与公安、消防部门实现了与接报警平台信息共享，及时启动应急预案，在确保安全的前提下，在最短时间内扑灭明火，最大限度地减少森林资源损失。三是长效投入机制不断完善。国家林业局批复北京市西北部重点火险区监测项目，市发改委批复市属林场林火阻隔系统三期项目，市财政投入建设平谷、门头沟重点火险区预警监测项目，并足额保障市级森林防火投入，山区生态公益林生态效益促进健康经营资金20%用于森林防火建设。四是联防互动机制不断完善。京津冀两市一省和区县级森林防火部门召开区域联防会议，共商联防联动、合作共建机制。武警森林指挥部机动支队第五次实施"防控前置、扑救前移、靠前驻防"，在门头沟区和平谷区驻扎官兵100人，在扑救火灾、宣传群众、培训专业森林消防队等方面，发挥了扑火队、宣传队、教导队作用。

（二）强化提升森林防火管理能力

一是责任落实无缝隙。严格落实森林防火岗位责任制，全市签订各类森林防火责任书21万份，责任落实横向到边、纵向到底。二是加大安排部署力度。市森防办下发23个电文、8次召开会议安排各阶段森林防火工作，做到了因险设防、因时设防、因险而动。三是全方位监督检查。市园林绿化局领导班子2次分7组带队检查督导森林防火工作。市森防办先后7次共派出35个工作组，对各地森林防火工作进行不间断、全方位的检查和隐患排查，重点督查7个区县边远乡村。全市森林公安民警巡逻检查总里程超过130万千米，发现并消除隐患1506起。四是制度建设进一步完善。市森防办编发了《北京市森林防火办法解读》《关于确定全市森林

火险区划等级的公告》《北京市森林火灾报警奖励办法》《北京市平原地区森林防火设施设置的意见》等。平谷区出台《关于有林景区森林防火管理规定》，昌平区印发《森林防火安全指挥手册》，密云县印发《森林高火险期禁止一切野外用火命令》，延庆县制定了《火场工作程序》《火情报告语言》，森林防火工作更加规范有序。

（三）强化森林火灾综合防控能力

一是抓宣传教育。全市统一开展"人人防火、珍惜森林、共享绿色"宣传月活动，运用多种媒介宣传森林防火知识和相关政策法规。本防火年度，全市共开展各类宣传活动547次，发放宣传品104.2万份，设立固定宣传牌5587块、电子宣传屏幕331块、语音宣传杆165个，悬挂横幅1.1万余条，发送手机短信242.9万条，营造出了全社会关注防火、参与防火、支持防火的浓厚氛围。二是抓源头防控。全市集中人力、物力，组织开展了隐患"五清"行动攻坚战，清除了林边、地边、矿边、坟边、隔离带内的各类可燃物8万余公顷，最大限度消除火灾隐患。三是抓关键时段。元旦、春节、"两会"、清明、"五一"期间临时增派看护力量，延长看护时间，死看死守，做到盯住人、守住路、看住林。清明期间启用直升机开展空中巡护，有效形成了卫星监控、空中巡护、高山瞭望、地面检查的立体防控体系。

（四）强化森林防火队伍建设管理

重点抓好专业森林消防队、防火巡查队和生态林管护员这三支队伍建设。一是全市专业森林消防中队113支2580人，山区县森林消防大队全部落实组织机构，事业编制人数达到112名。市森防办组织了指挥员、专业森林消防中队长培训班，各区县实施全员培训，继续实行持证上岗。全市森林消防队伍坚决树立"一盘棋"思想，服从命令、听从指挥、密切配合，多次实现连续作战和跨区域作战，有效控制了多起森林火情的发生和蔓延。二是充分发挥全市森林防火巡查队伍的重要作用，各区县不断优化巡查队伍结构，巡查队达到197支1770人，明确任务，明确责任，并加大技术装备方面的投资，增强了巡查防护能力。三是全面加强对生态林管护员的管理，把全市5万多名生态林管护员的责任落实到人头、地块。密云县创新管理模式，优化队伍结构；平谷区实行区森防办统一管理，全区基本形成了失职退出和扣除补偿机制，全年因未尽责辞退40人，扣除补偿金10.3万元，生态管护员履职能力明显提升。

（五）强化推进森林防火设施建设。以实施国家重点火险区综合治理项目为契机，多渠道筹措资金。一是加强了预警监测系统建设。全市新建瞭望塔22座，瞭望塔总数达到212座，瞭望覆盖率达到70%。平谷区完成54套视频监控系统建设，海淀区完成5套视频监控系统建设，门头沟区71套视频监控系统项目开工建设。二是加强了应急通信和指挥系统建设。安装了45个400兆通信基站，完成了全市森林防火数字通信主干网构架，通信覆盖范围达到65%；完成了密云、门头沟、海淀、西山森林防火指挥技术系统建设。三是加强了林火阻隔系统建设。市属林场森林防火阻隔系统建设三期项目完成初步设计。房山区新建森林防火公路15.8千米，石景山区投入1800万元用于阻隔系统建设。四是加强了机具装备体系建设。密云、房山、怀柔、昌平等区县装备了一批性能优越的森林防火车辆。市财政投入近500万元储备一批高性能水泵、高压细水雾灭火机、3G单兵回传设备等装备，全市防扑火物资储备总量达到近3万件（套）。

第二节　林业有害生物防治

一、落实双线三级防控责任体系

2011年，国家林业局与市政府签订了《2011—2013年松材线虫病等重大林业有害生物防控目标责任书》，市政府与各区县政府签订了《2011—2015年北京市防控危险性林木有害生物责任书》，同时市园林绿化局也与各区县园林绿化局签订了《2011—2015年防控危险性林木有害生物责任书》，认真组织落实市、区县、乡镇（街道）三级政府和三级园林绿化主管部门的双线三级防控责任体系，全面开展危险性林业有害生物防控工作。

二、完善监测预警体系

一是继续深入推进监测测报目标管理责任制，重新修订了《北京市林果有害生物监测测报协议书（2011—2015年）》。二是2011—2014年共购置各种诱芯27.92万个，其中美国白蛾诱芯1.57万个；购置各种有害生物诱液0.4万千克，其中红脂大小蠹诱液0.03万千克；购置专用诱捕器4.32万套，其中美国白蛾诱捕器1.07万套。三是加强监测测报工作的规范化、标准化建设，进一步提升北京市林业有害生物灾害的监测预警能力，监测覆盖率及测报准确率均达96%以上。

三、强化林业植物检疫执法

截至 2014 年底，全市有专职检疫员 320 名，兼职检疫员 409 名。一是高度重视平原地区绿化造林工程检验检查。按照分包划片的方式，分组赴各区县平原地区绿化造林施工现场进行集中检疫检查，确保绿化造林苗木质量。二是周密部署"绿盾 2012"北京市林业植物检疫执法检查行动。成立了由邓乃平局长任组长、高士武副局长任副组长，局造林营林处、林政资源处、野生动植物保护处、森林公安局、法制处、计财处、科技处、纪检监察处、市林业保护站、市林业种子苗木管理总站及各区县园林绿化局主要负责人为成员的"绿盾 2012"北京市林业植物检疫执法检查行动领导小组，周密部署"绿盾 2012"北京市林业植物检疫执法检查行动。三是正式开通了林业植物检疫审批服务平台，利用林木引种检疫审批信息系统开展从国外引进林木种子、苗木的审批工作。四是执法力度明显提高。4 年间全市累计查处带疫苗木 221 批次，涉及苗木 67.68 万株，染疫苗木 4.79 万株，其中销毁 3 万株，药剂处理 23.04 万株，退回 3.77 万株；共计签发《检疫处理通知单》114 份，签发《限期防治通知书》66 份。

四、提升综合防治水平

一是每年组织开展危险性林业有害生物普查 3 次，并根据监测情况，及时组织开展人工地面防治工作。期间，共普查面积 823.85 万公顷次，普查树木 40.09 亿株次，投入人工 147.22 万人次，动用车辆 40.72 万台次、防治机械 4.67 万台套次，使用药剂 2245.76 吨。二是每年组织实施春、夏、秋三季飞机防治林业有害生物工作，4 年共计飞防 9571 架次，预防控制面积 31.90 万公顷次。三是累计释放白蛾周氏啮小蜂 141.22 亿头，释放赤眼蜂 20 亿头，释放花绒寄甲成虫 38.52 万头、卵 491 万粒，累计施用美国白蛾病毒 4.67 万公顷次。首次在天牛羽化初期，使用仿生物制剂 2% 噻虫啉微胶囊悬浮剂，首次悬挂植物源引诱剂、诱捕器防治光肩星天牛等杨柳树蛀干类害虫，首次开展利用黏虫胶带防治延庆腮扁叶蜂工作，首次使用生物制剂——白僵菌防治延庆腮扁叶蜂幼虫。四是社会化防治工作进展顺利。截至 2014 年底，共有社会化防治组织 9 个，在大兴（含亦庄）、丰台、石景山、顺义、海淀、延庆、怀柔等 7 个区县进行试点工作，社会化防治面积达到 2.3 万公顷以上。

五、增强应急防控和安全生产能力

一是每年储备必要的应急防控物资，组建区县、乡镇（街道）各级应急防控队伍 1600 余个，防控人员 1.5 万余人。二是大力推广新型防控设备，全市各种类型的防治机械达到 4035 台套，其中风送迷雾式高射程打药车 333 台、普通杀虫灯 1749 台套、太阳能虫情测报灯 2 台套、虫情测报灯 10 台套、太阳能杀虫灯 824 台套。三是服务保障首都中心工作。在第九届园博会和 APEC 会议期间，全力做好园博会参展植物及其应检展品的检疫报关和 APEC 会场周边及相关路段的林业有害生物防控工作。四是加强风险评估和隐患排查。制定起草了《北京市林木有害生物风险应急管理评估与对策报告》《北京市林业有害生物风险管理实施方案》，积极推进安全生产突发事件信息从事后报告向事前预警转变。

六、加强区域协作

一是区域协同防控取得积极进展。京津冀三省市建立了林业有害生物联席会议制度和林业有害生物资源信息共享机制。2014 年，"京津冀森防信息平台"已经进入试运行阶段，拟于 2015 年 1 月正式启用。二是继续实施京冀林业有害生物防控区域合作项目。2011—2014 年，共为河北省环北京市各市区县配备高射程车载喷雾机 42 台、各种防控设备 765 台套、笔记本电脑 17 台、台式机电脑 2 台、各类防控药剂 153.9 吨。同时，无偿支援河北省飞防 12 架次，防控面积 6000 余亩。三是军地联防取得新进展。2011 年，新增中国人民解放军疾病预防控制所为市防控危险性林木有害生物指挥部成员单位，全面组织开展驻京部队各营区的危险性林木有害生物防控工作。2012 年 5 月 29 日，全军环保绿化委向驻京各大单位环保绿化委员会办公室下发了《关于加强军队区域危险性林木有害生物防控工作的通知》，要求充分认清危险性林木有害生物防控工作面临的形势，不断提高广大官兵的防控意识，切实加强组织领导，搞好军地协同，抓好防控工作落实。

七、提高科研攻关和科技推广水平

一是 2013 年主持制定的北京市地方标准《苹果蠹蛾检疫技术规程》（DB11/T 951—2013）和《黄连木尺蠖监测与防治技术规程》（DB11/T 952—2013）已由北京市质量监督局正式发布，自 2013 年 5 月 1 日起开始实施。二是申报的"北京市应用风送喷雾式高射程打药车防控林木有害生物技术示范与推广"荣获北京昆虫学会科技成果推广奖。

八、加大防控宣传力度

充分利用电视、广播、报刊等新闻媒体，编发宣传招贴画、宣传折页、宣传册、科普扑克牌、公开信、标语、横幅等宣传材料，组织科技直通车、科技赶集、流动电影放映车、流动宣传站、短信服务平台、大型宣传活动等多种方式开展防治检疫宣传工作，向社会各界及广大群众广泛宣传林业有害生物防控知识，进一步增强了市民对林业有害生物，特别是检疫性、危险性林业有害生物的防控意识。2011—2014 年共印发宣传材料逾 240 万份；编发《林保情况》118 期，8160 份；编发《北京防控工作信息》106 期，1.5 万余份；编发《防控工作信息》专刊 25 期，625 份；通过北京园林通移动短信平台发送手机短信 192 条，2 万余人次。

第七章　农业灾害防御

第一节　2011—2014 年农业自然灾害

一、2011 年

7 月 24 日午后，北京市发生全市性的大到暴雨，截至 25 日，从北京市防汛抗旱指挥部获悉，这场北京 13 年来的最大一场降雨，降水总量达 9.85 亿立方米，对农业生产造成了较大危害。

（一）各级领导深入灾区视察指导工作

（1）灾情发生前，积极准备。收到有关"7·24"强降雨预警信息后，立即响应，发布紧急通知，要求全系统相关工作人员按照防汛任务分工，加强值守，实施全天候 24 小时的农情监测工作，即时报告气象、农业生产等相关情况，为领导第一时间掌握情况做出决策提供支撑；与此同时，组织气象、栽培等方面的专家和长期从事农业生产的工作人员进行紧急会商，结合本市生产实际和当前气象条件，科学研判当前形势，提出防灾减灾的主要工作措施；另外，积极筹备农业救灾和恢复生产所需物资，包括种子、化肥、农药和农机具等，开展农业防灾减灾的服务准备工作，一旦灾情发生，立即组织指导农民进行恢复生产，以减少损失。

（2）灾情发生中，即时监测。灾情发生过程中，积极发挥全市农情调度系统作用，深入了解灾情的发展变化，过滤筛选信息，指出重点关注对象，经简要分析提出对策建议，立即报告相关领导，确保领导决策的及时性、准确性，在一定程度上提高救灾工作效率。

（3）灾情发生后，现场调查。"7·24"强降雨过后，市农业局迅速组成 12 个技术小组赶赴联系分片区县，了解农业受灾情况。针对受灾比较严重的密云、平谷等地，主管局领导亲临受灾现场，查看指导救灾工作，指导区县开展农作物抗灾救灾，提出粮食作物、蔬菜、西甜瓜、景观农业、食用菌抗灾救灾技术措施。

（二）农业部门积极展开救灾工作

"7·24"密云灾情发生后，市农业局根据《2011年北京市救灾备荒种子储备工作方案》的相关规定，动用救灾备荒种子，由市种子管理站具体实施，保障救灾种子切实用于农民生产自救，减少因灾损失。此次共动用10万千克玉米种子，郑单958、京科25玉米种子各5万千克；救灾面积4万亩，根据工作方案测算共需补贴资金60万元。

二、2012年

（一）粮经作物受灾情况

7月21日，本市遭遇自1951年有完整气象记录以来最大暴雨的袭击，此次强降雨过程持续时间长、雨量大、范围广，对农业生产造成了较大影响，特别是房山区受灾最重。据房山区统计局统计显示，房山区受灾农田面积18.34万亩，其中玉米15.53万亩、豆类1.0万亩；农作物绝收面积6.09万亩，其中玉米5.01万亩、豆类0.46万亩。受灾农田粮食和经济作物平均每亩减产252.6千克，合计减产4632.6万千克，造成直接经济损失11713.5万元。

（二）促进恢复生产的主要工作措施

1.落实灾后农业恢复生产政策措施

灾后，市农委、市农业局及有关单位迅速成立了"7·21"灾后农业恢复生产工作领导小组，紧急协商安排资金1亿元，研究制定了七项政策措施，加快推进灾后农业恢复生产工作。粮经方面，重点以物化补贴形式支持灾后恢复生产，其中因灾绝收粮经作物改种蔬菜或早熟品种的，安排种子物化补贴30元/亩、农药肥料物化补贴不低于20元/亩；支持受灾粮经作物加强水肥管理，安排农药肥料物化补贴不低于20元/亩，用于补充土壤肥力提高作物产量。共拨付房山区资金420万元用于粮经作物灾后恢复生产，其中粮经作物农药肥料补贴资金240万元，改种补助资金75万元，灾后植物疫情防控资金55万元，灾后柴油补助资金40万元。

2.加大肥料、种子、农药等生产物资支持力度

组织土肥、植保、种子系统加大各项灾后恢复生产农用物质支持和调配。一是

对灾区提供农药、肥料支持。市土肥站于 7 月 27 日紧急调送恢复生产用肥 200 吨送往房山，市植保站于 8 月 1 日组织 60 余万元救灾植保物资送往房山，包括杀鼠剂 6 吨、毒饵站 2 万个、喷雾器 500 台、杀虫灯 200 台、防虫及遮阳网 3 万平方米、杀虫杀菌剂 300 箱、精准施药量具 200 套及诱虫色板等。二是全面落实玉米螟防治任务。全市植保系统于 7 月 23 日至 26 日，抓住雨后晴好天气，放飞赤眼蜂 150 亿头（145 万亩次）防治玉米螟，折合净面积 105 万亩，其中房山区在水灾过后及时释放了 12 亿头赤眼蜂，力争降低秋粮损失。三是紧急启动救灾备荒种子储备。组织市种子管理站启动救灾备荒种子储备，按照各区县改种计划和需求，妥善做好救灾备荒种子的销售和使用等工作，确保救灾种子切实用于恢复生产，减轻因灾情给农民造成的损失。房山区受灾需改种面积共 2.26 万亩，调配荞麦、白菜、萝卜等杂粮和蔬菜种子共计 8907.3 千克。

3. 开展灾后恢复生产技术指导服务

市农业局印发了《关于切实做好种植业灾后恢复生产工作的通知》（京农发〔2012〕170 号），提出了做好种植业灾后恢复生产工作的意见，要求针对不同生育期、不同灾害类型和不同受灾程度，按照因地制宜、分类指导的原则，针对具体情况采取相应的抗灾减灾技术措施。市农技推广站组织专家进行过多次会商，提出了灾后玉米生产技术措施，要求针对不同生育期、不同灾害类型和不同受灾程度，按照因地制宜、分类指导的原则，针对具体情况采取相应的抗灾减灾技术措施。一是对于涝害地块，要排除田间积水、中耕松土，并少量补追尿素，以避免土壤板结，提高土壤通透性，促进根系生长和尽快缓苗；二是对于倒伏地块，生育中前期根倒地块，要采取自行恢复并适时中耕补肥，抽雄吐丝期倒伏地块，要采取人工扶正并补施粒肥，之后培土并追施粒肥；三是对于绝收需要改种的地块，要按照"农民自愿、因地制宜"的原则，选择适宜播种作物；四是对于绝收但无法满足改种条件的地块，要做好整地为秋播小麦做准备；五是对于未受灾地块，要抓紧当前的有利墒情条件，普遍追肥，促进生长，以尽可能弥补损失，确保秋粮丰收。

4. 加强灾后恢复生产督导服务

市农业局组织 5 个技术督导服务组赴区县开展督导检查和技术服务工作，根据不同区域、不同品种、不同灾情和农民的不同需求，进行分类指导，科学开展抗灾和恢复生产工作。

第二节 2011—2014 年北京市种植业生物灾害

一、认真监测，及时发布重大灾情的早期预警信息

市、区县植保（植检）站一直坚持按照病虫测报调查规范的要求，认真开展重大病虫的监测工作。在黏虫、小麦蚜虫等害虫暴发之前，及时根据虫情、天气和寄主情况进行综合分析，并通过电视、网络、报纸等媒体发布虫情预报，为综合防控策略的制定提供决策依据。

2012 年三代黏虫发生之前，7 月 24 日市植保站在《强降雨灾后农作物病虫害防治工作意见》中提出"由于二代黏虫残虫量较高，降雨有利于田间杂草发生，预计三代黏虫在平原春玉米区有暴发的趋势"，7 月 27 日工作意见以市植保站文件的形式下发到各区县植保站。8 月上旬，根据黏虫种群动态变化情况，市植保站预计三代黏虫将大发生。8 月 7 日，"三代黏虫将大发生，应立即组织查治"的预警信息先后在北京植保信息网、北京电视台和《京郊日报》等多家媒体刊发。相关信息的发布，为综合防控奠定了强有力的基础。2013 年二代黏虫发生时，针对黏虫发生形势，植保站制定下发了《加强监测，警惕二代黏虫在局部暴发为害》《二代黏虫暴发警报》两期测报与防治专刊，保障了黏虫防控工作的及时开展。

2014 年春，针对春季气温明显偏高且降水偏少有利于小麦蚜虫发生的形势，结合田间小麦蚜虫虫口呈快速上升的趋势，北京市植保站综合预计麦蚜在全市大发生。后期的实际发生情况与预测结果高度一致，相关预测预报信息为全面实施"一喷三防"提供了科学依据。

二、各级领导高度重视，应急响应非常迅速

回顾历次重大灾情，综合防控达到预期效果离不开各级政府和部门的正确领导与大力支持。2012 年三代黏虫灾情发生以后，8 月 6 日市农业局召开了全市秋粮作物重大病虫防控工作会议，对黏虫防治工作做出了重点部署，要求各部门、各区县采取有效措施，抓紧组织开展黏虫防控。市农业局积极筹措资金 350 万元，紧急下拨市级重大病虫害应急防治农药 110 吨，投入植保器械 3 万多台套、人力 5 万多人次，各区县也及时投入资金和物资开展防治工作。市委、市政府也对该项工作高度重视，夏占义副市长和李士祥常务副市长先后做出批示，要求抓紧防治。为了进一步做好黏虫防治工作，市农业局制定下发了《关于开展三代黏虫防控督导服务工作

的紧急通知》，成立 3 个督导组。8 月 14 日，赵根武局长带队，会同有关专家、技术人员赴通州检查指导黏虫防治工作，要求全力打好黏虫防治歼灭战，确保不造成大的危害；8 月 15 日，郑渝总农艺师带队，会同有关部门赴大兴检查指导黏虫防治工作，要求加强虫情监测，抓好重发区黏虫二次防治。在做好督导的同时，农业局还加强技术支持。组织植保专家、技术人员深入一线指导黏虫防治工作 100 余次，举办培训班 20 次，培训 2000 多人次，发放明白纸 2 万余份，编发简报 15 期。为了做好全面动员，加大宣传力度，市区两级农业部门充分利用各种媒体宣传 35 次以上，全面动员农民开展专业化防治与群防群治相结合，提高防治效果。据统计，全市 2012 年三代黏虫累计防治面积 55.8 万亩次，分别占发生面积和达到防治指标面积的 91.4% 和 143.1%，平均防治效果达 94.5%，黏虫发生并未对全市秋粮生产产生大的影响。据农业专家和植保专家初步测算，此次黏虫防治可挽回玉米产量损失约 2750 万千克。农业部余欣荣副部长对本市的黏虫防控工作做了批示："北京对今年病虫害防控工作，主动部署，及时扑杀，落实有力，成效明显，向同志们表示感谢！"

　　2013 年二代黏虫暴发时，市农业局也高度重视。6 月 26 日，北京市农业局下发了《关于加强二代黏虫防控工作的紧急通知》（京农发〔2013〕129 号），要求各区县农委、农业局和种植（农）业服务中心把二代黏虫防控作为当前"三夏"工作的一项重点任务来抓，加强领导，强化督导，落实责任，切实组织好防控工作，确保黏虫防控各项措施的落实。

三、大力推广绿色防控技术

（一）不断加强病虫害监测预警网络建设

　　病虫害监测预警网络是开展病虫害预测预报的重要基础，为了增加病虫害监测范围，提高病虫害数据的代表性，全面提升相关预测预报的准确率，2010—2014 年北京市农业局植物保护站在各级政府的支持下，着力加强了病虫害监测预警网络建设。首先，新增 60 个病虫害监测点，并对原有监测点进行调整，使之分布更加科学合理。目前，全市系统监测点已达 100 个，其中检疫监测点运行经费已列入财政预算。其次，改造升级北京市农业有害生物监测预警网络。为了提高北京地区病虫害监测预警的数字化水平，提升监测数据的传递效率，增加监测预警信息的可视化、模型化效果，2013 年北京市农业有害生物监测预警网络系统升级改造项目获得批准，新版预警信息系统将重点开发统计分析、图形显示、信息发布等模块的功能。最后，积极引入自动化和便携式采集系统。自 2010 年，北京市农业局植保站先后开发引入蔬菜病虫害远程诊断系统、北京市农作物有害生物监测管理系统、北京市农作物有害生物联网监测系统等自动化、智能化、信息化监测平台。目前，监测手段更加趋于简单，市、区（县）两级部门之间的沟通更加便捷。

（二）积极保证绿色防控技术落地

2011—2014 年，为确保全市农业生产安全、农产品质量安全和农田生态系统安全，本市在粮经作物方面积极推广小麦"一喷三防"、赤眼蜂防治玉米螟等病虫害绿色防控技术；在蔬菜生产方面，通过扶持示范园区，积极开展蔬菜绿色防控工作，重点推广天敌昆虫防治蔬菜害虫、性诱诱杀害虫、色板诱杀害虫、臭氧棚室土壤消毒等防控技术以及植物源农药、生物农药防治技术。2013 年，北京市植保站按照有一定面积规模、有较好基础设施条件、有专职技术人员、有相应质量安全管理制度、有较好带动引领作用的"五有"原则，在 10 个区县选出 20 个基地开展绿色防控示范基地建设。同时，为加强管理，市植保站、基地负责人、区县植保站共同签署了《北京市蔬菜病虫全程绿色防控技术示范基地建设责任书》。通过共同努力，本市绿色防控工作稳步推进，玉米螟绿色防控基本实现全覆盖，蔬菜绿色防控面积超过 5000 亩，生物防治面积累计达 503.76 万亩次，化学农药使用量进一步下降，整体农业生态环境有了明显改善。

（三）构建绿色防控示范基地服务平台

绿色防控基地建成以后，在绿色防控技术的支持下，基地生产的农产品质量有了明显提升，但是优质农产品并未得到应有的市场地位。面对众多的农产品，市民在如何选择放心农产品方面也感到力不从心。为了改变这一局面，北京市农业局植保站组建了绿色防控示范基地服务平台。平台除建立专用的微博、微信、网站信息平台，还积极与报纸、电视等媒体合作，普及绿色防控技术，推广介绍绿色农产品。目前，绿色防控示范基地服务平台已经成为基地和市民沟通的桥梁，成为宣传农产品质量安全的重要阵地。

（四）全力推进专业化统防统治

专业化统防统治有利于增加工作效率、节省农药用量、提升防治效果等，是现代植保发展的必然趋势。近年来，北京地区先后成立了 50 支专业化统防统治队伍，拥有 180 余台自走式旱田作物喷杆喷雾机以及新引进的自走式高地隙喷杆喷雾机、植保无人机等大中型植保器械和专业植保器械 1900 余台套。针对小麦"一喷三防"工作适合开展专业化统防统治特点，2011—2014 年全市共推广统防统治面积 256.9 万亩，大幅度提高了病虫防治效果和效率。

（五）积极推动农药检打联动，净化农药市场

为了规范和净化农药市场，引导蔬菜种植者生产符合国家安全标准的蔬菜产品，提升蔬菜质量安全水平，针对"投入地里的农药"和"地里产出的农产品"两个关键节点，2012 年北京市农业局植保站启动了农药"检打联动"行动。行动加大对蔬菜及农药产品抽检力度，根据检测结果，依法对不合格产品进行查处，对生产、经营假劣农药的单位，责令停止生产、销售，对使用不合格产品、性质恶劣的移送司法机关查处。通过检打联动行动的实施，北京市农药市场假劣农药发案率逐年下降，农产品质量大幅度提高。质量放心农药也有力保障了重大病虫害灾情的防控。

第三节　2011—2014 年防疫物资储备情况

根据动物疫病风险和应急需要，北京市常年储备疫苗、消毒药、诊断试剂、防护用品、器械等 6 大类应急物资。目前，市防疫物资库储备以下物资：疫苗 6 大类 12 种共 400 余万毫升（头份），试剂共计 48 种 607 套，防护服 10850 套，鞋套 8200 只，医用口罩 10660 套，手套 4640 双；胶鞋 3480 双；消毒药 40 吨，消毒机 168 台，发电机 16 台，扑杀器 39 台。

2013 年初，针对人感染 H7N9 禽流感疫病威胁，市农业局紧急部署防控工作，组织开展监测采样、场点巡查、消毒、病死畜禽处置等工作。在此期间，全市累计巡查规模养禽场（含公园、野生动物栖息地）20193 个次、散养户 545079 个次；全市累计消毒 404519 个次场点，消毒面积 3.16 亿平方米；全市疫控系统累计向养殖场户配发氯制剂、碘制剂、戊二醛、火碱、过氧乙酸等消毒药 501.08 吨；各区县累计自测 H5 样品 36985 份，累计自测 H7 样品 23562 份；累计收到病死畜禽处理报告 727 起，共无害化处理病死畜禽 1368 头 / 只。

第四节 北京市救灾备荒种子储备使用和管理情况

一、总体情况

（一）国家储备

在储备量方面，2011—2014 年北京市承担国家救灾备荒种子储备任务分别是：2011 年 100 万千克，全部为杂交玉米种子；2012 年 70 万千克，全部为杂交玉米种子；2013 年 70 万千克，包括玉米 6 个品种共 66 万千克，大豆 2 个品种共 4 万千克；2014 年 70 万千克，包括杂交玉米种子 60 万千克，大豆种子 10 万千克。承储企业为北京农科院种业科技有限公司、北京龙耘种业有限公司、北京顺鑫农业股份有限公司耘丰种业分公司及北京亿兆益农种业有限公司，具体见表 1。在种子动用方面，三年均未动用。

表 1 2011—2014 年北京市承担国家种子储备汇总表

年度	承储单位	作物种类	品种名称	生育期（天）	储备量（万千克）
2011	北京龙耘种业有限公司	杂交玉米	农大 108	110	15
			中单 28	126	15
	北京亿兆益农种业有限公司	杂交玉米	纪元 1 号	94	15
			宽城 1 号	93	5
			京科 25	98	15
	北京顺鑫农业股份有限公司耘丰种业分公司	杂交玉米	纪元 1 号	94	15
	北京农科院种业科技有限公司	杂交玉米	京科 25	98	15
			京单 28	128	5

续表

年度	承储单位	作物种类	品种名称	生育期（天）	储备量（万千克）
2012	北京农科院种业科技有限公司	杂交玉米	京科25	98	10
			京单28	128	5
	北京龙耘种业有限公司	杂交玉米	纪元1号	94	3
			中单28	126	15
			农大108	110	10
	北京亿兆益农种业有限公司	杂交玉米	纪元1号	94	20
			京单28	128	7
2013	北京农科院种业科技有限公司	玉米	京科25	98	10
			京单28	126	5
	北京龙耘种业有限公司	玉米	纪元1号	94	3
			中单28	126	15
			农大108	110	10
	北京亿兆益农种业有限公司	玉米	纪元1号	94	15
			纪元1号	94	5
			京单28	126	7
2014	北京农科院种业科技有限公司	杂交玉米	京单28	103	30
	北京龙耘种业有限公司	杂交玉米	中单28	126	20
			京农科728	98	10
	北京亿兆益农种业有限公司	大豆	中黄13	132	10

（二）市级储备

北京市自 2006 年开始建立市级储备制度，由市农业局粮经处申请储备项目，北京市种子管理站具体实施。每年根据北京市种植结构情况确定储备作物类型、品种和储备量，同时制定年度储备工作方案，储备工作管理按照方案执行。在储备量方面，2011 年储备救灾种子 19.84 万千克，可供救助各类农业自然灾害 8.2 万亩，其中，郑单 958 玉米种子 5 万千克，可救灾 2 万亩；京科 25 玉米种子 5 万千克，可救灾 2 万亩；宽城 1 号玉米种子 5 万千克，可救灾 2 万亩；纪元一号玉米种子 3.75 万千克，可救灾 1.5 万亩；北京新 3 号大白菜种子 0.088 万千克，可救灾 0.4 万亩；中黄 13 大豆种子 1 万千克，可救灾 0.3 万亩。2012 年北京市救灾备荒种子储备 15 万千克，其中玉米种子 14 万千克、大豆种子 1 万千克。2013 年 10.92 万千克，包括玉米种子 9.5 万千克、大豆种子 1 万千克、蔬菜种子 0.42 万千克。2014 年 8.4 万千克，其中玉米种子 6 万千克、大豆种子 1.8 万千克、蔬菜种子 0.6 万千克。承储由北京广源旺禾种业有限公司、北京京研益农科技发展中心、北京亿兆益农种业有限公司和北京龙耘种业有限公司 4 家企业承担，具体见表 2。在种子动用方面，2012 年及 2014 年均动用了储备种子。

表 2　2011—2014 年北京市市级储备汇总表

年度	承储单位	作物类型	品种名称	储备量（万千克）
2011	北京广源旺禾种业有限公司	玉米	郑单 958	5
			京科 25	5
	北京市平谷区种业服务中心	玉米	宽诚 1 号	5
			纪元 1 号	3.75
	北京亿兆益农种业有限公司	大豆	中黄 13	1
		大白菜	北京新 3 号	0.088
2012	北京广源旺禾种业有限公司	玉米	旺禾 8 号	5
			京单 28	4
	北京市平谷区种业服务中心	玉米	纪元 1 号	5
	北京亿兆益农种业有限公司	大豆	中黄 13	1
2013	北京广源旺禾种业有限公司	玉米	旺禾 8 号	5
			京单 28	3
	北京京研益农科技发展中心	大白菜	北京新 3 号	0.3
		萝卜	京红 4 号	0.12
	北京亿兆益农种业有限公司	玉米	纪元 1 号	1.5
	北京龙耘种业有限公司	大豆	铁豆 37	1
2014	北京广源旺禾种业有限公司	玉米	旺禾 8 号	4
			京单 28	2
	北京京研益农科技发展中心	大白菜	北京新 3 号	0.3
		萝卜	京红 4 号	0.1
	北京亿兆益农种业有限公司	大白菜	北京新 3 号	0.2
		大豆	中黄 13	0.8
	北京龙耘种业有限公司	大豆	铁豆 37	1

二、主要做法

（一）提前计划、科学储备

为确保储备种子切实起到应有作用，北京市改变以往每年初确定储备任务的方式，年底就开始谋划。一是制定储备工作方案。根据本市实际，制定了《年度北京市救灾备荒种子储备工作方案》提交市农业局，并及时与承储企业沟通，为提前落实储备奠定了基础。二是严格选择承储企业。要求必须持有省级以上农业行政主管部门核发的种子经营许可证，具有良好的种子储藏条件，近年来守法经营，未发生过种子质量重大事故，信誉良好的企业。根据这些条件，近几年选择了5家企业承担国家及北京市救灾备荒种子储备任务。三是调整储备作物种类。根据本市种植结构及灾害发生特点，在原有储备及救灾作物品种基础上，增加了蔬菜作物。

（二）及时入库、开展自查

储备任务下达后及时要求承储企业尽快完成储备种子入库工作，单独入账，并做好相关记录，同时开展企业自查，对储备种子的水分、发芽率及净度指标自行检查。

（三）加强监督、确保质量

为加强救灾备荒种子储备管理，确保储备任务落实到位、质量合格、发挥实效，在储备种子入库完成后，及时要求企业开展种子质量自查，同时及时组织质量管理及财务人员开展联合监督检查工作。2012年5月31日至6月7日，2013年5月7日至9日，2014年5月9日至13日，及时开展了国家及北京市救灾备荒种子储备监督检查，检查组对承担储备任务的5家种子企业的储备现场、档案管理、财务管理等情况进行检查，并现场抽取了样品，进行净度、水分、发芽率三项质量指标的检测。通过现场检查可以及时掌握储备种子是否按照合同数量入库以及种子质量状况、存放环境等，同时了解承储企业账目情况、自查情况等，确保储备种子储得住、用得上。

在定期开展监督检查的基础上，在储备期间灾害易发生的月份，还对承储企业开展临时性突击检查。在北京地区汛情高发的7月，及时督促承储企业做好防汛措施并开展实地检查，确保储备种子保质保量。在防汛措施方面，要求储备种子存放库房均建有距离地面50厘米左右的高台，可防止水进入库房；库房周边备有沙袋等隔水设施；种子垛均单独码放，且铺有木质隔板及油毡等隔水防潮设备；库房院区内建有排水沟渠等设施及抽水泵等防护设备。这些设施设备能够有效预防出现汛情时储备种子被水淹或受潮影响种子质量。

（四）发生灾情、果断动用

为切实发挥储备种子的作用，自 2010 年以来北京市动用了三次市级救灾备荒种子。2011 年密云"7·24"灾情，因受强降雨影响，导致全县 10 个乡镇万亩农田受灾；2012 年"7·21"特大自然灾害造成全市农田出现严重灾情；2014 年大兴"6·10"雹灾。为了尽快恢复农业生产，做好受灾地块的补改种工作，确保灾后农业生产不减产、农民收入不降低，按照储备工作方案相关要求，动用了市级储备种子，积极帮助受灾区县开展生产自救活动。

2011 年动用广源旺禾种业有限公司储备的玉米种子郑单 958、京科 25 各 5 万千克。

2012 年动用广源旺禾种业有限公司储备的京单 28 玉米种子 17280 万千克、北京京研益农科技发展中心各类储备蔬菜种子 10558.25 千克。

2014 年动用救灾备荒储备种子 28810 千克，包括北京广源旺禾种业有限公司储备的京单 28 玉米种子 2 万千克、北京亿兆益农种业有限公司储备的中黄 13 大豆种子 0.8 万千克和北京新 3 号大白菜种子 0.081 万千克。

三、资金补助情况

北京市市级储备和国家储备的补贴方式不同，市级储备按照储备种子资金总量、是否动用、不同作物按不同比例给予储备补贴，在承储企业与市农业局签署储备合同后，储备期间分两次进行资金拨付，做到及时拟定合同并报市农业局签署，同时及时提出资金拨付申请，在没有动用储备种子的年份，补贴金额总额是 47 万元。2012 年"7·21"特大自然灾害动用储备种子后，根据年度储备方案，市农业局给予承储单位储备种子补贴 103.5269 万元。2013 年，未动用储备种子，按合同分两次拨付储备资金 47 万元。2014 年"6·10"灾情，动用了救灾备荒储备种子 28810 千克，目前未动用部分补助资金已经拨付完毕，共 47 万元，动用部分 26.7 万元的补贴资金预算已经上报市财政，预计 2015 年 3 月予以拨付。

国家储备资金补贴方面，每年分两次拨付，一次是以储藏保管费用拨付，按每千克种子 0.5 元予以补贴，一次是以贷款贴息方式予以拨付，因近两年本市承储企业没有进行贷款而没有这部分补贴。在农业部拨付到市种子站后，市种子站都及时给承储企业予以拨付。在 2012 年，本市承储企业共收到储藏保管费用 35 万元，贷款贴息补助 26 万元。2013 年拨付储藏保管费用 35 万元，由于一家承储企业没有进行贷款，而另外两家承储企业因各种原因没有以承储企业名义进行贷款，因此没有贷款贴息补助。2014 年收到农业部储藏保管补贴 35 万元，也及时予以拨付。

四、存在问题

（一）市级储备救灾种子补贴力度不够

按照北京市储备方案，在调用救灾备荒种子用于救灾时，其价格按承储企业报价的 50% 结算，往往会使受灾农民没有改种、补种的积极性，为鼓励灾区积极使用储备种子，建议应用补贴价格结算，以加快备荒种子流转速度，保证灾区不出现落荒现象，保证粮食安全问题。

（二）国家级储备制度还需完善

2011 年国务院 8 号文明确提出要完善种子储备调控制度，目前国内仅有部分省制定了储备管理办法，国家相关办法目前有《国家救灾备荒种子储备贷款贴息资金管理办法》。为使储备工作更好开展，建议尽快出台国家救灾备荒种子储备管理办法。

（三）建议取消贷款贴息补助、适当增加储藏保管费用

贷款贴息补助是对承储企业在集中购种中因资金压力而向银行贷款所产生利息进行的补助，但实际上由于企业不同的管理方式，有些企业不需要进行贷款，因此就无法申请到该项补助。另外，不同作物的储存成本差别很大，如玉米种子储备一年后发芽率下降较少，储备任务完成后还能作为商品种子进行销售，而大豆种子储存一年后发芽率下降较大，次年就只能做转商处理，承储企业损失较大，势必影响储备任务的落实，因此建议针对不同的储备作物有不同的补助额度。

第八章　气象减灾

第一节　监测、预报

一、探测系统建设

（一）2011 年探测系统建设

短时临近预报准确率稳步提高。加强天气业务试点工作，实现了雷达径向风资料的模式同化，建立了适合京津冀大范围的雷达资料热动力反演子系统；研发了基于 blending 技术的 0~6 小时定量降水预报产品，建立了乡镇温度预报技术方法；制定了《北京市气象局乡镇温度预报业务试运行管理规定》，完善了气象台中尺度分析业务流程；针对短历时强降水对城市安全运行、生产生活的高影响，改进了暴雨预警、实时雨量发布等业务标准和规范，1 月至 9 月晴雨和最高温预报排名位居全国前列。

积极推进现代化气象业务体系建设。结合中国气象局试点工作，优化观测站网布局，完成了观象台、丰台、顺义、朝阳固态降水试点工作，并形成了人工观测与自动观测资料分析评估报告；组织 10 个台站进行了天气现象自动化观测组网试验及评估，全面完成了高空气象探测业务工作指标（六项考核指标排名处于全国首位）。推进新一代信息网络业务系统建设，依托房山应急备份中心建设形成了《省级应急业务备份中心建设指导意见》；初步建立区域数值预报系统和业务流程，并为应用单位提供了技术培训和支持。

（二）2012 年探测系统建设

现代气象业务体系建设不断强化。圆满完成地面测报业务改革调整和试点工作，优化了国家级气象台站人工观测结果，简化了地面气象观测资料传输流程，提高了观测数据传输时效和数据质量；依托中国气象局监测预警工程、山洪保障工程及北京市山洪防治县级非工程措施、交通应急物联网支持，在山洪灾害重点防治区县完成了 41 个自动雨量站、18 个六要素自动气象站、55 个全天候称重雨量计、16 个能见度仪等的建设任务，提升了针对山洪灾害重点防治区及冬季降雪的监测能力；完成了烟花爆竹和交通应急物联网气象站建设；开展 24 小时逐 6 小时精细化要素预报、乡镇温度预报业务和强降水落区预报业务，建立预警信号分区县发布业务；初步建立逐小时网格客观预报产品，BJ-RUC2.0 投入准业务运行；完善京津冀 6 部雷达资料同化，深化 0~6 小时定量降水预报技术，改进中短期天气预报业务平台；完善大气成分数据处理显示系统，开展重污染日预报方法研究，改进气象化学耦合模式，建立实时试验运行的区域空气质量数值预报系统；改进升级排水气象服务平台，开发了公共气象服务、城市内涝监测预警、区域交通气象保障等 5 个服务系统平台；推进国家级气候监测预测业务系统和平台的本地化业务应用、气候会商流程调整工作的对接；梳理气候应用服务特色和优势领域，改进污染扩散应急气象服务技术；完成新一代通信系统和 CMACast 系统的业务切换运行；完成市气象局至中国气象局骨干网络接入调整及双线路备份，对 6 个区县局进行宽带网双线路改造，实现了与三个国家级业务单位数据服务器的直接访问。

应对气候变化的能力和气候资源开发利用得到加强。完成《华北区域气候变化评估报告》，为区域各级政府应对气候变化工作提供科技支撑；参与市委"首都安全战略研究"课题，参加北京市应对气候变化政策法规的制定、应对气候变化方案实施和低碳城市发展路径研究，分析极端事件变化趋势及气候变化对能源消费的影响；大城市防灾减灾工作建议得到市领导的批示。进行 PM2.5 两种监测方法对比观测和浓度影响分析，并将报告分别提交中国气象局和市政府；与清华大学合作开展建筑节能气象参数研究，与规划部门联合开展中心城排涝规划研究，并开展气候变化对北京市建筑设计影响气象参数评估；建立城市规划论证评估指标体系，完成城市规划气候可行性论证系统平台初建，为 5 个省区市气象局提供技术支持和培训；开展北京地区分散式风电场选址评估工作。努力提高云水资源开发利用能力，人工增雨效果相对增水率为 16.0%~29.6%，防雹投入产出比为 1：16。

（三）2013 年探测系统建设

现代气象业务体系建设不断强化。综合气象观测网更加完善，完成 4 个国家级气象观测站新型自动气象站的升级换代，新建加密自动气象站 24 个，全市各类自动气象站总数达到 319 个，站网平均间距达到 8.2 千米；曙光高性能计算机完成调试，建立了包括 37 个虚拟机的虚拟化业务环境，综合处理多种资料功能更加完善；与中国气象局各直属业务单位享有同样的网络传输环境，实现了"同城待遇"；实现市气象局与区县气象局网络双备份；推动市和区县两级精细化天气预报业务建设，完善精细化乡镇预报业务，房山、密云、延庆试运行乡镇天气现象预报业务，并将乡镇温度预报业务拓展到 10 个区县；着力发展核心预报技术，中尺度数值预报技术、短时临近预报技术不断提升，BJ-RUCv2.0 投入业务运行；优化预报业务平台，引进雷电定位系统资料，推进预报技术总结和交流的制度化、常态化；引进国家级气候预测监测业务系统，完成气候预测会商流程改革。

推进环境气象和应对气候变化工作。率先建立环境气象业务体系，成立京津冀环境气象预报预警中心，社会反响积极热烈；区域环境气象数值预报系统实现准业务运行，形成了环首都圈雾霾监测预报预警体系，建立了环境气象业务流程和重污染天气过程应急会商机制，向京津冀及周边六省市、自治区下发区域客观预报和空气污染气象条件等级预报与霾落区预报指导产品；《环首都圈雾霾成因及大气污染防治对策建议》等决策服务材料得到了相关领导的批示，《气候变化对北京市排水规划设计标准的影响研究》获得中国气象局气候变化专项优秀项目，出版《华北区域气候变化评估报告》《北京市气候变化图集》；成立"北京市气象局城市气候环境评估中心"，开展区域规划和建设项目的气候环境评估工作，初步建立了城市规划气候可行性论证系统平台。

顺利完成县级机构综合改革。完成区县气象局机构岗位设置和参公管理，14 个区县气象台全部完成事业单位法人登记，初步建立政事分开的管理和业务机构；完善区县局领导班子建设，经市委组织部批准，各区县局设立党组及纪检组。

（四）2014 年探测系统建设

气象现代化重点工作推进有力。郭金龙、王安顺、郑国光等领导高度重视，多次直接指导；"加快推进气象现代化"写入市政府工作报告，纳入市政府"折子工程"，林克庆副市长多次召开会议部署督办；全面实施气象灾害应急防御服务工程建设，突发事件预警信息发布中心、人工影响天气科学实验基地和 X 波段雷达组网项目进入市发改委项目库；昌平、怀柔、朝阳完成区突发事件预警信息发布中心建设。

现代气象业务建设不断完善。改进升级 BJ-RUC 系统，强降水漏报问题得到初步解决；优化升级北京地区短时临近天气监测预警平台（VIPS），实现市、区县两级一体化预警信号制作发布；进行国家级站和新型站的建设和标准化改造，完成APEC会议、冬奥会赛场等区域自动站建设，完成3部风廓线雷达建设和5部X波段雷达的选址及频率协调；共享大气所铁塔、天津铁塔、永宁机场探空和有关委办局实时数据；完成国家突发事件预警信息发布系统与一键式发布平台的系统对接；完成气象私有云中心建设，开展探测业务信息化管理综合平台和数据库与大数据平台建设，数据业务服务支撑能力得到提升；开展区县气象综合业务平台系统建设，并投入试点运行。

二、气象防灾减灾预报

（一）2011年气象防灾减灾预报

公共气象服务能力得到提升。大型活动气象服务保障水平和质量得到加强，成立了大型活动气象服务办公室，制定、出台了《大型活动气象服务保障实施与运行细则及指南》以及《大型活动气象服务管理办法》；协助市政府编制全国"两会"工作指南气象服务标准，以做好建党90周年系列活动保障为重点，成功保障了重要大型活动31项，获得了中办、市政府和活动组委会的表扬和感谢；区县气象局在大型活动气象保障服务中发挥重要作用，首届环北京职业公路自行车赛所经的朝阳、海淀、门头沟、昌平、延庆、怀柔、顺义7个区县局为赛事提供了服务，门头沟气象局为"第二届北京国际山地徒步大会"，昌平气象局为传统的铁人三项赛，朝阳气象局为"国际沙滩排球世界大满贯赛"，丰台气象局为中央领导义务植树等活动提供了气象保障服务。

决策服务的敏感性和针对性增强。围绕市政府防灾减灾、城市安全运行需求，针对降雪、干旱、降雨、冰雹、大雾等重要天气过程，年内共发布预警信号86期，决策服务材料近千份，年初降雪、汛期强降雨等预报服务多次得到郭金龙等市领导表扬；"7·24"暴雨过程，全市各应急专项指挥部根据预报预警，提前部署准备，取得了良好的社会效益，郭金龙市长、郑国光局长、夏占义副市长均对此提出了表扬，中国气象局公共气象服务中心以此作为预报预警服务范例进行了评估和推广。

专业服务更加精细化、人性化。开发了基于沥涝模型的精细化气象服务系统，为全市汛期排水管理发挥了重要作用；参与了城市供暖决策工作，与市市政市容委、市财政局联合开展5次供暖气象服务专题会商，为科学供暖提供依据；以供暖服务为示范，建立了迎峰度夏、扫雪铲冰等多部门联动会商机制，为电力部门、市政市容委、环卫集团等行业用户提供了精细化、专业化服务。

推进城市气象安全社区试点建设。在城市功能区朝阳、丰台建设了 3 个城市气象安全社区示范点，依托当地政府，建立了基层气象防灾减灾基础设施，开展气象防灾减灾科普社区和科技应用示范社区建设，实现了预警信息进区入户。

推进"两个体系"建设试点。昌平继续深化"两个体系"在全区的推广，试点建设推广到平谷、密云、怀柔 3 个具有生态涵养功能的区县；构建了基层有效联动防灾减灾体系，与民政、水务、农业等部门联合开展气象信息员队伍共建，信息员总人数达 3870 人，为 2010 年的 5 倍；气象信息服务站增至 2010 年的 6.5 倍，覆盖了全市 144 个乡镇和街道；试点区县在村、农合组织安装了气象预警信息机，在人群密集和重点区域安装了显示屏，昌平建立了"区—镇—村"三级气象预警信息系统；编写了试点区县农业气象服务手册和气象信息员手册，开展了农业气象预报和服务产品开发应用及业务系统推广工作，建成了农用天气预报系统，完成了十余种特色作物农业气象指标体系，初步建立了面向京郊特色农业大户的"直通式"气象服务模式，为京郊 14 个区县农业技术负责人、骨干和农业大户等 200 余人次开展农业气象服务技术培训。

整合气象服务资源，组建气象服务中心。《北京市气象服务中心建设实施方案》得到中国气象局审批通过，气象科技服务中心正式更名为气象服务中心。气象服务中心正式组建后，对分散在各相关单位的公共气象服务内容进行了梳理整合，通过完善相应的运行机制、强化规范管理，实现了技术资源、科技人才和服务功能的集约化。

推进气象防灾减灾工作，努力解决预报预警信息发布"最后一公里"。经市政府批准成立了"北京市突发事件预警信息发布中心"，与市应急办联合开展了突发事件预警信息发布系统二期设计和建设；进一步完善与北广传媒气象灾害预警信息发布合作机制，手机预警短信覆盖移动、联通、电信三大运营商，初步建立了预警信息手机短信"全网发布"和"绿色通道"，年内累计发布气象预警短信约 9600 万条次；深化地铁运营、城市发展管理、影视气象应急联动等气象服务合作，加强重要天气过程媒体直播，北京交通、新闻、城市管理广播电台每半小时向公众直播一次气象信息。

强化在市政府总体防灾减灾体系建设中的作用。参与修订了 60 余项与气象有关的部门应急预案，建立了与市应急指挥中心、水务、市政、交管、路政等部门之间的预警联动、应急响应及信息共享机制，与市民政局、市公安局签署两项框架协议；山洪灾害防治气象部门非工程措施内容纳入市防汛办的整体方案中；完成了烟花爆竹综合管理、极端天气交通保畅物联网示范项目申报和投标工作，建立了烟花爆竹综合管理气象服务支撑系统。

充分发挥雷电防御和人影工作在防灾减灾中的作用。完成了高等院校、商企系统、全市中小学抗震加固防雷工程以及旅游景区等重点部门和领域的防雷保障任务；建立城市生命线专门检测信息库，完成新建地铁线路、首都机场、大型火车站的防雷检测任务；组织实施了多种方式的增水和防雹作业，根据与水文部门的联合评估，汛期作业目标区相对增雨率约23%，密云、官厅、白河堡水库增加水量占水库总来水量的9.4%，作业保护区没有雹灾出现；完成了"北京市人影对空作业指挥与空域申请业务平台"建设，初步建设人影物联网。

扎实推进率先实现气象现代化试点工作。成立了市局气象现代化领导小组和办公室，下设5个工作组，加强对试点工作的领导、组织和协调；建立健全市局党组统一领导、市局机关相关处室、直属单位和各区县气象局负责人分工负责的工作机制；制定了《北京率先实现气象现代化行动计划》，确定指标体系，凝练了六个重点工程项目；积极推进部市合作，年内中国气象局与北京市政府签署《共同推进气象为首都经济社会发展服务合作协议》，郑国光局长与郭金龙市长举行会谈，进一步明确共同推进北京率先实现气象现代化试点工作。

（二）2012年气象防灾减灾预报

气象防灾减灾和公共气象服务成效明显。准确预报提前预警"7·21"特大暴雨、9月和11月历史同期罕见的天气过程并跟进服务，特别是准确预报并提前两天发布暴雨消息，为"7·21"抢险处置赢得了宝贵的时间；全年共发布灾害性天气预警信号127期，发布短时临近预警信息152期、气象灾害风险预警20期，首次发布暴雨橙色预警、暴雪红色预警；出色保障了十八大、世界草莓大会、2012上海合作组织峰会和各区县重大活动88项；决策服务工作满意率为100%，公众气象服务满意度稳步提高；《北京市人民政府关于进一步加强气象灾害监测预警和突发事件预警信息发布有关工作的意见》出台，昌平、朝阳、房山、密云、通州区政府印发相关文件；建立强天气预报提示及预警信息手机短信全网发布"绿色通道"，开拓电视角标和新媒体微博、掌上天气服务、预警信息社区发布等预警服务新渠道；气象信息员行政村覆盖率和气象信息服务站乡镇覆盖率均达100%，昌平、平谷气象为农服务"两个体系"建设成效突出，气象安全社区认证工作融入城乡综合防灾减灾体系建设；供暖气象服务成为民生服务品牌；开展科普进社区、进农村、进企业、进学校活动，观象台、上甸子站被命名为第三批全国气象科普基地。

率先实现现代化和"十二五"规划实施取得进展。《北京率先实现气象现代化行动计划》得到中国气象局的批复；召开第一届市部合作联席会，明确了北京率先实现气象现代化、"十二五"时期重点项目、完善预警信息发布体系、基层气象防灾减灾、中国气象科技产业园等五个方面的重点工作；《北京市突发事件预警信息发布中心建设方案》获市政府批准。

（三）2013 年气象防灾减灾预报

气象防灾减灾和公共气象服务成效显著。创新预报预警机制，开展分区县气象预警，创新建立分强度、分区域、分时段的"渐进式预警""递进式预报""跟进式服务"的"三维三进"预警服务模式，获得中国气象局创新工作奖；重大天气过程无漏报，汛期暴雨预警平均提前量达到 38.3 分钟，最低气温、晴雨预报准确率稳步提升，暴雨（雪）、高温预报准确率创新高；发布气象灾害预警信息 139 期，提供决策服务材料 674 期，得到中央和地方领导批示 45 次，汛期气象服务得到郭金龙、王安顺等领导高度赞扬。

公共气象服务实现新突破。创新重大活动服务方式，完善"前店后厂"服务理念，强化市局业务单位对区县的支撑作用，为历时半年的园博会提供了优质气象服务，市气象局和丰台气象局受到组委会表彰；出色保障了国庆天安门献花篮等重大活动 30 余项；创新发布烟花燃放指数，得到社会各界的广泛关注和好评；获得"第九届全国气象影视服务业务竞赛"气象为农服务类综合奖一等奖、专业气象服务类综合奖二等奖，并获"第九届全国气象影视服务业务竞赛"团体一等奖，取得了历史性突破；气象微博影响力居前，跻身"十大气象系统微博机构"。

气象防灾减灾机制不断完善。推进"百县千乡"气象为农服务示范区创建工作，2013 年首次获得中国气象局 1 个"标准化现代农业气象服务县"（昌平）、2 个"标准化气象灾害防御乡镇"（昌平流村镇、房山佛子庄乡）的称号；朝阳、海淀创建全国城市气象防灾减灾社区示范点，昌平、平谷、通州、怀柔、门头沟、顺义、延庆、丰台开展了气象安全社区认证工作；14 个区县气象局预警信息发布短信群组覆盖所有的行政村和社区负责人；对接了 5484 个大喇叭信息发布资源，昌平、平谷乡镇覆盖率达 100%。

专业服务在防灾减灾中作用突出。为中南海、园博会、国务院机关事务管理局以及其他政府机构、公共设施、城市运行、易燃易爆场所、高等院校、文物古建、住宅小区等 6176 个单位提供了全方位、立体化的防雷服务，服务面增长 10%；引进"空中国王"人工增雨和大气探测飞机，组织开展人工消减雾霾作业试验；全市平均增水率约为 22.8%，增水量初步评估为 3.65 亿吨。

气象现代化得到上级领导高度重视。郭金龙书记等市领导 10 多次专门听取气象工作汇报，郑国光局长等中国气象局领导直接指导；召开全市气象现代化工作会议，王安顺市长和郑国光局长出席并讲话，林克庆副市长全面部署气象现代化工作，会议规格之高、措施之实，前所未有；林克庆副市长亲自率队到苏浙沪调研气象现代化，两次主持召开专题会推进解决气象机构、编制、基础设施、站网建设等，将"健全防灾减灾救灾综合管理体制，提高应对极端天气……等处置能力"写入市委全面深化改革决定，"加快推进气象现代化"写入 2014 年市政府工作报告，并将纳入市政府"折子工程"；市政府批复成立了人工影响天气指挥部，林克庆副市长担任总指挥；市突发事件预警信息发布中心挂靠在市政府办公厅；西城区确定对口联系机构，东城区实现气象信息对接；14 个区县全部成立了气象灾害防御指挥机构。

（四）2014 年气象防灾减灾预报

气象预报预警服务成效显著。进一步完善分区预警模式，区县气象台闪亮登场，实现了从"消息树"到"发令枪"的转变；市、区县气象台联动，全面融入市应急、市防汛"7+7+5+16"指挥体系，统一发布全市气象、洪水、地质灾害、空气重污染和森林火险预警，得到郭金龙书记充分肯定；2014 年 24 小时晴雨预报准确率较去年提高 5.27%，最高气温预报准确率提高 2.39%；暴雨和雷电准确预警平均提前量分别为 41 分钟和 62 分钟，较去年分别提升 3 分钟和 45 分钟，高温预警平均提前量为 10 小时；圆满完成 APEC 会议气象服务保障任务，通过精准的预报提前建议，"APEC 蓝"开辟了"中国梦"的新时代，得到中国气象局、北京市领导的表扬，并得到张高丽副总理的肯定；完成国庆 65 周年等 28 项大型活动保障任务，交通、供水、供暖等专业服务为城市安全运行提供有力保障；充分利用新媒体，推出"重要天气跟踪服务""高影响天气专家解读"等公众服务新产品；开展人工消减雾霾和增雪作业试验，进行华北地区飞机探测与人工增雨技术研究，实施跨区域两库联合火箭增雨作业。

气象防灾减灾机制不断完善。14 个区县制定《气象灾害防御规划》，各区县将气象防灾减灾、人工影响天气、气象安全社区建设、预警信息发布等气象现代化工作纳入政府绩效考核或折子工程；市编办正式批复设立北京市突发事件预警信息发布中心，与市编办、市财政局联合印发《关于进一步加强区县气象灾害防御保障能力建设的通知》，怀柔区批复成立区突发事件预警信息发布中心；气象为农服务"两个体系"标准化创建工作写入"北京市社会主义新农村建设折子工程"，平谷和昌平、门头沟、房山、密云、大兴等区县的 13 个乡镇被中国气象局评为标准化示范区县和乡镇；推进城市气象服务"两个体系"建设，对接网格化社会服务管理体系，开展气象安全社区认证，取得明显成效。

环境气象和气候评估工作扎实推进。全面升级区域环境气象数值预报模式，改进环境气象客观预报技术，开展 APEC 会议期间应急减排效果评估；为习总书记视察北京工作设计制作特殊地形和气候条件下雾霾成因的专题展板，10 份重要决策材料得到中央领导批示 23 人次；参与《北京城市总体规划》修改工作，完成《2022年冬奥会延庆气象条件分析报告》编写及怀柔雁栖湖生态城建设的局地气象和大气环境评估工作。

第二节　人工影响天气

一、人工防雹

（一）2011 年人工防雹工作

2011 年 5 月至 10 月，延庆、昌平、平谷、海淀、房山 5 个区县共开展高炮防雹　15 个作业日 73 点次，发射防雹增雨炮弹 2521 发；平谷、密云、海淀、房山 4 个区县还开展火箭防雹增雨作业 3 日 19 点次，共发射火箭弹 49 枚。

据市人影办雹情收集显示，2011 年共出现降雹 13 日，在 6 月 11 日大范围降雹天气过程中，平谷虽然作业 8 点次、发射 532 发炮弹，在峪口镇依然有雹灾出现；其他 4 个区县作业保护区没有雹灾出现。

（二）2012 年人工防雹工作

2012 年，门头沟 3 个新建炮站投入业务运行，防雹作业保护区县达到 6 个（延庆、昌平、海淀、平谷、房山、门头沟），作业炮站达到 28 个，全年累计共开展防雹作业 12 日 61 点次，发射防雹炮弹 2476 发。各区县作业情况汇总见表 1。

表 1　2012 年高炮防雹作业情况

作业区县		延庆	平谷	海淀	门头沟	房山	昌平
高炮	作业日数	2	5	2	4	1	6
	作业点次	2	31	3	11	1	13
	作业量	36	1685	137	234	18	366

（三）2013 年人工防雹工作

2013 年，全市共开展防雹作业 19 日 334 点次，发射防雹炮弹 11409 发，火箭弹 65 枚。各区县作业情况汇总见表 2。

表 2　2013 年高炮、火箭防雹作业情况

作业区县		延庆	平谷	海淀	门头沟	房山	昌平
高炮	作业日数	16	8	8	10	10	11
	作业点次	114	65	24	46	24	61
	作业量	2975	3626	1182	1310	395	1921
火箭	作业日数			3	1		2
	作业点次			10	4		5
	作业量			38	12		15

（四）2014 年人工防雹工作

2014 年，全市开展防雹作业 16 日，火箭作业 4 点次，共发射增雨火箭 10 枚，高炮作业 174 点次，发射炮弹 5971 发。

2014 年 7 月 1 日下午，北京市延庆县白草洼高炮作业点在进行人工防雹作业时，高炮左管发生膛炸事故，造成作业人员一人经抢救无效死亡，一人伤及腿部。经专家组查看现场、观看作业录像和询问作业人员，形成结论如下：延庆县白草洼人影炮站管理规范，弹药的储存、使用符合安全管理规定，作业高炮维护保养良；该炮站作业人员操作规范，事故发生时不存在违规操作；本次事故是人影炮弹击发后弹丸瞬间爆轰而造成身管炸裂，身管炸裂后碎片飞溅致使作业人员伤亡，事故原因主要是该发炮弹存在质量问题。

此次安全事故为人影作业开展安全工作拉响了警钟，警示安全管理工作片刻不

可放松；同时，在这次突发事故中，迅速、积极的处置措施和合理、妥善的处理方式，大大降低了事故造成的社会影响。

二、人工增雨

（一）2011年人工增雨工作

1. 地面增雨（雪）作业

截至2011年11月30日，开展火箭增雨（雪）作业33日192点次，发射火箭弹371枚；高炮增雨作业8日37点次，共发射防雹增雨炮弹693发；高山地基增雨（雪）作业25日449点次，燃烧烟条4879根。

2. 飞机增雨（雪）作业

2011年4月至11月2架运－12飞机共开展增雨作业飞行29架次，大气探测和暖云试验79架次，总计飞行时间为331小时47分。燃烧机载AgI烟条46根（AgI含量为25克/根）和205根（AgI含量为11克/根）。增雨作业次数比往年多，作业效果显著。

3. 联合增雨

2011年4月起，河北张家口联合作业区即提前开始增蓄型火箭增水作业。4月至9月，河北张家口和承德两库跨区域联合增雨作业区合计开展地面火箭增雨作业16日44点次，发射增雨火箭弹180枚，其中承德丰宁县3个作业点开展作业1日5点次，发射火箭弹15枚；张家口赤城、怀来、宣化、涿鹿4个县共开展作业15日39点次，发射火箭弹165枚。

（二）2012年人工增雨工作

1. 地面增雨（雪）作业

2012年全市共开展高山地基增水作业34日800点次，燃烧碘化银烟条5686根。

2. 火箭、高炮增雨（雪）作业

2012年，全市在地面火箭、高炮作业组织过程中有针对性地在适合作业的区县（以北部山区为主）开展增水作业，共开展火箭增雨作业35日265点次，发射火箭弹503枚（含中兵ZBZ-HJ高效防雹增雨火箭弹29枚），开展高炮增雨作业3日27点次，发射高炮炮弹1160发。各区县作业情况汇总见表3。

表3　2012年火箭、高炮增雨作业情况

作业区县		延庆	密云	平谷	海淀	门头沟	房山	昌平
火箭	作业日数	16	19	12	10	5	4	3
	作业点次	149	34	37	21	11	7	6
	作业量	232	96	65	50	30	21	9
高炮	作业日数			3	2	2		1
	作业点次			18	6	2		1
	作业量			750	289	103		18

3. 飞机增雨及云探测工作

根据年度人影工作实施方案安排，2012年3月21日中国飞龙通用航空公司运12飞机2架（机号3830、3805）到达北京，3月26日开始执行飞行任务。

2架飞机全年共进行增雨作业飞行17架次（其中河北承德兴隆扑火一次），总计飞行约45小时，共计使用烟条155根（AgI含量为11.5克/根）。

4. 京冀联合增雨

2012年4月，市人影办启动火箭联合增雨作业，河北张家口和承德两库跨区域联合增雨作业区开展地面火箭增雨作业14日80点次，发射增雨火箭弹386枚，其中承德丰宁县开展作业33点次，发射火箭弹98枚；张家口赤城、怀来、宣化、涿鹿4个县共开展工作47点次，发射火箭弹288枚。

（三）2013年人工增雨工作

1. 人工增雨（雪）作业

2013年，全市共开展高山地基增水作业26日805点次，燃烧碘化银烟条6125根；开展火箭增雨作业24日154点次，发射火箭弹371枚；开展高炮增雨作业4日16点次，发射高炮炮弹269发。租用两架飞机开展人工增雨作业，共进行飞机增雨作业飞行20架次，飞行时间55小时25分，作业时间18小时59分，燃烧机载碘化银烟条192根，此外进行云物理和大气探测飞行32架次92小时。各区县火箭、高炮增雨作业情况汇总见表4。

表4　2013年火箭、高炮增雨作业情况

作业区县		延庆	密云	平谷	海淀	门头沟	房山	昌平
火箭	作业日数	11	17	1	2	4	2	1
	作业点次	85	32	15	3	12	5	2
	作业量	198	87	28	9	31	15	3
高炮	作业日数	1		2		1	1	
	作业点次	3		11		1	1	
	作业量	63		107		81	18	

2. 跨省区联合增雨

河北张家口和承德两库跨区域联合增雨作业区合计开展地面火箭增雨作业18日61点次，发射增雨火箭弹243枚。其中，承德丰宁县开展作业32点次，发射火箭弹96枚；张家口赤城、怀来、宣化、涿鹿4个县共开展29点次，发射火箭弹147枚。

3. 人工消减雨作业

为保障"十一"献花篮等活动实施，在军队有关部门大力支持下，共开展人工消减雨作业2日48点次，发射火箭弹446枚、高炮炮弹1787发。各区县高炮、火箭消减雨作业情况汇总见表5。

表5　2013年高炮、火箭消减雨作业情况

作业区县		延庆	门头沟	房山	昌平
高炮	作业日数	1	1	1	1
	作业点次	10	6	2	5
	作业量	480	602	118	587
火箭	作业日数	2	1	1	1
	作业点次	11	5	2	7
	作业量	55	86	36	269

（四）2014年人工增雨工作

1. 人工增雨（雪）作业

2014年，全市共开展地面增雨（雪）作业56日497点次，燃烧烟条4220根，火箭作业147点次，发射增雨火箭297枚，高炮作业21点次，发射炮弹491发。

开展飞机增雨作业 30 架次，作业 32 个时，燃烧碘化银烟条 234 根。

2. 跨区域联合增雨作业

组织河北省张家口、承德地区的赤城、宣化、涿鹿、怀来、丰宁等县多次开展跨区域联合增雨作业，有效增加了密云、官厅水库汇水区蓄水。入汛以来累计开展火箭联合增雨作业 22 日 72 点次，发射增雨火箭 321 枚。

第三节 防雷减灾

一、重点部门防雷工程

（一）2011 年防雷工程

2011 年，市检查中心联合上海、广州等省市，制定了符合轨道交通系统的防雷检测标准，为推进防雷标准化工作起到积极促进作用。为继续加强防雷业务现代化建设，不断提升科技创新能力，检测中心经过充分调研分析，建立了防雷业务管理平台，实现了检测数据处理分析、防雷业务评价、雷击风险评估、质量管理、雷电灾害调查分析、雷电资料查询等功能。同时，根据相关规范，建立了北京雷击风险评估工作流程，设计评估报告模板，开展对"天坛祈年殿雷击风险评估""中石化加油站"项目雷击风险评估工作，并运用闪电定位仪、电场仪等雷电监测系统与防雷检测资料相结合，加强雷电灾害技术调查和分析工作，完成了对昌平中医院、丰台行政管理学院、昌平马池口雷击致死事件和十渡景区缆车雷击现场考察，并形成调研报告。

（二）2012 年防雷工程

2012 年，市检查中心围绕防雷安全，分别与昌平、通州、海淀、丰台公安局合作，首次开展防雷保障服务，全年共完成昌平 50 个村和 31 个社区，通州 25 个乡镇，海淀 150 个监控点，丰台 300 个监控点的防雷安全保障工作，很好地保障了基层老百姓的人身、财产防雷安全。在防雷工程保障方面，主要开展以下工作。

1. 四条新城线防雷工程保障

2012 年是城市轨道交通开通量迄今为止最大的一年，共有 6 号线和 8、9、10 号线二期 4 条线路，新增里程 70 余千米，涉及近 60 座站台和车辆段、停车场等配套设施。2012年年初，检测中心组建了地铁防雷服务保障团队，专项培训，规范流程，组织技术骨干深入地铁工地进行现场勘察和测试，对防雷设计图纸逐项进行技术审核，对53个地下站、2个高架站、车辆段内32个建筑物及电子系统等项目进行基础数值采集与分析，并于12月10日左右全面完成4条线路的竣工验收，同时也完成了4号线、大兴线的年度检测工作。

2. "7·21"灾后安置房防雷服务保障

为贯彻落实市局关于"7·21"灾后安置房气象服务会议精神，按照局领导指示，为保障灾区人员和安置房的防雷安全，检测中心积极配合房山、丰台气象局，加强沟通联动，从7月27日开始，检测中心启动防雷服务应急保障机制，历经现场调研、防雷宣传、应急动员、现场保障等各个环节，克服时间紧、任务重、布点广等实际困难，开展重灾区青龙湖镇安置点防雷安全现场勘察，发放1万份"灾区防雷避险宣传单"，完成对15个乡镇46个安置点近6000户的安置房防雷服务保障工作。

3. 中南海防雷保障

2012年5月，检测中心实施对中南海紫光阁、会议中心等建筑物、电子信息机房的防雷服务保障。由于中南海的特殊性和重要性，检测中心专门组织技术研讨会，根据中南海的有关要求制定了详细的防雷服务保障计划，专门成立了两个现场服务保障小组，本着"精湛技术、服务至上"的理念，对中南海内所有防雷装置安全状况进行了检测与技术分析，形成了防雷安全指导意见交予中南海相关安全负责人。

4. 实施海淀区高等院校资源统筹

2012年，检测中心以海淀区作为试点，对20所大学院校进行防雷检测资源集约与统筹，由专门科组负责集中、统一防雷服务保障工作。全年共检测20家，对存在问题的单位提出了整改意见，并组织对所有整改意见进行统计分析，形成了符合海淀区高等院校特点的防雷服务保障方案，这对在城六区推广所有高校的统筹管理具有很好的指导性。

（三）2013年防雷工程

2013年，市检测中心依托科技创新，研制开发防雷检测辅助新设备，使防雷业务得到了进一步拓展。全年共完成以下工作。

1. 防雷业务开拓方面

新建建筑物近千万平方米。为完成市局各项任务指标，检测中心从新建建筑物入手，采取对相关政府部门、职能部门宣传的方式，积极加强联动，2013 年通过多渠道、多方位的努力，新建建筑物防雷检测取得了一定的成果。完成北京市委办公大楼新建检测 7 万平方米；向朝阳区 100 家新建工地发放《新建防雷竣工检测告知书》，完成近千万平方米新建检测，经济效益共计 700 多万元。

雷电灾害风险评估取得一定进展。2013 年，检测中心共开拓雷电灾害风险评估业务项目 8 个，指导区县气象局完成 5 个，并重点开展了首都机场停机坪雷电灾害风险评估项目。

2. 防雷科技创新方面

开发了以三维模拟为标志的古代建筑物雷评技术；研制出无人机、接地电阻监测仪等防雷检测辅助新设备。

（四）2014 年防雷工程

2014 年，市检测中心加强与朝阳、海淀、丰台、石景山气象局的合作，全年共完成"中国尊"、中关村软件园、东城区文化委员会、万国城酒店运营管理有限公司、物美集团等 28 个项目评估工作，同时积极拓宽评估领域，第一次针对改建工程——王府井大饭店及陕气进京天然气管道开展评估工作，积累了评估经验。为充分发挥职工的防雷技术水平，鼓励职工的创新性，"雷电防护技术与服务创新工作室"正式挂牌。

二、重点部门的防雷设施保障

（一）2011 年保障工作

1. 天安门地区防雷保障服务

2011 年，检测中心重点完成了人民大会堂、天安门城楼和旗杆、人民英雄纪念碑、天安门安全管理委员会办公楼、公安部、国家大剧院、故宫电子信息系统等防雷保障工作。特别对保密部门市政府办公区的防雷保障工作进行了多次现场勘察，提出具体防雷保障方案，确保建党 90 周年期间天安门重点活动区域的防雷安全。

2. 城市生命线防雷保障服务

对供电、供水、供气三大行业集中进行防雷安全检查。检测中心联合各相关系统检测站，集中对各城区的供电公司、自来水公司以及燃气集团进行防雷安全检测，并针对该三大行业建立专门检测信息库，由专门的检测小组督促整改落实。

做好朝阳区垃圾焚烧和填埋场的防雷保障工作。作为保障城市运行重要区域之一，检测中心实施对该区域的防雷安全检测，同时选定该区域为雷击风险评估工作的重点项目。

加强移动基站的防雷安全工作。在近3年完成移动基站站点检测保障任务的基础上，2011年重点加强移动基站室内设备的防雷安全。目前，已完成城区、密云、平谷、怀柔等区县近64个移动基站站点的防雷检测工作，实现了所有站点"零"雷击事故。

3. 轨道交通防雷保障服务

完成首都机场综合防雷保障任务。在完成首都机场 T2、T3 航站楼及相关配套设施的基础上，2011年重点完成了位于高山地区的部分航向站以及占地总面积约7万平方米亚洲最大 A380 机库的防雷保障服务。

确保北京大型火车站的防雷安全。为保障京沪高铁的成功运营，专门组织技术团队对始发站北京站的运行轨道进行安全检查，联合相关系统站共同确保北京南站、北京西站等大型火车站的防雷安全工作。

完成地铁、城铁等轨道交通防雷保障任务。在 2010 年出色完成 15 号线、大兴线、房山线、昌平线以及亦庄线共计5条地铁线路的基础上，2011年在法规处的指导下，陆续开展对其他新开通地铁、城铁线路的竣工验收工作，完成地铁8号线、9号线、15号线（部分）的验收，并积极洽谈地铁4号线、1号线等原有线路的检测工作。

4. 重点部门（政府机关）防雷保障服务

以充分保障国家话剧院防雷安全为第一要务，在规定时间内保质、保量地顺利完成国家话剧院新址竣工检测；成功洽谈中央国家机关公务员住宅建设服务中心防雷检测事宜，并成为"战略合作伙伴"单位；首次完成国务院下属机构中国中央直属机关的防雷保障；顺利完成人大常委会办公楼一期、二期工程的防雷保障任务；完成重点部门市政府、全国政协、公安部、统战部、人民大会堂、国务院事务管理局、市公安局、市高法等办公楼的防雷检测工作。

5. 其他要害部位的防雷保障服务

重点加强易燃易爆场所（加油站、天然气管道公司调压站等）、高等院校（北大、清华等）、商企系统（CCTV、CBD 等）、全市中小学抗震加固防雷检测和旅游景区（故宫、颐和园等）等重点领域的防雷安全工作。

（二）2012年保障工作

1. 天安门地区防雷保障服务

以天安门地区为核心，有组织、有计划地开展中南海、人民大会堂、市政府、天安门城楼和旗杆、人民英雄纪念碑、天安门安全管理委员会办公楼、公安部、国家大剧院、故宫等防雷保障工作。

2. 城市生命线防雷保障服务

对供电、供水、供气三大行业集中防雷安全检查。检测中心联合各相关系统检测站，集中对各城区的供电公司、自来水公司以及燃气集团进行防雷安全检测，由中心行业管理科专门负责督促整改落实。

做好交通系统的防雷保障工作。完成首都机场（T1、T2、T3）、北京站、北京西站、公交枢纽总站的防雷服务保障，重点完成城市轨道交通6号线和8、9、10号线二期线路的防雷服务保障。

做好通信系统的防雷安全工作。与移动公司建立了良好的合作关系，将旗下近100个基站的防雷安全保障列为中心日常工作，由专门科组联合基站所在区县检测站负责检测工作，保障了移动基站的防雷安全。

3. 中央部门防雷保障服务

围绕首都"四个服务"定位，重点加强对中央政府机关、市委、市政府以及各职能部门的防雷保障服务工作。按照地理分布、单位性质等特点，空间上制定了以天安门地区为核心，辐射至长安街沿线的防雷服务保障方案。按照单位性质，由高到低将各大部委划分为Ⅰ、Ⅱ、Ⅲ级重点服务保障级别，系统保障天安门核心区、公安部、中组部、中宣部、商务部、水利部等各大政府机关部门近60家。

4. 文物古建防雷服务保障

2012年，按照国家级、市级、区县级三个级别对1129家文物古建的检测工作进行了全面梳理，并分级进行了防雷安全状况抽样调研，向150家文物古建单位发放了防雷问卷调查，根据调查结果分析防雷安全特点，制定了有针对性的防雷保障方案。与故宫管理处合作开展"数字故宫"项目，对故宫古建开展数字化三维防雷技术研究，这对进一步做好故宫防雷安全工作具有很好的指导意义。

5. 高等院校防雷服务保障

重点分析了高等院校防雷检测特点，完成城六区内多所高等院校的防雷服务保障工作，并重点做好了对海淀区高等院校防雷资源的集约与统筹。

（三）2013年保障工作

1. 园博会保障工作

根据园博会建设的需求，检测中心积极配合丰台区气象局，启动重大防雷服务保障应急机制，成立园博会防雷保障团队，赴园博会开展现场调研、沟通接洽，并通过集中力量、精心组织，在园博会开幕式之前，高质量、高标准地完成了主展馆、永定塔、园博馆及市政、公共服务二标段、古民居以及企业园区等项目的防雷保障任务。

2. 中南海保障工作

围绕中南海的特殊性，检测中心积极与国办房屋管理部门沟通，在满足中南海各项检测条件的基础上，专门组织技术团队开展内部建筑物防雷服务保障。同时，经双方有效联动，使防雷服务保障工作形成了常态化的长效机制。

3. 国务院机关事务管理局

2013年，检测中心与国务院机关事务管理局（以下简称"国管局"）建立了良好的"战略合作伙伴关系"，合作推进国管局防雷服务保障工作。正式启动了国管局管辖内的中央编办、教育部、交通部、建设部、发改委等66个单位的防雷检测工作，此66个项目是继2012年以来在国管局防雷服务保障中比较大规模、较集中的一次，也很好地为实现国管局防雷服务保障工作全覆盖奠定了基础。

4. 轨道交通（地铁）

按照市政府重大项目办的总体要求，检测中心积极配合防雷办，实施"24小时应急反应"机制，多次在夜间深入地铁施工现场，克服时间紧、任务重、难度高等实际困难，按市政府要求的时间节点圆满完成地铁14号线2个高架站、4个地下站、1个停车场以及地铁4号线24个地下站、1个停车场、1个车辆段的防雷服务保障任务。

5. "阳光校园金太阳工程"项目

围绕首都文化建设的特点，紧紧抓住中央对学校安全高度重视的契机，加强全市教育系统防雷安全工作。结合全市中小学"阳光校园金太阳工程"项目，采取调查分析、实施检测、科普宣传等方式，完成40余所中小学光伏发电工程的防雷服务保障工作。

（四）2014 年保障工作

1. "中国尊"保障工作

根据"中国尊"建设的需求，防雷中心与朝阳区气象局加强合作，与建设单位相关部门协商沟通，签订防雷安全合作协议，从打地基到完工开展阶段性防雷检测跟踪服务，同时根据中国尊建设方的要求，在时间紧、任务重的情况下，成立"中国尊"雷电灾害风险评估小组，指派专业技术人员通过现场调研、沟通接洽、精心组织、集中力量，确保在规定时间内，高质量、高标准地完成该项建筑的雷电灾害风险评估工作。

2. 轨道交通保障工作

围绕轨道交通（地铁）建设进度，按照市政府重大项目办的总体要求，实施"24 小时应急反应"机制，多次在夜间深入地铁施工现场，克服时间紧、任务重、人员少、难度高等实际困难，完成地铁 4 号线、大兴线、14 号线的常规检测，地铁 13 号线新加装安全门的验收，地铁 6 号线二期、7 号线、14 号线东段及 15 号线西段共计 43 个站以及 3 个车辆段的新建验收工作。同时，通过与地铁方洽谈，与 4 号线及大兴线签订了 5 年《防雷服务保障合作协议》。

3. 中央政府保障工作

围绕首都"四个服务"的定位功能，加强为政府机关提供优质、高效的防雷服务保障，做好中南海、天安门重点区域、国务院机关事务管理局等 41 个中央部委防雷服务保障，做好系统内部电子信息系统检测。同时，为积极做好中央国家机关公务员住宅中心防雷服务保障任务，使防雷服务工作更加有延续性，双方续签了 3 年战略合作协议。

4. 海淀区教委保障工作

围绕首都文化建设的特点，紧紧抓住中央对学校安全高度重视的契机，加强全市教育系统防雷安全工作：一是邀请海淀区教委到中心调研，研讨并确定中小学防雷合作事宜，并拟合作开展雷电灾害风险评估工作；二是集中开展海淀区内清华、北大、人大等高等院校防雷保障工作。

5. 农业银行系统保障工作

在往年服务农业银行总行的基础上，2014 年进一步开拓农业银行系统新领域，增大检测覆盖面，把全市农业银行总行、支行进行集约，服务采取打包形式，全方位的为农业银行系统提供优质的防雷服务保障，共计检测全市农业银行总行、支行 255 家，取得了可观的经济效益和社会效益。

三、防雷装置检测

（一）2011 年防雷装置检测

2011 年，检测中心联合公安、消防、安监等职能部门，以宣传《气象灾害防御条例》为重点，与朝阳气象局积极沟通协调，联合安监部门向朝阳区各街道、地区办事处及各有关单位下发《关于加强朝阳区防雷安全工作的通知》共计 2 万份，建立"朝阳区避雷装置台账"。同时，向 CBD 安委会下发《关于进一步做好商务中心区防雷安全工作的函》，并联合消防主管部门，向东城、西城、崇文、宣武消防支队发放 600 多份《2011 年度防雷检测通知》，取得了良好的反馈效果。

检测中心加强全市各区县系统检测机构的业务管理和技术指导，举全市相关部门、检测机构力量，对故宫、天安门广场、燕化集团等重点区域进行防雷复查工作，共同营造首都防雷安全环境。

（二）2012 年防雷装置检测

2012 年，检测中心以"防雷减灾、服务首都"为宗旨，扩大服务覆盖面，重点检查雷电灾害隐患及易发部位，查漏补缺，为政府机构、公共设施、城市运行、交通教育、住宅小区等系统共计 5056 个单位提供了全方位、立体化的防雷服务，对 2349 家存在雷击隐患的单位提出了整改意见，经过督促检查，整改完成情况良好。同时，与中央国家机关公务员住宅建设服务中心签订《防雷战略合作协议书》，首次完成中国中央直属机关通州新建项目 22 万平方米、常规 100 万平方米的防雷服务保障。

（三）2013 年防雷装置检测

2013 年，检测中心本着"防雷减灾、服务首都"的宗旨，重点检查雷电灾害隐患及易发部位，查漏补缺，为政府机构、公共设施、城市运行、易燃易爆、高等院校、文物古建、住宅小区等系统共计 6176 个单位提供了全方位、立体化的防雷服务，服务面增长 10%，同时对 2568 家存在雷击隐患的单位提出了整改意见，并加强整改的督促检查。在全体检测人员的共同努力下，全年未发生一起雷电灾害责任事故，全市雷电灾害防御能力进一步提高。

（四）2014 年防雷装置检测

2014 年，检测中心本着"防雷减灾、服务首都"的宗旨，为中央政府、轨道交通、文物古建、高等院校、易燃易爆单位以及住宅小区等共计 6496 个单位提供了全方位、立体化的防雷保障服务，服务面增长 8%，对 5196 家存在雷击隐患的单位提出了整改意见，并加强整改的督促检查。2014 年内，共开拓新建检测近千万平方米，并完成 CBD 核心区中国尊、清华、阳光等工程地下防雷隐蔽工程技术服务以及大望京第二商务区竣工检测。在全体检测人员的共同努力下，全年未发生一起雷电灾害责任事故，全市雷电灾害防御能力进一步提高。

第九章　消防安全

第一节　北京市消防局工作概况

一、北京消防 2011 年工作概况

2011 年，消防局紧紧围绕"三项重点工作"和"三项建设"的总体部署，积极推动消防警务机制创新，城市抵御火灾能力进一步增强，实现了首都消防事业科学发展。2011 年内，各级领导高度重视首都消防工作，《北京市"十二五"时期消防事业发展建设规划》于 7 月 1 日正式发布，《北京市消防条例》于 9 月 1 日正式实施，消防责任逐级落实。依托"三大平台"，整合扩充社会资源，不断提升首都政治中心区火灾防控能力，成立三支政治中心区勤务"先锋模范队"，落实常态化勤务标准。形成 119 与 110、120、122 四台资源共享与应急联动机制和环首都七省市区域消防警务合作机制，切实维护了首都消防安全的稳定。2011 年内，成立"北京市火灾隐患情报信息中心"，创建火灾隐患举报投诉新机制，公布了"96119"举报投诉热线电话；推出互联网"北京消防"官方微博。进一步强化部队灭火救援能力，组建 23 支地震搜救队，成立"北京市综合应急救援总队技术支持中心"，建立灭火救援战例研讨机制；努力推进公安消防铁军建设，实名制组建 108 个攻坚班组、建立 20 支"尖刀"队伍，在公安部队"打铁"比武竞赛中取得全国第 9 名的优异成绩，大力提升了部队灭火救援初战能力。推动消防基础设施建设，建成 7 个消防站并投入执勤备防，3 个消防站基本建成，4 个已开工，12 个消防站已完成立项批复；新购置各类消防车 105 辆、装备器材 13354 件（套）。完善部队正规化建设标准，开展达标创优活动，在全国公安消防部队正规化建设现场会上介绍工作经验。成立第一党支部，开展以反腐倡廉为主题的民主生活会，举办"纪律作风教育整顿""廉政教育大讲堂"等活动。坚持"用心爱警、以情待警"的理念，开展"爱警日"活动，完成 297 套干部备勤楼、320 套经济适用房租售工作；建立战时表

彰奖励机制，涌现出了王伟等一批先进典型。组织开展了以"全民消防、生命至上"为主题的第二十一届119宣传周等消防宣传活动。

2011年内，全市共发生火灾4044起，其中死亡18人、受伤24人的重大火灾事故1起，直接财产损失超千万较大火灾事故1起。火灾同比下降26.06%。死亡30人，下降6.25%；受伤41人，上升2.15倍；直接财产损失5034.9787万元，上升15.3%。从火灾原因看，电气原因引起火灾1274起，占31.5%；人为因素引起火灾1323起，占32.7%。从火灾场所看，住宅、宿舍发生火灾1395起，占34.5%；交通工具火灾749起，占18.5%；垃圾废弃物火灾253起，占6.26%。

2011年内，消防局共接报警16811起，营救遇险被困群众3595人次。成功扑救大兴旧宫违建"三合一"厂房、海淀永丰屯乡大牛坊村服装厂火灾，成功求助房山猫耳山北京理工大学迷路的师生，成功处置朝阳和平东街居民楼燃气爆炸和大兴汽油罐泄漏等事故。

二、北京消防 2012 年工作概况

2012年，消防局紧紧围绕做好党的十八大消防安保工作，以工作理念和思路的突破带动工作机制和方法的创新，进一步提升了部队灭火救援能力和监督执法水平，全力维护了首都和谐稳定。2012年内，推动市政府以高于国家标准出台《关于加强和改进消防工作的意见》，联合11个警种实体化办公，发动140万实名志愿群防群治力量，形成了全市动、全警动、全民动的火灾防控人民战争强大阵势，有力促进了消防责任落实。进一步推动社会消防管理创新，在全国首创消防监督员"驻街（镇）制"、"网格化"消防管理、"五到位工作法"消防监督工作体系，夯实了基层防控人力基础；进一步完善火灾隐患情报信息机制，建立战时重点数据库和敏感时期火灾隐患情报信息日分析、周判研制度和举报案件战时直查督办制度，全年"96119"共受理查处市民举报投诉案件5062件，最大限度借助群众之力，将隐患和矛盾化解在基层；进一步深化消防宣传，以浩大声势开展"安正杯"10万家庭消防安全知识竞赛，"百个中队开放、千个社区设站、万场主题活动"119消防宣传月等主题宣传活动，构建了"全覆盖、立体式、常态化"的宣传格局，提升了全民消防安全素质。着力加强部队灭火救援"初战、攻坚、机动"三大能力建设，建成总队、支队两级铁军攻坚突击队18支，成立山岳、水上救援专业队，成功举行地震搜救队应急救援拉动演练，极大提升了对特殊类型灾害事故的专业处置能力；成立5个供水中队，锻造供水保障尖刀；成立3个政治中心区勤务中队，常态化巡逻防

控，实现了十八大期间政治中心区有影响火灾事故"零指标"；建立环首都区域消防警务合作机制，大力提升了部队跨区域协同作战能力。始终坚持"党建是核心、队建是根本"的政治理念，人力加强各级领导班子和干部队伍建设，全年共提任、交流领导干部 443 名；广泛开展"三我"主题实践活动，发现并解决问题 789 个，研发"小发明、小创造"53 个；深入开展正规化建设示范中队达标创建活动，强化榜样引路、文化育警功能，推树府右街中队、王伟、孙忠伟等先进典型，筹拍全国首部火查题材影视剧《燃情密码》，组织文艺小分队深入一线慰问演出，极大地激发了队伍活力。大力推动消防基础设施建设，强化战勤保障支撑，全年共争取各类经费 12.46 亿元，建成并投入执勤备防消防站 15 座，新购置世界先进水平消防车 59 部、器材装备 6 万余件套，部队基层基础实力显著增强。

2012 年内，全市共发生火灾 3417 起，全年没有发生重大或重大以上火灾事故，火灾同比下降 14.99%。死亡 26 人，下降 13.33%；受伤 6 人，下降 85.36%；直接财产损失 2954.5058 万元，下降 41.32%。从火灾原因看，电气原因引起火灾 1234 起，占 36.11%；其次为居民生活用火不慎引起火灾 538 起，占 15.74%。从火灾场所看，住宅、宿舍发生火灾 1290 起，占 37.75%；交通工具火灾 668 起，占 19.55%；垃圾废弃物火灾 119 起，占 3.48%。

2012 年内，消防局共接报警 19750 起，出动警力 22513 队次、39629 车次、277403 人次。营救遇险群众 2870 人次，疏散被困群众 9255 人次。成功扑救了大兴区黄村镇废品站、房山区永安水果批发市场、中农华威制药有限公司、北京韩一汽车饰品有限公司、东城区朝内南小街 439 号院火灾，成功救助了朝阳区西直河村在建工程坍塌事故和东风桥东山墅 062 号、063 号独栋别墅地下一层酒窖施工坍塌事故现场被埋压的工人，妥善处置了朝阳区太阳宫燃气热电有限公司附属设备控制间爆燃事故和大广高速甲醇槽车泄漏等事故。

三、北京消防 2013 年工作概况

2013 年，消防局以党的十八大精神为指引，以"建设最安全城市、打造最廉洁警队"为战略目标，全面构建"消防责任落实、社会力量动员、灭火救援攻坚、综合保障服务、思想政治建设"五大体系，强力打造"管理运行最顺畅、群众参与最广泛、灾害处置最高效、科技装备最先进、队伍作风最优良"五大平台，圆满完成全国"两会"、园博会、党的十八届三中全会等重大安保任务，有力维护了首都消防安全形势和部队稳定。2013 年内，上级领导针对消防工作做出批示、指示 106

次，召开专题会议 120 余次，调研 100 余次；中央在京单位、全市行业系统、各级政府和公安机关召开部署会议 2000 余次；国务院消防工作考核办法出台后，市政府专门成立落实领导小组，市委书记郭金龙、市长王安顺亲自研究部署，出台北京市消防工作考核办法和任务分解账单，将责任制落实情况与党政主要领导年度政绩评价和干部晋职任免挂钩，对消防工作推动不力、发生重特大火灾事故的，实施扣分或一票否决。公安部副部长、市委常委、市公安局局长傅政华多次开会强调消防工作，副市长张延昆召开 4 次全市消防工作联席会议和 20 余次专题会，与主管副区县长逐一签订责任状，强力推进重点工作。郭金龙、王安顺、吉林、傅政华等市委、市政府领导，孙华山等国家安全生产总局领导，陈伟明、杨建民等部局领导均亲自带队督导北京消防工作；市属相关部门及各区县（地区）党委政府领导分别带队深入重点区域、重要场所、薄弱环节实地检查消防安全工作，党委政府对消防工作重视程度空前；全市 10100 家消防安全重点单位、7397 栋建筑完成"户籍化"管理档案建立和系统录入；创新建设最小防灭火单元 2.3 万个，将火灾防控触角延伸到最基层。推动市、区两级住建、民政、文化、教育、卫生等 20 余个部门建立定期情况互通制度，整体提升行业、系统消防安全管理水平。制定《消防安全重点单位标准化管理指导手册》，在 133 家市级消防安全重点单位先行推广消防安全组织制度规范化、标准管理统一化、设施器材标识化、重点部位警示化、培训演练经常化、检查巡查常态化"六位一体"标准化管理模式。"96119"受理举报 32448 个，发放奖励经费 35 万元，群众满意率为 94.65%；开设北京电视台《消防直播》《橙色警戒线》等电视品牌节目；开通"北京消防""三微一信"，并荣获 2013 年度"全国十大政法机构微博奖"和"全国十大公安微博奖"。建立支队级 4 类 18 项、中队级 5 类 19 项战训基础档案体系；组织开展熟悉调研 19560 次、实装测试 9064 次、实战演练 17670 次，创新训练操法 14 个；修订完善作战方案 21000 余份，实现全市重点单位和轨道交通全覆盖；累计发布火情预警 12 次、极端天气预警信息 48 次。15 座新建消防站投入备防，全市消防站数量达到 122 座；新增消防车辆 100 部，装备器材 174 种 70808 件套，部队基层基础设施实力显著提高。建立完善 26 项三级执法质量考评指标体系，开展 14 次执法质量考评，发现并整改执法问题 89 件。出台《轨道交通地上地下一体化消防工作意见》，整合轨道交通支队与全市地铁沿线 12 个支队、66 个中队，形成全局一体化、上下一体化、建设运营一体化工作机制。创新党建"五位一体"机制和"党建督导员"制度，研发消防执法监督评价系统，组织开展"坚定信念、铸牢警魂""中国梦、首都公安梦、我的梦"等主题教育活动，将党的群众路线教育实践活动贯穿全年工作始终。坚决贯彻中央改进作风等八项规定的铁规铁纪，制定精简文会、公车管理、厉行节约等一批加强作风建设规定，出台21条爱警便民政策。

2013年内，全市共发生火灾3417起，全年没有发生重大或重大以上火灾事故，火灾同比下降14.99%。死亡26人，下降13.33%；受伤6人，下降85.36%；直接财产损失2954.5058万元，下降41.32%。从火灾原因看，电气原因引起火灾1234起，占36.11%；其次为居民生活用火不慎引起火灾538起，占15.14%。从火灾场所看，住宅、宿舍发生火灾1290起，占37.75%；交通工具火灾668起，占19.55%；垃圾废弃物火灾119起，占3.48%。

2013年内，消防局共接报警22750起，出动警力33.7万余人次、近5万车次。营救遇险群众2893人次，疏散被困群众12146人次，成功扑救海淀区北三环西路31号北京豪雨林家政服务中心火灾、丰台区鹰山森林公园内园博会在建的永定塔及周边群组工程施工工地火灾、石景山区苹果园南路13号喜隆多购物广场火灾。

四、北京消防2014年工作概况

2014年，在市委、市政府、公安部和市公安局的坚强领导下，北京市公安局消防局以十八大和十八届三中、四中全会精神为指引，着眼"平安北京"建设和"两最"建设战略目标，坚持"大事牵动、基础推动"的工作思路，将国庆65周年庆祝活动、十八届四中全会和APEC会议消防安保工作作为压倒一切的政治任务和中心工作，全面牵动部队建设水平和社会整体防控火灾能力的提升，圆满完成了重大消防安保任务，确保了社会面火灾形势和队伍内部的"双稳定"，为北京社会经济发展和人民安居乐业创造了良好的消防安全环境。强化部门监管，推动市住建、规划等部门联合印发《建设工程消防质量终身负责制实施办法》，严格行政许可审批；联合相关部门共同制定出台医疗机构、电影放映场所等消防安全标准化管理等规定。强化主体责任，高于国家现行标准出台《北京市火灾高危单位消防安全管理规定》，向社会公告发布《火灾高危单位界定标准》和《火灾高危单位火灾风险评估导则（试行）》，出台《北京市房屋租赁消防安全管理规定》；制定《消防安全重点单位实施标准化管理指导手册》，规范了13项制度、6项操作规程。强化网格防控，全市252名区县（地区）领导和3250名乡镇（街道）领导专题研判属地消防安全形势，推动街道乡镇、社区、村、楼院的大、中、小网格实行实体化办公；累计划拨消防网格化建设经费5728万元；落实群防群治力量44.5万人，重大安保期间，

"实名制"网格巡逻，前移预防关口。96119 热线接听举报电话 33795 个，受理转办各类举报投诉 11088 件，解答各类咨询 9672 件，回访群众 4970 次，满意率 96.74%。全力加强党建队建，启动每周典型事迹通报表彰机制，强化榜样引领，全年共有 10 个集体、3916 名个人受到了表彰，2 名个人荣立一等功，4 名个人荣立二等功，520 名个人荣立三等功，3390 名个人获得嘉奖。

2014 年内，全市共发生火灾 4571 起，没有发生较大或较大以上火灾事故，火灾起数同比上升 8.47%。死亡 51 人，下降 3.77%；受伤 15 人，下降 16.67%；直接经济损失 6605.5376 万元，上升 24.52%。从火灾原因看，电气原因引起火灾 1316 起，占 28.79%；其次为遗留火种原因火灾 1210 起，占 26.47%；再次为居民生活用火不慎原因火灾 708 起，占 15.49%。从火灾场所看，住宅、宿舍发生火灾 1476 起，占 32.29%；交通工具火灾 756 起，占 16.54%；垃圾废弃物火灾 487 起，占 10.65%。

2014 年内，119 指挥中心共接到全市报警 43583 起，出动警力 27083 队次 47076 车次 329532 人次；抢救 1721 人，疏散 6721 人。成功扑救 "4·12" 平谷区峪口镇同鹤药业库房、"5·31" 大兴区天河北路天云储运公司库房、"6·5" 朝阳区东坝乡东坝汽配城等多起火灾；成功处置通州区新华大街天然气泄漏等多起事故。

五、北京市公安局消防局部分学术论文及消防重点科研项目成果

（一）发表学术论文
1.2011 年学术论文发表情况
《2011 中国消防协会科学技术年会论文集》
（1）《责令限期改正在消防执法中的适用问题》
古炳文　三等奖
（2）《液化石油气灌装站事故隐患分析及对策》
张田莉、白永强 、吕良海等　二等奖
（3）《浅谈如何实现 "理性、平和、文明、规范" 执法》
王君君、夏宇鑫　二等奖
2.2012 年学术论文发表情况
《2012 中国消防协会科学技术年会论文集》
（1）《惰性气体灭火系统关键部件流动特性及计算方法研究》

施鸿鹏　一等奖

（2）《消防产品自身安全问题探析》

李国华　三等奖

（3）《消防行业建筑物三维模型标准化研究》

李进、杜光、邱华　一等奖

（4）《消防行业特有工种职业技能鉴定的实践与发展》

高晓斌　一等奖

（5）《建筑消防设施的防护等级与多组件消防单元的失效判定》

吉冬梅、杜玉龙　三等奖

（6）《浅谈运用信息科技手段助推消防铁军建设》

赵丙泽　三等奖

（7）《浅析消防应急救援机制的建设》

苗慧燕　三等奖

（8）《消防安全培训师职业设置及职业标准编制初探》

张田莉　三等奖

（9）《当前外墙外保温的火灾风险与国外应用方式介绍》

王新红、王卫东、朱春玲　三等奖

3.2013年学术论文发表情况

《2013中国消防协会科学技术年会论文集》

《面向知识的新型网格化消防安全管理体系深化设计》

宋宁　三等奖

4.2014年学术论文发表情况

《2014中国消防协会科学技术年会论文集》

（1）《深化机制改革　强化科技支撑　增强综合作战能力——关于加速推进现代化消防铁军建设的几点思考》

吴志强　一等奖

（2）《对人员密集场所建筑物外墙广告牌消防安全问题现状的分析与思考》

黄波　二等奖

（3）《浅析如何减少消防官兵在灭火救援行动中的伤亡》

苗慧燕　三等奖

（二）重点科研项目成果

1.2011 年重点科研项目

"机动式高压水雾灭火装置"项目

该装置为远程灭火系列装置，通过对航空技术的移植、重新设计，将燃油动力装置、柱塞泵、高压管道及连接组件、多功能喷枪优化组合，固定在各种小型运输工具上，集成为机动式细水雾灭火装置，能将柱塞泵产生的高压通过喷枪把水转化为细水雾，高效灭火。该项目于 2014 年 5 月通过验收。

2.2012 年重点科研项目

"消防车液体灭火剂量自动监测显示系统"项目

该项目研究了一套能将火场液体灭火剂量信息实时、智能地进行统计的系统，包含 1 台指挥部终端、5 台消防车终端和 2 台手持台终端。该系统能够将消防车剩余液体灭火剂量以数字形式显示在驾驶室，同时将各辆消防车和指挥中心系统无线连接后，自动将剩余液体灭火剂量和总使用量显示出来，并实现实时更新。

"新型消防员灭火个人防护装备研究"项目

该项目被列为北京市科委 2012 年重大科研项目，利用人—机—环境系统工程理论，将航天服热防护系统的先进设计与工艺转移到消防灭火救援的个人防护上，采用人机工效学设计方法在防护头盔、防护服装、防护手套、防护靴和制冷背心的材料选用、结构设计、工艺实现、材料加工等方面进行综合研究，使消防个人防护装备的性能、款式更符合作战需要；采用集成化设计，在设计阶段集成呼吸防护与信息传输产品，满足个人灭火防护装备智能化需求，形成新型消防员灭火个人防护装备的原理样品。

3.2013 年重点科研项目

"多功能救援器材运载投送装备及其应用研究"项目

该项目是针对国内外现有消防装备无法解决城市环境下高层、超高层建筑火灾扑救和救援器材投送的难题，继承成熟的航天发射技术、控制技术和信息处理技术，研发出来的一套高精度、远距离、多功能救援运载平台。该装备可将灭火剂等多种消防救援器材投送到预定区域。采用模块化设计，使用方便，安全可靠，也可应用于野外攀登、洪水围困救生等救援领域。其成果填补了国内外该类技术领域空白。

4.2014 年重点科研项目

"消防员空气呼吸器数字气压报警装置"项目

目前消防员使用的空气呼吸器均采用机械式气压表，该表所显示的气压值精确度存在一定的偏差，且不易读取。该项目研究数字化的空气呼吸器压力表，提高精确度，具有数显读数和数据通信功能，支持本地报警和上传报警。能够智能感知空气呼吸器实时压力，发出语音、闪光提示，在空呼器瓶压力降至危险值时，同时发出三种报警信号（两种声音和一种闪光）。与机械式气压表相比，其可节省气瓶空气资源，延长气瓶的使用时间，更好地保障消防员的生命安全。

"基于 BIM 的建筑消防数字化技术及其示范应用研究"项目

该项目 2014 年 7 月申报北京市级科技计划绿色通道项目。针对当前城市建筑消防安全所面临的问题，为实现"科技强警、科学用警"的目标，该项目结合建筑及信息技术领域的最新技术，利用 BIM 技术所包含的丰富信息（几何信息和功能信息），为消防安全及其应用提供充分、有效的信息基础，研发一套先进、科学、高效的建筑数字化智能消防管理系统。该系统以三维可视化形式展现建筑内部结构及消防设施、消防预案、消防演练等信息，并支持建筑消防设施的精细化管理及自动监督检查、人员疏散分析等。它不仅能够提高建筑使用者的自防自救能力，也可以提高消防管理部门的防火监督能力和救援部门的灭火作战能力。该系统的建设将在北京市范围内，甚至全国范围内起到良好的宣传教育和示范作用，同时系统地推广应用将会显著提高北京市整体的防御和控制火灾能力。

第二节 灭火救援

一、2011 年

2011 年，消防局 119 指挥中心共接报警总量 18002 起，其中火警 6424 起、社会救助 6729 起、抢险救援 4849 起。

（一）成功处置朝阳区和平街 12 区 3 号楼"4·11"燃气泄漏爆炸事故

2011 年 4 月 11 日 8 时 27 分，朝阳区和平街 12 区 3 号楼发生燃气泄漏爆炸事故，导致 6 人死亡（3 男 3 女）、1 人受伤（女）。消防局 119 指挥中心接到报警后，先后调集消防局、朝阳支队全勤指挥部，朝阳支队亚运村、左家庄、奥林匹克公园、搜救犬、望京中队，东城一支队地坛、北新桥中队，西城一支队什刹海中队等8个消防中队35部消防车200余名消防官兵相继赶赴现场处置，同时报告市应急办，立即启动北京市重大灾害事故处置预案，调集社会联动力量到场协助处置。在灾害事故处置过程中，市委书记刘淇、市长郭金龙等市领导先后到达现场；市公安局傅政华局长、丁世伟副局长亲临一线指挥；消防局张高潮政委、武志强副局长、张志明副局长，朝阳区委、区政府及相关委办局领导也先后到达现场组织灾害事故处置工作。此次灾害事故的成功处置受到公安部、市委、市政府、市公安局及朝阳区委、区政府领导的充分肯定。

（二）成功扑救海淀区田村路"5·8"天下城市场火灾

2011年5月8日18时55分01秒，海淀区田村路天下城市场发生火灾。消防局119指挥中心接到报警后，迅速调集海淀支队采石路中队出动6部消防车34名官兵到场处置。中队到场后，起火楼浓烟翻滚。经询问知情人，在起火层东侧天下城宾馆及四、五层住宅有大量人员被困。中队以"救人第一"的指导思想，将主要力量分为4个搜救小组，每组4人，分别对商品区、天下城宾馆、网吧、KTV及五层办公住宅等地进行搜救疏散，共疏散300余人，火灾现场未造成人员伤亡。

（三）成功扑救大兴区旧宫镇"4·25"火灾

2011年4月25日1时13分，消防局119指挥中心接到报警，大兴区旧宫镇南小街3队振兴北路27号自建房屋发生火灾，有大量人员被困，情况紧急。消防局指挥中心立即调派高米店、大红门、西红门、亦庄、右安门、安定和古城中队等7个中队及消防局、大兴支队两级全勤指挥部，共29部消防车206名官兵前往现场扑救。当日1时35分，辖区高米店中队首先到达火场展开战斗，2时02分，火势被扑灭。在灭火救援行动中，中共中央政治局委员、北京市委书记刘淇，市委副书记、市长郭金龙，市委副书记、市政协主席、市委政法委书记王安顺，市委常委、市委秘书长李士祥，市委常委、市公安局局长傅政华，副市长苟仲文、丁向阳，市政府秘书长孙康林，公安部消防局局长陈伟明，市公安局副局长丁世伟、姜良栋，消防局政委张高潮、司令部参谋长李洋波、防火部部长谭林峰等领导亲临现场一线指挥。

火灾扑救过程中，共疏散营救被困群众64人。其中，从着火建筑疏散营救有行动能力人员10人，无自主行动能力人员34人；从毗邻建筑疏散营救人员20人。

火灾共造成 18 人死亡，24 人受伤。过火面积约 300 平方米，火灾直接财产损失 34.9489 万元。经调查，火灾原因系电动三轮车蓄电池电源线短路引燃周围可燃物。

二、2012 年

2012 年，消防局 119 指挥中心共接报警总量 19750 起，其中火警 4856 起、社会救助 8783 起、抢险救援 6111 起。

（一）成功处置"7·21"特大暴雨灾害抢险救援

2014 年 7 月 21 日 12 时至 22 日凌晨 4 时，北京市遭遇 61 年以来罕见特大暴雨，一时间全市多处路段、街道、小区、村庄、堤坝频频告急。截至 7 月 24 日 11 时，消防局共接警出动 2073 队次 2289 车次 16793 人次；解救被困群众 2856 人，疏散被困群众 4017 人，排水 20 万余吨，积极挽救了首都人民群众的生命财产安全，充分发挥了抢险救援尖兵的巨大作用。

此次强暴雨灾害导致全市平均降雨量达 190.3 毫米，降雨造成全市 496 处积水点（主要道路 63 处积水，其中 30 处路段积水达 30 厘米以上）；路面塌方 31 处，5 条运行地铁线路的 12 个站口因进水临时封闭，机场线东直门站至 T3 航站楼段停运；1 座 110 千伏电站水淹停运，25 条 10 千伏架空线路发生故障；平房漏雨 1105 间，楼房漏雨 191 栋，雨水进屋 736 间，地下室倒灌 70 处；城区数百辆汽车被淹；全市受灾面积达 1.6 万平方千米，其中成灾面积 1.4 万平方千米；全市共计受灾人口 190 万人，其中房山区 80 万人；转移群众 56933 人，其中房山区转移 20990 人；直接经济损失 118.35 亿元，为北京市近 5 年气象灾害造成直接经济损失总和的 3 倍多；因灾死亡 79 人。

（二）火灾案例

1. 房山区城关镇永安农副产品批发市场火灾

2012 年 2 月 6 日，房山区城关镇永安农副产品批发市场中心 5 号楼南侧水果摊区发生火灾，造成 3 人死亡、2 人受伤，过火面积约 500 平方米，火灾直接财产损失 27.1240 万元。经调查，火灾原因系刘某在永安农副产品批发市场中心水果摊区内燃放的烟花爆竹将附近水果摊位顶棚引燃所致。

2. 海淀区公主坟海军大院火灾

2012 年 2 月 6 日 18 时，海淀区公主坟海军大院东门家属楼发生火灾，由于该楼楼顶为木质框架阁楼，楼顶瓦片下用防水油毡铺垫，同时阁楼内可燃物较多，且受大风天气影响，在不到 10 分钟内就形成了大面积立体燃烧，火势迅猛发展，火焰高度近 10 米。海军大院工作人员发现火灾后立即调派内部消防力量到场进行处置，利用内部消防车出一支水枪和灭火器进行灭火。但由于风势太大，前期火灾控制不力，整个顶层阁楼形成了立体燃烧火灾，并且火借风势很快向南部、西部和建筑四层内蔓延，现场情况万分危急。当日 18 时 14 分，消防局 119 调度指挥中心接到报警，迅速调集消防局、海淀支队、丰台支队全勤指挥部以及五棵松中队、西客站中队、北大地中队共 3 个中队，15 部消防车 120 余名官兵投入灭火战斗，历时 6 小时将火灾彻底扑灭，火灾过火面积 220 平方米。此次火灾扑救成功保住了与阁楼相连的南部和西部阿顶结构楼房，成功将火势阻截在起火层，未向四至一层蔓延，及时疏散被困群众 20 余人，未造成人员伤亡。

（三）地下建筑火灾事故灭火救援拉动演练

2012 年 1 月 6 日晚，消防局在海淀区马连洼北路六郎庄公租房工地成功举行了地下建筑火灾灭火救援实战拉动演练。消防局张高潮局长、吴志强政委、武志强副局长，司令部李建春参谋长，赵明生、高永路副参谋长，后勤部周士涛副部长，海淀分局尹燕京局长及消防局司令部战训处、通信处、指挥中心、特勤大队、后勤部装备处、修理厂，海淀支队的相关领导观摩了演练，消防局灭火救援人才库部分领域专家组成现场评估组，海淀支队全勤指挥部及所属清河中队、双榆树中队、西二旗中队，朝阳支队亚运村中队，丰台支队右安门中队，共计 20 部消防车 110 余名官兵参加了演练。

此次演练采取不打招呼、不下通知、临时设情、随时调集的方式进行，灭火救援专家评估组对演练中的初战指挥、人员搜救、初期控火、火场排烟、个人防护、现场照明、图像传输、全勤指挥部指挥等关键战术环节进行了评估。

三、2013 年

2013 年，消防局 119 指挥中心共接报警总量 22750 起，其中火警 4991 起、社会救助 9087 起、抢险救援 8672 起。

（一）石景山区喜隆多购物中心火灾案例

2013 年 10 月 11 日 2 时 59 分，消防局 119 指挥中心接到石景山区苹果园南路

13 号（喜隆多购物中心）发生火灾的报警，先后调集 15 个消防中队 64 部消防车 350 余名消防官兵到场进行火灾扑救，调集消防局及石景山、海淀支队全勤指挥部到场指挥。经过参战官兵的奋力扑救，当日 10 时 20 分火势得到有效控制，11 时整大火被扑灭，成功保住了起火建筑一、二层摊位及周边毗邻建筑。火灾扑救过程中，市委副书记、市长王安顺，公安部副部长、市委常委、市公安局局长傅政华，市公安局副局长丁世伟、李润华，市局政治部主任李建华，公安部消防局战训处处长魏捍东亲临现场指导灭火救援工作，消防局党委班子成员全部赶赴现场指挥灭火战斗。石景山区公安消防支队司令部参谋长刘洪坤、八大处消防中队副中队长刘洪魁在灭火战斗过程中壮烈牺牲。过火面积约 3800 余平方米，火灾直接财产损失 1308 万元。经调查，火灾原因系喜隆多购物中心一层麦当劳甜品操作间内电动自行车蓄电池在充电过程中发生电气故障。

（二）丰台区园博会永定塔火灾案例

2013 年 4 月 8 日 15 时 08 分，消防局 119 指挥中心接到丰台区长辛店镇第九届中国（北京）国际园林博览会在建工程永定塔及其附属建筑发生火灾的报警后，迅速调集消防局、丰台支队两级全勤指挥部以及丰台、海淀、石景山、门头沟、大兴、顺义、昌平支队，后勤部战勤保障大队、车辆装备维修中心等 16 个中队 54 部消防车 300 余名消防官兵赶赴现场进行火灾扑救；调集丰台区政府专职消防队、市政环卫 20 辆洒水车协助火灾扑救。当日 19 时 15 分，火灾彻底扑灭，过火面积 1500 平方米。经过全体参战官兵的艰苦奋战，成功保住了主塔 90% 部分及西侧群房，最大限度地减少了财产损失。火灾扑救过程中，市委书记郭金龙，市委副书记、市长王安顺同志在第一时间做出重要指示，要求迅速组织力量，科学施救，确保不发生人员伤亡。市委副书记、政协主席吉林，市委常委、常务副市长李士祥，市委常委、市公安局局长傅政华，市政府秘书长李伟，公安部消防局副局长朱力平，市公安局副局长丁世伟、张兵等领导亲临一线指挥。同时，市应急办、武警北京总队、园博会组委会、丰台区环卫局、市公安局交管局以及医疗急救等单位及时到场支援，配合做好应急处置和保障工作。

（三）朝阳区十八里店乡小武基火灾案例

2013 年 11 月 19 日 20 时 30 分，朝阳区十八里店乡小武基村第三管理站临 38 号院发生火灾。消防局 119 指挥中心接到报警后，先后调集 11 个消防中队 52 部消防车 300 余名消防官兵到场进行火灾扑救，调集消防局及朝阳支队全勤指挥部到场指挥。火灾扑救过程中，中共中央政治局委员、北京市委书记郭金龙，市委副书记、市长王安顺，常务副市长李士祥、市委政法委书记赵凤桐、副市长张延昆，公安部副部长、市委常委、市公安局局长傅政华，副局长丁世伟等领导到场指挥，消防局张高潮局长、吴志强政委等党委班子成员赶赴现场指挥灭火战斗。经过参战官兵的奋力扑救，当日 22 时 15 分火势得到有效控制，23 时 02 分大火被彻底扑灭，成功保住了起火建筑北侧、东侧、南侧及周边毗邻建筑，火灾共造成 12 人死亡、4 人受伤，过火面积约 560 平方米，建筑物直接财产损失 26.6980 万元。经调查，火灾系电气原因所致。

四、2014 年

2014 年，消防局 119 指挥中心共接报警总量 48721 起，其中火警 4961 起、社会救助 9300 起、抢险救援 10675 起。

（一）西城区半步桥街 44 号院居民楼火灾案例

2014 年 5 月 29 日 18 时，位于西城区半步桥街 44 号院一老式居民楼发生火灾。消防局 119 指挥中心接警后，先后调集消防局、西城支队两级全勤指挥部，东经路、广安门、金融街、右安门等 12 个中队 61 部消防车 300 余名官兵到场进行处置。经过全体参战官兵 2 个多小时的奋力扑救，火灾于当日 20 时 53 分被成功扑灭，无人员伤亡，过火面积 800 平方米。

（二）朝阳区燕莎奥特莱斯购物中心灭火救援实战拉动演练

2014 年 1 月 23 日 22 时 30 分，消防局在朝阳区燕莎奥特莱斯购物中心成功举行夜间灭火救援实战拉动演练。此次演练得到了各级领导的高度关注，公安部消防局战训处杨国宏副处长，消防局张高潮局长、吴志强政委，李进、于永林副局长和李建春参谋长，朝阳区公安分局陶晶局长，区政府张维刚副区长、政府办杨建海主任、应急办毕驷平主任等领导现场观摩指导演练工作。

演练采取临时设情、模拟真实调集、实战出水及多警联动的方式进行，重点设置了远程供水科目和人员搜救难、内攻处置难的灾害场景，灭火救援专家评估组对演练中的组织指挥、火情侦察、现场警戒、安全防护等关键环节进行实际评估。期间，共调集了朝阳、通州、丰台、大兴、开发区、特勤等 6 个支队的 15 个中队 45

部消防车 350 余名官兵，消防局全勤指挥部，朝阳、通州、开发区支队全勤指挥部、战勤保障大队到场指挥处置；朝阳区相关社会联动单位的 8 部车辆、100 余名人员参加了演练。演练中，组建了 1 个火灾现场指挥部，占领地下消火栓 16 座，形成供水干线 10 条，最远供水距离达到 1 千米，最大供水强度达到 500 升／秒，设置水枪阵地 9 个、水炮阵地 4 个、举高车阵地 3 个、照明阵地 6 个，组成了 18 个灭火攻坚组。整个演练过程中，指挥部组织指挥协调得力，下达作战指令明确；内攻官兵携带器材齐全，技战术运用科学；水枪、水炮阵地设置合理；后方供水保障及时、不间断；通信网络畅通、清晰。通过此次演练充分展示了体系化、规范化作战效果，圆满完成了演练任务。演练结束后，张高潮局长、吴志强政委对演练情况进行点评，并针对如何有效扑救大型商市场火灾及应采取的技战术对策进行了深入探讨，提出了建议和意见。

第三节　消防法制

一、2011 年

（一）完成消防行政拘留案件办理模式改革

根据各级领导对消防行政拘留案件的指示、批示要求，消防局多次前往市局法制办进行专题研究，并到朝阳、大兴等支队进行实地调研，根据市局《关于加强消防行政拘留案件办理工作的意见》的文件精神，出台了《消防行政拘留案件办理流程参考意见》。

（二）以网络平台为依托，利用高科技现代仪器，加强执法信息化建设

为了加强法制工作的信息化建设，根据市局要求，消防局建成了视频会议系统，并于 2011 年 9 月 27 日正式投入运行，在案例研究、执法规范化、信息交流等方面，极大提高了工作效率。结合公安部消防局"执法移动终端"试点工作，印发了消防局《执法规范化硬件建设试点及达标验收工作方案》，通过对海淀、房山支队等 9 个试点单位进行现场指导调研，起草了《关于执法规范化硬件建设有关问题的请示》，随后积极组织推动和指导 9 个消防执法规范化硬件建设试点单位，全面加强硬件建设，为规范执法提供物质保障。

（三）积极推动执法办案场所建设，建成专门执法办案场所

2011年内，消防局法制部门推动局机关建立了专门"三室"，并作为市局警种系统的示范单位。同时，积极推动局属单位建设"三室"，局属部分单位"三室"建设取得明显成效。

（四）开展执法主体建设，健全执法制度

根据部局及市局文件精神，分别起草了《北京市公安局消防局法律审核和集体议案工作规定》《北京市公安局消防局法制部门和法制员队伍建设规定》和《北京市公安局消防局关于对专项行政执法工作进行法制论证评估的通知》。同时，根据部局文件精神，对《关于规范消防行政处罚自由裁量权的通知》进行了修订，重新设定了消防行政处罚考量因素及权重系数标准，减少了执法随意性。

（五）完成《北京市消防条例》修订工作并发布施行

2011年5月27日，北京市第十三届人民代表大会常务委员会第二十五次会议表决通过《北京市消防条例（修订稿）》，定于2011年9月1日起施行。修订后的《北京市消防条例》更加有利于保障消防工作与首都经济建设和社会发展相适应；更加有利于全面落实消防安全责任制；更加有利于加强和改革消防工作制度；更加有利于推进市场机制和经济手段防范火灾风险；更加有利于加强应急救援工作；更加有利于完善消防执法监督工作机制。

二、2012年

（一）全力推进"三制"工作

根据《国务院关于加强和改进消防工作的意见》中对"三制"工作的要求，消防局负责"建设、设计、施工、监理单位重大消防安全违法行为黑名单制度"的推行任务，多次与工商管理局就"黑名单制度"的建立召开专题会议，并在2012年4月27日专门邀请法律方面的专家召开法制研讨会。起草了《关于进一步加强企业信用信息归集报送工作推动建立"黑名单"制度有关问题的通知》，为"黑名单制度"的全面推广做好充分准备。

（二）提高立法保障

根据市政府 2012 年立法工作安排，消防局承担《公共消防设施建设管理办法》立法调研工作，组织各责任部门召开会议，并起草《北京市公安局消防局 2012 年消防立法工作实施方案》，确保此项立法任务的完成。

（三）积极推动公众责任险

为认真贯彻落实《国务院关于加强和改进消防工作的意见》（国发〔2011〕46号），积极稳妥地推进全市火灾公众责任险试点工作，消防局积极与市金融局、保监局进行交流沟通，并多次召开工作会议，讨论公众责任险的可行性，从而进行有效推动。

三、2013 年

（一）实施行政审批五项便民措施

为深入开展党的群众路线教育实践活动，深化消防行政审批制度改革，消防局于 2013 年 9 月 4 日制定并印发《行政审批五项便民措施》，该措施的出台是落实中央行政审批制度改革的总要求，解决群众反映强烈问题的重要举措，达到了规范行政审批行为、精简申报材料、优化审批流程、提高审批效率、群众满意的效果。

（二）立法保障

根据市政府 2013 年立法工作安排，消防局起草的《北京市公共消防设施管理规定》被列为 2013 年市政府立法工作调研项目。

四、2014 年

（一）立法方面

推动立法进程，广泛征求《北京公共市消防设施管理规定》草案稿意见。根据《北京市人民政府办公厅关于印发〈市政府 2014 年立法工作计划〉的通知》（京政办发〔2014〕29 号）要求，消防局负责起草的《北京市消防设施管理规定》被列入市政府 2014 年力争完成的政府规章项目，为了落实《北京市公安局关于认真贯彻2014 年市政府立法计划做好全年立法工作的通知》（京公法字〔2014〕1019 号）的具体工作部署，消防局制定了《〈北京市消防设施管理规定〉立法工作实施方案和时间计划安排》，并总结前期立法成果，起草了《北京市消防设施管理规定》草案稿，广泛征求各单位意见。

（二）全面开展火灾隐患集中排查整治专项行动

为实现"9月底前全市消防安全环境和队伍形象实现历史同期最好水平"的目标，消防局按照公安部、市委、市政府统一部署，在市局党委的坚强领导下，自6月15日至9月末，全市各区县分三个阶段组织开展了北京历史上最大规模的火灾隐患集中排查行动，以消防业务骨干为牵引，带动配合各区县职能部门、社会群防群治力量，以"零容忍"的态度、"零懈怠"的精神，对全市火灾隐患进行"大兵团""地毯式"围剿，行动成效显著，社会各界反响强烈。

（三）落实制度建设，梳理现行有效的规章和规范性文件目录

为了全面加强消防监督执法规范化建设水平，为制度建设和执法工作提供法律依据，结合近期公安部对现行的部门规章（截至2014年4月）和规范性文件（截至2013年2月）进行的清理结果，梳理了消防部分现行有效规章10件、规范性文件47件，废止规范性文件8件，并将《公安部现行有效规章及规范性文件目录》和《公安部决定废止的规范性文件目录》及其中有关消防的规章及规范性文件目录转发，以正式文件的形式请各单位认真组织学习，并严格遵照执行。

（四）巩固整顿成果，组织编写《消防监督执法指南》丛书

为了进一步明确消防监督执法每个流程、每个环节、每个行为和每个动作的执法基本要求和刚性标准，巩固"执法不公、群众不满"问题大整顿工作成果，消防局法制处牵头以消防法规为基础，在前期清理执法规范性文件的基础上，以法律文书范例为主要载体，将分散在各规范性文件之中有关执法办案的规定进行全面整合，组织编写了具有综合性、要点性、指导性的工具书《消防监督执法指南》丛书。

（五）配齐执法装备器材，完善执法硬件保障

为进一步规范执法行为，固化执法证据，消防局先后斥资350余万元购置执法监督检查器材装备1200套、执法记录仪460部及配套设施发放执法一线，制定出

台措施规范执法记录仪的管理与使用，并于 5 月在东城支队召开"执法记录仪试点现场会"，从根本上对消防执法活动进行了规范。

第四节　消防科技装备

一、2011 年

（一）提高消防装备水平

2009 年"2·9"央视火灾后，消防局抢抓机遇，深入思考，积极作为，变压力为动力，紧紧抓住市委、市政府高度重视高层建筑火灾扑救工作的契机，认真当好党委政府参谋，专门成立高层灭火救援调研工作领导小组，深入研究高层建筑火灾扑救工作，全面梳理了北京市高层建筑和消防部队车辆装备实力情况。在此基础上，2011 年向市委、市政府提交了进一步加强北京消防防灭火工作的专题报告，提出了加强消防部队车辆装备的建议，得到了政府领导和市财政局的批准，争取到灭火救援车辆装备专项资金 84812.04 万元，其中 2009—2010 年投入 50752.04 万元、2011 年投入 34060 万元。

（二）制定装备发展规划

2011 年，消防局组织专门力量对当前和今后的消防安全形势以及车辆装备需求进行了认真研究，并专门邀请公安部消防局装备专家对消防局的消防装备建设发展进行论证评估。在此基础上，结合北京特殊环境和灭火救援任务要求，提出了 2009—2011 年装备建设三年规划。其中，2009—2010 年利用 50752.04 万元购置了水罐车、泡沫车、云梯车和充气车等共 78 辆消防车和高层火灾救援器材及通信器材共计 10660 件套；2011 年利用 34060 万元购置水罐车、泡沫车和云梯车等共 77 辆消防车。

（三）强化装备规范化管理

2011 年，消防局通过建立装备技师每月讲评制度和巡检制度等，充分发挥装备技师及兼职质量检验员的作用，加大对执勤中队车辆装备质量的督导检查力度，通过督导检查，及时发现和解决装备管理存在的问题，提升了全局装备管理水平。

（四）组建地震救援队

根据跨区域地震救援工作需求，切实做好救援队装备配备工作，消防局及时申请专项资金为 3 支重型、8 支轻型地震救援队购置配备雷达生命探测仪、冲击钻、凿岩机等装备器材 1958 件套。

二、2012 年

（一）提高消防装备水平

2012 年内，消防局制定了《2012—2015 年装备建设发展规划》纲要，提出了未来四年车辆装备建设发展思路和目标，特别是本着"国内领先、世界一流"的标准和从内到外、从上到下成配套的防护体系新标准，完善了消防员个人防护体系。2012 年，共计完成消防车 61 辆、装备器材 70 种 137355 件套和新兵个人装备的采购，验收到货消防车辆 77 辆、各类器材装备 205 种 50787 件套，及时为基层中队调整配发消防车 118 辆、器材装备 37768 件套；购置组建供水保障分队专用消防车 24 辆，及时报废老旧消防车 27 辆、器材装备 35000 余件套。一大批具有世界先进水平的消防车辆装备投入执勤备战，极大地提高了全市消防车辆装备水平。

（二）升级改造 119 指挥调度网

对消防局 119 指挥调度网的网络核心设备进行升级改造，扩容网络链路带宽，优化网络结构。升级后，消防局到各支队网络带宽由原来的 10 兆升级为 100 兆，消防局到各中队带宽由原来的 10 兆升级为 20 兆，基本满足了今后部局消防业务推广的需要。

（三）推广部署公安部消防局一体化消防业务信息系统

深化应用"十一五"消防信息化建设成果，相继开展并顺利推广应用了公安部消防局下发的灭火救援业务管理系统、跨区域指挥调度系统以及包括日常办公协作平台、卫生管理、机关管理、警务管理、政治工作、装备管理、营房管理、财务管理、军需管理等 9 个部队管理业务信息子系统的一体化消防业务信息系统。

（四）推进消防移动执法终端和移动办公终端应用

按照公安部消防局有关要求，北京市公安局消防局建设完成了消防移动接入系统并投入应用，实现了公共无线网络与公安信息网的边界接入和安全管理，满足了消防现场监督执法、灭火救援移动指挥和实战需要，首次为局机关及各支队相关业务部门开通并配发各类系统终端 259 套，其中移动指挥终端 90 套（灭火救援指挥箱）、移动执法 / 办公终端 169 套。

（五）建设多种形式消防队伍

2012 年内，公安部消防局下发《乡镇消防队标准》，将乡镇政府专职消防队按照等级分成一级专职消防队、二级专职消防队、志愿消防队三类。结合北京市政府专职消防队的实际情况，共有 60 支政府专职消防队，人员 902 人、车辆 132 部；75 支志愿消防队，人员 890 人、车辆 120 部。新建朝阳区十八里店乡政府专职消防队和丰台区花乡看丹政府专职消防队，全市新增政府专职消防队员 175 人。11 月，消防局在十八里店乡政府组织召开了全市多种形式消防队伍建设现场会。

三、2013 年

（一）强化消防装备建设

通过引入装备建设专家评估论证机制，推进车辆装备达标建设和装备统型，强化专业救援装备、攻坚装备、个人防护装备的配备等有力措施，全市消防部队车辆装备进一步优化。2013 年内，申请消防装备建设专项经费 20037.835 万元，共计采购小型雷诺消防车、多功能抢险救援车、器材保障车、雪地灭火救援消防车和现场勤务车等各种消防车辆 100 部，装备器材 174 种 70808 件套，实现了 2013 年年增 100 部消防车的目标，全市 90% 的消防中队装备达到或部分超过部颁标准；50 个特勤和一级普通消防站达到"四个一"基本作战单元配备要求。

（二）完成 119 消防指挥中心接处警系统升级改造

2013 年内，消防局依照消防业务一体化"数据标准化、界面人性化、总体架构集成化和外围接口通用化"的建设原则，完成了 119 消防指挥中心接处警系统与装备管理、灭火救援业务管理、警务管理、政工管理等业务系统的集成改造以及相关网络基础环境改造、外围系统接口开发和基础技术系统集成的工作。初步实现了全市"警情集中受理、统一调度处置、全程录音计时、数据集成共享"的接处警系统运维管理共享新格局。

（三）完成消防 GIS 与 PGIS 平台对接及数据共享集成

按照"统一标准、统一软件、统一平台"的建设思路，2013 年内消防局完成消防 GIS 与 PGIS 平台对接，实现地理信息平台服务以及数据资源的最大共享及应用，为消防监督执法、灭火作战、抢险救援提供地理信息服务支持，为各相关业务系统和区县消防支队二级指挥中心提供统一、标准的 GIS 服务，广泛应用于首都消防部队 119 报警信息定位、图形化调度、导航、水源搜寻、火灾影响范围分析、灾害趋势分析、执勤作战预案制作、消防队站部署规划、消防安全重点单位管理、图像信息管理等各个方面。

（四）开展"消防综合应急救援地理空间数据管理系统及应用"课题研究

2013 年内，消防局与中国科学院地理科学与资源研究所联合开展"消防综合应急救援地理空间数据管理系统及应用"课题研究，立足于消防一体化业务信息系统、数字化预案管理系统、火灾隐患情报信息系统、图像综合集成平台、3G 图像传输系统等系统平台基础，研究跨结构化多源消防地理空间数据的一体化查询处理、高效空间算子与函数以及查询处理优化技术，可按空间位置或关键词快速检索并汇总与地点或主题相关的各类消防数据资源，实现声、像、图、文一体化的内容高效搜索、结果快速汇总、数据实时存取，为快速应急救援综合辅助决策提供支撑。

（五）建设多种形式消防队伍

截至 2013 年底，全市共有乡镇政府专职消防队 62 支人员 1065 人车辆 137 部，志愿消防队 75 支人员 890 人车辆 120 部。新建房山区青龙湖镇政府专职消防队站和海淀区东升镇政府专职消防队，新增政府专职消防队员 163 人。全市多种形式消防队伍积极参加灭火和抢险救援，其中丰台区新发地专职消防队连续成功处置"8·3"丰台区新发地水果批发市场精品 2 区火灾和"8·4"新发地右安路运送液化石油气罐的汽车火灾，受到消防局通报表彰。2013 年底，在公安部举办的首届"119"消防奖评选表彰活动中，中国石油化工股份有限公司北京燕山分公司消防支队代表本市多种形式消防队伍荣获首届全国"119"消防奖先进集体。

四、2014 年

（一）完成 119 消防指挥中心接处警系统通信设备双备份改造

2014 年内，消防局依照"双路汇聚、双路路由、双路传输、双路交换、双路通信、互为备份"的结构模式，完成了 119 消防指挥中心接报警通信设备双备份改造，进一步提高了 119 消防指挥中心接处警电话交换部分故障的自愈能力和话务数据的承载能力。

（二）构建 119/122 指挥中心警情联勤联动新模式

2014 年内，消防局与交管局在 119 指挥中心和 122 指挥中心实现公安专电、调度专电和 800 兆电台互通，在 119 指挥中心安装交通地图台和道路监控平台，实时查看全市路况信息和道路监控图像信息；在 122 指挥中心安装消防地理信息平台，提供消防中队、火警位置、北斗定位等信息，为实现消防、交管联勤联动提供了有力支撑。

（三）推动物联网建筑消防设施远程监控系统二期工程建设

2014 年内，物联网建筑消防设施远程监控系统二期工程完成市财政局立项批复，预算投资 2809.6576 万元，计划全市新增 2000 家物联网单位。截至 2014 年底，全市物联网建筑消防设施远程监控系统物联网单位数量达到 646 家。

（四）研发使用消防车辆北斗定位系统

2014 年内，消防局研发使用了消防车辆北斗定位系统，实现了消防车辆北斗定位终端和市政府配发的 340 套车辆北斗定位终端的整合。截至 2014 年底，消防局 789 辆消防车全部安装车辆北斗定位终端，实现与 119 综合应急救援警务地理信息应用平台整合，及时在地理信息应用平台显示车辆行驶轨迹，并利用移动指挥终端进行行驶导航。

（五）建设多种形式消防队伍

截至 2014 年底，全市共有乡镇政府专职消防队 65 支、人员 1228 人、车辆 141 部，志愿消防队 75 支、人员 890 人、车辆 120 部。在推动政府专职消防队伍建设中，消防局以国务院消防工作考核为契机，不断探索、创新建队模式，依托企业单位，采取政府出资并提供配套扶持政策的形式，成立了 3 支合建共管的政府专职消防队。其中，密云县古北口镇紧紧抓住古北水镇文化旅游建设的机遇，结合当地灭火救援的实际需要，依托古北水镇旅游有限公司组建了北京市唯一一支同时具备水上和山岳专业救援的专职消防队；延庆县康庄镇、怀柔区桥梓镇依托当地重点企业单位分别组建了合建共管的政府专职消防队。这些队伍的成立为今后政府专职消防队的多元化发展提供了新的借鉴模式。

第五节　消防宣传教育

一、2011 年

2011 年内，在春节、清明节、"五一"、"十一"、端午节等假期中，全市广泛开展针对性消防宣传活动。春节期间成立 200 个宣传服务小组，对 300 余家烟花爆竹存储仓库、烟花爆竹售卖点开展消防安全培训，在庙会、灯会现场设立消防宣传车、消防宣传点开展消防宣传，组织向手机用户发送消防安全提示短信 2000 万条；清明节期间，指导陵园、墓地及周边单位开展消防安全培训和灭火演练 300 余场；"五一"、"十一"期间，在旅游景点、公交枢纽、宾馆饭店等人员密集场所开展消防宣传活动 600 余场，发放宣传材料 80 万份。

二、2012 年

消防局建立消防宣传部门联动机制，依托市文明委、防火委、综治委和应急委，出台《北京市贯彻落实〈全民消防安全宣传教育纲要（2011—2015 年）〉的实施意见》，组织开展消防宣传活动 12000 余场，发放宣传材料 230 万份。开展《全民消防安全宣传教育纲要（2011—2015 年）》宣传周、"百车千人"进外来务工人员聚集区、暑期消防安全教育等主题宣传活动，开展消防应急演练 3000 余场次，100 万名公众观摩体验。

联合精神文明办，从 6 月 1 日至 11 月底，在全市开展"安正杯"家庭消防安全知识竞赛活动，4000 余个社区（村）举办竞赛活动，10 万家庭参加，100 万群众观摩，张贴发放 10 万份宣传海报和《家庭消防安全知识问答手册》。

三、2013 年

完善部门联动机制，与市委宣传部、市政府新闻办、市政府网管办、新浪网等建立消防宣传和舆情处置联动机制。协调市委宣传部，分别在 1 月和 6 月以市委宣传部的名义，向市属各新闻媒体和各区委宣传部下发集中开展消防宣传的通知，连续 3 个月在北京电视台 8 个频道、北京人民广播电台 7 个频率每天播出 10 次消防公益广告，在《北京日报》《北京青年报》《北京晨报》《北京娱乐信报》等市属报刊刊发消防专版、专题 60 余期，重点介绍消防安全知识；协调市政府新闻办、市政府网管办、部消防局、新浪网，成功应对永定塔火灾、"10·11"火灾等突发事件的宣传报道和舆论引导工作。

四、2014 年

（一）全力做好重大活动消防保卫宣传工作

一是全面开展 APEC 会议消防安保宣传活动。组织开展会议服务人员、安保志愿者专题消防培训 100 余次，开展消防疏散演练 80 余次；在驻地设立流动消防宣传站 30 余个，向参会人员发放中英文消防安全知识手册和消防宣传品 20 万份。4 月 16 日至 18 日，消防局在怀柔区雁栖湖生态示范区施工工地开展为期 3 天的专项消防宣传教育培训活动，分批次逐一走访各项目工地，通过开办知识讲座、消防夜校等进行面对面宣传。

二是多措并举开展全国"两会"消防宣传工作。在 28 个驻地设立消防宣传服务站，向代表委员和工作人员发放消防安全宣传手册 2 万份，在代表委员房间放置消防安全提示卡 6000 张、应急救援包 450 个，组织 130 余位"两会"代表委员参观体验消防科普教育基地，参与消防宣传活动；联合首都文明办，发动全市 20 余万名消防志愿者投身消防宣传服务和安全巡查；组织媒体记者深入"两会"执勤一线和社会面开展采访报道，在"北京消防"微博、微信及中国网推出"代表驻地消防员李星的一天"等系列报道。

三是开展重大节假日消防宣传活动。在春节、清明节、"五一"、"十一"、端午节等假期中，开展针对性消防宣传活动。春节期间成立 260 个宣传服务小组，对 300 余家烟花爆竹存储仓库、烟花爆竹售卖点开展消防安全培训，在庙会、灯会现场设立消防宣传车、消防宣传点开展消防宣传，组织向手机用户发送消防安全提示短信 3500 万条；清明节期间，在北京电视台播报全市火灾情况及清明节、春季防火安全提示，在北京电视台、北京人民广播电台播出清明节消防公益宣传广告 180余次，指导陵园、墓地及周边单位开展消防安全培训和灭火演练 350 余场；"五一"、"十一"期间，在旅游景点、公交枢纽、宾馆饭店等人员密集场所开展消防宣传活动 680 余场，发放宣传材料 180 万份。

四是全面开展九九消防平安行动。9 月 20 日至 11 月 1 日，消防局联合民政部门在全市组织开展以"传播消防知识，关爱老人平安"为主题的九九消防平安行动，组织在全市养老机构开展消防主题宣传活动 200 场次，发放消防宣传材料 20万份；各区县民政、公安消防部门集中对养老机构内消防器材和消防设施是否完整好用，安全出口是否畅通等进行彻底检查，尤其是对居室、活动室、食堂等重点部位开展检查，全面消除各类隐患。

（二）巩固和拓展消防宣传工作平台

一是启动宣传服务手机客户端"掌上 119"。联合《法制日报》开发上线北京消防手机宣传服务客户端"掌上 119"，设置消防资讯、公告通知、隐患快拍、快乐消防、我的 SOS、一键逃生六个版块；为 300 名志愿者发放 4G 手机，利用"隐患快拍"功能拍摄上传火灾隐患的文字和照片。

二是启动电影院播放消防公益广告片。联合广电、安监等部门，将影剧院消防宣传工作纳入《电影放映场所消防安全标准化管理规定》内容，在全市 228 家影剧院影片放映前播放时长 60 秒的消防公益广告片，全年受教育人数 4000 万人次。同时，在全市楼宇电视、地铁电视、公交电视、户外大屏幕等播放消防安全知识广告800 万条（次），设立固定消防宣传栏、橱窗 6000 余个。

三是做实"三微一信"平台。通过"北京消防"新浪、腾讯、人民微博和腾讯微信发布信息 3000 余条，网友转发、评论 20 万次，办理网友投诉举报、解答问题咨询 1200 余件，粉丝突破 580 万；开展线上线下活动 15 次；成功应对和处置 30余起涉警负面舆情。

第六节　消防技术交流与合作

一、2011 年

2011 年 3 月 27 日至 4 月 2 日，应香港消防处邀请，消防局防火部柳国忠副部长参加公安部代表团赴香港，在香港进行了为期一周的防火业务交流、研讨，重点对香港消防处开展火警危险消除、投诉、检控工作进行了了解学习。

二、2012 年

（一）举办 2012 年京港消防技术交流活动

2012 年 4 月 10 日至 17 日，2012 年北京—香港消防技术交流活动在北京举行，以高级消防区长江炳林先生为团长的香港消防处代表团一行 10 人访问北京，先后到市 119 消防指挥中心、市火灾隐患情报信息中心、北京消防微博办公室、市轨道交通指挥中心等参观考察。

（二）澳门消防官研修班一行到市消防局参观访问

2012 年 5 月 28 日，第六期澳门消防官研修班学员访问市消防局，代表团先后参观了市消防教育训练基地、西红门消防中队、培训基地，观摩了特勤支队高米店中队山岳救助、桥梁斜下、背负救出等科目训练，实地参观了训练塔中心控制室、地铁建筑火灾处置训练、化工装置训练、油罐装置训练等建筑火灾处置训练设施。

（三）台北市消防局代表团到市消防局进行消防技术交流

2012 年 6 月 5 日，台北市消防局代表团一行 3 人到市消防局进行消防技术交流。座谈会上，双方就消防指挥中心建设、消防通信系统建设、通信车辆装备配备、消防接处警、多警联动、大型活动消防安全保卫等问题进行了深入交流。台北市消防局代表团一行先后实地参观了北京市 119 消防指挥中心及通信车辆装备、北京市消防教育训练基地、大兴消防支队西红门中队等单位。

（四）参加公安消防应急救援联动机制建设赴英国培训学习

2012 年 10 月 27 日至 11 月 21 日，消防局李建春同志随环境保护部应急办和公安部消防局组织的代表团一行 19 人，赴英国进行了以"环境保护与公安消防应急救援联动机制建设"为主题的培训学习。在英国交流期间，代表团先后在英国应急规划学院、英国消防学院、国际海洋石油业培训组织（OPTIO）LINK 公司伦敦模拟演练中心和德比郡应急培训中心进行了专题学习，了解了英国国家应急管理体系、应急预案编制、危险化学品管理、消防和环保部门应急联动机制建设情况，研讨了英国邦斯菲尔德油库火灾、伦敦国王十字地铁站火灾和伦敦地铁恐怖袭击事件等多个典型案例，并就如何加强我国消防与环保部门应急联动机制建设工作进行了座谈交流。

三、2013 年

（一）厄瓜多尔消防代表团到市消防局进行交流访问

2013 年 5 月 6 日，以基多市消防总局局长埃贝尔·阿罗约为团长的厄瓜多尔基多市消防代表团一行 4 人到市消防局进行消防技术交流。双方就城市消防基础设施建设、高层及森林火灾扑救、消防教育培训、器材车辆装备等共同关心的问题进行了座谈。基多市消防代表团还访问了北京消防装备器材公司和清华大学公共安全研究院，对消防装备器材的生产和销售情况、国家级和省级应急救援系统平台的开发和研究进行了考察，并参加了第十五届国际消防设备技术交流展览会。

（二）澳门消防代表团到市消防局进行交流访问

2013 年 5 月 7 日，澳门消防局马耀荣局长一行 7 人到北京市消防局交流座谈。双方互相通报了近期消防工作情况，就重大灾害事故抢险救援、城市消防安全管理等共同关心的内容进行了深入交流，就进一步加强技术交流与合作进行了探讨。

（三）赴法国巴黎参加"城市消防安全与创新"论坛会议

2013 年 6 月 4 日至 7 日，应法国巴黎消防局的邀请，市消防局李进同志赴法国巴黎参加由巴黎消防局组织举办的"城市消防安全与创新"论坛会议，并在会议上代表北京市消防局做了题为"利用微博创新社会消防管理"的报告，报告上介绍了"@北京消防"的成功经验和做法，受到论坛组织者和与会各方人士的广泛好评，同时也对巴黎消防运用新媒体情况有了进一步了解。

（四）开展 2013 年京港消防技术交流活动

2013 年 7 月 2 日至 5 日、7 月 22 日至 26 日，2013 年京港消防技术交流活动在香港举行。市消防局先后派出 2 个代表团赴香港进行消防业务交流体验活动，此次赴港交流体验活动是京港两地 7 年交流史上第一次派员实地参与日常训练，参训人员利用两个整天时间深入西九龙救援训练中心和昂船州潜水训练中心围绕特殊环境救援开展了全面的实地训练，同时就香港消防防火及宣传工作、车辆装备采购工作、高空专业救援队建设工作等进行了了解。

（五）举办环京七省市水域救助培训班

2013年7月7日至12日，市消防局举办环京七省市水域救助培训班，并邀请法国巴黎消防总队水域救助专家讲授城市洪涝、自然水域和深水打捞救助技术，同时开展实操训练，研讨典型案例，交流经验做法。此次培训主要以城市水域灾害事故紧急救助方法、深水搜索、深水打捞、孤岛救援、横渡救生和湍流、激流水域救生等救助实操训练为主，使参训人员在有限的时间内，学习掌握了最科学的救援理念、最实用的救援技术、最先进的救援装备。

（六）开展第十六次巴黎—北京消防技术交流活动

2013年7月22日至26日，市消防局吴志强政委率领北京消防代表团一行6人，赴法国巴黎参加第十六次巴黎—北京消防技术交流活动。此次活动由巴黎消防总队主办，主题是"建筑外保温材料防火性能及（超）高层建筑火灾防控技术"。在交流期间，代表团参观了巴黎消防总队指挥中心、第二消防支队、第三消防支队、防火部、马赛那消防中队，深入拉德芳斯区实地考察高层建筑防火设计和重点单位防火工作，就灭火救援指挥调度、防火监督、建筑防火审核、建筑外保温材料性能、（超）高层建筑火灾防控技术等方面进行了深入交流和探讨，了解了法国巴黎消防的工作措施和经验，对进一步加强和完善本市高层建筑防灭火工作和提高部队应急处突能力有一定的借鉴意义。

（七）赴美国对消防管理工作进行交流学习

2013年7月28日至8月17日，市消防局防火部副部长马建民随公安部消防局代表团，赴美国就消防管理工作进行交流学习。在美国期间，通过课堂培训与实地考察相结合的方式，代表团比较系统地学习了解了美国消防管理工作情况，形成了"美国消防法规标准体系""建设工程消防设计审核与验收""消防监督检查和社会单位消防管理""消防队伍建设、社会技术服务组织发展和注册消防工程师""化危品管理、消防宣传和培训教育""火灾统计和火灾事故调查"等6个专题报告。

（八）香港消防处代表团到市消防局参观访问

2013 年 9 月 17 日，香港消防处黎文轩副处长率领香港消防处代表团一行 7 人访问消防局，就消防技术和防火措施的最新发展等内容进行交流。双方就《全民消防安全宣传教育纲要（2011—2015 年）》开展情况、宣传资源配置和机构设置、新媒体的应用、社会媒体公共关系、社会形象宣传、大型灾害事故处置、灾害调集、联动力量、处置程序、应急指挥、车辆器材装备配置、运输、维护保养、应急物资保障、采购等方面的工作进行了深入交流。代表团还参观了北京市 119 消防指挥中心，就调度指挥系统、接处警流程、指挥中心功能、"北京消防"微博的运行等进行了实地考察和详细了解。

（九）韩国京畿道消防灾难本部代表团到市消防局参观访问

2013 年 10 月 14 日，经部局和市局批准，以李良炯本部长为团长的韩国京畿道消防灾难本部代表团一行 10 人到市消防局进行消防技术交流。市消防局李进副局长向代表团介绍了北京消防的机构设置、人员编制、装备配置、职责任务情况，并向代表团展示了北京消防音乐宣传片。双方就消防接处警、消防教育培训、多种形式消防队伍建设、紧急医疗救助、调度指挥工作流程、应急力量联勤联动、灾害现场图像传输、火警数据实时统计等共同关心的问题进行了深入交流，并商讨了下一步建立友好合作机制的程序、合作形式等问题。

（十）国际民防组织代表团到市消防局参观访问

2013 年 11 月 19 日，国际民防组织新任秘书长弗拉基米尔·库什诺夫和国际民防组织国际关系部主任塔什玛托娃·萨尔塔娜特在民政部国际合作司相关人员的陪同下到市消防局参观访问。双方就社会消防监督管理、消防员及社会人员培训、消防处罚、财政来源、技术装备、大型活动消防保卫、高层建筑火灾扑救、对外交往等问题进行了深入交流，参观了刘洪坤、刘洪魁烈士先进事迹展览以及 119 作战指挥中心，并就调度指挥系统、接处警流程、指挥中心功能、"北京消防"官方微博的运行等内容进行了实地考察和详细了解。

四、2014 年开展第十七次北京—巴黎消防技术交流活动

2014 年 6 月 9 日至 15 日，第十七次北京—巴黎消防技术交流活动在北京、西安两地举行。法国巴黎消防总队队长彭瑟琳将军率法国巴黎消防代表团一行 8 人来

华，与市消防局进行了为期 7 天的消防技术交流活动。交流期间，巴黎消防总队代表团参观了北京消防指挥中心、火灾隐患举报受理平台、"三微一信"平台、中国消防博物馆、北京市水务局、特勤消防中队，考察了故宫博物院消防设施，访问了陕西消防总队。双方在北京市怀柔区怀北镇长城就人员救助技术开展了为期一天的实地演练，并就北京城市防汛工作、核生化处置技术、灭火救援指挥调度、地铁、高层火灾扑救、辖区熟悉、消防宣传等方面进行了深入交流和探讨，相互介绍了工作经验。双方在北京市怀柔区怀北滑雪场开展了山岳救援技术业务交流，代表团参观了朝阳消防支队奥林匹克森林公园中队，并开展核生化处置技术交流座谈。

第四篇

学术研究及减灾动态

第一章　北京减灾协会工作概况（2011—2014 年）

第一节　北京减灾协会工作 2011 年总结

2011 年北京减灾协会工作总结

2011 年，北京减灾协会在北京市科学技术协会的指导下，在依托单位北京市气象局的全力支持下，在协会理事会的科学决策和全体理事单位的共同努力下，按照会长夏占义副市长对协会工作"要紧紧围绕'世界城市'建设，充分发挥独特优势，争取更大成就"的要求开展工作，使各项工作创新推进，为政府服务，为社会服务，发挥了良好的桥梁纽带作用，较好地完成了各项工作。现总结如下。

一、承担政府部门重点研究项目，为首都经济建设服务

北京减灾协会认真学习领会市委、市政府的相关工作部署，通过深入调研，学习更多国内外大城市的先进经验，积极主动地提出和受委托研究防灾减灾领域共性问题，为政府有关部门和单位了解和掌握防灾减灾工作信息等做好服务。

1. 编制《北京市农业重大自然灾害突发事件应急预案》

受市农委委托，减灾协会组织专家编制完成了《北京市农业重大自然灾害突发事件应急预案》，对预警灾害分级和应急响应后期处置、应急保障等方面做了深入分析和细致阐述，对保证郊区都市型现代农业生产安全、有序、可持续发展以及对"十二五"期间减轻自然灾害对本市都市型农业的危害具有指导意义。在此基础上，减灾协会还将开展主要作物与重大灾害的逐项专题减灾预案的编制工作。

2. 完成"灾害损失评估及救助测评体系研究"

受市民政局委托，减灾协会组织完成了"灾害损失评估及救助测评体系研究"课题的研究任务，提出了主要灾种损失评估的系列指标、定量化方法和灾害救助测

评模型等。通过评审，专家们一致认为，总课题组的研究成果以及地震、地质、气象、农业、救助物资储备、生命线系统等各专题的研究，对于灾害损失的定量估算和各种救灾资源的科学测算、分配以及落实预防为主、常态化与非常态管理相结合的减灾策略具有重要的实践和理论价值。市民政局认为，该项研究更进一步的意义在于将科学救灾评估与评价体系落实到民政系统的工作中，以替代传统、不规范的做法。

3. 编制完成《地下空间综合整治工作风险评估报告》

受市民防局委托，减灾协会编制完成了《地下空间综合整治工作风险评估报告》，重点分析了北京市地下空间综合整治工作可能出现的涉及社会经济稳定和公共安全等 10 余种风险，定性评估其风险等级，逐项论述了各种风险的控制对策措施，并对北京人口控管战略措施提出了一些具体建议。经专家评议，认为该报告对于本市稳妥地做好地下空间综合整治工作具有重要的参考价值。

4. 出版《北京减灾年鉴（2005—2007）》合编本

在相关理事单位的共同努力下，减灾协会编辑出版了《北京减灾年鉴（2005—2007）》合编本，较全面地总结了 2005—2007 年北京防灾减灾工作，并介绍了有关各委办局在综合减灾建设方面的成绩。

5. 出版发行《北京市公共安全培训系列教材》（社区版）

减灾协会与市民防局联合组织编写了《北京市公共安全培训系列教材》（社区版），已于 7 月底出版。这一教材将作为全市增强广大公务员与社会公众的安全意识，履行减灾职责和义务，提高公众自我保护与互救减灾技能，提升公务员的减灾管理水平的基础教材。另一本公务员版教材也将在年底前后正式出版。

二、关注国内外防灾减灾动态，组织有针对性的学术交流

2011 年，减灾协会工作重点在于提升综合减灾管理工作的科学性、前瞻性和可实施性，有针对性地开展了防灾减灾学术交流活动，推动全社会减灾意识不断加强，培育和发展防灾减灾科学技术进步，进一步提高北京市减灾管理的水平。

1. 成功举办"首都圈巨灾应对与生态安全高峰论坛"

这次论坛分别从气象、地震、消防、人为灾害应对机制与策略、应对巨灾的安全分析与思考、首都圈灾害应急联动机制研究等方面，做了非常有价值的主题报告，还邀请了 6 位国内外防灾减灾工作的知名专家做了主题报告。减灾协会常务副会长、市政府副秘书长安钢，中国灾害防御协会秘书长张辉，市科协书记夏强、副

主席田文，北京市气象局局长谢璞等出席论坛。来自地震、气象、消防、水务、交通、地震、规划、民政、民防、建筑、环保、卫生以及清华大学、北京大学、日本东京大学等单位的百余名专家学者和科研人员参加了会议。大会共收到 14 篇相关论文，编辑 15 万余字会议文集。

2. 积极参与"2011 综合防灾减灾与可持续发展论坛"

在"5·12"全国防灾减灾日期间，减灾协会组织协会专家、理事，积极参加由国家减灾委主办的第二届"2011 综合防灾减灾与可持续发展论坛"，提交了《广义灾害链网及其在减灾中的应用》等 5 篇论文，受到论坛的特别关注并将其选入论坛汇编的论文集。

3. 举办《北京市公共安全培训系列教材》（公务员版）沙龙

减灾协会举办《北京市公共安全培训系列教材》沙龙，确定了公务员版的编写格式以及按灾害定义、教学目的、灾害案例、相关知识、科学应对和课堂演练 6 项内容进行编写。此教材将用于从事城市综合应急管理专业人才和工作人员职业训练等。

三、组织和参与社区防灾减灾科普宣教活动，对增强公众的防灾减灾意识和提高应对技能，发挥了积极的作用

围绕增强市民安全减灾意识，提升市民防灾减灾应急能力，减灾协会组织理事单位按照年度工作计划，举办有影响、高层次而且具有吸引力的科普宣传活动，推进社区安全减灾科普工作常态化。

1. 专家在线录制科普专题节目

减灾协会组织地震、气象、农业、防雷等方面专家，向全市广大民防系统基层管理干部讲授地震灾害科普教育的重要性，突发事件及其类型、主要自然灾害、事故灾难的应急管理知识，宣传"防震减灾、造福人类""科学应对突发事件"等科普知识。在夏季雷电高发期，邀请科普讲座团专家、市避雷安全装置检测中心专家做客《城市零距离》访谈栏目，录制《夏季如何防雷电》节目。

2. 开展多层次防灾减灾科普讲座

减灾协会根据不同受众人群的特点，成立了由综合防灾减灾、地震、气象、水务、医疗卫生等方面专家组成的科普专家宣讲团，为山区小学、北京红十字会、朝阳区党校、首都体育学院、石景山京源中学、山区打工子弟学校、北京罗德商贸集团、世界 500 强公司青年管理人员等单位举办科普讲座 23 次，受益人数达 6000 人

以上。与此同时，还组织专家在《中国气象报》《中国减灾》《北京民防》《城市与减灾》等报刊上发表了多篇防灾减灾科普文章。

3. 参加"科技周""减灾日""科普日"等科普宣传活动

在 2011 年 5 月科技周期间，减灾协会围绕"携手建设创新型国家——科技让生活更美好"主题，以宣传普及防灾减灾科普知识为重点，通过在会场现场体验地震应急救援车、气象应急指挥车等让广大公众更多地了解和掌握防震减灾方面的科学知识；由 15 名专家和工作人员参加了现场宣传咨询活动，面对面解答市民关注的热点防灾减灾问题，在宣传现场还向公众发放《城市与减灾》等十余种贴近市民、百姓生活的科普图书、气象预警信息光盘、科普宣传袋等。与此同时，减灾协会组织科普专家参加了在大观园举办的以"体验科普大观，感受红楼文化——防震减灾、和谐自然"为主题的现场防灾减灾科普宣传活动。

4. 就当前减灾热点问题接受媒体采访

针对日本"3·11"大地震、北京市民抢购碘盐风潮、北方小麦冬春干旱、长江中下游旱涝急转和"6·23"北京暴雨造成局部交通瘫痪等热点问题，协会组织多名专家接受电视、广播和报纸等多家新闻媒体的当面或电话采访，对这些灾害的影响进行了科学评估，提出应吸取的经验教训和正确应对的措施，还对部分居民中流行的 2012 年全球大灾难、日本核烟尘污染我国、三峡工程引发南方旱涝灾害等谣传给予了科学辨析。

5. 组织"全国科普日"活动

9 月 20 日，全国科普日活动期间，减灾协会在西城区月坛街道三里河一区社区公园举行了"全国科普日"防灾减灾知识进社区现场宣传活动，在现场解答了公众关心的公共安全、气候变化等方面热点话题，并发放了《地震灾害自救互救知识》《气象与减灾》《家庭急救与护理》《汛期市民防汛手册》《愿人类远离天火》等 6 种科普图书以及《气象防灾减灾科普宣传片》（解读气象预警信号）13 集 DVD 光盘等。同时，还展出"关爱生命、平安北京"科普展板一套，内容有地震灾害防范与自救互救、气象灾害防范、科学应对突发事件、火灾防范与应对、社会个人安全应对、公共卫生传染病防范与应对等，受到社区居民的欢迎。

四、积极探索、创新工作，不断提高协会工作水平

减灾协会常务理事大都是有关单位和部门的领导同志，都有着繁重的日常工作；与此同时，也正是我们汇集了这些有影响的专家、学者和相关领导，才组成了

高水平的人才和信息网络，体现了协会的资源优势。为了充分发挥理事单位的作用，形成合力，减灾协会积极探讨协会发展规律，提高工作水平，并积极完善协会秘书处组织建设，更好服务理事单位，以适应协会工作发展的需要。

1. 召开第三届常务理事会

按计划，组织召开了减灾协会第三届常务理事会。北京减灾协会会长、北京市副市长夏占义出席会议并讲话，对防灾减灾工作写入市长工作报告、纳入"十二五"规划及减灾协会上半年的工作给予肯定和表扬。对于做好防灾减灾工作，夏占义要求，要紧紧抓住首都的需求，为建设有中国特色的世界城市做好服务，进入防灾减灾主战场。减灾协会常务副会长兼秘书长谢璞做了工作报告，要求围绕继续做好首都防灾减灾公共服务信息平台建设，深入开展灾害损失评估及救助测评研究，积极筹备"首都圈巨灾应对与生态安全高峰论坛"重点学术活动等 7 个方面开展好工作。学术委员会主任万鹏飞、科普委员会主任郑大玮分别做了工作安排的说明。北京减灾协会副会长、常务理事及有关人员 43 人参加了会议。

2. 加大协会平台沟通作用，强化首都减灾信息网站的作用

为增强减灾协会信息化管理与服务能力，积极开展减灾知识咨询和宣传，建立了具有北京城市减灾特点的首都减灾信息网（www.bjjz.org.cn），并于 2011 年 5 月 12 日正式上线运行。该网站除了为减灾协会各理事单位、理事、相关委办局等单位提供工作动态信息服务之外，更系统和连续性地进行了广泛的减灾科普知识、政策法规、学术成果、减灾文献等宣传和推介活动，为提高城市灾害管理水平和保障北京城乡现代化建设提供权威的信息服务。截至目前，网站访问量已达到 23000 余人次。

在上述工作基础上，减灾协会获得了 2011 年度北京市科协信息工作先进单位、北京市科协优秀建议二等奖以及北京市金桥工程项目二等奖等奖励。

五、2012 年北京减灾协会工作计划

2012 年，减灾协会将重点开展以下工作。

1. 继续围绕中心工作开展减灾调研和咨询建议

继续紧密围绕市委、市政府的中心工作，开展综合减灾调研，有针对性地组织专家提出咨询建议，为政府部门提供决策参考。

2. 组织有关专家就农业灾害实地考察调研、指导

适时组织有关专家开展实地考察，调研重大灾情，指导并及时提出针对性和操

作性强的对策建议。

3. 加大力度，深化北京市综合防灾减灾研究

拟重点开展以下工作：举办北京市公共安全培训教材学术沙龙；继续深入开展灾害损失评估及救助测评研究；举办北京气候变化与社会经济发展科技论坛；继续举办首都圈巨灾应对高峰论坛；组织第十届京台青年防灾减灾学术研讨交流会等活动。

4. 深入开展全社会的防灾减灾科普宣教工作

在全社会的防灾减灾科普宣教工作方面，拟重点抓好四项：举办防灾减灾科普讲座与宣传；组织编写系列减灾管理和科普丛书；出版《北京减灾年鉴（2008—2010）》卷；组织北京科技周、科普日、"5·12"等宣传活动。

5. 加强协会自身建设

2012 年初将召开第三届理事会常务理事会，研究确定 2012 年协会工作的重点工作任务以及计划安排等；年内还将启动首都减灾信息网二期开发项目，进一步升级网站，扩大协会工作的信息化程度。

2012 年 1 月 11 日

第二节　北京减灾协会工作 2012 年总结

2012 年北京减灾协会工作总结

2012 年，北京减灾协会在北京市科学技术协会的指导下，在依托单位北京市气象局的全力支持下，在协会理事会的科学决策和全体理事单位的共同努力下，认真学习贯彻党的十八大精神，充分发挥自身优势，使各项工作全面创新推进，为政府服务、为社会服务，发挥良好的桥梁纽带作用，圆满地完成了各项工作。北京市副市长、减灾协会会长夏占义在审阅了协会 2012 年工作计划后，对协会的工作给予了赞扬并做批示："成绩显著，表示感谢！再接再厉，更大发展。"现就 2012 年工作总结如下。

一、承担政府职能部门重点研究项目，为首都经济建设服务

减灾协会认真学习领会市委、市政府的相关工作部署，通过深入调研，学习国内外大城市的先进经验，在"7·21"特大自然灾害发生后，充分发挥专家荟萃的优势，积极主动提出和受委托研究防灾减灾领域共性问题，为政府、有关部门和单位了解和掌握防灾减灾工作信息等做好服务。

1."灾害损失评估及救助测评体系研究"通过鉴定

受北京市市民政局委托，由减灾协会组织承担完成的"灾害损失评估及救助测评体系研究"项目的鉴定专家组由国家民政部、市气象局、中国消防协会、北京师范大学等单位专家组成。评审专家组认真听取课题组总结报告后，一致认为：本课题历经 3 年时间，就北京市灾害损失评估方法和救助资金实时测算技术做了系统研究，率先提出因人员伤亡造成的人力经济损失和因灾造成的间接经济损失用转化与转化物的概念及其计算公式，同时在国内又率先开发出一套便捷、实用、客观的灾害损失评估和救助测评体系的核心技术，在全国有一定示范意义，具有较大的推广应用价值，对提高民政部门救灾工作科技水平也有重要意义。

2.编写《首都安全战略研究》

受市民防局委托，组织编写了《首都安全战略研究》中"地下空间安全"部分，通过趋势分析查找风险点，借鉴国内外经验研究提出首都风险防范的思路与对策。

3.编写《北京减灾年鉴（2008—2010）》合编本

在相关理事单位的共同努力下，减灾协会已编辑完成《北京减灾年鉴（2008—2010）》合编本。该年鉴较全面地总结了 2008—2010 年北京防灾减灾工作，重点概括了 2008 年举世瞩目的北京奥运会和 2009 年新中国成立 60 周年重大活动，并介绍了有关委办局在综合减灾建设方面的成绩。

4.编写《北京市公共安全培训系列教材》（公务员版）

减灾协会与市民防局联合组织编写了《北京市公共安全培训系列教材》（公务员版），于年中已完成编写工作，并交付出版社。这一教材将作为全市增强广大公务员与社会公众的安全意识，履行减灾职责和义务，提高公众自我保护与互救减灾技能，提升公务员的减灾管理水平的基础教材。

5.修订《北京市气象灾害预警信号与防御指南》

受市气象局委托，减灾协会还组织专家修订了《北京市气象灾害预警信号与防

御指南》，让公众更直观地了解预警信号的含义，使百姓尽快掌握防御气象灾害的方法，在灾害来临时得以应用。

6. 为理事单位提供相关咨询服务工作

减灾协会发挥专家荟萃优势，为市防汛抗旱办公室、市农委、市民政局、市民防局等理事单位编写的应急预案、应急工作的综合改进措施提出修订方案。期间，还参加了市"秋粮生产形势评估与对策研讨会"、市政府调研"7·21"特大暴雨服务工作、审阅了《北京市民安全度汛应急手册》。

二、关注国内外防灾减灾动态，组织有针对性的学术交流

2012年，减灾协会的工作重点是提升综合减灾管理工作的科学性、前瞻性和可实施性，有针对性地开展防灾减灾学术交流活动，推动全社会减灾意识不断加强，培育和发展防灾减灾科学技术进步，进一步提高北京市防灾减灾管理的水平。

1. 成功举办"首都圈巨灾应对高峰论坛"

"首都圈巨灾应对高峰论坛"作为北京市科协学术月期间的一项重点品牌性论坛，由减灾协会创立和主办，因此协会始终将其作为一项重点工作，非常重视。为使论坛更能反映首都防灾减灾领域的水平，2012年的论坛由六位专家分别从气象、防汛、消防、公共安全领域等方面做了非常有价值的主题报告，来自中国地震局、中国气象局、减灾协会理事单位、北京市科协以及气象、消防、水务、交通、规划、民政、民防、卫生、清华大学等相关领域的专家学者、科技人员120余人参加了论坛。大会论文集收录论文22篇。

2. 积极参与"2012综合防灾减灾与可持续发展论坛"

在"5·12"全国防灾减灾日期间，减灾协会组织协会专家、理事，积极参加由国家减灾委主办的第三届"2012综合防灾减灾与可持续发展论坛"，提交了《灾害救助资源定量化测定模式的初步研究》等3篇论文，受到论坛的特别关注，并将其选入论坛汇编论文集正式出版。

3. 举办《北京市公共安全培训系列教材》（公务员版）沙龙

减灾协会举办《北京市公共安全培训系列教材》沙龙，确定了公务员版的编写格式以及按灾害定义、教学目的、灾害案例、相关知识、科学应对和课堂演练六项内容进行编写。

4. 编辑出版《首都北京综合减灾与应急管理文集》

该应急管理文集的主要内容有减灾协会近年来的研究成果："十一五"期间北

京城市综合减灾应急体系建设研究课题研究、北京市国民经济和社会发展第十二个五年规划前期研究课题项目、北京城市主要灾种评估指标体系和综合减灾对策行动研究项目等。

三、围绕中心工作开展减灾调研，"7·21 洪灾"的启示与建议得到郭金龙书记批示

"7·21"特大自然灾害发生后，减灾协会组织专家从应急管理、公众参与、社会减灾、应急预案、综合减灾等方面，研讨"7·21"大暴雨过程造成的损失和带来的启示，提出"7·21洪灾"的启示与建议等 3 条建议，得到郭金龙书记和夏占义副市长的批示：对减灾协会的专家建议表示感谢，并指示要搜集"7·21"洪灾的建议和意见，并吸收和转化。减灾协会全年共提出"用'安全北京论'保障北京世界城市的建设"等 7 项专家建议。

四、组织和参与社区防灾减灾科普宣教活动，对增强公众的防灾减灾意识和提高应对技能，发挥了积极的作用

为提高公众掌握自然灾害及应对突发事件的能力，在北京"7·21"特大自然灾害发生后，减灾协会发挥自身优势，按照市委、市政府部署，加大了防灾减灾知识普及的工作力度，开展了一系列有影响、高层次、有吸引力的科普讲座和宣传活动，推进社区安全减灾科普工作常态化。

1. 专家在线录制科普专题节目

减灾协会组织农业、消防、气象等方面专家，远程在线为市公务员科学素质大讲堂、市教师进修学院、中国气象局干部培训中心等部门的公务员、教师、管理干部，做"科学应对自然灾害""火场逃生""农业气象"等培训，受到广泛好评与欢迎。

2. 开展多层次防灾减灾科普讲座

减灾协会根据不同受众人群的特点，成立了由综合防灾减灾、地震、气象、医疗卫生等方面专家组成的科普专家宣讲团，与朝阳、海淀、密云、房山、怀柔等区县合作，为中小学校学生、社区、街道管理干部、国企、保险公司、全国 500 强公司管理人员等单位举办科普讲座 36 次，受益人数达 1 万人以上。与此同时，组织专家在《中国气象报》《中国减灾》《北京民防》《城市与减灾》等报刊上发表多篇

防灾减灾科普文章。

3. 积极参加"科技周""科普日""嘉年华"等大型科普宣传活动

在 2012 年 5 月科技周期间，减灾协会组织 15 名专家、科技人员，围绕"携手建设创新型国家——科技让生活更美好"的主题，以宣传普及防灾减灾科普知识为重点，在海淀公园中关村主会场向公众免费发放科普图书 2000 册、DVD 科普片 1000 张，面对面解答市民关注的热点防灾减灾问题。

4. 组织"全国科普日"活动

减灾协会组织 6 名专家和工作人员参加了 9 月 13 日至 17 日在奥林匹克公园国家体育馆东广场举行的为期 5 天的"第二届北京科学嘉年华"活动。同时，还展出"关爱生命、平安北京"科普展板一套，内容有地震灾害防范与自救互救、气象灾害防范、科学应对突发事件、火灾防范与应对、公共卫生传染病防范与应对等。

5. 组织"国家减灾日"活动

紧密围绕我国第四个防灾减灾宣传周"弘扬防灾减灾文化，提高防灾减灾意识"的主题，大力弘扬我国传统防灾减灾文化。5 月 7 日至 13 日，在学校、社区举办防灾减灾、科学应对突发事件专题知识讲座，在《中国减灾》5 月期（上、下）刊登《2012：城市综合减灾建设要在"难中"前行》《国民安全教育需觉醒——公众安全文化教育模式再探》2 篇热点关注文章；在《气象频道》《北京气象》《看气象》等栏目做 3 期访谈，内容以宣传防灾减灾文化为主题，专家解读北京春夏季常见的主要灾害和应对措施及北京山区易发的泥石流、山洪、滑坡等灾害，提高广大社会公众的防灾减灾意识，努力营造全民参与防灾减灾的文化氛围。

6. 为顺义、丰台区灾害信息员培训班授课

为进一步加强气象信息员建设，规范气象灾害信息员队伍管理，在汛期来临之前，为顺义、丰台区北京市社区灾害信息员培训班授课，讲授 6 期气象防灾减灾科普知识，6000 余名来自区、乡镇、村的干部参加了信息员培训。

五、积极探索、创新工作，不断提高协会工作水平

减灾协会常务理事大都是有关单位和部门的领导同志，都有着繁重的日常工作；与此同时，也正是我们汇集了这些有影响的专家、学者和相关领导，才组成了高水平的人才队伍和信息网络，发挥了协会的资源优势。为了充分发挥理事单位的作用，形成合力，减灾协会积极探讨协会发展规律，提高工作水平，并积极完善协会秘书处组织建设，更好服务理事单位，以适应协会工作发展的需要。

加大协会平台沟通作用，强化首都减灾信息网站的作用。为增强信息化管理与服务能力，积极开展减灾知识咨询和宣传，减灾协会加强了首都减灾信息网（www.bjjz.org.cn）日常维护的管理工作，系统和连续性地进行广泛的减灾科普知识、政策法规、学术成果、减灾文献等宣传和推介活动，许多理事单位通过网站了解协会的动态和科普知识，截至目前网站访问量已达到 53000 余人次。

在上述工作基础上，减灾协会还获得了 2012 年度北京市科协信息工作先进单位、北京市人力资源、社团办先进社会组织、北京市科协先进集体、北京市科技套餐先进集体、金桥工程组织奖三等奖以及北京市全国科普日优秀组织单位等奖励。

六、2013 年北京减灾协会工作计划

2013 年，减灾协会将重点开展以下工作。

1. 继续围绕中心工作开展减灾调研和咨询建议

继续紧密围绕市委、市政府的中心工作，开展综合减灾调研，有针对性地组织专家提出咨询建议，为政府部门提供决策参考。

2. 组织有关专家就农业灾害实地考察调研、指导

适时组织有关专家开展实地考察调研重大灾情，指导并及时提出针对性和操作性强的对策建议。

3. 加大力度，深化北京市综合防灾减灾研究

拟重点开展以下工作：举办北京市公共安全培训教材学术沙龙；继续举办首都圈巨灾应对高峰论坛；组织第十届京台青年防灾减灾学术研讨交流会等活动。

4. 深入开展全社会的防灾减灾科普宣教工作

在全社会的防灾减灾科普宣教工作方面，拟重点抓好四项：继续举办防灾减灾科普讲座与宣传；组织编写系列减灾管理和科普丛书；出版《北京减灾年鉴（2008—2010）》；组织"北京科技周""全国科普日""5·12 国家减灾日"等宣传活动。

5. 加强协会自身建设

2013 年内召开第四届换届代表大会；加强首都减灾信息网开发项目，进一步升级网站，扩大协会工作的信息化程度。

2012 年 12 月 24 日

第三节 北京减灾协会工作 2013 年总结

北京减灾协会 2013 年工作总结及 2014 年度工作要点

党的十八大明确提出了"加强防灾减灾体系建设"的要求。一年来，协会紧密围绕学习贯彻十八大和十八届三中全会精神，以防灾减灾事业发展为着力点，为理事单位和科技工作者服务，开展学术交流、活跃学术思想、促进学科发展，开展项目调研、课题研究，提供专家建议、公众科普宣传取得了显著成绩。

一、为首都经济建设服务，承担政府部门重点研究项目

1. 承担中国气象局软科学重大研究项目"适应新型城镇化需求的城市气象服务与防灾减灾体系建设研究"

从目前城市气象服务与防灾减灾工作面临新型城镇化的形势及其存在的差距着手，以城市极端天气、高影响性天气应对防御为切入点，以北京市为例，研究城市气象服务中的基础业务和服务布局及体系建设。

2. 承担北京市科协重大重点调研项目"突发灾害性天气预警及应急能力服务需求分析及调研"

随着城镇化的推进，作为防灾减灾主要举措和手段的预警及应急服务，为增强各部门应对灾害性天气的应急联动及处置能力，提高公众防御气象灾害的知识和意识能力，提供积极的建设性意见和建议。

3. 承担北京市科协重点沙龙"北京地区雾霾天气发生的相关研讨"

近年来，京津冀地区重污染天气频繁出现，研讨北京气候特征与雾霾发生的关系，认识雾霾天气对生态环境与生态建设的影响，为政府部门应对、控制与治理北京地区的环境污染提供决策服务。

4. 完成《首都安全战略研究》编写工作

受民防局委托，组织编写《首都安全战略研究》中"地下空间安全"部分，通过趋势分析查找风险点，借鉴国内外经验研究，提出首都风险防范的思路与对策。

5. 完成修订《北京市气象灾害预警信号与防御指南》工作

受气象局委托，修订完成《2013 北京市气象灾害预警信号与防御指南》，在国家减灾日"5·12"活动宣传周期间，印刷《北京夏季易发气象灾害预警信号与防

御指南》科普挂图 20000 张，发放至全市 7000 余个社区，达到北京市社区全覆盖。

6. 出版《北京减灾年鉴（2008—2010）》合编本

编辑出版《北京减灾年鉴（2008—2010）》合编本，总结 2008—2010 年北京市相关领域的防灾减灾工作，使北京有了防灾减灾可参考查阅的历史档案。

7. 出版《北京市公共安全培训系列教材》（公务员版）读本

为提升全市公务员的安全防灾减灾能力，掌握必要的公共安全知识、规律、应急措施，出版《北京市公共安全培训系列教材》（公务员版）。

二、围绕中心工作开展减灾调研，提出咨询建议

结合社会公众关注热点问题，针对 2013 年频繁发生的雾霾现象、罕见高温热浪天气，提出《应对北京高温热浪天气的措施与建议》和《对雾霾天气的分析与建议》，得到北京市突发事件应急委员会办公室的批示。

还从"人为灾害应对机制与策略""应对巨灾的安全分析与思考""首都圈灾害应急联动机制研究"等方面，提出 4 项专家建议。

三、学术研讨和交流情况

防灾减灾学术交流是促进学术水平提高的重要活动和工作内容。

1. 举办"首都圈巨灾应对高峰论坛"

作为北京市科协学术月的重点论坛，经过 3 个月的充分准备和筹划，"首都圈巨灾应对高峰论坛"在中国科技会堂成功举办。7 位防灾减灾领域的专家，以"综合减灾的精细化管理"为主题，做了精彩的大会报告。来自中国地震局、中国气象局、减灾协会理事单位等相关领域的专家学者、科技人员 130 余人参加了论坛，大会论文集收录论文 23 篇。

2. 积极参加"2013 综合防灾减灾与可持续发展论坛"

组织专家、理事积极参加国家减灾委主办的第四届"2013 综合防灾减灾与可持续发展论坛"，提交《应对灾害的救助能力评估》等 3 篇论文，受到论坛的特别关注并入选论文集正式出版。

3. 承办"2013 北京国际民间友好论坛"

2013 年 10 月，减灾协会承办了"2013 北京国际民间友好论坛"的"城市建设和管理"分论坛。作为 2013 北京国际民间友好论坛的重要组成部分，分论坛探讨了关于新型城镇化的思考、公共安全、环境保护等公众关心的热点话题，来自 20

个国家 80 多家国际机构和近百个国内组织的 300 余位嘉宾参加了论坛。协会组织专家提交了《中国城市综合减灾问题研究》等 5 篇论文。

4. 举办北京市科协科技思想库"适应新型城镇化需求的城市气象服务与防灾减灾体系建设研究"沙龙

围绕新型城镇化的城市气象服务需求、城镇化的防灾减灾体系建设等重点内容，从不同角度提出建议。

5. 举办《北京市公共安全培训系列教材》（公务员版）沙龙

为北京市相关委办局从事城市综合应急管理专业人才和工作人员受到更好的职业训练和教育，整合各方资源，举办《北京市公共安全培训系列教材》（公务员版）研讨沙龙。

四、积极开展防灾减灾科普宣教工作

1. 专家在线录制科普专题节目

在"全国科普日""国际减灾日"等科普宣传周期间，组织气象、地震、消防等方面专家，在中国气象频道、北京电视台《锐观察》节目，面向全国、全市公众解读"防灾减灾、保护生命""科学应对自然灾害"。

2. 组织多层次防灾减灾科普讲座

坚持以人为本，按照市委、市政府的部署，组织专家开展灾前、灾后防灾减灾知识普及"三进"工作。为企事业单位、部队、学校、机关、公司、社区、打工子弟学校的公务员、中小学生、居民、干部等不同人群数万人，举办"科学应对自然灾害""科学应对突发事件""校园公共安全与自我保护""火场逃生"等科普讲座48 余场，通过讲座让公众掌握科学应对突发事件的技能，提高安全减灾意识。在汛期来临之际，为易发灾害地区讲授山区洪涝、泥石流、雷电、公共卫生、畜牧、家庭急救、消防、突发事件、地震等科普知识、科学应对措施，受益人数达数万人；向社区、山区农民打工子弟学校无偿赠送科普图书及光盘、减灾扑克；组织专家在《中国气象报》《中国减灾》《北京民防》《城市与减灾》等报刊上发表了多篇防灾减灾科普文章。

3. 积极组织参加"科技周""减灾日""科普日"等大型科普宣传活动

"第三届北京科学嘉年华"是历届嘉年华活动中规模最大的一届，北京市 25 所中小学的 8000 多名学生和 5600 多名科学爱好者参与了 10 月 12 日的现场活动。协会 15 名专家和科技人员，以宣传普及防灾减灾科普知识为重点，在主会场向公众免费发放《北京市公共安全知识读本》《北京市民汛期实用手册》《防灾保险知识手册》等科普图书数千册，《平安北京与城市气象灾害》科普片光盘 1000 张；协会理事单位出动的现场地震体验车，吸引了众多中小学生及公众，体验 5 至 7 级地震的感觉。这种互动形式是嘉年华活动的一大亮点。

与民政部门合作，为延庆、顺义、门头沟等山区培训灾害信息员 6000 余人。

五、完善协会组织建设，更好地服务理事单位

继续加强协会信息化沟通作用，强化首都减灾信息网（www.bjjz.org.cn）站的作用。

六、获奖情况

（1）北京市科协 2013 文明单位。

（2）北京市金桥工程组织奖二等奖。

（3）北京市金桥工程项目奖三等奖。

（4）北京市科协信息工作先进单位。

（5）北京市科协系统专家建议一等奖。

（6）北京市科协系统专家建议二等奖。

七、2014 年工作计划

1. 继续围绕中心工作开展减灾调研和咨询建议

紧密围绕市委、市政府的中心工作，开展综合减灾调研，有针对性地组织专家提出咨询建议，为政府部门提供决策参考。

2. 组织有关专家就农业灾害实地考察调研、指导

适时组织有关专家开展实地考察调研重大灾情，指导并及时提出针对性和操作性强的对策建议。

3. 加大力度，深化北京市综合防灾减灾研究

举办"首都圈巨灾应对高峰论坛"；举办《北京市公共安全培训系列教材》学术沙龙；举办北京地区雾霾天气发生的相关研讨；完成中国气象局软科学重大研究项目"适应新型城镇化需求的城市气象服务与防灾减灾体系建设研究"；完成北京市科协重大重点调研项目"突发灾害性天气预警及应急能力服务需求分析及调研"等。

4. 深入开展全社会的防灾减灾科普宣教工作

在全社会的防灾减灾科普宣教工作方面，拟重点抓好四项：举办防灾减灾科普讲座与宣传；继续开展提升农民文化素质活动；组织编写《北京减灾年鉴（2011—2014）》；继续组织北京科技周、科普日、"5·12"、科普之夏、科学嘉年华等宣传活动等。

2013 年 12 月 12 日

第四节　北京减灾协会工作 2014 年总结

北京减灾协会 2014 年工作总结及 2015 年度工作要点

党的十八大明确提出了"加强防灾减灾体系建设"的要求。一年来，协会以防灾减灾事业发展为着力点，为理事单位和科技工作者服务，开展学术交流、活跃学术思想、促进学科发展，开展项目调研、课题研究，提供专家建议、公众科普宣传取得了显著成绩。

一、为首都经济建设服务，承担政府部门重点研究项目

1. 承担北京市科协重大重点调研项目"突发灾害性天气预警及应急能力服务需求分析及调研"

随着城镇化的推进，为增强各部门应对灾害性天气的应急联动及处置能力，作为防灾减灾主要举措的预警及应急服务，已成为公众防御气象灾害的重要手段。已按要求完成调研报告初稿，通过了专家评委会的评审。

2. 承担北京市科协重点沙龙"北京地区雾霾天气发生的相关研讨"

近年来，京津冀地区重污染天气频繁出现，研讨北京气候特征与雾霾发生的关系，认识雾霾天气对生态环境与生态建设的影响，12 月 15 日召开"北京雾霾天气发生与防治研讨会"，邀请环保部、中科院大气所、北京大学、国家气候中心等专家，从不同方向提出咨询决策和对策建议。

3. 修订出版《北京市公共安全培训系列教材》（社区版）读本

为提升市民安全防灾减灾能力，掌握必要的公共安全知识、规律、应急措施，

修订出版了《北京市公共安全培训系列教材》（社区版），增加了目前公众关注的应对雾霾、核武器等社会热点问题的应对措施。

4. 完成《园林绿化应急体系建设总体预案》编写工作

受园林绿化局委托，组织专家在认真调研的基础上，完成《园林绿化应急体系建设总体预案》编写工作。

5. 部署《北京减灾年鉴（2011—2014）》合编本任务

出版《北京减灾年鉴（2008—2010）》后，于 2014 年 12 月，召开部署气象、水务、地震、卫生等 15 个相关灾种的新一卷编写工作任务。

二、围绕中心工作开展减灾调研，提出咨询建议

中央经济工作会议已经把"加快城镇化建设速度"列为 2013 年经济工作六大任务之一。结合社会公众关注热点问题，提出"新型城镇化气象服务与防灾减灾体系建设的分析与建议""气候变化和城市化对气象灾害叠加影响简析与建议"等 4 项专家建议。

三、学术研讨和交流情况

防灾减灾学术交流是促进学术水平提高的重要活动和工作内容。

1. 举办"首都圈巨灾应对高峰论坛"

为进一步扩大和加强京台两地科技界、学术界的交流与合作，举办"2014 京台大城市综合减灾应急管理论坛暨首都圈巨灾应对高峰论坛"，8 月 18 日至 22 日在永兴花园酒店成功召开。在大会开幕式上，北京市气象局局长、研究员姚学祥做了《适应北京城市化的气象灾害管理》主旨报告。京台防灾领域 12 位专家，围绕京台大城市综合减灾应急管理主题，分别从大城市综合减灾问题研究、巨灾威胁与灾害管理策略等社会热点问题，从各自领域做了精彩发言。台湾嘉宾、消防、水务、规划、民防、卫生等相关领域的专家学者、科技人员 300 余人参加了论坛，大会论文集收录两地论文 15 篇。

2. 举办首届"城市发展与气候服务高峰论坛"

11 月 20 日，由北京市气象局和北京市科学技术协会联合主办、减灾协会承办的首届"城市发展与气候服务高峰论坛"在中国气象局科技会堂举行。来自减灾协会理事单位、首都城市规划、气候变化、环保等学科领域的专家及华北和周边各省区的气象局代表 120 余人齐聚一堂，共同研讨创新城市发展规划，开拓创新城市气

候服务等方面的内容。国家欧亚科学院院士汪光焘首先进行了题为《城市发展与气象服务》的演讲，来自不同领域的各位专家先后做了14篇专题报告，交流了各自的学术成果。

3. 积极参加"2014综合防灾减灾与可持续发展论坛"

组织专家、理事，积极参加国家减灾委主办的第五届"2014综合防灾减灾与可持续发展论坛"，提交《关于加强社区科普建设的思考》等3篇论文，受到论坛的特别关注并入选论文集正式出版。

4. 举办《北京市公共安全培训系列教材》（公务员版）沙龙

为北京市相关委办局从事城市综合应急管理专业人才和工作人员受到更好的职业训练和教育，整合各方资源，举办《北京市公共安全培训系列教材》（公务员版）研讨沙龙。

四、积极开展防灾减灾科普宣教工作

1. 专家为全市公务员在线录制科普专题节目

承担北京市科协专业技术人员远程继续教育基地培训任务，该基地是北京市专业技术人才知识更新工程的重要组成部分，组织公共安全、气象、地震等方面专家，面向全市专业技术人员开展在线学习和考核。

2. 组织多层次防灾减灾科普讲座

坚持以人为本，按照市委、市政府的部署，组织专家开展灾前、灾后防灾减灾知识普及"三进"工作。为国家机关、中小学校、社区、打工子弟学校的公务员、学生、家长、居民等不同人群共计数千人，举办"科学应对自然灾害""科学应对突发事件""雾霾的危害与防范"等科普讲座36场，通过讲座让公众掌握科学应对突发事件的技能，提高安全减灾意识。

3. 积极组织参加"科技周""减灾日""科普日"等大型科普宣传活动

减灾协会15名专家和科技人员，以宣传普及防灾减灾科普知识为重点，在西城区白纸坊街道、朝阳区安贞公园等会场，向公众免费发放《北京市公共安全知识读本》《北京市民汛期实用手册》等科普宣传资料。

4. 完全《突发事件预警信息知识手册》出版

在第六个全国"防灾减灾日"宣传活动周期间，由北京市突发事件应急委员会办公室组织编写，减灾协会组织专家担任特约专家，出版了《突发事件预警信息知识手册》。该手册共有27种各类能够预警的突发事件。

为了进一步推动"综合减灾示范区"创建工作，与西城区民政局联合开展"综合减灾公益大讲堂"活动，组织专家组建"西城区综合减灾专家智库"，提升了西城区防灾减灾公共服务水平及辖区公众防灾减灾意识和能力。

五、获奖情况

（1）北京市科协 2014 文明单位。

（2）北京市金桥工程组织奖二等奖。

（3）北京市科协信息工作先进单位。

（4）北京市科协系统专家建议一等奖。

（5）北京市科协系统专家建议二等奖。

六、2015 年工作计划

1. 继续围绕中心工作开展减灾调研和咨询建议

紧密围绕市委、市政府的中心工作，开展综合减灾调研，有针对性地组织专家提出咨询建议，为政府部门提供决策参考。

2. 组织有关专家就农业灾害实地考察调研、指导

适时组织有关专家开展实地考察调研重大灾情，指导并及时提出针对性和操作性强的对策建议。

3. 加大力度，深化北京市综合防灾减灾研究

举办"2015 年京台青年科学家论坛"；举办"首都圈巨灾应对高峰论坛"；举办《北京市公共安全培训系列教材》学术沙龙；举办"城市发展与气候变化高峰论坛"；举办"北京地区雾霾天气发生的相关研讨"；完成北京市科协重大重点调研项目"突发灾害性天气预警及应急能力服务需求分析及调研"；完成北京市气象局"北京市气象灾害预防与治理问题及对策的研究"；完成 2015 年科技套餐工程项目；完成 2015 年北京金桥工程项目等。

4. 深入开展全社会的防灾减灾科普宣教工作

在全社会的防灾减灾科普宣教工作方面，拟重点抓好四项：举办防灾减灾科普讲座与宣传；继续开展提升农民文化素质活动；组织编写出版《北京减灾年鉴（2011—2014）》；继续组织北京科技周、科普日、"5·12"国家减灾日、科普之夏、国际减灾日、北京科学嘉年华等宣传活动等。

2015 年 12 月 4 日

第二章　北京减灾协会部分学术论文

北京减灾协会第三届理事会工作报告

尊敬的林市长、张秘书长、各位理事：

在市委、市政府的正确领导下，在市科协的关心指导和各理事单位的大力支持下，北京减灾协会第三届理事会圆满完成了各项任务。现在，我受第三届理事会的委托做工作报告，不妥之处请各位指正。

一、第三届理事会重点工作回顾

过去的四年，北京减灾协会紧密围绕市委、市政府提高城市防灾减灾能力和推进城市精细化管理的工作部署，充分发挥协会优势，积极开展调研、咨询、学术交流和科普等活动，为提高首都防灾减灾能力和应急管理水平做出了积极贡献。

（一）围绕市委、市政府重点工作，积极建言献策

组织专家编写了《建立北京安全减灾战略评估中心的可实施性调研报告》《北京建设世界城市综合应急能力提升的思考》《主汛期应加大明显渍涝灾害风险管理力度的建议》和《建立首都圈综合灾情预测预警年度报告制度》等决策咨询报告。针对北京市与现有世界城市在安全减灾领域的差距和应急管理方面存在的问题，论述了提升综合应急能力的有效途径，提出了大力提高城市应对灾害和灾难的综合应急能力的建议，被市科协列为重点建议供市政协委员提案参考。

"7·21"特大暴雨灾害发生后，及时组织专家从应急处置、公众参与、社会动员、应急预案、综合减灾管理等方面，研究"7·21"特大灾害的经验教训，完成《"7·21洪灾"的启示与建议》等3份决策咨询报告，市领导郭金龙和夏占义等做出重要批示，对减灾协会专家的建议表示感谢，并指示要进一步搜集专家建议和意见，强化吸收和转化。

针对频繁发生的雾霾现象和罕见的高温热浪天气，形成了《对雾霾天气的分析与建议》和《应对北京高温热浪天气的措施与建议》。

针对应对气候变化和节能减排工作，邀请专家宣讲节能减排和低碳经济的内涵和意义，研究在北京发展低碳经济、低碳城市、低碳生活及开发低碳技术的前景和内容，并提出相关建议。

（二）充分发挥协会优势，承担安全减灾决策研究

在"北京市国民经济和社会发展第十二个五年规划前期研究课题项目"支持下，开展了提升城市综合应急管理水平的前期研究。通过对国外几个世界城市进行的减灾应急管理体系的综合研究与对比分析，提出了"十二五"期间北京综合应急管理建设的思路、目标和工程等，成为市"十二五"期间城市综合应急管理规划的重要依据。

灾损评估是风险管理的前提，是以落实预防为主，常态化与非常态管理原则相结合的具体体现，也是建设"安全北京"的基础性工作。开展了"灾害损失评估及救助测评体系研究"，提出主要灾种损失评估的系列指标、定量化方法和灾害救助测评模型等，在全国有示范意义和推广应用价值。

编制完成了《北京市农业重大自然灾害突发事件应急预案》，对农业重大自然灾害的灾害预警分级、应急响应、后期处置、应急保障等做出具体规定，对保障郊区都市型现代农业的可持续发展具有指导意义。

完成了《地下空间综合整治工作风险评估报告》，重点分析评估了全市地下空间综合整治工作可能影响社会稳定和公共安全的十余种风险，进行风险等级排序，并提出各类风险的防范控制对策和北京市人口控管思路。

在2013年汛期来临之前完成了《北京市气象灾害预警信号与防御指南》修订工作。新版《气象灾害预警信号与防御指南》，各种灾害的定义、标准、图例等更加直观和通俗易懂，措施更加完善，尤其是灾害发生时的自救互救方法与技能的说明更加人性化和具有可操作性。

在调研市园林绿化系统基层单位的基础上，编写完成《北京市园林绿化应急体系建设总体预案》。

（三）积极组织学术交流，创办"首都圈巨灾应对高峰论坛"

北京作为首都和超级特大城市，灾害与事故频发的严峻形势决定了北京必须立足于防大灾巨灾和坚持高水平管理。自2009年起，在市科协的大力支持下，减灾协会将每年10月学术月活动的重点放在提升巨灾综合管理的科学性、前瞻性和可实施性上。结合当前热点，成功创办并形成品牌性"首都圈巨灾应对高峰论坛"，至今已举办六届。其中，影响较大的有"北京建设世界城市综合应急管理论坛"和"首都圈巨灾应对与生态安全高峰论坛"。结合"7·21"特大自然灾害，研讨如何提高首都防灾减灾应急管理水平，邀请气象、防汛、消防、公共安全等领域的著名专家做系列主题演讲。2013年又结合近年灾害发生趋势，以"综合减灾的精细化管理"为切入点，全面剖析了北京市近几年防灾减灾存在的问题，探讨了通过实行精细化管理全面提升本市应急管理水平的思路、方法与步骤，受到有关部门的重视。

2013年10月，承办了"2013北京国际民间友好论坛"的"城市建设和管理"分论坛，来自20个国家、80多家国际机构和近百个国内组织的300余位嘉宾参加了论坛。作为"2013北京国际民间友好论坛"的重要组成部分，探讨了关于新型城镇化的思考、公共安全与环境保护等公众关心的热点话题，取得了很好的社会效果。

2014年成功举办了"京台大城市综合减灾应急管理论坛暨首都圈巨灾应对高峰论坛"，京台防灾领域13位专家，围绕京台大城市综合减灾应急管理主题，分别对大城市综合减灾问题研究、巨灾威胁与灾害管理策略等社会热点问题，从各自领域做了精彩发言。

（四）突出首都特色，着力做好综合减灾的基础性工作

协会注重北京防灾减灾基础数据积累和工作总结，坚持做好灾情统计与案例分析，探索灾害规律，总结防灾减灾经验，是北京综合减灾建设的基础性建设。编纂完成《北京减灾年鉴》三卷，如实地记载了2001—2010年北京地区灾害事件，为开展短期灾害规律分析提供了数据保证；如实地记载了以管理为先的北京防灾减灾进程；从一定层面上反映了北京各相关委办局在城市综合减灾建设上的成绩。

编辑出版《首都北京综合减灾与应急管理文集》，收录近四十篇高水平论文，并附有减灾协会近五年来三个重要课题的研究成果，向全国各大中城市提供了北京综合减灾研究成果和安全领域的应用基础研究成果。

针对目前北京市现有城市综合应急管理人员多为行政干部兼职，为提高全社会面对灾害和突发事件的防范能力及应急管理人员的减灾管理水平，组织防灾减灾各领域30多位专家历时2年多，编写完成二卷公共安全教材《北京市公共安全培训系列教材》社区版和公务员版。

（五）以防灾减灾为重点，加大公众防灾减灾科普宣传力度

围绕"3·23世界气象日""5·12国家减灾日""国际减灾日""全国科普日"等活动主题，开展定期与经常性相结合的公众安全文化教育和社区志愿者活动，举办有影响、高层次且具有吸引力的科普讲座。组织开展"三进"工作，根据不同受众的特点，成立了综合防灾减灾、地震、气象、水务、医疗卫生等科普专家宣讲团，先后为企事业单位职工、部队、社区居民、公务员、中小学生等不同人群举办"科学应对自然灾害""科学应对突发事件""校园公共安全与自我保护""火场安全逃生"等科普讲座200余次，受益公众达数万人。

借助"北京科技周"和"全国科普日"平台，组织相关单位专家与科技人员在主会场向公众免费发放科普图书，并积极组织有关理事单位出动现场地震体验车和灾害监测车，让公众亲身体验自然灾害发生情景和致灾状况。这种亲历、互动式的科普传播方式，深受公众和中小学生的欢迎。

连续多年有计划、有针对性地向成都信息工程学院和南京信息工程大学"气象防灾减灾宣传志愿者中国行"北京分队赠送防灾减灾科普图书；为让山区孩子同样享受到知识的阳光雨露和幸福地成长，多年来一直坚持向贫困山区学校赠送科普图书。在市科协支持下，先后与密云县、房山区、怀柔区、平谷区科协合作，开展"提升北京农民减灾防灾科学文化素质行动"，并赠送配套教材《新农村应急避险手册》《北京市气象预警信号防御指南》挂图等。以上行动，对广大农村与农民科学应对突发事件、掌握防灾减灾知识有积极的推动作用。

（六）加强自身建设，协会工作得到了多方面的肯定

注重加强协会自身发展建设，第一批成立了北京协会党建工作小组社会组织，建立了具有北京城市减灾特点的首都减灾信息网。

四年来，协会连续被市科协评为先进集体、北京市科技套餐先进集体；获得北京市人力资源、社团办颁发的先进社会组织称号；被评为 2012 年、2013 年北京市科协文明单位；获得北京市金桥工程项目奖 5 次，进入北京市科协"百强社团"工程。同时，还获得推广项目、科技工作者专家建议、科技套餐、全国科普日、北京科技周等奖项 28 项。

回顾四年的协会工作，有以下几点体会。

一是做好协会工作的关键在领导重视。市委、市政府对协会及减灾工作高度重视，主要领导多次阅研减灾协会专家的防灾减灾建议，并亲自做出批示，相关市领导还多次出席协会组织召开的有关会议及活动，指导减灾协会的建设与发展。市科协对协会工作也给予悉心指导。各理事单位更是大力支持。

二是协会工作要有持续的项目支持。协会每年都有研究项目或课题实施，尤其是品牌性、标志性的项目，如"首都圈巨灾应对高峰论坛"。这些项目的开展，支撑了协会的运行，调动了专家的主动性和积极性，提升了减灾协会的研究咨询能力，增强了理事单位的凝聚力和社会的关注度。

三是协会工作得益于不同领域专家的积极参与。充分发挥协会科技人才荟萃、专业知识互补和密切联系广大科技人员的优势，调动各理事单位和联系专家群体的积极性，集成各部门的专业减灾资源，形成全市整体综合减灾的合力。

四是紧紧围绕首都安全保障和为社会公众服务，深入企事业单位、农村及社区，了解公众需求，抓住热点问题，提出防灾减灾建议，开展防灾减灾科普宣传，如"7·21"暴雨洪涝、雾霾等事件，使公众从切身体验中增强防灾意识和学习自救互救技能。

面对首都的地位、性质和功能以及城市化与气候变化带来的城市安全的新挑战，协会工作还有一些问题与不足：一是研究咨询能力还不能完全适应首都社会经济发展和保障城乡安全的需求，无论是研究的深度、咨询的广度都有待进一步提高；二是缺少综合防灾减灾专家和领军人物，各领域青年学科带头人明显不足；三是对京津冀协同发展的国家战略理解还不够深刻，近几年华北区域联合的减灾学术研讨活动开展不够活跃，对全球变化与我国加速人口城镇化的新形势下的城市灾害新特点和不安全因素的研究不够；四是，面向各区县社区的减灾科普和志愿者队伍培训不平衡，尚未做到常态化和制度化。

二、第四届理事会的主要任务及建议

当前加强社会建设、推动社会组织、创新社会管理的进程，赋予了科技社团千载难逢的历史机遇。协会要抓住科技社团承接政府职能转移的契机，充分发挥科技社团桥梁与纽带的独特优势，紧紧围绕实施创新驱动发展战略，提升自身发展能力，完善队伍建设，提高社会公信力，为承接政府转移做好准备。新一届理事会应更加积极地开展工作，为首都防灾减灾做出贡献。

　　一是全面总结北京减灾协会成立 20 年来的工作经验，研究在北京城市发展新的历史阶段和新形势下的城市灾害事故发生规律与新特点，深入研究京津冀都市圈的一体化安全发展与综合减灾战略，积极建言献策。

　　二是积极探讨城市综合减灾的精细化管理方法，组织专题研讨与培训，指导基层编制各类城市灾害事故的应急预案。

　　三是配合有关部门开展城市综合减灾示范社区建设和减灾志愿者队伍建设，继续编写好北京城市综合减灾系列科普读物，广泛开展防灾减灾知识科普与技能培训，举办《北京市公共安全培训系列教材》学术沙龙。

　　四是积极参与北京城市综合减灾管理的顶层设计，推进城市综合减灾立法，编制北京市安全文化教育纲要，组织协会所联系的减灾专家，结合本市当前工作重点，积极提供减灾咨询建议。

　　五是提高学术交流研讨的质量。重点办好"首都圈巨灾应对高峰论坛"；承办 2014 年京台青年科学家防灾减灾论坛；同时围绕中央和本市有关部门下达的科研和调研任务开展学术研讨。联合举办京津冀都市圈、国内大城市、海峡两岸和国际的城市综合减灾学术研讨活动。提高协会自身能力建设，积极做好承接政府职能转移的准备工作。

　　六是加强减灾科技人才队伍建设。定向组织小型高级别的有关城市综合减灾理论和方法的专题研修班，并积极创造条件，鼓励与推动研修班成员勇挑科研大梁，促进本市综合减灾一批新的学术带头人的成长。

　　七是加大力度深化北京市综合防灾减灾研究。随着全球气候变化与我国城镇化的推进，城市灾害呈现新的特点，急需加强对于城市灾害规律和安全减灾对策的研究。作为防灾减灾主要举措和手段的预警及应急服务，社会效益日益凸显。减灾协会的工作，关键是增强各部门应对灾害性天气的应急联动和处置能力以及提高公众防御气象灾害的意识、知识和能力。要着重分析调研预警与应急的现实及未来的具体需求，提出预警与应用的建设性意见和建议，完成北京市科协重大重点调研项目。

　　八是深入开展全社会的防灾减灾科普宣教工作。在全社会的防灾减灾科普宣教工作方面，重点抓好以下四项工作：举办防灾减灾科普讲座与宣传；继续开展提升农民文化素质活动；组织相关理事单位编写出版《北京减灾年鉴》；继续组织北京科技周、科普日、"5·12"、科普之夏、科学嘉年华等宣传活动。

　　首都防灾减灾工作责任重大、使命光荣。党的十八大提出了加强防灾减灾体系建设。协会将以十八大精神为指导，以首都安全为己任，积极工作，为建设国际一流、和谐宜居城市做出新的贡献。

2014 年 12 月

北京建设"世界城市"的人为灾害应对机制与策略

金磊

（北京减灾协会）

摘要：本文是笔者在 2010 年 10 月"北京建设世界城市综合应急管理论坛"上提交的"北京建设世界城市目标的安全风险策略研究"文章的深化。根据 2011 年 8 月 12 日在成都举办的首届防灾减灾市长峰会提出的"让城市更具韧性十大指标体系"，结合从国内外到北京新近发生的一系列工程事故，明显发现无论是城市 CBD 及大型综合体的快速上马，还是其无法保证必要建设周期的"大跃进"式的建设方式，都是酿成安全城市建设的大忌。尽管多年来，城市减灾已反复强调综合灾害分析，但应看到在城市化建设中尚未充分将遏制人为灾害上升势头给于充分重视。为此本文旨在从研究城市人为灾害机理出发，较周密的围绕城市灾害的"事理—人理"展开分析，希望不仅从管理上更从科学方法上把控北京建设世界城市理念下的人为灾害形成及演化的时空格局，从而最大限度地提高北京城市综合应对突发灾害的决策可靠性水平。

关键词：北京；世界城市；人为灾害；"9·11"事件十周年；日本"3·11"复合巨灾；决策可靠性

一、引言

城市人为灾害的研究由来已久，自 1990 年联合国倡导"国际减灾十年"（1990—1999 年）至今已经公布了至少 21 次"国际减灾日"主题，其主旨不仅围绕全球预防文化建设，更集中在如何重审人与生存环境危机状态上，更体现在城市安全发展的理念上，更反映出不仅人为灾害日益严重，各类自然巨灾表现在城市载体的同时也暴露出城市减灾人工控制失当等问题。笔者的城市防灾减灾生涯始于 20 世纪 80 年代中期的城市生命线系统可靠性研究，初期的关注点旨在透视出城市工程系统安全的"症结"，任何一个生命线系统的事故，无须扩大化就会如同"多米诺骨牌"效应一样，造成城市系统的"堤溃""瓦解""停摆"，这本身反映了极重要的工程缺陷及人为决策的可靠性技术与管理问题。近来有学者针对上海频发"玻璃雨"事件，建议要学习日本的"失败学"研究，对此笔者提供一些研究经历。1992 年 9 月本人出版了《失误学与人为灾害研究导论》一书，它有三点至今看来对认知人为灾害并控制借鉴仍有意义：①研究人为灾害不可缺少哲理，即要建立关于"故障、风险、灾害"的统一评价学说；②研究人为灾害在关注并结合社会与城市发展诸要素时，要引入工程故障学、系统可靠性等理论；③研究人为灾害不仅要按人误机理给出灾害类型，特别要在人为灾害、"自然诱发人为灾害"、人的可靠性及其可靠性决策上下功夫。

本文认为，北京建设"世界城市"的安全减灾目标虽然明确，但由于全球化及其当代世界"灾情"的多样性，使新的更为复杂的问题和现象摆在我们面前，它需要有新的探索，需要城市防灾减灾理论的突破和更新。由于人为灾害理论的提出，使灾害研究要建立新的综合点及新的自然观，这就是在北京建设"世界城市"的大背景下要用拓展的新思维，靠提高决策可靠性的方法，最大限度地减少由于人为失误酿成的诸如灾害扩大化等问题。尽管人为灾害的控制是需要哲学理念、数理基础及文化传统的，但恰恰正是这种要求，使北京建设"世界城市"的安全减灾进程，在控制人为灾害的同时，赋予了极大地提升国民安全文化素质的空间。广义地看，人为灾害中的"事理"即强调要用运筹学及管理科学之思，合理、真实、客观地安排解决问题的办法，容不得缺乏理性、盲目的建设与决策，因为这是造成事故与灾难的根源；人为灾害中的"人理"即指人行为的道理，人的作用可以反映在世界观、文化、理念、技能等方面，面对灾难可表现为如何更好地应对心态，如何激励其逃生脱险的警觉与创造力，如何有效地在应对隐患与危机时体现出综合素质。在人为灾害的应对策略中引入"事理"与"人理"的系统观，还在于要探寻决策可靠性的方式，在传统的城市防灾减灾机制中融入人文知识及系统科学、行为科学，从而形成安全可靠的城市发展思路。笔者认为，虽然人为灾害的应对策略并不能全部解决北京建设"世界城市"的安全问题，但它提供的研究思路至少可以告诫国人，只有考虑了人为灾害及人的可靠性的防灾减灾对策，才是完整的现代化国际大都市安全对策之本。

二、美国"9·11"事件十周年留下的教训

2011年9月11日是震惊世界的美国"9·11"事件十周年之时，如何纪念"9·11"事件，如何在美国乃至世界人民心中建构起防恐抗灾的坚强堡垒已成为各国瞩目的焦点。"9·11"十年已有太多的阴影要走出，有太多的思辨要撞击。面对2011年9月11日前后世界各地纪念"9·11"的活动，人们已经发现在不应忘却的记忆中，不仅仅是美国，更应是全世界。极为巧合的是，2011年9月11日恰恰是日本"3·11"复合巨灾发生半年，面对依然看不到尽头的核事故处理，9月11日在日本神户举行了"对核能说再见"的抗议，数以百计的反核能积极分子在与警察的扭打中受伤。虽然日本新首相野田佳彦在2011年9月2日组阁后声称会尽快平息核电站事故，实现福岛第一核电站核反应堆稳定并清除核电站周边地区的放射物，不过据日本文部科学省8月末首次公布的围绕福岛第一核电站半径100千米范围的土壤放射性铯浓度地图说明，包括福岛全县、茨城及宫城等县部分地区的多个地点放射性铯浓度已严重超标，核电事故善后处理注定是个持久战。问题是，2011年9月末一场世界建筑界奥林匹克盛会——"第24届世界建筑师大会"在日本东京召开，尽管灾难给防灾强国日本以多方面重创，但日本正积极应对全球罕见的灾难，体现了应急指挥、综合处置的基本能力。日本国民乃至建筑师在安全防灾素养上的写照，体现在2011年9月此次大会的如期召开上，日本建协大会主题首次突出为"人类安全保障"的设计目标，它本质上展示了世界建筑界关注人工构筑物安全的统一行动。

正如同全球变暖已招致的世界灾难加剧一样，人类思考更多的则是它究竟是天灾，还是人祸呢？最新发布的第四份气候变化评估报告指出：气候变暖已是无可辩驳的事实，尽管全球变暖的原因是多重的，但各国科学家普遍认可，二十多年来加剧的全球变暖形势是气候变化与人类活动共同造成的。中国是气候变暖的影响集中在城市化灾害上较明显的国家。气候变暖的危机不仅仅是气候之灾，还会触发一系列灾难及社会问题，往往与当代人类危机事件叠加产生负

面影响。美国"9·11"恐怖袭击事件虽与气候灾难无关，但它的人为性及社会性，它的工程灾难的"原罪"与"衍罪"发人深省。看似坚固，原本认为可世代矗立的世界贸易中心突然间不复存在了，在令人感到恐惧又令人不可思议的同时，要意识到这就是灾难（战争、恐怖行动、自然巨灾等）带给人类的刻骨铭心的痛苦。从城市发展史上看，摩天大楼的建设不仅仅是遗产的需要，更是未来高技派建筑的追求。当代城市灾难正如同人类活动结果的不确定性与工程事故的难预见性一样，有大量的认知与设计上的"陷阱"，问题是要警醒人类如何在防灾减灾的战略中融入对工程的反思、征服，以至于对自然牵制的种种实践，寻求"善为""和解""安全"的工程，寻求在工程安全设计的实践中对遗产保护有价值的种种思索与分析，或许这正是全球在纪念且反思美国"9·11"事件十周年的特别意义。

对于纽约遗产的认知至少还可追溯到 1964 年纽约世博会。在纽约中央公园有一件 1939 年世博会遗留下来的雕塑，早在美国人参加 150 年前的伦敦水晶宫世博会时，他们就对伦敦市区内的海德公园心生羡慕。一本名为《没有我们的世界》的全美畅销书为人们提供了一个全新的思考角度，该书想象出一幅人类为环境灾难而瞬间消失的虚拟图景：某核电站因无人管理而失控泄漏，老鼠被辐射后壮如蛮牛，甚至能打败从动物园中逃逸的猛兽。《没有我们的世界》一书希望世博会能让人类找到解决灾难问题的方法。回望 1939 年，最现实的危机不是环境灾难，而是战争，尽管战火未烧到北美，但烟云已笼罩纽约，世博会还没结束，纳粹德国便攻占了波兰。1964年，纽约再次举办世博会，举办地仍旧是 1939 年世博园区，即今日颇有名气的法拉盛公园，那硕大的不锈钢地球模型就成为 1964 年纽约世博会的建筑遗产。如果说，世博会只为纽约留下了几座标志性建筑或一片人气兴旺的公园并难以概括纽约城市的遗产价值，那么纽约城市的文化、宽容的气度正构成纽约的无形遗产。遗产作为人类印记和回忆最终的栖息地，它的形态之一是缅怀并回放着不应忘却的记忆，之所以在"9·11"事件十周年时用"遗产"这个词，是因为我们可用"9·11"事件蒙难的 2977 个名字记录历史，用名字反思灾难，用每一位遇难者的名字告诉后人，让活着的人用更加具体入微的方式"记住这段故事"。"9·11"十周年美国已经举办的特色展览有为了不曾忘记的记忆（9·11 国家纪念博物馆）、记忆与沉思展（国立美国历史博物馆）、反恐战争、FBI 新焦点展（华盛顿新闻博物馆）、何处惹尘埃（美国华人博物馆）、艺术追思展（新不列颠美国艺术博物馆）等，不仅仅是为了让这个日子永远锲入记忆，更重要的是反思。美国共有"三地"举行仪式纪念"9·11"十周年。在纽约，纪念仪式在以世贸中心双子塔楼基作为主体的两个占地超过 4000 多平方米的人工瀑布纪念池旁举行，奥巴马诵读了《圣经》段落，布什则朗读了林肯写给美国内战期间一位五个儿子全部战死的母亲的信函；在华盛顿五角大楼西南侧的 9·11 纪念园内，副总统拜登说"任何纪念物，任何形式，任何言语都无法填补失去亲人后心灵的空白……""9·11"过去的十年已给世界诸多启示与问题，但它让我们回望的是必须要学会反思，学会总结规律，学会发现教训。

2001 年 9 月 11 日，在"基地"组织的精心策划下，19 名恐怖分子劫持 4 架美国民航飞机先后撞击纽约世贸中心大楼和位于华盛顿的五角大楼，其中一架飞机坠毁在宾夕法尼亚州，共造成近 3000 人死亡。它成为 20 世纪人类文明史上最黑暗的时刻，即使被认为最安全的美国也成了最危险之地。"9·11"事件不但人员伤亡惨重，直接与间接损失也难以估量。据瑞士再保险公司的估计，其损失高达770亿美元，而联合国欧洲经济委员会发布的秋季报告称，"9·11"事件给美国造成的经济损失至少2000亿美元。如果纵观该事件的应对经验会发现：①在决策者的应急行为上，联邦政府的最高决策者是总统布什和副总统切尼、纽约市市长朱利安尼，他们相对迅速而准确地判断了事件形势，并承担了各自管理的职能，有效地控制了事态的发展；②在各级政府的应对上，采取了强制性级别的政府干预，其中现场救援的有效性还体现在救援活动的规范方面；③报警电话、政府网站等媒体作用显著；④美国红十字会及其私人机构的非政府组织作用，有利于政府意志的全面落实及民心的安定；⑤公民个人的作用十分重要，最早发现事件、最早接近事件现场乃至最早实施救助行为的是民众；⑥在美国联邦危机管理署的"灾难生命周期"理念下，强大的社会恢复功能至关重要。应该肯定，在美国相对成熟的应急管理体制下，使"9·11"事件的范围及影响得到了有效控制，并保证了政府运转及社会生活在遭受剧烈冲击后得以迅速恢复正常，这些管理乃至美国《"9·11"委员会报告》对人类应急管理及其建筑事件遗产都提供了一笔宝贵的财富。

　　《"9·11"委员会报告——美国遭受恐怖袭击国家委员会最终报告》(2004年9月中文版出版)是由2002年底成立的"9·11"独立调查委员会完成的，在经历了20个月的调查取证后，于2004年7月22日正式出炉一份长达560多页的报告，报告中披露的诸多内容让美国乃至世界民众感到震惊，其中美国政府有九次失误，同时对"9·11"及其相关事件做出六大结论：①两届美国政府都没有对"基地"组织的威胁予以足够的重视；②恐怖分子的行动中存在诸多失误，但美国国防部和中情局失误更大；③从理论上讲，美国情报部门有机会阻止"9·11"恐怖袭击的发生；④美国政府在处理"9·11"危机时也存在着失误；⑤美国至今仍不安全；⑥萨达姆并非"基地"组织以及同谋等。对于该报告，该委员会主席托马斯·基恩表示：我们的目的是为了对"9·11"事件前后提供最大可能性的描述，并从中汲取教训，提交报告旨在将其作为能更深入了解美国历史上里程碑似的"9·11"事件的阶梯。作为一个全球性的安全策略或称作应急管理的上升为遗产的经验之谈，该报告还认为"9·11"恐怖袭击暴露了四方面的失误：①对恐怖威胁缺乏历史视角的想象力；②通向"9·11"事件之路说明了僵化的美国政府的决策低估了日益增长的恐怖威胁；③在机构能力上，最严重的弱点出现在美国国内，他们时常是被动且随遇而安的，并认为鉴别和补救那些易受威胁的努力付出的代价太大；④被错失的各种本可以挫败"9·11"事件的良机，反映出管理上的一系列失当，如要强化联合情报及其联合行动的应急管理等。问题是为什么我们经历了唐山大地震、汶川大地震、"非典"事件等，国家或城市未正式出台代表国家权威性的"灾难分析报告"。

　　"9·11"事件后的十年间，全球恐怖事件以新形势而发展着，如2005年7月7日英国伦敦地铁爆炸事件就是又一宗恐怖袭击事件。伦敦地铁开通于1863年，是世界上最古老的地下铁路网络，在400多千米的线路上坐落着274个地铁站，1987年11月，一支火柴意外点燃木制扶梯，造成21人葬身火海。现在的伦敦地铁正在为2012年奥运会召开而检修，但它每天要接纳1200万人次的密集人群，使它极易成为恐怖分子垂涎的对象。2005年7月7日上午，第一起爆炸于 8 时 51 分发生在伦敦市中心金融城的罗素广场地铁站和国王十字路地铁站，在余后的 2 小时内又发生多地、多起爆炸，爆炸造成 56 人死亡、700 多人受伤，爆炸使百年遗产建筑遭受破坏。伦敦地铁爆炸事件后，英国突破了传统行政管理体制的局限，能针对外界的变化做出快速准确的反应，保证常规状态下行政管理机制的正常运转，同时建立起能立即启动、适合特定危机环境的快速反应机制。在对危机传播上，伦敦市长利文斯通通过媒体宣布：伦敦不会屈服！人们对生命的渴望和对自由的追求将战胜爆炸恐怖者。建筑是凝固的音乐，尤其是历史建筑或称为建筑文化遗产，它们不仅是景观和标志，更是人类瑰宝与精神向往。千百年来，虽历经自然灾害、战火洗礼乃至恐怖袭击，灿烂的建筑文化"仰之弥高"。如坐落在英国伦敦泰晤士河畔的威斯敏斯特宫是英国议会大厦，它不仅是中世纪建筑，也是世界上最大的哥特式建筑的代表，它更是民主建筑的象征。但 1834 年它毁于大火，19 世纪中叶重建，第二次世界大战再度被战火毁灭，现有的建筑是战后在原有基础上重建的，其建筑风格在建筑形式上保持了它的连贯性、完整性和新哥特式风格，它连同由本杰明爵士监制的、有着 152 年历史的"大本钟"成为伦敦市的伟大象征，其建筑遗产价值是无法被其他所替代的，安全与反恐更成为第一需要及目标。

"9·11"事件十周年祭不单改变了美国，也在 21 世纪第一个 10 年持续影响着整个世界，如世界各种大型会议、赛事受到影响的可能性最大，2010 年多伦多 G20 峰会期间，加拿大在安保上投入近 10 亿美元，据悉英国将为 2012 年奥运会在安保工程上投入超过 20.25 亿英镑。要看到"9·11"事件是 21 世纪以来国际关系中的重大事件，凸显了以恐怖主义为代表的非传统安全威胁对世界和平与稳定构成的严重挑战。基于此，我认为没有反思的灾后重建是会重蹈覆辙的。如今，世界高兴地看到，美国世贸中心遗址新建筑群建设正在紧张进行，目前世贸中心 1 号楼（又称"自由塔"）已建到 78 层，预计到 2013 年全部建成时将达到 104 层，届时高度会达到 1776 英尺（与美国建国年份数字相同），它将成为曼哈顿地区首屈一指的新建筑。世贸中心遗址计划建成 6 座超高层建筑，不仅要再塑世贸中心的国家精神，还要续写美国高层建筑历史的系列化图解。美国高层建筑从 19 世纪末发展到 20 世纪中后期，从形式层面对欧洲现代主义思想影响颇深，出现了包括密斯在芝加哥、纽约、多伦多等北美城市设计的所谓第二次国际主义风格的高层建筑。SOM 设计的垂直交通与办公空间分开的内陆钢铁大楼、水平体量大厅及垂直塔楼相结合的建筑，乃至到 20 世纪 80 年代中期的后现代主义的菲利普·约翰设计的 AT&T 大楼等都是具有突破的项目，它们本身构成了近现代高层建筑发展史上建筑师、作品与事件的遗产文化。作为文化与城市元素的美国世贸中心遗址新建筑群，是由美国著名建筑师大卫·邱德斯设计（1 号楼自由塔），在如今生生不息的世贸中心遗址工地，原来倒塌的两座高楼处，已被两个巨大的水池代替，北池的位置是世贸大厦北楼遗址，南池的位置是世贸大厦南楼遗址，"9·11"十周年当天，涓涓水流如瀑布般出现，在水池周边形成瀑状的水幕。对此，纽约"9·11"纪念馆的官方称，每一个站在水池旁的旁观者，都会思考人生的哲理。该设计师从 63 个国家的 5200 件设计作品中选出，如果说上善若水代表了蒙难者的不幸与纯洁品质，那么水幕造型奔腾不止的气势则代表了人类的生生不息，一切爱好和平的人们是不会被恐怖灾难所击倒的。水池上方白色厚纸板下，用深褐色篆刻着"9·11"蒙难者的姓名，其中包括"9·11"事件中五角大楼及美联航第

93 号客机的无辜死难者。值得提及的是 "9·11" 事件那棵幸存树也被移植到此，十年来它在人们的精心培育下，从叶子全部掉光到今天的枝繁叶茂，不仅再创重生之奇迹，更印证了全球反恐文化的建设与新挑战的进程。

三、日本 "3·11" 复合巨灾给城市安全的人为性启示

1. 日本 "3·11" 地震海啸巨灾让世界重新认知不足

日本突发的地震海啸让人再想到巨灾，在大灾的泽国与火海面前，人类如同沙盘一般不堪一击。号称世界上第一大震级的 "3·11" 地震，多次诱发海啸，它让人类再次读懂，海啸是海平面矗起的水墙，排山倒海而来，犹如死亡之浪，是地球的终极毁灭者，刹那间使万物皆淹，真实地上演了《日本沉没》及《2012》的灾难大片。尽管当下不少人说《2012》只是个神秘的预言甚至反对之声频起，意在要揭穿《2012》的谎言，可梦魇尚未褪去，震惊世界的惨剧一幕又一幕，据目前的保守估计，此次 9 级巨灾的破坏能量是造成近 10 万人死亡的我国汶川地震（2008年）的 20 多倍，是造成 6000 多人死亡的日本阪神地震（1995 年）的 256 倍，是造成 2010 年 20多万人死亡的海地大地震的 700 倍，更是造成 24 万人死亡的广岛原子弹爆炸力（1945 年）的1.1 万倍，这难道不是《2012》电影场景的现实预演吗？无论是惊天霹雳，还是日渐升级的种种黑暗焦虑的笼罩，无论是《2012》或者《2013》都不再是谎言下的末日场景，它成为一种预言和警示，它告诫人类自做了地球 "霸主" 后，就要思量一下究竟对自然界做了什么？当前无论是哪个国家快速城市化大发展和繁荣的背后，自己为自己又留下了多少后患；面对日本世界防灾强国的不堪一击，它除说明自然界的伟力外，也要求我们要用跨国界之思开展新的抗灾能力的标准修订与再研究，要思考在全世界范围的联合抗灾。应特别要求联合国及其相关组织要有专门机构及专门会议研究并制定联合国框架下的《世界减灾公约》，全球在 21 世纪中长期对已经呈现非规律的巨灾形势应对有新认知，并形成新平台下的预测、预警、设防一体化体系。值得关注，在 2011 年 3 月下旬世界银行发布了《自然灾害，非自然灾害：有效预防的经济学》报告，它指出全球在目睹了日本巨灾给人类带来的悲惨后果后，各国专家应向世人发出警示，灾害带来的损失是灾难性的，灾害预防至关重要。事实上，靠防灾经验日本在巨灾中拯救了许多生命。世界各国原则上都知道预防胜于治疗，可往往鲜有作为，无论在我们个人生活还是政府作为中都是如此。按照日本巨灾的打击，现在所显示的伤亡人数是有限的，充分表明日本在长期的防灾投入中有了真实的回报。

2. 日本 "3·11" 巨灾让世界重新认知城市化减灾困境重重

由日本海啸大灾难的巨灾想到人与自然，更该警示我们的是，要从比较中发现中国城市化进程中潜伏的巨大尚不清晰的灾情。2010—2011 年，联合国确定的 "国际减灾日" 主题是 "建设具有抗灾能力的城市：让我们做好准备！" 它集中反映了国际社会对城市防灾减灾局势的关注度。我们之所以瞩目日本 "3·11" 地震海啸，不仅是因为它已造成惊人的重大人员伤亡及巨大的财产损失，更在于它又为人类提供了一个地震海啸袭城的典型个案。从立法到管理、从政府到公众、从技术到装备居先的日本重灾 "大国"，在巨灾下毁于一旦的惨况，再次说明灾害预

测、预警、预防的重要性，再次说明面对现代灾难需要有新观念。2011 年全国"两会"期间政协委员中科院院士陈运泰曾建议我国"十二五"规划要增加对地震预测研究的内容，意在要强化中国大规模工程建设前期防灾减灾机理的把握。据我调研，虽中国"十一五"城市防灾减灾事业有所发展，但在理念与操作上基本还处于低水平，全国特大型城市的发展理念始终以国际化、超大型为目标，建设"世界城市"口号满天飞，但往往忽视作为世界级大城市面对巨灾的综合应对能力的强化研究与评估。我以为由尚在观察中的日本"3·11"地震海啸巨灾及其连锁反应后果看，是不是该大胆设想假如降低震级的大灾降临上海（如 7 级地震），上海能有效应对吗？城市管理的有效性及生命线系统安全运行有保障吗？北京虽无发生海啸、火山可能，但巨震之灾历史上就有（1679 年平谷—三河 8 级地震、1730 年颐和园附近 6.5 级地震等），问题是这里不是在与日本诸大城市比照灾级、灾度的绝对值，而是必须联想在中国诸多社会、经济、文化影响巨大的城市中，一旦有大灾、巨灾规模的事件发生，城市该如何确保应急状态下的必要运行，这是中国城市化发展乃至"十二五"规划至今尚难回答的发展理念和实践的关键问题。

　　值得反思的是，2011 年初不知为着什么缘故，某些城市一再为地震消息辟谣，有些科技工作者靠列举传统数据宣传全球和中国地震活动并不反常。但我想，既然地震规律是真实的，那么从防灾减灾出发强化大都市以抗震为中心的安全文化教育究竟有什么错？从"国情""市情"出发急于抹掉固有忧患的防灾教育及灾难留下的阴影是何等的愚蠢。从寻找人类安全的诺亚方舟出发，我们要足够清晰地看到，在日本"3·11"地震死难者中，绝大多数遇难原因应为地震次生灾害海啸，因地震造成房倒屋塌砸死的仅占极小比例，这是中国在建筑抗震设计与建设中尤其要学习的地方。遗憾的是，地震的次生灾害"海啸"破坏力太大了，无法充分预警，人类完全失去了招架之力，这是应汲取的教训。与我国对环保低碳重视度不同，至今在中国范围内综合减灾理念下的城市巨灾研究尚未起步，尽管有些城市应急机构对自身的工作成果沾沾自喜，但由于对全球灾害及中国历史上灾情的认知和缺少巨灾准备下的应急管理及投入机制，因此应承认中国大城市的灾害管理水平是知之不多、欠实战型的低水平模式。因此，至今我国绝大多数城市终年无法摆脱能源安全之苦、承载力加剧之祸、夏季降雨就"水漫街面"、冬季降雪道路就脆弱得大拥堵的状况……中国是否应该从日本这次临危不乱的灾难处置的审视与思考中真正学到些上水准的管理和技术对策。尽管当下"日核"危机教训很深，国内外媒体已列出"应急举措失当""外部应急系统缺位""信息发布不完整欠及时""必须痛下决心关掉已危机重重的福岛核电站"等"罪状"，但科技界能清晰地看到日本防灾与核机构正按照国际原子能机构的要求一步步强化纵深防御，使"核灾"危机早日消除。对于该次巨灾，日本已经日益客观地审视了它将对日本经济、社会产生"蝴蝶效应"，灾害直接损失要远高于 1995 年阪神大地震，至少相当于 2010 年日本 GDP 的 4%。

　　再以北京建设世界城市目标为例，迄今在政府组织的一次次论坛上，"安全北京"建设之声仍不响亮，更多的精力尚停滞在如何救援的局部减灾层面，从根本上影响到北京世界城市大安全观的确立及宣贯，也有人说对工程而言安全减灾仅是摆设。日本"3·11"复合巨灾已经过去六个月，已有大量的防灾减灾及综合应对复合巨灾的信息，但为什么中国大中城市不从中汲取教训呢？为什么绝大多数城市管理者及媒体仅跟在"核灾"身后"谈核色变"，造成一场场"碘盐风波"呢？由此启示我们两点：其一，对日本"3·11"复合巨灾重之重的福岛核事故要经过相当慎细且权威的科学反思及安全评估，并在真正掌握了它对日本乃至世界有多大影响后，才能调整并部署中国的核电规划；其二，无论是北京建设世界城市还是中国诸城市的现代化发展，都必须从日本"3·11"复合巨灾中认识到"复合"灾难要求人类必须关注"多重安全"。日本"3·11"复合巨灾反映的安全减灾问题是多元化的，它不仅彰显自然力的强大，警示我们该共同应对环境公害、气候变暖、沙漠化扩大、热带雨林锐减等大灾难，虽它们也许并不如地震、海啸、爆炸等会在几十秒或几分钟内摧毁生命和财富，但它慢慢地毁灭家园的"伟力"决不可轻视。仅以城市频发火灾事故为例：2010 年 11 月 5 日吉林商业大厦火灾、11 月 15 日上海静安区高层住宅火灾后，2011 年 1 月 17 日武汉某公司又遭大火，春节期间沈阳五星级酒店毁于大火中；4 月 25 日北京再发特大火灾，北京重点检查"生产、储存、居住"三合一建筑，共关停 201 家单位，督促整改火灾隐患 8870 件，从这一侧面已暴露出在"光鲜"北京的背后，有更多的安全话题，为什么我们长期想不到、看不到，这并非城市巨灾的隐患，堆积起来就成为脆弱北京及不安全北京的"代名词"。当下，在全国城市化进程如火如荼地推进中，如何尽最大可能地医治"城市病"，尤其是安全防灾上的诸多沉疴痼疾的防治是我们必须具备的智慧之思。

3. 日本"3·11"巨灾让世界领悟日本媒体及公众的防灾素养

日本"3·11"地震海啸之灾，让国人充分看到了国外媒体先进、全面、快捷的报道及公众训练有素的状态。当代灾害及减灾的跨国界，更因多元化的媒体使人们能在第一时间感受到他国的状况。由于日本 NHK 的强大实力以及我国央视的紧密跟踪协调，使我们能及时把握灾情"指挥"信息立体化，在第一时间听到、看到、思考到。日本媒体的出色表现是该学习的，但我更以为使媒体能有此作为的是源于日本自 1961 年《灾害对策基本法》的贯彻，这里再谈对电视媒体三方面的特别体会，对此尽管欧美媒体有一片斥责之声。

（1）在日本人面孔上很难找到惊恐。面对越来越多人员死亡、失踪的报道，面对城市大停电、交通与通信瘫痪的状况，面对核电站泄漏与爆炸、受污染人数增加，面对房屋坍塌及失去家人及财产，面对整整东北三县的毁灭性打击，无论在机场和避难所，也无论是在东京还是在仙台，我不仅敬佩那无数位媒体记者的敬业与英勇，也更难忘从老人和孩子脸上留下的些许淡定与自如。多位央视记者传播着巨灾惨状下所到之处的"井然有序"，我想这些都得益于日本国民长期培育起的安全自护防灾文化素质和理论联系实际的训练。同心同德是社会结构的支柱，这在灾难或危机后尤为明显，这里决不愿粉饰日本社会，只是钦佩日本国民在大灾面前的坚韧、淡定、秩序的气质。日本人常用一个词"我慢"（忍）——英语里没有一个严格意义上可对应的词——有点类似于 toughing it out（勇于承受、坚持到底）。在日本，尽管从校园到工厂恃强凌弱事件层出不穷，但每每地震，连黑帮也设站点向幸存者分发物资，巨大灾难使日本社会组织罕遭挤压和破坏，但人民的自护自救使它不能被撕裂。难怪网上有地震与"日本地震"之说，意在说明日本确有防灾自护文化上的高人之处。

（2）政府救援及应急管理到位令人联想颇多。回眸三年前我国汶川大灾，电视画面在第一时间及前几天所报道的都是，伟大抗震精神下的"人拉肩扛"等感人的大无畏场景，但极少见到如此科学的、图文并茂的灾情动态实时科学解读。日本"3·11"大灾的电视报道，不仅让世界及时领略日本首相的讲演及决策，更从一幕幕惊涛骇浪的背景下，感受到整个国家在减灾法律下一步步有序工作的进程。有一个场景我记忆尤深，在余震不断的第一天，日本高速公路修复人员在震后至多两小时已到达灾损破坏地点，测绘地形，记录灾情，这不仅体现了极强的信息意识，更体现落实了在巨灾下各方机构主动应急处置的职业道德及规范化行动。

（3）日本媒体之所以反应迅速，所拍画面令人惊心动魄且有效服务于防灾减灾的政府决策，离不开日本长期演练的应急救援国家队伍，离不开常态下防灾减灾立体化演练及高水平的装备，电视的整个解说中听不到"启动某某应急预案"的口号，但一切处置是有计划的，让人真实感到是应急预案在发挥作用。中国关注科技减灾产业已多年，但救灾排险尚未走出"人海战术"的怪圈，建议加大我国研发机构资金投入，不如此难以应对未来大自然不测"巨灾"再次光顾及挑战。在新近的一份评估日本巨灾下的日本自卫队战斗力的评估报告中，除在超限战水平及应对大规模非常规救援行动上能力评估不理想外，对其他救援及指挥均获高分，这足以说明面对世界级罕见巨灾，全球必须重整应急综合体系。NHK是日本放送协会（Nippon Hoso Kyokai，也称日本广播协会）的简称，它在2011年3月11日下午正在直播国会辩论，地震开始前十几秒，突然插进紧急警报，体现了一种特殊的能力，在整个灾难持续的演进中它都扮演了让国人难以置信的优秀角色。是什么使NHK有如此快捷、准确的报道能力呢？"紧急地震速报"由日本气象厅向公众提供服务。从2007年10月1日，该"速报"已不是一般意义的预报，气象厅在全国各地有24小时监测地震波的仪器，一旦发生前兆波动，就会自动传到广播电台及电视台，信号传输过来后，会同时伴有警报和字幕，为此NHK每天有专人负责当天"速报"的播音员一直在演播室，一旦有不测即可立即切换画面播出"灾情"。按日本《灾害对策基本法》，NHK是全日本唯一一家被指定的国家公共新闻机构，NHK不仅与日本气象厅的灾害监测网连在一起，更有自身独立的灾害信息采集系统，可在第一时间向公众播报各种灾害信息，NHK的应急新闻报道的使命即帮助全日本公众保护生命财产安全。其对中国应急新闻及灾难记录有价值的启示是：将灾情预报置于人员伤亡及破坏报道之前；通过报道要尽可能展现给公众各类不可见的危险因素；对突发事件的报道必须争分夺秒，在采集与播报上反应最快；面对难以避免且时常光顾的自然巨灾，强调要通过传播使有害影响最小化；利用世界上一流的技术装备提高灾难传播的速度及质量等。

4. 日本巨灾启示世界工程界拓展人为减灾的新安全观

日本"3·11"巨灾是全人类的灾难，无论是防灾科技工作者还是建筑师、工程师都该戮力同心，灾难让国人想到要做"世界公民"，科技界要积极建言形成联合国国际减灾战略框架下的全球灾害应急管理体系，这才是具有国际减灾视野的大安全观。由此我想到2009年1月14日笔者在为中央美术学院建筑学院讲授"防灾设计"课程时选择的"建筑师该如何构建安全空间"的主题，我的教学意图是告诫学生们："生存是维持生命的艺术，作为未来的建筑师要先学会在危难时逃离深渊，再掌握如何构建安全空间，旨在培养自己对综合应对灾害的安全设计能力。"目前，从国内外对日本"3·11"震害的应对评价看，虽有批评声，但日本政府及防减灾工程部门是有作为的，除震中地区与海啸造成的近10万幢房屋倒塌外，并没有传出类似"豆腐渣工程"倒塌的报道，这一方面显示出日本建筑确实经得住巨灾的冲击；另一方面也启示国人，在摇晃像被安了滑轮一样的东京，有被祈祷的大地，在那一个个忌日纸鹤满天舞恸扶桑之时，仍能看到至今在灾害一线的救援者及为灾后重建搜集分析灾况的各类工程师和建筑师们。对于这场尚在持续的灾难，对于这次震撼世界工程防灾界的"日本地震"，对于全球防灾强国的日本城乡建设为什么还会在地震海啸中不堪一击，除了有世界巨灾的超强破坏力外，是不是建筑工程界、设计界也该从中找些原因？因为当下中国城市化快速发展，到处是国际型巨工程建设项目，我们可否使建筑项目按可靠性理论达到规定寿命，能否使中国建筑不再常态下早期"夭折"，日本巨灾确实为我们出了题目，并做出了示范。

　　纵观中国建筑的质量可靠性寿命有多方面问题，有源于创作、管理、发展诸原因的短寿隐忧，如2011年"两会"上全国政协委员潘祖类建筑师就详述了中国城市建设中的此类问题，他认为"我国建筑物的平均寿命只有28年，英国是102年"，为什么中国建筑质量如此低劣，有质量安全的原因，更是"政绩工程""标志性工程"违背科学匆匆上马抢时间的恶果，这里并非没有建筑师的负面"贡献力"；更有建筑质量低劣，在地震、台风、洪水、地质灾害中不堪一击的情况，这里有类似云南盈江5.8级地震倒塌的成片成片的不设防的房屋。对此，《国际建协建筑师职业实践政策推荐导则》中指出："建筑师应恪守职业精神、品质和能力的标准，向社会提供能改善建筑环境以及社会福利与文化所不可缺少的专门和独特的技能……它不仅包括追求建筑艺术和科学方面，应当优先于其他任何动机的自主精神，还要寻求确保公众健康、安全、福利和文明所需的职业精神原则和职业标准……"据此可以推演几年前的央视新址火灾确实早已暴露出安全设计上的先天不足，对此马国馨院士早已在2003年6月28日的"中央电视台新台址建筑工程可行性研究报告（建筑部分）"评审的书面意见上从七个方面陈述了对现有方案隐患的看法，其中在消防无助、防灾无为、疏散不利上的论断都是有预见性的。马院士曾严肃指出，中国建筑用人为制造许多技术上的难题来追求其标志性是不可取的。由此我们是不是可以这样说，当代设计师（含建筑师）的社会责任就不可缺少安全态度及防灾理念，无论是缘于艺术观的创意，还是基于缺少安全设计经验及规范指导的项目，任何缺乏必要安全内涵的项目都是欠缺职业道德的。建筑安全不同于一般的系统，它量大面广，与公众息息相关，因此其安全不单纯是灾害来临的安全，而要一种持续的安全水平，据此可从安全防灾伦理上谈建筑师应具备的安全态度，虽迄今这些哲思并不能成为安全设计准则及方法，但它至少从设计内涵上会丰富设计师的当代生命观，这无疑是行业的进步与幸事。从日本巨灾使坚固的釜石港防波大坝被海啸荡涤，不能不让人们想到十年前的2001年美国纽约标志性建筑"双子座"因"9·11"恐怖袭击轰然倒下事件，它们都从自然与人为给我们以反思与启示，难道世界一定要面对9级大震及不断升级的复杂恐怖事件刷新世界防灾安保标准？这必须是有赖于全球各界关注并由世界各国做出的新抉择。从大安全观上至少有五点是应上升为观念的思考。

　　（1）设计师的安全伦理观。许多国家对设计师的伦理规范都有一个关键性短语，即要求设计师的作品要"把公众的安全、健康和福利放到至高无上的地位"。随着城市化快速发展，利益相关者概念和组织的社会契约越来越得到人们的认同，建筑作品的安全性与社会经济诸方面的关联度越来越高，为强化安全设计，改变漠视生命的状态，要积极探讨设计师职业道德准则在尊重生存权及保持客观公正立场上的重要作用，这也是中央"十二五"规划的公共安全建设的目标之一。

（2）设计师的安全执业观。美国安全学者 Heinrich 认为，现实社会存在着"88∶10∶2"的事故灾害规律，其意是在 100 起事故中，有 88 起纯属人为，有 10 起是人和物的不安全行为综合产生的，只有 2 起是人类难以预测、预防的。现代国际减灾界的共识是，在事故系统中至少有 70% 源于人为失误。可见，无论是城市项目管理者还是建筑师都该恪守客观性原则，不偏不倚，按事物的本来面目及安全准则去设计建筑，断绝任何影响客观性的关系，避免设计留下隐患。如美国 1986 年"挑战者"惨剧源于负责系统安全的设计师违背了客观公正的职业道德；挥之不去黑色记忆的 1986 年切尔诺贝利核事故，造成的"天堂与死城"，也源于操作员犯下的一连串致命错误。因此，建筑师在安全责任上不仅要有得到职业道德规范支持的权利，更要从自省上树立起一种安全执业观。

（3）设计师敬畏生命的责任观。孟子认为，举凡人类皆有四种善举，即恻隐之心、善恶之心、辞让之心、是非之心。公众作为产品或建筑的使用者，将生命安危交给了建筑师、工程师，所以设计师要走出认识误区，强化对生命安全的责任观，不仅要努力培育职业设计团队完整的生命意识，更重要的是唤醒建筑师在创作中的人对自然、对生命的敬畏意识。现实中，敬畏生命的主体是人，建筑师在执业过程中处理设计项目经营最大化时，更有责任必须将生命安全与健康作为设计的首要约束条件。

（4）设计师的安全诚信观。无论是自然灾害还是技术风险，人类是无法绝对规避的，更不存在真正意义上的"零事故"，因此要求设计师用更多关怀的情感建立起与客户信任关系的基石。早在 2004 年中、日、韩三国工程院共同签署的《亚洲工程师道德指导意见》中，就将对生命健康、安全和福祉的责任放在了首位。建筑师的安全诚信观将"以人为本"的思想体现在安全减灾的应急系统及安全规划中，虽在这方面并非建筑师的责任，但就建设项目自选址、方案创作、功能设计乃至安全环保建材的使用上，都必须贯彻保障公众的生命权和健康权的准则，杜绝所有自觉或不自觉以公众生命安全与健康为代价的设计项目，只有这样才有希望将由技术保障不确定性引发的事故灾难风险降至最低，这恰恰是日本"3·11"复合巨灾给中国防灾减灾工程界的镜鉴之一。

（5）设计师的安全比较观。灾难应对是工程与城市安全活动中的特有现象，早已超出预定规划设计目的，有时出乎工程设计者及运行者安全减灾预案及规划之外的问题。由于巨灾的不可预见性和不确定性都给现代复合巨灾的工程应对出了难题。但从国内外诸多灾例的比较研究发现，人类的工程防灾减灾规划设计之策有时人为地埋下了"工程陷阱"，于是先天安全风险就形成了。建筑设计是危机的产物，但这一领域近年来却矢志不渝地专注于剔除危机感，虽应急建筑师和应急建筑是存在的，但危机建筑师及危机建筑却是不可能出现的，为适应与风险相关的安全设计准则，突发事件通过采用新的规范与技术完成对既有建筑的加固，建筑提供的安全防灾的可靠意象正是在最不稳定与最不安全的状态下锻造的。灾害或称安全比较学是较为崭新的学科，其主要任务是：①对灾害进行描述、分析和分类，并详细比较不同灾害的特征，确定并阐明它们之间的关系；②研究并开发比较方法和比较工具；③揭示灾害的规律与特征，从而提出减轻灾害风险的技术方法及管理对策。建筑师及规划师之所以要具备灾害比较观，旨在要从根本上强化城市诊断（Urban Diagnosis）的概念，即用系统的方法查明城市多层面实体的脆弱及功能损坏部分，为灾害对城市"打击"的机理提供新思路，这为比较的方法学提供了好思路。尽管日本"3·11"复合巨灾的后果还在持续，但对中国巨灾防御有如下启示：第一要将城市列为防灾重点，建设防灾安全型城市；第二在城市中要建设有防灾意识、有防备及演练、有应急信息的安全社区；第三从中央到地方都要建设及时掌控灾害信息、职责明确、高效整合的防灾减灾信息系统及体制；第四理顺不同等级建筑与工程设施的防灾技术标准体系，并根据新技术的发展、灾害实践予以及时修订等；第五建立世界重灾国家防灾减灾个案分析库，分析比较成功与失败的两种体系下的案例等。

四、北京建设世界城市面临的典型人为灾害

纵观全球，从25年前切尔诺贝利核电站事故，到十年前美国"9·11"事件，再到2003年全球"非典"事件等，都是非传统安全问题突发性挑战增多、危机不可预测性更强、传播速度更快、破坏力更强、应对难度更大，导致许多国家的利益受损，更遭受巨大生命和财产损失。近年来，不仅仅北京、上海、天津、重庆等中国直辖市城市化进程加速，诸多中小城市也有因快速发展频发"城市病"，尽管如此全国迄今至少50个城市正在建设超高层建筑组群的CBD，20多个城市正筹建金融中心城，在发问是否必要的同时，越来越考验城市应急管理能力。如今，中国"城市病"越来越表现出人为致灾的特色：暴雨导致城市交通瘫痪，不合格设备的投入运行大大降低了城市安全度，劣质食品及药品充斥市场造成无辜伤亡，城市人为风险（自然被工业化、传统被理性制度化）已成为现代城市社会灾难风险的主要来源，即与辐射安全、重金属、危险化学品、持久性有机污染物、危险废物等都是不可忽略的城市新环境风险因子。基于城市人口急剧集中，相伴而生的灾害隐患不断增多，人为因素的致灾、成灾频率呈非线性提高，因此了解城市人为灾害的比率及重要类型是确定城市人为灾害高风险区的关键。应承认，目前对人为灾害的概念还缺乏统一认知，但按《国家突发事件应对法》中界定的自然灾害、事故灾害、公共卫生事件、社会安全事故四大类灾害中，至少后三种基本上属于人为灾害范畴，本文重点研究由于人为失误所导致的城市工业化灾害及相关事故类灾害（暂不涉及社会安全事故及恐怖事件等）。表1为北京市面临的人为灾害主要类型。

再如全国从"楼歪歪"到"地陷陷"，城市在向地下要资源的同时，事故也在频发，2011年7月23日下午，广州市珠海区一建筑工地突发"地陷"，近20米长的工地围墙和基坑下陷，旁边的两栋居民楼里百余户居民只好紧急疏散。究其原因主要是人为活动所致：①不少建设项目在前期选址不对，如某些城市处于沿海的三角洲地带，属软土地基；②城市规划有缺陷，除总

体规划外，应特别注意特殊地质灾害危险点的处理，要千方百计提高建设安全系数；③建设工程质量把关不严，应采取充分的预防措施，避免事故的发生；④城市管理的工程决策有误，由于赶工期，要超速完成，致使以牺牲工程安全为代价。

表1　北京市面临的人为灾害主要类型

人为灾害序列	灾害类型	主要灾种
事故灾难	1. 生命线系统事故	自来水、电、煤气（天然气）、通信电信及信号系统；
	2. 工业化事故	
	3. 交通运输事故	有毒有害物质泄漏、危险品及毒物、核辐射；
	4. 旅游事故	公路、铁路、地铁、航空、河运等；
	5. 大型集会及城市活动等	野外、公园、游乐园等；
	6. 能源短缺事故	拥挤、骚乱、踩踏；
	7. 灾害与爆炸	煤气中断、断电等；
	8. 建筑工程事故	工业火灾、住宅区火灾、商业及仓储火灾；
	9. 环境与城市生态破坏事件	高空坠落、机械伤害、触电、窒息等；
	10. 其他	污染、污水、外来物种入侵、有害物质渗入等
公共性事件	1. 职业危害	职业病；
	2. 食品安全	食品中毒、劣质食品；
	3. 流行病	非典、禽流感、流感、狂犬病等

2011年7月23日，甬温线发生特别重大铁路交通事故后，温总理要求公开透明调查处理"7·23"事故，特别要给人民群众一个真诚负责任的交代，由此我回望2011年7月初（亦即高铁、动车出事故仅半个月前），铁道部在回应某些媒体的质疑时，中国京沪高铁安全与日本新干线等不在一个层次上，并列举一系列数据让人感到中国高铁、动车是有高可靠性保障的。可问题是整个7月间，中国地铁、高铁、动车连续发生的一系列事故不能不让人省思，我们"求快""求新""求第一"的代价是什么？为什么改革开放已经三十年，我们改的还是发展速度，我们为什么还缺少真正理性而冷静的中外比较。虽然我承认如果否定铁道部近年来的"提速"成绩并非舆论及科学上的正义，但我同时也反对有媒体称"借事故唱衰，不厚道"，对此我们该发问如此多的生命血淋淋的倒下是谁不厚道！如此大的事故缘于人为灾害是谁不厚道！在事故与灾难面前，我们至今缺少国家层面报告，是不是已到彻底改观的时候了。

在关注城市人为灾害的同时，还不可忽略城市的能源安全，先不看核事故，城市工业"血管"安全应特别关注。巨量的石油消费推动着中国地下管道的高速发展，仅全国油气管网管道总数超过8万千米，其事故隐患表现在汽油、柴油、天然气都是易燃易爆品，遍布全国的油气管道犹如一串串定时炸弹，任何不慎将造成巨大破坏。2003年12月9日，我国兰成渝管网因遭盗油破坏，使兰城铁路中断7小时，漏油300余吨，造成大面积污染；2007年12月15日，太原某仪式现场的一条地下管道爆炸，导致10余人死伤；欲建世界城市的北京问题尤为严峻，在北京地下管网中除了供水管网、供热管网、排污管网外，还有大量燃气管网及成品油管网，它们的用途、分布极为广泛，由于历史之久从而使安全管理十分艰巨。据统计，2000 年以来，北京燃气管线每年漏气事故 100 起以上，其中 1/2 是由于施工挖漏、挖断等人为因素所致；2005 年 1 月至 2008 年 12 月，由于施工不当而造成的各类管道爆炸事故有近 300 起，生活电缆被挖断的事故几乎周周发生，北京近五年的城市燃气火灾与爆炸事故有近百起。面对如此的地下设施危机，面对城市诸多人为灾害的隐患，北京正加快 CBD 核心区建设，正推出的"中国尊"开工仪式究竟以什么作为安全保障呢？研究表明：①北京市人为灾害发生的数量正随城市化加速有逐年增长趋势，在多种人为灾害中尤以交通事故（含危险品）、火灾、生命线系统事故、工业化事故、公共场所与校园安全最为典型；②北京市人为灾害发生密度也呈现由二、三环核心区向五环外及周边发展的态势，灾害高发地段不仅有城市中心区，更有旧城改造的城乡结合部高人口流动地区；③北京市人为灾害致灾因素复杂，它与上海、天津的不同之处在于其是中国的首都，在于它要关注、保护的范围广泛，频繁有影响的国际交流及世界城市的需求，使它尚无力搭建与之相配的安全平台，大量的城市基础设施老化，大量的城市保障领域的员工还是旧观念，尤其是诸多城市灾害应急政策也未经检验，所以缺少人为减灾理念下的城市运行怎能不出"故障"？缺少综合减灾理念真正指导下的城市应急管理怎能有效应急？因此，深化以人为减灾的策略研究对北京建设世界城市的 2050 年目标极其适宜及必要，它带来的变化不仅是技术的，更是观念与制度上的。

五、北京建设"世界城市"该如何实施人为减灾控制对策

控制人为灾害是目标，但提高城市决策的可靠度更是本研究所特别崇尚的。何为北京市城市建设中面临的"棘手"人为灾害，何为一个城市安全发展的可接受风险？我们的目标不是城市的"零事故""零灾害"，而是要建构起城市安全发展的可应对目标，即多安全。何为满足北京建设世界城市的目标？何为北京城市发展要解决的最紧迫的安全难题？何为北京城市安全发展最不该忘却的命题？我以为应至少抓紧如下建设。

1. 人为减灾对策要求进一步普及"灾情"观

要在坚持城市安全发展需要可持续减灾的观念下，强化城市综合灾情的新认识观的教育，要在规划设计界、政府管理界开始如下认知性研究：如何减少灾害问题限定中的不确定性研究；如何减少灾害史实中的不确定性研究；如何减少灾害损失中的不确定性研究；如何减少每个因素中人的不确定性研究；如何减少决策质量的不确定性问题的不确定性研究等。这种步步为营的人为减灾对策研究的总体规划中，容易形成全社会的减灾共识。为此要坚持六个观念的转变：①要在城市各界展开正确认知城市今天、明天的研讨，建立社会上下统一的行为体制；②迄今并没有解决自然灾害一劳永逸的方法，无论是汶川"5·12"巨灾，还是日本"3·11"复合巨灾，它一再告诫人类大自然的威力及不可逾越性，相反它也告诫人类承担灾害的责任，当代技术系统尚无望解除自然界对人类社会的无情报复，所以城市大规模的超限建设要止步；③当代世界的灾难问题瞬息万变，灾害管理似乎都在遵循解决某方案后再转入下一轮更复杂的灾难中，

为此已经将减灾管理视为不断演变的减灾行为，这种动态性是人为决策要刻意遵循的；④城市建设如何放弃导致短期行为的思维模式，强调北京建设世界城市的人为减灾机制，希望形成北京永久性发展的"无灾"环境，建立一系列最具潜在安全前景的规划，它将抛弃所有眼光短浅的思维方式；⑤要充分进行人类的局限性教育，因为在相邻的发展建设中，社会致灾即人为致灾的力量总会凌驾于其他自然力之上，人类正视自身的不足恰恰可以发现缺陷，调整行为，提升人在防灾减灾决策中的可靠性；⑥强化城市发展的可持续观之所以重要，之所以不能成为形式，旨在于它是关系到全人类生存发展的重要准则，它不仅是北京城市的必需，更是中国城市发展的必需。它会提问，北京建设世界城市的目标究竟要求和需要哪一种生活方式？北京现代及国际发展怎样才是适度的，而不是疯狂的？如何发展才不会遭遇自然界的惩罚？北京建设世界城市的安全准绳应有利于多少后代的利益？北京建设世界城市图景下的时代生活可以接受的安全生活质量方式哪些更为重要？如何帮助社区和家庭选择更适宜生活的发展模式而绝非追求那种适得其反的发展方式。从人为减灾的政策及对策看，我至少认为面对北京建设世界城市的伟大图景，必须不能再继续以往安全管理的旧有模式，北京"十一五"规划为北京带来了防灾减灾的发展，北京"十二五"规划的实施更该为"安全北京"找到新的提升城市安全水准和有利于城市发展的减灾手段、减灾规划及减灾文化，我想以关注人为灾害为目标的建设是意义深远的。

2. 人为减灾要求城市要有应对大规模社会灾难的准备

北京建设世界城市的宏伟目标重在如何组织好为诸项发展的保障能力建设，要有一系列应对无法预知的大规模突发"灾事"的准备力，尤其要学习如何减少决策中的失误，要让决策者真正懂得风险文化和风险的容忍对降低灾害风险的不可替代作用，尽可能减少防灾减灾中的失误及错误。这本身就提出要按照人为致灾的规律去思考问题，这是制定社会安全发展应急管理制度的关键。要建构起应对社会灾难的准备，不是单纯的命令乃至紧急应对就可奏效的，要按人为致灾的原理推荐重要的研究：体现事故发生与其原因关系的"事故因果论"，重在建立连锁的"事件链"；从能量意外释放伤亡作用原理出发，要研究能量与事故的"能量转移论"，找到能量系统中诱发不安全行为的状态；人的失误可定义为错误地或不适当地响应一个刺激，它往往正在构成系统大事故的技术根源和决策原因，为此要研究"人失误主因论"；从分析大量事故基理出发，人和物是两个重要的事故链，人为失误难以控制，但人类可控制设备、系统减少故障，迄今某些决策者总将大量伤亡事故归咎于操作者"违章作业"，实质上他们尚不明白人的不安全动作源于安全培训不足，管理的重点是要控制物的不安全状态，即消除"起因物"的隐患，为此倡导要研究"轨迹交叉论"，发现事故中人的因素的运动轨迹与物的因素的运动轨迹的交点，把控住事故发生的真正可能性；城市灾害的发生及演变的历史一再证明，任何灾害的发生并不是单一因素造成的，更非个人偶然失误或设备故障形成的，而是社会各种因素综合作用的反映，所以"综合论"人为减灾的城市对策在关注城市生产生活中存在危险源及隐患点（物的不安全状态）的同时，必须关注人的失误（人的不安全行为）所共同构成的系统化事故的原因。基于上述这些原理及观点，人为减灾的安全设计模式更注重对城市关键系统的本质安全水平的提升，同时研究事故自愈作用机制的建立，如何设计才能使城市生命线系统等处于应急状态下的"有序稳定"期是极为关键的。

城市安全度既取决于危险的发生，更取决于对危险的控制能力。但现实中城市系统的日益复杂化给人为减灾更带来可靠决策的困难，如城市系统更加智能及自动化，城市系统更加危险和复杂，城市系统为安全已经准备了更多的防御装置，城市系统越来越不透明等，这些都成为更复杂的人为失误影响因素，使人为决策的内在弱点及局限（生理的、心理的、复杂的、灵活的、难适应的）更加暴露。以提高人的可靠性出发，笔者认为必须同时关注并提升人因失误的体系化研究，这是当代城市安全有可能上水平的"症结"。如对于人为失误必须要：①研究它的哲学因素，失误源于某种思考的行为，英国哲学家休姆说"人因失误是思想和印象相互映现的结果"，如果错误的思想应用于正确的印象上或错误的印象与正确的思想误联都会发生失误；②研究它的心理因素，在心理学上人为失误总被看作是"意识的窗口"，即由此有希望建立起关于人为失误的心智模型；③研究它的工程科学因素，从工程上看，任何超出一定接受标准即系统正常工作规定的标准都会出现失误，这里指个体、群体乃至整个组织系统上的失误。

3. 人为减灾对策重点要遏制生命线系统的事故高发态

2005 年 8 月 26 日早上，北京地铁 1 号线一列地铁列车在运营中由于车辆老旧导致风扇短路，使地铁在运营中失火，对此地铁公司启动了应急预案，虽无乘客伤亡，但地铁和平门站着火之后冒起浓烟，火苗窜起半米高，列车司机呼吸道灼伤，内环地铁停运近 50 分钟，由于是上班高峰导致环线地铁沿线地面交通部分路段出现了较严重的拥堵。我认为，地铁列车或交通系统出现故障并非不能允许，问题在于地铁公司如何制定并有效实施突发事件后的应急预案，这部列车是已经服役 20 余年的老旧列车，为什么还"带病"服役在岗位上，为什么没有做到及时的事故隐患排除及保养。问题是迄今虽北京地铁正呈高度发达态，但其发展尤其是管理完全未跟上乘客人数猛增的速度，至今在相当多的地铁换乘处存在发生恶性事故的隐患，但每到此时见不到监管人员（如 4 号线与 2 号线宣武门换乘处将是一个大隐患节点）。人为减灾研究给城市减灾的借鉴是必须要同时考虑：自然灾害和技术灾害的风险对城市安全有哪些重要启示，同样的城市安全风险分析又对自然灾害和技术灾害有哪些要求，如此多的内容集中在生命线系统的建立上，如何能发现系统中最致命处，如何使御灾措施与预先评估更有的放矢。

地下管线的安全与其他安全不同，其特点是地下管线种类多，不仅有供水、供电、燃气、通信、排水、供热，还有输送燃油、蒸汽及各类化学品的工业管道。这些管线在地下形成一张错综复杂的"蜘蛛网"。2008 年北京地下管线长已达 37333 千米，这已经相当于 6 条长江相连，而在这其中发现隐患的管线有上千处，长达万余千米，2005 年北京市安监局检测发现，地铁沿线全部存在隐患，地铁复八线、13 号线和八通线安全隐患已列入市级重大隐患。2006 年新建的 4 号线和 10 号线敲响警钟，这些发生在四年前的事故，仍无法掩饰今日北京城市生命线诸系统所面临的风险。有报载文称，北京地上有愈来愈多的图景，但它无法掩饰北京城市生命线系统"骨质"开始疏松，"血管"开始老化的痛！生命线系统的防灾规划属工程防御能力范畴，它通过对城市生命线系统规模、发展状况的评价，来反映城市在遇到灾害事件时可能受到的损失程度。

从生命线系统保障看，其工程防御能力指城市建筑防御整体能力状况，城市交通运输状况，供水、供电、供气、通信等生命线子系统的工程易损性及应急能力状况，城市生命线系统防御联动体系等方面。其中，生命线系统应急能力，不仅包括生命线工程加固率和生命线系统总体应急防御能力，更指灾难状况下的应急备用可靠投入率等。生命线系统防灾规划设计不仅涵盖生命线系统的各子系统的防灾准备与应急，还要考虑城市防洪标准、防洪堤走向、防震避难疏散、救援通道及场地、消防站救援中心及城市治安布局、重要城市人防设施布局等。城市生命线系统的防灾之所以强调要规划为先，重在加强城市联动体系建设，这种联动体系指建立城市应急联动信息中心，具体规划是要确定其可靠且安全的应急联动机构个数、体现应急联动系统的完备性等。

生命线系统防灾规划一般从构建城市生命线系统综合管理模式入手，并与灾害应急管理能力相整合；再从灾害发生的全过程管理入手，实现灾前、灾中、灾后各个阶段的整合；特别从优化配置城市减灾资源入手，优化配置防灾备灾资源，从生命线系统在灾后损毁环节看，至少从规划上要开展以下三方面内容。

（1）抗灾恢复保障力：①指具备不同危机技术的专家应急队伍、各相关志愿者队伍的人员保障；②包括城市灾害应急基础设施建设的资金保障；③处置城市灾害的物资和备灾能力储备的应急物资；④能够有恢复力的信息系统及指挥系统的技术装备能力；⑤灾难现场有效急救及合理转送医院的应急医疗能力；⑥保障应急交通管制，并提供最不可毁道路或快速抢修的交通能力；⑦应急救援过程中保障现场应急指令传达、信息交流与反馈、内外部联络的网络通畅的应急通信能力；⑧以保险深度为标志的城市生命线系统的保险能力指标，保险深度＝保费收入／GDP。

（2）灾害损失评估力：①经济损失评估力，不仅指恢复生命线时间及灾害损失实际数，更指生命线工程抢险与恢复、排除建筑物险情、抢修生命线工程能力，这里由中央及地方政府和军队统筹、协调，加快恢复灾区通信设施，或启用备用紧急通信系统、电力系统等；②灾后评估能力，指对灾害发生过程中政府应急行政能力水平的评估，包括危机缘由的分析与查清，媒体机制的建立与传播度，危机事件控制的及时率，灾害是否扩大化等方面。

（3）灾后恢复重建能力：①城市生命线系统在灾后快速恢复的时间；②城市生命线系统按重要度的安全性、可靠性水平的反应；③灾后补偿能力及规划总结能力；④在基本生命线系统修复基础上，根据城市防灾规划提供的城市重建能力情况等。

从规划上讲，生命线工程在城市防灾减灾的基础设施建设上有着重要地位，关系到对整个城市防灾能力评估及重建难易程度的总体把握。生命线系统在单灾种作用及自身事故后损毁的分析多采用功能可靠性分析，已有实用性的应用；但对于如何综合考虑各种潜在灾害对城市生命线系统的综合影响研究的尚显薄弱，这样本质上影响到对城市生命线系统安全性、可靠性的评估。生命线工程综合防灾规划在编制中主要包括基础数据收集与处理、现状评述与灾害识别、灾害风险分析模型建立与评价、设防标准的优化选择等方面。

城市生命线大系统能进一步划分为电力、通信、给排水、燃气、交通、医疗急救等多个子系统，虽各个工程面临的灾害特征、致灾因素与机理、任务是不同的，但在编制规划的思路上则是相通的。现在大中城市的生命线系统越来越多的采用地下管线，从管段、接口、线路等生命线管网上看，最重要的是强化自身网络的安全建设，并解决主灾害的应对要素布局，从而得到生命线工程合理的工程规划设计建议。作为一种应急规划建议，以城市燃气安全性为例，必须做到：①对多数气密性试压实验中发现泄漏的埋地管道，只能采取埋设新管线的措施，以确保实现快速供气；②在大量事故调查中发现，钢管的锈蚀是一个值得关注的问题，在统计中发现钢管的损坏度大于 PE 管；③在抗灾过程中绝大部分管线在稳压 4 小时后即无压降就认为严密性试压合格并恢复供气，但如何在不大面积开挖管道的前提下判断管道损伤位置及程度极为必要；④从规划的动态修订上看，日常的健康监测诊断对生命线系统正常运行及非常态运行的可靠性判定十分必要。

从不同的角度，城市生命线系统的评估可作不同划分，评估方法可以自评也可以专家评；可以定期评，也可以抽查评；可以按灾害全过程的分程评，重在要有公众参与，并与政府的整体把控相关。现实中对生命线系统的防灾减灾评估分为非工程性评估及工程性评估两大类，仅看非工程性评估。

城市防灾减灾研究愈来愈使人们对生命线系统的理解建立在更广阔和重要的背景下，它已经定义成是维系城市功能或区域经济功能的基础性及备灾工程。现实中，城市生命线系统事故灾害及其影响力已扩展到以网络空间、电磁空间为代表的非实体生命线系统（电力、交通、输油、供气、给排水、通信等）的人为事故及人为灾害上，所以极有必要针对不同类型的生命线系统危机，采取相应的减灾对策及评估方式。从历史来看，非工程防灾评估及对策是 20 世纪 70 年代美国针对防洪问题提出的，而本研究倡导的非工程性评估广泛涉及创新管理体制、制定并完善法规、编制防灾规划及预案、推进保险制度、储备应急备灾资源等方面。

生命线系统的工程防灾减灾是有局限性的，一般城市生命线系统防灾按防御标准而建，因此难以避免超过建设防御标准，相反对多且复杂的技术保障会酿成新灾害源，如 1969 年意大利的 Vaiont 大坝垮坝，造成 2000 多人死亡。如在电力系统中，存在电厂主厂房、高压输电塔、各类变电站建筑等设备，这些工程结构的抗灾性能、健康状态、耐久性及安全性都会影响到供电可靠性的提高，如 2003 年 8 月 14 日纽约一电厂遭雷击起火，造成美国中西部和东北部及加拿大安大略省停电近 30 小时，影响 5000 万人的正常生活；2005 年 11 月 13 日我国石油吉化公司双苯车间爆炸，污染了松花江水域，导致哈尔滨市停水 4 天，并对俄罗斯远东地区的生态环境产生了扩大化危害。再看非自然实体空间生命线系统破坏，据 Warroon Research 调查，早在 1997 年世界排名前 1000 位公司的电脑系统几乎都曾被黑客闯入；据美国 FBI 统计，美国每年仅因网络安全造成的损失超百亿美元；长期以来，随着城市财富的不断聚集，由事故引发的商业中断、信息丢失、公众的心理影响等社会损失更为严重，如美国 2001 年"9·11"及 2005 年伦敦地铁及公共汽车恐怖袭击事件，就是社会损失远大于工程损失的案例。据联合国发布的报告称，若不计生命损失，"9·11"给美国造成的直接损失有 400 亿美元，但全球为此产生的社会经济振荡，损失高达 3500 亿美元。因此，强化生命线系统的非工程性评估至少要把握以下几方面。

（1）城市灾害管理体制的创新。基于长期计划经济管理模式的影响，我国城市实行的是分灾种、分部门的灾害管理模式。城市生命线系统除灾种区分明显外，还按照行政区划的不同体现不同的灾害管理主体。这种旧模式不符合生命线系统覆盖面广而灾害损失具有耦合且一级级放大的特点。在属地管理思想指导下，根据灾害损失及影响程度不同而分组响应的生命线管理系统，能达到整合各种减灾资源，确保生命线系统按防灾规划，组成高效生命线系统的目的。

（2）法规支持生命线系统的安全运行。我国对于城市生命线系统有一系列相应的安全技术标准及规范。地铁是城市越来越重要的生命线子系统，针对地铁的安全法规为地铁规划设计提供了难得的科学依据，如国家制定了《地铁设计规范》（GB 50157—2003）、《地下铁道施工及验收规范》（GB 50299—1999）及《国家安全生产法》《安全评价规则》等。从横向层面，表现在地铁的职能部门为降低地铁事故灾害影响的规划。再如安全饮用水，我国于1985年颁布了《生活饮用水卫生标准》（GB 5749—1885），规定饮用水检测项目，但依此标准，我国不少城市曾在21世纪初发生多起饮用水污染事故，这足以说明饮用水安全标准不仅失效且已经不再安全了，这是因为在20世纪80年代水污染源主要是微生物和重金属，而现在却出现了有机物、人工化合物、农药成分等新污染元素，因此新公布的《生活饮用水卫生标准》（GB 5749—2006）已将检测项目增至106项，并与世界卫生组织的标准相吻合。同时也必须承认，现行法律并没有为非政府组织（NGO）减灾提供必要空间。2008年春的南方冰雪之灾，有一个地方电路中断，电力部门为修复此线路，自己动员起来，但抢修时将当地百姓的庄稼给破坏了，这为后来的事故处理及赔付增加了麻烦，因为法律上并未授予电网企业以紧急情况的行政征用权，导致抢险救灾者在灾后遭遇了民事诉讼，因此灾害立法必要要将应急状态下，抢险生命线系统等关键环节的行为作为政府行为支持并得到强化。

（3）保障生命线系统离不开防灾保险。我国的灾害救助分为政府投入、救灾保险、集体互助、民政实业、社会募捐、国际援助等六方面。其中，灾害保险是一种灾害风险分担的经济行为，即将灾害保险贯穿于防灾救灾的整个过程，可对城市生命线系统给予经济赔偿。由于我国救灾体制仍以国家的无偿救助为主，灾害保险业务还未充分开展，所以发展灾害保险是生命线系统灾害恢复的客观要求，也是防灾工程科学研究的市场导向及产业化趋势。近来世界著名瑞士再保险公司发布《综合风险管理：先进的救灾机制》报告强调："先进的救灾机制"是社会可预测其所面临的很多灾难风险并对此做好准备，建立起对灾难事件的快速反应机制，确保灾难得到快速控制和救助。并强调：综合风险管理这一新兴学科中的技术有助于保险公司更好地管理自身的风险敞口，因此保险公司的整体业务模式必须严格地评估、认识和平衡各种风险以及它们之间的相互关联性。只有这样，保险公司才能在针对某种特定灾害或趋势的风险时，调整保险的业务。针对我国城市生命线系统安全保障，需政府、工程界、保险界合作，培育并发展潜力无限的生命线系统灾害保险市场，并完善其体制与机制。

（4）生命线系统隐患及质量控制是第一位的。工程质量安全是永恒的主题，"十一五"期间我国工程建设的事故呈下降趋势，如2010年发生事故起数和死亡人数与2005年同期相比分别下降41.77%和36.97%，就城市生命线系统而言，它得益于《市政公用设施抗灾设防管理规定》

《城市轨道交通安全质量监督管理办法》等法规，但更有赖于质量安全控制，如北京自2007年下半年开展了"北京轨道交通工程建设安全风险控制及信息化管理平台"的研究，北京在认真总结2005年8月26日"地铁火灾"教训基础上，强化了安全风险技术管理体系建设，这些质量控制的内容是：风险工程分组管理，强化技术论证和过程控制管理，特殊环境的安全性评估管理，全面监控，预警分类、分组管理，并建立施工阶段安全风险监控管理组织机构等。2011年1月上海"两会"报道，民建上海市委正"设计"城市安全隐患的发现机制，强调城市安全管理，地方法规可"先行"；同样2011年1月的北京政协重点提案督办会上，市民防局领导强调，城市"入地"已成大势，但地下空间亟待监管；此外另据2011年1月北京"两会"的信息，北京拟兴建地下城，从工程地质上北京开发地下空间要敲哪些警钟呢？共有五方面质量安全隐患应关注：①地下水的赋存状态和水位变化对地下空间开发影响大，地下水富水性好且埋藏浅的地区，如设防不够，会导致排水困难，甚至被浸淹，对安全利用地下资源不利；②沉降是北京市面临的地质灾害，主要表现为对地铁和重要生命线管网现状的影响，凡通过沉降区的地铁线路和地下设施会整体不均匀下沉，严重时会影响地铁安全运行，造成管网破损、排水困难，近年来北京此类事故正上升；③北京地区的断裂系统是华北构造系统的一部分，与北京西山的隆升、华北平原的形成有一定的关联，因此地铁及重要生命线系统在规划前要查明活动断裂位置，减少隐患；④北京历史上有隐伏岩溶塌陷事故，如小红门、旧宫、黄村一带分布范围较大，约有220平方千米，这些埋藏浅的岩溶对生命线工程施工及地上建筑物都有威胁；⑤北京平原沿断裂分布的区域，一般地下氡气、汞气的含量普遍存在异常，地下生命线系统开发建设时要警惕。

世界城市北京应对巨灾的安全分析与思考

阮水根

（北京减灾协会）

摘要：本文通过对日本"3·11"大地震和北京近年的重大自然灾害的回顾与联想，从应对城市重大灾害应急管理的整个生命周期出发，就其三个主要环节中的几个重要问题进行了深入的比较和分析，并由此提出了若干结论。

关键词：世界城市；应对巨灾；安全；分析

一、问题的提出

随着气候变暖和城市化进程的加快，自然灾害频发，特别是巨灾也日益增多，对大城市的危害越来越大。大灾、巨灾的发生已经成为制约一个城市、一个区域乃至整个国家当前和未来发展的重大障碍。日本2011年的"3·11"大地震、海啸和核灾难就是一个明证。对北京而言，当前的首要任务是建设世界城市，而世界城市必须是一个安全城市。进入21世纪后，北京市每年都会遭遇雪灾、火灾、暴雨、内涝等灾害，并造成了较大的损失与危害。如果北京发生比历史上更严重的巨灾，社区、乡镇、交通、建筑等大大小小各个方面能否经受住这样的巨灾袭击？其灾后情景怎么样？已建的应急体系能否科学、高效应对？这一系列问题值得我们思考，它们既是一些现实问题，又是可直接影响建设世界城市的战略问题。

经过这几年的建设与努力，北京市在灾害应急管理的理论和实践两个方面都取得了十分显著的进展：首先，基本建成了全市的应急体系，编制了各层次、各单位的应急预案，构建了应急组织机构框架，初步形成了全市的应急机制，强化并完善了应急法制建设；其次，在近几年的历次重大活动和日常城市运行中，成功地应对了突发事件与重大灾害的侵袭，为城市社会经济的快速发展做出了应有的贡献；最后，自2003年"非典"事件以来，市政府及其有关职能部门已投入大量的科研资金，安排了不少的项目与课题，对应急管理、防灾减灾、灾害评估的理论与技术进行持续的研究和攻关，取得了一批科研成果，研发了许多实用减灾技术。但是，还应该看到：2004年7月10日和2011年6月23日等几次暴雨灾害以及央视新楼大火造成的巨大损失，对全市交通及城市运行带来的严重影响，给全社会留下了极其深刻的印象。因此，有必要对这几年北京市在应对灾害特别是巨灾方面的做法进行反思与总结。下面以灾害管理生命周期的预防与备灾、预测与预警、响应与处置、恢复与重建四个阶段中前三个环节作为切入点，深入分析构筑科学完善的应急管理体系存在的问题和解决的途径。

二、预防与备灾的思考

预防与备灾主要是通过灾前的准备活动，达到降低灾害发生的可能性以及限制、排除灾害的影响与危害的目的。其行动核心是发展和提高应对大灾、巨灾的能力。譬如，制定周密、细致、科学的应对方案，储备应急物资等。联系日本2011年3月的大地震和近年我国发生的几场巨灾，我认为北京市在预防与备灾上的问题主要反映在以下几方面。

1. 应急预案体系尚待进一步完善

目前，北京市已经基本形成应急预案的体系框架。但是各种应急预案，尤其是总体预案基本上是按上一级预案的内容和形式，照搬照写，粗而不细，虚多实少，有大家公认的编制文字"千人一面"、操作性不强等不足。除此之外，还存在以下两个突出问题。

一是预案体系不完整，专项预案少，一些重要领域和很重要、更细化的灾种未被涵盖，尤其是重大活动的应急预案在体系中不突出。实际上，专项预案和重大活动的应急预案是整个预案体系的重要组成部分，它具有很强的针对性，一事一议，其优势就在于编制可以做到"清、全、细、活"。也就是说，某一领域的事故或某种灾害的应对有什么问题、困难节点在哪里，专项预案和重大活动的应急预案可以分析到位、论述清楚；应对的内容、项目、程序、行动、措施等也均能覆盖，不漏不缺，规划周全；应急响应与处置的行动，专业队伍和资源的调度，采用什么样的技术与装备，社会动员与联动，什么先做什么后做等均能讲细、讲具体，讲至人人理解，个个懂执行。需要指出的是，由于灾中的灾情和环境条件在不断变化，各类预案的应对行动与措施应预留动态改变空间，专项预案和重大活动预案比其他预案更易适时调整和灵活处置。因此，可以毫不夸张地说，强化了制定针对本地区易于发生的灾害或突发事件的专项预案或重大活动应急预案，必然使应急预案体系更加完整，应对频发的各种灾害，尤其是应对巨灾的能力进一步提升，预案的实施也能更主动、有序、高效和更可操作。

二是对应急预案的认知和实践都未得到应有重视，也就是指在日常和灾前对应急预案演练的认识不深，所采取的行动不多、不透，也不全。目前，预案演练的问题有：一些地方与单位的预案自编制完成后就束之高阁，根本没有组织过演练；有的地方与单位只对预案的部分内容开展了演练，缺乏整体性（如对装备、技术的考验）；还有的地方与单位演练场景粗糙，模拟实地及实战不足。这些问题的发生使应急预案的作用不能得到充分发挥，亦制约了应急能力的提高。因此，正如在和平年代军队要经常进行实兵实装、实弹实战、多军种协同的演习，才能真正提高战斗力一样，应对巨灾或重大突发事件也必须进行全程化、实战化、公众化的应急演练。这里的"三化"指应急预案必须与演练紧密结合，使应急预案能查缺补漏，得到进一步修改，更贴近实际；演练不只是实践预案的局部内容，也不是仅有少数专业队伍在某种灾害或突发事件中练习一下如何救人、抢救及治伤，更不是召集少数群众参加一些象征性活动，而是必须紧扣预案展开，进行全程化、全参与及公众化的应急演练；同时，应急演练还必须是实战化的，尤其是基层和专项、重大活动预案的演练应进行实例、实地、实战、实兵的无缝隙模拟演习，才能真正提高应对巨灾或重大突发事件的综合能力。

2. 构筑有特色的避难体系

综观一直认为有规范制度和避难经验的日本，这次大地震和核事故的初期在灾民安置与转移上也发生了避难点不足、物资供应跟不上等问题。从经济发展、城市脆弱性更加凸显以及北

京地区的避难体系尚未成型的角度分析，灾害风险度 R 可表示为

$$R = H \times F \times V \qquad (1)$$

式中：H 为风险源危险性，F 为环境、社会的物理暴露，V 为城市承载体的脆弱性。如果假设在北京周边某处发生了 8 级以上浅层大地震或者华北及本市在不到 8 小时内降了 300 毫米以上的特大暴雨并发生大范围洪涝。计算上式显见，巨灾的可能情景是灾害风险度极高，经济损失很大，建筑物倒塌更严重，人员伤亡更多。因此，就预防与备灾而言，构筑有首都特色的避难体系是应急体系建设在当前和今后一段时间里的一项不容忽视的战略任务。

首先，像北京这样的特大城市是首都，但到今天为此，既没有针对重大突发事件与巨灾的完整避难规划，也没有就灾害避难进行立法。为了更好地应对一旦爆发的重大突发事件与巨灾，必须十分明确地就避难体系中的避难系统、避难体制与结构、避难方式与路线、避难与警戒区域的设定、避难场所划分与建设、避难物资的运作与保障、避难人员的转移与安置等内容以正式条文逐步规范，并进行试验，一俟条件成熟立即形成法律。

其次，通过对此次日本大地震、海啸和核事故中的灾民救助观察，在灾初，其避难点数量、区域划分、避难安置都显得力不从心。对照北京目前的防灾设施是难以应对的，极可能无力实施有序、有效的灾民避难和安置。所以，必须对全市避难场所进行新的部署和统一规划，构建能应对重大突发事件与巨灾的多元避难场所（体系）。这一新的部署和统一规划就是按最可能发生的重大突发事件或巨灾等级对全市各地的避难场所（包括城区、城乡结合部、乡镇和村庄一并考虑），统一布局，统一标准，统一设计，统一建设，使上述体系真正成为城市应对巨灾安全屏障的重要组成部分，成为永久性的防灾减灾设施，不能随意侵占、缩小和减少。尤其是作为室内避难场所的大型公共建筑在规划以及其后立项时，就应注重设计，重视质量，强化建设并加强日常保护和维修。

同时，必须站在战略层面上提出并构建多元避难体系。该避难体系必须能够真正应对重大突发事件或巨灾造成的危害。这就要求避难点的结构框架应由多类、多级组成，其类别和级别需完整、清楚、可行、合理、有容量。空间上，避难点分室外和室内，室外如公园、街边较大绿地、学校操场和集会场地等，室内如校园礼堂及健身房、大型公共建筑及大型体育馆等。时间上，避难点有临时和较长时间两类，临时避难是巨灾发生后，灾民或公众到室内或室外避难场所作短时间的避难，一旦危险解除即可返回安全处和自己家中；较长时间避难是巨灾发生后，住宅被毁、倒塌或者住宅受其他致灾因素严重影响（像核辐射）的灾民到室内或室外避难场所作较长时间的避难，如室外帐篷、活动房等安置型避难场所。管理上，避难点按职能、属地、容量、重要性及需求分成数级，分别由全市、区县和乡镇、街道办事处管辖。

三、预报与预警的思考

众所周知，预报（预测）与预警是说明将会发生什么样的现象、事件、灾害以及对可能发生的现象、事件、灾害提出警示和行动建议。因此，预报与预警就是一种能力，预报与预警水平越高，整个城市应对灾害特别是应对巨灾的能力越强，应急体系也就能够及时响应，有一定

的时间作准备，在灾前和灾害发生时可以集中调动资源以及进行有效处置与救援。影响这一能力的因素有三个，即预报水平、预报预警时效和预警覆盖面。

1. 预报（预测）水平

预报（预测）水平一般用预报准确率来表示，其表达式为

$$F=\frac{F_c}{F_c+F_m+F_n} \tag{2}$$

式中：F 为某一时段预报准确率（%），F_c 为预报报对次数，F_m 为预报漏报次数，F_n 为预报空报次数。而某次某灾害的预报准确率（%）为预报量（或量级）除以实际出现量（或量级）。

分析北京地区的灾害预报水平，大致有三方面的不足：一是有些灾害（如地震）以其目前的科技水平还无法制作和发布短中期预报；二是有些已开展的次生、衍生灾害（如泥石流、森林草场火险等）预报的时空精度均较低，甚至有的灾害（如城市火险）预报尚未进行；三是开展已久、比较成熟的灾害（如天气）预报准确率还有较大的提升空间。由此可见，提高当前及今后北京市的预报准确率的途径是：一方面对未来将发生、出现的要素、事件、灾害，尤其是巨灾的量级、范围、强度要加强现代化建设，改进业务流程，减少空报，防止漏报，力争预报更加准确与精细化，使准确的预报成为应急响应启动与展开的技术支撑；另一方面对灾害预报要进行持续的科技攻关，尤其是针对次生、衍生灾害必须多部门合作，进行联合攻关，研制开发科学、实用的预报模型和预报方法，并通过实践检验，形成具有国际先进水平的、针对各类灾害的预报（预测）业务系统。

2. 预报预警时效

预报时间是指预报对象（如地质灾害）出现前的某时间段预报（如 12 小时、24 小时的台风预报），也就是发布某灾害预报至某地某灾害爆发的时间；预警时间是指发布某地某灾害预警信息到某地某灾害爆发的时间。分析预报与预警时间的构成，可表达为

$$T_f=T_0+T_1+T_2+T_3+T_4+T_5 \tag{3}$$

式中的预报时间 T_f 由以下六项组成：T_0 为环境资料采集与处理及分析后发布预报所用时间，T_1 为预报发布后至出现致灾因子初始征兆的时间，T_2 为对某种灾害（如其上游强回波）监测所需时间，T_3 为加工分析灾害监测资料到制作预警信息所用时间，T_4 为预警信息传输至用户所要的时间，T_5 为用户已收到预警信息至本地开始发生此灾（如强降雨刚下）的时间。而预警时间 T_a 由预报时间中的后四项组成，即

$$T_a=T_2+T_3+T_4+T_5 \tag{4}$$

若 T_f、T_a 大于零，则两者均为有效时间，数值越大，其有效时间越长。显然，T_f、T_a 的大小取决于式（3）、（4）的右端项，而 T_1、T_5 是灾害形成过程时间，不能改变。式（3）、（4）表示，预报发布越早、对灾害监测时间越短、加工制作预警信息用时越少及信息传输越快，预报预警的有效时间就越长。再联系并分析造成目前北京市存在的不少灾种的预报预警有效时间较短，特别是有些灾害的预警时间几乎为零的条件和原因，我认为其主要问题是灾害监测网功能单一，灾害情景监视欠缺，时效方面的预报预警方法研制不够，部门间各类信息的沟通、联动不足等。因

此，当前及今后的工作重点应不断强化全市各灾种的综合灾害监测网建设以及通信网络与预警信息平台建设，实现各灾种监测信息、预警信息的快速采集、传输和共享，尽力减少部门间的重复和摩擦；积极推进各灾害监测预报部门的现代化建设和科技开发，对将发生和出现的要素或灾害的时间点预报准确，缩短加工分析与制作时间，延长预警有效时间提前量，为全社会和各部门应对重大突发事件或巨灾争取更多的时间。

3. 预警覆盖面

预警覆盖面也称灾害预警信息覆盖（率）比例，它指在辖区内公众（以人或户数作计算标准）能够及时接收到灾害预警信息的实际比例，其表达式为

$$R=R_s/R_t \tag{5}$$

式中：R 为预警信息覆盖比例，R_t 为辖区内实际总户数（或总人数），R_s 为辖区内公众至少用一种传输工具（如用户固定电话或手机，不能重复计算）能够及时接收到灾害预警信息的实际总户数（或总人数）。上式表明，R 仅取决于 R_s 值的大小，因为对某一区域而言 R_t 是一常数。而能影响接收预警信息实际总户数（或总人数）的因素包括：辖区内住户或公众的通信工具拥有量、工作期间或夜间（将发生地震、火灾等）接收预警信息的方式、"最后一公里"问题（指农村、山区等因无通信设施收不到预警信息的事实，转成对信息传送末端的中断所作的一个空间比喻）。据此推之，提出灾害预警信息"进社区、进农村、进单位、进学校"的理念和对策，对扩大预警信息的覆盖面是积极的、正确的，而防灾减灾效益的最大化必须基于灾害预警信息的全覆盖。因此，一要提高预警覆盖比例首先要做好公共信息覆盖面的普查、调研和规划，填补远离城市的农村、山区的通信空白，打通"最后一公里"的信息传输；二要抓住"四进"中的关键环节，采取切实有效的措施，实现预警信息"进家庭、进个人"；三要建立可靠的预警响应机制，如设立专职或兼职应急人员和统一预警发布平台，确保工作期间（车间、田间、教室等）或夜间的灾害预警信息的送达，最大限度地发挥预报预警的效益和作用。

四、响应与处置的思考

应急响应与处置是整个应急管理过程中的最重要节点之一，其行动优劣不仅决定了应急管理、应急体系的总体效益和效率，更反映了一个国家、一个城市在面对重大灾害时，能不能真正减少损失与伤亡的应对水平与综合实力。由日本 2011 年"3·11"大地震灾害链中的救援情况以及北京 2011 年 6 月 23 日和 7 月 24 日两场大暴雨中不同的应急处置事实可以清晰地看到，城市的安全建设标准和科学、有序、及时、得力的应急响应与救援处置在应对重大突发事件与巨灾过程中，对减少损失、避免伤亡起到了不可估量的重要作用。

1. 提出科学的防灾抗灾新标准

城市的安全标准是设计、建设城市防灾抗灾重要屏障的依据和途径，也犹如是编织城市应对重大突发事件与巨灾安全网的标尺和钥匙。任何工作、任何建设没有标准不行，标准低了也不行，否则都会出问题，甚至引起混乱。我国的牛奶标准低，从而造成食品安全事故频发，群众意见大，市场被洋品牌侵占就是一个典型的实例。

　　为什么一下较大的雨，我国城市都会积涝成灾，造成交通堵塞，立交桥附近区域情况更为严重；为什么发生相近震级的地震，我国不少城市的建筑物大量倒塌，人员伤亡惨重，而在发达国家如新西兰，房屋损坏较少。联想在汶川大地震中，四川绵阳市的体育馆完好无缺，反而成为当地灾民的一个避难安置点。上述问题的产生（城市内涝和地震倒房）虽然原因很多，但从城市的规划、设计、建设看，无疑原有的标准较低是一个非常重要的因素。随着全球气候变暖和城市化的加速推进，自然灾害越发频繁，影响范围越来越大，灾害强度越加强烈。这些事实清楚地表明，十年乃至几十年前制定的标准及其标准的测定手段、计算公式都显然已经非常的不适用了。如北京市的排雨水管道的覆盖面积（率）能否在"十二五"，再远不超过"十三五"再进一步提高，甚至能全覆盖；建筑物的防地震标准能否再提高等级，等等。

　　因此，从现在起必须加强科学宣传，全力提高全体公民、管理层对城市防灾抗灾标准的认知度，尤其是适当提高这一标准的认识。同时，也不可随意定义或提高多少，应在科学研究和实验论证的基础上，实事求是地提出能应对城市灾害、突发事件，特别是应对巨灾和巨灾链的硬件、软件新标准，确保所构建的特大城市防灾抗灾减灾重要屏障的坚实、可靠和有效。

2. 改进应急与常态化运行管理

　　日本在 2011 年"3·11"大地震、海啸和核灾难中，其较完善的灾害应对、灾后救援体系发挥了作用，应急处置与救援亦有一定进展，但是在救灾中仍然出现了不少问题和麻烦，最明显的是管理上存在疏漏与缺失。

　　（1）应急预案不到位，使应对与救援工作被动。表现在：对巨灾链中次生灾害的预估严重不足，如对近海强震可能形成其他巨型次生灾害，并对沿海核电站造成破坏及可能诱发核事故的预估不足；缺乏严谨的对各种巨灾，尤其是重大次生灾害的风险评估，如福岛核灾难中的核辐射范围及其灾损情况的评价是一变再变，使灾民沿着更远离核电站的方向频繁转移。

　　（2）巨灾中的应急响应与处置不当，使救灾救援效益达不到预期目标。当然这也与应急预案能否周密、备灾是否充分等因素有关，但其主要原因仍是由于自身的综合应对实力较弱。表现在：巨灾中的动员力不强，协调效率低下，如在灾初国际救援物资到达日本后，竟然没有调动、组织本国的车队迅速运送；对核事故处置不力、不适应，如对福岛核电站几个机组有关降温、污染处理等的应对，技术储备不足，采用的方法、工具反反复复，效益不佳以及信息不透明，乃至在社会上产生了许多不良影响。

　　再比较 2011 年北京地区在 6 月 23 日和 7 月 24 日两场大暴雨的应急响应与处置情况：①对两场大暴雨过程都提前发布了准确、及时的预报与预警；②从市级层面到职能部门也都启动了应急预案，灾中均采取了应对措施；③两场暴雨的影响与危害却大相径庭，前者城区内涝和交通堵塞严重、灾损不小，后者城市运行正常，几乎没有什么灾损。究其原委，主要是由应急响应与处置中的管理及其运作行动的差异所造成。与前一场大暴雨应对不同的是，7 月 24 日这场大暴雨之前，各部门各单位都实实在在地按预案抽调力量、部署装备，加强重点区段、路段的巡视，且雨前就已派专人值守、管控、疏导和清理。举例说，市排水集团为了应对这次暴雨，先期派出专职人员清理了 10800 座雨水箅子，清理排水支管 50 千米，并成立了 85 个打捞组，对

105 处立交桥下的一万多个雨箅子进行严防死守；暴雨中，排水集团 8 个大型抢险单元随积水点进行机动调度，大型抢险设备和抢修人员在车内待命，工程人员都在桥下或主路、辅路两侧将雨箅子全部打开，清扫打捞废弃物，并在周围设置围挡和警示标志。截至晚 7 时，该集团共收到的 14 处积水信息均全部及时处置完毕，未对交通造成影响。

2011 年北京两场大暴雨过程的不同影响结果，实际上就是一个管理问题，一个非常态与常态化运行机制如何设计、如何实施的问题，反映在效益上，则正如一个小小的井盖及时掀开和设立开启警示，就可能使某条道路与街区没积水或积水现象大为改善，甚至不发生交通堵塞与人员伤亡。这就进一步表明，应对城市大灾、巨灾：一是灾前必须按应急预案做好人力、物资、设备等方面的充分准备；二是灾中同样应按预案及当时的灾情，实施积极主动、扎实有效的救灾救援及相应的处置行动；三是必须把应对各种灾害的非常态与常态化运行管理紧密结合起来，改革运行机制，建立责任制，严格管理。

五、结语

（1）应对城市突发事件与重大灾害的核心是要有应急预案，2004 年 2 月 5 日发生于北京市密云县的彩虹桥事故就是一例，如果当时密云会展主办单位有应急预案，踩踏事故和人员伤亡或许能够避免、减轻。大量事例还证明，应急预案必须形成科学完整的体系，尤其要突出和强化制定专项和重大活动的应急预案，使应对频发的大灾、巨灾能更主动、更有效。

（2）日本 2011 年"3·11"大地震的启示是：一个大城市、一个世界城市必须十分重视并积极行动，适时构建有本地特色的避难体系，特别是要重点建设好应对大灾、巨灾的多元避难场所；与此同时，应就其中的重要内容加以规范，边实践边完善并最终成为法律。

（3）预报预警就是应急能力。提升其能力的主要因素是提高预报准确率，减少空报与漏报，延长预报预警有效时间提前量，确保灾害预警信息的全覆盖；发展其能力的最佳途径是依靠科技进步，对灾害预报预警进行持续的科技攻关，开发建设针对各种灾害的具有国际先进水平的监测预报预警业务系统及综合的预警发布平台。

（4）近几年，我国西部的地震灾害和夏季许多城市一遇暴雨就积涝成灾的事例表明，我国目前城市建设规划中的安全标准明显偏低，已经不能适应防灾抗灾的要求。当务之急是，必须提高全社会对城市建设的安全标准认知度，组织力量研究并进行实验论证，提出能应对大灾、巨灾的城市建设新标准，确保人民生命财产和城市运行的安全。

（5）2011 年北京两场暴雨灾害的不同处置结果表明：仅有应急预案是不够的，还必须如实执行；仅有灾前物资准备是不全面的，还必须在灾前接到预警信息后就实施相关应急响应举措；仅有灾中实施被动应对是不充分的，还必须通过机制改革把非常态与常态化运行结合起来，严格管理，落实责任制，采取主动、扎实、有效的处置与救援。

日本"3·11"大震的首都圈应急管理及对我国的启示 ①

顾林生[1]　游志斌[2]　张孝奎[3]　顾俊峰[3]

(1. 北京清华城市规划设计研究院；2. 国家行政学院应急管理培训部；

3. 北京清华城市规划设计研究院公共安全研究所)

一、灾情特点和灾害损失

2011 年 3 月 11 日 14 时 46 分（本文时间均为日本东京时间），在日本东北太平洋地区的三陆海域（北纬 38.1°、东经 142.9°）发生大地震。这次地震海啸灾害是日本近代社会中没有遇到过的巨灾，与 1995 年现代城市型的神户地震、2005 年山区农村型地震的新泻中越地震相比，这次灾害包括东京首都圈周边的现代城市、人口较稀少的东北太平洋沿岸农村和渔村、港口的地震、海啸以及核辐射危险，是一场比较罕见的地震、海啸、火灾等东日本全区域内最严重的自然灾害，同时与大规模的地震和海啸所引发的核电站事故相组合而从未有过的复合型巨灾。日本气象厅将 3 月 11 日这次地震命名为"2011 年东北地方太平洋海域地震"。由于灾害不仅涉及日本东北沿海地区，而且也影响东京首都圈地区，由于今后实施恢复复兴政策时需要统一的名称，因此日本政府在 4 月 1 日内阁会议上决定把这次灾害称为"东日本大地震"。这次巨灾具有以下一些特点。

（1）这次地震是日本在 1875 年进行地震观测以来最大的地震，为 9.0 级。根据美国地质研究所的信息，这次地震是太平洋板块与北美板块之间的板块地震，为 1900 年以来全世界的第四大规模地震。此外，根据历史统计，在日本 7 级地震每年发生 10 次左右，8 级地震每年发生 1 次左右，而 9 级地震千年才发生一次。

（2）灾害损失很大。根据日本警察厅紧急灾害警备本部公布的数据，截至 4 月 22 日下午 3 时，地震死亡人数为 14172 名，失踪或身份不明人数为 12392 名，受伤者为 4928 名。根据"紧急灾害对策本部"公布的截至 8 月 23 日的最新数据，地震死亡人数为 15726 名，失踪或身份不明人数为 4593 名，受伤者为 5719 名。这是日本第二次世界大战后自然灾害死亡人数最多的一次。从以上两组数字，可以看到，寻找失踪者和确认身份不明者的工作是一件非常艰巨的工作。关于死亡原因，根据日本警察厅发布的资料（4 月 11 日），92.4% 以上的人是因溺水死亡，而因地震等压死和房屋损坏致死的只有 0.4%。以此相比，在阪神淡路大地震中 80% 的人是因建筑物倒塌死亡的。此外，60 岁以上的人约占死亡人数的 65%，要高于地区的 60 岁以上人口占 31% 的比率。

关于建筑物损坏情况，根据"紧急灾害对策本部"公布的截至 8 月 23 日的最新数据，全毁 114464 户，半毁 154244 户，部分损毁 539840 户。与神户大地震相比，建筑物损坏相差不太悬

---

① 本文内容的一部分是根据 2011 年 3 月 13 日"日本政府 24 小时应对地震：信息公开透明"《新京报》和顾林生日本"3·11"大震的灾情特点及应急管理《行政管理改革》2011 年第 5 期进行修改和完善而成的。

殊，但是范围广，多分散在沿海地带，详见表 1。

表 1 神户大地震和东日本大地震的比较

	（神户大地震）阪神淡路大地震	东日本大地震
发生时间	1995 年 1 月 17 日 5 : 46	2011 年 3 月 11 日 14 : 46
震级	7.3	9.0
地震类型	直下型	海沟型
受灾地	都市中心	农林水产地域中心
烈度 6 级以上的县数	一个（兵库县）	8 县（宫城、福岛、茨城、枥木、岩手、群马、埼玉、千叶）
海啸	有数十厘米的海啸报告，没有受害	观测各地的最大海啸浪高（最大浪高：相马 9.3 m 以上，宫古 8.5 m 以上，大船渡 8.0 m 以上）
死者 失踪人员	死者 6434 名 失踪人员 3 名 （2006 年 5 月 19 日）	死者 15824 名 失踪人员 3824 名 （截至 2011 年 10 月 18 日）
住宅受害（全毁）	104906	118660 （截至 2011 年 10 月 18 日）
损失	9.9 兆日元（兵库县政府测算）	16～25 兆日元（中央测算）
受灾县地区生产总值占全国的比率	4.00%（1994 年度）	3.98%（2007 年度，岩手、宫城、福岛三县）
受灾县地区制造业产品出厂产值占全国的比率	4.79%（1993 年）	3.59%（2008 年度，岩手、宫城、福岛三县）
渔船	40 艘	岩手和宫城（合计 2 万 239 艘）毁灭性受损，其他 2506 艘
渔港	17	岩手和宫城（合计 253 个）受毁灭性损坏，福岛 10 个，其他 63 个
农田	213.6 公顷	23600 公顷（被海啸淹没）
灾害救助法的适用	25 市町村（2 府县）	241 个市町村（10 个都县），包括以长野县北部为震源的地震所影响的 4 个市町村（2 县）
烈度分布图（4 级以上的）		

资料：朝日新闻 2011 年 4 月 4 日经济版、内阁府《防灾白皮书 2011 年版》和"紧急灾害对策本部"10 月 18 日速报进行整理。

（3）地震和海啸的影响范围很大。根据日本气象厅的报告，地震破坏范围从南面的福岛县到北面的茨城县南北长 450 多千米，东西宽约 200 千米，大约 9 万平方千米。其中，震源到陆地的海面距离为 130 千米。这么大的影响范围，基本上跟 2008 年我国汶川地震一样。

（4）在不同的地方连续发生强烈地震，同时震级大的余震不断发生。3 月 11 日 14 时 46 分三陆海底发生了震中深约 24 千米的 8.8 级地震，并引起海啸；15 时 15 分茨城县海底发生了震中深约 80 千米的 7.4 级地震；16 时 29 分三陆海底又发生了很浅的 6.6 级地震；17 时 41 分南面的福岛县海底发生了震中深约 30 千米的 5.8 级地震。地震调查研究推进总部地震调查委员会认为震源的区域很可能包括三陆海域中部、宫城县海域、三陆南部海沟附近、福岛县海域、茨城县海域以及三陆海域北部的房总海域的海沟附近区域等六个区域。地震之前，地震调查委员会对以上六个区域单独发生的地震以及宫城县海域和三陆海域南部海沟附近区域同时发生的地震的规模和发生概率等进行了总结，但六个区域同时发生地震的情况是未曾预料到的。

（5）地震引起巨大的海啸，席卷灾区，给灾区带来了毁灭性破坏。此次地震是在太平洋板块和陆地板块边界发生的海沟型地震。据日本海上保安厅的调查，震源正上方的海底在水平方向移动了约 24 米，垂直方向隆起约 3 米，从而引发了大规模的海啸。震后 3 分钟内即 14 时 49 分，日本气象厅发布海啸警报（大海啸）。在距离海岸 20 千米处的海上观潮点观测到的海啸最高达 9.3 米（福岛县相马市），逆上到达陆地的高度超过了 38.9 米，超过历史纪录的 38.2 米。后来，根据海啸联合调查小组观测到的各地最大海啸的情况，此次海啸的最大浪高达到了 40.5 米，达到了日本国内观测史上最高的纪录。海啸袭击了岩手县、宫城县、福岛县和青森县四个县，沿海岸的港口和村镇被吞噬，其中大约 253 个渔港和村庄遭受毁灭性的打击。这次被海啸袭击的受灾面积达 507 平方千米。

（6）海啸带来的次生灾害严重，导致地面沉降、农田被淹、耕地流失和洪水侵蚀等。这次大地震导致海啸的发生以及沿岸附近的地基下沉。由于海啸和地基下沉的双重影响，整个灾区的浸水面积据推测将达到 561 平方千米（青森县 24 平方千米、岩手县 58 平方千米、宫城县 327 平方千米、福岛县 112 平方千米、茨城县 23 平方千米以及千叶县 17 平方千米）。在农业方面，据推测因水土流失和洪水侵蚀的耕地一共有 23600 公顷，其中宫城县 15000 公顷、福岛县 6000 公顷、岩手县 2000 公顷等，详见表 2。

表 2 因海啸流失和被洪水侵蚀的耕地面积（推测）

2011 年 3 月 29 日 　　　　　　　　　　　　　　（单位：公顷）

县名	耕地面积（2010 年）	流失和被洪水侵蚀的耕地面积	受害的面积率（%）	各田地受灾的详细情况	
				耕地面积	旱田面积
青森县	156800	79	0.1%	76	3
岩手县	153900	1838	1.2%	1172	666
宫城县	136300	15002	11.0%	12685	2317
福岛县	149900	5923	4.0%	5588	335

续表

县名	耕地面积（2010年）	流失和被洪水侵蚀的耕地面积	受害的面积率（%）	各田地受灾的详细情况	
				耕地面积	旱田面积
茨城县	175200	531	0.3%	525	6
千叶县	128800	227	0.2%	105	122
合计	900900	23600	2.6%	20151	3449

注：1. 耕地面积是指2010年的耕地面积。

2. 流失和被洪水侵蚀的耕地推测面积是以地震发生前人工卫星拍摄的耕地画面为基础，灵活使用东北地方太平洋海域地震的浸水范围概况图等资料，同时通过视觉判断，进而推测出的。此外，浸水区域以外的地域也出现了地裂、液状化等受灾情况，由于这些情况正在调查中，此次的数值并不包括这些浸水区以外的受害。

3. 受灾面积包括一部分水路和狭小的农道等。

4. 各田地受灾的详细情况是根据过去的调查结果以及该区域的耕地和旱田的比率等推测出来的（农林水产省资料）。

（7）次生灾害严重威胁到核电站的安全并带来了社会恐慌。这次地震导致东京电力的核发电站停止运行并且发生核泄漏事故，不仅使离震中地区300多千米的东京和首都圈出现大面积停电，对交通、企业、农产品、旅游等带来很大的影响，核事故还造成了极大的社会恐慌。表3为避难区域、计划的避难区域以及紧急时避难准备区域的对象人口。

表3　避难区域、计划的避难区域以及紧急时避难准备区域的对象人口

市町村名	避难区域人口（人） 福岛第一20 km 内 福岛第二8 km 内
田村市	约600
南相马市	约14300
楢葉町	约7700
富冈町（全域20 km 圈内）	约16000
川内村	约1100
大熊町（全域20 km 圈内）	约11500
双葉町（全域20 km 圈内）	约6900
浪江町	约19600
葛尾村	约300
合计	约78000

续表

计划的避难区域对象市町村	计划的避难区域人口（人）
饭馆村（全域）	约 6200
葛尾村	约 1300
浪江町	约 1300
川俣町（一部分）	约 1200
南相马市（一部分）	约 10
合计	约 10010

紧急时避难准备区域对象市町村	紧急时避难准备区域人口（人）
广野町（全域）	约 5400
楢葉町	约 10
川内村	约 1700
田村市（一部分）	约 4000
南相马市（一部分）	约 47400
合计	约 58510

注：1. 避难区域是以东京电力福岛第一核电站为中心的半径 20 km 和以第二核电站为中心的半径 8 km 范围的地区。

2. 计划的避难区域是自东京电力福岛第一核电站事故发生的一年时间内，在累积放射线量可能达到 20mSv 的区域里，核能灾害对策本部部长考虑对住民健康的影响，要求大概一个月左右时间到区域外进行避难（4 月 22 日）。

3. 紧急时避难准备区域是核能灾害对策本部部长一方面在解除距离东京电力福岛第一核电站半径为 20～30 km 范围内的室内避难指示的同时，鉴于不稳定的事故现状，并不能排除在紧急时刻需要进行避难的可能性。在这个区域内，要求居民做好紧急时刻再退避到室内以及避难的可能性的准备（4 月 22 日）。

二、日本首都圈的受灾情况及应急管理

（一）首都圈的受灾灾情

1. 首都圈的灾情概况

根据日本国土交通省的报告，这次地震在首都圈观测到的最大烈度是在茨城县和栃木县内观测到的 6 度强（相当于中国的烈度 10~11 度），在其他都县内也观测到了 5 度弱（相当于中国的烈度 7 度）的强烈震动。

即使在政治经济的中枢功能集聚的东京 23 区，几乎所有的区都观测到了烈度 5 度弱的震动。

这是自 1923 年的关东大地震以来，首次在首都圈观测到最大烈度 6 度弱以上（相当于中国的烈度 9 度以上）的强震和几乎首都圈全域出现强力震动摇晃。

受此次地震影响，以东京湾为中心广范围内产生了沙土液化现象，而且在以茨城县及千叶县的太平洋沿岸为中心的地区发生了海啸。首都圈的被害状况是死亡及失踪人数为 61 名、全损和半损的住宅为 11557 栋，许多地区的生命线停止运转，公共工程设施遭到损坏，而且千叶县市原市的石化基地发生火灾，私营企业的生产设施也遭受巨大破坏。

此外，在发生大地震的当天，首都圈的主要铁路停止运行，与此伴随而来的是出现了大量回家困难者，而且供应链被中断，物流处于停滞状态。

另一方面，福岛第一核电站的事故和有计划的停电等举措导致经济活动停滞，外资企业和大使馆从首都圈撤离，农林水产品等受到谣言的伤害。

不仅如此，这次大震灾也给首都圈带来了极大的影响，包括发生了抢购生活用品的行为，消费者信心指数下降，外出活动或娱乐文化各种活动等被自觉控制或延期等，没有受灾的国民也受到了心理上的影响。

根据东京都政府总务局的统计（2011 年 8 月 3 日），3 月 11 日的东京都地震烈度为 5 度强（相当于中国的烈度 8 度）和 5 度弱（相当于中国的烈度 7 度），具体分布见表 4。

表 4 东京烈度分布表

烈度	地区
5 度强	千代田区、墨田区、江东区、中野区、杉并区、荒川区、板桥区、足立区、江户川区、调布市、町田市、新岛村（9 区 2 市 1 村）
5 度弱	中央区、港区、新宿区、文京区、台东区、品川区、目黑区、大田区、世田谷区、涩谷区、丰岛区、北区、练马区、葛饰区、八王子市、武藏野市、三鹰市、府中市、小金井市、小平市、日野市、东村山市、国分寺市、狛江市、东大和市、清濑市、多摩市、稻泽市、西东京市（14 区 15 市）

资料：东京都总务局。

2. 海啸造成的受灾状况

在首都圈的太平洋海岸，几乎都观测到了海啸。其中，在茨城县和千叶县东部的沿岸观测到了大海啸，其两县的浸水面积总共约 40 平方千米。据东京大学地震研究所调查，千叶县旭市的海啸高度（痕迹高度或海啸逆上高度）达到 7.6 米。在东京湾里面，晚上 7 点 16 分也观测到了 1.5 米的最高海啸。这次海啸不仅给首都圈带来了死亡及失踪人员的损失，而且还造成了住宅损坏、渔船被推上海岸、宅基地和农田浸水、码头等公共设施损毁等损害。

3. 沙土液化及受灾情况

这次地震在首都圈造成的次生灾害是沙土液化和所带来的地质损害。沙土液化的损害主要集中在东京湾过去填海造地出来的地区及利根川、荒川、霞浦、北浦等沿岸地基松软的地区。根据日本地盘工学会的研究推测，从东京湾的台场地区到千叶县的范围内发生沙土液化地区的面积大约为 40 平方千米。

4. 电力供应不足

东日本大地震发生后，向首都圈及静冈县的部分地区供电的东京电力公司，停止了主要分布在福岛县、茨城县及栃木县内的所属的部分核电站、火力发电厂和水力发电站发电运转，导致电力供应不足。此外，福岛第一核电站还引发了放射性物质泄漏事故。为此，东京电力公司为了避免首都圈的大面积停电而导致社会经济瘫痪，自 3 月 14 日起将首都圈的几乎所有区域（不含荒川区、足立区以外的东京 23 区）分为 5 个地区，采取了每个地区每次轮流停电 3 小时的计划停电措施。受此影响，首都圈各家铁路公司在计划停电实施区域内运行的路线上采取了停运和减少车次的措施。此外，在制造业领域里，也出现了采取工厂停工等措施和缩小生产规模的现象。整个服务业因缩短营业时间和临时停业等原因，也出现了店铺营业额减少的趋势。

之后，由于首都圈的用电大户采取了有力的节电措施和居民的合作，4 月 8 日东京电力公司宣布电力供需关系被缓解，原则上不会采取计划停电措施，事实上终结了计划性停电。与此同时，政府的电力供需紧急对策本部在"夏季电力供需对策框架"中发表称，预计夏季电力供需不平衡可能会重新扩大，供电能力会不足，需要采取彻底的抑制需求的对策。到 10 月底为止，首都圈克服了夏季用电的难关，电力供应不足的问题基本解决。

（二）首都圈的经济社会影响

1. 生产活动的影响

Ⅰ. 受灾严重的茨城县、栃木县及千叶县的制造业受害状况

根据日本政府的统计，茨城县、栃木县及千叶县拥有鹿岛滨海工业区、关东内陆工业区及京叶工业区，占日本全国制造业生产总值的 10.4%，产值达到 10.2 万亿日元（可变价格）。

这次大震灾给茨城县、栃木县及千叶县的企业带来了很大的影响。强烈震感和海啸以及沙土液化导致制造业在内的企业的厂房和生产设备受到损坏；电力、燃气、自来水等生命线停止供应也影响到生产。许多企业采取了暂停开工等措施来应对这次灾害。4 月以后，虽然一些企业依次重新开工，但是受到物流状况恶化、能源供应紧张等影响，也有些企业估计离全面开工还需要时间。

由于制造业在生产最终产品的过程中需要采购各种各样的材料和零配件。很多重要的最底端的零部件等在东北灾区生产。大地震引起的制造业的生产萎缩，进而通过供应链影响了其他地区的生产活动，包括全日本甚至世界各地。

Ⅱ. 农水产品受到谣言的伤害

福岛第一核电站的核泄漏事故导致从福岛县及首都圈的部分地区生产的农产品、水产品中检测出超标的辐射物质。政府和农户对农产品的同类品种采取了停止供应或自发限制供货的措施。但是，有些不属于限制发货对象的品种，也因受到谣言的伤害被停止交易。

Ⅲ. 东京都的工商业者的影响

据东京商会针对东京都的 1009 家本地工商业者实施的"东日本大地震问卷调查"（2011 年 4 月 14 日发表）可知，多达 90% 的受访企业称一定程度上受到东日本大地震的影响，约 80% 的受访企业称销售额和顾客数等营业状况受到影响，约 60% 的受访企业称原材料、中间材料、商品的采购状况受到影响。

2. 东京都中心城区的影响

Ⅰ. 大地震发生日出现回家受阻者

在首都圈，由于广范围内受到强震的影响，公交系统出现混乱，许多人失去回家的公共交通手段，因而在以东京都中心部为主的地区出现了回家受阻者。

据"灾害与信息研究会"以及"株式会社调研中心"发布的"有关东日本大地震的调查（回家受阻）"（调查对象：居住在东京都、埼玉县、千叶县及神奈川县，且地震发生时处在首都圈的男女 2026 名）的结果，关于 3 月 11 日的回家状况，80% 的受访者回答"能回到家"，剩余的 20% 回答"未能当天回家"。

大地震发生后，对地震规模、余震信息、公交系统的运行信息的提供、确认家人及亲戚朋友的平安信息等方面的需求剧增，导致想利用手机和座机的人也剧增。但是，由于大地震发生后的通话量和通信量猛增，各家电信运营商限制了首都圈内的座机和手机的使用量，导致很难接通语音通信。此外，虽然在首都圈并没有限制手机的包通信（Packet communication），不过还是出现了难以接通的现象。

Ⅱ. 区域内的人员流动减少

东日本大地震对首都圈的公交系统的运行带来了重大影响。3 月 11 日的地震发生不久，首都圈的一般铁路全面停运，到 3 月 13 日后全部修复。但是，3 月 14 日开始的福岛第一核电站的事故和随后东京电力公司实行的计划停电措施，使首都圈各家铁路公司不得不改变列车时刻表，采取了停运或中间减少车次的措施。这样，自 3 月 11 日起，上下乘客流明显下降。根据东京都交通局管辖内的各站自动检票机通过乘客的人数与去年同期相比（2010 年 3 月 13 日至 29 日为对象），大震灾后减少了 19.3%（平日减少 17.1%，周末节假日减少 27.3%）。这样可以看出，在东京都中心城市，人们尽量减少了不必要的外出。

Ⅲ. 消费活动的萎缩等

东日本大地震也给首都圈的消费活动带来很大的影响。据内阁府的"经济活力观察调查"（2011 年 3 月调查结果），2011 年 3 月关东地区（含山梨县及长野县）的经济活力现状判断 DI 大幅下降 24.2 点。在首都圈内，因自我控制气氛蔓延，出现了中止或延期宴会、抑制外出、抑制购买不必要的商品等现象，消费活动逐渐萎缩。

在超市或便利店，出现了抢购瓶装水、食品、卫生纸、电池等生活用品的现象。另一方面，抑制购买服装等商品的行为在扩大。2011 年 3 月主要大型百货店在首都圈地区的销售额（去年同比）大幅下降，详见表 5。

表 5　2011 年 3 月大型百货店在首都圈的销售额（去年同比）

百货店名称	首都圈的门店数	3 月销售额（与去年同月相比）
A 百货店	3 家	-22.8%
B 百货店	6 家	-23.5%
C 百货店	8 家	-26.1%
D 百货店集团	5 家	-31.1%

注：各百货店的销售额是首都圈地区的上述门店的销售额的合计。

资料：国土交通省国土规划局根据大型百货店 2011 年 3 月的销售额制作。

Ⅳ. 驻日大使馆及外资企业的撤离情况

东日本大地震对聚集在首都圈内的各国驻日大使馆的业务也造成了影响。大地震发生后，多达 32 个国家临时关闭了驻日大使馆（其中 29 个国家重开了驻日大使馆（截至 4 月 28 日））。例如，欧洲某国奉劝本国侨民撤离关东地区的同时，将大使馆的功能转移到大阪总领事馆，继续办理日本的业务。此外，也有某些国家临时将驻日大使馆的功能转移到韩国。

在外资企业中，也有一些企业担心福岛第一核电站事故的受灾面积扩大而从首都圈临时撤离。不过 2011 年 4 月以后撤离的动向逐渐平息。

三、东京首都圈的灾后应对及存在的问题

（一）政府应急响应机制

东日本大地震发生后，首都圈的各级政府根据各自的防灾规划和应急预案，设立灾害应对指挥部，详见表 6。

表 6　东日本大地震时首都圈灾害应急指挥部设置情况

政府	时间	指挥部名称
群马县	3 月 12 日 14 时 55 分 3 月 12 日 17 时 25 分	灾害对策本部 灾害警戒本部
埼玉县	3 月 12 日 14 时 46 分	灾害对策本部
千叶县	3 月 12 日 14 时 46 分	灾害对策本部
东京都	3 月 12 日 14 时 46 分	灾害即应对策本部
神奈川县	3 月 12 日 15 时 10 分	灾害对策本部

资料：全国知事会紧急广域灾害对策本部"平成 23 年（2011 年）东日本大震灾的应对状况（第 32 报）"，平成 23 年 4 月 26 日（火）19 时 00 分。

东京都根据应急响应级别，在地震发生之后即 3 月 11 日 14 时 46 分成立"灾害即应对策本部"，并分别在 16 时 30 分、19 时 00 分、23 时 30 分召开第一次、第二次、第三次本部会议。表 7 为东京都应急响应表。

表 7　东京都应急响应表

	初期响应行动状态	召集标准
级别 1	信息监视状态 初期响应人员的 5%（约 10 名）集合	烈度 4 度 注意报发令（大雨、洪水、海啸等）
级别 2	信息联系状态 初期响应人员的 50%（约 150 名）集合	烈度 5 度弱 警报发令（大雨、洪水、海啸等）
级别 3	灾害迅速应对状态、成立"灾害即应对策本部" 初期响应人员的全体成员（约 300 名）集合	烈度 5 强 因暴风雨、洪灾而出现损害情况
级别 4	灾害紧急状态，成立"灾害对策本部" 全体职员（最多 13 万人）	烈度 6 度以上 因暴风雨、洪灾、恐怖活动、大型事故而出现损害情况

灾时相互援助协议，向东京都葛饰区提出援助请求。9 时 00 分，葛饰区向土浦市发送 1044 公升水（522 瓶）。9 时 30 分，宣布关闭学校等避难场所。10 时 00 分，召开第四次本部会议，听取各部门关于今后的灾情及其应对措施。

关于应急响应机制，东京都进行了以下总结和反思。

（1）根据灾害等危机发生时的应对方针，地震发生后，马上成立了"灾害即应对策本部"，建立灾害应对体制。但是，本部成立后，发现存在本部权限有限、本部与各部门成立的专项本部之间的关系不明确等问题，需要对部分分工进行调整。还有，由于准备等不充分，本部会议召开时的运行效率也不太好。

（2）东京都的整个政府应急响应机制是以应对烈度 6 度以上的地震而设立的"灾害对策本部"为基础而构建的。对此第一级别的"灾害即应对策本部"的运行方式，今后需要进行总结。

（3）今后东海—东南海—南海三个联动地震时，正如这次东日本大地震一样，对东京市内和灾区同时进行援助时，需要迅速和正确的应对。因此，今后有必要讨论和完善应对体制。①

（二）手段交通瘫痪的应对

在 2006 年 5 月，东京都政府公布了《首都直下型地震中东京灾害损失假设评估报告书》。根据该报告，假如东京在北部或西部山区在冬天晚上 6 点发生直下型地震 7.3 级或 6.9 级时，东京

---

① 东京都《东日本大震灾中的东京都的应对和教训》，2011 年 9 月。

市中心的最大烈度超过 6 度强的，所有的铁路停止运行，导致回家受阻者估计总数为 448 万人。其中，来自首都圈和包括东京市民在内的人口 1144 万人中，有约 392 万人无法回家，从外地来东京的出差和旅游等国内居民约 55 万人，外国来访人员为 0.8 万人。根据这个灾损预测，东京都与首都圈其他的 8 个行政单位联合起来，建立帮助灾时徒步回家者的制度，与首都圈的 24 小时方便店等 16250 家签订合作协议，制定为"灾时归宅支援站"，要求为沿途徒步回家的灾民提供自来水、厕所和地图等道路信息等。同时，政府和企业编制地震时安全徒步道路交通地图，并每年进行演练。很多企业也在平时为职员准备好了徒步回家的应急包、沿线地图等，同时在企业的仓库里储备好三天的应急食品，尽量让员工滞留在公司进行避难或接受社区居民避难。为了防止车站混乱，东京都协同下级的市政府、区政府与主要的 8 个车站的管理主体等成立"归宅困难者对策协议会"，共同制定车站周围地区统一行动规则和实施归宅困难者对策的演练。这 8 个车站分别是新宿、北千住、品川、池袋、上野、涩谷、蒲田、八王子。

3 月 11 日地震发生后，处于烈度强的首都圈的铁路和地铁等轨道交通停止运行，导致在首都圈中心的工作人员回家困难，不得不步行回家。从下午 3 点开始，很多企业开始让员工提前回家，导致在下午 4、5 点在街头人流拥挤，道路交通受阻，从东京市中心向郊外的车辆严重堵车。17 点左右，日本铁路（JR）东日本公司发出通知，11 日当天内铁路重新运行是不可能的。针对这些情况，17 时 40 分内阁官房长官代表中央政府通过媒体呼吁在首都圈的市民不要急忙回家，尽量留在单位或安全的地方；20 时 10 分官房长官发出指示，为了帮助回家有困难的人员，中央政府各部门要尽全力采取对策，最大限度开放车站附近的政府公共设施。与此同时，东京都灾害即应对策本部呼吁国家机构、市区和民间企业进行合作，同时通知与政府签订合作协议的 24 小时方便店等的"灾时归宅支援站"，要求为沿途徒步回家的灾民提供自来水、厕所等，到晚上 8 点 45 分，开放了 1030 个设施，其中政府设施 73 处、都立学校 256 处和区市町村的设施 701 处。根据最后统计，共接纳人员 94001 人。根据东京大学的广井悠助教的调查研究，67.8% 的人回到家里，19.9% 的人在公司过夜，8.8% 的人没有回家而居住在其他的地方，3.5% 的人想回家但中途放弃了。

虽然首都圈对发生地震后如何解决回家受阻者的问题做了 10 年多的准备，但是这次地震中暴露了很多问题，值得对今后可能发生的首都型地震应对措施进行修改。主要的问题是：如何加强与家里人的信息沟通，克服担心家里人安全的问题，让员工安心地滞留在公司；如何克服在徒步回家途中，不影响应急救援和消防等交通；如何防止在车站等公共场所因踩踏而引起的次生灾害，等等。

四、首都圈对受灾严重的地区提供支援

（一）首都圈的地方政府之间提供各种支援

在一个都道府县难以应付的大规模灾害发生时，需要更大区域性的支援体系（日本称"广域支援"）。以 1995 年 1 月的阪神淡路大地震为契机，作为全国制度，日本于 1995 年 5 月创立了

紧急消防援助队，于 1995 年 6 月创立了广域紧急援助队。

还有，正如此次大地震那样，为了防备各区域的知事会（类似中国的省长协会）在相互援助框架下难于应对的事态发生，于 1996 年 7 月所有都道府县缔结了"有关全国都道府县受灾时的广域支援协定"（现有协定是在 2007 年 7 月缔结），该协定规定在全国知事会的协调下提供广域支援。此外，截至 2010 年 4 月 1 日，首都圈的市区町村中有 340 个市区町村（占首都圈的全部市区町村的 98.3%）缔结了相互支援协定，其中约 70% 的市区町村与其他都道府县的市区町村缔结了相互支援协定（引用总务省消防厅"地方防灾行政现况"）。

东日本大地震发生后，基于这些制度或协定以及中央政府的要求，首都圈的各地方政府对受灾地提供了众多人力、物资等援助，为受灾地的救援、救助、恢复及重建做出了贡献。比如，东京都的紧急消防救援队的大型直升机在地震后 1 小时 30 分后马上出发，16 时 30 分第一批消防队 14 个小队被派往灾区。在整个救灾中，东京一共派遣消防队 770 个小队，一共 13951 人次。

（二）首都圈的私营企业、大学、NPO 等对受灾地的支援

在东日本大地震中，较广范围的地区出现巨大的损害。此时，不仅是行政部门或公共机构，就连各类私营企业、大学、NPO、志愿者等也对受灾地提供了支援。支援的活动以多种形式开展，包括募捐、捐款、向受灾人和支援者提供信息、支援幸存者、运送物资、改善避难所环境、医疗支援、疏散支援等，起到了完善行政功能和更加细微支援得以进行的作用。这些私营企业、NPO 的活动被期待着能够给受灾人带来勇气，有助于受灾地的早日恢复与重建。

五、首都圈的受灾脆弱性及今后的应对

从东日本大地震对首都圈造成的受灾情况来看，有必要重新验证首都圈应对灾害的脆弱性，同时采取措施进行克服。

（一）防备预测可能发生的首都直下型地震

在东日本大地震中，再次认识到中央政府和地方公共组织进行的"公救"（日本称"公助"）、每个国民和企业依靠自觉的"自救"（日本称"自助"）以及地区与企业、组织合力相互帮助的"互救"（日本称"共助"）的重要性。防备可能发生的首都直下型地震，中央政府及地方政府推动公共设施建设等硬件对策的同时，鉴于行政部门在解决回家遇阻者问题的措施等软件方面的局限性，不仅是"公救"，而且需要将各个主体发挥各自长处的"自救"和"互救"进行合理的整合，以此有效实施防灾对策，促进地区防灾能力的提高。

（二）确保能够应付大规模灾害的广域性的替代手段

东日本大地震的受灾是将地震和福岛第一核电站的核泄漏灾害叠加在一起，其范围从东北地方扩展到关东地区，且具有长期性。

首都圈的各都县向受灾地送去了大量的物资和人员，为受灾地的抢险救援及恢复重建做出了很大的贡献。日本位于地震活动活跃的环太平洋地震带，相比国土面积地震发生的次数甚多。在首都圈已经预想到像板块边界类型的巨大地震"东海大地震"以及里氏 7 级以上的首都直下型地震将以较高的概率在未来的几十年内发生。在首都圈，为了减轻这些将来有可能发生的大规模地震的灾害，需要在各个领域与没有受灾的国内远方的地区之间建立相互支援和合作的体系。行政和企业等事业者应该从平时开始加深探讨假设发生大规模地震时确保广域性的替代手段，包括建立广域性的支援机制、分散行政或企业的基地、建设备用基地等。

（三）共享和正确识别信息

在东日本大地震中有一个明显的特点是信息传递不充分加大了混乱。就拿计划停电的发表时机来说，由于前夜发表了次日的停电区域，因此相关机构的准备不充分，反而加大了混乱。而且，在消费领域出现了抢购生活用品或不买高价商品等消费行为的变化以及农水产品的谣言伤害。鉴于出现了这些现象，受灾时共享和正确识别信息特别重要，要求加强在行政、国民、专家之间的风险沟通。

此外，加上福岛第一核电站事故，从中外资企业采取的撤离等举措中不难发现，各国及外国人可能并没有充分共享核电站事故的正确信息。今后有必要探讨对通过日本国内及各国媒体收集信息的外国人提供信息的有效手段。

（四）向节电节能型经济社会的转变

由于东日本大地震发生后，东京电力公司无法供应电力来满足原有电力的需求，进而采取了计划性停电的措施。由此提高了节电意识，人们开始摸索应对供电不足的社会生活。在此过程中，开始出现了局部熄灯、停用空调等向节能型经济社会转变的征兆。而且，产业界也在开始探讨工厂的开工时间以避开用电高峰时间。今后有必要将这些动向转为具体化，进而向节电节能型经济社会转变。

六、东日本大地震的反思

为了对这次地震海啸灾害的经验教训进行反思，日本中央防灾会议根据《灾害对策基本法施行令》第 4 条第 1 项规定，在 5 月 28 日成立"以东北地方太平洋海域地震为教训的地震海啸对策专业调查会"。关于今后的海啸防灾对策的基本观点，在秋季最终报告之前，进行 4 次讨论以及进行中间总结，然后进行公布。6 月 26 日，该会公布中间总结报告，主要观点如下。

（1）此次灾害，地震的规模，海啸的高度、强度、浸水面积，广泛区域的地基下沉以及人力和物力的受害情况等，远远超出了中央防灾会议下设的专门调查会的预想。在以前预测的基础上，根据各种防灾计划和此次实践推动了防灾对策的实施，另一方面这件事情有可能使一些区域的受害情况扩大。在认识到自然现象预测的困难的同时，必须对今后的地震、海啸的预测观点进行认真地修改。另外，关于海啸对策，要尽早进行全面地修改，对于近年很有可能发生的南海沟等海啸，一定要采取万无一失的措施。

（2）对于此次灾害预测偏差的反省。由于目前为止的地震、海啸的预测结果与实际发生的地震、海啸的情况发生了很大的偏差，所以必须对今后的地震、海啸的预测方法认真地进行修改。以过去数百年间发生的最大的地震中具有迫切性的地震为对象，考虑目前记录的能够再次出现地震动和海啸的震源模型，假设为下一次发生的震级最大的地震。对于过去发生的地震以及不可能再次引起地震动和海啸的地震，当认为发生地震的概率很低时，不把这样的地震当作假定的对象。对于与本次灾害相关的过去发生的 869 年贞观三陆海域地震、1611 年长庆三陆海域地震、1677 年延宝房总海域地震等之外的情况有必要进行充分地反省。这样一边了解过去发生的地震，一边根据当时的见识认为不是假定对象的一个理由就是很难再次出现地震情况。对于地震的全体情况不是十分明确时，今后作为对象地震进行研究。对于即使发生概率确实很低的，但考虑到地震、海啸所带来的灾害巨大，一定要对这样的历史地震进行充分地考虑。由于地震、海啸的预测发生了变化，以前预测的地震动的范围、海啸高度、海啸范围、浸水区域会扩大很多。预测的浸水区域是防灾预测图等防灾对策资料的基础，此次海啸超过了预测的浸水区域和海啸高度，导致受害扩大，这是不能够否认的。因此，根据以前的预测制作的灾害预测图有可能扩大灾害，所以有必要对灾害预测图不完善的一面进行调查。另一方面从海岸保护设施的建设来看，这些设施对于预测海啸能够发挥效果，根据此次巨大海啸的受害情况来看，可以发现海岸保护设施等过度地依赖防灾对策。地震发生后气象厅发出的地震规模、海啸高度的预测要远小于实际，之后各阶段的地震规模、海啸高度都被修正。最初的海啸预测的影响是巨大的，最初的海啸警报可能使居民和避难支援者的行动迟缓，扩大受灾的程度。对于发出的地震规模、海啸预警与实际的地震、海啸存在巨大偏差的原因要彻底进行调查，同时对于此次海啸警报的发布是否对实际避难行动等造成影响，将会进行详细地调查和分析，有必要向国民进行说明。此外，根据巨大地震警报系统的改善以及灵活运用海面的海啸观测数据发布海啸警报的方案等，对再次防止发生对策进行讨论，争取尽早进行改善。由于此次灾害远远超出了预测，带来了巨大的影响，所以要改变目前为止的想法，从地震、海啸的预测到防灾对策都要进行修改，有必要重新构建今后的防灾计划。

（3）为了分析居民的海啸避难行动和受害的关系，今后要对海啸警报的发布、警报的传达、避难指导、避难行动、交通堵塞等当地居民的行动以及情报的提供和传达进行详细调查。此外，进行调查时要考虑灾民的感受，谨慎地进行。

（4）与防灾相关的理工学、人文社会学、生命科学领域进行合作，对灾害发生的原因和地域受害的有无等特性进行比较，实施比较科学的调查，这是有必要的。为了支援灾区的复兴以及科学地调查分析从灾害中恢复的能力，有必要对灾区的恢复、复兴过程进行实时调查。

（5）海啸与地震单独发生时，并没有巨大的摇晃，不能唤起居民的避难意识，但这时海啸可能会突然涌来。从 1896 年明治三陆地震和 1605 年庆长地震等过去反复发生的大灾害来看，制定关于预测海啸地震的警报和避难的特别对策是很必要的。

（6）设置核电站等区域，在遇到灾害时，受害情况会非常严重，所以在讨论对象地震、海啸时，有必要对震源区域和波源区域进行详细的调查和分析。

（7）今后在制定海啸对策时预测海啸的观点。

①基本的观点：今后在制定海啸对策时，基本上要对两个水平的海啸进行预测。一种是在制定以居民避难为主的防灾对策的基础上设定的海啸。在长时间内以海啸堆积物的观察以及地壳变动的观测等为基础设定的，此类海啸的发生频率特别低，但如果发生了就会带来巨大的灾害，是最大级别的海啸。此次的东北地方太平洋海域地震就是此类的。另一种是在建设防波堤等构造物防止海啸进入内地的海岸保护设施等的基础上设定的海啸。与最大级别的海啸相比，发生的频率很高，海啸浪高很低，但也会带来很大的灾害。

②应对最大海啸的对策。

○　从此次发生的巨大海啸以及受害情况来看，海岸保护设施等过度地依赖防灾对策的问题暴露出来。所以，要制定东北太平洋海域地震和最大级别海啸的对策，要优先保护居民的生命安全，无论遇到什么灾害，行政技能、医院等要维持最低限度的、必要的社会经济机能。因此，以居民避难为轴心，结合土地利用、避难设施、防灾设施等，确立在硬件、软件方面都能采取措施的综合的海啸对策。

○　为把多种方法综合地、统一地作为海啸对策发挥作用，有必要确立地域防灾计划、都市计划等相关的各种计划有机结合的框架。

○　海啸来袭时，实际上是不知道到来的海啸是什么样的，为了能够让居民采取切的避难行动，要建设必要的体制，并采取对策。因此，关于海啸的观测和监视、海啸警报的发布、海啸警报等的传达、避难指导、避难道路和避难场所的建设、居民接到怎样的情报应该采取怎样的行动等，以此次海啸为课题进行调查和分析，事先制定充分的对策。由于此次灾害超出了"受害抑制对策"，因此根据尽可能减轻受害程度的"受害减轻对策"的必要性，通过居民和行政的防灾教育、防灾训练等努力提高防灾意识。

○　对居民避难行动有帮助的情报是什么，怎么样考虑防灾行政无线设施的充实及携带电话的活用等传达方式，对这些问题进行讨论，与相关机构等合作，采取必要的对策，这是很重要的。

○　核电站灾害时聚集场所的市町村厅舍、警察、消防等防灾地点，如果这些场所受灾的话，影响是非常大的，所以这些重要机构的海啸对策要万无一失。

③对于发生频率高的海啸要采取利用海岸保护设施等的海啸对策。

○　以前建设的海岸保护设施等是根据预测频度比较高的海啸等建设的，对一定高度的海啸能够发挥作用。但是，此次灾害远远超出了预测的海啸高度，虽然对降低水位、延迟海啸达到时间等发挥了一定的效果，但很多海岸保护设施等受损，因此内地也发生了巨大海啸灾害。

○　大幅度提高海岸保护设施预防海啸的高度，从设施建设的必需经费、海岸的环境和利用以及影响等观点来看，是不现实的。但是从保护人们的生命和财产安全、确保地区经济活动的稳定、确保有效的生产场所的观点来看，需要继续推进对频度比较高的、一定程度的海啸有作用的海岸保护设施等的建设。

○　为了使海岸保护设施等即使在超过预测的海啸高度时也能够顽强地发挥作用，要推进构造物的技术开发，进而对设施进行完善。

④关于今后应该加深讨论的海啸对策。

（Ⅰ）土地利用对策：

○　对于新预测的巨大海啸，要参考新的浸水深度等，争取在地区达成协议，同时为确保居民的安全推进安全地区和街道的构建；

○　为了能够确实地实施避难对策，关于海啸避难楼的指定、避难道路的建设等，在构建安全街道时要充分地进行考虑；

○　海啸常侵袭的受灾地虽然用石碑等提示了危险，但随着时间的流逝，地处低洼地带的住户还是再次受灾，为了同样的事情不再反复发生，要进行充分地考虑；

○　在此次灾区有限制的可居住地中，如果是即使有一点浸水的危险的地方就认为这里不符合住宅布局是不现实的，在构建街道时，是否有必要设定可以居住的海啸高度的标准，如果必要的话，以怎样的观点进行设置，这些都是需要讨论的。

（Ⅱ）避难行动的对策：

○　居民在发生海啸时采取避难行动是基本的方法，不要过度依赖设施的建设，让居民了解避难行动的重要性，努力提高居民的防灾意识，与确切的避难行动相结合是必要的；

○　要改善警报的发布和情报的传递以及避难设施的建设等，这些都是必要的；

○　完善实践性的灾害预测图，充实防灾教育和防灾训练，建设海啸避难楼和避难道路等，努力提高地区整体的防灾能力。

（Ⅲ）提高关于海啸的防灾意识：

○　海啸在数十年发生的频率一般都是很低的，但一旦发生就会给区域带来巨大的灾害，由于日本沿岸的任何地方都有可能遭到海啸的侵袭，所以要继续推进防灾对策的实施，同时加深对地震和海啸的科学性了解以及努力提高居民的防灾意识；

○　地震和海啸都是自然现象，很可能超出预测的程度，对于此次海啸，虽然超出了预测，但是还会发现一些通过确切的避难行动避免或者减轻受害的事例，海啸侵袭时不知道是什么程度的海啸，为了能够在这样的情况下迅速采取避难行动，利用预测等防灾对策加深对使用数值等的正确理解等，这种危险交流是很重要的；

○　日本自古以来就是常发生地震和海啸的国家，所以继承防灾文化是很重要的，为了加强对地震、海啸的理解，根据此次海啸的调查，在各种场合推进综合性的教育项目的开发等。

七、对我国及首都圈的启示

日本"3·11"大地震，虽然死亡人数和去向不明者超过2万人，成为第二次世界大战后死亡人数最多的自然灾害。但是，从建筑物抗震设防来看，因地震带来的直接损失很小，可见日本的抗震设防工作还是做得不错的。这次灾害的影响主要来自海啸的毁灭性打击和核泄漏事故。无论日本的中央政府还是地方政府，根据各级政府的应急管理预案和有关法律规定，很有秩序地开展应急救援和救助活动，中央和地方的分工明确到位。同时，世界上最先进的地震应急警报系统和海啸警报系统正常启动，通过媒体和当地通信系统迅速发布，发挥了很大的作用。不过，由于这次海啸超过了原先设定的警戒范围等客观原因和自然灾害的不可确认性，再加上老龄化社会的应急疏散困难、核电站事故处理的困难、政治家与官僚合作机制的错位等原因，损失还是很大，值得反思。这种地震、海啸、火灾和核泄漏等复合型巨灾应对以及处理灾害与现代生活的关系，也值得我们研究思考。

结合日本大地震的综合应对举措，就进一步加强我国防震减灾工作提出如下建议[①]。

（一）切实提高危机意识，有针对性地加强灾害防范工作

2011年全球地震十分活跃，地震及其引发的次生灾害越来越严重，给各国地震预防工作带来巨大压力。为此，要深入开展地震与次生灾害联动机理和防范机制等方面的科学研究。在此基础上，根据各地地形地貌和孕灾环境特点，做好不同地区的灾害防范准备。山区要加大地震及其引发滑坡、泥石流、山洪等次生灾害防范力度，沿海地区要重点开展海啸风险评估和区划工作，将海啸应急预案上升为政府预案，切实提高灾害防御能力。

（二）尽快构建地震速报预警系统，下大力气攻克地震短临预报难题

目前，环太平洋地震带上的美国、日本、墨西哥、中国台湾等国家和地区都建立了地震预警系统。建议参考国外先进经验，加快我国地震速报预警系统建设，在试点的基础上尽快完善推广。摒弃地震难以预报预警的逃避推诿思想，勇敢树立地震可防可控理念，着力打破现有行业技术垄断局面，鼓励科技创新，重点支持地震短临预报研究与试验，切实提高地震预报、速报能力，并带动提升其他灾种的防灾减灾能力。

（三）强化防灾基础设施建设，提高全民防灾避灾能力

切实提高规划建设的安全意识，城市和公共基础设施建设要避让地震带，无法绕避时，对关键部位应细化设计方案，合理提高抗灾标准。要全面开展房屋抗震能力普查工作，及时发现并处理问题。科学做好城市避难场所规划，加大避难场所建设力度，合理设置避难路线，做好物资储备工作。切实加强防灾教育，通过各种形式系统普及地震知识，定期开展防灾演习，提高全民自救互救能力。

（四）健全综合应急管理体制机制，提高抵御复合性灾害的实际能力

根据防范耦合性灾害的现实需要，进一步提高各级政府综合应急救灾能力，抓紧完善联动应急保障机制，形成跨区域协调管理机制，建立多灾种联合救助系统。尽快构建居民自助互助机制，引导社区居民和企业自备应急预案，指导铁路、电站、机场等重要场所和危险品生产、储

---

① 以下建议主要是游志斌博士完成。

运企业制定完善的抗灾防灾对策。鼓励建立专职和兼职相结合的应急队伍，有针对性地加强军队救灾技能培训和专业器械配备工作，提高应急抢险效率。

（五）加大信息共享平台建设，完善信息披露制度

进一步完善我国灾害信息收集、报告系统，充分发挥航空、航天等高新科技在防灾减灾工作中的作用，统筹开展国家自然灾害空间信息基础设施建设，逐步构建全天时全天候数据获取、传输及应用体系，为灾害预测预报和应急决策提供支撑。加大信息传递和发布系统建设，特别要建立及时发布官方灾情信息、避难劝告、避难指示等电视、手机、网络一体化信息发布系统，推进信息公开。

（六）抓紧完善巨灾保险制度，尽快设立灾害救助基金

目前，我国灾后重建仍主要依靠政府，大灾面前国家财政负担沉重，带有行政色彩的救灾资金在运用效率上也受到限制。建议充分借鉴日本等国经验，尽快建立健全巨灾风险保险制度。可先行开展不同地区强制或半强制巨灾保险试点，加大对巨灾保险的扶持力度，积极培育发展国内再保险公司，大力培育专业再保险市场，增强国内保险市场的风险承担能力。同时，尽快设立政府和社会常设救助基金，加大财政抵御大灾的能力。

（七）加快制定《综合防灾减灾法》，完善相关法律法规

借鉴日本及我国在汶川大地震中的救灾经验，制定《综合防灾减灾法》和修订各类相关法律，不断完善在防震减灾规划、监测预报、应急救援、灾后重建等方面的法律要求，尽快形成一部囊括防灾减灾全部工作环节的救灾法，促使救灾和重建工作有法可依，规范长效。

（八）加大核电安全监管力度，提高核风险应急处置能力

与日本福岛核电站相比，我国现有核电站建造年代较新，技术更为成熟，安全系数相对较高，但也需加强巨灾风险防范能力。要科学开展核电站建设规划，加强选址评估，提高核电站设计和运行的抗震级别，加大沿海地区核电站对海啸等灾害的防范力度。组织开展核电站综合防灾能力的全面核查，切实加大对核电站安全监管力度，建立应急联动机制，提高现有核电站抵御巨灾能力。

北京城市洪涝灾害的主因和对策建议

刘洪伟　王毅

（北京市人民政府防汛抗旱指挥部办公室）

摘要：近几年来，北京城市极端天气增多趋势明显，局地暴雨频繁发生，给城市的安全运行和人民的生命财产安全带来严重威胁，本文针对近些年来北京发生的城市内涝，分析城市内涝成因，提出应对对策和建议，为城市管理部门的综合防御和对策研究提供参考。

一、近年来洪涝灾害实况

近十年来，华北地区总体上处在持续干旱状态，北京地区降雨偏少，尤其 2010 年 7 月至 8 月降雨量为 198 毫米，比多年同期平均降雨量 359 毫米少 45%。在持续干旱引发的水资源短缺影响着城市水环境和居民生活的同时，汛期的短历时强降雨袭击所造成的严重内涝也给城市的安全运行带来了严重威胁。最近几年，北京、重庆、西安、济南、郑州等众多城市相继遭受了暴雨袭击，强降雨产生的严重内涝中断了城市交通、供电等基础设施的保障，导致市民出行、生活不便。2007 年汛期，济南、重庆两地暴雨还造成了数十人死亡；2010 年，广州 3 次暴雨造成全城交通瘫痪。日趋频繁的暴雨洪涝引起媒体与公众普遍关注的同时，也给城市管理部门的防御和对策研究带来了新的挑战。

纵观北京市百年洪涝灾害史，北京市城区洪涝灾害主要有永定河洪水、西山洪水及城区暴雨内涝三个来源。前两者经过多年的治理，防范大洪水的能力已经逐渐加强，后者随着城市现代化进程加快，750 平方千米面积的城区对暴雨内涝的反应越来越敏感。

统计表明，近五年发生在北京城区的强降雨天气有 22 次（2006 年 7 次，2007 年 3 次，2008 年 2 次，2009 年 1 次，2011 年 9 次），每次都造成部分道路交通中断，社会反应很大。

2004 年 7 月 10 日暴雨，小时降雨量超过 90 毫米，莲花桥下积水 1.7 米，西二环、西三环、西四环交通一度中断。

2006 年 7 月 31 日，首都机场天竺地区 1 小时降雨量为 115 毫米，造成高速路桥下积水 80 厘米，机场高速中断 3 小时，影响 700 驾次航班起降。

2007 年 8 月 1 日和 6 日，北三环安华桥一带两次出现极端降雨，1 小时降雨量为 91 毫米，安华桥下最深积水达 2 米，北三环双向交通中断。

2008 年 6 月 13 日和 7 月 4 日，知春桥 1 小时降雨量均超过 100 毫米，知春桥下积水 1.5 米，周边道路交通中断。

2011 年 6 月 23 日，西南部地区局地出现特大暴雨，该地区日平均降雨量达到 96 毫米，城区日平均降雨量 73 毫米，是本市城区近十多年来最大一场降雨，雨量、雨强、影响范围、持续时间均超过 2004 年"7·10"暴雨。石景山区模式口小时降雨量为 128.9 毫米，超百年一遇，累计降雨量 214.9 毫米，是建站以来的极值；五棵松小时降雨量为 93 毫米，接近 50 年一遇；永定路小时降雨量为 87 毫米，超 20 年一遇；丽泽桥、右安门小时降雨量为 75 毫米，均超 10 年一遇。"6·23"强降雨给城市安全运行带来严重影响，道路积水、供电故障和地铁故障情况比较突出，严重影响人民群众出行和生活；西南部分道路积水严重，道路拥堵，包括丰益桥、管头桥在内，全市共有 29 处桥区或道路出现积滞水。

二、城市洪涝灾害成因分析

在应对强降雨的处置过程中，城市抵御突发暴雨积涝的脆弱性以及暴雨产生和衍生的次生灾害，是城市管理有关部门亟待解决的难题。

近几年，北京市的基础设施建设加速，尤其为迎接 2008 年奥运会的召开，城市建设达到了前所未有的速度，原有的绿地被大量的开发成各式建筑物，使得城区不透水地面面积占到总面积的 80% 以上。随着城市化进程的加速，城市暴雨的水文特性与积涝成灾机制均发生着显著变化，城区洪涝灾害显现出一些新的特性。分析城市洪涝灾害的成因主要有以下几个方面。

（一）城市建设与河道、管网等设施的规划建设不同步

随着城市化进程加快，道路建设明显快于河道、管网的治理。市政的规划、建设、管理分离，导致排水设施的规划、建设不到位，建设过程中对河道治理考虑不足，衔接协调力度弱，没有给雨洪留出合理的路由。城区有部分中小型河道、排水管网的建设落后于城市发展，有的河道没有实现规划，有的排水管线下游没有出路，造成了城市排水系统的栓塞，遇有降雨就形成局部地区洪涝。

因此，城市建设必须做到规划先行，统一规划，有关部门在审批道路建设时，要重视河道规划立项的审批，使河道、管网建设和道路建设同步进行。

（二）城区排水系统标准低，排除洪涝压力大

在城市扩张建设过程中，对地下排水重视不够，原有排水河道和沟渠被填埋或改为暗涵，行洪能力降低，加之城区硬化面积加大，地表径流量增长，使原有排水设施的排水能力进一步降低。

作为道路附属设施的雨水管线、泵站的排水标准偏低，北京城区现状管网排水标准一般为：排水干线 1 年一遇左右（36 mm/h）；支户线仅 0.33~0.5 年一遇（10~15 mm/h）；城市环路 1~2 年一遇（36 mm/h）。88 座雨水泵站重现期小于 2 年（含 2 年）的有 65 座，占 73.9%。这一现状不仅达不到国家标准的要求，更难以应对近年频繁造访北京的极端天气标准（70 mm/h）。

可以看出，北京城区道路的排水设施标准较低，一旦降雨量超出排水设施的设计能力，就会造成雨水不能及时排除而产生积水等内涝灾情。

（三）承担城市排涝的河道排水能力不足

城区有部分中小河道多年没有疏挖整治，河道淤积堵塞，排水能力严重不足，如承担西南部地区重要排水任务的丰草河未实现规划，河道排泄不畅，降雨时雍水漫溢，致使地区洪水进入桥区，形成河水顶托倒灌，致使地区洪水不能及时排除，这是造成"6·23"丰益桥、管头桥积水的主要原因。

此外，一些原为农田排涝的河道，随着城市建设的发展，流域变身为城市范围，难以满足日益增加的城市排水需要，如马草河未治理前，约31平方千米流域内的雨水没有出路，只能向低洼处汇集，曾造成西南四环科丰桥至马家楼桥一带积水严重。马草河南四环下游段于2007年治理完成，治理河道总长7.7千米，河道防洪标准按20年一遇设计，50年一遇校核，打通西南三环和西南四环一带排水系统，整治成效显著，之后马家楼桥、花乡桥等几个积水点没有再出现积水。

（四）道路排水设施不配套

随着城市的建设发展，城市排水量已远超过原有设计排水设施和管线的排水能力，道路排水设施的配置还沿用旧有标准，雨水收集体系、排水管线、泵站系统和河道水系之间的衔接配置还存在着不足。以西三环莲花桥的莲花池泵站为例，该泵站设计流量为4.1立方米/秒，相当于3年一遇标准。而雨水管线入泵站管径为1.6米，流量约为2立方米/秒，明显低于泵站设计流量，造成桥区雨水入泵站速度缓慢。单个雨篦子的泄水能力约为20升/秒，按莲花池泵站设计流量4.1立方米/秒计算，需单个雨篦子约205个，而目前莲花桥区只有38个雨篦子，泄水能力较低。

（五）城市极端天气增多趋势明显，局地暴雨频发

在全球气候变暖的大环境下，世界各地的极端气候事件在增多，加之城市区域环境的变化，热岛效应明显，即城区温度高于周边，空气中粉尘等颗粒物含量高于周边，城区出现局地暴雨的频率与强度均高于周边地区，局部的小气候条件容易快速形成历时短、强度大、范围小的局地突发性暴雨，1小时降雨强度往往超过70毫米标准，导致城区的极端天气频频发生，产生局部内涝。2004年以来，北京共发生极端天气41次，暴雨来势凶猛、历时短、积水断路等灾情出现快，基本无预见期可言。

三、对策建议

解决北京城市内涝，要坚持决策行动的主动性原则，兼顾点（低洼区域、重点区域、泵站、闸坝）、线（河道、沟渠、排水管涵）、面（河湖、蓄滞洪区、绿地）结合，同时工程措施、非工程措施和管理措施并重，蓄、泄、滞、引、补结合，减轻或避免暴雨产生内涝的概率和损失程度。

（1）城市规划要重视地下，坚持先地下后地上的建设原则，坚持道路、河道、管网同步建设的原则，在规划、建设、管理的过程中要整合多方的意见。今后在城市规划时，应积极重视保留市内原有河流、湖泊、洼地及排水通道，尽可能恢复原有河道的拦蓄空间。此外，城区中小型河道要加快治理，不断完善城市防洪排涝体系。

（2）研究制定适合北京地区现状的道路排水设计标准、极端暴雨防御标准，加快城市排水风险评估和洪水风险图编制工作。逐步完成全市排水系统的复核，提高重点、隐患部位的排水能力。重点是泵站、立交桥周边的排水，完成排水管线的清查，找出隐患。同时，逐步优化二环、三环、四环、五环排水管网及河网的布局，使洪水的下泄和积蓄更加畅通。

（3）加强气象预报的准确性和河湖水系调度的及时性。延长暴雨和极端天气预报预警的有效预见期，提高预报预警准确性。汛期河湖调度坚持防汛安全为先的原则，及时实施调度。遇有强降雨预报或汛情预警时，提前下泄降低水位，实时拦蓄尾水。加快建设城市河湖排水调度预警系统，新建并整合现有实时监测信息，实现河湖水系洪水科学、优化调度。

（4）做好全市范围的雨水利用总体布局研究，加强雨洪利用工程建设的力度。采用屋顶集雨、马路分流集雨、林草集雨下渗等方式，削减暴雨汇流的城市雨洪利用方式，不仅仅能拦蓄、储存和利用雨水，虽然所拦蓄雨水的量有限，但在某一时段、空间内所起到的错峰、调峰、削峰作用，在很大程度上能减轻洪涝灾害损失，尤其是城市内涝。城市小区规划和建设时，都应尽量要求增设屋顶集雨设施；城市公共设施、易涝地区也应在改造时设透水地面，增设分流集雨的项目。

（5）加强应急抢险能力建设，建设机动能力强、作业高效、统一指挥的队伍，并与交通部门完善道路应急保障机制和抢险快速到达制度。各级道路责任部门做好立交桥排水抢险队伍布控，增加薄弱点的临时排水措施，加强排水设施管理，落实雨天雨水篦子看管、打捞责任制。

（6）加强防汛宣传和演练。充分利用现代媒体，加强面向市民群众的社会动员和响应工作机制。普及安全防范知识，提高市民自我保护意识和应急处置能力，备足防汛物资，抓好实战演练，一旦出现强降雨或突发灾害性天气要妥善疏散人民群众，在确保人员安全的前提下最大限度减少物质损失。

加强综合应急救援队伍建设，全面提高部队实战能力

武志强

（北京市公安局消防局）

摘要：随着社会经济的快速发展，城市化、工业化、市场化进程加快，灾害事故逐步增加，消防部队处置灾害事故的任务日益艰巨和繁重，只有加强综合性应急救援队伍建设，才能进一步提高部队实战能力，首先要分析目前队伍现状，认清自身不足与优势，完善队伍软硬件建设，建立一支"思则有备、有备无患"的综合应急救援队伍。

关键词：应急救援；队伍建设；实战能力

"十一五"期间，随着社会经济的快速发展，城市化、工业化、市场化进程加快，灾害事故逐步增加，消防部队处置灾害事故的任务日益艰巨和繁重。面对新的形势、新的任务、新的机遇、新的挑战和新的灾害事故特点，我们要清醒地认识到，部队应急救援的水平和能力直接关系到党和政府的领导与服务职能，关系到国家和人民群众的生命财产安全。结合当前国内与国际的特殊灾害事故频发的现状，必须加强综合性应急救援队伍建设，才能进一步提高部队实战和初战能力，确保首都政治中心区和社会的平安稳定。笔者结合当前北京消防工作实际，就如何谋划、抓好消防部队综合应急救援工作浅谈以下几点认识。

一、当前综合应急救援工作现状

在圆满完成火灾扑救任务的同时，为进一步拓展公安消防部队抢险救援职能范围，2002年公安部专门下发了《关于进一步加强和规范公安消防部队抢险救援工作的通知》，对公安消防部队参加社会抢险救援职责任务进行了明确。2005年，公安部、卫生部联合下发了《关于做好灭火救援现场紧急救护工作的通知》，对消防部队现场急救工作提出了具体要求，消防部队抢险救援职能又得到了进一步的拓展。2009年新《消防法》颁布实施，对公安消防部队明确规定：公安消防部队依照国家规定承担重大灾害事故和其他以抢救人员生命为主的应急救援工作。同年，国务院下发了《关于加强基层应急救援队伍建设的通知》，明确要依托公安消防部队成立综合性应急救援队伍，执行应急救援任务。近几年，公安部相继在湖南长沙、辽宁大连、湖北咸宁召开消防部队应急救援工作会议，贯彻落实国务院通知精神，加快推进以消防部队为专业骨干力量和突击力量的综合应急救援队伍建设。北京消防总队于2009年8月组建了高层建筑灭火救援专业队、地下建筑灭火救援专业队、石油化工灭火救援专业队、轨道交通专业救援队4支专业救援队伍；2010年9月28日依托北京公安消防总队成立综合应急救援总队；2011年3月组建3支地震灾害重型搜救队和8支轻型搜救队，每支重型搜救队人员编制为45人，共计135人，每支轻型搜救队人员编制为30人，共计240人。在建立组织体系的同时加强了专业抢险救援器材的配备工作，但目前综合应急救援队伍建设仍存在不健全和不适应的问题，尤其是同一突发事件

要多个部门或行业协同作战。目前，力量比较分散，功能比较单一，通用性不强，缺乏合力效果，而救援队本身面对诸多新课题，缺乏深入广泛的研究和针对性的训练，实战能力还有待提高。

二、加强综合应急救援工作的对策措施

（一）建立高效的应急救援体系

针对当前应急救援工作中存在的指挥职能交叉、救援力量分散、部门联动薄弱、资源保障欠缺等现实问题，进一步整合社会救援力量、物资、信息等资源，明确响应等级、力量构成、职责分工、预案制定、组织指挥、综合保障等要求，抓好应急响应、应急管理和应急技术支持以及区域化、专业化与社会化相配套的应急队伍管理机制建设，尽快形成科学规范、统一指挥、反应灵敏、协调有序、运转高效的应急救援体系。

（二）建立和完善应急救援预案体系

要结合经济社会发展和队伍建设的实际，以预案体系建设促进机制建设，协调政府相关部门和单位，结合区域和监管行业特点，建立完善各自的子预案系统，形成区域预案与部门预案、部门预案与各子预案的有机对接，逐步形成灾害事故应急预案体系。

（三）完善应急救援指挥平台建设

积极建立并完善政府统一指挥下的市、县（市、区）综合应急救援响应和指挥机构，明确职责任务。整合市、县两级应急救援指挥平台，完善预案预警体系、联动协作体系、指挥决策体系、队伍建设体系、应急保障体系、信息报道体系、宣传培训体系等模块建设，加强灾情预警，规范调度指挥程序，切实解决"二次接警"、力量调派不够合理、通信指挥不畅等问题。

（四）加强应急救援队伍和装备建设

多措并举，增加现役人员编制，补充地方专职消防人员，不断壮大消防应急救援人员力量。贯彻落实公安部3次应急救援工作会议精神，按照"布局合理、建制完整、装备精良、训练有素"的原则，积极推进全市综合性应急救援队伍、区域性应急中心、特勤队伍、灾害事故处置专业队和多种形式消防队伍建设。在加快队伍建设的同时，加强装备配备，调整装备结构，完善功能组合，强化技术手段，提高装备建设水平。

（五）强化应急救援专业训练和社会应急培训

针对全市各地灾害事故的现状，建立健全各类应急救援队伍之间的联勤联训制度，分行业开展专业训练。建立应急救援队伍间的实战演练制度，不断强化部门间协调演练，形成"政府

主导、统一指挥、职责明确、反应灵敏、协调有力、运行高效"的应急救援联动协调机制。结合重大节日以及事故高发季节等，制定社会各界人员应急培训规划，组织开展各类社会联动应急演练活动，并实现经常化、制度化。

（六）完善队伍管理体制机制和保障制度

进一步明确组织领导责任，强化支持政策的研究并加强指导，完善应急救援队伍运行机制，加强对基层应急救援队伍建设的督促检查，多渠道努力提高基层应急队伍的社会化程度，积极动员社会力量参与应急救援工作，把具有相关专业知识和技能的志愿者纳入应急救援队伍，建立救援专业志愿者档案，加大应急救援队伍经费保障力度，支、大队两级综合性应急救援队伍和有关专业应急救援队伍建设与工作经费要纳入同级财政预算，建立完善应急救援队经费保障。

（七）建立跨区域应急救援作战体系

立足于"灭大火、救大灾、打恶仗、反恐处突"的需要，全面推进市、区两级应急救援中心建设，划分战区，尽快实现区域联动。指导各地建立区域性灭火救援物资储备库，组织开展跨区域应急救援实战演练，切实做好处置重特大灾害事故、突发事件及恐怖袭击事件的应急救援准备工作。

三、加强应急救援工作的几点建议

（一）坚持政府主导，推进应急救援队伍持续健康发展

在政府的统一领导下，立足常规、常备、综合的职能定位。一是完善应急救援力量体系。在健全完善综合性应急救援队伍的基础上，坚持统筹规划、突出重点，逐步加强和完善基层应急队伍建设，实现重点领域专业应急救援队伍得到全面加强、基层组织和单位应急救援队伍普遍建立、应急志愿服务进一步规范的建设目标，基本形成统一领导、协调有序、专兼并存、优势互补、保障有力的基层应急队伍体系，确保应急救援能力基本满足本区域和重点领域突发事件应对工作需要，为维护国家安全和社会稳定提供有力保障。二是规范工作运行机制。结合应急救援队伍建设实际，制定应急救援队伍规划及配套性法规，完善应急救援队伍建设相关政策，为应急救援队伍和能力建设提供支撑和运行保障。应急专家队伍要对本区域自然灾害、灾害事故、公共卫生和社会安全等突发事件进行预测、调查、评估和分析，对应急处置中的重大决策和行动方案进行科学论证，协助制定各类应急预案。各应急救援队伍要制定和完善本级应急救援预案，定期组织演练，熟悉作业环境、场所和应急预案、处置方案、救援物资储备等情况，开展应急救援知识培训和应急救援业务训练，并根据指令迅速集结、快速反应、密切配合、科学有效地处置突发事件，及时开展应急救援实战评估，总结救援经验教训，提高应急救援水平。三是建立快速响应机制。不断健全完善政府突发事件应急体系，明确公安、安监、卫生、交通、建

设、市政等部门职责，建立政府统一领导下的跨部门、跨领域的应急指挥体系，要根据辖区主要灾害特点和现有专业救援力量，结合灾害事故的类别、等级，启动相应的应急预案和出动编成，实施一体化力量调集，实现各应急救援队伍同步出动，强化联动作战响应，提升联动作战效能。要加强应急救援指挥中心及辅助系统建设，运用计算机通信指挥系统等现代科技手段搭建多元化、立体化指挥平台，最大限度地发挥应急救援资源的使用效能。要加强与民航、铁路和交通等部门沟通协调，确保一旦突发灾害事故，救援力量和装备能在第一时间运输到位，第一时间响应、第一时间协同作战，及时科学有效处置。

（二）坚持部门协同，建立规范高效的应急救援协作机制

应急救援是一项系统工程，需要多部门密切配合、协同作战、联合处置。一是建立应急联动机制。在政府统一领导下，建立以公安消防部队为主体，各部门和专业应急救援力量共同参加的应急救援联动体系，建立应急救援联动制度，明确各级应急救援队伍与地震、质监、安监、卫生等部门的联动责任，落实信息资源共享、定期会商和要情通报制度，建立应急救援调度指挥一体化、救援演练一体化、灾害处置一体化、物资保障一体化的联勤联动机制，公安、消防、应急、市政、医疗等救援力量统一调度、分级响应、纵横联动，形成综合性应急救援队伍与其他各类应急队伍及装备快速运送、合理调配、密切协作的工作机制。二是建立群防群治应急机制。充分发挥街道、乡镇等基层组织和企事业单位的作用，鼓励现有各类志愿者组织在工作范围内充实和加强应急志愿服务内容，为社会各界力量参与应急志愿服务提供渠道。有关专业应急管理部门要发挥各自优势，把具有相关专业知识和技能的志愿者纳入应急救援队伍。三是提高协同作战能力。各部门、各应急救援队伍通过采取指导与培训、专业与合成、拉动与演练相结合的方式，定期开展联动训练和实战演练，发生突发事件后，各应急救援力量根据灾害事故等级响应机制，立即集结到位，在当地政府或应急现场指挥部的统一领导下，按应急管理机构安排开展应急处置工作，实现快速反应、有效联动。

（三）坚持面向实战，全力提升消防部队综合应急救援实战能力

一是着力提升部队攻坚能力。提高队伍的能力素质，必须在培训中强化，在训练中提升，在实战中锤炼。要结合打造消防铁军工作，加强基础训练，坚持科学练兵，既要注重体能、技能和心理训练，更要注重作战对象和装备的熟悉以及技战术研究。分类制定战斗员、指挥员、战勤保障人员训练内容和标准，增强训练的针对性。尤其加强基层指挥员和班组长培训，提高临场指挥处置和科学施救水平，最大限度地避免官兵伤亡。强化应急训练，针对本地易发灾害事故的特点，科学设置训练科目，在急、难、险、重的背景条件下开展实战模拟训练和联合实战演习，从心理、技术、战术、协同上锤炼部队，不断提高处置特殊灾害事故水平。特别对于灾害事故处置中的侦察检测、器具堵漏、进攻防毒、防化洗消等重点科目，进行分解训练和综合训练，锻炼提高部队应急救援处置能力。二是不断加强攻坚装备配备。装备在一定程度上决定着救援的成败，现代抢险救援战斗在一定程度上是打装备仗。坚持适度超前、优化组合的思路，

提高消防装备的科技含量和现代化水平。按照"结构合理、功能多样、防护优先、实用高效"的原则，加强防化洗消车、抢险救援车和水上救援车等特种车辆配备以及大流量远程供水、防化救援、破拆排烟、生命搜救和反恐处突等应急救援装备配备，不断完善个人防护装备、高科技装备、特种装备和消防通信装备等四类装备结构，形成设备齐全、性能可靠、技术先进、保障有力的消防装备体系，不断提升作战效能。三是推进完善战勤保障体系。各级消防部队要将战勤保障列为重点建设项目，确保资金、土地、装备、人员到位。加强区域内应急装备物资储备，科学合理地确定储备物资的结构、类别、数量，逐步实行模块化储备方式，配齐人员、车辆器材装备和物资，充分满足应急救援装备物资保障需求，对战勤保障力量、装备编成予以规范，建立与等级出动相适应的等级保障制度。加快建立警地联储、紧急调用、机动运输等应急保障机制，提高应急救援保障能力，逐步形成社会化应急联勤联动保障体系，确保在紧急情况下能够在资源上共享、时间上接力、方式上互补，为部队处置应急救援事故提供快速、持续、稳定、充足的保障。

综合应急救援队伍建设是一项长期而艰巨的任务，需要各级领导的高度重视，需要消防部队全体官兵的不懈努力，更需要社会各界的共同参与和大力支持。目前，首都应急救援队伍建设还处于初步发展阶段，需要从基础能力、人员与最小作战单元编制、救援程序、指挥体系、培训制度、实战养成、后勤保障、科技促进和协同作战等方面重点强化，特别是最小作战单元建设方面，必须能够适应静态和动态出警模式，以发挥队员与装备的最大效能，同时还要认真总结以往经验，只有将不同的救援现场存入队伍的记忆数据库中，才能做到应变自如，才能从软件上健全救援队伍建设，才能真正提高救援队伍的实战和初战能力。

北京山区旅游开发热中存在的巨大地质灾害隐患及其预防

韦京莲

（北京地质研究所）

摘要：本文概要介绍了北京地区旅游资源开发过程中存在的地质灾害隐患和地质灾害预防性措施缺乏等问题。同时，就目前山区旅游中地质灾害的有效避防，特别是山区崩塌、泥石流等突发性地质灾害的预防与避险进行了论述。

关键词：旅游开发；地质灾害；灾害预防

一、山区旅游资源丰富

北京是我国政治、文化、金融、商贸中心，也是世界闻名的旅游名城。它有美丽的山川、古老的文化、众多的名胜古迹，同时还发育着数量众多、价值可贵的地质遗迹资源和地质地貌景观资源。目前，随着北京世界城市建设的提出，环城市周边山区的发展十分迅速。沟域经济、特色农业、绿色旅游等正在大力开展。另外，随着生活水平的提高，自驾车普遍，享受清新的空气已成为大都市人的一种时尚，因此到山里出游已成为本市居民的一个热点项目，因此京郊的山川河谷、峡谷洞穴成为人们争相出行游览的地方。

北京西、北、东三面环山，东南为低缓平地。北部山地发育并流经温榆河、潮白河及洳河；而西部山谷发源流经永定河、拒马河、清水河和大石河。这些陡峻的山峰、蜿蜒伸展的河谷构成了北京婀娜多姿、俊美妖娆的美丽画卷。北部山区矗立着险峰林立、怪石峥嵘的云蒙山，它集险岩、怪石、云海、松涛、飞瀑峡谷于一体，俗称北京"黄山"；东北部有群峰争秀、溪水长流、林木茂盛的雾灵山；西北部有着北京最大天然林场的海坨山和人称"小三峡"的龙庆峡谷；西部坐落着峰峻水美的北京第一高峰——东灵山、享有花的海洋的百花山、玫瑰争芳斗艳的妙峰山以及涓涓流水映射着奇峰挺秀和峭壁陡岩的"小漓江"——十渡峡谷。这些地质地貌景观是大自然的杰作。大地构造运动、岩浆喷发活动以及一系列的物理、化学、动力变质作用塑造了北京现今峰峦起伏、沟谷纵横的地质地貌景观，为北京城市旅游开发提供了丰富的资源。

二、旅游区存在巨大地质灾害隐患

（一）部分旅游区历史灾情严重

大自然塑造出北京山区峰峦叠嶂、沟深谷长的奇特壮丽景观，而这些景观是在山体不断隆起，大量岩石风化剥落，河谷不断下切，沟坡受到强烈冲刷和侵蚀的过程中形成的。因而，山区常发生泥石流、崩塌、滑坡等地质灾害，给人民生命造成巨大灾难。譬如，密云、怀柔地区的云蒙山旅游区，它的山坡平均坡度在35°以上，悬崖陡壁比比皆是，地形相对高差一般在500

米以上，沟床平均纵坡在 16° 以上。因此，岩体崩塌、泥石流沟谷十分发育。47 条泥石流沟呈放射状展布在云蒙山主峰周围，崩塌密度可达 17 处 / 平方千米。历史上，这里山崩、泥石流肆虐。近代曾于 1959 年、1969 年、1989 年发生泥石流灾害，不仅冲毁阻断公路，而且曾造成了上百人死亡。1969 年泥石流灾害，一次死亡 59 人。云蒙山地区是著名的京郊旅游胜地，有着诗情画意的云蒙峡、京都第一瀑、天仙瀑等峰谷之中发育峭立的危岩和乱石苍凉的泥石流沟谷，这给旅游开发造成极大危害。2001 年 8 月 20 日，云蒙山突降暴雨，发生部分游人被困山洪的事件，如果发生泥石流，其后果将十分严重。

东灵山、雾灵山、海坨山、百花山、妙峰山，这一座座山峰皆因其各异的秀美姿态吸引着人们，但这些地区皆因陡峭山坡发育着众多危石，陡直狭窄的沟谷又贮有丰富的碎石物质，盛夏秋初时节又常有暴雨发生，因此常给人们带来意外伤害。据调查统计，北京山区共有大小泥石流沟 500 余条，约有 20% 的泥石流沟谷被开发成旅游沟谷。由于这些沟谷仍处在有利地质灾害形成的地质、地貌和降雨条件下，所以发生崩塌、滑坡和泥石流灾害的可能性依然存在。目前，很多旅游开发商、经营者和游客并不了解这些情况，为此我们有必要让公众了解什么是地质灾害？如何预防和减轻灾害？遇到地质灾害后如何采取正确的逃生方法？

（二）旅游建设开发缺乏灾害预防性措施

由于不了解历史灾害，又无防灾意识，山区旅游开发普遍存在着盲目建设的现象。很多沟谷是由当地村民自行开发经营，不少开发商也缺少防灾意识，因此景区内没有任何灾害预防性措施。不少沟谷在中下游地段特别是沟口建有戏水池、钓鱼池及其他游乐设施，这些地方恰是泥石流物质大量冲淤的场所，是最容易出现人员伤亡的地方。一些沟谷在中游地段陆续建有休息亭、瞭望塔等建筑物及一些水、电设施，由于建设位置不当或缺少挡护等措施，当泥石流或崩塌等灾害发生时，这些建筑物就会被毁，造成很大损失。

（三）不断升温的山区旅游存在巨大地质灾害隐患

目前，本市郊县山区旅游开发还在不断升温，由于自 1991 年以来，本市没有出现极端降雨，所以未发生大规模泥石流等灾害，特别是这些旅游沟谷大多已二十余年未出现泥石流，人们的麻痹思想和灾害预防意识极其淡漠，而未来若干年内不排除极端降雨的出现，发生严重泥石流灾害的可能性是存在的，因此地质灾害隐患巨大。

三、重视地质灾害预防

对北京地区地质旅游开发危害最大的地质灾害主要是泥石流和危石崩塌。峰峻谷秀的郊游山谷常是泥石流、危石崩塌的多发地区。因此，灾害的预防与自救十分必要。

（一）泥石流灾害预防

泥石流暴发突然且猛烈，持续时间通常在几分钟至一两个小时。由于泥石流很难提前预报，人们应了解和掌握一些预防、自护与自救方法，在泥石流发育地区采取恰当的避让措施，例如进行搬迁和汛期紧急避险等。

1. 应急避险

（1）夏汛期间进入山区旅游，要事先收听当地天气预报，避开雨天，特别是不要在大雨天或在连续阴雨天后而当天仍有小雨情况下进入山间峡谷旅游。

（2）阴雨天处在河（沟）谷中时，如发现河（沟）床中正常水流突然断流或洪水突然增大，上游水体变混并夹有大量树枝杂物，沟内发出类似火车的轰鸣声时，就可断定泥石流已发生，要立即采取有效逃生措施。

（3）采取正确的逃生方法。泥石流不同于山崩、滑坡，它是流动的，所以当处于泥石流沟谷中时，不能沿沟向下或向上跑，而应向两侧山坡上跑，离开沟道或河谷地带。但注意不要在土质松软、土体不稳定的斜坡停留，以免斜坡失稳下滑。另外，不应上树躲避，因泥石流不同于一般洪水，其在流动中可摧毁沿途一切障碍，上树逃生不可取。应避开河（沟）道弯曲的凹岸或地方狭小、高度又低的凸岸，因泥石流有很强的掏刷能力及直进性，故这些地方很危险。切忌在宽缓的沟口地带宿营或停留，它是泥石流大量堆积的地方，也是建筑物倒塌、毁没、堆埋、人员伤亡最常发生的地方。

（4）游客遭到泥石流袭击，并出现严重灾情后，应立即组织人员进行伤员抢救。泥石流洗劫之后，漂砾、泥沙满沟，行走时极容易造成跌伤、磕碰，因此进行救灾抢险时应注意避免发生各种外伤。

（5）当公路、铁路、桥梁被泥石流冲毁后，应及时采取阻止车辆通行的行动，以免车辆被颠覆，造成人员伤亡。

（6）长时间降雨或暴雨渐小或刚停，不应马上返回危险区，因泥石流常滞后于大雨发生。1991年就发生过人们雨后返回住地，结果遭遇泥石流，而发生人员伤亡。

（7）不可存在侥幸心理。据调查统计，泥石流不少都发生于夜间，危害性极大。因此，在沟谷旅游住宿时，当白天降雨量较多，晚上或夜间必须密切注意降雨，最好提前转移，不能存在侥幸心理在室内就寝。

2. 预测预报

可利用相关的仪器设备，甚至简易的测量方法以及激发灾害的可量化因素（如降雨量的观测）进行灾害预测。通过北京地区多次泥石流激发雨量的研究分析，绘制了本地区泥石流暴发的雨量危险基准线，基本公式为 $Y=-0.785X+130.35$。根据此图可初步实现提前24小时危险性预测。

3. 灾害评估

进行旅游景区或景点的开发，应事先做好地质灾害调查与评估，以搞清泥石流发生的可能性、危险性与严重性，以便采取相应的减灾防灾措施，避免或减少灾害损失。

4. 建避险场所

泥石流具有流动的特点，因此确定安全场地十分重要。旅游景区应在充分调查论证的基础上，设置避险场地，标示避险路线，使游客遇到危险时可及时进行躲避。

（二）崩塌灾害的预防

首先要辨认危岩体，从地形外貌上看，当坡度大于 45° 且呈陡斜、陡直的坡体或孤立山嘴地形时，该坡岩石裂隙又很发育，上部出现拉张裂缝，切割坡体裂隙使之贯通，形成即将脱离山体的隔离体，然后注意坡体前部有否崩塌倾倒的空间或崩塌堆积物。

危岩体与崩塌的预防主要是采取避绕措施，对已具备岩石崩落条件，并已有崩塌迹象时，应避开危岩地区或绕道行驶，特别是在地震、暴雨期间切忌在其附近停留，不能在凹形陡坡和危岩突出的地方避雨、休息和穿行，也不要攀登危岩。

危岩崩落、滑坡及非稳定土体坍塌都是突发性极强的灾害种类，它们又特别易发生在夏汛暴雨期间，而夏季又是人们野游的好时节，因此人们在选择去山区峡谷游玩时，一定不要在大雨天出行。

北京建设世界城市必须大力加强安全减灾科普教育

郑大玮 张少 韩淑云

（北京减灾协会）

一、世界城市必须具有一流的安全保障

随着中国综合实力的增强和国际政治、经济地位的提高，北京作为崛起中新兴大国的首都，建设世界城市的历史任务已经提上日程。世界城市是指对全球政治、经济、文化具有控制力和影响力的国际化城市。成为世界城市，必须具备强大的经济实力与政治、文化影响，必须有完善的城市基础设施和优良的环境质量作为宜居的前提，还必须具备一流的安全保障。

虽然世界城市是人们向往的地方，但并非不存在安全隐患。

（1）世界城市既然对全球政治、经济、文化等具有强大的控制力，也就容易成为各类国际矛盾的聚焦点，无论是纽约、伦敦、东京或巴黎，都发生过由国内外社会矛盾引发的恐怖袭击或政治动乱，如2001年发生在美国纽约的"9·11"恐怖袭击和2005年英国伦敦地铁的恐怖袭击，2005年10月法国巴黎和2011年8月英国伦敦的社会骚乱，1995年东京地铁沙林投毒事件等，最近美国发生的"占领华尔街"运动有向世界各国扩展的趋势。

（2）世界城市一般都具有上千万以上的人口，城市功能运转和市民生活高度依赖地下管线组成的生命线系统。一旦发生故障或因灾受损，极易形成放大效应。如2003年8月14日包括纽约在内的美国东北部和加拿大东部的大停电，受影响人口达5000万，平均每天的经济损失达300亿美元；日本2011年3月11日的东北部大地震导致东京分区停电，交通和商业活动也受到巨大冲击，福岛第一核电站泄漏事故导致部分居民的极大恐慌。

（3）世界城市由于人口与经济规模庞大，资源消耗与污染物排放数量都很大，虽然拥有发达的交通运输业和环境保护设施，但在发生地震、特大暴雨洪涝、台风与海啸、暴雪、高温热浪等重大灾害时，仍然会造成一时的资源短缺或恶性环境污染事件，如美国纽约2010年底的特大暴雪、日本1995年的阪神大地震和2011年的"3·11"大地震、法国巴黎等地2003年的热浪都是如此。

（4）世界城市与外界的人流、物流、信息流等具有高度的流动性，极易加剧灾害事故的扩散与蔓延。如禽流感、"非典"等疾病在世界范围的传播，病毒对计算机系统的破坏，金融危机的传递等，都往往对世界城市的冲击最大。

由于世界城市的上述特殊脆弱性，必须建立高于一般城市的安全保障能力。

二、北京建设世界城市过程中的风险因素

发达国家现有的世界城市是在完成工业化和城市化进程之后，随着资本主义向全世界扩张

和经济全球化过程逐步形成的。但是北京提出建设世界城市的历史任务时，整个中国仍然处于社会主义初级阶段和工业化、城市化的中期，也是社会、经济发展的转型期，社会矛盾错综复杂，中国又是一个人均自然资源比较贫乏的发展中大国。这些都决定了北京在建设世界城市的过程中，将存在比现有世界城市更多的风险因素。

1. 国际反华势力的破坏

北京是以坚持社会主义制度的发展中国家首都的身份提出建设世界城市的历史任务，这在世界历史上尚无先例，国际敌对势力的破坏活动一直没有停止，而且主要集中在北京。

2. 国内的社会不稳定因素

处于社会经济发展转型期的中国，由于贫富差距在一段时期内不断扩大，社会不公现象比较普遍，加上各种腐败现象没有得到有效遏制，不同利益群体之间的社会矛盾，不同地区之间的经济纠纷都比较突出。大量农民进城务工，以极大的劳动强度仅获得很低的劳动报酬，且难以融入城市社会，不能享受与城市居民同等待遇的社会保障。北京的城乡结合部与地下空间是外来人口集中居住地，居住拥挤，环境恶劣，私拉乱接电线十分普遍，刑事犯罪率也较高。国内外敌对势力还经常利用民族矛盾挑起事端。一些低素质人群还容易受到法轮功等邪教、封建迷信活动和非法传销组织的影响。上述矛盾如处理不当，很容易引发重大社会突发事件。

3. 北京的自然资源禀赋先天不足，尤其是水资源十分有限，目前人均仅 120 立方米，几乎低于所有国际化大都市

由于多年连续超采，地下水位下降数十米，昔日的众多西山泉水已全部消失。北京类似盆地的地形对污染空气的稀释扩散也十分不利。

4. 北京所在地区的自然灾害比较严重

北京地处华北地震带，历史上多次发生破坏性地震。山区泥石流灾害频发，新中国成立以来累计死亡 500 多人。历史上永定河洪水多次冲进北京城。干旱、寒潮、霜冻、冰雹、大风、沙尘暴、暴雪等灾害也多次发生。

5. 气候变化带来的灾害新风险

全球气候变换和城市热岛效应的叠加，使得热浪和城市局地暴雨的发生更加频繁。近 60 年来，北京及周边地区的降水量不断减少，干旱与水资源短缺日益突出。

6. 城市发展过程中的失误和欠账

如长期以来摊大饼式的扩张模式带来严重的环境恶果和交通拥堵等城市病；建成大量不透水地面和把大多数城市河流封盖，使排水能力大幅度下降，城市内涝的危害日益突出；部分地下管线陈旧且多年失修，泄漏、爆裂、漏电、起火等隐患严重。

三、北京市民的安全文化素质亟待提高

虽然北京市民的学历和科学文化素质在全国主要城市中是最高的，但与建设世界城市的要求相比，还有很大的距离。日本东京市民在"3·11"大地震发生后能保持稳定的社会秩序，纽

约世贸中心大楼里的工作人员在"9·11"恐怖袭击发生之后能有序撤离，伦敦市民在第二次世界大战期间有序进入地铁防御空隙。像 2004 年元宵节北京市密云县灯会拥挤踩踏伤亡事件和 2010 年 5 月印度首都新德里火车站发生的扒车拥挤踩踏伤亡事故，在发达资本主义国家的世界城市中几乎不可能出现。

北京市民的安全文化素质尚待提高，主要表现在以下几个方面。

1. 发生重大突发事件时的恐慌混乱

1976 年唐山大地震波及北京期间，地震谣传一度闹得人心惶惶，有人甚至听到地震谣传急于逃命跳楼摔死。2003 年"非典"（SARS）流行期间一度流传封城谣言，抢购食品成风。2011 年日本"3·11"地震海啸引发福岛第一核电站特大泄漏事故，一些市民出于对核污染的恐慌，碘盐被抢购一空。2004 年密云踩踏事故也是由于恐慌导致秩序失控所造成。

2. 科学常识的缺失

近年来，多次流传三峡工程引发南方低温冰雪灾害、汶川地震、西南大旱、长江中下游干旱等，虽然三峡工程在长江自净能力下降、泥沙淤积、库区地质灾害加重等方面存在一些隐患，但稍有气候常识的人都知道，三峡工程只能对库区附近的气候产生很小的影响，不可能左右整个大气环流。福岛核泄漏虽已构成特大核事故，但北京与福岛所在纬度的空中，西风环流占绝对优势，黑潮暖流也是向东北流去的。即使有小股气流携带核污染物质过来，经过数千公里的稀释扩散，沾染到京郊蔬菜上的放射性物质强度已远低于电视屏幕。但仍有不少市民不相信国家发布的信息，导致绿叶菜一时滞销。1996 年 12 月下旬，北京曾一度流传将在房山区的百花山一带发生地震的谣言，中国政法大学等高校许多学生彻夜在楼外避震，许多人得了感冒。稍微懂得一点地震常识的就不难鉴别，目前国内外地震预报都是规定必须由国家地震部门通过政府发布，凡是把预报地震地点说得非常具体的小范围，如果不是故意造谣，起码也是外行人在瞎预报。

3. 缺乏社会责任感和道德水准的滑坡

少数市民缺乏社会责任感和公共道德，如路遇伤病人员或被歹徒侵犯者不但不施援手，反而围观起哄；对见义勇为者恩将仇报；公交车上年轻人不给老年人让座；随地吐痰和扔脏物；笑贫不笑娼；商业欺诈层出不穷，等等。社会道德水准的滑坡是市场经济发育初期的特征，与资本主义的原始积累初期类似，与大量存在的社会不公现象相关。同时，也与过去一段时期有些人在纠正左的错误时，淡化了正确的价值观念，背离了新中国成立以来树立的良好党风和民风，对腐败现象始终打击不力，对人民内部矛盾处理不当等有关。

四、北京减灾协会开展的安全减灾科普工作

北京减灾协会成立于 1994 年，其宗旨是广泛团结组织社会各界人士和专家学者，积极开展减灾活动，综合研究首都地区的各种重大灾害，提高全社会的减灾意识和北京市防灾、抗灾、救灾能力和工作水平，以减轻灾害损失，保障北京城乡现代化建设。

关于如何开展减灾科普工作，已发表的文章介绍了一些经验。北京减灾协会成立十多年来

开展了一系列科普宣传活动，为保障首都的社会稳定和经济发展，尤其是为奥运安全保障做出一定贡献，在开展社团减灾科普工作方面做了一些探索，取得了一些经验。

1. 积极组织参与北京市的大型科普活动

每年结合北京科技周、国家减灾日、国际减灾日等，组织各种专题展览、现场咨询和发放科普宣传材料等活动。如 2009 年 5 月 18 日在北京科技周主会场日坛公园举办"安全、减灾、防汛、抗旱"防灾减灾专题活动，6 月 18 日参加北京市科协在人定湖公园举办的"迎国庆展示科协魅力，促和谐科普惠及民生"主题活动，举办了科普知识有奖问答，并在主会场展示由协会编制的《防灾减灾安全素质教育》展板。协会还多次承担北京市民政局和民防局安全减灾知识竞赛活动的出题并担任评委。

2. 以社区为重点，举办多种形式的安全减灾科普讲座

以西城区、朝阳区为试点，近 2 年为社区、企业、事业单位、学校、党校干部等开展讲座 30 余次，内容包括地震防范与自救互救、科学应对突发事件、火灾防范与火场逃生、心肺复苏与外伤救护，受众达 7000 余人。2011 年还首次深入山区对打工农民子弟进行培训。由减灾协会编制了两套 40 余块防灾减灾科普宣传展板，在朝阳区、海淀区车道沟南里等区进行巡回展出。展板内容包括气象灾害、地震灾害、地质灾害、火灾、交通事故、社会安全、医疗卫生、心肺复苏、远离游戏厅、远离毒品等。协会专家还多次应邀到北京电视台和中央电视台宣讲安全减灾知识。

科普讲座听众的文化层次、生活阅历和对内容的需求差别很大，但期望值都很高。要做好报告，满足公众的要求，关键是做好课件。课件的取材、编写和宣讲都必须因地制宜、因人而异，并且要不断修改、不断完善。对不同的听众群体，如大中学生、社区居民、机关干部等，讲座的素材要针对不同人群的特点各有侧重。在讲座内容上要重点把握三个环节：突然发生的事件怎么应对，对事件的发展怎么分析，今后如何吸取教训。为此，通常要将课件分为三块：公共安全理念，典型事件分解，自我保护图解。在巡回讲座的过程中，要抓住当前公众关心的热点问题，如 2011 年先后发生的日本地震海啸引发的核泄漏及抢购碘盐风潮、温州动车追尾事故、长江流域旱涝急转、北京城市局地暴雨内涝等，边讲、边改、边完善，才能取得较为满意的效果。

3. 编写和录制多种形式的安全减灾科普书和声像教材

十几年来协会组织编写了多种减灾科普书籍，如《责任重于泰山——减灾科学管理指南》《农村应急避险手册》《气象与减灾》等；承担了北京市民防局委托的《北京市公共安全培训系列教材》的编写任务，其中社区版已基本完成即将出版，公务员版正在编写中。协会专家还参与了北京市市政府主办的社会公益项目"居民紧急避险知识讲座"和"居民紧急救助知识讲座"两档系列节目的制作。

目前，减灾协会的科普宣传还远不能适应为北京建设世界城市提供安全保障的需要。现有科普讲座大多是专业性的，能综合各类灾害事故进行减灾科普的人才不多，尤其是中青年人才更少。某些领域的科普教育素材积累不足，各部门、各地区之间发展很不平衡，朝阳区党校已

将减灾列入每期培训课程计划，多数区县尚未列入计划。安全隐患较多的城乡结合部与弱势群体，减灾科普宣传更缺乏有效的组织。

五、加强市民安全减灾科普教育的几点建议

北京要建设世界城市，在安全减灾领域也必须达到世界一流水平。虽然北京城市减灾工程和基础设施建设与发达国家有差距但已不大，而市民安全文化素质与发达国家的差距更大。大力加强减灾科普队伍与教材建设和改进减灾科普工作的组织协调势在必行。

（1）结合"十二五"规划编制加强市民安全减灾文化素质科普教育的总体规划。

（2）组织编制针对不同类型群体的安全减灾科普教育系列教材与声像制品。

（3）加强社区安全文化建设，开展安全社区评选活动。

（4）加强安全减灾志愿者队伍建设，要求每个志愿者承担对周围人群，特别是弱势群体的一定数量科普任务。

（5）编制针对不同层次学生的安全知识教育大纲，正式列入教学计划。

北京市社会公众防震减灾科普认知、需求调查研究

邹文卫[1]　洪银屏[1]　翁武明[2]　林素菊[2]

（1. 北京市地震局；2. 清华大学媒介调查实验室）

摘要：为全面系统地评价防震减灾科普效果，准确分析公众的防震减灾科普需求，在 2010 年上半年开展了面向北京市公众的防震减灾科普现状及需求调查研究。结果表明，58.4％的公众接受过防震减灾科普知识宣传，不同人群接受程度不一；公众对地震预报仍抱有较大的期望，大学生和农民的防震减灾科普知识水平较低；电视、报纸、杂志和网络是目前公众获取防震减灾科普知识最主要的渠道；防灾减灾自救知识是公众最期待的科普内容；公众对北京市防震减灾科普工作总体满意度为 3.4 分（5 分制）。本次调查和研究结果为今后新闻媒体应对和科学地开展防震减灾科普工作提供了理论依据。

关键词：防震减灾科普；北京公众；需求；满意度评价

一、引言

近几年，中国地震活动频繁，特别是 2008 年 5 月 12 日的汶川地震和 2010 年 4 月 14 日的玉树地震，给国家和人民的生命财产造成了重大损失。灾害过后，如何提高公众对地震灾害和防震减灾工作的认识，整体提高公众防震减灾意识及避震自救能力是摆在全国防震减灾科普工作者面前的重大课题。目前，我国防震减灾科普工作明显存在着覆盖面不足、缺乏科普工作效果评估、科普形式创新不够、科普作品匮乏及专业科普人才严重短缺等问题。为全面系统地分析防震减灾科普效果和准确了解公众科普需求，以便因势利导，在总结先前有关工作的基础上，北京市地震局与清华大学媒介调查实验室开展了北京市公众防震减灾科普现状调研工作。

本调查针对 5 类重点人群，即学生、农民、公务员、企事业单位人员以及以往防震减灾宣传中较少关注的离退休人员，进行公众防震减灾科普知识认知现状、防震减灾科普需求、防震减灾科普认知偏好及满意度评价和公众对地震预报工作的认识和评价 4 方面内容的调研。此次调查研究由北京市地震局和清华大学媒介调查实验室联合开展，调研结果将为"十二五"期间北京市防震减灾科普工作及新闻媒体应对工作的有效开展提供参考决策依据，也为全国公众防震减灾科普认知及需求研究的开展提供借鉴。

二、研究方法

本次调查综合运用了多种定量、定性研究方法，以便获取不同层级人群的意见和看法。

定性研究采用焦点小组座谈会和深度访谈的方法。焦点小组座谈会召集不同公众群体代表，深入了解各阶层人群对防震减灾科普知识的认知现状及需求，为后期定量研究提供结构化思考框架；深度访谈对北京市 14 位相关委办局领导和专家学者进行访谈，获取他们对防震减灾科普

工作的认识和评价，并就目前防震减灾科普工作中存在的难点征求具体的对策建议。

定量调查（表 1）采取拦截／入户访问和网络在线调研相结合，广泛采集来自各阶层人群反馈的数据，为进行大样本数据论证分析提供数据支持。根据北京市统计局发布的数据，2009 年北京实际常住人口为 1755 万，属于大样本抽样框。样本量的确定和精度的估算可以按照估计总体比例的公式来计算，考虑北京公众科普调查的性质，选择置信度为 95%，$t = 1.96$；估计北京公众防震减灾科普覆盖面为 50%，可以算得 1067 个样本满足统计需求。实际调查共回收样本 1143 个，其中有效样本 1124 个，有效率达 98.3%。运用 SPSS 软件进行统计分析。

表 1 定量调查样本配额

性别		比例
男		64.1%
女		35.9%
年龄		比例
18 岁以下		15.9%
18 ~ 25 岁		17.6%
26 ~ 35 岁		32.0%
36 ~ 45 岁		11.1%
46 ~ 55 岁		10.8%
56 ~ 65 岁		10.2%
66 岁及以上		2.4%
社会阶层		比例
公务员		11.8%
企事业单位人员		29.2%
农民		19.1%
离退休人员		14.7%
学生	大学生	9.4%
	中学生	10.8%
	小学生	5.0%
受教育程度		比例
小学及以下		7.1%
初中		20.9%
高中／中专／技校		19.7%
大学专科		15.3%
大学本科		29.5%

硕士及以上	7.5%
收入	比例
（学生）无收入	23.5%
1000 元及以下	9.2%
1001 ～ 2000 元	19.2%
2001 ～ 3000 元	19.5%
3001 ～ 5000 元	14.5%
5001 ～ 8000 元	8.0%
8001 ～ 10000 元	3.5%
10001 ～ 15000 元	1.6%
15001 ～ 20000 元	0.5%
20000 元以上	0.5%

三、定量研究内容框架及重点问题设计

定量研究主要分 4 大部分：一是防震减灾科普知识在公众中的普及情况；二是公众对目前防震减灾科普工作的评价及对其形式和内容的偏好；三是公众对防震减灾科普工作的需求；四是公众对防震减灾工作的认知和评价。

鉴于汶川和玉树地震后，不少网民对地震预报工作有着许多诟病和模糊认识，为了了解公众对此的看法和评价，特设计了有关对地震预报相关问题的认知及评价的题目。同时，2010 年在不同地区不同程度的出现了地震谣言流传的情况，而对于地震部门的辟谣措施和说法，也有网民质疑的声音。公众是否普遍持有同样观点，这也是我们在调查中所设相关问题的目的。同时，动物异常与地震发生之间的复杂关系以及我们先前对此不恰当的宣传，都给公众造成了一些疑惑，而这种影响有多大也是我们设计题目中重点考虑的问题。

四、抽样调查结论

1. 公众防震减灾科普知识普及现状

（1）北京市防震减灾科普宣传工作有较大的提升空间。调查结果显示，总体上只有 58.4% 的公众接受过有组织的有关防震减灾科普知识宣传（防震减灾宣传活动、防震减灾讲座和防震减灾演练等），防震减灾宣传工作仍存在很大的提升空间。

（2）公众充分认识到建设应急避难场所的必要性。93.9% 的公众认为有必要，但对应急避难场所知晓率仅为半数。

（3）公众具备基本急救和家庭应急包知识。61.1% 的公众掌握简易救护技术，不同群体学习渠道各异。公务员、企事业单位人员主要通过网络学习（67.4%，73.3%）；农民、离退休人员学

习渠道较单一，以电视为主体（77.5%，84.8%）；学生接受此项科普的主要途径是学校课堂（73.3%）。

（4）公众基本清楚不同场合避震及震后自救互救原则，具体细节有待巩固完善。公众对不同地点自救评价有差异，对街上的地震自救最有信心（5分制评价3.8分），在商场中稍显信心不足（3.3分）。不同群体地震自救能力自我评价存在明显差异，公务员自我评价较差（最高3.3分），离退休人员自我评价最高（最高4.3分）。

（5）公众对于地震预报工作的认识程度低。只有27.9%的公众清楚知道地震预报发布部门。其中，离退休人员的知晓率最高，为42.1%；大学生的知晓率最低，仅为17.9%。

2. 公众防震减灾科普需求

总体上，公众对防震减灾知识的需求强烈。有83.1%的公众表示经常或偶尔关注防震减灾知识，几乎所有的受访者都认为防震减灾知识有助于应对地震，防震减灾科普存在较好的群众基础；大多数公众了解防震减灾科普知识出于"实用性"目的，78.7%的公众是为了保护自己和家人，其次是扩展知识面、个人兴趣以及工作生活需要等。

在防震减灾科普内容方面，公众对防灾减灾自救知识宣传的期待最高。在科普形式方面，公众希望在科普展示形式（42.3%）、及时更新科普知识（38.8%）方面加以改进。

此次调查还了解到，公众自费接受防震减灾科普知识的意愿较高。公众人均年支出意愿为58.3元。其中，公务员的支付意愿最高，离退休人员支付意愿最低，不同阶层和收入水平人群的支付意愿不同。

3. 公众防震减灾科普认知偏好及满意度评价

（1）在科普形式方面，调查显示，电视、报纸、杂志和网络是目前公众获取防震减灾科普知识最主要的信息渠道，而科普馆、展览馆及（政府组织的）科技下乡活动等普及率和受欢迎程度不高。对于中小学生，学校有关地震的课程及动漫、flash动画形式起到了有效补充的作用。电视科普节目和网络科普是公众最期待的科普形式。63.8%的公众认为未来应优先采取电视科普节目的形式开展防震减灾科普宣传。不同人群对电视科普节目的偏好不同，成人偏好纪录片，中学生偏好科学原理片，小学生偏好科普动漫短片。

（2）在科普内容方面，自救知识是公众接触最多且最喜欢的内容。在目前接触到的防震减灾科普知识中，63.3%的公众接触过自救知识，49.4%的公众接触过地震灾害知识。公众偏好"防灾减灾自救知识"的比例（40.6%）比"政府有关地震灾害应急预案与措施"（17.1%）高出23.5%。

（3）在防震减灾科普宣传时机方面，公众对非特殊时期的防震减灾科普宣传普遍持接受态度。71.0%的公众表示在非特殊时期，宣传防震减灾科普不会给其带来恐慌。同时，67.3%的公众表示在"遇到突发地震灾害的时候"，会特别关注防震减灾科普知识，"无论什么时候都会特别关注"的比例为10.3%。

（4）公众对于目前防震减灾科普工作的满意度评价采用5分制打分评价，总体满意度为3.4分。具体而言，"科普对公众的帮助"指标得分最高，为3.7分；"科普的专业性""科普的易懂性""科普内容"及"科普开展的场合"4项指标的公众满意度超出总体满意度水平；在"科普的趣味性""开展的频率"方面得分较低。

将各分项指标满意度与总体满意度的相关系数作为各分项指标的重要性，对各分项指标从"满意度"和"重要性"两个维度进行分析，各指标将落入四个象限。满意度四象限分析表明，科普内容、对公众的帮助、专业性、易懂性为目前防震减灾科普工作的优势方面；科普开展的场合、宣传的渠道、易接触性方面亟需改进；科普的趣味性、开展的形式、开展的频率、开展的时机为机会区域，其中"科普开展的时机"在公众心目中的重要性比较低。

（5）公众对科普作品质量评价较高（5分制得分为3.5分）。但科普作品的品种数量尚有很大的提升空间。公众对科普作品的关注度方面，12.7%的公众表示经常主动阅读，73.6%的公众表示偶尔阅读。不同群体中，离退休人员主动阅读的比例最高，其中经常阅读的比例为12.7%，农民相对较低，经常阅读的比例仅有4.7%。公众对科普作品的易接触性、易懂性评价均较高。16.7%的公众表示所关心的防震减灾科普知识"基本都能找到"，54.1%的公众表示"能找到一部分"。同时，对于找到的防震减灾科普知识，20.9%的公众表示"都能看懂"，56.8%的公众表示"大部分都能看懂"。

（6）公众对于网络科普的可信度具备基本的辨别能力，政府部门的网络科普信息受到33.1%公众的信任。不同层级人群中，农民、离退休人员及中小学生对政府部门网站的消息信任度评价较高。有32.8%认为网络科普中的"有些文章和言论是不正确的"；分别有18.8%的公务员和18.0%的企事业单位人员信任大型门户网站的科普知识。

4. 公众对地震预报工作的认知和评价

此次调查特别针对地震预报工作，了解公众的认识和看法。

（1）公众对于地震预报工作的认识普遍不足。35.9%的公众表示完全不知道地震预报的产生过程，仅有2.2%的公众表示对此很了解。将中国同日本、美国、俄罗斯进行地震预报水平的比较时，公众普遍认为日本是世界上地震预报水平最高的国家，只有25.5%的公众认为中国地震预报水平世界领先。其中，农民认为中国地震预报水平与日本相当，而公务员和企事业单位人员认为中国地震预报水平明显落后于日本。

（2）公众对地震预报不准确问题普遍持理解态度。一方面对"由于地震的复杂性，地震预报不可能做到完全准确"有较高认同，5分制评价为3.9分，但同时还是期望能提高地震预报的准确率。

（3）对个人的地震预报行为，公众总体上持不赞成态度。52.8%的公众认为"个人不具备地震的知识和仪器，预测结果是不可信的"；30.2%的公众表示"有些个人预测方法是正确的，可以相信"；持禁止态度的公众（27.2%）比持鼓励态度的公众（13.3%）的比例高13.9%。

（4）关于地震谣言发生情况，受访公众中47.6%表示在所在地区发生过地震谣传，其中"亲戚朋友口口相传"是地震谣言进行传递的主要渠道（33.0%）。对于地震谣传，公众总体上以"不信"为主，但离退休人员和中小学生受影响的程度高一些。

（5）对于政府部门的地震辟谣行为，81.2%的公众表示支持，他们最希望通过中央电视台、北京电视台等权威的电视媒体接收到政府部门发布的地震辟谣信息（80.6%）。

5. 公众对防御地震和抗震救灾工作的态度

（1）在预防地震灾害的各项措施中，公众最担心的是所居住房屋的抗震能力。调查显示，公众对目前办公和居住建筑的抗震设防情况缺乏了解，尚没有足够的信心。

（2）针对地震灾害防御工作，82.3%的公众建议地震局应首先加强预报工作的准确性。公务员和企事业单位人员则建议地震局在地震预报难题短时间内无法解决的前提下，做好"普及防灾减灾知识"及"提高公众科学素养"方面的地震灾害预防工作。

（3）94.5%的公众认为很有必要在破坏性地震发生后，在进行抗震救灾报道的同时进行科普宣传，其中85.8%的公众认为目前相关工作有待加强。公众对于开展地震逃生知识的教育和演练的必要性有很高的认知，90.0%的公众认为有必要。其中，公务员对于逃生演练意愿意识最强（94.0%），离退休人员较弱（84.2%），学生中96.4%的小学生强烈意识到逃生演练的必要性。

（4）地震灾害发生后，公众救灾行动积极，前往震区工作、旅游有所顾虑。81.9%的公众会积极进行捐钱捐物，84.5%的公众表示愿意参与救灾志愿者队伍。

（5）地震灾害发生后，公众最担心"灾后救援和安置工作的及时性"（57.5%），其次是"生还家属医疗和保障措施"（20.7%）。

6. 大学生和中小学生对比

在调查中发现，北京地区的大学生防震减灾知识的掌握普遍比中小学生差。

四、结论及主要对策建议

1. 扩展和完善宣传渠道，扩大防震减灾科普的覆盖面

根据调研结果，在北京这样的全国政治文化中心，仍然有40%的人群没有接受过有组织的防震减灾知识的宣传教育。但是通过汶川地震、玉树地震的新闻报道，部分人群还是间接地接触到了一些防震减灾知识。因此，除了仍需花大力气主动搞好防震减灾科普工作之外，进一步扩展宣传渠道和传播途径，扩大其覆盖面。尤其是在地震灾害相对平静期做好防震减灾科普宣传工作是一个值得重视的课题。

2. 加强防震减灾科普作品的创作，充分发挥电视、平面媒体、网络渠道的传播优势

调查表明，电视、报纸、杂志和网络仍然是防震减灾科普的主要渠道。虽然不同人群各有侧重和偏好，但这些媒体仍然以覆盖面广、传播迅速快等特点起着主导作用。近些年来，我们花很大的成本和精力建设了防震减灾科普教育场馆和基地，但从本次调查结果来看，无论是它所起的作用还是公众的偏好，都难以和这些传播形式相匹敌。公众尤其钟情防震减灾科普片，而这正是我们防震减灾科普工作的短板。因此，应组织力量，大力创作适合以上媒体传播的防震减灾科普作品应是我们今后工作的重点。

3. 提高公众对地震预报困难性的认知，减少其对地震预报的期望值

虽然接受调查的多数公众对灾害性地震不能做出预报给予理解，但是大多数还是对地震预报有着较高的期望值。

社会对地震预报的高期望值对地震部门的工作极为不利。如果今后再遇到大的地震灾害，地震部门还将遇到极大的社会压力，从而陷入被动。因此，防震减灾科普宣传的任务之一就是提高公众对地震预报问题的科学认知，减少他们对地震预报的期望值。通过科普宣传，使公众了解防震减灾工作的方方面面，做好其他方面的工作，争取将地震灾害的影响降到最低程度。

4. 提高公众辨析地震谣言的能力

由于对地震预报水平内容的了解程度较低，大多数人不清楚法定的地震预报发布部门。再加上对动物异常与地震发生的关系认识模糊，接受调查的大多数人对听到的有关地震的消息将信将疑，这就形成了地震谣言流传和扩散的基础，导致公众轻易相信虚假的地震信息。因此，提高公众辨析地震谣言的能力是防震减灾科普的重点之一。

5. 坚定地表明政府部门的积极态度，发挥其主导作用

大多数公众对谣言流传期间政府有关部门进行辟谣的行为给予肯定。对辟谣的说法用语也基本上是认可的。由此可知，少数网民质疑有关部门辟谣的言论并不代表社会公众的主流意见。因此，在关键时期，政府有关部门应该积极表明态度，发挥其主导作用。当然，在具体细节处理、语言运用上更应该周到完善，以树立政府部门的威信和形象。同时，加大政府防震减灾工作的透明度，宣传防震减灾工作过程中政府发挥的作用，及时向社会发布防震减灾工作的最新进展、工作重点，与公众建立长期的信息联系和互动，促进公众对防震减灾工作的理解。

6. 加大大专院校防震减灾科普宣传力度

在本次调查中，大学生与中学生差异明显。除个别内容外，大学生在防震减灾科学知识掌握上与中学生相比普遍较差，并没有与其年龄和知识层次成正比，有的甚至比小学生还差。分析原因，中学生基本上是北京生源，而北京的大学生大多数来自全国各地，其中不少来自偏远和落后地区。这种差异可能代表了北京防震减灾科普教育水平和全国平均水平的差异。因此，加大北京地区大专院校的防震减灾科普宣传教育力度是今后很长一个时期的工作重点。

7. 加强与新闻媒体的科普宣传与沟通，充分发挥其作用

在调查问卷中有这样的问题：你认为世界上地震预报水平最高的国家是哪个？选择答案中有中国、美国、俄罗斯和日本。尽管地震预报是世界性科学难题，没有国家能解决这个问题。但从预报实践和效果上看，中国当然当之无愧，至少海城地震预报成功是人人皆知的事实。但使我们吃惊的是，居然有 51% 的受访公众认为是日本，回答是中国的只有 25%，其中最多的是农民，占 44%，其次是小学生。经过分析，我们认为这与新闻媒体的误导有关。

2008 年 6 月 14 日日本当地时间 8 时 43 分，日本岩手县发生 7.2 级地震，造成 7 人死亡、100 余人受伤，还有 10 余人下落不明。地震发生后，日本的地震预警系统起到了一定程度的预警作用。但是我们的媒体工作者把地震预警与地震预报搞混淆了，使接受信息较快和较多的高层次人群产生了误解。百度百科上至今根据当时的新闻报道还这样记载："值得注意的是，日本

气象厅此次在部分区域实现了在主震到来之前通过电视等媒体成功发布地震预报。据悉，日本气象厅在8点43分51秒预测到地震，3秒后即在电视上发表地震预报'预计4秒后将发生地震'。但此时震中地点已经开始摇晃，而距离震中30 km以外的地方在地震摇晃发生之前10多秒就得到了地震预报。日本气象厅的技术人员表示'这次地震规模比较大，所以预报还是做到了'。"从这个例子可看出，新闻媒体工作者的防震减灾科普知识的掌握情况，直接影响到广大的媒体受众的科普知识水平。因此，平时做好对媒体的防震减灾科普宣传，加强与新闻机构的沟通，能起到"一本万利"的科普宣传效果。同时，也有利于新闻媒体宣传应对工作。

8. 探索防震减灾科普工作社会化、商业化的途径

根据调查，只要防震减灾科普的形式和内容有一定的特色，大多数公众对接受防震减灾科普教育有一定的经济支付愿望。这给我们的防震减灾科普宣传教育社会化，探索科普工作商业化的道路提供了基础。关键是我们要拿出适应大众口味的科普精品。

9. 加强防震减灾法制法规的宣传

此次调查，知道《中华人民共和国防震减灾法》并了解其中内容的受访公众只占8.8%。因此，如何把防震减灾科普宣传工作与法制宣传结合起来，也应该引起充分的重视。

10. 建立持续的防震减灾科普工作评价机制

本次调查研究为建立防震减灾科普工作长效评价机制提供了很好的框架和基础，在此基础上进一步细化、深化，对每一次、每一阶段的防震减灾科普工作结果进行量化评价，建立科学权威的评价体系，及时把握防震减灾科普效果，形成长效机制，推动防震减灾科普工作的持续改善，切实提高科普工作的实效性。同时，阶段性的量化评价机制也可成为防震减灾的新闻媒体应对工作反馈调节机制，为准确而有效的防震减灾新闻宣传工作提供指导。建立持续的防震减灾科普工作评价机制可全方位地推动我国防震减灾工作向前发展，为我国的社会发展做出应有的贡献。

传播的质量是实现预警信息社会价值的关键因素

丁德平　邓长菊

（北京市气象局专业气象台）

摘要：2004 年 7 月 10 日暴雨后天气预警机制的产生，为首都防灾减灾做出了重要贡献，思考近几年预警发布后的社会价值，发现天气预警的发布及应急响应只有在各部门联动的情况下才能发挥最好的作用。文章从预警信息传播的角度，论述了要实现预警信息的社会效益最大化，提高预警信息传播的及时性、针对性和广泛性是关键因素。主要结论有：多种媒体集体参与的整合传播是保证传播质量的前提；不同性质的预警要选用不同的传播渠道；预警机制决策者要调动更多的社会资源，确保预警传播的制度化。

背景：随着社会经济的发展、城市规模的不断扩大和功能的日益密集，大城市对各种气象灾害的敏感度越来越高。2001 年 12 月 7 日的一场大雪，使无数京城上班族受阻于冰天雪地数小时；2004 年 7 月 10 日的暴雨，致使城区立交桥下出现深达 2 米的积水，大面积交通瘫痪，很多车辆被泡，车主财产损失惨重。这样的极端天气事件和高影响灾害天气频发，促使气象部门针对突发灾害天气的服务由预报向预警迈进了一大步，气象预警机制由此产生。

问题：先来回顾两个案例，即北京市 2011 年遭遇的最有名的两场暴雨。6 月 23 日的暴雨，早在 6 月 22 日下午，北京市气象部门就提供了服务和预报，对整个过程进行跟进式的、滚动式的服务，并且于 23 日下午 15：15、16：00、16：10 分别发布了雷电、暴雨和地质灾害预警，但是如期而至的暴雨还是让北京的地铁"站站都是积水潭，人人都北漂"，主干道莲花桥等路段积水和全城大拥堵的情形与 2004 年 7 月 10 日无异。究其原因，除了排水、交通等其他部门联动不力外，很大程度上是因为预警信息没有得到有效地传播和利用，没有引起足够的关注度。当天笔者开车也在暴雨中被堵在路上，当时非常想获得降雨及交通路况信息，但是打开车上的收音机，听到的仍然是平时的固定话题，期间虽然电台有插播预警，但是一播而过，重复的并不多，不易引起注意。

经过了"6·23"的考验，接下来的"7·24"暴雨就不一样了。首先，气象预警部门加强了与媒体的协作互动，大雨来临前，降雨预报预警信息就通过各种媒体传遍全市；排水集团启动一级响应，1600 余名工作人员在暴雨来临前到位；地铁公司提前启动防汛应急预案，备足材料防止雨水倒灌，火车站、公交系统也根据气象信息做足相应准备；市公安局交通、消防、巡逻等部门按照防汛应急处置预案，抽调警力，加强重点桥区、主要路段的巡视。暴雨开始后，气象专家做客电台、电视台进行现场直播，解读暴雨形势和影响，提示市民合理安排出行。因此，尽管这次暴雨比"6·23"还大，但公众普遍感觉"降雨虽大，影响不大"，出现了"媒体传播越给力，部门的行动越及时，受影响的人越少"的良好局面。

这两场暴雨，气象部门发布的预警信息是差不多的，但最后减灾效果差距很大，说明如果没有媒体的充分有效传播，仅有气象部门发布预警是不够的，是不能达到防灾减灾效果的。

思考：事实上，要实现预警的社会效益最大化，一是取决于预警信息本身的质量，即预警的准确性和及时性；二是取决于预警信息传播的质量，即传播的及时性、针对性和广泛性。但从投入产出的边际效应来看，对后一个因素的改进更能起到立竿见影的效果。

自从天气预警服务开展以来，北京市气象局每年都发布几十次天气预警，2008年至2011年8月期间，北京累计发布预警13种共248次。从发展趋势看，2008—2010年这三年预警发布频次都差不多，但是进入2011年后，随着预警中心在北京市气象局的成立，预警频次呈明显上升的态势，1月至8月的气象类预警次数已达66次，接近前三年全年的预警次数，非气象类预警（汛情、火险、地质灾害）次数更是显著突增，已经达到了14次之多，而前三年每年都只有1次。

这几年预警发布的种类主要包括雷电、暴雨、寒潮、大风、大雾、暴雪和道路结冰等，其中雷电最为常见，预警也最频繁，三年多共发布了146次，其次就是道路结冰和暴雨，分别发布36次和32次。

近年来，气象部门一直努力提高预警信息的质量。预警的准确性也就是预报内容的正确率，预警的及时性主要指预警信息的发布要有足够的提前量，这与发布的预警种类有关。不同的预警预报时效不同，有的预警可以提前一两天（大风、寒潮），有的可以提前一两个小时（雷电、暴雨），但有的只能提前一两分钟，还有的甚至只能提前几秒钟或无法提前预警（地震）。由于受科技发展水平所限，无论是预警的正确率还是预警发布的提前量，都不是一朝一夕就能提高的。但在预警信息的有效传播方面，我们却有很大的改进空间。从以往预警的效果看，有些预警非常及时准确地传达到了公众和政府决策者手中，在防灾减灾中发挥了很好的预警效果，起到了"消息树"的作用（如"7·24"暴雨），但有些预警却没有起到应有的作用（如"6·23"暴雨）。因此，目前要尽快提升预警的社会价值，最容易见成效的就是提高预警的传播质量。

所谓传播质量，主要指传播的及时性、针对性和广泛性。而决定传播质量的也不单是媒体的事，还包括气象部门本身和其他一些重要的社会资源。

一、多种媒体集体参与的整合传播是保证传播质量的前提

预警的传播速度和媒体本身的性质有关，传统媒体中的电视广播，由于直播技术的迅速发展，传播速度优势明显。但是对于当时不听广播、不看电视的群体来说，却不能及时收到预警信息。现在全天在线的网民和随时随地携带手机的群体不断发展壮大，因此网络和手机短信已经成为人们及时获取各种信息的新媒体渠道，它们具有传播迅速、影响范围广的优势。

新媒体的加入，不仅能加快预警的传播速度，提高传播的及时性，也扩大了预警传播的范围。比如手机短信，2008—2010年北京市气象局发布的各类预警还只对决策用户和天气短信定制用户发布，每次短信预警的受众平均在50~70万人次，逐年缓慢平稳上升，没有大的突破。进入2011年后，这种状况发生了很大改观。一是手机短信定制用户增加了，目前手机短信定制用户早晨为85万左右，晚上为120万左右，共计205万左右；二是决策用户也有一定数量的增加，在5万左右。

另外，户外显示屏、车载移动电视也是预警传播的新媒体。去年开始，在市应急办的协调下，气象局和北广传媒集团合作，将公交电视、地铁电视、楼宇电视、户外显示屏等纳入了预警传播媒体中，一下子大大扩展了预警传播的覆盖面。据北广传媒统计，这些移动媒体和户外媒体日覆盖受众累计达 3100 万人次。

为了拓展预警信息影响的覆盖面，气象部门除了与广播、电视、报纸等传统媒体合作发布预警信息外，还充分利用网络、手机、电子显示屏、公交地铁移动电视等新媒体，作为预警信息的发布平台，大大提高了预警传播的及时性和覆盖面。目前，气象部门与广播电台、电视台等新闻媒体已经建立了广播电视实时插播气象监测预警预报信息应急响应工作制度，并建立健全了气象监测预警预报信息传输通道，在媒体传输渠道建设方面取得了明显突破。但在新媒体的开发方面还要与时俱进，随着时代的发展和科技的进步，不断发现更新更有效的媒体，用于预警信息的发布。

二、不同性质的预警要选用不同的传播渠道

不同性质的灾害，影响的群体不同，要想达到最佳的传播效果，就要选择最接近这些群体的媒体进行传播。比如暴雨和降雪对交通影响较大，进而会影响出行的人群尤其是集中出行的上下班人群。发布这样的预警信息就要重点选择交通电台、楼宇电视、网络新闻、车载移动媒体等。而大风降温由于一般对交通影响不大，而且预警的提前量能够较大，可以选择电视甚至晚报等媒体传播。对气象部门来讲，要做的工作是系统分析不同种类的预警所影响的不同人群以及不同人群适用的不同媒体，做到精准传播。

另外，根据灾害的严重程度，不同等级的预警要发给不同的范围和不同的决策层次，最好根据不同严重程度灾害性天气演变的进程制定不同的发布或更新频次。比如，灾害的严重程度越高，传播的范围就应越广，传给决策层的级别应该越高。预警信息的更新频次也要提高，即使没有新的更改内容，用提高频次的"维持上次预警判断"也能促使媒体和相关各方提高重视程度。这些方面的工作可以在实践基础上逐步摸索成熟，最终形成具体化、量化的工作标准。

三、预警机制决策者要调动更多的社会资源，确保预警传播的制度化

其实，从预警机制中的社会分工来讲，气象部门主要的职责是提供尽可能准确、及时的预警信息，并与各种传播渠道良好配合。但上述各种传播渠道并不受气象部门的指挥，于是出现媒体与预警发布单位之间的互动性不足、媒体预警信号播出的密度较低、与一些新媒体的合作还没有达到比较紧密的程度等问题，导致有时预警信息从气象部门发给了媒体，却没有起到很好的效果（如"6·23"暴雨）。即使是传播质量较高的"7·24"暴雨预警，也不能排除是各职能部门因为"6·23"的严重后果受到问责之后的高度重视以及各媒体处于抢新闻、尝试新的报道领域的暂时性需求，导致的一种非常态的应急结果。如果没有制度保证，这种结果是难以维持的。

除了媒体，还有很多重要的社会资源同样能对预警的传播做出重要贡献，比如手机运营商。

今年在面临重要突发灾害天气时，气象部门扩大了短信预警的发布范围，比如通过移动的手机早晚报发布预警，每次就会增加 500 万人次，今年的"7·24"暴雨，短信预警受众达到了 1050 万人次。这些数字听起来很可观，但实际上还远远不够，因为最新的人口普查数据显示，北京现在的常住人口有 1800 多万，加上流动人口将近 3000 万。虽然现在明确了手机运营商应该免费给各自的用户免费发预警短信，但实际情况是经常以短时间发送量有限为由而大打折扣，有不少人表示从未收到过运营商发送的天气预警短信，详见表 1。

表 1　手机短信预警单次最多受众

2008 年	2009 年	2010 年	2011 年（1 月至 8 月）
55 万人次	65 万人次	80 万人次	1050 万人次

那么，谁才能够保证众多媒体对不同的预警信息有不同响应速度和播报频次呢？谁又能够去检查去问责中国移动或联通的预警短信发送情况呢？显然不是气象部门，而是权限更高的部门，或者说是应急响应机制中的最高决策者。只有通过制度建设建立起量化的工作标准和考核机制甚全事后的追溯机制，让传播标准常态化，预警的传播质量才能有长久的保障，预警的社会价值才能最大化实现。

面向突发公共事件的舆论引导和应急科普

刘彦君

（北京市科学技术情报研究所）

摘要：突发公共事件的舆论引导工作对于整个突发事件的应对和处置具有非常重要的推进作用。本文将在分析突发公共事件舆情特点和应急科普对突发事件舆论引导作用的基础上，探讨面向突发公共事件舆论引导的应急科普对策，提出普及与安全和健康直接相关的科学内容；普及与突发公共事件动态以及政府应对决策相关的科技信息，形成危机传播中的全面信息流；围绕突发公共事件发生后产生的问题、公众感兴趣且关注的主题进行科学普及；在突发事件发展的不同阶段，应急科普的侧重点不同。

关键词：突发公共事件；舆论引导作用；应急科普

突发公共事件是指突然发生，造成或者可能造成重大人员伤亡、财产损失、生态环境破坏和严重社会危害，危及公共安全的紧急事件。[①] 根据突发公共事件的发生过程、性质和机理，突发公共事件主要分为自然灾害、事故灾难、公共卫生事件和社会安全事件四类。

突发公共事件的舆论引导工作对于整个突发事件的应对和处置具有非常重要的推进作用，传统的"就事论事"的舆论引导方式经常由于事件的复杂性和紧迫性而对社会舆论的引导效果不佳。近年来，突发公共事件中媒体开展的科普宣传报道，对于应急事件处理中的社会舆论引导表现出的独特作用和积极效果，备受相关部门及学者推崇。但是在突发公共事件发生时究竟应该如何系统地、有步骤地开展科普宣传才能成功引导舆论还是一个有待解决的问题。目前，国内外的相关研究成果并不多见，主要是一些概念的介绍，没有系统的理论研究。本文将在分析突发公共事件舆情特点和应急科普对突发事件舆论引导作用的基础上，对面向突发公共事件舆论引导的应急科普对策进行探讨。

一、突发公共事件舆情特点

突发公共事件大都具有危机的特质，也可以说具有向危机事件转化的潜质。突发公共事件的突然性、不确定性和危害性，使人们缺乏预先的思想准备，极易引发恐慌。每逢发生重大突发性公共事件，各种舆论会接踵而至，社会的不稳定性增加。在突发性公共事件中，舆论的社会影响力远比平时要更加深远，具备如下特点。

1."裂变"扩散效应

这种"裂变"扩散效应体现在空间和时间两个方面。从空间上来说，在某一特定地区、特定行业和特定人群中所发生的突发性公共事件，所产生的舆论很可能会牵连到与之相关或者不

---

① 2006 年 1 月国务院颁布的《国家突发公共事件总体应急预案》中关于突发公共事件的定义。

相关的地区、行业、某类人，在空间范围上有全面扩大化的趋势，从某个单位扩展到整个行业，从局部地区扩展到全社会，从某个人扩展到某类人，从某个部门扩展到党和政府。例如 2008 年引发全社会震动的"三鹿奶粉"事件，一个企业的一种奶粉最终导致整个奶制品行业的集体震动，我国整个奶制品行业几乎全部受到殃及，"幸免者"寥寥，即使政府相关质量检验部门再三说明，但群众在相当长一段时间仍谈"奶"色变。同时，这件事情还影响到其他食品安全问题，尤其是那些像肉、蛋、米等日常生活必需品的安全问题也广泛受到关注。

2. 舆论的非常态发展

在通常情况下，舆论的形成过程会经历一个比较漫长的过程，首先是社会中较大的事件发生然后导致意见的出现，接着意见会在社会群体中进行互动，经过一系列争辩最后以比较一致的意见提出形成舆论。然而在突发性公共事件中，因为社会情况突发，不确定性极大，群众会迫切希望了解最新的信息。因此，突发性公共事件中舆论的形成并非按通常情况那样一点一点积累起来的，而是像一颗石子掉入平静的水池中一样，舆论会迅速向外围蔓延、叠加、扩散，引发连环的舆论大爆炸。这时，整个舆论将势不可挡地迅速壮大，迅速爆发，就像水池中的水波那样不断向外围扩展、延伸。

3. 流言的迅速蔓延

流言是一种信源不明、无法得到确认的消息或言论，通常发生在社会环境具有较高不确定性，而正规的传播渠道不畅通或功能减弱的时期。在突发性公共事件中，群众普遍缺乏安全感，并且会陷入极大的焦虑和恐惧之中，为了避免自身的生命财产受到损害，总是会千方百计搜寻相关信息，以此来进行应对，群众对信息的需求必然会达到顶峰，这也为大量谣言的出现和传播提供了广阔的群众基础。同时，作为不知情的普通民众，往往会出于善意的目的通过各种途径寻求相关信息并且会积极地发布、传播相关信息。但部分不法之徒和怀有不良动机的人此时也会利用群众这种对信息的需求，制造谣言，发布虚假信息，以此来借机牟利或达到某些不可告人的目的。

二、应急科普对突发事件的舆论引导作用

关于突发公共事件应急科普的内涵，有学者指出，突发公共事件应急科普就是针对突发事件根据公众关注的热点问题所开展的科普。也就是说，这个时候，公众需要什么，媒体与科普工作者就要马上提供这方面的科技知识。突发公共事件应急科普指的是应急条件下开展的科普活动。应急主要指应对突发公共事件的状态、过程或作用，包括对自然灾害和人为灾害等重大突发性事故的分析与处理。

所谓应急科普对突发事件的舆论引导作用，实质上就是用传播科学的方式去改造和同化公众舆论，以科学的立场和观点去改造公众的立场和观点，简言之，就是导致公众"态度的改变"。在媒体竞争日益激烈的今天，突发事件已成为传媒竞相追逐的热点，更是读者十分关注的焦点。围绕突发灾害性事件进行正面科技报道，往往能凝聚公众的注意力，让读者认清形势、鼓舞斗志。

就整个社会而言，突发性灾害事件随时随地出现，它的到来有时难以预计。而公众受到事件的刺激会产生惊异感，引起恐慌和焦虑，众说纷纭，使许多人自觉或不自觉地卷入到事件中。在这种社会环境下，新闻媒体的科技报道对公众正确、规范引导，不仅是媒体应主动承担的社会职责，也是公众想要知道事件真相和正确理解事件的心理需要。新闻媒体应从受众利益考虑，用正确、健康的观念去强化受众头脑中原有的积极认识，同时驳斥那些模糊、迷信的误解，提高公众对各种信息的鉴别和判断能力。这就要求新闻媒体加强新闻敏感性，把握报道内容的科学性，注重信息的分析和甄别，以公众需要为第一需要，凸显媒体公信力和权威性。

对于新闻媒体来说，涉及危机处理和公共安全的报道每年都会发生，会有不少规律值得提炼总结。海啸、地震、台风等自然灾害一般都存在多发期或多发地，密切关注有关动向和预报，可以在部分灾情出现之前就做好准备，一旦出现情况就相对主动，有效保障报道的权威性，主动引导舆论。

三、面向突发公共事件舆论引导的应急科普对策

1. 传播与安全和健康直接相关的科学内容首当其冲

从一般意义上讲，科技传播的内容即科技信息，包括科学技术知识和方法、科学思想和科学精神等。但在应对突发公共事件情况下，应该在更微观的视角上去探讨科学传播的内容。我们通常认为，科学使我们认识自然，技术告诉我们如何改造自然，两者有所区别。如果换一个角度，我们就会发现，科学与技术最终都是为了使人类安全地生存和健康地生活。甚至可以说，人类的全部科学技术都是有关安全和健康的。

受众面对与传播者应对突发公共事件时，安全与健康是双方共同的话语。在这种特殊情形下，全部科学信息集中表现为与安全和健康直接相关的内容。受难者或灾民构成科学传播受众的主体，他们在恐慌和感性的心理状态下，对安全和健康的渴望非常迫切；同时，作为传播者，应该知道迅速带给受众安全与健康是科学处理突发公共事件的最直接内容。安全与健康的内容包括科学知识层面的科学组织、科学管理、科学援救等科学方法和措施，也包含精神层面的科学态度、科学观念和科学人格等诸多要素。在科学传播过程中，有关安全和健康的科学要素的传递与接受，既是传播者理智的体现，又是受众恢复从容与理性心态的动力。

2. 传播与突发公共事件动态信息以及政府应对信息相关的科学知识信息，形成危机新闻发布中的全面信息流

2006 年 1 月出台的《国家突发公共事件总体应急预案》规定了突发公共事件的信息发布应当及时、准确、客观、全面，并根据事件处置进展情况做好后续发布工作。在既往关于危机新闻发布的研究中，新闻传播学者较多强调政府政务信息公开和及时表态，使危机新闻发布中的科学传播受到或多或少的忽视。事实上，危机新闻发布中科学知识的传播和其他发布信息起着相辅相成的作用，不可或缺。

全面的危机新闻发布应当包括三部分信息：事件动态信息、政府应对信息（政府表态也是一种应对）以及科学知识信息，三者结合形成政府新闻发布完整的信息链条。事件动态信息是

指反映突发事件当前状况以及将来发展变化趋势的信息，是对正在发生的和未来状况的描述；政府应对信息包括表明党和政府对待突发事件的立场和态度，为解决危机采取的具体措施；科学知识信息则是对事件起源发展的科学解释、对事件发展趋势的科学分析以及政府科学决策和科学应对措施。在政府发布突发公共卫生事件信息过程中，仅仅强调政务信息的公开是远远不够的，还必须传播相关科学信息，解疑释惑，满足媒体和公众的科学知识需求，达到引导社会舆论的目的。新闻发布中的三种信息需求会呈现相互交错、此起彼伏的状态，形成不均衡的信息流动。而全面的信息流必须包括动态信息流、政府应对信息流、科学信息流，三者相辅相成，缺一不可。

3. 围绕突发公共事件发生后产生的问题、公众感兴趣且关注的主题进行科学传播

（1）围绕公共感兴趣且关注的主题开展科学传播。一般情况下，突发公共事件发生后，总是会伴随着一些传言，这些传言的产生多是由于信息的传播存在偏差或是公众知识的贫乏。公众也急切地想求证传言的真实性。应急科普针对这些公众谈论的传言开展科普，在传递科技信息的同时，也发挥了舆论监督、稳定社会的作用。

（2）科学传播的内容包括主要问题、归因、影响（评估）。也就是说，应急科普首先应该直截了当地提出主要问题，这些主要问题还应该是能调动公众兴趣的；继而对问题进行分析解释，起到解惑的作用；最后要发表专家本人或者科学家共同体的看法或者研究成果，这是对应急科普的提升。

（3）科学传播内容逻辑的缜密，语言的生动。逻辑的缜密符合科学的严谨性和高度知识性，按照意识流形态写作的科普文章往往会让读者找不到方向。语言的生动是对科普文章趣味性、可读性的要求。另外，语言还应该具有时代性，要不断用一些新词汇代替旧词汇，甚至学会使用网络词汇。

4. 应急科普要贯穿在突发事件发展不同阶段的新闻发布全过程中，不同阶段传播内容的侧重点不同

按照斯蒂文·芬克关于危机传播提出的四段论模式，危机传播可划分为危机潜在期、危机突发期、危机蔓延期和危机解决期。在突发事件发展不同阶段的新闻发布中新闻发言人不仅要不断地向媒体和公众报告目前为止所获知的事件动态和政府采取的措施，而且要帮助公众更准确地理解面临的风险，提供更有针对性的背景信息，运用科学知识、科学事实和数据等来说明情况，争取获得舆论的支持。而后一点正是科学传播的意义和功能所在。

在危机潜伏期，新闻发言人要准备危机发生时的应急预案，了解可能的风险，搜集有可能发生危机的科学资料，加强与媒体和有关部门的联系，提高科学素养。

在危机突发期，突发事件爆发，往往局面混乱，事态错综复杂，一时很难搞清楚事件的确切状况和前因后果，公众此时最需要的是政府表态和科学应对措施。新闻发言人要在第一时间向媒体和公众提供经过授权和核实的动态信息，向公众表明政府的立场和态度，提供大量科学知识，为事件初步定性，消除小道消息，告知公众可以采取的科学应对措施。

在危机蔓延期，公众最需要了解对事件性质的科学分析和未来的发展趋势。新闻发言人要帮助公众更准确地了解面临的风险，接受反馈信息，为事件准确定性，并对政府的决策进行解释。

在危机解决期，公众会关心如何科学防范新的危机、对事件的科学评估和事件责任的认定。新闻发言人要接受反馈信息，教育公众增强科学防范意识，防止新的危机。

论科技社团在构建和谐社会中的作用

韩淑云

（北京减灾协会）

北京减灾协会是在联合国开展"国际减灾十年"活动、中国减灾科技活动活跃开展的背景下，由部分专家、政协委员倡议发起，于1994年12月8日正式成立的。多年来，减灾协会以发挥自身优势为切入点，按照市委、市政府领导的指示精神，防灾减灾工作要突出政府的主导作用，坚持政府主导、专家参与、科学决策的方针。广泛团结组织社会各界人士和专家学者，组织和协调在京的多学科、多层次、多部门的减灾活动；组织对重大灾害隐患和已发生灾害的现场考察；适时召开灾害及其对策会商和研讨会，为北京市人民政府及主管部门提供减灾科学论证意见；制定防止和减轻灾害的有关法律、法规及各项规章制度提出建议和咨询，并参加减灾项目的论证、评估和验收；积极开展国内外减灾学术交流与合作；大力开展减灾宣传教育，普及防灾减灾知识，提高全民减灾意识，推广减灾科技研究新成果。综合研究首都地区的各种重大灾害，以减轻灾害损失，提高北京市综合减灾水平。

一、科技社团在社会经济可持续发展中的重要作用

在经济全球化、政治民主化和文化多样化的今天，随着社会主义市场经济体制的完善和政府职能的转变，为社团组织的发展壮大提供了平台，它们是连接政府、经济主体与社会公众的桥梁和纽带，是沟通协调各方关系与提供相关服务的机构。

科技社团是社团组织的重要组成部分，我国现有科技社团大多是由自然科学工作者、工程技术人员自愿组织起来的法人组织，是党和政府联系广大科技工作者的桥梁和纽带，其基本功能是组织学术交流，促进学科发展，传播科学知识，推动科技成果的开发和转化，促进全社会的科技进步，向政府和企业提供决策咨询和建议，发挥了政府、企业和其他机构不能替代的作用。

由于长期以来的计划经济体制与高度集权的政治体制，中国公民社会发育明显滞后，民间社团的数量与作用发挥都远不如发达国家，公民文化素质较低，参与意识薄弱，大多数发展中国家的情况与此相似。

以北京减灾协会为例，研究科技社团怎样适应社会需求，发挥综合优势，在社会经济中实现自身可持续发展的重要作用。

（一）适应社会需求，为首都经济社会建设服务

1. 为2008年北京奥运会服务

在"十一五"期间，北京市初步建立了全市突发公共事件应急管理体系，并通过成功举办

北京 2008 年奥运会、残奥会和国庆 60 周年庆祝活动等综合安全保障任务的实践检验。

由协会组织专家提出的《关于作好 2008 年北京奥运会安全保障工作的建议》获 2006 年中国科协优秀建议一等奖；2002 年 8 月《关于建立奥运综合安全减灾保障指挥中心的建议》获北京市科协优秀建议二等奖。

2. 承担完成"十二五"期间北京市提升城市综合应急管理水平的前期课题项目研究

市发改委启动"北京市国民经济和社会发展第十二个五年规划前期研究课题项目"后，减灾协会积极争取承担"十二五"期间北京市提升城市综合应急管理水平的重点、思路及对策研究项目。研究报告获得了发改委和评审专家的一致好评，该课题研究内容全面，论述精辟，理念超前，有较强的可操作性；首次较全面、系统地对比分析了北京与世界城市在综合应急管理、保障城市安全可持续发展方面尚存在的差距；其研究成果在我国城市综合减灾和应急管理建设方面具有创新意义。

3. "灾害损失评估及救助测评体系研究"完成课题报告

由减灾协会与市民政局联合立项的"灾害损失评估及救助测评体系研究"课题，已完成报告终稿。在课题研究的同时，课题组针对北京农业灾损评估的特殊性，出版了由中国农业出版社出版的《主要农作物灾害评估》，主要内容包括农作物灾害彩图、主要作物的灾害等级指标、主要作物灾情评估表等。

4. 出版《北京减灾年鉴》合编本

《北京减灾年鉴》的出版，是坚持做好灾情统计与案例分析、探索灾害规律、总结防灾减灾经验和北京综合减灾建设的重要基础性建设。在北京市 20 多个有关委、办、局、公司等主管部门的重视、支持和协作下，已出版了《北京减灾年鉴（2001—2004）》《北京减灾年鉴（2005—2007）》。

5. 出版《北京市公共安全培训系列教材》（社区版）

为通过多种形式进行经常性的危机意识教育和培训，提高整个社会面对灾害的防范能力，减灾协会与北京市民防局协作确定了《北京市公共安全培训系列教材》的编写计划和具体格式，按灾害定义、教学目的、灾害案例、相关知识、科学应对和课堂演练六项内容编写，2011 年 10 月已由北京出版社出版。

6. 编制《北京市农业重大自然灾害突发事件应急预案》

2011 年 6 月，减灾协会多次组织专家与农委有关部门进行充分交流、沟通和完善，编制完成了《北京市农业重大自然灾害突发事件应急预案》。其中，重点对预警灾害分级和应急响应后期处置、应急保障等方面做了阐述，为保证郊区都市型现代农业生产安全、有序、可持续发展以及对"十二五"期间减轻自然灾害对本市都市型农业的危害具有指导意义。

（二）围绕中心工作开展减灾调研，为建设平安北京提供科学依据

关注国家及国际上的综合减灾动态，紧密围绕市委、市政府的工作重点，结合社会公众关注的热点问题，开展减灾调研，及时提出减灾专家建议，是减灾协会工作的重点之一。减灾协会多次组织专家座谈和调研，向市政府和有关部门提出数十项咨询建议，获中国科协和北京市科协优秀建议奖或调研报告优秀奖十余次。其中，2010 年提出的《北京建设世界城市综合应急能力提升的思考》建议，从北京市加强综合减灾管理的成效、北京市的事故灾害隐患、北京市应急管理存在的问题等几方面论述了提升北京市综合应急能力的思考，受到市科协的重视，被列为重点建议供科协市政协委员提案参考，同时推荐到中国科协主办的《科技导报》12 期发表。

2012 年"7·21"特大自然灾害发生后，7 月 24 日及时组织召开专家组会议，从应急管理、公众参与、社会减灾、应急预案、综合减灾等方面，研讨"7·21"大暴雨过程造成的损失和启示。从九个方面提出《"7·21 洪灾"的启示与建议》，上报市政府，得到郭金龙书记和夏占义副市长的批示：对减灾协会的专家建议表示感谢，并指示要搜集 "7·21"洪灾的建议和意见，坚持吸收和转化。

（三）积极开展社区防灾减灾安全素质科普教育

自协会成立起就十分重视防灾减灾科普教育，举办科普讲座、报告会、科普展览、街头宣传与咨询，制作科普展板、挂图，发放宣传材料，为电视、广播、刊物、报纸等提供五百余篇稿件，编写出版系列减灾管理和科普图书 18 种 14.7 万册。

1. 积极组织、开展公众防灾减灾科普讲座

2012 年 7 月 21 日，北京市出现历史罕见强降雨过程，大部分地区出现了大到特大暴雨天气（简称"7·21"大暴雨）过程，其中房山河北镇最大降雨量达 460 毫米（水文站）。这次强降雨过程雨量大、强降水持续时间长、影响范围广、社会关注度高，是 1951 年有完整气象记录以来最强的一场暴雨。

"7·21"特大暴雨发生后，减灾协会开通多渠道，加大科普讲座和科普宣传的力度，与朝阳、西城、海淀、密云、怀柔等区县科协、气象局合作，组织经验丰富的专家，走进社区、学校、公司管理人员、街道机关干部、居民，做《科学防御自然灾害》《自然灾害与电网安全》《灾害信息员培训》等科普讲座 30 余场，讲授了北京汛期经常发生的山洪、暴雨、泥石流、雷电等自然灾害的防御与应对，汽车溺水、突遇火灾、地震等突发事件的避险逃生方法。以"7·21"特大自然灾害中，7 月 20 日前门头沟成功完成危险村秋坡村的整体搬迁为实例，充分说明了防灾减灾的重要性，证明灾害是可以预防的，提前预防是可以减轻的。为增强居民对自然灾害的感性认识，减灾协会向朝阳区科协赠送 100 套 "平安北京"《气象防灾减灾科普宣传片》（解读气象预警信号）DVD 光盘和《北京市民汛期实用手册》《北京市公共安全培训系列教材》（社区版）等科普图书。

2. 组织专家参加房山"7·21"灾后考察工作会

8 月 16 日，减灾协会组织 2 位专家参加了北京市科委组织的赴房山张坊镇现场工作考察调

研会，考察了房山张坊镇"7·21"灾后的灾情、灾区生产发展情况及初步建成的灾民安置点，分别就张坊镇灾后恢复重建、灾区民众的生产生活、生态旅游、农业生产、新农村建设及应急体系等方面，提出了宝贵建议。

3. 参加市政府调研"7·21"特大暴雨服务工作

8 月 16 日，减灾协会专家参加了市政府副秘书长周正宇一行到气象局进行工作调研的总结会，共同座谈"7·21"特大暴雨气象预报预警以及全市应对工作情况，商讨应对大暴雨灾害天气应急体系建设工作。

4. 积极组织北京科技周减灾科普宣传活动

在 2012 年 5 月的科技周期间，减灾协会围绕本届科技活动周"携手建设创新型国家——科技让生活更美好"的主题，以宣传普及防灾减灾科普知识为重点，在科技周主会场出动现场地震体验车、中国地震应急救援车、北京气象应急指挥车，深受广大观众的关注与喜爱，让广大公众更多地了解和掌握防震减灾方面的科学知识。

由 15 名专家和工作人员参加了现场宣传咨询活动，面对面解答市民关注的热点防灾减灾问题，在宣传现场还向公众免费发放了《城市与减灾》等十余种贴近市民、百姓生活的科普图书、气象预警信息光盘等。

（四）举办减灾学术研讨和交流活动

防灾减灾学术交流是促进减灾学术水平提高的重要活动，是指导、促进和提升综合减灾应急管理工作科学性、前瞻性、可实施性的关键，也是提升减灾协会学术水平的重要工作内容之一。

减灾协会于 2010 年、2011 年成功举办两届"首都圈巨灾应对与生态安全高峰论坛"。北京市副市长、减灾协会会长夏占义和常务副会长安钢对论坛给予了高度评价，安钢在批示中说："我参加了那次活动，很受教育，那次会议的很多好建议应让政府、社会和相关负责人认识到、知道和有必要的思想准备。减灾的社会意义越来越大，和社会的联系应加强，不仅是学术性的，普遍性的很多应加强。"

（五）积极开展国内外学术交流与合作

协会成立以来，组织召开大型学术年会 9 次，以防灾减灾、安全减灾与可持续发展战略、综合减灾研究为主题，组织专题研讨会十余次，举办国内减灾学术交流会 7 次。

协会自 2002 年成立以来，积极组织京台合作减灾学术会议和互访考察活动 8 次，开拓了海峡两岸减灾学术交流的新领域，成为北京市科协的一项品牌学术交流活动。

二、北京减灾协会自身发展壮大的经验

1. 北京减灾协会的发展路程

北京减灾协会成立十余年来，在适应社会需求和为北京市社会经济发展做出贡献的同时，协会自身也不断发展壮大，初步建立了适应社会需求良性循环的发展机制。

协会成立初期，以市委办局为主要参加单位，逐步扩展到在京科技机构、市政府有关业务部门、高校；由以防减自然灾害为主扩展到各类突发公共事件的应对与城市综合减灾安全保障；由单纯组织学术活动扩展到承担减灾规划、预案、法规编制，减灾科研、咨询建议、科普、教育等方面，全方位多层次地开展城市安全减灾科技活动；从本市学术交流和技术咨询发展到积极参与和组织国内外学术交流及京台交流合作；协会的活动经费由以自筹会费为主发展到以承揽科研与咨询项目为主。目前，参加协会的理事单位已有68个，囊括了22个委办局及科研院校等业务单位；形成了一支比较稳定的多学科减灾专家队伍，并涌现出一大批中青年减灾技术骨干。

2. 适应社会需求，正确定位科技社团性质

与单一学科的学术团体不同，北京减灾协会是以灾害学及相关学科的理论为科学内涵，以城市减灾研究、减灾管理与技术咨询、减灾知识科普等为主要活动内容，跨部门、跨学科的综合性科技社团，团结和聚集了在京中央单位与市属单位的多学科减灾专家及科技工作者。由于减灾管理与行动不可避免地涉及行政权力的运用，与其他学术团体不同，减灾协会的相当一部分职位由有关委办局的业务官员兼任，会长一职一直由主管副市长兼任。协会始终以科技人员为主体，以科技活动为主要形式，既要成为政府的得力助手，又始终坚持协会的民间社团性质，从科学原理与实际情况出发，独立开展科研、咨询、科普及国内外交流活动，弥补了政府部门的不足和不便。

3. 以人为本，积极开展减灾科普教育

安全减灾涉及千家万户的生命财产安全和社会的稳定与和谐。协会成立初期主要是利用国际减灾日和重大自然灾害纪念日开展减灾科普宣传活动，近年来通过贯彻以人为本的科学发展观，坚持面向社会开门办会，把减灾科技活动向社区和基层不断延伸，组织减灾科技人员深入社区、企业、学校和农村，开展多种形式的科普宣传和减灾咨询活动，社会影响越来越大。有效帮助区县和社区建立减灾应急机制，促进了基层减灾志愿者队伍的形成和发展壮大，促进了市民安全文化素质的提高。建设平安北京日益增长的社会需求又给协会的自身发展创造了极其有利的机遇。

4. 充分发挥跨部门多学科的综合优势

减灾和应对突发公共事件贵在及时，但计划经济体制下形成的部门分割、单灾种减灾管理和研究导致减灾工作的效率低下。协会充分发挥了跨部门、跨学科的综合优势组织重大项目的协同攻关，在促进北京市应急机制形成，高效处置重大灾害事故与突发事件，加强市民减灾意识与提高科技素质方面起到了单个部门及单一学科所起不到的作用，使北京市的安全减灾保障和应急能力提高到了一个新的水平。

5. 为减灾科技工作者提供良好平台

学术社团最宝贵的资源在于专家荟萃的优势。许多专家的思维具有前瞻性和巨大的潜在价值，但往往处于萌芽状态，还不成熟和不系统。要充分发挥协会多学科专家集体智慧的作用，协会就必须为专家打造一个施展才华的平台。

为增强减灾协会信息化管理与服务能力，经过两年的调研和技术开发，作为减灾信息服务平台的重要载体，具有北京城市减灾特点的首都减灾信息网于2011年5月12日正式上线运行。减灾协会各理事单位、理事、相关委办局等单位，都可以通过信息网浏览灾害信息动态、减灾科普知识、政策法规、学术成果、减灾文献等内容，社会公众也可以通过该网站获取公共安全和防灾减灾综合科普知识及相关服务信息。

6. 开拓创新，不断提高学术交流水平

如果说适应社会需求开展科技活动是科技社团的根本宗旨，那么学术活动的水平则是学术团体的生命线。学术活动的水平不高，必然会导致学术团体在科技人员心目中的位置下降并逐渐失去吸引力。由于城市灾害学与减灾系统工程是新兴的学科，在许多方面还很不完善，减灾专家队伍也都是从各相关学科的科技人员相互渗透交叉逐步形成的。协会一方面要适应社会需求，大力开展减灾咨询与科普活动，另一方面也要在开展国内外城市减灾学术交流活动时勇于创新，积极开拓城市灾害学与城市减灾系统工程的科学内涵，组织编写出版具有较好水平的学术专著，初步构筑起具有中国特色的城市减灾学科体系与工程技术体系。这是十多年来北京减灾协会的队伍能够不断发展壮大的根本保证。

建设精细化综合交通，应对城市巨灾影响

李健　周旭　刘利忠　吴军　宋金山　吴钢

（北京市轨道交通指挥中心）

摘要：近两年中，灾害性天气严重影响了首都圈的城市安全，造成了巨大损失，交通行业首当其冲。为应对巨灾对北京城市交通的直接破坏和后续影响，本文提出建设精细化综合交通体系的思路。以轨道交通与道路交通的协调配合为突破点，从资源配置差异角度出发，分别提出巨灾影响期间出现大客流冲击情况下"多站协同限流实施方法"以及突发事件造成运营中断情况下"多系统协作处置支援"问题；针对巨灾中信息报送及辅助决策要求，提出"突发事件情况下路网容量预测预警"问题。应用网络分析理论，采用定性半定量方法，给出量化方法及趋势解释，为综合交通系统采取换乘节点控制、区域控制、关闭相关站点和线路等协同处置措施控制技术支持，以减少灾害带来的安全风险，避免灾害蔓延、升级和次生灾害发生，进一步为城市精细化综合交通体系建设提供方法论。

关键词：系统工程；精细化综合交通；巨灾应对；大客流冲击；复杂网络；定性半定量

一、前言

1. 选题背景

近两年来，恶劣天气对北京公共安全产生严重影响，尤其是大范围降雨引发的全市交通行业多起突发事件尤为突出。其中，2011年6月23日亦庄线区间疏散、古城洞口进水以及2012年7月21日强降雨导致持续数天的京港澳高速积水等事件产生了广泛的社会负面影响。在这一系列突发事件的应急处置中，暴露出城市综合交通系统中各方式之间协调配合的许多缺陷。其中，比较突出的就是综合交通具体实施技术缺失，使得应对措施无法落实。由这一系列事件观察可以发现，综合交通体系还处在理念和概念阶段，真正可以面向应用的方法并没有得到深入研究，精细化综合交通体系的建设之路还很漫长。

在城市综合交通体系中，轨道交通承担着主骨架作用，在建设城市综合交通体系中责任重大。在我国的几个特大城市中，随着轨道路网规模的扩大，路网形态变得非常复杂，各线路之间影响扩散形式呈现出多样化和范围扩大化的趋势。

从城市安全的角度考虑，轨道交通在公共交通中发挥着主骨架作用，是城市公共交通客流活动最活跃同时又是安全隐患问题最集中和安全生产矛盾最集中的区域，是公共安全关注的焦点。《国家中长期科学和技术发展规划纲要（2006—2020年）》中"公共安全"是11个重点领域之一，"重大生产事故预警与救援"是其中重点安排的68项优先主题之一。轨道交通安全生产具有技术难度大和广泛危害性等特点，确保轨道交通安全运营责任重大。

从应对城市巨灾影响的角度考虑，迫切需要以轨道交通为重点，围绕建立精细化城市综合交通体系这一重大现实问题开展调查研究。以此来提升应对各种城市交通突发事件的预防、管

理和处理的水平,为推进城市发展打造安全屏障。

2. 国内外研究现状

在轨道交通与其他方式的配合协调方法研究中,现有研究多偏重于客流分担方面。其中,对出行需求的分析是建设精细化综合交通的基础,现有研究中对轨道交通客流特征及预测研究较多,更偏重于宏观,从建设精细化综合交通的需求出发,尤其是公交、地铁联动处置的需求来看,需要对乘客影响规模问题进行专门研究。

在突发事件情况下,轨道自身的运行调整处置措施研究方面,我国学者较为注重从生产实际出发,依据运行图的图解法进行分析和调整手段的讨论。包括早期以列车运行延误时间为关注点,对晚点传播的过程进行的研究,开发列车晚点传播模拟系统对列车晚点动态性能指标变化的测算,研究移动自动闭塞模式下列车运行延误时间变化特征;此后,对列车延误影响传播与影响特性的分析,对减少列车晚点传播影响的速度控制方法的定量描述以及借助概率分布函数对不同级别运行列车组后效晚点时长的计算。

相比较来讲,国外学者的研究更加注重模型建立,主要包括数理分析模型和仿真模型两类。比较有代表性的研究包括多条单线和双向轨道突发事件的传播影响,利用不同的排队论模型,包括 $G/G/\infty$ 和 $M/M/1$ 等对突发事件的影响时间进行计算,基于随机分布到达并带有多个不同列车运行限制的晚点评估模型以及相应的案例验证。

总结发现,国内外研究中对应急状态下列车影响方法研究关注较多,而将行车与客流关系综合考虑进行的研究较少,部分应用模型参数冗余度设计约束不强,与现实相比仍存在较大裕量,缺乏具有针对性的尤其是应急状态下轨道交通与其他交通方面协调处置的方法,包括大客流冲击下的多站协同处置、接驳协调、车站滞留乘客规模变化等的分析。

3. 技术思路

为了更加清晰的描述线网调度面临的问题,按照系统观点对路网要素进行划分,可以归纳为运力供给能力、运量需求以及运营环境三类,各要素在常规情况和突发事件两种情况下的特征表现各异。

在常规情况下,运力供给能力正常,运量需求可能出现异常波动。但在大多数情况下,即使出现短时大客流等异常情况也是可以预知的,此时路网运力运量调度的工作重点在监视与协调以及信息汇总与汇报。

在突发事件情况下,运力供给能力下降,运营环境恶化。此时,运量需求在绝对数量上变化不大,但由于受到运力供给能力下降和运营环境恶化的影响,往往在节点处出现客流集中和拥挤的情况,间接造成大客流积压等问题。

在突发事件情况下,路网运营正常秩序破坏,轨道交通应急处置原则在防止次生灾害发生与控制其影响的前提下:①全力保障乘客的救援和安全疏散,加强客运组织;②尽最大可能维持路网运营秩序,将运力下降的影响降低到最小。

以应对城市巨灾时交通各系统高效协调处置为目标,对精细化综合交通建设中的技术问题进行提炼,从资源配置差异角度出发,提出以下问题。

（1）地铁车站常态客流高峰情况下实施多站协同限流：主要解决线路运力优化配置与车站容量协调利用问题，通过优化控制，达到小区域路网均衡运输的目的，避免大客流冲击带来的影响。

（2）车站客流组织中突发事件情况下车站容量预测预警：主要解决运力下降情况下车站客流的滞留、积压与车站容量之间的关系问题，目的在于向事发线路及受影响线路各车站及时发送预警，提示相关车站提前做好客流组织准备。

（3）多系统协作处置时运营中断后的公交摆渡支援：在轨道交通运营中断或运力大幅下降需要地面交通配合时，利用网络织补理念，主要解决中断运营情况下滞留乘客疏散的应急处理流程制定、协调地面公交支援等工作相应的技术支持问题，根据影响时间采取换乘节点控制、区域控制、关闭相关站点和线路等有效措施控制灾害带来的运营安全风险。

为解决以上问题，需要借助大量的智能交通、系统控制、网络分析及客运组织等方面的理论方法。本文研究中，在方法研究层面采取定性半定量处理的思路，对以上列出的部分问题给出介于定性和定量之间的解释。

二、大客流冲击时多站协同限流方法

1. 线路运力资源合理分配与利用技术思路

2012 年 7 月 21 日降雨导致京港澳高速公路封路，房山与中心城区交通量大部分转移到 9 号线及房山线，为缓解客流压力，两线调整了列车运行计划，延长早、晚高峰时段，缩小高峰及平峰时段列车间隔，以应对巨灾之后大客流冲击的影响。在这个过程中，各站的协调限流和运力优化分配作用尤为重要。

从控制科学与工程和系统工程的角度来看，本部分提出的地铁车站大客流情况下多站协同限流实际上是线路运力优化配置与车站容量协调利用问题。

从系统的观点来看，线路运力资源合理分配与利用控制的内涵是在系统的总容量资源限制及各车站物理容量（可以扩展到站外空间）要求满足的条件下，通过线路运力的统一调节，对各车站进站人数进行协同控制，以维持或提高车站的客运安全组织以及最大限度地保障各车站之间乘客出行的公平性，是一种"资源可协同"控制类型。

线路运力与车站容量协调控制中，可将控制水平粗略划分为三个等级，包括车站物理容量需求满足（不发生拥挤、通道容量控制）、轨道运力系统效率提升及各车站之间有效运力资源分配均等。

2. 运力资源合理分配与利用优化方法

遵循排队论和经典控制理论，可将轨道交通线路运力优化配置与车站容量协同控制中的多车站视为不同排队，线路列车视为服务流，可利用的资源为主线的有效运力和车站的物理空间，属于典型的带有约束的有限条件下资源共享与动态需求协同的优化问题。按照一般的系统分解与协同方法，首先用分层递阶控制结构描述线路运力优化配置与车站容量协调利用模型。每个车站及其内部站台、站厅、通道、广场空间单元视为单独子系统，后续的协同是考虑各子系统之间的关系，使各子系统可以协同控制达到受控区域的运力资源分配优化。因此，基于以上考虑，本文中采用优化控制理论方法解决线路运力优化配置与车站容量协调利用问题。

控制目标方程可以表示为

$$\min J = \vartheta \left[x \left(K \right) \right] + \sum_{j=1}^{M} w_j L_j \left(k \right) \left[x \left(k \right), u \left(k \right) \right]$$

（1）

式中：K 为控制的时间域，ϑ 为终态状态函数，$L_j \left(k \right)$ 为子系统目标函数，w_j 为子目标权重，M 为设定的子目标数。

具体到线路运力优化配置与车站容量协调利用目标的分析与选择：对于线路列车，要求实施控制后尽可能使某时段所有线路列车满载率维持在合适水平，以使列车在后续车站留有最充分的调节余地；关于车站客运组织，控制需要尽可能使各车站所有乘客等待时间最短。至于如何协调地分配给各车站则需要综合考虑其乘客排队的负荷状态、等待时间的长短等因素，采用各车站可以接受的乘客数量与车站乘客排队长度比值的偏差，即控制量偏差来衡量并作为控制目标，表示线路在满足各车站乘客需求中运力资源分配的公平性。以下基于这样的考虑进行具体的系统控制目标方程设计。

以 $x_E \left(k \right)$ 表示车站乘客排队长度，以 $T_M \left(k \right)$ 表示列车有效运力向量，以 $T_E \left(k \right)$ 表示车站乘客等待时间，以 $u_A \left(k \right)$ 表示车站控制律向量。

首先根据控制律向量和车站状态向量设计参数 σ，表示控制律与车站乘客排队长度之间的关系，即

$$\frac{u_A \left(k \right)}{x_E \left(k-1 \right)} = \sigma \left(k \right)$$

（2）

各车站的控制量偏差向量可以表示为

$$P_E \left(k \right) = f \left(u \left(k \right), x_E \left(k-1 \right) \right) = \bar{\sigma} - \sum_{i=1}^{n} \sigma = \sum_{i=1}^{n} \left[\frac{r_i \left(k \right)}{\zeta_i \left(k-1 \right)} - \sum_{i=1}^{n} \frac{r_i \left(k \right)}{\zeta_i \left(k-1 \right)} / n \right]$$

（3）

系统控制的目标方程的形式为

$$\min J = T_M \left(k \right) + T_E \left(k \right) + P_E \left(k \right) = T \cdot \sum_{k=1}^{K} a \cdot x_M \left(k \right) + T \cdot \sum_{k=1}^{K} c \cdot x_E \left(k \right) + \sum_{k=1}^{K} \left[\sigma - \sum_{i=1}^{n} \sigma \right]$$

（4）

由式（4）可以看出，尽管可以在目标方程中加入各车站控制量偏差，但反映的信息量很小，因此可将其省略。

由以上方法得到优化控制律之后，在具体实施时可以由轨道车站自动售检票系统进、出站闸机显示进、出站人数和自动控制乘客的出入，达到小区域路网均衡运输的目的，提升服务质量，避免部分车站拥挤带来的踩踏、站台爆满、侵入限界等次生影响。

三、突发事件车站容量预测预警

（一）地铁车站容量安全预警问题

地铁行车间隔较小，如果由于突发事件造成有效运力下降，在车站内短时客流集聚非常明显，沿线多车站客流集聚现象波及速度快，同时也会影响地面交通。为减少影响，地铁短时行车组织调整频繁，调整作业方式较多，包括清人、通过及折返等，对乘客影响较大，从安全角度探讨地铁连续晚点时车站客流集聚更有紧迫性。

突发事件发生时，大量客流在地下车站相对封闭且范围局限的空间内长时间集聚，产生严重安全隐患。现有研究中对集聚过程缺乏精确分析，其影响还属于隐性信息。从提高地下空间安全的需求出发，连续晚点时客流集聚定量化分析方法需要深化研究。

如果暂不涉及连续晚点产生的技术设备故障和技术组织故障等问题，仅从表象上看，列车连续晚点是若干运行列车组间的强烈扰动和传播的外在形式和后果，本文研究关注于连续晚点造成有效运力下降情况下的地下车站客流集聚及其影响过程定量化分析，综合考虑运力运量与乘客出行需求关系，建立连续晚点导致运力下降时的车站乘客集散模型进行仿真分析，从安全和运营服务的角度确定影响乘客规模。

（二）车站乘客滞留规模数量计算

1. 滞留规模计算方法

连续晚点导致有效运力下降时最直观的现象就是车站滞留乘客数增加。为表征这种滞留数量的变化，需要计算客流量、运力及乘客滞留之间的变化关系，首先定义一组参数，在 t 时间内的 n 站：

PI_n^t——进站乘客总量（以 PIU 与 PID 分别表示进站后上行与下行乘客数量）；

PO_n^t——出站乘客总量（以 POU 与 POD 分别表示上行与下行出站乘客数量）；

QU_n^t、QUA_n^t——上行理论可运送乘客总量及实际可接受乘客总量；

QD_n^t、QDA_n^t——下行理论可运送乘客总量及实际可接受乘客总量；

RQ_n^t——车站滞留乘客总量；

RI_n^t——车站滞留乘客增长量。

其中，QUA_n^t 与 QDA_n^t 根据服务水平与设定列车满载率确定，RI_n^t 表征有效运力与客流数量变化速度。

乘客影响规模的度量采用人数指标，假设不同时刻进入车站的乘客均遵守排队服务规则，滞留规模 RQ_n^t 是乘客到达率 PIU_n^t 与列车服务率 QUA_n^t 的函数，即 $RQ_n^t = f(PIU_n^t, QUA_n^t)$，有

$$RQ_n^t = (PIU_n^t - QUA_n^t) + RQ_n^{t-1} = (TC + TS) \cdot \sum_{k=1}^{K} (PIU_n^t - QUA_n^t) \tag{5}$$

2. 模型参数计算方法

理论运力 QUA_n^t、QD_n^t 及突发情况下表征有效运力的数据 QUA_n^t、QDA_n^t 来源说明。

正常情况下，ODS 系统中原始满载率（B_P）是通过加载到区间的特定时段 OD 流量数据（Q）与相对应的计划开行列车数据为基础进行计算的。

当线路发生故障并导致运力下降时，实际 OD 路径对应客流量减少，但是系统在计算时运力仍然按照开行计划取值，因此一般会造成故障时段内 ODS 系统原始满载率值比正常日同时段满载率低的现象。

以 T_R 表示实际运力（以开行列数计算），α 表示实际满载率与系统计算满载率修正系数，B_R 表示实际满载率值，对系统原始满载率值进行修正计算的过程如式（6）至（9）所示，分别表示系统原始满载率、实际满载率、修正系数以及换算关系。

$$B_P = Q/T_P \tag{6}$$

$$B_R = Q/T_R \tag{7}$$

$$\alpha = T_P/T_R \tag{8}$$

$$B_R = \alpha B_P = B_P \cdot T_P/T_R \tag{9}$$

根据以上关于运力损失情况下满载率修正方法说明，参考特定线路图定计划以及突发事件情况下线路列车实际调整措施，可以对任一区间满载率进行修正，以确定有效运力数值。

（三）车站乘客滞留与容量关系及预警

选择北京地铁 1 号线为例，计算各车站在运力下降情况下车站客流积压情况。

以 1 号线各站进站量及同时段有效运力数据作为输入，以 7：00—8：00 为例，时段 1 表示 7：00—7：02 数据，依次表示，如表 1 所示。

表 1　正常状态下客流量和有效运力数据　　　　（单位：人）

时段	进站量	有效运力	时段	进站量	有效运力	时段	进站量	有效运力
1	100	120	11	160	165	21	265	240
2	102	122	12	180	175	22	270	245
3	105	123	13	200	185	23	270	245
4	110	124	14	220	200	24	275	245
5	115	125	15	230	210	25	270	240
6	120	130	16	235	220	26	270	240
7	125	135	17	240	225	27	265	230
8	130	140	18	250	235	28	255	225
9	140	145	19	255	235	29	250	225
10	150	160	20	260	240	30	245	225

设计车站容量阈值，计算运力下降情况下车站滞留乘客数量及其与容量之间的关系，以确定是否采取必要措施。

系统实现时，如果出现车站客流积压超过设定安全阈值时，系统闪烁报警。

正常状态、连续晚点发生在平峰向高峰过渡时段以及连续晚点发生在高峰时段 3 种情况下，部分车站最大聚集客流分别为 475、640 及 945 人，乘客滞留增长量最大分别为 35、115 及 255 人 /2 min。考虑安全快速疏散所需的预留空间，应在连续晚点发生后在车站外及时限流，防止客流短时猛增。

四、运营中断时多系统协同

各种风险导致的轨道交通区段运营中断事件发生后，大量乘客在站外滞留，如再遇恶劣天气等不利因素，情况将更加急迫。应对这种由于区段中断运营导致的乘客大量滞留的典型突发事件，需要协调各运营企业及公交总队、公交集团等单位，快速采取切实可行的措施，尤其是保持轨道交通与公交联动，利用公交进行接驳和摆渡，安全及时地疏散乘客，尽力维持路网运营秩序，以杜绝由于协调措施不当和信息报送不及时、不准确造成的公众负面影响。

1. 滞留规模确定技术思路

在进行区段中断运营滞留乘客规模计算之前，有几点问题需要明确，作为轨道交通区段中断运营后公交支援进行乘客摆渡的前提条件。

（1）运营中断后，运营企业应尽快组织短交路折返作业且折返作业尽量缩短中断区间的范围。在此前提下，以公交摆渡作为必要的补充措施，正确实施。

（2）中断时间较长，短时无法恢复，有必要实施公交摆渡。同时，道路交通正常，可以提供支援。

（3）明确掌握中断运营的站点、位置、车站滞留和正在进行区间疏散尚未到达站台的乘客数目。

（4）确定将乘客疏散至本线的正常运营区段，或就近疏散至路网其他正常运营地铁线路。

2. 滞留乘客数量的确定

首先仅考虑双向中断运营时滞留乘客规模问题。如遇单向中断，并采取单线双向折返运营的情况，再根据折返作业和车站容量等情况进行修正。

$$S_{n-1}^n + S_n^{进} - S_n^{出} = S_{n+1}^n \tag{10}$$

$$X_{n-1}^n + X_n^{进} - X_n^{出} = X_n^{n-1} \tag{11}$$

$$P_n^{进} = S_n^{进} + X_n^{进} \tag{12}$$

$$P_n^{出} = S_n^{出} + X_n^{出} \tag{13}$$

（1）按照乘客需求计算的思路，假定在中断运营和公交摆渡的信息发布后，乘客仍选择到中断运营区段的各站等待公交摆渡，那么就需要根据特定时间段历史进站量数据分解为上下行流量，结合初始站折返运营后的乘客量，计算出各站需要摆渡的乘客量。

（2）按照断面流量的思路，公交摆渡的乘客量等于中断运营区间各车站间历史同期的双向最大断面客流量。以最基本的站间中断为例，以短交路折返运营间隔为计算周期，任一折返间隔 T 内，在车站 1 形成的滞留乘客数量为

$$P_T = N \times a_{折} + S_1^{进} - S_1^{出} - N \times a_{停} \tag{14}$$

式中：N 表示车辆设计载客量，$a_{折}$ 和 $a_{停}$ 分别表示后方折返运营车辆的满载率以及在区间停驶车辆满载率。

也可利用车站 1 与 2 间历史断面客流量计算，此时需要摆渡的乘客数量由车站 1 至 2 的历史同期断面客流量加上区间停驶的车辆乘客数，简化的计算为

$$P_T = S^2_1 + N \times a_{停} \tag{15}$$

同理，在车站 2 形成的下行摆渡数量也可按此方法计算。

五、结语

应对首都圈巨灾影响，交通行业任重而道远。从城市巨灾应对的角度，本文提出建设城市精细化综合交通体系的问题并从中提炼出一系列技术问题进行研究。

精细化城市综合交通体系建设还属于一个较新的研究领域，其中涉及多系统协作中需要处理的很多细节问题，未来研究中需要针对管理、技术等各方面存在的薄弱环节，研究并制定相应的措施，最终形成系统、完整并可操作的技术体系。

北京"7·21"特大暴雨影响分析及其引发的思考

北京市气候中心

摘要：2012 年 7 月 21 日至 22 日，北京市出现了自 1951 年有完整气象记录以来单日最强特大暴雨，引发了严重的山洪、泥石流和城市内涝等灾害，造成了巨大的人民生命财产损失和严重的交通不便。本文详细分析了此次大暴雨过程的特点及其影响，并就北京在经历此次暴雨中所凸显的一些问题进行了探讨，最后提出了对策和建议，以期为城乡建设规划、城市管理和防灾减灾提供参考。

一、特大暴雨过程特点

2012 年 7 月 21 日至 22 日，北京市普降大到特大暴雨，为 1951 年有完整气象记录以来单日最强全市性暴雨过程。与历史上北京发生的 7 次特大暴雨过程（1952 年 7 月 20 日至 24 日、1955 年 8 月 15 日至 17 日、1956 年 7 月 29 日至 8 月 6 日、1958 年 7 月 11 日至 15 日、1959 年 8 月 3 日至 7 日、1963 年 8 月 3 日至 9 日、1979 年 8 月 9 日至 16 日）相比，此次暴雨过程具有雨量大、雨势强、范围广、极端性突出的特点，全市日降水强度超百年一遇。

（1）雨量大。全市 20 个国家级气象站平均降雨量为 190.3 毫米，其中城区平均雨量达 231.0 毫米，最大降雨量出现在霞云岭观测站，为 337.5 毫米。此外，房山区河北镇自动雨量站（水文站）观测到降雨量高达 541.0 毫米。就过程降雨量而言，北京"7·21"暴雨过程列自 1951 年有完整降雨量观测以来的第六位，前五位分别是 1956 年（389.0 毫米）、1963 年（281.8 毫米）、1958 年（226.8 毫米）、1952 年（210.1 毫米）、1959 年（194.5 毫米）。

（2）雨势强。全市有 18 个气象观测站（含自动气象站）小时降雨量超过 80 毫米，最大小时降雨量达 100.3 毫米，出现在平谷区挂甲峪，历史上少见。此外，降水过程历时短（21 日 10 时至 22 日 06 时），但全市平均日降雨量达 190.3 毫米，列 1951 年有完整降雨量观测以来日降雨量的第一位。

（3）范围广。强降水覆盖面大，出现大暴雨（日降雨量 100 毫米以上）的范围占全市总面积的 86% 以上。

（4）极端性突出。全市 20 个国家级气象站中，11 个气象站日降雨量达到 1951 年建站以来的历史极值；西南部山区平均日降雨量（212.6 毫米）较此前的历史纪录（140.1 毫米）偏多 72.5 毫米。

二、特大暴雨的影响分析

由于此次特大暴雨雨强大、范围广，降水的大致中心位于西南部山区和城区西部，西南部山区和东北部山区爆发山洪、泥石流，各河道洪水猛涨，城区低洼地区积涝严重，导致多种灾害叠加，受灾人口和死亡人数之多、经济损失之严重，为近年北京市因自然灾害遭受的损失中较罕见的。

一是死亡人数多。截至 2012 年 8 月 5 日，经北京市人民政府防汛抗旱指挥部办公室核实，北京"7·21"特大暴雨山洪泥石流灾害中 79 人遇难，其中有 5 人因公殉职。在被确定身份的 66 名遇难人员（因公殉职人员除外）中，溺水死亡 52 人，占 79%，其中洪水溺亡 31 人、驾车溺亡 11 人、落水溺亡 10 人；5 人触电死亡，占 7.6%；3 人因房屋倒塌死亡；2 人因创伤性休克死亡；2 人因高空坠物死亡；1 人因雷击死亡；1 人因泥石流死亡。分析其年龄层次发现，44 人为 18～50 岁的青壮年，占 66.7%；18 岁以下的未成年人有 7 人，占 10.4%，其中 3 人 17 岁；50 岁以上 15 人，占 22.7%。

二是对城市运行特别是交通影响大。此次灾害造成全市积水点共 426 处，其中中心城区道路积水点 63 处，积水 30 厘米以上路段 30 处，导致多处交通瘫痪；路面塌方 31 处；3 处在建地铁基坑进水；轨道 7 号线明挖基坑雨水流入；5 条运行地铁线路的 12 个站口因漏雨或进水临时封闭，机场线东直门至 T3 航站楼段停运；1 条 110 千伏站水淹停运，25 条 10 千伏架空线路发生故障；降雨造成京原等铁路线路临时停运 8 条。首都机场滞留人员及被取消和延误航班之多也为近年罕见。当日计划起降飞机 1632 架次，实际执行 1061 架次，取消 571 架次，全天共计延误航班 701 架次，最高峰近 8 万人滞留首都机场。全市受灾最重的房山区 12 个乡镇交通中断，6 个乡镇手机和固网信号中断，131 个联通基站信号中断，95 个移动基站信号中断。

三是经济损失重，社会影响大。此次灾害造成全市受灾面积达 16000 平方千米，其中成灾面积 14000 平方千米；全市受灾人口 190 万人，其中房山区 80 万人；全市共转移群众 56933 人，其中房山区转移 20990 人；全市倒塌房屋 1.19 万间，房屋进水 10.21 万间，房屋漏雨 6.29 万间；直接经济损失多达 118.4 亿元，为北京市近 5 年气象灾害造成直接经济损失总和的 3 倍多，占 2011 年北京市国民生产总值（GDP）的 0.74%。

四是对群众生活影响大。此次特大暴雨灾害导致全市倒塌房屋 1.19 万间，房屋进水 10.21 万间；房山全区 180 多口自备井受不同程度污染；还有很多小区设施设备机房中的电气设备进水、电梯坑进水；城区数百辆汽车被淹。

三、北京经历暴雨灾害所凸显的问题

1. 山区地质条件脆弱，邻近地区山洪、泥石流灾害隐患大

北京地区地质构造复杂，褶皱构造、断裂构造广为分布，基岩强烈破碎，山区坡度大于 25° 的坡面面积占山区总面积的 46%。北京地处东亚季风气候区，主汛期降雨集中，多以暴雨、大暴雨和特大暴雨等高强度的方式降落。而山区山高坡陡、岭谷相间、沟道狭窄，这种地形既利于水流的汇集而形成山洪，又便于固体物质的集中，在雨水的浸泡、山洪的冲击下形成山体滑坡、泥石流等灾害，导致一些沿山而建的公路和建筑等受到影响。房山区河北镇鸟语林风景区和霞云岭乡庄户台村鱼骨寺因 7 月 21 日暴雨分别发生泥石流灾害，村屋瞬间被吞噬，鱼骨寺 1 人受伤、1 人失踪。108 国道门头沟段因塌方无法通行。山洪水势湍急，使得下游河道水位突

涨，其中拒马河张坊站洪峰流量达 2570 m³/s，为 1963 年以来最大值，仅次于 1956 年（4200 m³/s）和 1963 年（9920 m³/s），而列第三位。从受灾最为严重的房山区被确认的 42 名遇难者（因公殉职人员除外）遗体发现的地域看，溺亡人员主要集中在山区与平原过渡地区，其中周口店镇、韩村河镇和青龙湖镇均有 6 人，河北镇 4 人，石楼镇和城关镇各 3 人，大石窝镇、长阳镇、闫村镇和良乡各 2 人，十渡镇和佛子庄乡各 1 人。

2. 城市发展迅速使得城市的脆弱性增强

脆弱性是指承灾体遭受损失的容易程度，反映了承灾体抵御致灾因子打击的能力。随着经济发展和城市化推进，城市应对强降雨等极端气候事件的脆弱性凸显，主要体现在以下方面。

（1）城市道路面积增加使地表汇流量增加。北京市 2010 年城市道路面积较 2001 年增加了 55%。道路面积的增加，使土地吸收和渗透性减弱，越来越多的雨水集中在地表，加之排水能力不足，极易造成内涝。

（2）城市扩建使低洼和内涝区域扩大。随着城市扩张，在低洼地区建设的项目增多，使可能发生内涝的区域增加。城市化向农村扩展，甚至在行洪区或附近建设，造成河道行洪不畅，一旦发生洪水，极易造成重大伤亡和财产损失。

（3）城市道路迅猛发展使易被淹地段增多。2010 年北京市拥有的桥梁和立交桥分别较 2001 年增加了 1.1 倍和 1.6 倍。公路桥、立交桥、过街地下通道等地势偏低点增多，如果排水系统不畅，遇有强降水，往往形成积水，造成交通堵塞、人员伤亡等。

此外，老城区规划改造，破坏了原有的排涝设施；城市现有排水设施和管网容量不足、运营效率低；城市缺乏科学合理的雨水储存、利用的空间和措施；城市缺乏统筹协调、严密有效的防洪抗涝应急和风险管理机制；城市管网设计不适应新的气象灾害特点等，也是造成城市内涝的因素。

3. 城市经济体量增大对暴雨灾害有放大效应

北京经济的快速发展，使得城市面临的各种灾害风险越来越大，灾害造成损失的数量也呈上升趋势，主要体现在以下方面。

（1）城市经济快速增长。根据北京市统计局资料分析显示，2001 年北京市生产总值 3710.5 亿元，2005 年为 6969.5 亿元，2010 年达 14113 亿元，2010 年 GDP 较 2001 年增长了 2.8 倍。

（2）城市面积迅速扩大。2001 年北京城市建成区面积为 747.8 平方千米，2010 年达 1289.3 平方千米，较 2001 年增加了 72%。

（3）城市人口急剧膨胀。北京市人口增加快、密度高，2001 年北京市常住人口 1385.1 万人，2005 年为 1538 万人，2010 年达 1961.2 万人，较 2001 年增长了 41.6%；2010 年北京市人口密度高达 1195 人/平方千米。

（4）城市车辆急剧增加。近 10 年，北京汽车数量增长迅速。2001 年全市拥有车辆 173 万辆，2005 年有 214.6 万辆，2010 年达到 452.9 万辆，较 2001 年增长了 1.6 倍多。

4. 水患意识淡薄

自从 1963 年 8 月 3 日至 9 日的大暴雨过程之后，北京已多年没来大水，水患意识淡薄，侥幸心理严重。尽管气象部门已经提前发了暴雨预警，但在 7 月 21 日周六晚上，北京多项公共活动没有推迟或改期。例如，北京国安足球队当晚和杭州绿城队在工人体育馆冒雨比赛，有 2 万名球迷冒雨前往；台湾歌手萧敬腾在万事达中心正常开演唱会，1 万多名观众冒雨前往；国家大剧院四个剧场当天下午到晚上有五场演出，其他剧场也多数有演出。另外，一些市政建设和楼盘建设没有严格按规范标准或者采用偏低的标准进行设计，导致暴雨来临时无法正常排水；一些小区物业疏于管理，导致地下车库内的汽车惨遭水淹；一些车主心存侥幸，驾车涉水通过积水已齐腰深的道路，结果纷纷熄火，等等。

5. 雨水利用率低

"7·21"暴雨给北京带来约 31 亿立方米雨水资源，通过利用湖泊滞蓄、河道调度、雨洪利用设施储蓄、加大入渗等多种措施，获得可利用水资源量初步测算可达到约 9 亿立方米，其中密云水库来水 2155 万立方米，官厅水库 117 万立方米。但仍有大量的水资源经河道白白地流走，无法得到有效利用，而且目前城镇建设的雨水收集系统收集水量也很少，不到 2000 万立方米，雨水利用空间很大。

四、对策建议

1. 科学规划城市建设

尊重自然地理格局，科学开展城市规划。合理布局工业区、商业区、居住区、河湖和绿地，结合暴雨风险区划成果，将防灾意识贯彻到城市规划中，以规避风险。利用更新、更有时空代表性的降水资料，并考虑城市化的影响，修订和形成适合北京城市发展的雨水排除规划设计标准，逐步提高排水管道覆盖率，集中力量构建生态水网以及雨水回收与地上地下集约化储水系统，实施重要排水泵站新改扩建、排水管线配套和低洼区自排与滞蓄洪区的建设、重点地段明渠整治以及应急设备购置等。

2. 修订和补充灾害应急预案，完善和丰富应对特大自然灾害的应急机制、应对方式

针对此次特大暴雨灾害中出现的不足，修订和补充灾害应急预案。诸如在特大自然灾害来临之时，人员大量聚集的大型活动是否取消，民众是否放假，公共交通如何运行等问题，需要予以规范。社会对灾害的预防、响应、救助等行动要更加人性化、精细化、大众化；贯彻"以人为本"思想，把救助弱者、人的生命放在首位，把应急处置转化成一种周到的服务行为，及时发布通俗易懂的灾害预警，并提出切实可行的提高公众自救能力的措施，使普及减灾知识工作更温馨、更人性化。

3. 加强大城市气象灾害监测预警和预警信息发布

进一步形成气象灾害实时监测、短临预警和中短期预报的无缝衔接，构建预警信息发布、传播、接收快捷高效的监测预警体系。力争做到气象灾害性预警信息能提前发出，气象灾害预警信息公众覆盖率达到 90% 以上。进一步提高预警信息发布时效性，消除预警信息发布"盲

区"，逐步建成功能齐全、科学高效、覆盖城乡的气象灾害监测预警及信息发布系统。

4. 加强暴雨引发的气象灾害及次生灾害（洪水、地质等灾害）的风险管理

应建立相应的管理机构，尽早筹划开展城市气象灾害风险普查，全面查清城市发生的气象灾害种类、次数、强度和造成的损失等情况，组织开展基础设施、建筑物等抵御气象灾害能力普查，推进气象灾害风险数据库建设，编制分灾种气象灾害风险区划图。开展大城市气候变化影响、脆弱性和适应性研究，使适应策略更有针对性，适应措施更有效。从而在风险事件发生前，预见可能发生的损失并加以防范。同时，应从长远考虑制定减少灾害损失的应急管理办法。

5. 加强雨洪利用

学习世界城市发展经验，制定和完善有关雨洪利用的法律法规，加快雨洪利用工程建设，新建蓄水池、人工湖等收集和储存雨水，并逐步建立完善的由屋顶蓄水、入渗池、下凹式绿地、透水地面等组成的地表回灌系统，实现雨洪资源化。

6. 普及防灾减灾知识，加强防汛宣传和演练

加强教育与科普宣传，使民众特别是中小学生了解气象等各种自然灾害预警机制，组织防汛等演练，增强民众防灾减灾意识，提高应急自救能力。

城市暴雨预报预警与减灾对策研究

李青春[1]　王迎春[2]　陈大刚[1]　曹伟华[2]

（1. 中国气象局北京城市气象研究所；2. 北京市气象局）

摘要：本文在概述近几年来北京发生极端暴雨造成的影响和危害的基础上，揭示了城市暴雨沥涝灾害的新特点；对北京地区暴雨天气的预报预警和技术支撑能力进行分析，提出了城市暴雨预报研究中值得关注的科学问题以及城市基础设施规划和建设、城市生态环境建设、城市应急管理和减灾联动机制等方面存在的诸多问题。建议首先重点解决天气预报预警准确性及延伸服务的科技支撑、气象灾害应急管理和应急联动技术支撑能力建设，深入开展暴雨等极端天气的影响和危害研究、建立气象灾害风险评估和灾害模拟系统，为应急管理部门提供应急联动的技术手段等问题。

关键词：城市化；暴雨；预警；沥涝；应急管理

一、引言

近年来，随着我国经济持续发展，城市化进入快速发展阶段，人口不断增加，城区面积不断扩大，城市下垫面条件发生巨大改变。城市生产活动和特殊下垫面条件共同作用于大气，使大气边界层特性随之发生变化，导致城市周边气候异常，"热岛效应"明显。对降水影响所进行的大量研究证明，城市化对降水产生了重要影响。我国学者对长江三角洲、珠江三角洲城市群以及北京、上海、南京等地降水量时空分布、降雨强度、暴雨次数、中心位置等发生改变进行了研究。

吴息、李建、梁灵君等对北京降水的城市化影响特征研究表明，在市中心，短历时暴雨的发生概率和降水强度增加最为显著；短历时降水过程的降水总量增大，而持续性降水过程降水总量大幅减小。另外，黎伟标等对珠江三角洲城市群区域城市化对降水影响的研究表明，珠三角城市群区域的城市化对降水影响显著，城市地区强降水多、弱降水少、降水次数少，但降水强度明显加大；赵文静等的研究指出，长三角城市群区域降水量明显增长，且夏季降水增幅明显高于其他季节。以上的大量研究表明，频繁发生的城市沥涝与城市化导致的城市降水量增大和强降水事件增多有关。随着城市的发展，城市暴雨造成的影响和危害加重，同时暴雨灾害也呈现出新的特点。

本文使用北京地区 20 个常规气象站降水观测资料、加密自动气象站降水观测资料、北京市水务局水文测站和积水监测资料等，概述 2004—2011 年发生在北京的极端暴雨造成的影响与危害，揭示城市暴雨沥涝灾害的新特点，对暴雨预报预警的难点和技术支撑能力进行分析，指出城市暴雨预报预警能力需要解决的科学问题以及城市生态环境建设、城市防汛排洪规划建设和城市灾害应急管理中存在的问题，并提出了改进措施和建议。

二、近几年北京城市极端暴雨的影响和危害

2004 年 7 月 10 日下午发生在北京的局地大暴雨，至今令人们记忆犹新。此次暴雨过程造成 70 多个路段及 8 座立交桥下严重积水，城市交通几乎陷入全面瘫痪，90 处地下设施遭水淹，47 路电路跳闸，供电中断，房屋漏水、进水，部分危房倒塌等严重城市灾害事件。据北京市防汛部门对降水量数据的统计，继"7·10"大暴雨之后的 6 ～ 7 年间，北京城区及周边地区局地暴雨天气（大于 70 mm/h）频繁发生达 36 起之多，多次造成城市部分地区积水。最严重的一起是 2007 年 8 月 1 日 19 时至 2 日 01 时出现在北京城北的大暴雨天气。北京地区加密自动气象站降水资料显示，和平西桥 1 h 最大降水量达 91.7 mm，2 h 最大降水量达 133.7 mm，桥下积水深 2 m；奥体中心 1 h 最大降水量达 67.8 mm，2 h 最大降水量达 103.7 mm。

2011 年夏季北京地区平均降水量（487.9 mm）比常年同期（435 mm）偏多 12%，比近十年均值（321.2 mm）偏多 52%。共出现 12 次局地暴雨和 3 次全市性大到暴雨过程（这在北方地区较为罕见），其中 6 月 23 日下午到夜间出现的暴雨、局地大暴雨是北京近 10 年来遭遇的最强降雨天气，造成了较为严重的沥涝灾情和不利社会影响。从 2011 年 6 月 23 日 16 时至次日 02 时北京地区加密自动站降水量分布图可以看出，最大降水集中在城区西部，石景山区降水量最大，模式口自动气象站降水量达 214.9 mm。降水主要集中在 16 时至 18 时，16 时至 17 时最大降水强度达 128.9 mm/h。暴雨造成市区多处路段严重积水，有 11 座立交桥桥下积水，其中二环路有 3 座、三环路有 7 座、四环路有 4 座，造成交通中断和许多汽车被困水中。暴雨恰好出现在北京交通晚高峰时，严重影响市民出行；北京多条地铁线路进水使运营受阻，部分线路或站点停运（1 号线、13 号线、亦庄线部分区段进水）；首都机场航班延误滞留 1 h 以上 69 架次，取消航班 100 多架次；暴雨由强对流性天气引起，伴随强烈雷电，雷击造成 10 千伏线路故障 134 次、6 座市政泵站外电源停电；石景山 2 名过路青年不慎掉进排水井身亡，朝阳区 2 名男子先后因接触带电积水遭电击，其中 1 人身亡，等等。

另一次发生在 7 月 24 日下午到夜间的大范围暴雨、局部大暴雨影响也很大，降雨主要出现 14 时至 22 时。暴雨过程累计降水量全市平均 60 mm，最大降水量出现在密云水文站，为 243 mm。城区平均降水量为 53 mm，箭亭桥站降水量最大为 116.4 mm（最大降水强度为 56.6 mm/h），海淀站其次为 95.0 mm。城区道路有 24 处出现积水，其中 14 处造成交通中断；首都机场航班大面积延误，有 38 次航班备降、返航，398 次航班取消，317 次航班延误；高速路上连续发生多起汽车追尾事故；北京铁路工务段京承铁路密云县境内部分路基被雨水冲毁。

分析近几年北京城市极端暴雨特征及其影响得出城市暴雨造成的主要灾害和影响特点，由于城市大面积的不透水下垫面，城区环路上多座下凹式结构立交桥、地下设施围挡防水措施不足，使原本就存在排水设施设计标准低和改造进度缓慢等问题的城市一旦发生暴雨，就会形成多地区严重积水，导致交通中断，地下或地面设施（地铁线路、地下停车场、物资等）被淹的灾害后果。另外，与暴雨相伴的雷电天气导致机场航班大面积延误甚至取消，造成高压电线路等城市生命线系统故障，甚至造成人员被水淹或电击身亡。

以上情况，对气象部门的暴雨预报预警和服务保障工作提出更高更多要求，使城市的防汛

工作面临新的考验，给政府应急管理部门和城市基础设施建设和管理部门、城市规划设计等部门提出了许多需要迫切解决的问题。

三、城市暴雨预报预警和减灾工作存在的问题

1. 灾害性暴雨天气预报准确率有待提高

降水量和降水强度是城市产生沥涝的主要原因。暴雨预报是汛期天气预报业务的重要内容，也是最复杂、最困难的预报内容之一。暴雨的形成和维持是多尺度天气系统相互作用的结果，实际业务中预报员要在一定时间内对大量观测数据和数值预报产品进行综合分析诊断并对其做出准确预报，是非常困难的。气象部门暴雨预报情况调查表明，对于天气系统明显的暴雨天气预报能够有较好的把握，而对于突发性天气的预报能力仍显不足。对发生在北京的数次暴雨过程的预报结果普查，结果是：2004 年"7·10"暴雨，气象部门预报有雷阵雨；2007 年"8·1"暴雨，气象部门预报部分地区有雷阵雨；2011 年"6·23"暴雨，气象部门预报有大雨；2011 年"7·24"暴雨，气象部门准确预报出有大至暴雨。可见，对极端性暴雨过程，绝大多数情况下气象部门能预报出有明显的降雨过程，但在量级上存在误差。

城市暴雨和强对流天气的形成除受天气系统、周围大地形的影响外，还受到城市环境（如城市热岛效应、城市下垫面动力和热力强迫、气溶胶等）的影响，其预报预警难度更大。与日益提高的精细、定量、时效性、准确性的需求存在较大差距。特别是针对局地性、突发性、极端性暴雨和强对流天气的预报预警水平，依赖于整个大气科学发展水平的提高。

当前现有观测系统所提供的观测资料信息，主要是针对天气尺度系统，而对直接造成暴雨的中小尺度系统的观测并不充分，有些地方甚至十分缺乏。对北京而言，为满足 2008 年北京奥运会和 2009 年国庆 60 周年纪念活动气象服务保障的需求，建成了针对暴雨和强对流天气的新一代雷达、加密自动站网、卫星遥感地基 GPS/PWV 观测网、风廓线雷达等中尺度监测网（目前是国内最好的），这在很大程度上弥补了资料观测上的缺欠，有效提升了暴雨、强对流等灾害性天气预报预警的科技支撑能力。但近几年暴雨、强对流预报预警实践证明，受观测项目和站点布局等因素影响，观测资料仍不能精确反映实际大气内部物理特征及其变化，尤其是需要获取的暴雨、强对流预报信息不足，这在较大程度上制约了灾害性暴雨的准确预报。

目前，天气预报已经进入数值预报时代，发展数值预报是提高天气预报准确性的根本途径。预报实践证明，数值模式的暴雨预报能力有限，尤其是对突发性、局地性暴雨的预报。统计结果表明，对于大雨以上量级的预报，预报员比数值预报具有更高的准确性。因此，数值预报加预报员经验订正方法是目前中、短期暴雨预报在未来相当长时间内的主要方法，要达到完全客观、定量还有很长的路要走。

2. 城市基础设施设计建设和改造存在的问题

排水系统等城市基础设施设计和建设滞后于城市发展，是国内许多城市普遍存在的问题。从目前北京市的排水能力看，其排水设施设计标准为 1 ～ 3 年一遇，仅能应对降水强度在 36 ～ 45 mm/h 的强降水天气。尽管有关部门对北京新增积水点进行调查，并为其"量身定制"

了应急预案，采取增加泵站、新建排水管道、增加雨水口等措施，而实际情况是当降水强度超过或远远超过 45 mm/h 且强降水面积太大时，就会形成多处积水点。因此，排水管网科学规划建设和改造成为解决城市积水沥涝的最关键问题。

城市修建的立交桥也是暴雨引发的内涝和积水的重要原因。山西太原市降雨积水个例的分析发现，当降雨强度达 5 mm/h 以上时，在无排水管网的立交桥下就会出现影响交通的积水；当降水强度达 15 mm/h 以上，如降雨历时超过 2 h，城区各立交桥将大范围积水，发生沥涝灾害。

北京市有 49 座下凹式立交桥，仅有复兴门桥设有调节蓄水池。从近几年城市暴雨出现的严重积水地点看，主要分布在下凹式立交桥区，而复兴门桥下很少出现积水。

3. 城市生态环境亟待改善

城市在规划建设过程中，因缺乏对生态环境保护的认识而导致城市不透水地表面积增加或者是地表坡降变化导致的城市水文特性改变。2011 年 7 月 3 日四川成都市出现特大暴雨，二环以内管网建设已达到国家一级标准，但城区仍然出现内涝，原因在于城市地面的大量硬化、大量雨水形成径流而根本无法下渗所致，是近年来城市沥涝不断加重的另一重要原因。在各地城市化进程中，一方面，天然植被为大面积建筑群和不透水下垫面所取代，地表滞留和下渗能力降低，增加了地表径流；另一方面，由于建筑物地基和路面抬高，排水坡度增加，缩短了地表水汇流时间，使城市降水径流系数加大。此外，原有城市生态中水系退化甚至消失，导致城市蓄水功能减弱，也是近年来城市沥涝不断加重的重要原因。

4. 应急管理和防汛减灾能力有待提高

针对城市暴雨灾害应急抢险，全国各地大中城市都制定了相应的应急预案。纵观这些应急预案，其可操作性较差。一是在需求分析、城市脆弱性与应急减灾能力分析方面存在不足；二是职责与分工不够清晰准确，包括分级响应和应急指挥的运作机制缺乏标准性规定等，应急预案缺乏应急实战演练。

目前，尽管全国各地大中城市都相继成立了专业化的应急抢险机构，承担包括防汛、抢险、巡查等职能。但应急抢险机构一般涉及众多部门，在城市暴雨灾害应急抢险过程中，各部门仅从履行自身应急职责出发，难以突破部门限制，其实际协调组织能力和应急处理能力都十分有限。另外，在城市暴雨汛情处置过程中，存在应对处置效果不佳和组织协调不力等情况，还存在排水设施维护和值守、抢险人员和设备配备不足等问题。

四、城市暴雨预报预警与减灾对策

1. 提高暴雨天气预报预警准确性和气象服务保障能力

城市暴雨和强对流天气的形成原因极为复杂，除受天气系统的影响和制约外，周围地形、城市环境（如城市热岛效应、城市下垫面动力和热力强迫、气溶胶等）的影响，使得暴雨的预报预警难度更大。因此，要提高暴雨预报准确性，必须加强极端性暴雨天气形成机理的研究，需要深入开展地形、城市环境特征对极端天气影响机理的研究。

在提高暴雨天气预报预警能力的基础上，建立和完善暴雨天气的短期、短时预报预警平台。

以中雨以上为启动条件，向将要发生暴雨天气所涉及的区域提供实时监测雨量、雨强、积水等实况和预报警示，并按灾害级别以蓝色、黄色、橙色和红色标出；整合技术力量，实现城市暴雨天气预报向城市暴雨沥涝灾害预警的延伸，提高暴雨天气预警的针对性和可用性。

在根据天气预报预警实践发现的问题不断修订完善暴雨（和雷电）预警标准。北京市气象局预报业务实现中发现，暴雨预警信号标准中没有针对雨强的划定内容，直接影响了短历时强降水的警示能力，使防汛、交通管理、市政等相关部门难以了解和掌握将要发生的暴雨天气情况和可能造成的影响和危害。从 2011 年 9 月之后对暴雨、雷电（暴雨时大多数都伴有强雷电）预警信号进行修订，在暴雨、雷电预警信号中增加了短历时强降雨（1、3 h）预报标准，在雷电预警中考虑了短时雷雨大风等内容，其服务效果改善明显。

为了提高暴雨灾害的减灾应对能力，首先城市气象部门要建立和完善暴雨等灾害性天气预警信息发布机制。针对强降水天气过程开展区域联合会商和加密会商，跟踪暴雨天气过程的发展、变化，提前向政府决策部门、城市运行保障部门、社会公众等发布暴雨预报预警信息产品，提供天气监测实况和临近落区预报信息；与城市防汛办、国土资源局及其各专项应急指挥部联合会商和应急联动，使决策部门及时掌握最新降雨天气情况，顺利开展减灾和应对工作。同时，通过电视、广播、短信、声讯电话、预警塔和电子屏等方式向公众发布预报预警信息。

2. 基础设施改造和暴雨防灾制度化

要解决各大中城市长期以来存在的排水设施能力不足、地表硬化面积过大、绿化率太低等问题，必须从基础设施建设改造和暴雨灾害预防常态化和制度化着手。

暴雨来临时能及时应对的根本保证是高标准的城市排水系统和暴雨灾害应急处置设施。在现有条件下，及时对城市积水点，特别是下凹式立交桥等可能发生积水路段展开调查，并提出切实可行的整改措施。同时，在调查研究的基础上加大排水等城市基础设施改造的管理和资金投入。

积极推进雨洪集水工程建设，加大绿化面积。像北京这样严重缺水城市，要在规避暴雨灾害的同时，修建蓄水设施和导流工程，使雨水和低洼地区的积水得到储蓄或流入河道。北京市政协人资环委 2009 年曾将雨水收集利用问题提交过提案，建议尽快编制本市城市雨水利用规划设计方案。在新建小区建立地下雨水储蓄池，用于绿化和卫生清洁用水等。将新建居民小区、人行道、步行街、广场和停车场等建设为透水地面，铺设透水透气砖，大力推广铺设渗水材料等。

针对暴雨造成下凹式立交桥出现严重积水的现状，应研究下凹式立交桥优化方案。新建立交桥应尽量避免下凹式方案，并提高排水标准。有条件的现有立交桥应修建地下蓄水池，避免桥区发生积水沥涝。

借鉴国外（如日本）的先进管理经验，建立常态化、制度化、标准化的暴雨灾害应急管理和监督机制。对城市排水设施各项技术指标、排水能力制定严格规定和相关标准，建设和维护必须依法照章办事，有利于排水设施的建设和维护的常态化和制度化。

对于城市环境保护和改造，有关部门应制定法律法规，像澳大利亚和加拿大等许多国家的城市一样限制硬化地表占城市总面积比例，提高街道绿化比例，确保雨水下渗率不致因大量硬化下垫面而降低。

3. 提高城市暴雨灾害应急管理能力

发生城市沥涝的主要影响因素除降雨强度和持续时间、城市所处的地形地貌、下垫面状况外，在很大程度上取决于一个地区对暴雨灾害的承受能力。只有当暴雨带来的影响超过了该地区的承灾能力，才会发生灾害。而一个地区的承灾能力与当地的人口密度、社会经济发展状况、城市公共基础设施（如排水系统）状况、政府的应急管理和应对能力等都有密切关系。

城市应急管理是政府针对危害城市安全的自然灾害（地震、气象灾害、地质等）、重大疫情和安全事故的防灾减灾的组织管理。

提高城市暴雨灾害应急管理能力，首先要加强针对暴雨灾害应急管理和应急联动的技术支撑能力建设。要深入开展极端暴雨天气的影响和危害研究，重点做好对社会经济指标、灾情数据与不同等级极端天气之间关系的统计研究；城市应急部门要组织气象、水务、防汛、市政部门以及排水公司等联合研发城市暴雨沥涝风险预警系统，实现对强暴雨天气的实时监测、沥涝过程（水位、流量、水深、流速）及可能造成的淹没范围、淹没水深预报的信息共享；要尽快建立城市暴雨灾害影响决策咨询系统，开展沥涝灾害风险预警，以便相关部门能提前分析、预测特定地区潜在沥涝灾害危险程度和可能造成的破坏，及时对最新灾情做出实时动态评估和发展趋势预测。为城市路面交通、地铁、水务、国土资源以及供电、供水、供气等城市要害部门提供暴雨灾害信息，为主动采取应对措施提供科学依据和实用工具。

另外，进一步完善多部门（气象、水务、市政、交管、路政、消防、国土资源以及电信和广播电视等）应急联动机制，实现暴雨减灾工作各部门的协调联动，取得良好的防汛减灾效果。

五、小结

大量研究表明：北京频繁发生的城市沥涝与城市化导致的城市降水量增大和强降水事件增多有关。近几年来，北京发生极端暴雨造成的影响和危害主要为：引发多处地区严重积水（特别是下凹式立交桥区），导致交通长时间瘫痪，地下或地面设施（地铁线路、地下停车场、物资等）被淹，房屋漏水、进水，危房倒塌，室外人员被水淹致死或电击身亡等。另外，伴有雷电天气的暴雨天气导致机场航班大面积延误甚至取消，造成高压电线路等城市生命线系统故障等。

给出的提高暴雨天气预报预警准确性和气象服务保障能力的措施建议：①解决加密观测网合理布局、数值预报准确性问题，深入开展城市暴雨的形成机理研究，开展地形、城市环境（如城市热岛效应、城市下垫面动力和热力强迫、气溶胶等）的影响研究；②建立和完善暴雨天气的短期、短时预报预警平台；③实现城市暴雨天气预报向城市暴雨沥涝灾害预警的延伸，提高暴雨天气预警的针对性和可用性，根据天气预报预警实践修订完善暴雨（和雷电）预警标准；④建立和完善暴雨等灾害性天气预警信息发布机制。

对解决城市基础设施建设和改造、城市生态环境、城市应急管理和减灾能力等方面存在的问题的措施建议：①城市管理部门应在调查研究的基础上加大排水设施改造的资金投入，加快排水设施改造建设和改造的进度；②推进城市雨洪集水工程建设，增加透水地面比例，加大绿化面积；③针对暴雨造成下凹式立交桥出现严重积水的现状，研究下凹式立交桥优化方案，有条件的现有立交桥应修建地下蓄水池，避免桥区发生积水沥涝；④借鉴国外先进管理经验，建立常态化、制度化、标准化的暴雨灾害应急管理和监督机制；⑤加强针对暴雨灾害应急管理和应急联动的技术支撑能力建设；⑥深入开展极端暴雨天气的影响和危害研究，重点做好对社会经济指标、灾情数据与不同等级极端天气之间关系的统计研究；⑦研发城市暴雨沥涝风险预警系统，实现对强暴雨天气的实时监测、沥涝过程（水位、流量、水深、流速）及可能造成的淹没范围、淹没水深预报；⑧建立城市暴雨灾害影响决策咨询系统，开展沥涝灾害风险预警；⑨为城市路面交通、地铁、水务、国土资源以及供电、供水、供气等城市要害部门提供暴雨灾害信息，为采取应对措施提供科学依据和实用工具。

吸取"7·21"灾害教训，加强北京建设世界城市的安全减灾保障

郑大玮　阮水根

（北京减灾协会）

一、"7·21"特大暴雨洪涝的承灾体脆弱性和灾害链分析

2012 年 7 月 21 日，北京市遭遇有气象记录以来最大暴雨，平均降雨量 170 mm，最大点房山区河北镇 541 mm。引发城区严重内涝和房山等地山洪暴发、拒马河上游洪峰下泄。全市受灾人口 190 万人，其中房山区 80 万人。初步统计全市经济损失 116.4 亿元，79 人遇难。

这一场灾害之所以造成如此严重的后果，固然与成灾的物质与能量巨大有关，同时也与承灾体的脆弱性及灾害链的复杂性有关。在突发的巨灾面前，北京市政府立即启动了应急预案，动员了十几万人的抢险救灾队伍，市领导亲临第一线，涌现出一批自动参与救灾、无私奉献的市民和数名因公殉职的好干部，但也暴露出存在的不少问题。在痛定思痛之余，全面总结这次灾害的经验教训，对于加强北京建设世界城市的安全保障是很有意义的。

1. 城区在"7·21"特大暴雨洪涝灾害中的脆弱性

（1）下垫面特征：长期以来，摊大饼式的城市扩张发展战略形成大面积不透水地面，雨后径流迅速形成并数倍加大，尤其立交桥下和低槽路段成为险区。连续多年超采地下水和长期干旱，突降暴雨渗入土壤容易诱发局部坍塌。

（2）水文与植被：城市建设的短期行为导致排水管网建设标准过低，原有城区河流大部被掩盖或淤积，泄洪能力严重下降，几乎所有绿地都高于路面，拦蓄雨洪作用甚微。

（3）应急机制：虽然编制了应急预案并立即启动，调动十几万人的专业抢险救灾队伍，但没有落实到基层，大多数企事业单位没有预案。现有预案原则规定多，行动细节规定少，预警到位率低，没有充分利用各类媒体和电子屏幕，一些公共文体活动照常进行，不按车位应急停靠照常罚款，高速公路照样收费，甚至个别急救车拉运遇难者尸体也要收费。

（4）市民素质：许多市民缺乏城市洪涝自救互救知识技能，以致发生多起溺水、落井、触电、窒息伤亡事故。虽然有些人通过微博联络以私车参与救援，但多数市民缺乏组织与指导而无所适从，没有形成全民有序的救援行动。有些市民中还流传一些谣言或不实信息。

（5）补偿机制：发达国家的灾害保险通常可补偿一半以上的经济损失。我国 2008 年南方低温冰雪与汶川地震两大巨灾的保险赔付都只占到直接经济损失的 1% 左右，微不足道。此次北京"7·21"暴雨洪涝经济损失高达 116.4 亿元，截至 7 月 29 日，保险公司估损金额仅 9 亿元，而且绝大部分是强制性的车辆保险。

2. 山区在"7·21"暴雨中的脆弱性

这场暴雨洪涝灾害中以房山区的损失最为惨重，一方面与暴雨中心的位置有关，但本市山

区在大灾中尤其脆弱是根本原因。

（1）气候：本市山区在历史上一直是山洪、泥石流的重灾区，北部山区和西部山区各有一暴雨中心区。新中国成立以来累计死亡约600余人，超过其他任何一种自然灾害。20世纪50年代山洪、泥石流造成的群死群伤以西部山区居多，尤其是门头沟；20世纪60年代到90年代初以北部山区居多。

（2）地质：西部为石灰岩山区，与北部山区相比，地势更加陡峭，土层更薄，植被更差，发生同样强度的暴雨，山洪和泥石流成灾风险更大。

（3）人类活动：近十几年来山区大力发展沟域经济取得显著经济效益，但也有一些地区追求短期利益，在靠近河谷的地方兴建各种旅游设施，在山洪冲击下损失惨重。

（4）应急机制：近几十年来持续干旱，房山区对于可能出现的气候转折缺乏思想准备，防御山洪、泥石流灾害的预防预警不如北部山区和门头沟抓得认真，村民缺乏在山洪、泥石流灾害中自救互救的知识与技能，山区应急救援技术手段与装备也相对落后。

3. 灾害链概念的提出

1987年郭增建首先提出灾害链概念，指出灾害链是研究不同灾害相互关系的学科，是由某一灾害预测另一灾害的学科。目前，多数学者把灾害链看成由原生灾害引发次生或衍生灾害的关系。郑大玮在2009年提出把灾害链的内涵拓宽如下：灾害链是指孕灾环境中致灾因子与承灾体相互作用，诱发或酿成原生灾害及其同源灾害，并相继引发一系列次生或衍生灾害以及灾害后果在时间和空间上链式传递的过程。

重大灾害链通常有一个主链和若干支链，每个链又由若干环节组成，各链及各环节之间具有复杂的相互联系。同时，发生的几种灾害，通常其中某种灾害处于原生或主导地位，从孕育到危害成灾形成主链，同源次要灾害或原生灾害的次生灾害及其后果则构成支链。重大灾害链由于存在主链和若干支链，又具有复杂的相互联系和反馈，实际形成了灾害链网。

灾害链由两部分组成。前半部分由孕灾环境中的致灾因子开始作用于承灾体到灾害高潮期，称为灾害发生链；由灾害高潮期到灾害后果完全消退的后半部分称为灾害影响链。

研究灾害链的目的在于探索在其关键环节或薄弱环节中断链减灾的对策。

4. 阻断或削弱灾害链的途径

（1）通过拦蓄工程、水土保持工程削弱洪水。

（2）根据预警提前对承灾体采取规避措施。

（3）对承灾体的薄弱环节采取临时加固或保护措施。

（4）公开灾害信息，以正确信息阻断扭曲信息和谣言的传播。

（5）保险理赔虽然不能阻止灾情的发生，但可以有效阻断灾害后续影响的延伸和加速灾区重建及生产恢复。

二、"7·21"洪灾的经验教训与对策建议

1. 用科学发展观反思北京城市发展战略，加强城市基础设施建设

尽快修订《北京城市总体规划（2004—2020 年）》，扭转超出城市资源承载力和环境容量的城市无限膨胀态势，调整、修订城市基础设施，特别是排水系统的建设标准，重点加强低洼路段和地下设施的排水能力。健全和疏通城市水系，修建城区雨洪拦蓄和集雨系统。

2. 纠正山区发展沟域经济中的短期行为

目前，本市沟域经济的发展过于超前，缺乏科学规划与前瞻性的管理。应按流域重新规划山区沟域经济布局，整治河道与沟谷，恢复和加固堤防，清除侵占河道的违章建筑和设施，迁移沿河与沟旁险区的企业和民居，所有山区公路和沟域旅游点都应建立洪灾预警制度与应急救援体系，重点景区应修建临时避险场所。

3. 全面部署基层各类应急预案的编制

应对巨灾必须调动全社会的力量。应在现有市、区县级应急预案的基础上，层层落实到每个企事业单位和所有城乡社区，针对当地主要灾种编制预案。基层的预案要突出可操作性，应急措施必须落实到具体地点、对象和人员。如在城市洪涝中，每个社区都应负责对所在范围的被困人员和危房住户进行救援和临时安置，对附近被淹车辆实施救助，对井盖冲走、电杆和大树倒折、电线断头、积水过深路段等危险源派人监视并竖立警示标志，尽快报告和协助市政部门抢修。所有山区乡村都应建立灾害预警体系和临时避险场所。

4. 完善细化现有市和区县级预案

结合本次洪灾的经验教训修订预案，还应责成相关部门编制与此衔接的实施细则。如在发生巨灾时，有关部门应调动公交资源并临时征用附近单位车辆救援，疏散机场、车站和公路被困旅客，利用附近影剧院、体育馆等公共场所及部分旅馆临时安置灾民，无偿提供饮食、御寒用品和医药，事后由市财政补偿。明确灾时各种收费、罚款规定的临时调整办法。对趁灾讹诈收取高额费用的出租车与哄抬物价的餐馆、商店、修车行等应予以揭露和惩处。

5. 全面部署救灾志愿者队伍建设

历次灾害救援实践都证明自救与就近互救的存活率最高。专业队伍对于整个巨灾往往是杯水车薪，应主要用于重灾区救援。一般灾区应充分发挥当地社区作用。一方面要加强对社区居民灾害应急知识技能的培训，另一方面要加快灾害救援志愿者队伍的建设。争取 3 年内在所有城乡社区建成占当地人口适当比例的志愿者队伍，并在专业部门指导下开展系统的培训和演练。可根据不同灾种和技术专长有所分工，有些侧重医疗急救，有些侧重工程抢险，有些侧重心理辅导，有些侧重救灾物资输送。具有较高水平或多种技能的，可颁发专业证书。做出重要贡献的要给予表彰奖励。

6. 健全灾害预警和信息发布系统

发生巨灾后要充分利用各种媒体和公共场所电子屏幕向广大公众提供预警，及时发布灾害与救灾信息。市应急办与宣传部门应有人专门收集和分析市民反应和心理，对网络上出现的无

理责难和谣传要迅速解释和澄清。

三、加强北京建设世界城市的安全减灾保障

1. 处理好建设中国特色世界城市的长远目标与做好当前工作的关系

北京市提出建设有中国特色世界城市的宏伟目标是必要的，也是北京城市总体规划中明文规定的。但是我们也要看到，全面建设小康任务尚未完成，中国还将长期处于社会主义初级阶段。作为发展中大国的首都，北京建设世界城市的进程不可避免要受到国情的制约。不能因为2008年北京奥运会的成功举办和一些豪华现代建筑的落成就盲目乐观。无论从城市结构与功能、城市经济发展水平、社会组织化水平与市民素质，特别是安全保障方面，北京与现有世界城市还有很大的差距。在明确发展目标和制定长远规划的同时，主要精力还要放在解决当前制约北京城市发展的经济、社会、资源、环境、安全等紧迫问题上，为未来的长远发展打下坚实基础。

2. 北京城市发展的安全隐患

以气候变化为主要驱动力的全球变化导致气候的波动加剧，超常规模的人类活动和城市扩展造成生态环境的破坏，使资源危机与环境污染加重。关键在于树立可持续发展观，处理好人与自然的关系。

由于处于社会转型期和工作中的某些失误，现阶段社会矛盾比较尖锐，不稳定因素增加。作为全国的政治文化中心，既要发挥北京市历史上引领全国社会变革与进步的先驱作用，又要防止北京的社会动荡波及全国。关键在于以人为本，处理好改革与维稳的关系。不改革，就不可能消除社会不稳定的根源；不稳定，也难以实施有效的改革举措。

3. 北京与世界城市安全减灾管理的差距

2009年12月下旬召开的中共北京市委十届七次全会明确提出了北京建设世界城市的发展目标。2010年7月19日，北京市社会科学界联合会等单位主办了"建设世界城市提高首都软实力"论坛，但文集的重点在世界城市对北京的社会影响、增强北京文化影响力和魅力研究等方面，对于人口、资源、环境、安全等可持续发展的核心问题与未来压力、差距分析等基本未涉及。

与纽约、伦敦、东京等现有世界城市相比，除在国际政治事务、经济与金融、科技与文化等领域的影响力与辐射力有较大差距外，在安全减灾领域也存在很大差距，详见表1。

表1　北京与世界城市在安全减灾领域的主要差距

类别	世界城市的应急管理	中国现状
管理阶段	单灾种→多灾种→全面危机管理	单灾种管理，开始启动综合应急管理
组织机构	1. 统一协调实体化的国家危机管理机构； 2. 综合指挥救援专业化队伍	1 有应急管理机构但未实体化； 2. 应急救援队伍不完善

续表

类别	世界城市的应急管理	中国现状
减灾法规	1. 部门法→国家基本法或综合法； 2. 城市中长期应急规划； 3. 较完备的安全减灾城市规划设计标准体系	1. 缺乏城市综合减灾法规； 2. 缺少与世界城市目标相匹配的中长期应急规划； 3. 只有单灾种城市设施建设标准，缺少系统性、综合性
发展理念	1. 兼顾发展与防灾备灾； 2. 有序发展与防灾规划相协调	1. 追求快速与规模，超越资源承载力与环境容量； 2. 地面建筑豪华，基础设施建设滞后，标准过低
公众参与	政府主导与企业、社区相结合，非政府组织、慈善机构与志愿者队伍积极开展自救、互救、公救，市民素质高	政府强势主导，公众参与度有所提高，但非政府组织与慈善机构发展缓慢、作用有限，志愿者专业化与组织水平不高
信息沟通	1. 以政府为主管制，信息公开透明； 2. 预警信息准确反馈传播	1. 透明度不足； 2. 没有充分利用各类传媒，传播通道有时受阻
救灾资金	1. 政府有危机财政预算； 2. 慈善机构健全，社会救助普遍； 3. 灾害保险发达，可补偿1/2以上的灾损	1. 政府应急财政支出为主，各地财政支援； 2. 社会救助比重偏低，机制不完善； 3. 灾害保险刚起步，补偿率仅百分之几
经济效益	预防为主，减灾讲究效率，降低成本	预防投入不足，救灾不惜代价

4. 加强北京建设世界城市安全保障的建议

（1）按照世界城市的安全保障水平，修订北京城市总体规划，根据北京地区的资源承载力、环境容量和北京城市功能发挥的需要，确定城市的发展规模与城市布局。

（2）参照世界城市的基础设施建设标准制定规划，分阶段逐步改造城市生命线系统。

（3）制定城市综合减灾法规，建立统筹协调、实体化的应急指挥体系，各类应急预案编制达到"纵向到底、横向到边"的要求，并配套编制实施细则，落实到所有部门、基层社区和企事业单位。

（4）研制和引进包括空中救援系统在内的世界最先进抢险救援设备，各类专业减灾队伍的技术装备与人员素质逐步达到世界最先进水平。

（5）加强安全文化建设，所有社区达到世界卫生组织的"安全社区"标准。建立上百万人具有专业救援技能的安全减灾志愿者队伍，安全教育覆盖所有学校，科普宣传覆盖城乡全部社区。扶持相关民间社团发展，慈善机构数量与人均捐款达到发达国家特大城市的水平。

（6）建立高效的灾害预警与信息发布系统，确保发生巨灾时预警信息能通过各种传媒在第一时间迅速达到所有单位与所有市民，并优先服务脆弱人群。

（7）加强重大灾害避险场所和救灾储备物资库的规划建设，逐步实现全体市民能够迅速安置和短期生存。

（8）建立市政府应对巨灾的财政预算，逐年积累形成特别基金，重点用于重灾区和薄弱环节的应急救援与恢复重建。逐步普及各类灾害保险与再保险，实现发生巨灾后企业和市民在灾害中的经济损失的大部分能通过市场机制得以补偿。

上述措施中的硬件工程耗资巨大，可根据财力逐步分批实施。软件行动则应加快实施，逐步构建政府主导、全社会广泛参与和充分发挥市场机制的安全减灾模式，实现科学、高效的减灾。

北京城市综合减灾问题再分析
——北京建设世界城市安全规划研究

金磊

（北京减灾协会）

摘要：当大自然瞬间的能量释放造成的灾难来临时，无论是城市还是人类个体的力量都显得十分渺小，这种脆弱性越来越左右着城市安全健康的发展。但当自然与人为、人为与自然的混合之灾发生时，城市更失去招架之力，呈现着风险社会概念下的城市窘迫状。本文从联合国减灾二十年历程与中国城市综合减灾科学研究二十年出发，较扼要地概括了当代城市灾害学研究的特点、方法与工具，并重点从历史与文化视角探讨了对规划师、建筑师、工程师有启示的技术策略。本文还提出了切实可行的城市安全发展的综合减灾学科建设思路。

关键词：北京；世界城市；安全北京论；城市灾害学；城市安全设计大纲

城市是一类以人类活动为中心的社会、经济、自然的复合系统，是大容量、多流量、高密度、快运转的开放系统，但由于无度的扩张（人口增、资源减）使城市安全容许极限已到边缘，所以越大的城市，其独立性越差，依赖性越强，功能更脆弱。纵观人类文明的总体演变，伴随着城市规划这一古老的学科，已走过四个发展阶段，即农业文明、工业文明、社会文明、生态文明。当下，我们应从国家安全及为城市"减压"并使之安全健康发展提出思路，特别要为城市留白，以创造可应急发展的弹性空间。2012年，从国外到国内的灾害事件频发，我们宁愿相信它不会是"末日"，但并不等于人类就能再继续伤害地球；我们是否应该想到，假如高度智能化的全球供电网"解列"，人类还能如何作为？高度的城市化可以满足人类的所有需求，可城市由于背离了它建构的初衷，已是一个充满危险、极其脆弱之地。人类疯狂的对生存空间争夺已使越来越多的土地染上事故风险隐患，灾害易损性加剧更是令人不安的事实，一次巨灾死亡百万人口的"危机"距那些世界城市并不遥远。

近日，享誉世界的罗马俱乐部发布《2052：放眼未来40年的一项全球预测》报告称："全球人口中城市人口的比例将越来越高，人们不愿为保护自然而保护自然；人类若在21世纪上半叶不做出针对性和强有力地回应，将使世界进入一条危险的轨道，在21世纪下半叶将迎来自我强化的全球变暖……"众所周知，近几年来，美国飓风、泰国洪水以及欧洲的雪灾等各种自然巨灾风险频发，瑞士再保险公司在新一期《Sigma》披露的数据显示：2011年，由自然灾害和人为灾难引起的全球经济损失高达3600亿美元，比2010年的2180亿美元增加了近1500亿美元，并且是2009年680亿美元的5倍之多。全球的保险企业成本是430亿美元，也增长了近60%。作为一家国际性再保险经纪公司，怡安奔福6月中旬发布最新报告《全球巨灾报告》，对2012年5月世界各地发生的自然巨灾予以盘点。世界自然基金会（WWF）5月15日在北京发布《地球生命力报告》，该报告使用"地球生命力指数"，强调当前城乡的生活方式过度消耗了自然资源，如不改变这一趋势，到 2030 年即使两个地球也无法满足人类需求。

历史地看，1970 年全世界只有两座超大城市——东京和纽约。然而，今日多数超大城市的数量已在发展中国家崛起。23 个城市群由于人口已超过千万而成为超大城市，其中亚洲 13 个，拉丁美洲 4 个，非洲、欧洲、北美各 2 个，这些超大城市中有 13 个集中在首都。2011 年版《城市城市化展望》首次将拥有 75 万以上人口的 633 个城市的地理坐标包含其中，还有海岸的临近程度、地震断层带、气候区域等。2011 年，450 多个人口在 100 万以上的城市中，60% 的人口居住于暴露在至少一种自然灾害的高风险地区，如洪灾是 633 个城市或城市群中发生最频繁和最大的灾难危险；干旱影响着至少 68 个城市；大地震风险威胁着至少 40 个城市。在 63 个人口最多的城市中（2011 年指 500 万以上人口），39 个暴露在至少一种自然灾害高风险地区，它们中有72% 坐落在海洋或周边，2/3 位于亚洲；在所关注的六类主要自然灾害中，最常见的是洪灾。2011 年位于至少一种主要自然灾害地区的人口最多的五大城市是东京、德里、墨西哥城、纽约—纽瓦克、上海。另有许多城市位于暴露于不止一种自然灾害风险的地区，如拥有 1200 万人口的马尼拉市有高风险台风、洪灾和地震；亚洲其他 4 个大型沿海城市也有着类似的高风险，如菲律宾的达沃面临台风、洪水、地震风险，其他三个城市如台北、高雄及台中都面临泥石流风险。面对全球变暖的大势，最悲剧的是除上海等城市是沉没指数最高的外，还有广州、天津、香港、台北……以及东京、威尼斯、悉尼、纽约、伦敦……还有新加坡、曼谷、胡志明市、马尼拉、金边等。它意味着全世界 100 多处名城各地的形象将永成追忆。

值得关注的制约城市化发展的安全因素不仅来自大自然与环境突变，更来自城市本身的超大规模的巨型工程建设。所谓巨型工程，美国联邦高速公路管理委员会的定义是：指投资超过10 亿美元的重大基础性工程，或对社会、环境和预算有显著影响的工程。应该说，在发展中国家，具有此投资规模的项目并不是少数，它们涉及基础设施类、公共设施类、产业类及城市形象类。该工程对城市化发展及国际化影响有积极作用，如奥运会、亚运会、世博会等；但其负面影响给城市安全发展的困境也是巨大的，如城市预防灾害、预留可防卫空间的桎梏；增加了城市安全的运营成本，无论是地铁安全，还是 300 米以上超高层建筑的自防灾问题；影响城市整体生态环境与生存安全格局。

一、北京"7·21"暴雨之灾的灾害属性

北京"7·21"暴雨之灾有"61 年一遇"的说法，它本质上是告知社会这是一场自然灾难，我以为这有难解的迷思。首先自 1951 年至今，北京历史上有过几次相仿的特大暴雨天气，如1963 年 8 月 8 日朝阳区来广营 464 毫米（死亡 27 人），1972 年 7 月 27 日怀柔八道河 479.2 毫米。问题是今天与 50 年前相比，城市化率大为提高，现代的高速摊大饼式的城市规划建设在给城市带来繁荣的同时，更为城市安全保障留下难以跨越的危机。对于"水安全"的属性问题，2010年的"世界减灾日"上联合国秘书长潘基文曾指出，在当代社会已难再找到纯粹的致社会之灾的自然灾害了，全球尤其是大城市要格外关注自然诱因造成的灾难扩大化问题，因此对"7·21"

暴雨之灾的 61 年一遇自然灾难说，最有说服力的说法应是北京的不堪一击缘于自然之灾，而其脆弱的应对能力表现与突发事件的无序化是综合减灾应急管理缺失造成的。

纵观北京"7·21"事件的诸多细节自然会质疑，暴雨之灾究竟考验了怎样的北京精神，仅"包容"一词虽然在常态下彰显着公正和正义，但面对突发事件，面对北京跻身世界城市的远景目标，能让世界及国民看到的已不再是一个欠宜居的城市，更是一个安全承载率已到极限、本质上在危险膨胀、城市化发展质量不高、缺少安全保障的城市。当下京城忙碌于建设世界城市的一系列壮举中：一方面加速 CBD 建设，另一方面在做金融街扩容，仅仅是一场历史性大暴雨已让北京市民找不到最基本的生存底线，渴望雨水的北京，竟然在暴雨下"窒息"，它怎能不让我们发问这还是不是我们的家园，北京还是不是城市！怪就怪在北京雨洪不断，2012 年 8 月 8 日一场小雨又使丰台区久敬庄路引来没膝积水，市民怨声一片，调研发现这一带没有排水沟。如此城市建设怎不暗藏隐患，没布置好生命线系统，为什么要扩容住人，如此城市隐患区还有多少？如果说，"7·21"暴雨之灾考验北京应对大灾的能力，那我更想客观的陈述：它确考验出北京自 2003 年"非典"至今不断建立的、但本质上仍薄弱的城市应急体系；它确考验出北京在遭遇突发事件下管理无序、极度脆弱、再现"非典"当年场景一般的状况；它确考验出如此超大规模城市在规划建设上"求速欠安"的战略错误及管理缺失；它确考验出城市综合减灾应急管理欠协调整合能力的事实；它确考验出全市范围内安全文化自觉意识不到位，常态下种种安全文化教育走过场，安全社区建设走形式留下的种种弊端。

北京"7·21"暴雨之灾由于发生在伦敦第 30 届奥运会之前，它又让我们联想到刚刚经过北京奥运会大规模城市基础设施改造的北京，为什么 2008 年建成的城市地下工程如此不堪一击呢？无法再用暴雨之类的借口搪塞，更与下水道系统无关，北京连年已成通病（全国各大中小城市皆然）的"逢雨必涝"事件，绝非单纯"天灾"，还一定有"人祸"。为此它启示城市管理者：建设要上下一起，只建高楼，不叫城市；建设重要，管理更重要，城市排涝系统并非高技术，重在真的管理了没有；迄今全国上下城市防洪的错误现象是重技术、轻体制，这本身就加大了内涝灾害的治理难度；城市包容理念下的无序增长与开发放大了内涝灾害，同级暴雨怎能不更快地积累成雨洪呢？无论是北京还是其他大中城市，要告别"靠山吃山，靠水吃水"的旧观念，代之以"养山护水，防范山灾水患"的新观念，再不要简单说"2012"是邪说，从灾害学上讲，难道北京"7·21"之灾不是大自然报复北京建设的"水灾 2012"吗？我们还要问：明明暴雨前有正确预报和提前预警，但为什么城市中还不停止大规模室外演出及文体活动呢？一方面是应急之策未启动，另一方面是"应急之策"并非万能，北京建设世界城市的大计必须要从常态入手，否则就无法医治"城市病"的难疾。

二、城市灾害学的两个"20 年"

城市的历史就是一部防御灾害的历史，它不仅随城市化进程的加快而愈发突出和困难，它更伴随着联合国减灾进程而不断发展与推进。不论是国际会议还是防灾减灾专著，都已成为历史文献，都希望在未来的研究中体现城市遗产学的价值。

1. 联合国减灾行动 "20 年"

1987 年 12 月第 42 届联合国大会的 169 号决议，确定 20 世纪 90 年代为 "国际减灾十年"，具体目标是提高发展中国家的防灾抗灾能力。1989 年，第 44 届联合国大会再次决定每年 10 月的第二个星期三为 "国际减灾日"。对于联合国减灾行动的认知总体上可从世界减灾大会 "国际减灾日"、灾害风险认知几方面基本把握。

几次有代表性的世界减灾会议与纲领是重要的当代城市减灾历史。第一届世界减灾大会（1994 年 5 月 23 日至 27 日，日本横滨），提出了《横滨战略》，并强调建设全球 "预防文化"，使 21 世纪成为安全的世纪；联合国日内瓦会议（1999 年 7 月 5 日至 9 日），对 "国际减灾十年"历程全面总结，提出将 1994 年《横滨战略》和 1999 年《日内瓦战略》作为未来全球减灾的指导原则；第二届世界减灾大会（2005 年 1 月 18 日至 20 日，日本神户），通过了《兵库宣言》和《兵库行动框架》，提出了 2005—2015 年全球减灾工作的五大行动重点；亚洲减灾大会（2005 年 9 月，中国北京），其标志性成果是通过了《亚洲减少灾害风险的北京行动计划》；第六届国际综合灾害风险管理论坛（2008 年 8 月 12 日至 17 日，土耳其伊斯坦布尔），共分 16 个分会场研究灾害风险问题；第四次亚洲部长级减灾大会（2010 年 10 月 25 日至 28 日，韩国仁川），研讨主题为 "通过适应气候变化减轻灾害风险"，潘基文提出要开展灾害风险评估、预警系统研究、公众及社区减灾能力教育；自 1955 年创办，迄今每三年一届的全球最大规模的 "世界职业安全健康大会" 2011 年 9 月 11 日至 15 日在土耳其召开，主题为 "创建拥有健康与安全未来的全球预防文化"，国际劳工组织为大会提交了《全球职业安全及健康的趋势与挑战》报告，报告说 "全球平均每天因工作死亡 6300 人，每年约有 3.17 亿人在工作中受伤，每天平均有 85 万人因工作伤害缺勤 4 天以上，2003—2008 年全球致命性工作相关的事故和疾病的总数在增加。

初步归纳，国际减灾行动及会议对中国减灾战略的调整要点是：①由国家减灾调整到区域减灾，尤其高度关注高风险地的减灾研究；②在推进区域化减灾的同时，重点研究大中城市的防灾减灾难题；③由单部门减灾调整到综合减灾，探求不同空间尺度下的综合减灾范式；④由单纯重视防灾抗灾工程调整到城市安全工程及生命线保障建设；⑤由单一灾种减灾调整到整体城市系统上的综合减灾能力建设；⑥由单纯抓减灾硬件建设调整到提升全民族安全防灾文化教育。对于这一点已具体表现在 2011 年 11 月 26 日国务院办公厅印发的《国家综合防灾减灾规划（2011—2015 年）》中，虽然规划中明确了八大目标，但细读其综合减灾内涵，缺陷漏洞颇多，这是被国际防灾减灾经验证明有失偏颇的地方，如 "四个统筹" 即统筹各类自然灾害、统筹灾害过程各个阶段、统筹各类资源、统筹各种手段等，"四个统筹" 还体现了全灾种、全过程、全方位、全社会的理念，但缺点是它与《国家突发事件应对法》中的 "四大类" 灾害不对应，它至多仅仅代表国家在减轻以自然灾害或农业灾害为主的规划。由此可见，中国近二十年来的城市综合减灾实质进展缓慢的原因。

以下再归纳 1991—2012 年联合国 "国际减灾日" 的每年主题，由此可看到国际减灾的行动轨迹，感受到国际社会是如何调动各国政府与公众的防灾自觉性的。1991 年，减灾、发展、环境——为了一个目标；1992 年，减轻自然灾害与可持续发展；1993 年，减轻自然灾害的损失——要特别注意学校和医院；1994 年，受灾害威胁的地区为了更加安全的 21 世纪；1995 年，妇女和儿童——预防的关键；1996 年，城市化与灾害；1997 年，水多、水少——都会酿成现代灾害；1998 年，信息与媒体——减灾从信息开始；1999 年，防灾的收益；2000 年，防灾，青年与教育——特别关注森林火灾；2001 年，抵御灾害，减轻易损性；2002 年，山区的减灾与可持续发展；2003 年，面对灾害，更加关注可持续发展；2004 年，减轻未来灾害，核心是如何"学习"；2005 年，利用小额信贷和安全网络，提高抗灾能力；2006 年，减少灾害从学校抓起；2007 年，减灾始于学校；2008 年，减灾重点在医院——设施可靠、医护人员的安全；2009 年，让灾害远离医院；2010 年，建设具有抗灾能力的城市，让我们做好准备；2011 年，让儿童和青年成为减少灾害风险的合作伙伴；2012 年，女性——抵御灾害的无形力量。

2.《中国城市综合减灾对策》出版"20 年"

1992 年 10 月笔者和蒋维等编著的《中国城市综合减灾对策》一书出版（中国建筑工业出版社，1992 年第一版，全书 64.2 万字）。它是一本印制多次，且于 2000 年由国家减灾委确定为中国十部有影响力防灾减灾专著。原建设部副部长叶如棠为本书题写书名，侯捷部长为本书作序，建设部总工程师许溶烈做后记。它的编著始于 1990 年春建设部科技司组织申请的国家重大科技攻关项目"提高城市综合抗御灾害能力研究"论证会的启发。笔者为该书编研的定位是：力求成为我国第一部全面论述城市灾害概念、评价方法、指标体系、技术管理、宏观政策的学术理论专著；力求同时兼顾城市单项防御与综合抗灾的技术管理方略；力求找到符合系统学原理及广义可靠性工程的以减灾为主题的"故障—风险—灾害"的统一评价途径；力求从理论联系实践的结合上论证"中国减灾的重点在城市""城市发展应与减灾相互协调、共同提升"等主题。作为一部导引性著作，笔者还从灾害系统及信息联系、控制与演化等方面，拓展了城市灾害这一新兴学科群的相关方面内容。回眸该书的框架，仍感到对当下中国城市综合减灾有启示，但毕竟已走过 20 年，中国城市减灾从无到有，中国同世界一样经历了 1999 年南方大洪灾、2003 年"非典"事件、2008 年汶川大地震及难以数清的影响城市发展的综合"灾事"，如果不从城市综合减灾视角去考虑，如果不使之上升到城市灾害学的科学体系，如果不能在更广泛和专业化的层面展开研究，中国城市化发展中出现的日益严重的防灾减灾问题将无法解决。为此笔者在 1995—1996 年完成了《安全风险学研究——关于中国城市可持续发展与综合减灾的方法学》的研究报告，并于 1997 年推出《城市灾害学原理》一书，无疑它们对于城市灾害学的研究奠定了较为充实的基础。1999 年 6 月笔者在北京减灾协会、中国科协支持下又主编完成了进一步体现学科价值的专著《中国城市减灾与可持续发展战略》（广西科技出版社，2000 年 4 月第一版），其要点有三方面：①提出了中国城市防灾减灾建设的发展纲要，其中将城市灾害风险源的概念扩大为"自然与人为"灾害的综合灾情观；②不仅从城市灾害学框架上阐述了学科理念，还逐一给出了城市灾害学这一综合学科的分支科学内容；③不仅明确了城市灾害学的服务对象（城市综合防灾规划、城市综合减灾应急管理等），还从城市灾害社会学诸方面描述了安全文化学、安全行为学、安全心理学等城市化建设中应关注的大问题。对于规划师与建筑师要树立起设计师的安全观，这就要在头脑中逐步形成"安全文化场"，即应把握住城市安全文化建设的观念转变细节：①从安全减灾原理及规律看"人因"问题的客观性；②安全文化重在解决社会人的生活、生产、生存的安全目标；③安全文化在发展安全减灾教育的同时，更使之服务于提高城市建设本质安全化诸问题；④安全文化的推进更根本的在于要建立城市防灾应急的未雨绸缪观，在用设计手段提升项目安全指数的同时，要告诫公众知道潜在的风险及应对之策，更要告诫管理者如何作为才算读懂了城市，才是对城市事故灾难隐患找到了可靠的管理方法。

三、"安全北京论"与世界城市

20 世纪末在中国科协组织的"2020 年中国城市发展与建设科学和技术研究"报告中，笔者担当"城市防灾减灾"专项研究，曾提交了四个方面的分析，即中国城市减灾科技与管理问题现状、中外大城市综合减灾战略对比分析、城市灾害学及其研究领域、2020 年中国城市减灾科技发展战略。如果结合北京世界城市建设的安全布局，笔者还在领衔的"十二五"北京应急规划中强调，北京市综合应急管理建设的总体思路是：要把世界城市建设同综合减灾工作一起抓，努力推进北京市作为世界城市的综合应急各项能力建设。健全和完善现代化城市综合防灾减灾体系，全面提高城市整体防灾抗毁和救援保障能力，特别是巨灾应对能力。建设"安全北京"，为"人文北京、科技北京、绿色北京"建设提供安全保障。在北京综合防灾减灾能力和世界城市建设发展同上一个新台阶的基础上，按步骤分阶段强化世界城市目标下的安全应急建设。面对事故灾难不断增长，自然灾害防范能力不足，公共卫生事件频繁出现，社会危机事件不少的客观性，北京全球化视野的"世界城市"安全标准应充分考虑城市民生的安全利益、安全权利及安全制度的实际。

（1）安全北京应是一个全面且本质安全的城市，其自然灾害、人为灾害、公共卫生事件、社会事件四大类危机事件时刻处于顶层设计安全状态的监控之中。

（2）安全北京应是一个有综合应急管理能力的城市，要有综合减灾立法为前提保障的综合应急管理及处置能力，在这方面要有与中央政府相协调的，区别于一般直辖市的特殊"属地管理"职能。

（3）安全北京对各类灾变应有综合"跨界"的控制力、指挥力、决策力，具有国内外灾害防御及协调救援的快速反应能力及认知水平。

（4）安全北京要求自身具备一流的生命线系统及高可靠指挥体系，不仅保障系统安全可靠还应快速自修复，还要有较充分的备灾容量以及快速疏导拓展能力。

（5）安全北京要求市民的国际化水准，不仅市民要具备安全文化养成化教育的素质与技能，同时要求至少城市人口有 60% 以上接受过防灾教育且有达到世界卫生组织要求的安全社区标准的必要数量。

（6）安全北京要具备极强的应对巨灾的抗毁能力，面对各类巨灾要能保障 60% 以上市民安全且有能力参加自救互救，使城市重要设施能良好运行，尤其要保障应对巨灾时处于良好的稳定应变的状态。

（7）安全北京要使政府及公务员成为安全应急监管的"先行者"，即北京公共安全建设在理论与实践上、文化与演练上、工程与非工程策略上都要成为全国的榜样。

（8）安全北京更要具备世界城市之观念，要具备跨国减灾的能力，要具备融入国际社会并确立新的灾害区划及"警戒线"的保障能力等。

四、《城市安全设计大纲》编研思路与建议

2011年12月国家颁布了《国家综合防灾减灾规划（2011—2015年）》，国家安监总局也发布了《安全生产科技"十二五"规划》，住建部《城乡建设防灾减灾"十二五"规划》，同时全国四大直辖市也都发布了"十二五"期间城市综合应急管理规划，如果从固本培元层面讲，这些规划已经依法为城市安全建设奠定了基础。但从城市规划设计的可操作层面讲，不仅设计人员缺少安全减灾设计的规范与标准，也难真正落实安全责任，面对城市大建设的局面想不造成安全减灾设计的失控局面都难。为了真正赢得安全减灾的好局面，切实防止安全设计走过场，在城市防灾规范、控制尚不齐全的现实下，确定编制《城市安全设计大纲》极有必要。

城市设计是关注城市规划布局、面貌、功能、空间的学科，相对于城市规划的抽象性，它更具体及图形化。而《城市安全设计大纲》的核心即是强化城市的本质安全设计，它追求安全设计与城市设计的交叉与再组合。以"9·11"事件后的反恐安全设计为例，美国就特别强化了从供水厂到电厂的重要生命线系统的安全度。2002年5月《Pittsburgh Tribune—Review》杂志的分析显示，美国陆军军医总署的研究估计，在针对某一化工厂的恐怖袭击中将有240万人死于它的风险之中，从城市整体安全出发，美国特别提出针对城市政府恐怖活动的应对规划设计策略，即"恐怖防御生态学"的理念，其内容是如何组织成功的安全设计应对预期的恐怖袭击，这种安全规划与传统安全设计不同，它更强调设施特征分析、威胁评价、脆弱性分析、防范对策的空间设计评价等。通过对城市安全设计的多维审视，我们不能不说：现有的城市项目设计，尤其是城市综合体及巨型工程，仅仅是城市经济发展的产物与符号，是政治与经济空间的工具与对象。由于其依托的增长模式的非安全性，因此十分脆弱，不少耀眼的工程隐藏着巨大的经济风险与社会危机。所以，靠《城市安全设计大纲》不仅可冷静思考大项目的盲目及冲动，更可提供城市项目安全设计的标准化模式，使城市建设的宏图落到实处。

《城市安全设计大纲》是一个有高度层面而务实的规划师、建筑师都应遵循的设计准则，是城市总体规划减灾篇之下的细则或称某些新层面上再整合的标准化条文，所以要求它的规范化与可操作性应是一种防灾设计规划"法规"，这里还仅仅是个建议，提供一种编制思路及要点。

（1）本大纲要立足城市总体防灾减灾规划的体系化，强调从大格局上把控住城市安全的用地结构与布局，最大限度地隔离城市的安全隐患。

（2）本大纲要立足于城市的全灾种，并强调综合减灾的大安全观，强调城市在防灾减灾中加大对人为致灾规律的专门化研究。

（3）大纲要在城市功能化安全设计的同时，加强避难应急场所设计与规划，调动拓展、防洪、消防、民防及地质灾害防护，安全生产诸领域的专业规划及招标，提出有所综合的规划原则、标准及措施。

（4）大纲要在城市防灾与建筑整体安全设计的构造化建设上有突破，即如何构建安全可靠的城市生命线系统并与关键建筑相联合，如何使大城市总体上不蚀化、建筑物可耐震化、建筑物及其机电系统的可修复化等。

（5）大纲要全面安排城市防灾绿化系统，建设功能齐全的城市防灾公园。不仅要建设不同功能的防灾公园以及防灾公共设施，使之与城市各主体建筑、构筑物（含全方位交通）相互连接、补充，同时要提供更多的没有限定功能要求的城市可发展的柔性空间。

（6）大纲要全面布局建筑安全的防灾减灾设计。一方面要对现有城市建筑物（尤其是老旧住区、学校与医院、养老院及妇幼场所等）进行多灾种防御的"补强设计"与再评估；另一方面要加大到新建建筑，尤其是起高、地下空间、超大建筑的综合安全设计评估，克服仅消防建审、抗震设计的局限性。

（7）大纲要求安全设计一方面要与现有城市防灾法规相衔接，另一方面要调动市民的参与，因为城市空间的营造不仅仅是为了城市，更是为了广大公众，要真正为公众营造一个安心型、安全型、多样型、舒适型、文化型的社会。

（8）大纲不仅仅是规划设计的安全措施，更是一个安全设计标准化的指南和工具；它不仅仅是对技术人员的单一的安全应急服务系统，更是对规划师、建筑师的公共安全空间上综合性的应急响应支持体系。

因此，大纲不仅要有多学科重点危险源的判断，还要有连锁是灾难发生时风险区域的判定与分级管理的空间设计，从城市安全空间设计的分层分级看，城市安全管理的权限要求所构建的空间设计要以明确的城市安全分区为前提。最基本的划分如下。

（1）城市安全区划应以城市性质与特征和城市重大风险源（巨灾、重灾等）的分布和危险行为依据。

（2）城市安全区划首要是满足居民安全生活与城市安全生产的基本要求，尤其关注其潜在风险。

（3）城市安全区划要以城市不同区域所承担的不同安全为准绳，力求满足安全第一的功能定位。

（4）城市安全区划强调宏观与微观的结合，宜粗宜细，防止安全的"死角"及细节关注不够的缺陷，提升安全规划设计的可操作性。

（5）城市安全区划要有可行性，即要使为安全应急管理员建设的内容与《城市总体规划》中的防灾篇相结合，反对相互不通气的重复建设等。

五、城市灾害学的学科建构

1. 城市安全设计状态的形成

公元前32—22年间撰写的《建筑十书》有早期城市规划与建筑设计的理论，它们包括了古希腊建筑师和罗马建筑师的经验。（法）布鲁诺·雅科米著《技术史》一书，更从历史学视角介绍了城市建筑的状态。如方尖碑的象征作用主要在于埃及寺庙的复杂性，除了技术性方面的功绩外，方尖碑也权威性地显示着一种文明性，没有精神就不可能设想物质，没有神圣的象征就难以设想有防御性作用的建筑。与罗马人专长的建筑技术相比，埃及人的技术可能显得十分简陋，楔子、吊车和斜面成为埃及人在宏伟工程中所使用的最基本的机械，而运河、水闸和梯田的铸造迫使埃及人一开始便要面临解决运输笨重和庞大的材料这个棘手的问题。城市的状态是一个大概念，它取决于城市历史文化信息、建筑性能评价等方面。建筑性能评价是对建筑策划、设计、建造和使用的一个创新尝试，它基于建筑交付使用后每一阶段的反馈和评价，其范围包括从策略规划到整个生命周期的使用。联系到城市系统，其内容包括健康、安全、保险、功能、效率、社会、文化及美学的一系列特征。这就要根据当前城市状态，使设计在代表社会发展趋势时，也有为生命、防灾所进行的设计，如城市是否进行了容错设计，即设计是否尽量降低错误使用或因意外等原因引起的危险或负面影响；城市设计是否在可能的情况下提供失误或警示的信息；城市设计是否对会产生危险的环节有降低风险的设计对策等。

2. 城市应急公共空间设计的构建

国内外由于城市影响力事件的迭出，迫切需要主办城市要有应急的公共空间设计。一次次探索未来城市发展、城市生活的盛会，自然具有要为各个国度或城市"搭台"展示自己国家经济、科技、文化实力的功能。风险分析是城市从土地利用安全规划到项目规划的安全科学的依据，如从风险分析入手会提出哪些地区可做大型展示区、公共服务及商贸区，而哪些区域适宜居住，即要在建设项目及敏感目标间设定合理的安全距离，平衡土地效用及灾害风险的关系，一旦项目规划超出"安全红线"，也要有措施确保不能导致城市公共安全事件的发生。如果从城市应急状态的规划准备看，我国不论在理论上还是在工具上都有差距；①发达国家都已形成了规范化的应急规划理论，对应急规划体系、原则、过程、知识基础和术语等有明确规定；②发达国家已将风险管理方法纳入规划过程，以作为选择规划重点对象或行动路线的基础；③我国尚没有成熟的应急规划理论、方法及工具，导致目前应急计划与应急预案的欠科学、欠规范及时效性差等问题。

3. 城市安全状态与安全混沌学的支撑

安全混沌学是以现代数学理论为工具，以系统非线性的动力学为基础，以安全系统"混沌—耗散—突变—协同—灰色—唯象—分形—拓扑"等理论为载体，从而实现对城市复杂大系统安全的混沌控制，以降低事故灾害的发生率，减少灾难扩大化为目标。在城市安全状态分析中采用安全混沌学原理至少有五方面意义：①可深入探讨城市系统安全的本质，如城市安全系统具有客观存在性、抽象性、结构性、开放性、动态性，属于远离平衡态的非线性自组织系统，把握城市系统的安全运行规律；②可创新城市系统安全方法，如可认为事故与灾变是由微小的浮动引起的涨落使安全系统失稳导致的后果，可定量分析安全氛围的量化作用和机理；③可采用连续不断的安全管理监控调节系统的控制参数，将系统的运行稳定在预期的轨道上，以实现安全系统的混沌控制；④可产生城市安全评估与事故预测的新方法，如尖点突变评价理论、安全灰色预测理论等；⑤安全混沌学对城市安全状态的研究还具有重大的哲学指导，使人们认识到城市安全系统的确定性与事故发生的随机性的统一。

4. 城市灾害学的学科体系

联合国国际减灾行动的目标旨在增强每一国度迅速有效地增强抵御灾害影响及能力，尤其要求各国要视自己的文化、经济、社会需求，制定相关的科技方针和策略，鼓励采取各种科技、传播、评估、预测与减灾措施，通过技术援助、教育和培训等来促进发展。城市灾害学是一个具有显著综合交叉性的科学，它不仅是城市学与灾害学的跨界组合，更是历史学、文化学、社会学与灾害学的广博交叉。城市灾害学的定义，笔者曾在《中国大百科全书·城市卷》（第二版）中给出解读，它与《国家突发事件应对法》中的四大类灾害即自然灾害、事故灾难（人为灾害）、公共卫生事件、社会安全事件的分类相同。事实上，城市灾害学的学科交叉并非易事，它不仅要跳出泛泛的城市灾害研究，还要兼顾学科建设向纵深突破的思路，其中城市灾害社会学、城市灾害规划设计学不仅需要基础理论和核心专业知识，更因为有太多的"空白"，而无法与其他任何一个成熟的学科相比。事实上，任何一门学科都始于具体"问题"，尔后才有可能在这些具体问题上形成一个框架性的"理论体系"。如美国在体系、实效的防灾应急教育模式下有专门的城市灾害学教育。2010年，据美国联邦应急管理署发布的学科及学位教育显示：有23所高校设有应急管理本科专业，64所高校设硕士专业，9所高校设博士专业。其学科教育的特点是：①重视公共安全理念培养；②强化专博跨界能力塑造；③强化应急减灾情景的模拟开发等。

城市灾害学的建构要历史的、文化的展开，其学科要点要体现五个原则：①新学科要反映大安全观的思想；②新学科要利用城市这个载体，拓展安全减灾基础研究的内容；③新学科要强调安全、减灾、环保、反恐等领域的大联合，使减灾研究一定要兼顾自然与人为的双重属性；④新学科构建时要尊重学术史的研究历程，使多重边缘性学科纳入统一的体系中；⑤新学科建设由于要有公众及学界共同参与，安全减灾自护文化教育要成为重点。其实，"安全理性—安全行为—安全系统—安全结构"要成为安全人文性、安全文化性、安全控制性的城市灾害研究的链条。有潜力的和与城市灾害学相关的综合学科与分支学科至少包括：灾害学，其中主要有如下层次即灾害基础理论学科体系，如灾害动力学、灾害历史学、巨灾学、未来灾害学等，仅从社会科学范畴看就有灾害社会学、灾害经济学、灾害理论学、灾害管理学、灾害战略学、灾害法学等；应用灾害学体系，如防灾抗灾学、灾害预测学、灾害评估学、灾害区划学、防灾决策学、防灾设计学、灾害保险学等；灾害分类学科体系，如可根据灾害的区域特征划分为城市灾害学、农村灾害学、海洋灾害学、山地灾害学等。

六、北京建设世界城市面临的安全规划问题

1. 面向弱势群体的防灾设计

随着城市化步伐的加快，城市化手笔越来越大，投入越来越高，但面对"第一高楼"而冲撞城市天际线，人们不得不说，这样的城市是冰冷的而非温暖的，是物化的而非人性的。由此想到大自然之灾为例：如火的使用是人类开发和利用大自然的重要一步，自古希腊埃斯库罗斯开始，"被缚的普罗米修斯"就成为西方艺术作品中经久不衰的题材，如18世纪法国雕塑家尼克拉斯·塞巴斯蒂安·亚当的同名石雕。普罗米修斯，这位为了人类幸福而受难的殉道者被锁在

高加索的峭壁上，任暴雨风霜与骄阳炙烤乃至恶鹰啄食肝脏，他痉挛的身躯倒向一侧，但脚下还可见熊熊燃烧的火炬。法国浪漫主义画家籍里柯的作品取材于 1816 年 7 月一个真实的海难事件，由于船长的玩忽职守，在遭遇沉船危险时率先逃命，却将 150 多名乘客抛在临时搭建的木筏上听凭命运摆布，在半个月中，木筏上发生了许多悲惨的事情，不仅有饥渴与疫病，甚至有啃噬同伴尸体之事，最后仅 10 人生还。26 岁的籍里柯走访了生还的船员，用 18 个月创作了这幅震惊法国及欧洲的《美杜莎之筏》的灾害作品。事隔 200 多年，蓦然回首，作品的感染力还是如此的涩，心还是如此的痛。说到防灾减灾的弱势群体，一般指残障人、老人、妇幼人群，还包括外国人。要看到中国建设世界城市遭遇人口老龄化问题，现在老龄化水平超过全国平均值的城市（省）有上海、天津、江苏、北京、浙江、重庆等。其中，上海老年人口比例为 18.48%，位居全国第一，北京老龄化人口占 13.66%，居全国第四。世界城市必须是可持续的、具有效率的、安全健康的、具有人性的，因此要科学布局城市老年人安居问题，创造一个优越、舒适、宜居、安全的环境。校园安全虽有教育部的各种制度及应急方案，但对校园建筑环境而言，2012 年 1 月实施的含有安全设计内容的《中小学校设计规范》是重要的可遵循的依据。

2. 北京的世界城市安全软实力比较

北京和上海是国内城市的标杆，其软实力建设对其他城市具有很强的示范作用。就一般文化软实力指标而言，一般少不了尘世文化、国际沟通、城市创新、公共管理、生活质量吸引力五个维度。伦敦发展署曾在 2008 年发布了名为《伦敦：一次文化大审计》（London： A Cultural Audit）的报告，对伦敦、纽约、巴黎、东京和上海五个城市的文化魅力做了比较，这应该是国际社会较早的一次软实力综合评价。本文认为对于世界城市安全而言，尤其要关注公共安全综合管理上的问题，在这方面我们有相当大的差距。从公共安全管理出发至少还涉及灾情认知、发展阶段、组织机构、法律法规、管理原则、公众参与、应急避难、城市生命线保障、安全减灾科学研究、安全文化教育普及、部门协调度、信息沟通、应急财政、整合优化的方法等 14 个方面的问题。2012 年 7 月 30 日和 31 日，印度发生两次大停电，分别令 3.7 亿人和逾 6 亿人坠入黑暗，单就影响的人口讲，这两次停电包揽了有史以来世界大停电排行榜中的"冠亚军"。印度大停电，发问中国城市停电风险。国家电监会新近发布《2012 年上半年电力安全监管报告》，提醒城市电网停电并不遥远。因为，2012 年上半年中国深圳、海口、南昌、西安等城市已发生较大停电事故 11 起，其中尤以深圳"4·10"停电事故为最，停电用户数为 16.8 万户。中国早在 1981 年即颁布《电力系统安全稳定导则》，设置了有效的"三道防线"，即在电网发生常见单一故障时可通过快速可靠的继电保护、有效的预防性控制措施确保电网稳定运行、正常供电；在发生概率较低的严重故障时，采用稳定控制装置及切机、切负荷等紧急措施，确保电网能继续保持稳定运行；而当发生概率很低的多重严重事故而稳定破坏时，设置失步解列、频率和电压紧急控制装置，以防事故扩大及大面积停电。与国外世界城市相比，北京的能源供应几乎全部靠外援，这种脆弱性是无自救能力的，要逐步改善可自救比重。

3. 应急避险场所安全设计

北京"7·21"暴雨之灾，再次让人们关注城市应急避险场所。如果说，大城市的灾害应对中要以最大、"最坏"的场景出现作为制定预案前提，那么加快城市应急避险场所建设则体现对人的生命尊重和生命至上理念。2002年，北京规划委员会与北京地质局共同编制了《北京中心城地震及其他灾害应急避难场所（室外）规划纲要》，成为我国第一个有关城市防灾减灾应急避难方面的规划纲要。天津市于2004年编制避难场所规划，并进行避难场所人均用地指标取值研究等。尽管从建设应急避难场所的需求量及受灾人口容量诸方面已经研究并论证了，除人口密度影响因素、区域地质条件因素、用地功能因素、建筑质量及生命线系统特殊保障因素外，我国尚未建设能综合防御地震、极端气象条件等多灾种的避难场所，现有避难场所功能十分单一，如果再考虑大城市的巨灾发生条件，现有避难场所的数与质都有相当差距。避难场所是保障城市安全的一项重要公共服务设施，因此其可达性与公平性十分重要。可达性指从城市空间中任一点到达目的地的难易程度，反映人们到达目的地的过程所克服的空间阻力大小；公共服务公平性的本质是资源空间配置的合理性及带有补偿性质的分布公平性。据我国《城市抗震防灾规划标准》的规定，避难场所的服务半径宜为2～3km，这是可达性与公平性配置时遵循的要素。调研还发现，应急避难场所的布局除存在服务重叠率高、设计容量过剩的情况外，还存在少量服务布点的"盲区"，如对避难人群缺少必要的"保障"分析，即年龄、性别、步行速度等，因此系统化安全规划城市避难场所任重道远。

4. 城市应急预案要与防灾规划相结合

由于现代城市灾害的不确定性，找出其规律，采取周密的管理措施，变应急管理为以规划为先的常态管理极为重要。常态化的应急管理既要遵循通常的行政管理规则，更要考虑到应急工作的自身特点。这里的自身特点就是要使管理方法适应应急处置的高度不确定性，重点把握最关键的要素（如指挥中心），加强最薄弱环节（如棚户区防范、人员密集场所防灾），防范最危险的风险（如各类生命线系统、工业化事故及泄漏危险源），将有限的资源按重要度集中到最主要的方面。

常态化应急管理重在使城市防灾规划与应急预案集成化。要看到虽然我国不少大中城市已制定了防灾规划和应急预案，但由于管理部门的自行其是，应急预案及管理仅局限于政府或法规的程序方面，大多与常态化城市防灾规划不符，导致在灾时由于应急机制中的抗灾资源分布无法与城市公共安全规划中的空间概念相统一，从而致使防救灾延误、效率不高的事件每每发生。常态化应急管理集成化原则下的应急管理涵盖灾害背景及各种自然社会的致灾因子，从政策法规的设计到规划的实施，从资源配置到居民疏散组织，从社会力量动员再到外部救援等一系列要素，不可能缺少城市减灾规划的作用。常态化应急管理集成化原则下的城市减灾规划旨在从根源上分析灾害发生机理，用规划措施强化预防和主动性，用规划对策减轻灾害的后果。防灾规划与应急管理的关联性就在于灾中响应过程中的城市防灾抗灾设防，任何只注重防灾救灾硬件建设而忽略同时考虑集成化思想的应急管理都是无效的。

立足世界城市定位，提高北京消防安全标准

李进

摘要：北京建设有中国特色世界城市将对城市火灾风险形成"喜忧参半"的影响。提升北京市消防安全水平，必须从建立健全符合世界城市定位的消防安全标准入手，结合北京城市建设发展特征。当前，北京市提高消防安全标准可重点在标准规范规划制定、公共基础设施建设、社会消防安全管理、消防前沿科技支撑等方面予以探索推动。

关键词：世界城市；消防；标准

一、提高北京消防安全标准的必要性

（一）宏观经济发展对火灾风险的影响

北京将全面建设以金融业、高科技信息产业和高端制造业为主要支撑，以科技和文化创新为双轮驱动、多元发展的文化创意型世界城市。其发展途径和目标将对城市火灾风险形成"喜忧参半"的影响。

从人口结构看：城市人口整体素质的显著提升，客观上将降低火灾风险；但随着人口水平和垂直流动的幅度、频度将持续加大，火灾风险将有所增加。从产业结构看：第三产业逐步在经济中占主导地位，能够从根本上降低重大火灾风险；但在建设过程中，第二产业中的高火灾风险仍将在一定时期内存在。从市场化模式看：市场管理更加科学有序，为火灾风险管理提供了更加优质的组织基础，将有利于火灾风险的降低。从能源结构看：油气、电力使用将持续增加，传统火灾风险继续增大，同时新能源的开发利用还将不断催生新的火灾风险。从火灾惯性看：近五年来，北京年火灾总数呈持续下降态势，但下降又是不稳定的，带有突变性，表现为"2·9"央视火灾、"4·25"大兴火灾等重特大火灾。

（二）微观建筑形态对火灾风险的影响

世界城市聚集了大量人口、资源、活动，在空间有限的前提下，建筑密度、容积率、空地拓展幅度都将大幅提升，故从微观建筑层面看，城市火灾风险和火灾处置难度将持续增加。这一点，从北京当前的城市发展态势即可看出：现有高层建筑逐年增多，目前全市共有高层建筑1万余栋，随着新城区建设，超高层建筑、地标性建筑还将不断涌现；地下空间日益庞大，目前地下空间总面积2000多万平方米，工作、生活100余万人，随着城市地表建设日趋饱和，地下空间也将不断拓展；城市交通发展迅猛，现城区面积近1400平方千米，2012年底地铁运营里程将达440千米，城市道路、高速公路、轨道交通等系统的安全控制难度增加，"五供"等基础设施建设不断加快，城市运行负荷不断加大，引发火灾事故和危险事件概率不断增大。

（三）北京建设世界城市对消防工作的要求

世界城市的功能定位和北京建设世界城市"以人为本"的宗旨决定了有中国特色世界城市应是一个全面且本质安全的城市。其中，消防安全是城市安全的重要内容。提升消防安全水平，必须首先建立健全符合世界城市定位的消防安全标准，这是依据，也是基础。其次，提高消防安全标准必须结合北京建设有中国特色世界城市发展的特征。一是阶段性特征，北京将分三个阶段逐步实现世界城市建设目标，每个阶段消防工作面临的主要矛盾不同，工作重点也不同，在当前阶段提高消防安全标准既要有利于解决现实问题，又要具有适度超前性，为未来发展打好基础。二是区域性特征，在世界城市建设进程中，北京将逐步形成"两大发展带""四大城市功能区"和"六大重点产业功能区"，提高消防安全标准既要符合北京市整体发展一般要求，也要考虑区域特殊发展。三是系统性特征，既要在谋划区域经济、城乡建设、文化教育发展以及建立市场准入条件等诸多方面综合考虑消防安全因素，消防标准也要主动渗透、体现在其他建设标准中，相互衔接，形成系统。

二、当前提高北京消防安全标准的重点领域

（一）标准规范规划制定方面

1.弥补北京城市公共消防水源建设标准空白

《北京市公共消防水源建设规范》立法调研工作已纳入 2012 年北京市人民政府立法工作计划。在这方面，北京消防努力的方向是：推动政府规划部门将消防水源建设纳入市政建设发展总体规划；从立法的角度健全完善市政消防水源规划、投资、建设管理机制；加快城区内消防水源薄弱地区改造建设；将消防水源基础设施建设纳入全市小城镇建设和新农村建设规划等。该规范出台后，将作为一项地方标准弥补长期以来北京城市公共消防水源建设标准的空白。

2.提高建筑外保温材料使用标准

《国务院关于加强和改进消防工作的意见》第（七）条规定："新建、改建、扩建工程的外保温材料一律不得使用易燃材料，严格限制使用可燃材料。" 北京消防从建设世界城市的高度出发，在《北京市人民政府关于加强和改进消防工作的意见》中，将该标准提高为"推广、鼓励使用不燃材料，严格限制使用难燃材料，不得使用可燃材料和易燃材料。"在与市住建委、市规划委联合印发的《关于加强老旧小区综合改造工程外保温材料使用与消防安全管理工作的通知》中，明确要求北京市"老旧小区综合改造中建筑外保温工程应采用燃烧性能为 A 级的保温材料以及燃烧性能为复合 A 级的热固性保温材料。"

3.提高超高层建筑停机坪、避难层设置标准

根据北京城市建设规划，CBD 核心区、通州运河核心区等重点发展区域将陆续建设超高层建筑群。北京还将在两年内建成一座航空消防站，空中救援力量将历史性进入消防部队。为此，北京市新建高层建筑消防设计和审核将从严执行屋顶停机坪设置要求，其中建筑高度超过 150 米

的公共建筑和建筑高度超过100米、顶层建筑面积大于或等于1000平方米的公共建筑和单栋塔式住宅，必须设置屋顶停机坪。同时，将推动相关部门优化高层建筑避难层设置，并借鉴香港等地经验，建议市规划委将屋顶停机坪和避难层不计入建筑面积，以提高建设单位的积极性。

（二）公共基础设施建设方面

1.构建具有北京特色的消防队站布局

"十二五"末，北京应建成消防站211座，并初步形成具有北京特色的消防队站布局。一是构建立体化消防队站体系，在"十二五"期间建设6座轨道交通、1座搜救站、1座水上救援、1座航空特勤和4座快速供水消防站；二是完善旧城区消防站布局，在中心城区推广建设"小、快、灵"消防站，如现有的王府井、大栅栏、央视新址消防站等；三是加大重点区域消防站密度；四是促进新城消防站建设与城市发展同步；五是推动特色消防站建设，如古建筑群消防站、旅游景区消防站、山岳救助消防站、水上救援消防站等。

2.构建国内领先、世界一流的车辆装备体系

按照世界城市发展定位和公安部消防局2012—2015年装备建设发展规划要求，北京消防制定了《2012—2015年装备建设发展规划》。2012—2015年将新增400辆消防车，更新110辆消防车，为6座轨道交通消防站和航空特勤消防站配齐所需车辆装备和2架直升机。实现装备从数量规模型向质量效能型转变，装备力量由平面向立体延伸，推动北京消防车辆装备建设水平向世界一流迈进。

（三）社会消防安全管理方面

1.通过物联网技术开展城市消防智能管理

在全市装有建筑自动消防设施的社会单位推广应用物联网建筑消防远程监测系统，将带动实现"智能研判、精确打击"的消防工作新模式。目前，该系统已经纳入《北京市消防条例》《智慧北京行动纲要》《北京市"十二五"消防事业发展规划》和《北京市城市安全运行和应急管理领域物联网应用建设总体方案》，市级监控平台（一期）已搭建完成，在首都政治中心区132家消防安全重点单位进行了试点应用。到"十二五"末，该系统将进入12000余家单位，重点单位覆盖率达95%。

2.通过火灾隐患情报信息机制实现全民消防

按照"民意主导、情报先行"理念，北京消防推动市政府出台了《关于做好火灾隐患情报信息工作切实加强消防安全管理的意见》，在全市范围内建立了火灾隐患情报信息机制和火灾隐患情报信息工作责任体系，并依托街乡消防工作站和网格化管理，将情报信息触角延伸到社区和农村最基层。下一步，北京消防将推动该机制纳入政府消防工作绩效考核、综治考评、公安机关执法质量考评，实现与公安系统和政府相关委办局数据共享对接，最大限度提升火灾隐患排查整治工作质量和效率。

3. 通过监督员驻街制夯实消防管理基层基础

为解决基层消防工作弱化问题，北京消防创新推行街（镇）消防工作站和消防监督员"驻街（镇）制"，组建由基层政府工作人员、消防监督员、派出所民警和消防协管员构成的街道、乡镇消防工作站，并以此为骨干构架，建立起消防安全网格化管理体系，在工作中创新推行消防监督人员"基础工作、分析研判、组织推动、宣传培训、监督检查到位"的"五到位工作法"。目前，全市 316 个大网格、5793 个中网格、33355 个小网格已全部建成，落实防控力量 44 余万人。以上工作均已纳入市公安局、综治办、民政局等七单位联合印发的《关于推行消防安全网格化管理的实施意见》。下一步，北京消防将大力推动驻街制、网格化规范运行，确保基层消防工作落到实处。

4. 打造新型宣传平台提升全民消防安全素质

一是充分发挥政务微博作用。"北京消防"微博 2011 年 8 月 1 日开通运行，现已成为发布消防权威信息、传播消防安全知识、营造消防工作声势、提供公共消防服务、加强媒体沟通和展现队伍形象的新平台，2012 年其综合影响力在全国 494 家消防政务微博中始终排名首位。二是联合行业部门开展消防宣传。2012 年 5 月，北京消防联合市交通委，作为全国试点开展轨道交通消防宣传工作，由交通委出台《轨道交通消防宣传工作指导意见》，实现了轨道交通消防宣传的机制化和常态化，探索出了行业消防宣传新模式。三是立足文化建设开展消防宣传。联合影视传媒公司拍摄全国首部火灾调查题材电视剧《燃情密码》，既展现消防部队良好形象，也向人民群众普及消防常识。下一步，北京消防将在保持传统媒体宣传力度不减的前提下，更加积极地探索打造与时俱进的消防宣传新平台。

（四）消防前沿科技支撑方面

1. 深化数字化灭火救援预案训练系统应用

"数字化灭火救援预案训练系统"科研项目，曾荣获 2011 年北京市科学技术三等奖。经在北京奥运会和国庆 60 周年消防保卫中的实践升级，该系统现已升级成"数字化灭火救援系统应用平台"，广泛应用于数字化预案制作及训练工作。当前，国家标准《消防通信指挥系统设计规范》正在修订，新增"指挥模拟训练子系统"部分，该系统研发应用的先行成果将为国家标准修订提供前期实践和技术支持。今后，北京消防还将积极推动该系统的智能化，实现与 GPS 定位仪、各类侦察检测仪器的无线连接，自动采集火场力量部署、风向、温度、火源、建筑形变等数据，辅助开展灭火救援指挥。

2. 实现常态化火灾风险评估

"重大活动和公众聚集场所火灾风险评估关键技术及应用"科研项目，曾荣获 2010 年公安部科学技术一等奖。它通过构建重点建筑、大型活动、活动路线三种类型火灾风险评估指标体系，为全面分析消防安全风险提供了参考方法。在北京奥运会和国庆 60 周年安保中成功应用后，北京消防又联合中国建筑科学研究所开展了"单体建筑、区域及重大活动火灾风险评估技术和方法研究"，制定了《北京市社会单位火灾风险评估导则》《北京市轨道交通建设工程消防安全形势分析与评估导则》，在日常消防工作中取得了良好应用效果。今后，北京消防将推动其向规范化、常态化发展，实现对火灾防控工作的精确指导。

3. 打造超高层灭火救援示范工程

鉴于"2·9"央视和上海"11·15"大火的惨痛教训，北京消防牵头联合相关科研单位开展了"超高层建筑消防综合救援关键技术与示范"项目研究。该项目的研究成果将为超高层消防现场指挥救援提供现场信息和技术支撑，并对解决超高层灭火水源供给难题具有重要作用。该项目现已通过验收并纳入"科技北京"战略规划，北京消防正在根据项目成果申报《超高层建筑火灾安全监测系统设计与验收规范》《超高层建筑火灾安全监测系统通用技术要求》为北京市地方标准，填补北京市超高层建筑消防安全领域相关规范空白。

4. 研发高层楼宇精确智能消防装备

"高层楼宇精确智能消防装备"是北京消防联合中国航天科工集团科研单位开展的科研项目，是将航天成熟先进技术运用到民用消防领域的首次尝试，能够满足高层楼宇"距离远、精度高、反应快"的灭火要求，还可用于化工等特殊火灾扑救和应急救援设备的投送。目前，该项目已经完成样机研制，正在进行前期研发和技术论证。下一步，北京消防将争取将其列入公安部重大科研和北京市科委重点科研项目，通过大量实体试验获取数据，进一步修改完善相关性能，并争取列入武警消防部队列装装备。

立足世界城市定位，提升消防安全水平是一项长期而系统的工程，不仅需要政府社会、各行各业、人民群众共同努力，而且需要长远、敏锐、深刻的眼光和科学、务实、执着的态度。北京消防将不断加强对北京消防工作中新情况、新问题的研究，按照"高于国标、契合实际"的原则，有针对性地提升消防安全标准，为北京建设有中国特色世界城市夯实基础。

灾害救助资源定量化测定模式的初步研究

阮水根[1]　　曹伟华[2]　　韩淑云[1]

（1. 北京减灾协会；2. 中国气象局北京城市气象研究所）

摘要：我国每年因灾损失巨大。救灾资源分配作为政府救灾工作的重要组成部分，目前尚缺乏科学合理的技术手段。本文首先利用北京市灾害损失资料，对北京多年来灾害损失情况及其特征进行分析；进一步研究并采用综合指数法和双指数矩阵法进行灾害等级评估；在此基础上，通过分析灾害救助的主要影响因子，建立了两种不同层次的灾害救助概念模型，为灾中、灾后实施科学救灾救济提供了新的思路和理论依据。

关键词：灾害分析；灾害等级；救助模型

一、引言

我国是世界上遭受自然灾害最严重的国家之一。据民政部统计，1990—2008 年间我国平均每年因各类自然灾害造成约 3 亿人次受灾，倒塌房屋约 300 万间，紧急转移安置人口约 900 万人，直接经济损失约 2000 亿元。为此，我国政府每年在防灾减灾救灾中投入了大量人力、物力和财力。目前，我国灾害恢复重建以政府救灾救济为主导，救灾资源分配是政府救助工作的重要内容之一。然而，救灾资源应如何科学、定量分配，国内尚未进行此类研究。在实际的救灾救济中，大多采取经验性的救助估计，因此遇到了诸多困扰和不便，迫切需要进行救助测评研究。针对该问题，本文在分析北京的灾害特征和极少涉及的人力经济损失评估方法的基础上，研究并利用更有效的灾害等级评估结果，通过分析灾损救助的主要影响因子，设计了两种救灾资源定量救助模型。

二、资料处理与灾害分析

1. 资料来源与处理

本文资料包括自然灾害损失数据和灾害损失救助数据两部分。资料来源于北京市民政系统，资料时间为 2004—2009 年。对资料的处理，首先以区县为单位，根据灾害类型、灾害发生地点和发生时间，将发生在同一个区县、不同乡镇的同场灾害的灾情数据进行合并和剔除，处理后的灾情资料共计 204 条。从中提取同时具备受灾人口（人）、受灾面积（公顷）、直接经济损失（万元）、农业经济损失（万元）等的灾害损失记录共 166 条，处理后的资料为 2004—2009 年以来北京市自然灾害损失情况，其统计结果见表 1。

表1　北京市自然灾害损失情况（2004—2009年）

指标	样本量	最小值	最大值	平均值	标准差
受灾人口（人）	166	45.00	121000.00	10845.4277	17705.365
受灾面积（公顷）	166	1.00	11510.00	1185.6896	2007.7407
直接经济损失（万元）	166	3.00	27511.00	1391.1404	3198.1981
农业经济损失（万元）	164	1.00	27511.00	1233.9506	3077.4515
损坏及倒塌房屋（间）	166	0.00	1366.0	45.8	203.4

2. 灾害救助比例

本文把同次灾害救助（万元）与灾害损失（万元）的比值定义为灾害救助比例。北京市2004—2008年自然灾害损失与政府救助情况见表2。其中，自然灾害损失整体上呈增长趋势，2004—2008年间北京市灾害救助比例呈下降趋势，这一阶段北京市的平均救助比例是4.9418%，全国的平均救助比例是2.46%。这表明，在此期间北京市自然灾害救助比例高于全国平均水平，对自然灾害救助资源投入较大。

表2　北京市灾害损失与政府救助情况（2004—2008年）

年份	灾害次数（次）	受灾人口（万人）	受灾面积（万公顷）	经济损失（亿元）	拨款数量（万元）	救济人口（万人）	救济人口比例	救助比例
2004	45	50.1	4.4	3.3	1840	16.9	33.73%	5.5758%
2005	40	66.5	6.9	5.9	1731	19.2	28.87%	5.2455%
2006	36	57.6	6.8	5	1696	18.2	31.60%	5.1394%
2007	32	59.7	8	6.4	1413	12.8	21.44%	4.2818%
2008	24	39.9	4.8	8	1474	10.7	26.82%	4.4667%
平均	35.4	54.76	6.18	5.72	1630.8	15.56	28.41%	4.9418%

3. 灾害损失评估

传统上，灾害的直接损失和间接损失评估方法不少，研究也取得了很大进展。随着社会经济的快速发展和以人为本思想的树立，我们认为分析评估灾害损失，还必须重视人的经济价值。因此，灾害的经济总损失（L_T）应分为三部分，即直接经济损失（L_D）、间接经济损失（L_I）和人力经济损失（L_p）。

直接经济损失是可视物损失，可用传统评估公式进行计算；间接经济损失也可以经验用2～5倍的直接经济损失表示；而人力经济损失可定义为因灾害使伤亡人员丧失生产能力的总价值，这一损失值可用灾区个人能创造的有效财富进行计算。

下面的灾害损失由于资料和其他条件的制约，只用了救灾资料给出的直接经济损失评估值，并未计算间接经济和人力经济损失值。

三、灾害损失等级的评估

自 20 世纪 80 年代马宗晋提出灾度法的自然灾害等级评估思路后，各种灾害等级确定方法相继出现，如圆弧法、指数法、灾损率法、模糊法、灰色关联法等，这些工作为灾害等级评定提供了多种技术思路。本文根据本地区的实际情况，通过调查与分析研究了两种灾情等级的评估方法。

1. 综合灾情指数法

此法采用综合灾情指数判定灾害等级。首先按照式（1）计算综合灾情指数，综合灾情指数指标包括死伤人口、直接经济损失、受灾人口、受灾面积四个指标。

$$CI = \sum W_k \times I_k \tag{1}$$

式中：CI 是综合灾情指数；I_k 为归一化的单项指标，代表死伤人口、直接经济损失、受灾人口、受灾面积四个指标；W_k 是各个指标的权重，结合专家经验分别设定各项指标权重为死伤人口是 0.3，直接经济损失是 0.3，受灾人口是 0.2，受灾面积是 0.2。

然后，根据综合灾情指数的分布形式趋近于指数分布，采用非参数分位数分级法来确定灾害等级。即假设要素有 n 个值，将这 n 个值按照升序排列，x_1，x_2，…，x_m，…，x_n，某个值小于或等于 x_m 的概率是

$$P = (m - 0.31) / (n + 0.38) \tag{2}$$

式中：m 为 x_m 的序号，n 为要素的个数。如果有 30 个值，那么第 95 个百分位上的值为排序后的 x_{29}（$P = 94.4\%$）和 x_{30}（$P = 97.7\%$）的线性插值。如果灾情记录有 166 个样本，那么按照式（2）的方法并结合专家经验，将灾害等级按表 3 定义。

表 3　综合灾情指数法的灾情等级划分表

等级	概率	m 值
特大灾	5%	≥ 158
大灾	15%	133 ～ 158
中灾	30%	84 ～ 133
小灾	50%	<84

2. 双指数矩阵法

前节的综合灾情指数法是一种借助大量历史灾情记录来判定的方法，需要灾情记录比较完备。然而，在实际的灾情分析中只针对实时发生的灾害进行判定，因此更需要一种简单快捷、操作性较强的方法。为满足这种需求，本文设计了基于多种灾情因素的矩阵判定法，其实现步骤如下。

首先定义单因素指标阈值，传统的矩阵法只考虑两个灾情因素，而本法选取死伤人口、直

接经济损失、受灾人口、受灾面积四个因素，并通过灾情分析，考虑各个因素自身的影响程度，定义其指数值（见表4）；再分两组分别相加，成双指数作为灾级判定指标；然后进行双指数转换与矩阵判定，按照表4中的结果，并视其具有相同的权重，可确定各灾损因素指数值及两组双指数值；最后运用二维矩阵综合判断一次灾情的所属灾害等级。

矩阵法的横轴双指数（X）和纵轴双指数（Y）的构建及指数临界值定义遵从如下规则：横轴双指数 X 为死伤人口指数值与直接经济损失指数值之和；纵轴双指数 Y 为受灾人口指数值和受灾面积指数值之和。表5是根据双指数 X、Y 构建的矩阵灾级判定表。

表4　灾害损失单因素指数

各灾损因素指数	死伤人口（人）	直接经济损失（万元）	受灾人口（人）	受灾面积（公顷）
1	<1	<400	<4800	<350
2	1～10	400～1500	4800～15000	350～1700
3	10～20	1500～4000	15000～40000	1700～5000
4	≥20	≥4000	≥40000	≥5000

表5　灾级矩阵判定表

Y \ X	1～2	3～4	5～6	7～8
1～2	小灾	小灾	中灾	大灾
3～4	小灾	中灾	大灾	大灾
5～6	中灾	大灾	大灾	特大灾
7～8	大灾	大灾	特大灾	特大灾

3. 实例计算与比较

根据历史资料查阅，用上述两种方法对北京市近几年的6次灾害进行了计算，详见表6。经过比较发现，相对于综合指数法，双指数矩阵法简单灵活、容易操作，简化了运算，也减少了主观因素，判定结果在致灾因子相同条件下与实际情况更为一致。

表6　实例分析结果

地点	类型	日期	死伤人口（人）	经济损失（万元）	受灾人口（人）	受灾面积（公顷）	综合指数法	矩阵判定法
房山	泥石流	2005.7.23	2	140	850	65	小灾	小灾
房山	暴雨灾	2006.7.24	2	596	1849	184	小灾	小灾

地点	类型	日期	死伤人口（人）	经济损失（万元）	受灾人口（人）	受灾面积（公顷）	综合指数法	矩阵判定法
平谷	风雹	2006.6.30	1	17600	75000	11510	大灾	特大灾
昌平	冰雹	2005.6.7	0	2295	29800	2310	特大灾	大灾
大兴	暴雨、冰雹	2004.6.22	0	9011	76293	6332	大灾	特大灾
通州	风雹、暴雨	2006.7.12	0	442	9500	1937	中灾	大灾

四、灾害救助模型

比较历史资料，分析影响救灾资源（如资金、物资等）分配的诸多因素的重要性，据此确定较重要的因素包括灾害损失、灾害发生次数、受灾情况以及地区的经济状况与灾害救助能力等；再在灾害等级评估的基础上，研究并设计了"等级年值法"和"比例系数法"两种灾害救助模型。

1. 等级年值法

等级年值法是为了满足年度灾害救助资源的核算，于一年中多次灾害发生以后，在规定的时间（如年底或次年初）进行统一的救灾资源分配。该方法构建的灾害救助模型主要考虑的因素是本年度灾害的总损失、当年政府灾害救助比例和各灾害等级的权重。各灾害等级每次的救助资源（以资金为例，以下同）还需要结合本年度灾害的发生频次。

首先假设当年本地所有自然灾害共发生了 N 次，所造成的总损失金额是 L，灾害分为 i 个等级（$i=$ Ⅰ、Ⅱ、Ⅲ、Ⅳ级），第 i 级灾害发生 n_i 次，损失金额是 L_i，第 i 级灾害的相对重要性是 w_i（$w_1+w_2+w_3+w_4=1$）。假设当地灾害救助比例历年波动不大，为常数 $\bar{a}$。则具体的救助资金分配方案为

$$M_i = \frac{L \cdot \bar{a} \cdot w_i}{n_i}$$

（3）

式中：M_i 是第 i 级灾害每次的救助金额。由式（3）可知，L，n_i，$\bar{a}$ 是已知常数，从灾情资料中均可获得；w_i 是灾害等级的权重，可根据灾级评估结果及各灾级损失比例作为灾级权重，经计算特大灾害权重是 0.4，大灾是 0.33，中灾是 0.2，小灾是 0.07。

2. 比例系数法

等级年值法把救助比例作为一个常数来处理。事实上，救助资源 M 应随灾害损失与救助比例这两个主要影响因子的变化而变化。也就是说，灾害的救助比例亦应是一变量。分析发现，无论对某一次灾害或年度多种灾害的综合，救助比例与一些因子有较好的相关性。其中，较重要的因子是一次灾害的实时损失、历史上平均救助比例、本次灾害的受灾情形、灾区经济发展水平和当前灾害救助物资储备状况。于是救助资源 M 的表达式为

$$M = L_1 \cdot a = L_1 \cdot [a_1 \cdot a_2 \cdot a_3 \cdot \bar{a}]$$

（4）

式中：L_1 为本次灾害总损失的实时评估值；a 为动态救助比例；$\bar{a}$ 为近几年的平均救助比例；a_1 为灾害的灾情因子，可用受灾状况、影响范围和影响时间表示，取值为将若干灾情因子组合分级后，确定其等级以及所对应的经验值，或由专家评估给出；a_2 为灾区经济状况（或财政收入）因子，可用灾区的 GDP（或财政收入）/ 全区域的 GDP（或财政收入）的比值表示，并对比值分级，取值为对应的等级值，或由专家打分确定；a_3 为灾区救助物资储备因子，表示救灾用的重要储备物资的存储及其转运状况，取值可由对若干主要储备物资的历史存储率进行分级后确定，或由专家评估设定。

3. 实例计算与比较

通过对某地数年的灾害过程的计算，可以得到等级年值法的一次特大灾害救助金 M 为 508.79 万元，一次大灾的 M 为 153.45 万元，一次中灾的 M 为 47.34 万元，一次小灾的 M 为 9.77 万元；对某地其中的一次灾害的计算，可得比例系数法的此次大灾 M 为 238.0 万元。由此可见，比例系数法救助值 M 明显高于等级年值法，这主要是因等级年值法是采用 $\bar{a}$，而比例系数法中的 a 不是常数，而是随影响因子的变动而变化。

五、结论

（1）通过客观分析，灾害的经济总损失应包括直接经济损失、间接经济损失和人力经济损失三部分；并提出了人力经济及其损失的概念，研究了它的计算公式，以体现人力资源的经济价值。

（2）在应用有限的灾情资料的基础上，设计了两种灾害等级的评估方法，特别是双指数矩阵法既保持了矩阵法原有的简单、易操作的优点，又考虑了更多的因子，进而实现能实际反映灾情及较为客观的灾害等级评定。

（3）研究建立了灾害救助测定模型，即 "等级年值法" 和 "比例系数法"。当灾害发生或发生后（包括年后），可根据需要启动相应的救助测定模型，以客观、定量地进行救助资金的分配和物资的调拨，从而有效地实施灾害救助与控制灾害影响。

中国城市综合减灾十年

金磊　韩淑云

（北京减灾协会）

摘要：城市是有生命的，它似一个复杂的生命体一直在生长。本文认为在城市化进程中，尤其是超大城市的发展越来越受制于灾害风险因素，在所有事故灾害链条中除地震等巨灾因素外，极端气象条件所产生的灾害直接影响着城市化的健康发展，它不仅造成主灾害，还衍生并诱发出一系列与城市化发展密切相关的灾害。对城市致灾而言，现阶段难以找到纯粹的自然气象之灾。据此，本文用综合减灾之策，在探讨城市化安全之道时，研究了城市综合减灾中的气象灾害问题。

关键词：城市化；气象灾害；综合灾情；城市安全设计

2013 年 4 月，联合国国际防灾战略署发布了《2013 年全球减灾评估报告》，指出频发的灾害正成为经济及商业社会中日趋严重的问题。报告强调，随着全球人口的增长和城市化进程的加快，再加上气候变化等因素，自然灾害带来的风险已进一步上升，仅地震与热带风暴这两种灾害，一年内就给全世界带来 1800 亿美元的损失。对此，世界气象组织（WMO）也报道，在全球当下有超过 90% 的海域天气与水文相关。同时，因气象造成的灾害还在增加，它不仅影响着城市安全，还给社会健康带来越来越大的威胁，无论如何，有超过 80% 的科技界人士认为，人为因素是导致气候变化、加剧气象灾害的"元凶"。大城市及其人口的高强度分布不仅在经济、社会上制约城市发展，更造成生态环境及防灾减灾上的困境，这是日益难以治理的"城市病"。同时要深刻看到，由于我国城市规划欠科学，一方面是城市管理规模出现了问题，城市规模越摊越大；另一方面大多数城市承载的功能已饱和，恰恰缺少与之配套的城市安全与可救助空间建设，正是这种城市的"竞争病"成为中国城市欠缺安全发展之策的根源。基于此，本文以城市化建设为载体，研讨中国城市化进程中的综合减灾安全之策。

一、中国城市"十年"灾情与启示

气候变化是当今世界面临的最大挑战，据 2011 年世界气象组织的相关报告，2001—2010 年是有记载以来世界最温暖的十年。尽管没有人知晓气候变化的极端影响在多大程度上才算不威胁城市的安全。从联合国 21 世纪以来的"国际减灾日"主题的变迁就可以发现其影响及其变化，早在 1996 年"国际减灾日"就提出"城市化与灾害"的命题。2000—2012 年的主题依次如下。

2000 年：防灾、教育和青年——特别关注森林火灾。

2001 年：抵御灾害，减轻易损性。

2002 年：山区减灾与可持续发展。

2003 年：面对灾害，更加关注可持续发展。

2004 年：总结今日经验，减轻未来灾害。

2005 年：利用小额信贷和安全网络，提高抗灾能力。

2006 年：减少灾害从学校抓起。

2007 年：减灾始于学校。

2008 年：减少灾害风险，确保医院安全。

2009 年：让灾害远离医院。

2010 年：建设具有抗灾能力的城市——让我们做好准备。

2011—2012 年：让儿童和青年成为减少灾害风险的合作伙伴。

2011 年 12 月 7 日，正值中国 24 节气中的"大雪"，又逢周末，但大面积降雪的前兆并未通过专家认可，突降小雪后，无人应对的政府及数百万市民只能徘徊在交通瘫痪的一个"死节点"上，城市近十余个小时的停滞为首都北京带来了严重经济损失及极坏的影响；2004 年 2 月 5 日春节北京密云灯会，由于缺乏应急预案与安全规划，发生拥挤踩踏，死亡 32 人，成为北京城市史上的新教训；2004 年 7 月 10 日，仅十年一遇暴雨突袭北京城，竟使城市道路多处拥堵瘫痪，然而它仅仅是北京城市"水患"的一个序章，接下来的 2006 年、2008 年、2009 年、2011 年北京均在夏季发生城市水灾，最令北京在世人面前无法忍受的是 2012 年 7 月 21 日的暴雨，虽北京"7·21"暴雨之灾有"61 年一遇"的说法，它本质上是告知社会这是一场自然灾难。首先自 1951 年至今，北京历史上有过几次相仿的特大暴雨天气，如 1963 年 8 月 8 日朝阳区来广营 464 毫米（死亡 27 人），1972 年 7 月 27 日怀柔八道河 479.2 毫米。问题是今天与 50 年前相比，城市化率大为提高，现代的高速摊大饼式的城市规划建设在给城市带来繁荣的同时，更为城市安全保障留下难以跨越的危机。对于"水安全"的属性问题，2010 年的"世界减灾日"上联合国秘书长潘基文曾指出，在当代社会已难再找到纯粹的致社会之灾的自然灾害了，全球尤其是大城市要格外关注自然诱因造成的灾难扩大化问题，因此对"7·21"暴雨之灾的 61 年一遇自然灾难说，最有说服力的说法应是北京的不堪一击缘于自然之灾，而其脆弱的应对能力表现与突发事件的无序化是综合减灾应急管理人为缺失造成的。

纵观北京"7·21"事件的诸多细节自然会质疑，暴雨之灾究竟考验了怎样的北京精神？但面对突发事件，面对北京跻身世界城市的远景目标，能让世界及国民看到的已不再是一个欠宜居的城市，更是一个安全承载率已到极限，本质上在危险膨胀、城市化发展质量不高、缺少安全保障的城市。在当下京城忙碌于建设世界城市的一系列壮举中，一方面加速 CBD 建设，另一方面在做金融街扩容，仅仅是一场历史性大暴雨就让北京市民找不到最基本的生存底线，渴望雨水的北京，竟然在暴雨下"窒息"，怎能不发问这还是不是我们的家园，北京还是不是城市！怪就怪在北京雨洪不断，2012 年 8 月 8 日一场小雨又使丰台区久敬庄路引来没膝积水，市民怨声一片，调研发现这一带没有排水沟。如此城市建设怎不暗藏隐患，没布置好生命线系统，为什么要扩容住人，如此城市隐患区还有多少？如果说"7·21"暴雨之灾考验北京应对大灾的能力，那可更客观地陈述为：它确考验出北京自 2003 年"非典"至今不断建立的，但本质上仍薄弱的城市应急体系；它确考验出北京在遭遇突发事件下管理无序、极度脆弱、再现"非典"当年场景一般的状况；它确考验出如此超大规模城市在规划建设上"求速欠安"的战略错误及管理缺失；它确考验出城市综合减灾应急管理欠协调整合能力的事实；它确考验出全市范围内安全文化自觉意识不到位，常态下种种安全文化教育走过场，安全社区建设走形式留下的种种弊端。事实上，近十年来愈演愈重的当属全国百余个城市令人恐惧的"逢雨必涝"事件。

2010 年是"十一五"的最后一年，也是政府驾驭大灾难渡过不同寻常的危机事件的一年，在 12 月 7 日全国防汛抗旱暨舟曲抢险救灾总结表彰会上指出，仅 2010 年水旱灾害发生频次之高、影响范围之广、持续时间之长、人员伤亡之多、灾害损失之重，可谓历史罕见。从年初西南五省区百年不遇特大干旱，到入汛后全国 30 个省市区遭受超历史极值降雨，已使 258 座县城及城市区进水受淹，431 条河流发生超警戒线以上洪水，长江上游出现超过 1998 年特大洪水，111 条河流发生超历史的特大洪水，数千座水库和大量堤坝出险，一些中小河流堤防决口、漫溢。洪涝灾害导致 2.1 亿人受灾，3222 人遇难，1003 人失踪，直接经济损失 3475 亿元。特别是甘肃舟曲发生新中国成立以来最大泥石流灾害，造成 1765 人死亡和失踪，县城河床抬高形成堰塞湖，严重威胁下游 10 万余名群众的安危。这是 2010 年中国城乡极端天气酿成的巨灾，更发问人类，灾难祸根仅仅归于大自然吗？在 2010 年 8 月 2 日中国民盟中央"灾害与社会管理专家论坛第八届年会"上，联合国秘书长全球减灾事务特别助理玛格丽特·瓦尔斯特伦女士强调"灾害不全是自然的，灾害是不恰当的社会经济发展政策和实践的后果"。2010 年 11 月末从瑞士再保险公司获悉：2010 年全球自然灾害与人为灾害直接损失高达 2220 亿美元，其中保险损失占 360 亿美元，大灾难造成的死亡人数也远高于 2009 年达 26 万人（事实上仅海地地震死亡人数即 31.6 万人），是 1976 年以来的最高数字，致死人数最大的"灾事"是 2010 年 1 月的海地地震，2009 年灾害损失达 520 亿美元，其中保险损失 240 亿美元；2008 年的保险损失达 500 亿美元；在 11 月 30 日墨西哥坎昆气候变化大会新闻发布会上，世界气象组织世界气候研究计划（WCRP）主任 Astar 表示"未来极端天气气候事件将变得更加严重和频繁，减少面对极端天气气候事件的脆弱性将是适应气候变化的重要内容"。在炙手可热的全球气温升高的议题下，美国及英国气象局的统计发现，过去十年比 20 世纪 90 年代气温更高，而且每个十年气温都高于之前的十年。2010 年圣诞前后，欧美多个国家连续遭遇强降雪，导致机场瘫痪，全球一周内延滞的航班有上万次，这似乎"名正言顺"定义了 2010 年是灾害年景。

如今，中国"城市病"越来越表现出人为致灾的特色：暴雨导致城市交通瘫痪，不合格设备的投入运行大大降低了城市安全度，劣质食品及药品充斥市场造成无辜伤亡，城市人为风险（自然被工业化、传统被理性制度化）已成为现代城市社会灾难风险的主要来源，即核辐射安全、重金属、危险化学品、持久性有机污染物、危险废物等都是不可忽略的城市新环境风险因子。基于城市人口急剧集中，相伴而生的灾害隐患不断增多，人为因素的致灾、成灾频率呈非线性提高，因此了解城市人为灾害的比率及重要类型是确定城市人为灾害高风险区的关键。应承认，目前对人为灾害的概念还缺乏统一认知，但按《国家突发事件应对法》中界定的自然灾害、事故灾害、公共卫生事件、社会安全事故四大类灾害中，至少后三种基本上属于人为灾害范畴。

"十年"中国城市灾情留下的主要启示是要树立"综合减灾"与"大安全观"。

450

综合减灾有两重含义，即一方面与城市公共危机的连锁扩散性密切相关，任何一种单向危机事件可引发一连串次生危机事件，需多个部门予以统一协调并管理，尤其要防止这类危机事件再衍生"新灾"的可能性；另一方面从危机事件应急管理的全周期即监测、预测、预警、预防、救援、善后、恢复等过程，都需要政府各主要职能机构在综合部门的统一指挥下有序的应急处置、优化决策。综合减灾指采用各项预测、预警、预防措施，减轻多重灾害对城市地区的威胁及影响力。其关键点在"综合"二字上，即要体现对灾情认知的综合观，对灾害管理的综合观，对灾害机制协调的综合观，对应急预案及法规的综合观等。综合减灾的四大特点如下。

（1）单灾种之间的机理相关性：现代城市灾害的"灾害链"现象愈来愈多，明显的灾害"连锁链"以风—雨—雹—洪水—滑坡—建筑毁坏—雨涝等最为普遍，因此从城市层面上研究多灾齐发（主灾与次灾）且关注灾害未知域意义重大，这就是必须要用综合灾情观去研究单灾种间相互作用的理由。

（2）城市各减灾环节的可整合性：城市防灾减灾的诸多事例证明，在落实单灾种执行力之前，有效而完备的城市综合减灾"三制一案"管理很有必要，即对现代大都市必须推进"全社会减灾要素的综合运作"。从国家及城市综合减灾行动上虽必须发挥单灾种作用，但也必须促使综合减灾管理、决策、指挥机制的优化建设。

（3）综合减灾更有助于促进城市社会发展：如果在城市经济上以 GDP 和政府财政收入作为正向增长的标志，那么城市灾害所及的"消费"的投入就可视为负面增长。目前的每年灾损尚未与统计部门合作，尚未仔细核算灾害直接经济损失以外因灾造成的社会生产链的连带经济损失（也即衍生灾害的数额），更缺乏与国家保险机制相衔接。所以，综合减灾必须研究灾损与灾害恢复前后的变化规律，必须在城市减灾系统工程中强调安全减灾经济学的应用等。

（4）定性与定量综合集成性：由于城市灾害多重特性以及城市系统是社会、人类、地理诸系统的整合，所以采用定性与定量相结合的方法是综合减灾方法论的需要。其特点是：从多方面定性认识上升到定量认识；自然科学与社会科学理论和经验技能相结合；按照复杂大系统的层次论将宏观与微观相结合；将"软"方法与"硬"技术相结合等。所以，综合减灾观下的量化分析是综合专家群体认知的一种实践。

二、中国城市"十年"尚有突出减灾问题

尽管十年来我国城市防灾抗灾的综合能力明显提高，防抗救一体化的综合减灾体系初步形成（体制、机制、法制），但总体上应对巨灾（自然与人为）的能力还相当薄弱，如果说汶川"5·12"巨震该举全国之力，那么雅安 7.0 级强震就不该不计"成本"与"投入"采取无计划的投入，没有"收入产出比"的城市与城镇化防灾是无益于国家城市减灾战略的。总体来讲，中国城市（含城镇化）面临的挑战是：气候变化的不确定性导致了更大的环境风险；中国城市化与城镇化的无序猛增日益加剧潜在风险；全球巨灾的影响及扩展不可能不影响到国际化的中国。具体表现是：除自然灾害、人为灾难外，大规模污染事件、食品与医药安全、突发公共卫生事件、校园建筑安全、恐怖主义等非传统安全风险凸现中国，如继 2010 年大亚湾核电站泄漏事件、

紫金矿业污染事件后，2011年又发生渤海油田溢油事件、云南曲靖铬渣事件等。

1. 四大直辖市安全问题

2012年5月，在上海举办的第四届直辖市安全论坛上，国家安监总局强调：当前我国正处在工业化、城镇化快速发展期，城市正呈现新的特征，如城乡一体化、人口密集化、工厂园区化、道桥高架化、系统复杂化等，事故灾难已由传统行业向城市交通、建设、消防及各种运行行业及校园、社区、工业园区等转移，尤其是人员高度密集公共场所及城市重大事件类空间，灾害风险有增无减。

（1）城市功能决定了灾害的复杂性及难预知性。自2003年北京"非典"事件后，2009年央视新址大火、2009年上海莲花河畔景苑"6·27"7号楼倾倒事故、2010年上海"11·15"特大火灾事故、2011年北京地铁4号线自动扶梯故障、2011年上海10号线"9·27"追尾事故及"9·14"重大道路交通事故等都说明，尽管四大直辖市有不同的城市功能定位，但出现的事故灾害有着共通的复杂性及难预见性。

（2）快速的城市化进程，难挡事故灾害的新风险。城市安全的系统性、衍生性、交叉性特征日益明显，这是城市化快速发展面临的无法摆脱的新情况。如在北京、上海、天津日趋严重的地面沉降事实上，上海已预测在未来20年内海平面将上升10～16厘米。四大直辖市均处在转型发展的关键时期，各类要素流动性和聚集度极高，必须立足城市安全可控能力建设，不断调整与之对应的安全态势及发展目标，不可在无安全保障的情况下盲目发展，超强建设。

（3）国内近十年来城市综合防灾减灾规划不仅纳入《城市总体规划》版本中，还越来越集中在如下方面：灾害监测预警信息发布系统、防灾与应急管理信息系统、城市应急保障平台、城市应急综合救援队伍、应急通道、避难疏散场所、应急基础设施、救灾物资应急供应系统等。

仅反复强调的城市洪涝灾害在四个直辖市就十分凸显，2011年5月至10月，北京、上海、天津、重庆都不同程度遭灾。回溯2007年重庆主城区洪灾十分典型，2007年7月17日重庆主城区24小时降雨266.6毫米，交通全面瘫痪，重庆山城变"水城"，某些著名文物被洪水冲毁，受灾人口达643.5万人（42人死，12人失踪），直接经济损失近30亿。同年7月18日山东济南突降暴雨，37人死亡，除溺水外，6人触电死亡，5人因建筑物倒塌死亡。2013年初发布的《上海资源环境发展报告》称，上海城市转型发展面临"五大"风险，即水质性缺水风险、土地重金属污染风险、复合型大气污染风险、能源外购与化石结构依赖风险、突发事件发生频次上升风险。

2. 城市生命线的承载力极限

2013年4月1日，中国政府网发布了国务院办公厅通知，要求做好城市排水防涝设施建设工作，力争用5年时间完成排水管网的雨污分流，用10年左右时间建成较为完善的城市排水防涝工程体系，这是国家首次给出城市防涝路线图及时间表。从表面看，它研究了既要排水也要蓄水的根治内涝之策，强调增加城市透水性能，可问题是它的全部构想离开了城市的现实情况，未从城市空间无限扩大化去考虑问题，无休止增加城市容量及功能，将使城市排水防涝设施建设永远跟不上变化，这种可怕的增长，威胁的不仅仅是城市防涝系统，更为城市整个生命线系统安全带来困境。中国多数城市不仅面临再度沥涝之灾，在能源、交通、通信、供电、供气等生命线冗余保障上危机重重，城市生命线系统的综合事故率普遍高于发达国家城市几倍甚至十倍以上。新"两会"上，北京市委书记郭金龙表示，特大城市控制规模要正视不回避，北京现有常住人口2069万人，要正视人口、资源、环境的矛盾，要破解特大城市服务管理上的难题。这说明，北京的"世界城市"之题已正在过去，理性的北京开始思考适度规模的发展主线。以北京地铁为例，截至2013年3月上旬统计，北京地铁日客流1000万人次已成为常态，这已是一项超莫斯科的世界最大地铁运力。《北京日报》文章说：从日均900万到1000万人破纪录只用一周；10年地铁里程增加300余千米；客流5年增加近500万人；每名地铁乘客平均坐11站……但研究中唯独缺少北京地铁与世界地铁强国的安全比较，也没有中国主要城市地铁安全运营与安全建设的数据。

3. 城市防灾常态管理与应急管理不矛盾

无论是2005年卡特里娜飓风，还是2012年"桑迪"飓风，都警示美国及世界各国要高度关注极端灾害条件下的城市综合应急管理。除管理思考外，科学研究对预测未来灾害风险十分有价值。要知道与城市防灾的脆弱性相关，它更强调的是系统的抗逆力，它强调系统对外界冲击的应对，乃至受到灾害袭击后回到原有状态的过程。城市综合减灾的研究涉及面广，不仅要研究城市灾害学原理，还要研究城市综合减灾理念下有效的防灾减灾技术对策。如地下空间安全及其地铁运营的评估，越来越要求予以风险效率研究，不仅要研究地铁中人员合理疏散困境的高发性，也要研究地铁安全运营设施的可靠性，并努力使之纳入城市地下空间安全体系中，从而寻到城市安全投入的合理指标。由于现代城市灾害的不确定性，找出其规律，采取周密的管理措施，变应急管理为以规划为先的常态管理极为重要。常态化的应急管理既要遵循通常的行政管理规则，更要考虑到应急工作的自身特点。这里的自身特点就是要使管理方法适应应急处置的高度不确定性，重点把握最关键的要素（如指挥中心），加强最薄弱环节（如棚户区防范、人员密集场所防灾），防范最危险的风险（如各类生命线系统、工业化事故及泄漏危险源），将有限的资源按重要度集中到最主要的方面上。常态化应急管理重在使城市防灾规划与应急预案集成化。要看到由于管理部门的自行其是，应急预案及管理仅局限于政府或法规的程序方面，大多与常态化城市防灾规划不符，导致在灾时由于应急机制中的抗灾资源分布无法与城市公共安全规划中的空间概念相统一，从而致使防救灾延误、效率不高。

4. 应急避难场所安全设计之忧

如北京"7·21"暴雨之灾一样的全国各大中城市"逢雨必灾"的事实，再次让人们关注城市应急避险场所。如果说，大城市的灾害应对中要以最大、"最坏"的场景出现作为制定预案的前提，那么加快城市应急避险场所建设，则体现对人的生命尊重和生命至上理念。2002年北京规划委员会与北京地震局共同编制《北京中心城地震及其他灾害应急避难场所（室外）规划纲要》，成为我国第一个有关城市防灾减灾应急避难方面的规划纲要。天津市于2004年编制避难场所规划，并进行避难场所人均用地指标取值研究等。尽管从建设应急避难的场所需求量及受灾人口容量诸方面研究并论证了人口密度影响因素、地质条件因素、用地功能因素、建筑质量及生命线系统特殊保障因素，但我国尚未建设能综合防御地震、极端气象条件等多灾种的避难场所。考虑大城市的巨灾发生的条件，现有避难场所的数与质都有相当差距。避难场所是保障城市安全的一项重要公共服务设施，因此其可达性与公平性十分必要。可达性指从城市空间中任一点到达目的地的难易程度，反映人们到达目的地过程所克服的空间阻力大小；公平性的本质是资源空间配置的合理性及带有补偿性质的分布公平性。据我国《城市抗震防灾规划标准》的规定，避难场所的服务半径宜为 2 ～ 3 km，这是可达性与公平性配置时的遵循要素。事实上，应急避难场所除存在服务重叠率高、设计容量过剩的情况外，还存在少量服务布点的"盲区"，如对避难人群缺少必要的"保障"分析（即年龄、性别、步行速度等）。因此，建设全面而系统的多灾种的安全城市避难场所任重道远。

5. "非典"十年质疑预案的有效性

回眸中国的"非典"十年的两大进步是：其一，一系列公共卫生事件的防御法规得到"刷新"的修订，如果说"非典"能突然袭击全社会与其本身诡秘莫测、从一开始就占据"天时地利"有关，但更重要的是国家公共卫生领域"漏洞"太多，乘虚而入的空间太大所致，10 年变迁，中国在公共卫生上已经拥有了应对危机的基本预案；其二，"非典"十年伤痛与重生，让公共卫生步入快车道，它也潜移默化地影响着中国防灾减灾的各个系统，不能说汶川地震、玉树地震乃至当下的一系列突发事件我们未以"非典"应对汲取经验，难怪有人联想，如果像防"非典"一样防雾霾、防御 H7N9 禽流感事件等，是不是形势会更好。当前，切不可在无科学根据的条件下为了稳定提前说"过头话"。面对"非典"十年的医疗建筑规划设计防灾进步，有专家坦言，不少北京综合性三甲医院在疫情之初是城市人群最集中的传播源，但又是可挽救重症病人的骨干，但十年过后，要真的杜绝"非典"这样的公共卫生事件也并非易事。如何考量"非典"十年是否让中国增强了减灾抗体。"非典"十年是中国公共卫生事业大发展的十年，不仅流言倒逼信息公开，拓展开来的中国防灾减灾抗体已承担起庇护国民的重任，更催生了国家应急体系建设。"非典"过后，国家因此建立起以"一案三制"为核心的应急管理系统，可问题是在成为防灾减灾"利器"的同时，也有慌乱和不从容，仍有不应的减灾建设重复投入，仍有与城市安全发展相悖的后果，仍有难走进公众日常生活的安全文化教育的阻碍。要看到如今在所有城市脆弱性上最主要的问题是防灾减灾常态机制未建立，从而造成欲强化的应急体系中必然有先天漏洞，总结有以下三大缺陷。

（1）应急预案的"空化"与"泛化"。2003 年"非典"过后，按照质量服从速度的想法，不得已在短时间内从上至下要求编制大量应急预案，并坚持"一案"（应急预案）带"三制"（应急体制、机制、法制）的思路，由于违背了防灾减灾建设规律，很多预案定位发生错位，形成了一大批宣言式的大而全、大而空的泛泛而谈的方案，基本上无操作性，已被一系列"灾事"证明是无效的。

（2）应急预案的僵硬化。在过去的十年间，由于急躁，中国推进了统一模板的标准化模式，从而造成"依葫芦画瓢"，在短时间内国家自上而下编制了数百万件应急预案，相互复制，照搬照抄，内容高度雷同，造成了屡屡遇"灾事"无法奏效的后果。

（3）应急预案"闭门造车"过场化。"评估走形式，常年不修订"是我国现状应急预案的症结。如今不少大中城市对应急预案持机密原则，尽管一味在城市中宣传防灾应急文化，但对本质有效地公众理解预案的环节缺乏社区层面的关照，更没有真正务实的预案演练，因此形式化的预案高于实效化、本质化，虽夸耀公众安全文化觉悟有大提高，但事实上，十年的"非典"启示仍是防灾困难重重，已到全面加强综合减灾的时候了。

三、中国安全城市发展的理性与建言

1. 安全城市八论

（1）安全城市应是一个全面且本质安全的城市，其自然灾害、人为灾害、公共卫生事件、社会事件四大类危机事件时刻处于顶层设计安全状态的监控之中。

（2）安全城市应是一个有综合应急管理能力的城市，要有以综合减灾立法为前提保障的综合应急管理及处置能力，在这方面要有与中央政府相协调的，区别于一般直辖市的特殊的"属地管理"的职能。

（3）安全城市对各类灾变应有综合"跨界"的控制力、指挥力、决策力，具有国内外灾害防御及协调救援的快速反应能力及认知水平。

（4）安全城市要求自身具备一流的生命线系统及高可靠指挥体系，不仅保障系统安全可靠还应快速自修复，还要有较充分的备灾容量以及快速疏导拓展能力。

（5）安全城市要有市民的国际化水准，不仅市民要具备安全文化养成化教育的素质与技能，同时要求至少城市人口有60%以上接受过防灾教育且有达到世界卫生组织要求的安全社区标准的必要数量。

（6）安全城市要具备极强的应对巨灾的抗毁能力，面对各类巨灾要能保障60%以上的市民安全且有能力参加自救互救，使城市重要设施能良好运行，尤其要在应对巨灾时处于良好的稳定应变的状态。

（7）安全城市在要使政府公务员成为安全应急监管的"先行者"的同时，也要求项目建设者及管理者的公共安全建设理论与实践上、文化与演练上、工程与非工程策略上都要成为灵魂。

（8）安全城市更要具备当代城市与建筑之观念，要具备灾害区划及"警戒线"的保障能力，具备最大限度减少人为灾害及灾害扩大化的能力。

2. 安全城市公共政策制定的相关建议

2012年，中国正迎来新的十年，"十年"历史长河中的瞬间，如何跨越式发展，如何与世界互动，都有前所未有的机遇和挑战。无论是超大城市还是城镇化，至少必须在如下方面有明显改进：

（1）提升城市关于生命与安全的国家观念；

（2）提升城市防灾抗毁的生命线系统能力；

（3）提升城市综合减灾规划的本质能力与水平；

（4）提升城市规划师、建筑师层面的防灾减灾设计研究教育；

（5）提升城市管理者及公务员的应急管理能力与素质；

（6）提升城市公众、中小学生、弱势群体防灾自护能力教育等。

具体还有如下思考与建议。

（1）发展城市应急安全产业。要承认，现阶段我国城市居民的应急管理意识极端欠缺，城市灾害事件下真正有效的应急处置物资异常薄弱，城市应急预案预警处置很不成熟，屡屡让城市逢灾必乱，逢灾皆有难。因此，城市发展离不开与城市化发展相匹配的综合减灾能力的增强，离不开应急安全产业的大发展。若考虑到城市老龄产业、生态产业等的发展，应急产业的需求更成为城市现代化、国际化不可或缺的必要条件，如协同创新的集群发展、应用物联网的应急管理"生态圈"技术等。

（2）发展城市应对巨灾的基础性研究。无论是2005年卡特里娜飓风，还是2012年"桑迪"飓风，都警示美国及世界各国，要高度关注极端灾害条件下的城市综合应急管理。除管理思考外，科学研究对预测未来灾害风险十分有价值。要知道与城市防灾的脆弱性相关，它更强调的是系统的抗逆力，它强调系统对外界冲击的应对，乃至受到灾害袭击后回到原有状态的过程。城市综合减灾的研究涉及面广，不仅要研究城市灾害学原理，还要研究城市综合减灾理念下有效的防灾减灾技术对策。如地下空间安全及地铁运营的评估，越来越要求予以风险效率研究，不仅要研究地铁中人员合理疏散困境的高发性，也要研究地铁安全运营设施的可靠性，并努力使之纳入城市地下空间安全体系中，从而寻到城市安全投入的合理指标。

（3）发展城市的以防灾立法为标志的规划能力建设。要针对城市应急管理区域协作能力待提高、城市基础设施防灾减灾能力滞后、突发事件的公众参与度低的情况，探讨与《国家突发事件应对法》相配套的《城市防灾法》的编研思路。重点要研究以综合减灾理念为标志的法律体系及功能，明确基本原则及法律的根本制度，从而创新性的给出《城市防灾法》的基本框架。鉴于我国城市化高速进程及事故灾害的严重局面，建议在"十二五"期间要全力推进城市防灾立法的程序及路径。

笔者建议要全面加强我国城市综合减灾应急管理能力建设，除立法研究要先行外，还至少要有六个做法。

（1）加强城市灾害风险源及其隐患的普查、排查力度。

（2）加强城市重点领域监测网络与预测预报系统的综合构建。

（3）加强城市应急信息指挥与灾后恢复重建能力建设，严格限定重特大事件报告信息流程，强化灾后与灾前的常态化统一规划。

（4）加强城市跨部门、跨地域、跨行业的应急物资协同保障与复杂条件的应急物流建设。

（5）加强城市综合防灾标准化体系建设，创造条件为各种应急预案管理提供制度保障。

（6）加强城市适应防灾减灾管理新情况、新特点的综合政策研究，准确把控社会心态及诉求的应急传播模式建设。

城市极端气象事件与综合安全规划设计

金磊　韩淑云

（北京减灾协会）

摘要：城市安全是当代国内外城市可持续发展的第一要务。应该看到，在国内外由于自然与人为灾害事件的加剧，城市化灾难有愈演愈烈之趋势。为此，研究并规划应对城市综合灾情的设计技术与管理对策尤为必要。本文从城市气象灾难入手，深入分析城市灾害形成的多重原因，特别针对城市安全设计的非本质化缺陷展开研讨，从而探讨了在综合减灾思路上应对"安全城市"建设的技术与管理对策。

关键词： 城市化；灾害事件；综合减灾；极端气象灾害；本质安全设计

一、始于城市极端气象事件

底特律在美国不是小村落，曾是全美第四大城市，因为它曾是 20 世纪美国工业时代的缩影，但如今它已成为"逃离最危险的城市"的代名词，当然这是指底特律的经济生存的危机态。已经到来的美国"9·11"十二周年纪念，让人们思考恐怖袭击等非传统安全的同时，更多的还是要环顾当下的灾变世界。作为全国大气治理计划风向标的北京，近期公布出台了《2013—2017年清洁空气行动计划重点任务分解的通知》，但细观后发现，依赖煤炭的能源消费及重工业扩张，使京津冀地区 PM2.5 难以有实质性减少，京津冀 2020 年空气质量达标难；8 月某日，为"追赶"现代化的步伐，一列火车高速通过印度比哈尔邦的车站时，撞上一群跨越轨道的朝圣者，事故造成 37 人遇难（印度每年死于铁路事故的人有 1.5 万）；9 月初世界银行和经合组织发布最新研究报告"由气候变化导致的海平面上升使全球沿海城市面临洪水泛滥的危险"。报告警示，如果全世界洪灾风险最大的沿海城市不采取必要应对之策，到 2050 年洪灾造成的损失总额可高达 1 万亿美元，严重的是，该报告从两方面位列举了全球十大洪灾受损严重城市。全球洪灾损失最高城市为广州、迈阿密、纽约、新奥尔良、孟买、名古屋、坦帕、波士顿、深圳、大阪；发展中国家沿海城市排名为广州、新奥尔良、瓜亚基尔（厄瓜多尔）、胡志明市、阿比让（科特迪瓦）、湛江、孟买、库尔纳（孟加拉国）、巨港（印尼）、深圳。在 2013 年秋初夏尾再谈防灾减灾是合适的，因为每每收获，也要收获刚刚过去的教训。马丁·路德金说过："这个世界上最大的危险，莫过于真诚的无知和认真的愚蠢。"

今年 7 月 28 日是 1976 年唐山大地震 37 周年纪念日，按照习惯笔者又打开钱钢著的《唐山大地震》，面对唐山瞬间倒下的警示，在 2005 年 5 月纪念版的 21 世纪序中，钱钢指出：高歌"让世界充满爱"或者"我们共有一个家"并不难，只有直面人与自然、人与人的生存冲突和数百年冲突留下的深长断裂，"爱"才可能真实而有分量。他又进一步富有哲理地表述："我没有看清前面的一切。对无数的悖论，我没有答案。但我相信，答案埋藏在 20 世纪最惨烈灾害的废墟里面，埋藏在我曾经目睹、曾经记录的历史里面。"然而，今日灾害的事实更是如此，虽然 37 年间唐山"地灾"平息，但在过去的城市化进程中的灾变不止，由于中国减灾的重心近年已凝聚在 2008 年"5·12"汶川巨震、2013 年雅安地震上，所以一到每年 5 月至 8 月"逢雨必涝"的状况发生，城市就格外紧张。据 2013 年 3 月中国水利水电科学研究院完成的"城市防洪工作状况、问题及对策"的课题，迄今全国共有 170 座城市还未编制城市防洪规划，全国有 340 个城市防洪未达标，全国整体的洪灾风险在加剧。

尽管自然世界充满了不确定性的威胁，末世天劫在 2012 年"7·21"北京暴雨夺取 79 条生命算是验证了，防洪减灾有时并非易事，它往往是人意与天意的殊死较量。截至 2013 年 7 月 15 日，四川"7·9"特大暴雨洪灾已造成全省 58 人死亡，175 人失踪。仅从 7 月 8 日至 12 日，强降雨已经造成四川省公路交通基础设施严重损毁，120 条普通国省县道、12 座桥梁被冲垮，在受灾严重的都江堰幸福镇，最大的一次降雨有 950 毫米，达到历史极值，相当于三天下了一年的雨。也许是五年前的"5·12"汶川巨灾及 2013 年 4 月 20 日的雅安大震，人们格外关注的是在灾后重建地域的综合防御对策，从此种角度出发我们就不能只对暴雨说暴雨了，因为它们已是地震极震区；同样，我们更不该只预警地震的有无，因为一旦地震发生，次生灾害会不断，排在首位的一定是洪灾及其连锁型的地质灾害链。无论是国内还是国外，完好的灾后重建策略是会赢得未来的，这是因为重建规划必须面向长远，这是因为重建规划必然在综合防灾诸方面迎接新挑战。有人说，灾后不仅仅是重建，笔者不赞同这种观点，笔者认为灾后重建并非孤立行为，它是一个系统工程，任何对灾区灾后重建的脱离灾害最大风险的规划都将是危险的，2013 年雅安地质灾害，在强降雨的影响下已为常年的十倍以上。近闻国家批复了四川"芦山灾后重建规划"，如此快的速度就编制出有质量的灾后重建规划，真令人吃惊！为什么呢？"5·12"汶川巨灾五周年已过，我们用不足三年时间及 1.76 万亿元巨资兑现了一个新巴蜀，但五年来不止一次的次生灾害从正反两方面考量了尚很脆弱的"汶川灾后重建规划"。如果算上 2013 年 7 月以来的强降雨，都汶高速已经是第四次遭泥石流毁灭性袭击；7 月上旬的都江堰特大山体滑坡灾害，北川老县城地震遗址全部浸泡在 7 米深的洪水中，汶川县城的全面停水停电。面对眼前铁一般的惨痛的事实，面对汶川，芦山地震的破坏力，面对龙门山断裂带的大震潜在风险，面对随时随地的暴雨洪灾链的地质灾变，我们为什么就不该大胆质疑五年前曾快速通过的"汶川灾后重建规划"的有效性？有关部门为什么不从防灾减灾的综合能力建设上考量一下它已凸显的漏洞及缺失呢？笔者以为，这次四川暴雨之灾让我们首先发问的不该是为什么这里又遭遇五十年一遇暴雨，而是要反思在灾后重建规划中为什么少了综合防洪防地质灾害的内容？当年汶川巨灾后，堰塞湖形势多么严峻，我们克服了，但如今"地灾"平息，可我们为什么竟难抵暴雨袭击呢？虽然对四川大多"5·12"极震区暴雨是主灾，面对比汶川还险要的雅安山地，我们能否以更科学、更客观的态度，在充分做出芦山灾后风险的综合分析后，再来编制灾后重建规划。要以对灾民、对灾区、对国家高度负责的态度，杜绝这种有"跃进"味道的灾后重建规划。

2013 年 4 月 1 日，中国政府网发布了国务院办公厅通知，要求做好城市排水防涝设施建设工作，力争用 5 年时间完成排水管网的雨污分流改造，用 10 年左右时间建成较为完善的城市排水防涝工程体系。通知中首次明确列出了城市排水防涝设施建设时间表，为此各地已尽快对当地地表径流、排水设施、受纳水体等情况全面普查，建立管网等排水设施地理信息系统。从大思路上，它也再次明晰：根治城市内涝既要排水也要蓄水，提高城市防涝能力，重在增加城市透水性能。据 2013 年 7 月 15 日国家防总第二次会议分析，2013 年全国汛情有四大特点：①降雨过程多，暴雨强度大，全国平均累计降雨量较常年同期偏多，如四川比常年高出一倍；②超警戒河流多，洪水量级高，尽管十大江河水势平稳，但中小河流超警值得注意；③台风生成早、数量多、登陆强度大，自 1 月 3 日第一个热带风暴至今已有 7 个热带气旋，有 3 个陆登我国，其中第七号超强台风"苏力"造成损失大，如台北 101 大楼在风中"摇晃"幅度达 70 厘米，全台死伤 130 人；④受灾范围广、局部灾情重，广东、湖南、湖北、广西、福建、陕西、四川等地受灾严重，特别是四川省 7 月 7 日以来的暴雨洪水、泥石流损失惨重等。要看到：城市的"城市热岛效应"将进一步加重，从而会进一步加重城市高温、超负荷用电等，城市缺水、工业缺水、电网事故等灾害是未来 20 年十分突出的社会问题。城市地面径流加大，暴雨洪涝加重，城市高层建筑和热岛效应对气流的强迫抬升作用，将加剧城市暴雨、强雷雨和雷击等灾害性天气的突发频次。同时，城市不透水地面的增加，阻碍了雨水地表渗透，加大了地面径流，改变了水循环的自然过程，从而易出现城市内涝、交通堵塞等。对于城市，如果交通瘫痪、通信网络或电网造成严重破坏，就会使城市陷入混乱，后果十分严重。城市建筑"狭管效应"，大风灾害增多。由于城市的某些地区高层建筑物布局不尽合理，空气流动产生的"狭管效应"会加重北京城市某些地区的大风灾害，造成吹毁设施、火灾增多、人员伤亡、空气污染等。城市"浑浊"岛，空气污染严重。城市生态环境如果得不到改善，城市的特殊小气候将进一步增强冬半年城市上空的逆温层，使城市排放出的污染气体不能向外扩散，使空气十分浑浊，严重影响北京城市的空气质量。城市交通设施建设的布局和结构会放大和衍生新的灾害。城市立交桥的特殊结构在遇到较大降水时的路面积水，或遇到降雪时会导致交通事故、交通堵塞甚至交通瘫痪，影响人们的正常生活。

由上述城市内涝，我们想到更多的应是内涝之困、管理之忧及发展之痛。尽管 9 月 1 日从黑龙江防汛抗旱指挥部获悉，黑龙江嫩江干流水位回落至警戒水位之下，但受洪水浸泡影响，相当江段堤坝仍有险情。此外，就在 8 月 30 日，一条生命又驾车溺亡在深圳暴雨的涵洞中，这种死亡已是广东省今年的第 N 例。我们在反思，城市病了，它恰如一个人的免疫力在下降，身体机能紊乱，由于对城市生态元素毫无节制的掠夺式侵占，在失衡中已让城市丧失了正常运行的机能。城市设计的短视，不可持续的善变及不切实际成为病痛之诱因。2013 年伴随洪灾的是旱灾与"城市热射病"，尽管央视新闻报道欧洲因热致死病例并不准确，但至少说明，2013 年凸显的"城市热"已成新灾。面对上海、杭州、长沙、武汉等地一再刷新的"热灾"纪录，我们不能不看到，长期以来人们虽为"城市热岛"不停地审视，但很少考虑一个城市的降温设计。绿地、树荫、河流、湖泊等本应是一座城市的"留白"，为城市保留降温的生态空间，然而三十多年"造城"大跃进，很多城市"留白"已成故纸堆上的记忆，所以河道被吞噬，绿化成误区，人为的城市热岛加重了城市降温设计的困境。此外，不少城市管理者缺乏自知之明最常见的表现是自作聪明，这种愚蠢不仅因为对专业知识的缺乏及综合能力低下，还有缺少自我反思的自觉，他们的过失也不仅仅在于某个设计或管理行为失当，更在于自以为是。如被发达国家视为城市最大病因的超高层建筑，中国大行其道，殊不知摩天楼正是城市小气候"恶化"的推手，如已发生层出不穷的与城市天际线相关的问题，热岛效应、高楼峡谷风、采光不足、光污染、摩天楼"阴影"等在加剧城市环境的恶化。更有甚者，陕西西安正启动总规模达 78.5 平方千米的新区建设，"上山建城"系国内首个在湿陷性黄土地区进行的大规模岩土工程项目，人们不该忘记2013 年 7 月延安遭遇历史上强暴雨并引发地质灾害，已造成大量人员伤亡及损失，人们对延安在地质条件欠佳的土壤上建"新城"之安全性担忧的同时，也质疑延安何以靠"劈山建城"迎来"美丽中国"的神话？

二、调整我国防灾思路宜从综合设计开始

城市综合减灾与可持续发展的关系作为一种战略思想已越来越受到世界各国的关注。早在1999 年 7 月日内瓦召开的世界减灾学术论坛上，联合国官员即强调：要关注大城市及其都市的防灾减灾，尤其要将社区视为减灾的基本单元，必须开展项目的减灾风险评估，必须将防灾减灾事项逐步纳入本质安全设计体系中。结合 21 世纪初前十年中国的"5·12"汶川大地震及当下不止的台风袭击及城市沥涝，乃至城市工业化事故、公共安全事件，笔者尤其以为要充分估量中国在安全减灾上的国际化差距，重中之重是真正强化综合减灾管理理念的落实及细化。据此我们有五方面质疑与建言。

1. 如何用本质安全观构建城市安全系统

本质安全观原为应对工业化事故的设计管理对策，将它引入城市安全系统有其积极与现实意义。对城市大系统进行本质安全设计就是要采取各种措施，将所有事故灾难隐患消灭在设计阶段，确保项目在设计阶段的安全优先状态。它通常需要以安全风险管理驱动工程本质安全设计，通过风险管理控制来实现设计本质安全性的最大化和建设项目事故风险的最小化，它是以城市灾害风险管理从过去被动态、事故后处理，转为主动态、事故预防阶段的跨越。本质安全性原则是消除或减少危险因素，不是依赖应用控制和防护措施，而是识别和研究设施的本质安全性。目前，在国际上，本质安全性已完全成为城市系统危险性评估中不可分割的重要环节，很多关键系统已将本质安全设计审查整合到危险、隐患的评估体系中，也就是说，城市系统安全建设时，不仅要发现风险在哪里，有什么潜在隐患，更要思考能否做到本质安全的目标，设计本身要成为实现本质安全的最佳途径。如对于城市工业化危险源通过本质安全设计，减少过程生命周期的事故、降低发生事故的后果、强化更有效的生产及应急条件下的操作、改进突发事件下应急反应的综合能力。

2. 如何从观念上跳出防洪局限看综合减"水"灾

2013 年截至 7 月 18 日，全国 30 个省因洪灾死亡 337 人、失踪 213 人，其中六成系被滑坡泥石流掩埋。可见，科学认识水灾及其衍生灾害极其必要。要说明的是，由于中国内涝防御工程体系欠缺和城市化发展过快的责任，尽管全国大中城市已按 1998 年《防洪法》编制防洪规划，现在排水防涝体系仍未走出"看天"建设的怪圈。在不少城市，不是第二年排水防涝工作有了

进步，而是暴雨未降临重点隐患地，只能是侥幸地"逃过一劫"。当前，真正要下功夫的是扎实推进城市综合防御"水"灾害建设。五年前，深圳遭洪水侵袭，结果卡在排涝上，经论证才发现，深圳的 50 多个城中村严重侵占了河道，你不给水让路，沥涝必然发生，我们的城市越现代化，越难逃脱"逢雨必涝"的局面；事实上，防一季之汛是需全年之功的，危险的是某些管理者把"防汛"仅仅当作"救汛"，从根本上忘记了要"晴天修屋顶"的道理。连续不断的暴雨，应该明晰，前人留下的城市发展负面的账，也是城市创新安全发展的机遇，做服务型政府，整好城市的"里子"往往是比建好"面子"更为重要的政绩。所谓综合"水"灾害防御，是要坚持多管齐下的治理之策。现实是从根本上解决，想的挺好，做的挺难，具体讲应建立涵盖广泛灾害内涵的更清晰的目标，努力填补在水灾害上未能实现的安全目标。

3. 如何真正绘就可靠的城市地下管网图

全国 70% 以上省份的暴雨，再次形成了城区可"看海"、街道可"捕鱼"、地铁中观"瀑布"的尴尬景观，反映出规划设计滞后、建设管理无序的情况。平日光鲜亮丽的都市，在暴雨到来下原形毕露，成为一个个内涝重灾区，这些至少说明在不少城市尚有如下问题：①城市并没有完整而确切的地下管网信息，这种混乱埋下了巨大的安全隐患；②受灾城市如何走出"重地上轻地下"的怪圈，如石家庄主城区排水管道是 20 世纪七八十年代铺设的，老旧城区内排水管道最小的是管径 70 厘米的圆管，最大的为宽 4 米、高 3 米的方沟，目前石家庄管道管径是采用一年一遇的标准，最好也就 3～5 年一遇水平，只有建设一二百千米的特大管径的雨水管网才能解决目前困境；③城市防洪排涝首先要解决各自为政、责任不清及地下管线信息共享的关键问题，这虽要涉及一些复杂的部门利益，但要以城市安全发展为准绳，要让所有管理原则服从城市可持续发展的主题，至少地下管线如何排列等细节问题要在观念统一后实时系统规划。这些问题解决了，城市防洪建设就有了安全可靠的"蓝图"，城市安全发展就不会再有遗憾。

4. 如何为中国城镇化安全保驾护航

2013 年武汉内涝、昆明被淹、广州看江以及北京 7 月 8 日暴雨致 16 条道路中断，江苏连云港暴雨已有市民在马路上张网捕鱼……对于暴雨过后的座座"水城"现象，人们思考更多的是如何的城市或城镇才能走出灾害的困扰。2013 年中国科协提出专家的《中小城镇气象致灾问题亟待关注》的调研报告，其揭示的问题对中国热议的城镇化极有警示作用：①中小城镇正是我国防范气象灾害的薄弱区，如 2012 年 8 月 4 日至 6 日，湖北十堰、襄阳等地出现暴雨及大暴雨，山洪及山体滑坡 3 天内致 18 人死亡、6 人失踪，快速城镇化改变了地面的自然状态，产生了局地大气环流对自净能力不利，从而加剧了气象灾害的后果；②预防预警机制不健全且缺乏真正的防灾常态建设成为致灾要素，这里包括建设规划粗糙、布局欠合理给城镇安全留下的隐患，中小城镇气象预警能力低难以及时发布有效预报，如 2012 年 5 月 10 日甘肃岷县风雹灾害致 45 人死亡、14 人失踪；③汛期还未结束，大雨仍在滂沱，灾中有思不可止于思，灾后更该有所行，如果说大雨冲刷出快速反应机制，那笔者想说任何机构及个人不要做被动的"马后炮"。具体来讲，要加强水灾害的基础性研究并保证研究的连续性；灾害研究不仅要交叉跨域，更要有前瞻性，这就是要提升暴雨及地质灾害预报的准确率，只有做到这一点，代表中国绝大多数的基层乡镇才有安全可言。

5. 生态修复乃城市防洪涝新思

城市洪涝之灾给我们留下太多思考，一方面事故灾害的红线是不可逾越的雷池，要有最严格的制度及最严密的法治，但城市的生态安全有空间特殊要求，也有文化和规则铸就的细节要点，其中生态修复是城市防洪涝的新思路。具体有如下主要思路。

（1）要研究城市发展的小气候变化对降雨的影响。要看到土地利用方式的改变影响着整个城市的水系生态。人类为了获得更多土地，将城市从前的河道填埋了，城市水系有被碎片化或取消的状况，这种改变本身为城市水安全带来障碍。

（2）要研究城市为环保而加速污水处理的负面影响。如由于管网建设尚未到位，雨污分流没有真正实现，绝大多数地面仍采用合流制污水处理系统，如此积累，一个冬季下来所有雨水系统就开始淤积，人为地造成疏通难问题。为此，治理城市内涝要综合考虑动态化的解决方案，而非简单提高排涝标准。

（3）要研究通过生态修复的方式，恢复城市的河流、绿地、湿地等生态系统。湿地生态系统具有蓄水调洪、调节气候等多重作用，保不住湿地面积，就难免恶果的上演。按洪涝灾害发生的严重度，近年来武汉三镇中，汉口比武昌严重，武昌又比汉阳更严重，这其中一个主要原因是武汉市大量湿地遭破坏，破坏最厉害的就是汉口，而汉阳因保留着比较大的水体，洪涝灾害自然较轻。因此，从生态系统的视角看，改善城市地标基础设施对提高城市生态品质具有重要作用。所以，对城市进行生态修复，就要秉承环境为体、经济为用、生态为纲、文化为常，靠城市的净化、绿化、活化及孵化，来实现根本的防洪减灾治理。

面对一年又一年的城市综合灾难洪灾，我们以为当代思考及行动才刚刚开始，愿大家都能以城市大安全的名义，从灾难中获得启示，建立起综合减灾的有序且合理的应对管理之策。

适应气候变化的市场化工具 —— 气象灾害风险交易市场模式

苏布达　姜彤

（中国气象局国家气候中心，南京信息工程大学）

摘要：气候变化所引发的灾害性极端气候事件的频率逐年增加。由气候极端事件所造成的经济损失在整个社会经济中的比重越来越大。应对气候变化造成的社会经济影响，加强气象灾害风险管理工具的研究和市场化应用越来越受到国际社会的普遍关注。从市场角度来看，建立全国范围切实有效可行的气象灾害风险交易市场具有巨大的潜力，可以减少气象灾害所造成的经济波动对社会生活的冲击，也可以促进社会经济的可持续协调发展。本文通过对欧美国家在天气衍生品、气象指数保险产品、巨灾证券化等灾害风险转移产品方面的研究分析，介绍了欧美国家气候风险交易市场的发展以及天气衍生品及气象指数保险产品规避气象灾害风险的过程和机制。2007年以来，中国气象局与中国保险监督委员会合作，开展了气象指数保险的研究。据此研究成果，提出了在中国建立多层次的气象灾害风险交易市场的模式和前景以及气象、保险和证券管理部门潜在的风险管理责任和与之配套的政策条例建议。

关键词：气候变化；天气衍生品；气象指数保险；气象灾害风险交易市场；灾害风险管理

一、引言

研究表明，人类活动对全球气候的影响越来越大。伴随着极端天气事件发生频率和强度的增强，气候对人类活动特别是对人类的经济活动的负面影响也在明显增强。鉴于气候因素造成的经济风险在整个经济风险中的比重逐年上升，工业界、经济界对气候风险管理工具的需求在不断增加，欧美一些保险公司和国际机构近年来都相继开展了气候变化对经济的影响，气象灾害风险交易市场的未来发展趋势及保险公司、再保险公司与金融市场的应对策略等方面的研究。中国东西南北气候差异大，灾害性天气的种类多，受灾范围也很广。在东部沿海经济发达地区，人口密度高，很多行业如交通、物流、农业、能源、旅游等都不同程度受到气候变化的影响，一定等级的暴雨、台风、雪灾、高温、干旱就会给各部门带来严重的经济损失。而以往的经验表明，政府灾后财政救助支持力度往往不够，且赔付常常滞后。

国内除少数试点省开展过气象灾害损失政府强制保险的产品外，涉及灾害保险的产品种类少，覆盖地区有限，多数只涉及大公司与大企业，尚缺少一种适合广大中小型企业及个人的气象灾害损失保险产品。传统的保险产品，由于核损赔付手续繁杂，经常诱发法律纠纷，产品的规避风险效率相当之低。目前，在全国范围内还没有成熟的气象灾害保险产品及相应的气象灾害风险交易市场。因此，运用新兴的气象灾害风险管理工具，研发适合中国市场的、有效可行的气象灾害风险交易市场，对整体降低中国的经济风险、减少经济波动对社会生活的冲击、促进经济的可持续发展等方面都能发挥重要作用。

从全球范围来看，气象灾害风险交易市场的发展潜力巨大。20世纪90年代末起，欧美国家开始构建包括气象灾害保险产品交易、气象指数期货交易、气象指数期权交易以及其他形式的天气衍生品交易、气象巨灾证券交易等地区性市场。由于气象指数是可以客观测量的，受人为操纵的可能性较小。若再匹配一套相应的交易和监督规则，可以大幅度降低投机带来的交易风险。本文介绍了当前投入运行的气象灾害风险管理工具及其市场运作结构，在分析欧美气象灾害风险交易市场的发展状况和存在问题的同时，探讨了建立多层次、多元化的气象灾害风险交易市场的模式和前景，旨在为中国建立有效的气象灾害风险交易市场提供一些可行性建议。

二、气象灾害风险管理工具

1. 主要的工具

目前，对气象灾害风险管理工具的研究及实际运用主要集中在三个方面：①天气衍生品；②气象指数保险产品；③气象巨灾风险的证券化。

天气衍生品适用于发生概率较大，但损失不很严重的不利事件，而气象指数保险产品适用于小概率、大损失的灾害性事件。但在具体设计时，可综合两者的特点灵活设计一种混合型的保险产品。天气衍生品和气象指数保险产品所采用的气象指标除了常用的温度、降水外，也可以是风速、台风强度、空气湿度等。与传统的财产损失保险相比，气象指数基于气象站的观测数据，客观性比较强，有利于减少传统保险合同中的信息不对称问题。由于不易人为操作，既能减少保险合同购买者的道德风险（Moral Hazard Problem），又能有效避免保险公司对受保人进行人为筛选（保险术语中所谓的逆反选择，Adverse Selection Problem）。

灾后的损失通常依据气象指数和财产损失之间的回归方程关系，由气象指数的变化推导计算，避免了传统财险的投入大量人力、物力进行大规模灾后损失调查和估算过程，降低了保险产品的交易费（Transaction Costs）、运营和管理费（Operation Costs and Administration Costs）。但气候指数不能百分之百反映投保方的实际灾害损失，在使用指数保险产品时，保险公司及投保方都要面对基本风险（Basis Risk），有可能发生投保人损失大但只能得到一小部分赔付，或投保人在没有损失时也能得到赔付的现象。与传统财产保险产品相比，气象指数保险产品不适合多种灾害同时造成的损失。根据国际上多年的试点研究和实际操作表明，气象指数保险产品优点远远大于这种产品的不足之处，足以弥补传统财险合同存在的缺陷。

广义上讲，天气衍生品也属于气象指数保险产品，但二者的交易市场有所不同。典型的气象指数衍生品，如气象指数期货产品和气象指数期权产品，通常在金融市场（如芝加哥商业交易所，Chicago Mercantile Exchange）进行交易。而气象指数保险产品的合同设计与传统财产损失保险合同相似，所以一般把它归属于保险市场交易品种，受保险行业监督委员会管理。

气象巨灾风险的证券化主要针对极端性天气事件造成的涉及面广的特大经济损失。灾害性天气往往诱发系统风险，在同一时间、不同地点造成大规模的损失，使保险公司无法赔付，乃至破产。在这种情况下，传统的做法是将系统风险转移给再保险公司。根据多数欧美国家的经验证明，再保险市场往往处于高度垄断状态，因为缺乏竞争，再保险的风险金额相当之高。而且再保险公司还常常干预一级保险公司的营业决策，导致传统的再保险市场效率下降。将极端气候风险证券化的目的是通过发行气象灾害债券（Weather Bonds），将风险转移到金融市场。气象巨灾风险的证券化将是对传统再保险市场的补充，通过提高风险转移的效率及再保险市场的竞争，尽可能降低再保险的风险金额（Risk Premium），使入市门坎降低，市场流通量增加。虽然目前气象巨灾风险的证券化还仅限于理论探讨，并没有实际运作的先例，但这是一个很值得研究，特别是很值得在气象灾害风险交易市场开发中尝试的一种风险转移工具。

2. 气象指数产品市场化的问题

缺乏被市场公认的产品定价模式是阻碍目前气象灾害风险交易市场进一步发展的主要瓶颈。由于气象指数本身没有货币价值，它的随机变化不遵守几何布朗运动（Geometric Brownian Motion）规律，气象指数期权产品的定价不适合直接运用布莱克－斯克尔斯期权定价模型（Black-Scholes Option Pricing Model）。因而，天气衍生品交易市场与金融衍生品交易市场不同，理论上属于一类所谓的不完全市场（Incomplete Market）。为了在实际的市场运作上克服这个问题，首先需要进行气象指数期货交易，使气象指数货币化，再在气象指数期货交易的基础上开发气象指数期货的期权交易。

气象指数保险产品的交易市场中，有多种不同的理论定价模型。保险定价一般建立在两个基础上，一个是对损失概率的精细估算，另一个是对保险交易伙伴的风险偏好（Risk Preference）估计。保险公司对保险产品的定价在实际操作中并不经常采用复杂的定价模型，而是通常先依据历史数据演算出公平价格（Fair Price），然后在此基础上增加一个风险负荷（Risk Loading）。风险负荷的确定一方面应该客观反映保险公司的风险偏好，另一方面也包括了赔付保证金的金融市场融资费用以及保险产品管理和运作费用等。例如，在对德国保险公司做的问卷调查中，保险公司对干旱保险合同所要求的风险负荷一般为公平价格的 20% ～ 25%。

基本风险（Basis Risk）是指数保险产品面临的另一个挑战。因为气象指数和投保人具体受灾损失的回归系数不可能是 1，气象指数和损失回归方程的偏差（Residul）就是所谓的基本风险。基本风险又可以划分为地理基本风险（Geographical Basis Risk）和生产基本风险（Production Basis Risk）。例如，在一个区域里，保户都根据一个指数，该赔都赔，该不赔都不赔。而事实上，就是在同一个地方，遭到同样的灾害，保户的受灾状况也可能是不一样的。有的可能没有受灾，也会得到赔偿，有的受灾很严重，但得到的赔偿不足以弥补其灾害损失。通常，保险产品的基本风险越大，规避风险的效率就越低，市场上受欢迎的程度就会下降。降低基本风险的办法可以从以下三个方面考虑。

（1）在设计气象指数时，尽可能使气象指数和损失之间的回归达到最大。在具体实施上，其中一个重要措施就是要大大改善气象站的基础建设，增加气象站的密度。气象站分布的密度取决于气象指数的类型。例如，气温的分布比较均匀，且影响的地区面积一般比较大，气象站的密度就不一定很大。而雨量的分布往往很不均匀，根据作者在德国工作的经验，在保险合同覆盖地区，每 50 ～ 100 千米就需要一个气象站，以使气象指数和损失的相关系数能达到 70% 以上。

（2）在保险产品定价时，量化赔付率、价格和基本风险的相关关系，将其带入到一个特定的定价模型中，使受保人和保险公司能够合理地共同承担基本风险。发展这样一个定价模型，是定价模型理论研究的一个重要方向。与传统的财产保险相比，尽管受保人的实际损失因为基本风险的存在不可能完全受到补偿，但至少一部分或大部分的损失能够得到赔付。而且因为定损比较客观简单，降低了交易费用，气象指数保险产品的风险金额客观上有比较大的下降空间，因此气象指数保险产品在市场上应该是有很大吸引力的。一般来说，运用指数保险合同能够避免道德风险，但要承担基本风险，而传统的保险合同面临的问题正好相反。市场参与者面临的选择是接受道德风险还是接受基本风险。因为基本风险可以定量分析，而道德风险是不可预测的，因此指数保险合同的合同风险总的来说要比传统的财产损失保险合同小。

（3）单独设计一个基本风险保险合同，作为气象指数保险合同的附加合同。考虑到气象指数保险产品在我国广大农村地区的应用，对于基本风险比较大且建立气象站比较困难的地区，投保人的基本风险可以采用由政府保险的形式，利用类似传统财产保险核损的方式增加附加合同。

三、国际上风险交易市场的结构和发展

1. 市场的结构和发展

全球气象灾害风险交易市场的结构是多层次、多元化的，从市场的组织结构来看，有组织的场内交易市场（Organized Market），也有场外交易市场（Over the Counter Market）。例如，美国芝加哥商品交易所曾推出过全球41个城市的温度期货和期权交易，最近又相继推出了飓风、降雪、冰冻等的期货交易。从具体的交易合同数量和交易流通量来看，绝大多数交易还是集中在温度指数的交易。然而多数实践中操作的气象指数衍生品并不是在芝加哥商品交易所这种有组织的交易市场实施的，而是在所谓的场外交易中完成的。因为正规市场交易的合同通常是使用事先设计的标准合同，而场外交易使用的合同设计没有固定模式，相对灵活便利，因此场外交易是对正规市场交易的良好补充。

目前，全球最大的有组织的场内气象灾害风险交易市场是芝加哥商品交易所，参与交易的绝大部分是大电力能源公司和机构投资者，交易品种不多。另外，还有一些企业直接与银行和保险公司签订双向保险合同，这些大都在所谓的场外交易中完成。气候风险交易市场的发展，除了私营机构起推动作用外，一些政府和国际组织也参与其中，例如在农业和全球贫困地区扶贫方面，一些政府和国际组织，比如美国农业部、世界银行和世界粮农组织等也在积极推动研究和开发气象指数保险产品。一方面，运用气象指数保险产品能够降低农业生产风险；另一方面，把气象指数保险产品和农业信贷、小额信贷结合在一起，可以在贫困地区达到可持续降低贫困的目标。在欧美发达国家，正在逐渐重视气象指数保险产品，因为传统的农业保险本身存在着很多不可解决的问题，而且需要靠大量的政府补贴来维持。气象指数保险产品的开发可以有效弥补传统农业保险的不足。我国的农业保险遭遇了和传统保险同样的问题，至今基本没有多大进展，还主要靠政府补贴形式开展。开发气象指数保险产品，一方面可以提高私人保险公司参与农业保险的积极性，另一方面可以总体降低保险费。这样，可以将政府对农业保险的责任逐步推向市场，也将大大降低政府对这方面的财政支出。

从 20 世纪 90 年代末开始，欧美地区特别是美国的气象灾害风险交易市场经历了快速的发展。自 2003 年芝加哥商品交易所推出了气候风险交易品以来，场内交易大幅增长，场外交易呈下降趋势。场内交易增加的重要原因：一是因为场内交易使用标准统一的交易合同，降低了交易成本，提升了交易透明度；二是场内交易具有清算机构和入场交易者遵守的清算规则，降低了交易伙伴之间的信贷风险。场外交易和场内交易相比，虽有一些不足，但它所具有的灵活特性很适合一些新兴的天气衍生产品在没有达到市场成熟之前的试交易。另有一些面临气象灾害风险的企业，有寻找保险产品的紧急需求时，为避免等待上市时间太长，也可以寻找场外交易伙伴。所以，场外交易是场内交易的一个很好的补充。

2000—2005 年，北美和欧洲的交易合同占到了整个交易合同的绝大多数，达到总交易量的 85% 左右。但从总体来看，欧美的交易合同比重从 2000 年到 2007 年呈波动下降趋势，而亚洲的交易合同比重却呈现了大幅增长的势态。在亚洲地区，主要是日本在开展气象灾害风险相关方面的交易。欧美交易合同总数的年际波动，反映了气象灾害风险交易市场，特别是有组织的场内交易市场目前还不成熟，还处于发展阶段，比如在芝加哥商品交易所交易的天气衍生品合同主要是温度衍生品。因为交易品种的相对单一，造成了市场参与者过度集中在某一个行业领域。虽然最近刚刚上市了飓风、降雪、冰冻气象指数交易，但目前交易量还很低，没有形成广泛的市场需求。市场参与者的过度集中，会造成一旦交易者有变动，就会影响到合同数量的大幅度变动。一个成熟的市场，应该是有多样化的气象指数产品，有相对稳定的客户群和交易量。

参与气象灾害风险交易的企业一般都是对气候波动比较敏感的企业。比较 2005 年和 2007 年的调查，运输业所占比重成倍增加，农业比重翻番，其他行业有大幅度增加。这样使得一枝独秀的能源行业交易比重从 69% 下降到了 47%。可以预见，随着未来全球气候变暖的加剧，气候变暖带来的经济风险将会逐渐显著，直接受气候影响的农业和运输行业对气象灾害风险交易的需求还会大幅度增加。除此之外，其他目前还没有进入气象灾害风险交易市场的行业，如旅游业等，也会利用气象灾害风险管理工具来减少经营风险。

2. 阻碍市场发展的问题

从 20 世纪 90 年代中期国际上首次有天气衍生品的交易到现在，气象灾害风险交易市场及交易本身有了很大发展，但市场参与者大多还局限于大能源公司。目前尚缺少一个适合广大中小型企业，甚至个人参与交易的气象灾害风险交易市场。与北美相比，欧洲气象灾害风险市场起步艰难，市场规模保持在较低水平。其主要原因之一是因为欧洲气象灾害相对北美要小得多，致灾的气象灾害风险种类也较少，对气象灾害保险产品的需求相对较小；其次是欧洲交易市场和北美比总体发展水平还较低，不容易形成对气象指数的大规模交易。20 世纪 90 年代末伦敦金融期货交易市场就曾试图开展与芝加哥商品交易所类似的天气衍生品的交易，但在操作两年后，因为交易量太小而停止。在亚洲，只有日本有一些气象灾害风险合同的交易。亚洲地区普遍受到多种极端天气的影响，气象灾害风险交易市场的外部条件已经具备，应该拥有很大的市场潜力。亚洲没有形成有规模的气象灾害风险交易市场的原因之一是金融和保险市场没有欧美发达，企业对风险规避的需求不会很快转变为保险产品；另外这方面的研究比较薄弱，产品的开发、设计、定价和配套的市场开发都还没有开展起来。

总的来说，能否形成一个有效的、有规模的成熟市场，外部条件取决于市场所在地区极端气象灾害事件发生频率与灾害风险种类的多少，还与气象灾害造成的经济损失比重的高低等外界因素有关。除此之外，在经济理论上，能否发展出一个适合气象灾害风险交易的市场模式，也是一个关键。因此，怎样建立一体化的市场模式，使天气衍生品和气象指数保险产品交易起到互补的作用，将金融市场和保险市场、场内交易和场外交易融为一个整体，实现系统风险、地区风险、基本风险的合理转移，促进市场参与者（个人、企业、保险公司和金融市场投机者）合理分担风险是目前气象灾害风险交易模型的一个重要研究方向。第二个关键是产品的设计。市场的建立和产品的设计是相辅相成的，市场结构决定了产品设计的方向，而具体产品的市场投放，又将影响和调节市场的结构。

四、建立气象灾害风险交易市场的可行性

中国气候类型多样，情况复杂，气象灾害风险种类繁多，影响范围广，近年来又频繁遭受极端天气气候的影响。随着气候变暖引发的气候灾害经济损失占 GDP 的比重逐年上升，企业和个人对气象灾害风险保险产品的需求量将明显增加，相关产品的开发和市场化已引起政府的重视和支持，给新兴的气象灾害风险管理工具和气象灾害风险交易市场在中国的运行创造了有利的契机。

综观目前全球气象灾害风险交易的发展和存在的问题，中国气象灾害风险交易市场的建立和发展可以从以下几个方面进行：①通过气象灾害保险产品设计，增加气象站的数量和市场组织，使受损个人和企业的基本风险降到最低；②促进交易市场完全化，增加交易流通，给产品的合理定价创造市场条件，使灾害风险转移的费用（风险金）得到整体的降低；③通过政府和市场合作机制，使极端天气气候事件引起的系统风险得到有效的转移和控制，使其对市场造成的负面冲击降到最低。具体的建议如下。

（1）天气衍生品交易：以芝加哥商品交易所为范例，利用现有的期货市场，在中国经济发达地区的中心城市试建气象指数的期货和期权交易市场。根据经济发达的典型城市的气象灾害特征设计交易合同，模拟开展温度、降水、风力（针对台风）和一些混合指数（如以温度和雨量的混合指数反映农作物受灾情况）的交易。有组织的市场（交易所）内的交易遵循标准合同，透明度高，入市门坎低，有益于规避系统风险和增加市场的流动资金，对个人、公司、投机者都具有一定的吸引力。除此以外，在交易所进行气象指数期货交易，根据定价理论，也是将不完全交易市场逐步完全化的一个措施。建立在气象指数期货交易的期货指数基础上的天气衍生品的交易合同（例如芝加哥商品交易所的气象指数期权交易的基础指数是气象指数期货交易的期货指数，所谓的 Futures Option），一部分可以应用现有的定价理论予以定价（如期货的期权定价模型），另一些复杂的衍生品的定价，若能建立在气象期货指数基础上，其定价原理的理论依据比较强，容易得到市场参与者的普遍认同。

（2）气象指数保险产品交易：进行气象指数的期货和期权交易，只能规避一部分经济损失。

理论上，由气候变化所造成的地区系统风险（比如高温热浪、低温冰冻等）可以通过此种交易得到转移。但由于保险产品规避风险效率的高低与交易合同的基本风险有紧密的相关关系，对基本风险很大的企业来说，建立在气象指数上的期货和期权交易并不是很理想的风险管理工具。而且气象指数期货和期权交易，最适合规避一般性的、损失不是很大的气象灾害。对遭受气象灾害损失很大，而且基本风险很大的企业，需要针对其具体损失而专门设计气象指数保险合同。因此，根据产业和地区特殊风险专门设计的气象指数保险产品是对气象指数的期货和期权交易的有效补充。气象指数保险产品一般是投保人和提供保险方（保险公司或银行）双方之间达成的合约。合同可根据投保人的具体情况灵活设计，风险金也可以通过双方谈判而定。

（3）再保险和风险证券化：正规的气象灾害风险交易市场，除了可以交易天气指数的期货和期权合约，也可以进行气象灾害风险证券交易。气象灾害风险证券化针对的主要是巨灾风险。气象灾害风险证券在金融市场的发行，也是再保险的一种手段，是对传统再保险的有效补充，能起到降低再保险保险金的作用。

国家和地方政府可以将气象指数保险产品和气象灾害风险证券交易纳入抗灾和灾后重建的措施中。政府灾后财政支持和灾后重建往往面临着资金来源不足、款项到位滞后的问题。遭遇到巨灾时，中央和地方政府会面临很大的财政风险。利用气象指数保险产品，政府可以将灾后重建的财政负担转向市场，可保障赔偿资金的及时到位，还可有效防止资金使用过程中的腐败现象。

五、结论

对未来全球气候变化的预估显示，气候变化引发的极端天气事件将会增多增强，极端灾害造成的损失、影响的范围和人口也将随之上升，气候变化造成的灾害损失在整个社会经济中的比重会越来越大。政府和企业对气象灾害风险交易市场以及对创新性的气象灾害风险交易工具的需求将会在未来几年中大大增加。国内目前尚未建立完善的应对气候变化影响的气象灾害风险交易市场和交易产品。可以预见，研究和发展适合中国国情的气象灾害风险交易市场，开发和设计适合中国市场和气象灾情的气候风险交易产品，为政府和相关企业提供相关的气象灾害风险管理咨询服务，其市场潜力是巨大的。

在中国建立多层次的气象灾害风险交易市场的条件已经成熟，应尽早开展气象灾害风险交易产品开发、市场交易的试点，并加大力度支持该领域的科学研究。中国气象局国家气候中心早在2002年就与德国慕尼黑再保险公司合作探索气象指数保险在中国应用的可行性分析；2008年又与德国技术合作公司（GTZ）开展气象指数保险的可行性研究。在中国气象局和中国保险监督委员会的大力支持下，开展了不同气象灾害灾种的气象指数保险系统的探索性研究，选择福建开展台风影响，吉林开展低温冷冻对农业影响，江西强降水对基础设施影响，陕西和新疆开展低温对水果业影响的研究。这些研究将有助于气象灾害风险交易市场雏形的建立，对现有的气候观测条例和规范进行补充，同时对现有的以核损为主的保险条例补充完善，促使和保障风险交易市场的健康有序发展。

中国气象灾害风险交易市场的研究、产品设计和市场开发工作可以从以下几个方面进行：①在受气象灾害影响较严重的省份，在建立气象指数保险产品的基础上，对政府机构和企业进行问卷调查，了解市场需求；②选择一些遭受经济损失严重的省份进行产品试点，设计适合当地情况的气象指数产品及交易合同，在适合的中心城市进行气象指数交易的试点；③结合试点经验，设立专门的研究机构，加强市场模型和定价研究，进行从业人员的专业培训；④建议将国家的救灾计划和风险管理措施和气象灾害风险交易市场的发展有机结合起来，气象部门与相关证券交易机构合作探索天气衍生品和气象巨灾证券上市及相关的政策保障问题，将政府对灾后重建的责任转向市场。

首都圈社区防空防灾风险评估方法研究
——以北京市海淀区为例

刘铁忠　赵艳　王珍珍　刘永魁

（北京理工大学管理与经济学院）

摘要：社区是一个有共同价值观念的同质人口组成的关系密切、守望相助、富于人情味的社会团体，是社会风险的一个承灾体，也是风险感知最为敏感的区域。本文结合北京市特点，探讨了首都圈灾害特点与社区的分类，分析了地震灾害、气象灾害、地质灾害三类自然灾害，并将典型社区分为大院型社区、社会型老旧社区、社会型新建商品房社区、农村社区四类。依据灾害风险理论，构建出评估体系，包括致灾因子危险性评估系统、承灾体脆弱性评估系统、社区居民应对能力评估系统。北京市作为首都圈的一个重要区域，针对北京市社区风险的研究探讨对首都圈社区风险进行研究具有较为重要的价值。

关键词：防空防灾；社区风险；风险评估；首都圈

一、引言

近年来，信息化条件下局部战争要求的变化、反恐形势的日益严峻、全球气候变化带来的灾害频发的现实情况，对民众防护能力提出巨大挑战。中国周边领土争端、首都机场爆炸事件显示出首都面临战争及恐怖袭击的巨大风险；死亡 79 人的北京"7·21"特大暴雨、致 2 人死亡的北京朝阳大悦城恶性杀人事件、造成 21 人伤亡的北京光明楼蛋糕店爆炸事故等近期发生的一系列突发事件则揭示出首都圈灾害风险不容忽视。社区的最基本的自然形式就是一群人聚居在一块地方的共同生活，德国社会学家腾尼斯（1887 年）最早将这种社会生活形式概括为社区（共同体），从类型学视角对"礼俗社会"（乡村社区）和"法理社会"（城市社区）这两类相对的社区形态进行了描述和比较，将社区划分为地理社区、非地理社区和亲属社区三类。一般认为，社区是一个有共同价值观念的同质人口组成的关系密切、守望相助、富于人情味的社会团体，人们在那里与同伙一起，休戚与共，同甘共苦。社区是社会风险的一个承灾体，也是风险感知最为敏感的区域。因此，结合首都圈灾害特点，开展防空防灾风险评估具有重要的研究价值。

二、首都圈灾害特点与社区分类

（一）灾害特点分析

1. 地震灾害

北京地处华北平原、山西和张家口—渤海 3 个地震带的交汇部位，有多组活动断裂，是我国东部地震多发区之一。北京历史上发生过多次强烈地震：1679 年三河—平谷 8.0 级地震，为北京地区最大地震，震中烈度XI度，伤亡 10 万人，京城 3 万多间房屋倒塌或损坏；1057 年大兴 6.8 级地震，震中烈度IX度，造成大量房屋倒塌，2.5 万人死亡；1730 年颐和园 6.5 级地震，震中烈度VIII度，倒塌房屋 1.6 万多间，死伤 457 人，长城遭到损坏；此外，1976 年唐山 7.8 级地震对北京的影响烈度达VI至VII度，造成北京 189 人死亡、5250 人受伤。

北京地区现代地震活动特点：自 1765 年昌平 5.0 级地震后，北京地区已 247 年未发生 5 级以上地震。1970 年有仪器记录以来，北京地区以中、小地震活动为主，平均每年都会发生 2 级以下地震 60 ~ 70 次，发生 2、3 级地震 3 ~ 4 次，平均 4 ~ 5 年发生一次 4 级左右地震，最大地震为 1990 年 7 月延庆 4.6 级地震。1996 年 12 月 16 日顺义 4.0 级地震，北京普遍强烈有感，老百姓恐震情绪增加，造成很大社会影响。2011 年以来，先后发生了 2011 年昌平—怀柔交界 2.1 级小震群、密云 2.3 级、石景山 2.3 级、延庆 2.0 级和 2012 年昌平 2.0 级、门头沟 1.7 级、朝阳 2.2 级等局部有感地震。

北京市驻京单位有中央国家机关、科研院所、大专院校等，新建住宅小区多，具有地震破坏性大、引发的次生和衍生灾害种类多、危害程度严重、应急处置难、社会影响巨大等灾害特点。

2. 气象灾害

北京市位于华北平原的西北边沿，地势由西北向东南倾斜。枕山面海的特殊地理位置和典型的季风型大陆性气候以及首都大城市备受关注的特征，使得北京地区的气象灾害呈现出频发、突发、局地性强和高影响等特点。北京市气象灾害和高影响天气主要有暴雨、雪灾、道路结冰、沙尘暴、大风、高温、干旱、雷电、冰雹、大雾、霾、寒潮和霜冻等。这些气象灾害和高影响天气往往会引发多种次生或者衍生灾害，对首都经济社会发展、城市运行、重大活动保障和人民生命财产安全构成极大威胁。

3. 地质灾害

北京是发生地质灾害较多、较严重的城市之一，存在着大量的地质灾害隐患，具有灾种多、群发性、高隐蔽性、高突发性和时间上的集中性等特点。北京地区的主要地质灾害种类有泥石流、滑坡、崩塌（滑塌）、采空塌陷等突发性地质灾害（主要发生在山区）和地裂缝、地面沉降等缓变性地质灾害（主要集中在平原区）。据 2010 年 7 月核查统计，北京地区共有突发性地质灾害隐患点 597 处，其中崩塌隐患点 290 处、不稳定斜坡隐患点 62 处、地面塌陷隐患点 23 处、滑坡隐患点 2 处、泥石流隐患点 220 处，全市有 10 个区县、64 个乡镇、242 个行政村、32 条道路、50 个景点等受突发性地质灾害威胁，灾种中对人民生命财产危害最大的是泥石流灾害。1950—2009 年的 60 年间区内因泥石流、崩塌、采空塌陷灾害造成 600 余人死亡，直接经济损失达数亿元。据统计，目前北京地区地质灾害灾情为特大型、大型的地质灾害分别有 2 处和 8 处（均为泥石流），灾情为中型的地质灾害有 2 处（崩塌和地面塌陷各 1 处），灾情为小型的地质灾害有 222 处（其中泥石流 205 处、崩塌 14 处、地面塌陷 3 处）。

（二）社区分类

依据专家调查，将典型社区分为以下四类。

（1）大院型社区，特点为产权归属简单，居住人群归属于某单位，房屋修缮由产权单位负责。其人防工程有三种归属：一是国办（部委人防办）；二是中直机关；三是北京市。教学、科研、商业等生产设施与居民楼等生活设施共存。

（2）社会型老旧社区，特点为20世纪八九十年代建成，产权归属复杂，无物业公司管理或分属多家物业公司管理，配套设施陈旧，房屋管理复杂，基础设施老化，违章建筑较多。

（3）社会型新建商品房社区，特点为2000年以后建成，产权归属简单，有物业公司管理，配套设施相对较新，房屋管理相对简单，基础设施配套，业主权益纠纷等。

（4）农村社区，特点为农改居社区，位于城郊，经过城镇化改造，居民达到一定数量。周边危险工厂、食品安全、房屋拆迁、土地腾退、生活困难。

三、首都圈社区风险评估框架

依据灾害风险理论（史培军，2005），开展社区面临的防空防灾威胁进行风险评估。评估体系分为三大系统：致灾因子危险性评估系统，承灾体脆弱性评估系统，社区居民应对能力评估系统。

$$防空防灾风险（Risk）= \frac{致灾因子危险性（Hazard）\times 承灾体脆弱性（Vulnerability）}{社区居民应对能力（Coping\ Capacity）}$$

四、首都圈社区防空防灾风险识别

（一）承灾体脆弱性识别及其标准

1. 建筑特性

（1）房屋层数 V11。影响高层火灾疏散，楼层越高，脆弱性越高。根据《民用建设设计通则》（GB 50352—2005），房屋可以根据层数分为低层（1～3）、多层（3～6）、中高层（7～9）、高层（10层及以上）、超高层（建筑高度大于100米）五类。

（2）建筑结构 V12。影响抗震性，分为框架、砖混、平房三种，脆弱性依次增加。楼房砖混结构，主要抗震措施是构造柱和圈梁的体系，抗震能力弱；楼房框架结构，纯框架结构的高度受到抗震设防烈度和抗震类别的限制；平房砖木或土木结构。

（3）房屋性质 V13。可能影响房屋公用设施使用，对其脆弱性产生影响。房屋按性质主要分为居住用房（纯住宅）、非居住用房（商业、学校等）、商住混合房。

（4）空调支撑 V14。分为两种情况：一是三脚架支撑，二是水泥台支撑，前者脆弱性高。

2. 生命线系统

（1）下水管道排水能力 V21。大面积的积水可以引发漏电、触电事故。以社区内全部道路和基础，估计在遭遇暴雨后，路面积水和积水退却用时。分为三类：不积水或 1 小时排空，1 ~ 4 小时排空，4 小时以上排空。

（2）电线电缆老化情况 V22。主要是绝缘层的老化，依据不同地区绝缘层的材料，使用年限不等，可以分为 10 年以下、10 ~ 20 年、20 年以上。

（3）燃气管道老化情况 V23。根据《城镇燃气管道技术规范》（GB 50494—2009），燃气管道的设计使用年限不应小于 30 年。一般而言，10 ~ 20 年管道可能出现泄漏等问题。因此，以 10 年与 20 年为分界点，分为 10 年以下、10 ~ 20 年、20 年以上。

3. 社会人口状况

美国国家海洋和大气管理局（NOAA）的社区脆弱性评估工具对于社会脆弱性的衡量主要有七个：单亲家庭比例、贫困线以下家庭比例、65 岁以上人口比例、高中以上学历人口比例、领取社会救济金家庭比例、出租房比例、没有汽车家庭比例。根据 2011 年海淀区民情手册（第六次全国人口普查主要数据汇总），北京市社区人口情况可以分为户籍情况、民族情况、年龄情况、受教育程度几方面指标。

（1）人口密度。

（2）空巢老人数量 V31。第六次人口普查数据：北京常住人口中，0 ~ 14 岁人口为 168.7 万人，占 8.6%；65 岁及以上人口为 170.9 万人，占 8.7%。

（3）外来人口比例 V32。第六次人口普查数据：北京外来人口比例为 35.9%。

（4）少数民族人口比例 V33。

（5）未上过学人口比例 V34。

4. 环境救灾设施

环境状况主要考虑与承灾体相伴而生的人类抗风险能力，也就是从社区周边环境的角度，考虑社区风险情况。考虑到指标的可测性，主要考察社区的公共配套服务的脆弱性，主要从医院、消防站、派出所、紧急避难场所这四个安全相关公共服务角度考察社区安全服务支持的难易程度。

（1）医院可达性 V41。从社区门口，以一般速度步行到最近的医院所需要的时间。判断标准：依据 2006 年颁布的《北京市社区卫生服务中心（站）设置与建设规划》（京卫妇社字〔2006〕2 号），北京的社区卫生服务发展要基本达到满足城镇、远郊平原和山区的居民分别出行 15、20、30 分钟以内可及社区卫生服务目的。

（2）紧急避难所 V42。避难场所面积判断标准：依据《北京中心城地震及应急避难场所（室外）规划纲要》，紧急避难场所人均面积标准为 1.5 ~ 2.0 平方米，考虑到一些地区实际用地情况，最低不应少于 1.0 平方米（紧急避难场所服务半径定为 500 米）。

（二）致灾因子危险性识别及其评定标准

1. 因子识别

（1）自然灾害 H1。自然灾害各社区相差并不大，而且在社区层面相对较难确定。因此，此项指标除地质灾害外，设定为通用因子。具体指标包括：地震 H11，强降雨 H12，大风 H13，雷电 H14。

（2）事故灾难 H2。事故灾难类致灾因子，主要从两个侧面考察：一是考察社区危险源，即社区内部及周围是否存在危险性较高的设备设施，包括加油站、交通主干道、施工场所（建筑工地、道路／管线／地铁施工场所）、其他（地下通道积水点、危化品仓库、液化气站、工厂、河道）；二是调查社区发生过的事故。

①住房火灾 H21，包括居民楼、临建、平房、宿舍、招待所等处可能发生的火灾。

②环境火灾 H22，在以下公共区域如商场、写字楼、高校、餐厅、路边设施、绿地经常有火灾隐患。

③公共基础设施出现故障 H23，如供水、供电、供热、供燃气等出现故障以及下水管道堵塞、电梯故障等。

④路面塌陷 H24。

⑤环境威胁 H25，如来自围墙、施工塔吊、过街天桥以及溺水的威胁。

⑥公共基础设施发现意外 H26，如供水管线、热力管线、锅炉、电缆、自来水管线、下水管道等可能出现的故障。

⑦交通事故 H27。

（3）公共卫生事件 H3。公共卫生类致灾因子：一是考察通用性的传染病疫情，此为全市通用因子，与北京市的整体卫生状况与生活习惯有关；二是考察社区周边的餐饮小店与菜市场的卫生条件，是否存在集体性食物中毒情况。具体指标包括：集体性食物中毒 H31、传染病疫情 H32。

（4）家庭风险事件 H4。主要从社区治安的角度考察，此类事件的数据通过社区访谈的方式获得。具体指标包括：溺水事故 H41，煤气中毒 H42，触电事故 H43，意外伤亡 H44，手机电器伤人事故 H45，高空抛物伤人 H46。

（5）战争与恐怖事件 H5。具体指标包括：恐慌骚乱 H51，在战争面前失去秩序 H52，打砸抢事件 H53。

2. 评定标准

针对致灾因子指标，设定评定标准，详见表 1 至表 4。

表 1　致灾因子发生可能性等级评定指标

可能性等级	评价标准
1	几乎不可能发生
2	不太可能发生
3	有可能发生
4	比较可能发生
5	非常可能发生

表2　致灾强度等级评定指标

强度等级	评价标准
1	强度非常低
2	强度比较低
3	强度一般
4	强度较高
5	强度非常高

表3　致险强度等级评估矩阵

可能性＼严重性	1	2	3	4	5
1	1	2	3	3	3
2	2	2	3	3	4
3	2	3	3	4	4
4	2	3	4	4	5
5	3	4	4	5	5

表4　致险程度等级评定含义

强度等级	评价标准
1	致险程度非常低
2	致险程度比较低
3	致险程度一般
4	致险程度比较高
5	致险程度非常高

（三）社区居民应对能力调查

主要测试社区居民的风险认知情况，包括危机意识、知识基础、实际技能三个方面。

1. 危机意识测试

（1）测试对突发事件信息的关注程度，结合民防情况，主要针对五类突发事件进行。

①自然灾害——强降雨、大风及沙尘暴、地震。

②事故灾难——火灾、饭店爆炸、交通事故。

③公共卫生事件——食物中毒、传染病疫情。

④战争与恐怖事件——军事冲突、恐怖事件。

⑤家庭风险事件——社区隐患（危树、围墙、施工场所、交通干道等），家用电器爆炸、煤

气中毒。

（2）测试对于参加灾害防护宣教活动必要性的认识。

（3）测试对于参加社区、单位等举办的灾害防护宣教活动的参与热情。

（4）测试近 4 年（2010—2013 年）经历的突发事件，包括地震、暴雨、火灾、煤气中毒、食物中毒、传染病、交通事故、恐怖袭击等。

2. 灾害防护知识测试

（1）判断应急行为，主要从是否熟悉以下方面判断：地震、高层火灾、地铁火灾、地下室火灾、燃气泄漏、雷雨天气、食物中毒预防、传染病疫情传播、应急食物和水存储处理、地下车库防护功能、可疑信件或包裹、防空防灾纪念日。

（2）直接判断居民的灾害防护知识水平。

3. 灾害防护技能测试

（1）测试对单位或社区防空防灾应急设备设施。主要从以下方面判断：房屋结构、疏散通道、消防逃生标识、应急避难场所、消防通道、人防工程。

（2）直接询问相关问题，测试灾害防护技能。包括：请问您的灾害应急能力如何；请问您家里配备应急包、灭火器、防毒面罩等的情况；请问您是否关注以下灾害防护知识，主要包括地震防护，暴雨及雷击预防，消防安全，交通安全，煤气中毒，食物安全，传染病预防，恐怖事件应对，核辐射防护，鼠疫、霍乱、流感等生物防护，化学毒剂防护，危险化学品防护等。

五、结论

结合北京市特点，探讨了首都圈灾害特点与社区的分类，分析了地震灾害、气象灾害、地质灾害三类自然灾害，并将典型社区分为四类：大院型社区、社会型老旧社区、社会型新建商品房社区、农村社区。依据灾害风险理论，构建出评估体系：致灾因子危险性评估系统，承灾体脆弱性评估系统，社区居民应对能力评估系统。对首都圈社区防空防灾风险进行了识别：①承灾体脆弱性，包括建筑特性、生命线系统、社会人口状况、环境救灾设施；②致灾因子危险性识别及其评定标准，包括自然灾害、事故灾难、公共卫生事件、家庭风险事件、战争与恐怖事件；③社区居民应对能力，主要测试社区居民的风险认知情况，包括危机意识、知识基础、实际技能三个方面。

冰雪灾害对北京城市交通影响评估研究

刘勇洪[1]　扈海波[2]　房小怡[1]　谢璞[3]

（1. 北京市气候中心；2. 中国气象局城市气象研究所；3. 北京市气象局）

摘要：依据灾害学原理，利用 1952—2011 年北京历史冰雪灾情资料分析构建了冰雪灾害对北京城市交通运行的影响评估指标体系，如发生时间、冰雪强度、交通脆弱度、预警能力和减灾能力，利用层次分析法构建了城市冰雪灾害影响评估模型和评判标准，并对北京历史上 38 次冰雪灾害事件进行了影响评估及研究分析。研究结果表明，各影响评估因子对冰雪灾害影响贡献的权重分别为冰雪强度 0.4404、交通脆弱度 0.2789、减灾能力 0.1797、发生时间 0.0526 和预警能力 0.0484，建立的影响评估模型准确率达 76%。冰雪强度不再是唯一的决定性因子，而是与城市化背景下的多种其他因素共同决定着冰雪灾害对北京城市交通运行的影响程度。

关键词：城市交通运行；冰雪灾害；评估指标；层次分析法；影响评估模型

一、引言

城市是一个有组织、高效率的社会，但同时也是一个脆弱的社会，其正常运行严重依赖于水、电、燃气、交通、通信、物流等生命线，任何一个环节出现问题都可能引发城市的安全运行。例如 2001 年 12 月 7 日的一场小雪和 2010 年 9 月 17 日的一场小雨几乎造成北京城区交通的完全瘫痪，凸显了天气灾害在大城市交通运行中的巨大威胁，但生活中如此常见的"小雨"或"小雪"天气也能对城市交通安全造成重大影响，表明致灾因子——天气灾害自身的强弱虽然仍是城市气象灾害中的重要因素，但可能不再是唯一的决定因子，而是与城市化背景下多种其他因子共同决定着灾害的影响大小，城市中的冰雪灾害则很可能具有这种特征。国内早期研究多关注于致灾因子——低温雨雪过程本身的影响和分析，而对造成冰雪灾害的其他因素研究相对较少，并且在城市气象灾害方面的研究也多集中于综合灾害风险或突发性天气灾害事件的评估，如对上海的综合风险评估与城市内涝暴雨的风险评估和对北京冰雹、暴雨积涝和雷电的安全风险评估，而对冰雪灾害的城市安全影响评估研究很少。北京是一个有近 2 千万人口的特大型城市，是我国的政治文化中心和交通枢纽，冰雪灾害事件已经成为影响北京城市交通运行的重大自然威胁，研究其在城市中的形成机制并开展其对北京城市交通运行的影响评估具有重要意义。

二、冰雪灾害等级划分

为确保建立的影响评估模型能准确反映冰雪灾害实际影响程度，需要对冰雪造成的实际灾害影响进行等级划分。根据近 60 年（1952—2011 年）搜集到的北京 38 个典型重要冰雪灾害事件资料，主要从陆面交通堵塞、航班延误和取消班次等方面并结合《北京市雪天交通保障应急预案》划分的雪天交通事件级别可以大致把冰雪灾害对北京城市交通运行的实际影响程度初步划分为五个级别：等级1（轻微或无）、等级2（一般）、等级3（较严重）、等级4（严重）、等级5（非常严重）。由专家经验给出各个因子敏感度对于引发冰雪灾害的评价分值0～9之间的整数值，分值越高，表明此因子敏感程度对造成冰雪灾害影响越高。

三、评估指标的选择与计算

1. 孕灾环境分析

孕灾环境主要考虑冰雪灾害的发生时间 T，发生时间对冰雪灾害的影响程度评分值见表1。

表1　发生时间的评分值

敏感程度	发生时间	T 评分
轻微	20：00—06：00	1
低	节假日白天及周末白天	3
中	工作日期间白天	5
较高	长假第一天和结束前一天、晚高峰	7
很高	早高峰、周五下午及20：00前	9

2. 致灾因子分析

致灾因子主要考虑冰雪天气事件发生的强度大小，定义为冰雪强度 SI。冰雪强度一般与降雪量、积雪深度、积雪持续时间、雪后降温程度等诸多因素有关。本文主要从过程降雪量 P、积雪深度 H 和过程平均气温 T_a 等影响因子来反映冰雪强度 SI，定义为

$$SI=0.40 \times P+0.35 \times H+0.25 \times T_a \tag{1}$$

其中规定：没有降雪天气发生时，冰雪强度 SI 为0。降雪量 P、积雪深度 H 和平均气温 T_a 的评分值及计算的冰雪强度对冰雪灾害的影响程度评分值见表2。

表2　降雪量、积雪深度、平均气温和冰雪强度的评分值

敏感程度	降雪量（mm）	P 评分	积雪深度（cm）	H 评分	平均气温（℃）	T_a 评分	冰雪强度	SI 评分
无	0	0	0	0	>2.0	0	0	0
轻微	0.1～0.9	1	0.1～1.0	1	0.1～2.0	1	0.01～1.50	1
低	1.0～2.4	3	1.1～3.0	3	-1.9～0	3	1.51～3.50	3
中	2.5～4.9	5	3.1～5.0	5	-6.9～-2.0	5	3.51～5.50	5
较高	5.0～9.9	7	5.1～8.0	7	-14.9～-7.0	7	5.51～7.25	7
高	10.0～30.0	8	8.1～18.0	8	-28.0～-15.0	8	7.26～8.25	8
很高	>30.0	9	>18.0	9	<-28.0	9	>8.25	9

3. 受灾体脆弱性分析

受灾体脆弱性主要从受灾体——交通网络的脆弱性来考虑，定义为交通脆弱度 TV。交通脆弱度既要考虑当前分布的空间路网参数 R，还需考虑时间上交通发展状况，可以用交通发展系数 T_d 来衡量。定义为

$$TV = R \times T_d \tag{2}$$

其中，当前路网参数 R 直接引用扈海波的路网脆弱性指数的归一化结果值（0～1），交通发展系数 T_d 和计算的交通脆弱度 TV 各个阶段对冰雪灾害影响程度的评分值见表3。

表3　交通发展系数及交通脆弱度的评分值

敏感程度	交通发展系数（按时间划分）	T_d 评分	交通脆弱度	TV 评分
轻微	1983.12 以前	0.2	<0.20	1
低	1984.01—1995.12	0.4	0.20～0.40	3
中	1996.01—2002.12	0.6	0.41～0.60	5
较高	2003.01—2007.02	0.8	0.61～0.80	7
很高	2007.03 至今	1	>0.80	9

4. 防灾措施分析

防灾措施主要从冰雪天气过程的预报预警能力考虑，定义为预警能力 WC。预警能力 WC 既要考虑冰雪天气过程的预报准确率 Q，还要考虑这种预报预警信息在社会大众中的传播能力，定义为信息传播能力 I。定义为

$$WC = 0.6 \times Q + 0.4 \times I \tag{3}$$

其中，预报预警质量 Q、信息传播能力 I 和计算的预警能力 WC 各个阶段对冰雪灾害的影响程度的评分值见表4。预报预警质量主要与雪量的预报等级、时效和漏报等密切相关。

表4　预报预警质量、信息传播能力和预警能力的评分值

敏感程度	预报预警质量	Q 评分	信息传播能力（按时间划分）	I 评分	预警能力	WC 评分
轻微	提前 24 小时以上冰雪及量级预报预警	1	2009.9 至今	1	≤1.80	1
低	提前 12 小时以上冰雪预报预警或预报雪量差 1 个等级以下	3	2003.04—2009.08	3	1.81～3.80	3
中	12 小时前漏报平原雪而雪量达小雪或预报雪量差 2 个等级	5	1995.01—2003.03	5	3.81～5.80	5

敏感程度	预报预警质量	Q 评分	信息传播能力（按时间划分）	I 评分	预警能力	WC 评分
较高	6 小时前漏报平原雪而雪量达中雪或预报雪量差 3 个等级	7	1985.01—1994.12	7	5.81 ~ 7.80	7
很高	6 小时前漏报雪而雪量达大雪以上量级	9	1984.12 以前	9	>7.80	9

5. 减灾措施分析

减灾措施主要指冰雪灾害发生后，所采取的除冰除雪和交通疏导措施，定义为减灾能力 DR。定义为

$$DR = 1 - D \times R_d \tag{4}$$

其中，当前减灾指数 D 可以简单地用当前国内生产总值 GDP 来反映，在这里直接引用扈海波的地均 GDP（万元 / 平方千米）数据进行估算。当前减灾指数 D、减灾发展系数 R_d 及估算的减灾能力 DR 各个阶段对冰雪灾害影响程度的评分值见表 5。

表 5　当前减灾指数、减灾发展系数和减灾能力的评分值

敏感程度	当前减灾指数（按 GDP：万元 / 平方千米划分）	D 评分	减灾发展系数（按时间划分）	R_d 评分	减灾能力	DR 评分
轻微	>100000	0.9	—	—	<=0.1	1
很低	50001 ~ 100000	0.8	1993.12 以前	0.2	0.11 ~ 0.20	2
低	10001 ~ 50000	0.6	1994.01—2001.12	0.4	0.21 ~ 0.40	3
中	2001 ~ 10000	0.4	2002.01—2004.11	0.6	0.41 ~ 0.60	5
较高	500 ~ 2000	0.2	2004.12— 2010.10	0.8	0.61 ~ 0.80	7
很高	<500	0.1	2010.11 至今	1.0	>0.80	9

四、基于层次分析法的评估模型构建

1. 权重确定及分析

在上述冰雪灾害评估指标构建的基础上，采用层次分析法中的 Saaty 标度方法通过来自气象、农业、规划、交通等方面的 8 位专家和 2 位社会普通百姓对各评估指标相互之间的重要性进行评判，建立判别矩阵，计算得到矩阵的一致性指标为 0.0174，明显小于 0.1，一致性检验合格。五项评估指标的权重分别是冰雪强度为 0.4404、交通脆弱度为 0.2789、减灾能力为 0.1797、发生时间为 0.0526、预警能力为 0.0484。

从权重结果可知，致灾因子——冰雪强度虽然仍是最重要因素，但它不再成为冰雪灾害的决定性因素，其他四个因子的综合权重贡献超过了冰雪强度的权重贡献。其次是交通脆弱度，表明提高人城市综合交通体系的现代化和交通管理水平对降低交通路网的脆弱性具有重要意义。排名第三的减灾能力权重达 0.15 以上，表明加强城市尤其是大城市灾害应急减灾管理的重要性。发生时间和预警能力指标的权重则接近，小于前三项，在一定条件下仍能影响灾害的严重程度。

2. 评估模型构建及分级

根据层次结构分析法，最终建立的冰雪灾害影响评估模型为

$$W=0.4404 \times SI+0.2789 \times TV+0.1797 \times DR+0.0526 \times T+0.0484 \times WC \tag{5}$$

其中，W 为灾害评估指数值，SI 为冰雪强度，TV 为交通脆弱度，DR 为减灾能力，T 为发生时间，WC 为预警能力。W 值越高，冰雪灾害对城市交通运行的影响越大，并按以下分级标准，确定相应的冰雪灾害对城市交通运行的影响评估等级，如表6所示。

表6 冰雪灾害影响评估等级划分

影响等级	轻微或无	一般	较严重	严重	非常严重
W 值	<4.00	4.00 ～ 5.50	5.51 ～ 6.50	6.51 ～ 7.50	>7.50
评价等级值	1	2	3	4	5

3. 模型效果检验及评估结果分析

利用建立的影响评估模型（5）对 1952—2011 年 38 次冰雪事件包括 8 次小雪、13 次中雪、8 次大雪和 9 次暴雪天气过程进行了评估。以表1标准确定的实际评估等级对模型评估结果进行验证，准确率为 29/38=76%，其中近 10 年（2002—2011 年）发生的 19 次冰雪事件评估准确率为 17/19=89%，表明该模型能较好反映冰雪灾害对北京城市交通安全运行的影响程度。进一步对 38 次冰雪事件中不同量级的降雪事件应用评估分析可知：①小雪对城市交通的影响一般评估为等级 1 至 3，但等级 3（较严重）的情况较少；②中雪对城市交通的影响一般评估为等级 2 和 3；③大雪对城市交通的影响一般评估为等级 2 至 4，但等级 2（一般）的情况较少；④暴雪对城市交通的影响一般评估为等级 3 和 4，但由于城市发展伴随的资源和财富高度聚集趋势，暴雪影响的程度和损失呈加重趋势。

五、结论与讨论

通过对北京历史冰雪灾情资料的分析，依据灾害学原理构建了冰雪灾害对北京城市交通运行的影响评估指标体系，并利用层次分析法构建了城市冰雪灾害影响评估模型和评判标准，对历史上 38 次冰雪灾害事件进行了影响评估及研究分析，可以得到如下结论。

（1）发生时间、冰雪强度、交通脆弱度、预警能力和减灾能力各分指标能较好地反映冰雪灾害对城市交通运行的影响程度，其对冰雪灾害的影响权重分别为 0.0526、0.4404、0.2789、0.0484 和 0.1797。

（2）冰雪强度依然是最重要的因素，但不再是冰雪灾害对城市交通运行影响的唯一决定性因子，其他评估因子的综合影响超过了冰雪强度。而交通脆弱度和减灾能力因子分别排名第二、第三，则表明加强城市交通现代化建设和城市应急减灾管理的重要意义。

（3）以层次分析法建立的影响评估模型准确率达到76%，表明该影响评估模型能较好反映冰雪灾害对城市交通的影响。

（4）评估分析还表明不同量级的降雪过程对北京城市交通运行影响评估的等级范围（从轻到重，共5级）一般为：小雪1至3级，中雪2和3级，大雪2至4级，暴雪3和4级，极端情况下会出现5级。

北京市集中式饮用水水源地突发水污染事故风险识别
与环境应急体系构思

李华

（北京市环境应急与事故调查中心）

摘要：针对北京集中式饮用水水源地风险源调查现状及问题，对风险源的类型进行了识别，对水源地突发水污染事故风险进行了分析，在此基础上构建水污染事故的应急体系，认为该系统应该包括管理组织体系、应急预案体系、应急保障体系和配套制度体系，并对上述各部分内容进行详细阐述，以期能为北京突发水污染事故环境应急体系建设提供参考。

关键词：饮用水水源地；突发水污染事故；风险识别；环境应急

一、前言

水是生命之源，地球上所有生命都离不开水，饮用水源条件的优劣决定了经济社会的发展方式，直接关乎人类生存与社会发展。清洁、稳定、安全的饮用水源是一个城市发展的基础保障，因此保障饮用水的安全是国家稳定的基础，也是国家的政治需要。水源地突发性污染事故的实质是威胁城市水源地环境安全，进而威胁城市供水的城市安全问题。近些年来，随着国内多起重大水源地突发性污染事件被公开报道，公众对饮水健康的关注程度日益提升，人们在深切地体会到水源对于一个城市的重要性的同时，也充分意识到完善水源地保护应急反应机制、开展突发性水污染事件风险分析工作的重要性和必要性。

北京市地处海河流域，是一座人口密集、水资源短缺的特大城市，人均水资源占有量约280立方米，只有全国人均水资源占有量的七分之一，世界人均水资源占有量的三十分之一。在世界120多个国家和地区的首都及主要城市中，北京的人均水资源占有量居百位之后，远远低于国际公认的人均1000立方米的下限。同时，人口、资源与环境之间的矛盾十分突出，水污染状况相当严峻。

长期以来，北京市与国内外很多城市一样都面临着不同程度的水源地水质污染问题，城市水源不断受到各种污染事件的威胁。尤其是突发性水污染事故，由于其具有发生突然性、危害严重性、处置紧急性等特点，处理不当有可能在短时间内迅速影响城市水源地内的生态环境和供水系统安全，轻则会给局部地区的居民生活、企业生产带来不便，重则可能进一步触发更为严重的城市安全、社会稳定问题。北京作为祖国的首都具有高度的政治敏感性，加强集中式饮用水水源地环境风险管理，确保饮用水水源地的环境安全，在全市开展集中式饮用水水源地环境风险评估与应急机制的构建，对维持首都的政治形象和可持续发展都具有重要的现实意义和深远的历史意义。

二、风险源识别与风险分析

风险源识别的方法有现场调查法和历史事故分析法两种。其中，现场调查法是通过对现场的调查来发现潜在的危险源，历史事故分析法是根据国内外曾经发生过的水源地突发性污染事故进行辨识。对历史事故的时间、地点、事故形式、污染源头、污染物质种类和数量、事故造成的影响、危害程度等作详细统计分析，从而找出历年导致污染事故发生的所有危险源，并归类分析。

北京市集中式饮用水水源地风险源的识别主要采用的是现场调查法。通过北京市环保局1500余人次的执法检查，对北京市内7个市级集中式地下饮用水水源地、10个区县级集中式地下饮用水水源地和4个市级集中式地表水饮用水水源地进行风险源排查，进行风险分析并建立风险源档案。为制定有针对性的防范措施，加大环境安全隐患整治，及时消除环境安全隐患提供基础依据。

1. 风险源识别

对突发性水污染事件进行风险源识别，目标是识别出主要风险源及主要风险事件。全面系统的风险识别需要大量翔实的风险源相关资料，北京市集中式饮用水水源地环境风险隐患排查专项行动项目，排查出风险源单位416家，其中集中式饮用水水源地一二级保护区内环境风险防范单位地表水水源地84家、地下水水源地332家，交通运输线路及桥梁12项。本文依据该项目行动资料，在综合考虑风险源所处的区域位置、污染事件的历史发生概率、潜在污染事件的可能污染强度等因素的基础上，将风险源分为固定源和移动源两类。

（1）固定源：在北京市集中式饮用水水源地一、二级保护区内，固定风险源主要呈现组团式或串珠状布局于境内的集中式饮用水一、二级保护区内。从水源地保护区内的风险源企业数量来讲，位于朝阳区的市级一、二、五厂水源地内的固定风险源企业数量最多，有83家；其次是位于丰台区的水源七厂、水源四厂和位于海淀区的水源三厂，分别为27家、17家和18家。区县级水厂的水源地保护区内，通州区、大兴区和石景山区的风险源企业都达到甚至超过了20家。地表水水源地保护区内密云、延庆、门头沟和海淀分别都有一定数量的风险源企业。从风险源企业类型来讲，加油站、工业企业风险源最多，分别为110家和102家，其次是医疗机构和其他类型风险源。通过对北京以往及其他地区风险事故的统计分析发现，固定风险源主要风险事件类型是事故性泄漏排放。

（2）移动源：目前在北京市级4个集中式地表水饮用水水源地内，有12段交通运输线路及桥梁，这些运输线路和桥梁中部分完全没有防护设施，有些防护设施不完整，因此具有发生货物倾翻导致水体污染的可能性。但是通过统计发现此类事件鲜有记录，因此移动风险源可列为一般风险源。

表1为北京市集中式饮用水水源地风险源信息。

2. 突发水污染事故风险分析

突发水污染事故风险分析包括风险承受能力与控制能力分析、风险可能性分析、风险后果严重性分析等环节。

表1　北京市集中式饮用水水源地风险源信息

风险源类型	风险源数量	特点及存在问题
工业企业	102	污染特点是由点到面，主要是化学性污染和油性污染；416家风险源中存在环境风险隐患问题的有30家
医疗机构	97	
加油站	110	
涉氯、涉氨	12	
再生资源回收	6	
尾矿库	5	
其他	84	
合计	416	

　　风险承受能力就是分析受风险影响对象对风险的承受、抵抗能力及其脆弱性，包括系统自身承受能力和社会心理承受能力等。北京市集中式饮用水水源地突发水污染事故时影响的对象即水源地水厂的供水对象，主要是供水保证率要求很高的居民生活饮用水、工业企业及服务业用水等，加上地处首都，这些关系民生的事件又具有极高的政治影响、社会影响和媒体关注度，因此可以确定北京市集中式饮用水水源地突发水污染事故的风险承受能力很低。

　　统计分析中还发现，保护区内有半数以上的风险源单位存在日常安全管理制度松散、工艺设备老化现象；一些单位内部存在应急组织体系、应急预案、预测预警能力、应急处置能力、应急保障水平（人力、物力、财力、技术水平）、善后恢复能力偏低，对系统内部人员日常安全教育培训不到位等现象。

　　因此，从北京市集中式饮用水水源地突发水污染事故风险后果的客观损失，即人员伤亡、经济损失、环境影响，风险后果的主观影响即政治影响、社会影响、媒体关注度、敏感程度等方面来考虑，一旦发生突发水污染事故，其后果将影响很大（根据严重程度，风险后果可分为五级，即特别重大、重大、较大、一般、影响很小）。

　　表2为突发水污染事故风险分析。

表2　突发水污染事故风险分析

序号	风险源类型	问题及风险分析
1	涉氯、涉氨	1. 大多数位于居民密集或集中区，一旦有氯气、氨气泄漏，将直接威胁人民群众的生命安全； 2. 有些单位，环境安全防范措施不力或无防范措施，应急救援、堵漏、消毒、防护、报警等应急设备器材准备不足，或无应急救援物资； 3. 缺乏相应的环境安全防范规范或标准，执法依据不足
2	再生资源回收	底数不清，隐蔽性强，从业人员无所畏惧

续表

序号	风险源类型	问题及风险分析
3	工业企业	1. 环境安全防范的意识不强，不愿投入，一些基本的环境安全防范措施得不到落实； 2. 事故状态下防止环境污染的措施不力，基础建设不到位，应急物资、器材储备不足或没有储备； 3. 生产工艺简单，设备陈旧，职工应急素质有待提高
4	其他	行业杂，数量大，易突发，难防范

三、集中式饮用水水源地水污染事故应急体系构思

饮用水水源地突发水污染事故应急体系是指政府、环境保护主管部门、水行政主管部门和水厂等相关组织和单位为应对突发性事故而采取的一系列应急措施安排和规章制度等。它是一套集应急管理组织体系、应急预案体系、应急保障体系与相关配套制度于一体的应急体系和工作机制。构建突发水污染事故应急体系的目的是在突发水污染事故发生时，能够尽快减小污染范围、降低事故造成的危害程度与损失，为水源地突发水污染事故的应急管理提供必要的决策支持。

依据 2007 年 11 月 1 日开始施行的《突发事件应对法》，在总结我国应对各类突发事件经验教训的基础上，根据北京的具体特点，北京市集中式饮用水水源地应急管理体系，应坚持以"一案三制"（预案、体制、机制和法制）为核心，以"首都饮用水安全"为目标，构建包括饮用水水源地应急管理体制和工作机制，应急预案体系，应急保障体系和相关配套制度和措施体系在内的总体框架。

1. 管理组织体系

（1）管理体制：在北京市现有的"3+2+1"应急组织体系框架下（即市级应急管理机构、14个专项应急指挥部、区县应急管理机构的 3 级管理机构；以 110 为主的紧急报警服务中心，以市信访办 12345 为主的非紧急救助服务中心的 2 个服务中心；以属地为主，机关、企事业、学校、社区、农村等社会单元为基础的 1 个基层应急体系），根据首都特点，按照"统一领导、分级管理"的原则，建立以集中式饮用水水源地水污染事故环境应急指挥部、应急管理办公室和各相关应急专业小组为核心的应急管理组织体制。

其中，应急领导小组是整个应急组织体系中的最高领导机构，主要职责是承担应急指挥事务，通过有效整合相关部门的力量和资源，统一领导饮用水源地突发水污染事故的处置工作。应急中心（应急办）的主要职责是负责协调饮用水源地突发水污染事故各应急专业小组的具体工作并承担相关组织管理工作；建立信息综合管理系统，接收、汇总、分析饮用水水源地及周边区域水文、水质、气象等有关重要环境信息，向应急指挥部提出事故处理建议；聘请相关领域的专家，组建饮用水水源地突发水污染事故应急处置专家组。其他各小组承担职责范围内相关任务。处理应急事件时各部门各施其职、相互配合。

（2）工作机制：应急工作机制是指针对环境风险事件，建立监测预警、风险评估及处置联动机制，以尽可能把风险减少到最低，并在事故发生时尽可能迅速地进入应急状态，采取措施进行事故处理，进行事故善后处置，以最大限度地降低或消除事故造成的危害。

应急指挥、协调、处置联动机制。根据北京市集中式饮用水水源地特点，建立区域间、部门间、水源地水厂间等的应急协作联动机制，并与各相关部门实现信息共享和应急队伍的联动。

风险评估和隐患排查机制。建立常态的隐患排查机制，实时进行隐患风险评估，同时根据需要组织饮用水水源地风险源专项督查和隐患排查，并实行跟踪督办，推动落实治理隐患的措施。

监测预警、信息报告机制。以风险源数据库为基础，建立风险源监测预警预报体系，并统一平台，将预警信息合成、制作和发布，提高预警信息的发布效率。

2. 应急预案体系

为了在发生突发水污染事故时能及时、有效地开展应急救援工作，控制污染源，抢救受害人员，指导应急人员开展工作和消除事故后果，制定详细、科学、可行的应急预案体系十分关键。根据水源地风险源状况，建立"横向到边，纵向到底"的应急预案体系。构建以市总体预案为核心，以专项预案、部门预案和区县总体预案为依托，各类单位预案为基础的预案体系。应急预案应包括组织机构及其职责、危险辨识、风险评价、通告程序、应急能力和资源、信息公开、事故恢复、培训与演练、应急预案维护等内容。同时，根据应急预案的制定情况，有针对性地定期组织不同类型的应急演练，以提高预案的可操作性。

3. 应急保障体系

应急保障体系主要体现在人、物和信息等方面，即应急队伍建设、应急物资储备和应急信息平台构建。

（1）应急队伍建设：组建稳定的应急队伍，包括专兼职应急管理人员队伍和专兼职应急救援队伍。扎实推进以公安消防部门为骨干力量，环保、防汛、医疗等专业队伍为基本支撑的应急队伍建设；积极探索建立类似"金隅红树林"等的基层综合应急救援队伍。目前，北京市已经成立"北京市环境应急与事故调查中心"，该中心和各区县环保部门中应急管理人员组成稳定的环境应急管理人员约100人，突发环境事故应急处理专业队伍2支，应急志愿者队伍32支，约5万人，兼职应急队伍若干支。同时，需要对企业相关员工进行培训，提高他们对企业内环境危险源的认识，对可能发生事故的预防和处理方法的掌握程度、合理使用事故应急设备和仪器的水平，那么在重大事故发生时，人员就不会因为茫然无措而惊慌，应急救援工作才可以有条不紊的进行。

（2）应急物资储备：根据统计预测情况，设置年度应急预备费，用于处置突发水污染事故以及储备应急物资、购置应急装备；建立北京市突发水污染事故重要商品储备、专业物资储备和区县级物资储备等"三级储备"体系，以提高全市应急物资保障能力。对于风险源单位而言，应保证在重大危险源区安装报警设施，进行实时监控，这样可以在第一时间发现险情，将事故消灭在萌芽状态。同时，应储备用于事故救援的消防水、泡沫灭火剂、吸收污染物的活性炭和木屑、紧急疏散人群的车辆等。

（3）应急信息平台构建：依托市应急指挥平台，以市级专项应急指挥部和区县平台为支撑，建立互联互通、覆盖全市的有线通信调度、无线通信指挥、异地会商、移动指挥、社会面监控等应急信息系统。搭建市—区县—街乡镇—社区村四级和基层单位和社会单元应急信息报告网络，消除应急管理的"信息孤岛"现象；出版应急刊物，例如制定《北京市突发事件信息管理办法》，出版《值班快报》以反映突发事件、应急处置、安全隐患、舆情动态等方面情况，出版《应急管理动态》以反映应急管理工作的开展情况，做好应急宣传。按照"以属地政府为主导，以社会单元为基础，以广大市民为主体"的总体架构，做好应急工作的宣传和教育工作。

4. 配套制度建设

依据《突发事件应对法》以及北京市现有的《北京市突发事件应急预案管理办法》《市级专项应急预案修订指导意见》《北京市突发事件应急演练管理办法》及实施指南、《突发事件现场指挥部设置与运行指导意见》《应对突发事件专项准备资金管理办法》等现有法律规章，制定更为详细并具有可操作性的处理突发水污染事故的实施细则和办法。初步形成以《突发事件应对法》及其实施办法为核心，以相关配套制度为依托，以应急预案为辅助的应急管理配套制度体系。

四、结语

做好饮用水水源地安全保障工作，是确保饮水安全和健康生活质量的首要条件，是落实科学发展观、实现首都经济社会又好又快发展和构建社会主义和谐社会的必要前提。应对突发性水污染事故，需要各级政府建立"危机是常态"的忧患意识，把突发水污染事故应急处理机制纳入政府日常工作体系，建立反应迅速、组织科学、运转高效的突发水污染事故应急机制。建立突发水污染事故应急机制，以适当地处置，最大限度地减少事件给人民生命财产安全造成的损失，是现代政府的基本职能之一，是考验政府执政能力、管理水平的一项重要内容。

目前，北京市的环境应急管理工作正处于起步阶段，环境应急的体制、机制和法制建设等各个方面仍有待完善，环境应急的生活文化意识、管理水平和技术手段与紧迫的社会需求之间还存在相当大的差距。而集中式饮用水水源地安全又是事关群众健康的大事，各相关部门一定要站在政治的高度，充分认清该工作的重要意义，着力培养突发水污染事故应急处理专家，提高应急管理人员处理应急事件的意识和能力，像对待抗洪抢险、抗震救灾一样，科学构建突发水污染事故应急体系。

北京城市水系流域化防洪管理模式研究

阴悦

（北京市人民政府防汛抗旱指挥部办公室）

摘要：本研究以北京城市河湖为例，通过分析北京城市水系当前防洪管理现状，包括管理体制、责任制体系、管理职能、工作机制、管理措施等，查找存在的问题和不足，分析防洪管理工作的弊端，从流域角度提出流域与区域相结合的综合型防洪管理模式，创新制定防洪工程措施体系和非工程措施体系，明确工作职责，制定工作机制，完善防洪管理保障体系等，对提高北京市城市河湖防洪管理工作水平有一定借鉴作用。

关键词：城市水系；流域防洪；防洪管理

一、研究背景

近年来，北京城市突发性降雨每年都有光顾，自 2004 年以来极端天气发生 70 余次，且强降雨发生范围不只是某一站点，而是波及一个或几个流域，防洪工作涉及多个行政区域和部门的责任。

当前，北京市防洪管理实行以行政区域管理为主，纵向单一的管理模式。防洪工作存在管理部门多、条块分割严重、责任分工不明确等问题，在防洪管理工作中，易出现指挥决策不到位、延误调度有利时机、防洪抢险不及时、水资源浪费等情况，防洪安全受到严重威胁。特别是北京城市河湖流域的防洪工作，由于流域内情况复杂，工作难度更大、任务更繁重。近年来，由于城市降雨具有来势猛、强度大、时间短等特点，一旦错过调度时机，可能造成城市河道水位陡涨陡落、水利工程被破坏、城市道路积水、交通瘫痪等严重灾害。

随着经济和社会的发展，传统水利向现代水利、控制洪水向管理洪水的转变，防洪管理工作面临着新的、更高的要求。北京市目前防洪管理体制已经不适应新形势，单纯行政区域管理只注重于对水利工程的技术操作，缺乏流域防洪的全局协调联动，各自分散的管理模式可能造成实时水文数据不能直接获取，不能及时开展防汛抢险和群众避险转移，引起环境生态及生命财产的破坏和损失；水库、闸、坝等水利工程不能充分发挥作用，洪水资源得不到有效利用等弊端。然而，流域统一管理将从全流域角度促进防洪、水资源与生态环境的综合管理。

此外，北京市当前的防洪管理工作的公共参与机制，利益相关者参与不足，公众参与更是薄弱。流域机构、地方政府、基层单位之间缺少有效、准确、及时的有效沟通，尚未建立流域内协商机制，也未建立沟通会议制度，降低了防洪管理的工作效率。公共参与机制缺失，导致缺乏群众监督和舆论监督，监督体系不健全，公众权益得不到保障。

随着城市进程的加快、水利设施的改变、南水北调工程进京等情况，流域水资源形势将发生重大变化，区域防洪、调度、避险、抢险救灾等工作将出现新的问题，北京市防洪工作将面临新的形势和新的要求，这就对北京市防洪管理体制提出了严峻挑战与革新契机。所以，加强流域管理与区域相结合统一管理势在必行。

二、国内外流域防洪管理经验和启示

（一）国外流域防洪管理经验和启示

1. 国外流域管理经验

国外已不再单一考虑流域的防洪目标，而是把流域防洪、水环境、水资源调度等多目标综合考虑。众多国家在防洪管理、水资源管理方面，随着水资源状况、时代变迁、人口变化等，在其体制和形式等方面均发生了很大变化，经历了几个不同的阶段，形成了具有各自不同特点的管理模式和组织机构。另外，从发展角度看，世界各个国家已经或者正在由水资源单一目标管理向水资源多目标综合管理发展，并与国内各行政区域管理较好的结合，管理机制和管理体制更加与时俱进，适应当前形式和要求。

国外典型国家管理机构情况汇总见表1。

表1　国外典型国家管理机构情况汇总表

国家名称	组织机构特点	机构名称
美国	集权式，流域统一利用和开发	垦务局、田纳西流域管理局等
澳大利亚	协调式，以州为核心的流域管理	州级水管理机构、区级和地方级水管理机构、墨累河流域委员会等
法国	分级式，三级协商的流域管理	国家水委员会、流域委员会、地方水委员会
英国	综合式，流域综合管理	国家水利局、供水处

2. 国外流域管理启示

通过各国的水资源流域管理体制的不断变化和发展，国外流域管理经历了由单一目标管理向多目标管理、分散管理向统筹管理转变的过程。但由于各国水资源特点各不相同，各国的水资源管理形式也不同。按组织和任务划分，目前世界各国普遍存在的管理形式大致可归纳为三种：流域管理局形式、流域协调委员会形式、综合性流域机构形式。

（1）建立相关法律是水资源流域管理的根基，纵观国际防洪流域管理成功经验的最大特色就是立法先行。

（2）加强流域规划是流域管理的重点。

（3）重视流域管理与区域管理的结合。

（4）在流域管理中注重公众的参与。

（二）国内流域防洪管理经验和启示

1. 国内流域管理经验

目前，我国在改革水资源管理体制方面取得了重大突破，现已有许多专家、学者对我国水资源管理体制实施中的问题进行了广泛的研究，不断地吸取国外的管理理论和先进经验，积极探索有效的管理模式，使得水资源流域综合管理方面的研究近些年也取得了一些成果和突破，但这一方向的研究仍存在许多急需解决的问题，如流域性生态与环境问题、流域管理机制问题等，相关内容的研究进展也不容乐观。因此，目前推进流域综合管理已成为主要研究趋势。

2. 国内流域管理启示

（1）依法管理。有效的流域管理必须有法可依。实施流域综合管理需要建立健全流域管理的相关法规，明确流域管理的利益相关方之间的权利义务关系，明确流域机构的职责与权利，明确各种流域管理制度和奖惩机制。由于各个流域存在差异，在行政法规和规章的基础上，可以考虑制定适应于本流域特点的专门法规或规章。

（2）纵向管理与横向管理相结合。在流域管理中，要做到上下级、兄弟单位的相互协商和相互沟通，要逐渐弱化直线管理的现状，不应该只是上级对下级下达命令和指示，下级只有依照执行的权利，要强化协商机制。平级单位间要赋予更多权利，以便有效开展管理工作。流域管理要重新界定各部门的权利、职责，纵向管理与横向管理相结合，形成流域统一管理新模式。

（3）建立广泛参与机制。鼓励公众参与，开展形式多样的宣传教育，建立激励机制。流域管理要体现公平性，并接受全社会、全市的监督，要体现公平、公开、透明的原则。

（4）保障信息通畅。流域内要建立信息沟通制度，可建立信息平台，将工作中所需的信息均可在平台上查询、发布、下载等，使流域内各部门、各机构真正建立起沟通，实现工作透明，同时也可及时向社会发布有关信息，保障群众利益安全，实现流域信息的畅通。

三、研究流域范围

北京城市河湖水系包括通惠河、凉水河、清河、坝河4条主要排水河道，30多条较大支流及26个湖泊，纵横交错，相互沟通，承担着市区排水及为工农业输水的任务。本研究将城市水系视为一个流域整体，称为城市河湖流域。其中，主要水工建筑物及河道堤防的防洪标准按20年一遇洪水设计，50年一遇洪水校核。

四、北京城市河湖流域防洪管理工作存在的弊端

目前，北京市城市河湖流域防洪管理工作实行的是统一管理与分散管理相结合的管理体制，防汛工作主要按照河流流经的行政区域进行管理，人为将整个自然流域切割成多个条块，处于多部门交叉管理的状态，这种各自为政的管理局面不适应新形势的要求，给洪水的统一调度、指挥决策、抢险救灾附加了不必要的工作环节，从而错过了洪水调度的有利时机，降低了工作效率，有可能造成更大洪涝灾害和损失。

在防洪管理工作中，存在职责划分不合理，导致遇防洪事件时出现管理不到位、抢险不及时、事后推责任等情况，给防洪工作增加了更大困难，不利于防洪工作水平的推进和发展。总结起来，城市河湖流域在目前管理模式下主要存在以下几方面弊端。

（一）流域的固有特性增加了管理的难度

每个流域是一个独立的、完整的、自成系统的水文单元，流域是一个集水区域，它不仅包括上中下游、左右岸、干流与支流、地下水和地表水，还包括水流经的土地、植被和土地上的生物等，流域内这些自然要素之间有着密切关联，且上下游、左右岸和干支流各区域间相互影响和制约。

近年来，北京市城市暴雨频发，城市洪涝灾害日趋频繁，降雨呈现出来势猛、时间短、强度大等特点，而目前北京属于资源型缺水的特大城市，雨洪管理工作理念逐渐转变和更新，由原来的控制洪水向管理洪水转变，适度承担风险，科学处理排、泄、滞、留洪水面临新的挑战，以期实现流域洪水资源化利用，达到防洪、水资源利用、水生态环境等综合效益，形成人与洪水和谐共处的最佳阶段。

目前，城市河湖流域内上下游、左右岸情况和特征不同，且调度、抢避险工作涉及部门多，部门性质不一致，城市暴雨一旦处理不当，不能整体考虑流域情况，又兼顾个体差异，会造成河道雨洪排泄不畅，抢险组织不能及时到位等情况，增加了城市河湖防洪管理工作的难度。

（二）"多龙防洪"的弊端

多年来，北京市防洪管理工作以行政区划、不同行业对流域防洪管理实行分块管理为主，条块分割严重，特别是在城市河湖流域内上下游、左右岸防洪工作协调中，涉及北京市近16个区县的一半数量，并与排水、市政、电力、环保等多个行业相关，形成"多龙防洪"的局面。虽然，2004年北京市成立水务局，对涉水事务实行统一管理，但因各部门的单位性质不统一，有的属企业形式，不可避免的会出现部门争取利益最大化的行为，而有的部门是纯事业单位，易出现意见不统一、相互推卸责任等问题，造成防洪管理工作效率降低。这种管理部门分块严重情况，已与防洪形势不相适应。

（三）管理现状与流域防洪统一管理不相适应

就管理体制而言，由于城市河湖流域内涉及部门多、交叉严重，且部门级别平等，各部门在自己分管的职责范围内，都以自己为管理主体制定各自规章制度，各自为政，各部门职责和权限不足以实现统一管理的职能。从依法防洪角度看，防洪方面的法律法规建立较晚，1998年才颁布，更新速度不能适应形势发展要求，目前没有专门设立针对流域方面的防洪法律，使得防洪管理工作法律保障不足。因此，与流域防洪统一管理不适应，难以实现流域统一管理。

五、流域管理与区域管理基本概念界定

（一）流域管理

流域即是一个由地表水和地下水所包围的集水区域，流域管理就是将流域上下游、左右岸、干支流、保护与治理等作为一个整体系统，兼顾兴利和除害，依据相关法律，运用相关技术手段，按照流域展开协调统筹管理。流域管理包括多项内容，即制定水资源管理政策，制定水资源开发规划，并逐步实施，包括水权和水量分配与调度，水质控制和保护，防汛与抗洪，流域水信息管理等。

综合以上概念，笔者认为流域防洪管理可定义为以流域为单位，以确保城市安全为核心，对流域防汛工作展开统一规划、实施、协调、监督、指导等一系列规范化管理工作，旨在协调流域与区域、流域的干支流、上中下游、左右岸、流域内各区域涉水部门之间的利益关系，共同承担防御、调度洪水的责任，共同承受与分担适度洪水风险的义务，对城市内涝、山洪、泥石流等自然灾害的科学管理，以达到对全流域防洪减灾的目的。

（二）区域管理

区域即指行政区域。所谓区域管理，就是从行政区域划分角度对水资源进行管理，我国水资源行政区域管理主要由三级构成，即国家级、省级和县级。多年来，北京市水资源管理更倾向于按照已划分的行政区域展开管理，北京市防汛指挥部按照区域、行业进行划分，即分为市级、区县级（专业）和乡镇级三级分指挥部。

北京市多数河流均是跨区域延伸的，如永定河流经丰台区、门头沟区、石景山区、大兴区、房山区五个区，城市河湖流域更是涉及多个区和多个部门（或行业）。一项事物由多个区域、多个行业部门来管理，必然存在权责不明，管理不到位的弊端。

（三）流域管理与区域管理区分

流域管理与行政区域管理的主要区别是它们在管理划分角度上的不同。流域管理是按照水的自然属性为单元进行管理，而区域管理是以行政区域为对象展开的。流域管理则更强调水的属性，按照水的走向进行管理，其工作目的是使流域内的水资源能够全面的有效利用。而区域管理更多的从行政区域角度进行划分，实施水资源管理，注重的是社会属性，其目的是充分利用辖区内水资源，更看重区域经济的发展。

区域的防洪管理要服从流域防洪管理，即流域防洪管理高于流域内行政区域管理，而区域管理要服从流域管理的协调统筹。各相关分部门的管理要服从水资源的流域管理，各行业管理应纳入流域管理体系，遵从流域管理。

六、防洪管理模式研究的理论基础

根据我国的国情，并借鉴世界上各国防洪管理模式建立的经验，国内的许多专家和相关方面的学者对我国防洪管理体制提出针对性的观点，目前比较流行的有两种形式，即垂直式管理模式和协调式管理模式。

垂直式管理模式是建立流域管理局，隶属于国务院直接管理，并将环保、农业、排水等流域内相关部门统一管理，流域总局下设的各管理局现有的组织成员体系不变，职能移交给国家流域管理总局统一行使。

协调式管理模式是在已有防洪管理体制的基础上建立各个流域协调委员会，委员会成员包括国家水资源管理机构、国家有关部委、流域内各省政府代表和流域机构负责人，由流域协调委员会主要负责流域水资源管理的指挥、决策和协调。流域协调委员会下设流域水资源管理机构，在现有管理模式下进行改建，各地方水资源管理部门仍旧保留，并实行流域管理与区域管理相结合形式，要求区域管理要服从流域统一管理。

七、城市河湖流域防洪管理模式建立的原则

流域管理机构更多从流域角度出发，统筹考虑流域内防洪工作的整体性管理，对于一个现有城市而言，不可能进行彻底体制革新，特别是首都北京，各部门、各机构已经存在多年，如果对其大幅革新更是不可能。只有在现有管理体系下，增加流域管理机构，流域内现有相关部门作为流域机构的成员单位，综合考虑以上两种理论管理模式，形式和机构需简单化，又要与现有体制结合，本文提出建立城市河湖流域综合型管理模式，即流域管理形式是垂直式，并将流域管理与区域管理相结合，称为综合型管理模式。

（1）有效衔接原则。按照流域建立的防洪组织模式，在结构、职能等方面要做好衔接，兼顾既定工作状态，适当调整各部门的职责，使工作开展更加顺畅，做到模式变革成本低、效率高。

（2）协调沟通原则。新模式的建立要更加强调和突出组织机构的协调统一、有效沟通，做到信息通、报告快、内容全，要赋予各部门更多的话语权，当流域内发生防洪责任纠纷时，能够及时、高效地解决问题。

（3）风险共担原则。各部门要齐心协力完成流域内的防洪管理工作，既要做好各自职责，还要适度承担风险。每个部门要将流域视为一个整体，流域内各部门形成一个团队，每个成员要服务于团队组织，在享受权利的同时，也应为团队承担一定的任务和风险，共同做好流域内防洪管理工作，为首都做出各自的贡献。

（4）防治结合原则。防洪工作既要重视事先防御，又要做好事后救灾。流域管理更多采用以工程措施和非工程措施相结合的方式，而且往往和其他的管理项目相结合，如雨洪利用工程、恢复湿地等，并且寻求政策支持和体制保障。防治结合要求将规划、治理、协调等各项职能统一起来，站在流域角度，做到主动工作、未雨绸缪，更加顺畅、有效地应对降雨和汛情。

（5）公众参与原则。北京防洪管理工作是服务于全市人民的，就要全心全意接受人民群众的监督，虚心听取群众意见。防洪部门对公众做好宣传教育工作，使他们了解防汛工作，提高公

众防灾意识,学习防灾减灾知识。公众参与机制是防洪工作机制的重要部分,全体市民共同配合,将城市防洪安全、运行安全、水资源可持续发展得以实现。

八、城市河湖流域综合型防洪管理模式

通过对北京城市河湖流域防洪管理现状的分析,借鉴国内外流域管理经验,按照以上模式建立的原则,构建新型北京城市河湖流域防洪管理模式,即流域与区域相结合的综合型防洪管理模式,其对应的职责部门称为北京城市河湖流域防汛指挥部,隶属市防汛抗旱指挥部直接领导,与城市河湖防洪业务相关的各区、行业部门作为其下属分指挥部。新型防洪管理模式的建立需逐步推进,拟在汛期(6月1日至9月15日)成立流域防汛指挥部,流域内各相关部门组成指挥部成员,负责城市河湖流域的调度、抢险、应急等工作,起到协调、指挥、监督、指导的作用。

北京城市河湖流域防汛协调指挥部设立指挥、副指挥和成员,由流域内各相关部门的人员组成,负责全流域的防洪管理工作,区域、行业指挥部作为其下设分指挥部。指挥部要积极贯彻上级防汛指挥部命令,及时上报和传达流域内有关雨水、调度、抢险、突发事件等情况,对其管辖的各防汛指挥部起到指挥、监督、指导和协调作用。

北京城市河湖流域防汛协调指挥部为非常设机构,每年汛期成立;流域内相关各区防汛指挥部、河道防汛指挥部和委办局仍与当前设置相同。

九、完善北京城市河湖流域防洪减灾措施

从流域角度出发,城市洪涝灾害问题常常是自然和人为因素互相作用的累计后果,若单一靠工程措施控制洪水是人类所不能及的,而流域防洪管理多是采取工程措施和非工程措施相结合的防洪减灾方式,并且寻求政策支持和体制保障,做到标本兼治,是实现人水和谐、水资源可持续发展以及由控制洪水向管理洪水转变的最佳选择。

(一)建立功能型防洪工程措施体系

1.建立符合城市发展的防洪标准

随着城市的进步,为做到社会、经济、生态的同步发展,增加城市功能,优化城市结构,建设宜居环境,需结合城市洪灾特点,解决北京城市水资源短缺、生态环境,积极营造城市水文化,科学的、切实可行的防洪标准是建立综合型城市防洪工程措施的基础和重要环节。

按照城市的地形、植被、人口分布、土地等影响因素,依照有关规定,根据城市河湖流域上、中、下游的不同特点,城市防护对象的重要性不同,地上空间和地下空间的特征等,确定适于北京城市的防洪标准。科学的城市防洪标准,既可以满足城市防洪的基本要求,也可以节省对城市防洪工程建设的投资,还可以减少由于工程建设对城市生态环境产生的副作用。

2.恢复河道防洪标准，增强河道调蓄能力

北京城市部分中小河道由于多年没有疏挖整治，河道淤积堵塞，排水能力严重不足，河道排泄不畅，造成城市路面、桥区严重积滞水和洪水顶托等情况。因此，北京城市防洪工作要结合城市建设发展，对城市河道开挖治理，特别要加大北京城南部中小河道的疏通整治力度，与城市道路建设的发展相结合，使河道达到防洪规划标准，提升城市整体防洪能力。

3.完善城市排水系统

目前，北京城市排水管网 4719 千米，其中雨水管 2051 千米，污水管 2095 千米，合流管道 573 千米。排水泵站 89 座，其中污水泵站 12 座、雨水泵站 77 座。泵站设计等级偏低，大部分低于立交桥区近年来实际降雨量。北京的排水标准一般地区重现期为 1 年，重点地区重现期是 3 ～ 5 年，国家规范规定的下限就是 1 年一遇，与世界其他国家相比偏低，纽约是 10 ～ 15 年一遇，东京是 5 ～ 10 年一遇，巴黎是 5 年一遇。

北京城市排水系统如同人身体的血脉，当某一点或某一段出现堵塞，都会造成流域整体的排水不畅，洪水就会倒流，路面雨洪不能及时、顺畅的排泄，致使路面积水，交通严重瘫痪，地下人防工事、地铁、地下空间进水，房屋倒塌等。因此，要改善现有排水管网系统，更加符合《北京城市总体规划（2004—2020 年）》规定的上限防洪标准要求。按照"收水、输水、排水"三个阶段，进一步提升泵站排水能力，尽可能与道路、立交桥相匹配，同时还要做好泵站电力系统保障，从而确保城市雨水顺利排泄，最大程度降低城市洪涝灾害损失。

4.提高城市雨洪调蓄能力，全面建设雨水利用工程体系

由控制洪水向管理洪水转变的核心是给洪水出路，最大程度使洪水资源化。在当前北京市水资源短缺的形势下，为建立节水型城市，规划建设城市雨洪利用工程体系势在必行。雨洪利用工程体系要从点、线、面、地下全方位建设，点即在家庭、小区、单位等地方建设蓄水池，拦蓄各自范围内的降雨，蓄水可用来清洁和绿化；线即在路边挖设沟渠，设置排水管，将雨水直接回补地下水，提升地下水位；面即在公共场所建设大型蓄滞水池，既可用来储水，也可将雨水拦蓄，起到短时错峰的作用。

（二）建立高效型防洪非工程措施体系

1.制定城市河湖流域防洪规划

流域防洪管理机构要组织流域内各部门制定本流域的防洪规划，坚持流域防洪规划要与城市总体布局一致，城市建设要与防洪要求相协调，城市发展与城市防洪工程建设相协调，城市发展要考虑洪水的特点，流域规划要兼顾考虑防洪、水环境、生态、景观等各方面，全面、统筹地实现北京城市防洪安全。

2.城市防洪机制建设

体制是制度的基础和重要决定因素，而机制则是通过制度来设立与规范的，全面反映体制的特征，并受体制的约束。

在流域管理与区域管理相结合的综合型防洪管理模式下，流域防汛指挥部与各分防汛指挥部积极发挥作用和优势，流域防汛指挥部协调好流域内各部门的利益，妥善处理各部门之间的分歧，确立各部门职责，建立有效的工作保障机制，充分发挥防汛指挥部的协调、指挥、监督作用，做到指挥到位、分工明确、决策到位，形成流域防洪的合力。

（1）沟通协调机制。为正确有效地处理好流域内上中下游、左右岸间的关系，工作中要以流域整体利益为重，做好各方协调工作，流域内各部门、各行业要相互沟通、互相通气，遇到矛盾和争执要主动向流域机构汇报。为保障沟通协商的有效性，可制定以下工作制度。

①联席会议制。流域防汛指挥部定期组织会议，流域内各部门及时通报雨情、水情、工情和灾情，加强部门之间的联系，协调流域上中下游、左右岸的关系，研讨洪水调度、防洪管理中的重大问题，协商解决各部门之间的防洪矛盾。

召开时间：可在每年汛前召开一次；汛中可每月召开一次，若遇有强降雨预报可临时加开；汛后召开一次，总结本年度防汛工作，并对下一年及今后防洪工作提出意见和建议。形式可采用圆桌会议、视频会议等。

②检查监督制度。本着"公开、透明、友好"的原则，及时交流沟通工程运行情况，防汛存在的问题等，加强相互之间的了解和监督。

防汛检查分为常规检查和紧急检查。常规检查是指汛前组织流域内各相关部门开展的例行联合检查及临时联合检查；紧急检查是指遇到重大险情或突发性事件开展的联合检查。

重点检查防汛的思想、组织、工程、物资、应急措施和"五落实"情况，掌握流域整体防汛工程体系，检查工程现状运行情况、存在的问题及工程薄弱环节等。建立检查评分制度，分数与当年评优、奖金挂钩，保障防汛安全。

（2）信息通报机制。流域防洪管理涉及范围多，需要大量的、及时的、可靠的信息才能保证指挥决策正确，包括气象、水文、水利、人事等方面。流域内外各部门的工作又是相关联的，做到信息共享与信息沟通，对提高工作效率，避免工作重复和资源浪费都是必要的。

流域内防洪的相关资料也应当共享，以市防汛指挥部信息网络为基础，全方位构建流域防洪信息系统，实现全流域水信息的互联互通、资源共享，提高防洪管理决策的支持与保障能力。建立部门联动工作机制，在应急排水抢险、积水点治理、疏通河道等工作中，部门间要相互配合、齐抓共管、形成合力，有助于各项工作顺利开展。

流域防汛指挥部应及时和准时发布流域内防汛工作动态，将流域内雨情、水情、工作、灾情和其他重要信息公布于平台上，以备各部门及时掌握和获取。流域内各分指挥部也应按时上报有关信息，做到上与下的完全对接。

建议在流域层面成立信息管理中心，收集、整理流域雨水情信息、防洪调度控制指标以及滞蓄洪水能力等方面的信息和数据，定期向上级直管部门提供信息报告；流域管理机构定期向流域内各部门公开信息和数据，形成有效、互助的制度。

（3）公众参与机制。坚持以人为本的原则，充分利用报刊、电视、广播、互联网等多种媒体，面向全社会进行防汛知识的宣传，增强公众的水忧患意识、自我保护和救助能力，鼓励广大群众积极参与，动员全市人民共同防洪。

公众参与者包括政策制定者、水规划者、用水户以及其他流域利益相关者等。公众参与的方式表现在统一防汛决策的制定、执行、公众监督等各个层面。公共参与原则是公开、透明和不交叉。

积极开展面向全社会的宣传、教育和培训工作，提高公众的危机意识和责任意识，开展形式多样的防洪减灾宣传教育，建立激励机制；在市防办、市水务局网站上开辟固定栏目，发布防洪规划等重要信息；建立公众互动评议信箱，发动公众，为防洪减灾群策群力，完善防洪减灾规划，推动规划的全面实施。通过媒体、展览等方式，进一步加大宣传力度，使人民群众了解防洪法、知道防洪基本知识，发动并鼓励公众积极参与城市防洪减灾等工作，促使北京城市防洪社会化规划目标的早日实现。积极开展面向全社会的宣传、教育和培训工作，提高公众的危机意识和责任意识，提高公众的防灾、减灾、避险、自救、互救能力，形成全民动员、预防为主，全社会防灾减灾的良好局面，从而降低防汛突发公共事件的发生概率，减少灾害造成的损失。

（4）考核考评机制。市防汛指挥部与流域防汛指挥部，流域防汛指挥部与相关区县、管理单位和委办局防汛部门签订《防汛责任书》。流域防汛指挥部负责会同沿河各防汛部门制定考核办法，每年汛后评定结果，给予奖赏；对违反规定，在防汛工作出现责任事故，对责任单位和责任人进行追究和惩罚。

接受社会监督，对有群众举报存在河道、蓄滞洪区被侵占、填埋、损害问题的责任单位，经查实通报相关单位。制定监督办法，各级防汛部门定期或不定期对各重点部位河道管理范围内情况进行抽测，并将抽测结果通报管理部门。有关部门组织对辖区内防洪设施进行巡查，发现问题及时通报管理单位。

北京地区雾霾天气的分析与应对

阮水根　韩淑云

（北京减灾协会）

新年伊始，北京就陷入了"十面霾伏"的困境。监测资料显示，1 月 1 日到 31 日北京雾霾日数多达 25 天，仅有 6 天不是雾霾日，导致交通严重受阻，呼吸道感染患者骤增，公众的健康安全受到威胁。连续几场雾霾天气成为北京今冬媒体和公众最为关心的话题之一。如何控制和应对北京的雾霾天气，让全社会及市民在遭遇雾霾天气时尽可能减少伤害，是当前北京市防灾减灾和构筑北京安全屏障的紧迫工作之一。

一、雾霾天气的初步分析

雾是由大量悬浮在近地面空气中的微细水滴或冰晶组成的气溶胶系统，霾是由悬浮在空气中的大量微小尘粒、烟粒、盐粒、黑碳粒子、有机碳氢化合物等非水成物集合体组成的气溶胶系统。可见，雾和霾是两种不同的灾害，虽都能使能见度恶化和空气混浊，但它们的危害有差异。雾天由于湿度大，能见度更差，对交通阻塞和引发交通事故越发严重；而霾天的本质是细粒子的气溶胶污染，这些霾粒子极易被人体吸收，它所携带的污染物刺激支气管，加重哮喘、鼻炎等呼吸系统病症，同时霾粒子又有携带细菌的能力及化学和生物特性，进而诱发致病。

虽然雾和霾都是飘浮在空气中的粒子，但是其组成和形成过程不同。雾由排除了降水粒子的水滴或冰晶组成，而霾由排除了云雾降水粒子后的非水成物质组成。发生霾时相对湿度不大，发生雾时相对湿度大或接近饱和。而雾霾天气形成既受气象条件的影响，也与大气污染物排放增加有关。近期雾霾天气频发，其原因主要有：一是大气环流异常导致静稳天气多，易造成污染物在近地面层积聚，从而导致雾霾天气多发；二是我国冬季气溶胶背景浓度高，有利于催生雾霾形成。研究和大量实例均表明，只要有冷空气活动，雾霾天气就即时消散。

二、雾霾天气的控制与治理

当前，媒体、各类论坛和学术讨论就应对雾霾天气提出了许多真知灼见。这里，我们在不重复诸多专家、学者建议的背景下，针对北京地区雾霾天气的实际，在剖析雾霾天气强弱的若干因素的基础上，论及对其的控制与治理。

以北京 1993—2002 年和 2003—2012 年两个十年的 1 月资料进行分析，年均风速从 2.5 米 / 秒降至 2.3 秒 / 米，雾霾天日数从 2.1 天升至 4.4 天，霾日从 0.8 天升至 3.9 天，而相对湿度从 43.7% 降至 41.9%。显见，造成北京雾霾天气日趋严重的重要原因之一是北京城区的高层建筑多而密集，空气流动受阻，城市干热岛效应加剧。因此，我们必须科学调整和完善城市建设规划，城市化推进和工业区建设必须合理布局；新工程项目要放在盛行风的下方，污染排放项目不允许在京发展；城市的高层建筑应该节制，尤其不能密集成群建设；要保护和发展城市湿地、草场、森林与绿化带，使城市发展不成为削弱风力、强化大气稳定度、妨碍雾霾粒子扩散输送的"帮凶"。

再将北京与上海的风场状况作一比较，虽然两市的地理位置不同，但从 20 世纪 70 年代开始至今近地层风速都呈下降趋势，上海平均每年下降 0.031 米／秒，而北京为 0.014 米／秒，下降幅度不到上海的一半。这表明大气扩散能力的削弱趋势北京比上海要缓和，但雾害霾害的实质是从异常稳定的大气、人为排放大量的细尘粒和一定量或丰富的水汽共同作用的综合结果看，污染物的排放对造成北京雾霾的频发和严重程度影响更大。因此，就北京控制、治理雾霾而言，必须采取更为严格的措施，重视监督、控制和减少局地烹饪源，与居民的各项活动有关，汽车尾气和燃煤、燃油排放，重点控制工业和燃煤过程，更加关注柴油车排放和油品质量。加之，雾霾天气范围大，其控制、治理必须更加紧密地实施各省市间的联动、联控、联治的同步行动。

客观全面地评估雾霾天气既是防灾减灾的需要，也是正确控制与治理的前提。而目前尚未开展综合性评估雾害霾害的工作，现有的环境评价（如对工程项目及空气质量）仅对污染排放进行评估。而全面的评估应该包括对雾霾天气的形成、发展、消散及其影响范围、时间、强度进行分析评估，同时对大气环境、城市中的排放物来源与灰霾粒子的构成及分布进行实时实地的跟踪评估，最后还应对城市的承载体、公众健康、交通等的危害进行影响与风险评估。因此，可以说目前的环评是局部的、不完整的，不可能对雾害霾害进行正确、全面、科学的评估。为此，必须完善、强化评估体系、评估程序和评估方法，并由高一级的政府部门来牵头（如应急管理部门）实施，对涵盖上述诸多领域和影响到全市每个人的雾霾灾害进行综合性评估。

虽然雾霾天气是雾与霾的合成，有自然因素又有人为因素，但其发生、发展、消散及其危害、影响都是非常复杂的，亟待解决的科学问题还有很多，无论是它的成因规律、预报预警、监测技术，还是致灾机理等都需要不断深入研究和开发改进。对雾霾的科研与攻关是科学控制与治理这一灾害的基础。如要控制和治理北京地区雾霾就必须弄清大气污染物的成分、含量、分布和来源等；又如雾霾如何危害公众健康，就应研究大气颗粒物诱发呼吸系统疾病的致病机理，等等。总之，雾霾科技先行是当务之急，更是任重道远。

三、雾霾天气的综合应对

前面论及如何控制、治理雾霾，与控制、治理雾霾同样重要的一个问题是，如果一旦发生了严重的雾害霾害，该如何有效应对？这涉及民生，影响到全市的运行，乃至社会与每个人的生活。因此，科学应对雾霾天气已经成为当前防灾减灾工作的重中之重。

具体说，其核心是制定好综合应对雾霾天气的专项应急预案。目前，还没有看到专门针对雾霾灾害的专项应急预案，尤其是综合、协调、一体化的预防备灾、监测预警、应急响应、联动救助等以及涉及各个领域（部门）的应对行动更为鲜见。因此，北京地区应及早着手参照应对有关灾害的工作经验，由综合管理部门负责主持，交通、卫生、气象、环保等部门参加，联合开展雾霾天气影响研究，并在此基础上先做好顶层设计，使预案内容精细化、人性化和公众化，真正制定出操作性很强的综合应对雾霾灾害的部门联动专项应急预案，明确各职能部门及企业、社区、公众等的应对措施，有效应对雾霾灾害的不利影响。

由于我国正处在经济的快速发展时期，控制、治理污染排放物需要长期、持续的努力，因此当前要减轻雾霾天气的影响，应该积极、主动应对，加强雾霾的监测、预报和预警工作。开发建设首都圈统一的雾霾灾害情景监视系统，实现监测预警信息的全方位采集、传输和共享；开发准确、精细的雾霾天气预报模型和预报方法，形成具有国际先进水平的预报预测业务系统，并改进业务流程、减少空报、防止漏报；缩短加工分析与制作时间，延长预警有效时间提前量，建立可靠的预警响应机制，确保预警信息在全时空内能"进家庭、传个人"。

以更大的力度加强应对雾霾天气的科普工作。首先要提高全市公民的人员素质和安全意识，加强雾霾天气的科学解释和科普教育，积极适应雾霾天气，减轻雾霾天气对健康产生的不利影响；其次应该认识到空气污染问题和教育问题两者是有密切关联的，只有对学生、市民和弱势群体进行绿色教育和生态教育，才能突出北京精神，有效应对雾霾天气；同时还应强化应对雾霾灾害的基本知识与措施的普及，提高家庭和个人的自我防护能力；最后应脚踏实地加强防灾减灾科普培训，包括制定全面而实效的减灾（含应对雾霾）科普计划，组建全市性减灾科普网络，协调整合多学科安全减灾科普教育培训资源，建立常态化的防灾减灾演习训练管理制度；利用社会资源（如大型商场、影院）散发防灾避险技能宣传手册或卡片等。

四、结语

（1）雾霾都是飘浮在空气中的气溶胶系统，对全社会与公众的危害和影响十分严重。近期频发的雾霾天气主要是稳定的大气、大量的人为排放和一定量的水汽共同作用的结果。

（2）针对北京的城市现状，控制与治理雾霾必须优化、完善和实施城市建设规划；采取更为严格的措施，重视监督、控制和减少污染物排放；加强对雾霾灾害的科学研究与技术开发，全面及时开展雾霾灾害的综合性评估工作。

（3）科学应对雾霾天气是短期内防灾减灾的当务之急，其重中之重是制定好综合应对雾霾天气的专项应急预案，不断提高雾霾天气的监测、预报和预警水平，加强应对雾霾天气的科普工作。

科学抗旱的研究

郑大玮

（北京减灾协会）

摘要：干旱是最复杂和影响最广泛深远的自然灾害，虽然长期以来对干旱规律和抗旱对策有不少研究，但仍存在不少误区，经常发生盲目和被动抗旱的情况。本文系统论述了科学抗旱的基本原理。第一部分提出干旱与其他灾害不同的若干特点——累积性（或持续性）、季节性、频发性、广域性、长链性、相对性和突消性，对干旱进行了系统分类，分析了气候变化带来的干旱新特点。第二部分列举了盲目抗旱的各种表现，分析了产生误区的原因，包括误判旱情，对不同类型干旱及与其他灾害的混淆，不考虑承灾体状况，追求短期利益和虚假政绩，照搬突发型灾害的应急处置策略等。第三部分阐述了科学抗旱的基本原理，包括依据农田水分平衡方程确定的抗旱节水微观战略，根据水循环原理确定的流域单元抗旱节水宏观战略；多种水资源优化配置策略，干旱灾害链在抗旱减灾中的应用。第四部分阐述了科学抗旱应遵循的原则：正确评估旱情，有针对性的适度抗旱；因地因时因苗制宜；充分利用作物自身适应能力、补偿机制和深层土壤水分；量水而行，节水抗旱，长期抗旱；立足防旱，灌溉措施与农艺措施并重；按流域统一分配利用水资源，突出重点，有保有弃；部门间统筹协调，调动全社会的力量抗旱。第五部分阐述了不同类型区域的科学抗旱对策。第六部分指出国家防汛抗旱总指挥部提出的"两个转变"（由单一抗旱向全面抗旱转变，由被动抗旱向主动抗旱转变）是科学抗旱的指导方针，并对其内涵做了进一步的阐述和补充。

关键词：干旱特点与类型；灾害链分析；气候变化；科学抗旱；战略转变

干旱是对农业生产威胁最大的自然灾害。虽然长期以来对干旱规律和抗旱对策有不少研究，但仍存在不少误区，在生产上经常发生盲目和被动抗旱的情况。为实现高效和经济的抗旱，必须搞清楚干旱的基本规律，遵循科学抗旱的基本原则。

一、干旱类型与干旱链

1. 干旱灾害的特点

干旱指因水分的收入与支出或供求不平衡而形成的持续的水分短缺现象。旱灾是指由于缺水对人类社会经济造成损失的一种自然灾害，是干旱气候环境与承灾体脆弱性及易损性相互作用的结果。但在实际生活中干旱往往作为灾害名称直接使用。

干旱除具有与其他自然灾害相似的破坏性、周期性、连锁性等特征外，还具有与一般自然灾害不同的若干特征。

（1）累积性、隐蔽性和持续性。干旱是典型的累积型灾害，其形成需要一个不断累积的过程，在其初期具有一定的隐蔽性；干旱通常持续相当长时间，甚至连季、连年大旱。

（2）季节性。我国季风气候区干旱大多发生在冬半年，但农业干旱还与农事活动有关，农闲季节无所谓旱灾，作物旺盛生长期即使具有相当数量的降水，如不能满足作物需求，仍然会发生旱灾。

（3）频发性。中国北方春季有"十年九旱"之说，南方的季节性干旱每年都有部分地区发生。

（4）广域性。干旱影响范围比一般自然灾害大得多，洪涝虽然冲击性强，但危害区域呈条带状，近几十年中国偏涝年往往全国粮食总产增加，而减产年大多是全国偏旱年。

（5）长链性。干旱具有特别长和复杂的灾害链，危害广泛且深远。除影响农业外，还影响工业、服务业、城市功能、人民生活与生态环境，不但影响当年，还可影响下年甚至多年。上游干旱可影响到中下游，一国的严重干旱还会影响到全球经济。

（6）相对性。不同承灾体对干旱环境的适应能力不同，农业干旱的发生与城市干旱不一定同步。干旱年由于光照充足和气温日差较大，在水源有保证的前提下，灌溉农田产量往往高于常年。

（7）突消性。一场暴雨或连阴雨之后干旱可突然解除，甚至急转为洪涝。

由于上述特征，旱灾是最为复杂的一种自然灾害，脱离实际的抗旱措施往往事倍功半甚至事与愿违，必须遵循自然规律与经济规律，实行科学抗旱。

2. 干旱的类型

近年来，多次发生因混淆不同干旱类型导致盲目抗旱和资源浪费的情况，正确划分干旱类型是科学抗旱的前提。

（1）按照致灾因子可分为气象干旱、土壤干旱、大气干旱和水文干旱。

气象干旱指某一时段由于蒸发量和降水量的收支不平衡，水分支出大于水分收入而造成的水分短缺现象。

土壤干旱指土壤水分不能满足植物根系吸收和正常蒸腾所需而造成的干旱。

大气干旱指由于大气干燥对植物和农业生产造成的损失。

水文干旱指河道径流量、水库蓄水量和地下水等可利用水资源的数量与常年相比明显短缺的现象。

虽然气象干旱、土壤干旱、大气干旱与水文干旱都是由于长时期降水不足所造成的，但它们之间并不完全一致。中国北方冬季多风少雪、空气干燥，但如上年夏季降水充沛，土壤底墒充足，加上冻后聚墒效应，土壤不一定显旱。西北干旱区河川径流主要来自高山融雪，春季阴湿年反而径流偏小，绿洲容易缺水受旱。

（2）从承灾体的角度可分为农业干旱、城市干旱（或社会经济干旱）与生态干旱。

农业干旱指长时期降水偏少或缺少灌溉，土壤水分不足，使作物生长受抑，减产甚至绝收，或牧草生长不良，牲畜缺乏饮水甚至死亡。

社会经济干旱指区域可利用水资源数量不能满足需求而造成区域社会经济的重大损害，其中发生在城市系统的通常称为城市干旱。由于城市需水来源和耗水方式与农业不同，两者不一定同步，但发生特大干旱时一般同步。

生态干旱指区域生态系统由于缺水导致的系统退化和功能衰减。

（3）按照灾害严重程度可分为轻度、中度、重度和特大干旱等。

（4）按照干旱发生季节可分为春旱、夏旱、秋旱、冬旱、连季旱、全年大旱和连年大旱等。

3. 气候变化带来的干旱新特点

《联合国气候变化框架公约》中的气候变化指自然气候变化之外由人类活动直接或间接改变全球大气组成所导致的气候改变。气候变化已成为人类面临的最大环境挑战，尤其是带来自然灾害的新特点。在中国，干旱的发生有以下几个新特点。

（1）北方气候暖干化。近几十年，华北、东北和黄土高原地区气温显著升高，降水量不断减少，干旱日趋严重，尤其海河流域的大部分支流长期断流，地下水位持续下降，京津等特大城市人均水资源已不足 100 m^3。

（2）南方季节性干旱加剧。长江流域降水虽有增加，但夏季伏旱趋重发生；西南年降水量下降不多，但冬春干旱日趋严重，云南迄今已连续四年干旱。

（3）干旱与高温相结合使抗旱更加艰巨。

（4）气候变化导致极端天气、气候事件增加，频繁发生旱涝急转。

（5）气候变化与社会经济发展导致生产、生活与生态用水量的增加，干旱影响由农业向城市、生态和社会经济扩展。

（6）气温升高与蒸散下降的悖论。理论上气温升高应促进水分蒸发和植物蒸腾，由于太阳辐射与风速的减弱，绝大多数气象站与水文站的实测蒸发量却呈下降趋势，但实际情况是大多数地区的干旱缺水在加重。这一悖论需要通过对气候与生态要素的变化与人类活动影响的归因研究来求得破解。

二、抗旱中的若干误区

1. 盲目抗旱的种种表现

（1）夸大旱情，过度反应。2009 年和 2011 年我国北方秋冬雨雪偏少 6 ~ 9 成，但由于土壤底墒充足和播种质量较高，大部分麦田的实际旱情并不重，黄河以北麦田普遍浇了冻水。但却把局部麦田的干旱扩大到全局，盲目灌溉，不但造成资源与人力的浪费，有的地方在隆冬浇水还人为加重了冻害。

（2）估计不足，反应迟钝。2009 年东北西南部严重夏旱，媒体很长时期内毫无反应，当地采取抗旱措施也为时偏晚。2010 年的西南大旱实际从 2009 年秋就已经开始，但到 2 月才形成抗旱的高潮。

（3）不同干旱类型的混淆。最常见的是对气象干旱、水文干旱与农业干旱的混淆，不考虑作物与土壤状况，仅根据降水量的多少或水资源量的亏缺就发布干旱预警。对于城市系统，如上游来水或水库蓄水或地下水充足，当年的气象干旱也不一定会造成社会经济干旱现象。

（4）与其他灾害的混淆。如 2008 年 12 月 21 日的强寒潮造成小麦叶片上部枯萎，有的地方政府误认为是干旱所致。

（5）掠夺性开发。如华北平原由于长期超采地下水导致濒临枯竭，即使在轻度干旱年工农业也仍然严重缺水。

（6）无序争夺水资源。上游过度拦截用水导致中游缺水和下游水资源枯竭已经成为北方各地的普遍现象，有的地区甚至相邻村庄因争水发生械斗。

（7）短期行为，只顾眼前利益，许多地区的水利工程多年失修，隐患严重。

（8）把农业抗旱简单等同于浇水。抗旱是一个系统工程，我国是一个缺水的国家，节水灌溉技术应与抗旱农艺措施相结合，努力提高水分利用效率。如2009年和2011年初北方部分麦田发生的冬旱，大多数可以通过适当镇压来缓解。

2. 产生误区的原因

既有缺乏科学认识的原因，也有利益驱动的因素。

（1）对干旱形势的错误判断。包括对干旱类型、程度和灾害种类的误判。如2011年初有的媒体把冬季小麦叶片青枯的典型冻害症状误认为是干旱所致。

（2）忽视承灾体脆弱性分析。只看外部环境因素，不注重分析作物、土壤、社会经济系统等承灾体的状况。

（3）追求虚假政绩。通常初期对干旱发展估计不足，为保持连增政绩有意无意缩小灾情；干旱严重发展时，为推卸责任或争取物质资金支持往往夸大灾情。

（4）短期或局地利益驱动。农田基本建设与水利工程耗资大、周期长、见效慢，往往不愿意投入，甚至将上级下拨经费挪作他用，或局地利益驱动实施危害他人的"水利"工程。

（5）媒体的过度炒作。媒体往往喜欢抓典型吸引受众，不考虑发生干旱地点的代表性。如2009年和2011年初的北方冬旱，个别农村的饮水困难被突出报道，实际由于上年夏季雨水充沛，人畜饮水困难程度明显轻于常年。但有时又怕负面影响，不敢报道已经发生的严重干旱，如2009年夏秋的辽西大旱。

（6）以突发型灾害应急管理策略抗旱。近10年来我国突发事件应急体制、机制、法制建设和预案编制取得了巨大进展，同等强度灾害的人员伤亡与经济损失显著降低。但干旱是一种累积型灾害，虽然严重发展时也会出现人畜饮水困难或城市居民断水等事态需要应急处置，但并非抗旱工作的主体。抗旱的关键在于灾前和初期，早期抗旱事半功倍，应急抗旱事倍功半甚至事与愿违。

三、农业水资源高效利用与科学抗旱的原理

1. 根据农田水分平衡原理制定微观节水策略

微观抗旱策略以农田为研究对象，以农田水分平衡原理为依据。

$$W=P+I+N-R-D-T-E \tag{1}$$

式中：W 为土壤水分亏缺或增量，P 为降水量，I 为灌溉量，N 为土壤毛管上升水，R 为径流损失量，D 为土壤渗漏损失量，T 为植被蒸腾量，E 为土壤蒸发量。

所有抗旱节水技术措施都可以归结到对上式各项增收节支的干预：P 为人工增雨和集雨；I 为适时适量灌溉；N 为镇压提墒；R 为平整土地、梯田，以减少径流损失；D 为改良和培肥土壤、渠道衬砌，以减少渗漏损失；E 为耕作保墒、覆盖地膜或秸秆；T 为控制适当的密度和叶面积，喷施抑制蒸发剂。

除上述措施以外的所有增产措施，由于可提高单位水量的产出即水分利用效率，也都具有间接节水抗旱的效果。

2. 根据流域水循环原理制定宏观农业节水抗旱策略

以区域农业系统和流域为对象，以水循环原理为依据。

$$P+R_{in}+G = E+T+R_{out}+D+W \qquad （2）$$

式中：P 为降水量，R_{in} 为流入径流量，G 为地下水补给量，E 为土壤蒸发量，T 为植物蒸腾量，R_{out} 为流出径流量，D 为土壤渗漏量，W 为非农耗水。

宏观节水战略从大型水利工程、跨流域调水、国土整治和调整种植结构入手，当务之急是实行按流域管理水资源和制定合理的水价。

3. 多种水资源的优化配置

（1）传统水资源的优化配置。包括地表水资源和地下水资源，旱季可适当利用地下水资源，雨季回补，但不得超出可补给能力。

（2）非传统水资源的适度开发利用。包括微咸水、中水、海水利用和淡化、空中水资源等。

（3）土壤水调控。主要是雨季尽量蓄墒，在促进根系发育和培肥土壤的基础上，旱季适度利用深层土壤水分。

（4）生物水和虚拟水的利用。多年生作物由于有物质的积累，可看成是由水分转化而成，具有比一年生作物更强的干旱适应能力。虚拟水指通过调整种植结构，压缩耗水作物或进口耗水农产品，增加耐旱作物或出口节水农产品所间接增加或节约的水资源量。

4. 干旱灾害链在抗旱减灾中的应用

狭义灾害链指原生灾害在一定条件下引发次生灾害和衍生灾害的现象。广义灾害链指灾害系统在孕育、形成、发展、扩散和消退的全过程中与其他灾害系统之间，各致灾因子和影响因子相互之间，这些因子与承灾体之间各种正反馈与负反馈链式效应的总和。正反馈可形成恶性循环，甚至导致系统崩溃。负反馈有利于系统稳定和可持续发展。

（1）农业干旱灾害链的若干正反馈现象及减灾对策。

气候干旱—植被退化—生态恶化—气候更加干旱，对策是农业生态工程。

干旱缺水—超量提水—水源不足—更加超采—水源枯竭，对策是旱作节水农业技术。

干旱缺水—减产减收—贫困—水利失修—缺水减产，对策是水利扶贫。

干旱缺水—无序争夺水资源—更加缺水，对策是按流域统一管理水资源。

抓住关键环节采取断链措施可最大限度减轻干旱的损失。

（2）农业干旱灾害链的若干负反馈现象及利用途径。

适度干旱—促进根系发育基部苗壮—抗旱抗倒能力强，措施是蹲苗锻炼。

克服干旱—充足光照较大温差—高产优质增收—增加抗旱投入，措施是抗旱技术。

适度干旱—耐旱作物品种生长良好—高产优质节水高效，措施是结构调整。

适度干旱—低注地水分状况改善—高产优质—抗旱能力增强，措施是因地制宜管理。

在农业生产上要充分利用负反馈机制来减轻干旱损失甚至化害为利。

四、科学抗旱的基本原则

1. 正确评估旱情，有针对性地采取适当的抗旱力度

首先要了解干旱类型、时空分布和承灾体状况，准确把握旱情，确定恰当的预警等级。抗旱力度要适当，麻痹大意会造成灾难性后果，夸大旱情、盲目抗旱会造成资源浪费和负面效应。

2. 因地、因时、因苗制宜

农业生产受自然因素影响很大，各地气候、农时季节、地形水文、土壤状况、作物品种、苗情长势都不相同，必须因时、因地、因苗制宜，分类指导，不能一刀切和强迫命令。

3. 充分利用作物自身适应能力、补偿机制和深层土壤水分

抗旱不等于只是浇水，更不是浇得越多越好。选用耐旱作物和品种，根据水资源分布、地形和土壤条件合理布局；充分利用作物自身的适应能力和补偿机制，努力使作物需水高峰与雨季相匹配；通过耕作措施促进根系发育，旱季充分利用深层水分和减少土壤蒸发，雨季尽量保蓄土壤水分，都能收到良好的抗旱节水效果，实现科学高效的抗旱。

4. 量水而行，节水抗旱，长期抗旱

我国水资源不足，尤其是在北方，农业和经济布局都必须量水而行。有限的水资源应用在关键的地区和时期，不能有点干旱就不计成本大水漫灌，必须实行节水灌溉。要树立长期抗旱的思想，不能把水库蓄水一下用光，也不能长期超采地下水。发生干旱时要积极抗旱，没有发生时也要蓄水保墒和培育壮苗。只有增强抗旱物质基础。提高作物抗旱能力，才能争取抗旱工作的主动。

5. 立足于防，灌溉抗旱与农艺抗旱并重

2009年和2011年的抗旱保麦实践证明，立足于防灾，提高播种质量和培育壮苗，对于越冬抗旱防冻具有决定性作用。并非只有灌溉才是抗旱，许多情况下农艺措施更为重要也更加有效，如调整种植结构，选用节水耐旱作物和品种；调整播种期和移栽期，使需水临界期避开易旱期；培肥土壤，平整土地，开展农田基本建设，耕作和覆盖保墒，提高土壤保蓄水分能力；应用保水剂、抗旱剂、抑制蒸发剂等化学抗旱技术；播前种子处理与蹲苗锻炼等。

6. 按流域统一分配利用水资源，突出重点，有保有弃

目前，有些地区的干旱缺水与水资源的无序开发与争夺有关，有些对于局地的"水利工程"，对于全局却是"水害工程"。所有河流都必须按流域统筹管理与合理分配水资源，确保水资源的可持续利用。干旱缺水时要有保有弃，首先确保人畜用水，重点保证高产、优质、高效农田的灌溉，必要时可放弃一部分低产田，改种耐旱作物或等雨补种。

7. 部门间统筹协调，调动全社会的力量抗旱

干旱缺水影响到整个社会、经济的可持续发展，必须调动全社会的力量，实行各部门之间的协调联动。切忌以抗旱为名片面追求部门利益和虚假政绩。

五、不同类型区域的科学抗旱对策

1. 常年干旱缺水区

常年干旱缺水区属资源性缺水，以量水而行的适应对策为主。根据水资源数量与承载力合理布局人口与经济发展，转移耗水产业，压缩耗水作物，发展节水产业与耐旱作物。

2. 半干旱气候缺水易旱地区

既有资源性缺水，又存在季节性干旱。以适应对策为主，兼有抗御对策。旱地采取集雨补灌抗旱模式，平原实行节水灌溉，选用节水耐旱作物与品种，压缩或转移耗水产业。旱季适当开采地下水，利用雨季蓄水和回补地下水。

3. 湿润气候季节性缺水干旱区

水资源总量不少，属结构性与工程性缺水，适应对策与抗御对策并重。旱季利用蓄水和地下水，种植节水耐旱作物，压缩耗水产业与作物；大力兴修水利，尤其是在水利工程欠账较多的西南地区，水库、塘坝和土壤在雨季尽可能蓄水。

4. 污染型缺水地区

水资源总量不缺，由于被污染而导致结构性缺水，以工程抗御措施为主，针对污染源采取综合治理措施，不能把农田作为污染降解地，但经过处理的污水可用于灌溉抗旱。

5. 牧区

以适应对策为主，根据湿润度与草场承载力确定牲畜数量，保持草畜平衡；利用河滩地种植人工牧草和饲料作物以弥补天然草场产草不足；夏秋打草增加冬季储备，改善饮用水源以防御黑灾。

六、抗旱战略的两个转变

制定抗旱战略必须以科学发展观为指导，坚持"以防为主、防重于治、抗重于救"的抗旱工作方针，注重社会、经济和生态效益的统一，综合运用行政、工程、经济、法律、科技等手段，最大限度地减少干旱造成的损失和影响，实现水资源的可持续利用和经济社会的可持续发展，为国家粮食安全、城市供水安全、生态环境安全提供有力的支撑和保障。

为全面落实科学发展观，国家防汛抗旱总指挥部提出要由单一抗旱向全面抗旱转变，由被动抗旱向主动抗旱转变。"两个转变"是科学抗旱的指导方针，为进一步阐述"两个转变"的科学内涵，我们对其内涵作了如下阐述和补充。

1. 从单一抗旱向全面抗旱转变

长期以来，中国传统的抗旱集中在农村和农业生产领域，这是由于当时绝大多数人口居住

在农村，以务农为主。经过 60 多年的发展，中国已建成比较完整的现代经济体系，社会主义市场经济体制基本确立，城市化进程加速。为实现全面建设小康社会的战略目标，必须由原来的单一抗旱向全面抗旱转变，具体包括以下内容：

（1）从单一的农业抗旱向覆盖所有领域和产业的全面抗旱转变；

（2）从单一的农村抗旱向城乡一体化的全面抗旱转变；

（3）从单一的生产抗旱向生产、生活、生态的全方位抗旱转变；

（4）从单一依靠专业部门抗旱向部门间协调联动和发动全社会节水抗旱转变；

（5）从单一的水资源统筹分配计划体制向按流域统一管理水资源与水权交易、水价调节、生态补偿等市场机制相结合转变。

2. 从被动抗旱向主动抗旱转变

传统的抗旱思路以危机管理为主，重工程措施，轻非工程措施；重应急，轻预防；重开发和配置水资源，轻高效利用与保护；重水利工程，轻农艺抗旱和风险管理。从而导致抗旱工作的被动，部分地区甚至陷入严重的水资源枯竭危机。从被动抗旱向主动抗旱转变应包括以下内容：

（1）从以应急抗旱为主向以风险防范为主转变；

（2）从掠夺性开发与无序争夺水资源向水资源优化配置、高效利用和保持水生态平衡转变；

（3）从以改善外界环境的灌溉措施为主向合理灌溉与增强承灾体适应与抗御能力并重转变；

（4）从以工程抗旱为主向工程措施与非工程措施并重转变；

（5）从对抗自然、人定胜天向顺应自然规律、人与自然和谐相处的理念转变。

夏季高温热浪天气浅析与防御

阮水根　韩淑云　郑大玮

（北京减灾协会）

一、高温天气的初步分析

进入 7 月以来，我国大部分地区相继出现长时日的高温热浪天气，呈现出"范围广、日数多、持续时间长、强度大"的特点，尤其是我国南方不少地方的最高气温和高温持续时间均打破了有气象资料以来的历史极值。据统计，仅 7 月湖南、浙江大部、上海、江苏南部、江西中部、重庆西南部等地高温日数为 15 ～ 20 天，湖南的长沙、衡山等少数县市的连续高温天数竟达到了 29 天；同时监测显示南方共有 43 个市县日最高气温超过 40℃，华东的上海、杭州最高气温也突破了 40℃。为此，中国气象局于 7 月 30 日启动了今年首个高温最高级别的应急响应，即高温预警从黄色升为橙色。华北虽然高温天气不如江淮、华东、西南、华南地区那样"热烈"，但北京地区在 7 月上旬连续 4 天出现 35℃以上高温天气，下旬亦出现了 3 天高温，其中一天的最高气温达到了 38.2℃，连日的高温让社会公众叫苦不迭。

造成近期我国南方持续高温天气的原因是今年雨带较早北移，使南方大部分时间都为副热带高压控制，副热带高压的稳定维持以及今年台风影响偏南，导致副热带高压长时间控制内陆，造成高温持续，高温强度进一步增强。7 月下旬中副热带高压又进一步加强与西伸，同时西北地区东部的大陆高压与副热带高压作用叠加，导致高温范围向北扩展，使华北地区也出现了较大范围的高温天气。

夏天高温尤其是入伏后的持续性高温天气危害极大，它不仅造成大地干裂、绿植发黄、农田干旱、农业减产甚至绝收；也会造成大范围缺水，河湖断流，人畜饮水困难，引发森林草原火灾；还易发生用电超负荷，中暑者猛增，直接危害人民生活和健康。

对于地处中低纬度的我国来说，夏季的高温热浪也是一种不可避免的自然灾害。高温来临，热浪侵袭，社会和公众完全能够有效地采取各种措施来减轻、减少这一灾害对我们的影响。应如何应对高温热浪呢？我们认为，对高温热浪灾害应从适应、减轻和积极应对多个角度出发，在个人与家庭、单位与社团、政府与部门等不同层次上科学实施，联动开展。

二、职能部门与政府层面的应对

（1）修订完善涉及高温热浪的应急总体预案，适时启动应对高温热浪应急预案，及时通过电台、电视台、报纸等媒体发布高温热浪警报；利用市内各类电子屏幕显示高温数据、警报和防暑注意事项；公共卫生部门本身及媒体可增加有关热浪知识的宣传教育，宣传如何防御热浪、避免因此而致病，特别是对易受热浪侵袭的危险人群加强宣传和服务工作；组织部署医院、社区服务做好应对高温热浪的充足准备；供电、供水部门保证热浪警报期间足够的电力和水源供应；提醒公众热浪来临应尽可能打开空调或到凉爽环境下避暑等，尽量减少因受热浪影响致病致死的人数。

（2）随着全球气候变化，未来高温天气还会增加，危害会加重。因此，政府及其职能部门要做好应对高温热浪的长期规划和建设工作；重点增加城市绿地和水体面积，改进建筑材料和结构的绝热性能，以减轻城市热岛效应；在每年夏季到来之前，储备充足的防暑药品，扩大清凉保健饮料生产；加大城市地下空间开发利用力度，炎热天气大量业务活动可在地下空间进行。

（3）切实执行《应急预案》和《防暑降温措施管理办法》并明确：日最高气温达到40℃以上，应当停止当日室外露天作业；日最高气温达到37℃以上、40℃以下时，用人单位全天安排劳动者室外露天作业时间累计不得超过6小时，连续作业时间不得超过国家规定，且在气温最高时段3小时内不得安排室外露天作业；日最高气温达到35℃以上、37℃以下时，用人单位应当采取换班轮休等方式，缩短劳动者连续作业时间和强度，并且不得安排室外露天作业劳动者加班；对于高温天气下必须安排的露天作业要采取严格的保护措施，实行轮换作业，提供充足的清凉饮料和医疗救护等措施；鉴于今年夏季的天气气候特点和气象部门的预测，各个单位与社会公众要注意做好与高温天气打持久战的准备，同时注意防火防电，避免因用电量过高，电线、变压器等电力设备负载大而引发火灾。

（4）高温天气下，必要时对部分企业限电或停电以保证居民用电供应。学校、企业、事业单位可调整上学、上班时间，延长高温时段的休息时间；社区医院与社区管理部门要掌握本辖区内高温敏感脆弱人群的名单，组织志愿者就近开展服务，提示家属和监护人加强中暑的预防工作，提供解暑药物，力求在发生症状的初期及时救治，以减轻大医院的负担；酷热天气可开放人口密集居民区的人防工程等可利用的地下空间和附近影剧院、体育场馆、礼堂等，供居民纳凉休息；提醒司机适当降低车速，增加间歇次数，轮胎充气不要过满，及时观测水箱和轮胎温度，防止发生自燃；车辆密集的重要道路应增加洒水次数以降低地面温度。

三、单位与社团层面的应对与防御

（1）制定或修订、完善防御高温热浪天气应急预案，及时启动并实施局地、细化的应对高温热浪专项应急预案，将应对高温酷热天气及预防人员中暑作为近期安全工作的重点之一和当务之急。

（2）单位与社团组织的工作和活动，在必须外出前应做好防晒准备，带遮阳伞、遮阳帽，尽量穿浅色透气性好的服装，还可随身携带一些仁丹、十滴水、藿香正气水等药品，注意及时补充水，以缓解高温或轻度中暑带来的不适；中暑通常伴有头晕、目眩、胸闷、恶心、呕吐、腹痛、发热等症状，严重的甚至晕倒，一旦发现作业人群中有中暑症状，应立即停止高温下活动，及时补充水分，并到阴凉通风处平躺休息，解开衣领，降低体温，严重的应及时到医院就医。

（3）必须在高温下进行户外作业的人群，要合理安排作息时间，尽量避开中午高温时间作业，工作场所要准备必要的清凉饮料和防暑药品，如感不适，应迅速结束劳动，转移到阴凉处休息；同时，还必须提醒公众，由于夏季昼长夜短，天气炎热，人们的睡眠不足，有条件的可以适当补充午睡，确保有更多的精力投入下午的工作。

四、家庭与个人层面的防御措施

（1）夏季要收听收看媒体发布的天气预报，关注高温热浪预警信息及其相关指南，时常通过多种渠道，学习、熟悉和掌握防御与抗击高温热浪的基本知识与技能。

（2）特别是盛夏室内要通风，白天尽量避免或减少户外活动，尤其是 10 至 16 时不要在烈日下外出运动，不宜在阳台、树下或露天睡觉，适当晚睡早起，中午宜午睡；在室外应戴草帽，穿浅色衣服，并且应备有饮用水和防暑药品，如感到头晕不舒服应立即停止劳动，到阴凉处休息；浑身大汗时，不宜立即用冷水洗澡，应先擦干汗水，稍事休息后再用温水洗澡；室内空调、电扇不要直接对着头部或身体的某一部位长时间吹；注意饮食卫生，不吃不卫生食品，不喝生水。

（3）老、弱病人应定时做健康检查，如遇不适，及时就医，减少外出，如要外出，一定要有家人陪同，宜多静坐，戒躁戒怒，不要过分纳凉；婴幼儿避免衣被过厚，衣着以宽松、透气、短小为宜，不宜多吃冷饮，食物要新鲜煮透，天天洗澡，避免生痱子，出现消化不良，要及时就医，最好不要睡凉席；孕妇切忌大捂大盖，居室要通风换气，最好不要睡凉席，常洗澡勤换衣，衣着以宽大、透气为宜，不可贪吃过凉食物。

513

完善气象行政执法责任制的对策研究

张宏基

（北京市气象局政策法规处）

摘要：本文基于建设法治政府的新形势全面深入推进气象依法行政工作的要求，结合气象部门推行行政执法责任制的实践经验和部门自身特点，借鉴行政执法责任制相关研究成果，从如何进一步完善和改进气象行政执法责任制的角度出发，通过对气象行政执法责任制推行过程中存在问题的科学分析，提出解决问题的对策及建议，以期达到构建更加科学合理的气象行政执法责任制模式，发挥规范执法行为、强化行政问责的作用。

中国气象局作为国务院直属事业单位，依照相关法律法规履行一定的行政管理职能，并开展相应的气象行政执法工作。目前，气象行政执法责任制作为气象部分依法行政工作的重要举措之一，已在气象部门全面推行和实施。

气象行政执法责任制与其他行政机关的执法责任制有许多相同之处，但也有气象部门的自身特点。经过多年的实践，气象部门围绕推行执法责任制开展了大量工作，取得了一定的成效。但真正贯彻实施执法责任制各项相关制度仍有很大的难度。在推行过程中，还存在一些比较困难或者无法回避的问题。气象行政执法责任制容易变成一些文字制度的堆砌，流于形式，缺乏可操作性。制约气象行政执法责任制充分发挥功用的因素也有很多。例如，行政领导的认识与重视程度，行政管理部门长期存在的权力本位意识，行政执法中的部门利益因素，行政执法机构设置与队伍建设问题，行政责任追究的难度等。对此，笔者有如下几点思考及对策建议。

一、加强组织领导和综合管理

为了使气象行政执法责任制得到顺利推行，形成领导重视、周密部署、逐级落实的良好局面，必须加强组织领导和综合管理。目前，在我国行政机关现有政治生态下，部门领导重视和参与的程度直接关系到事情办理的结果与成效。实践中，成立由单位主要负责人挂帅的推行行政执法责任制领导小组或办公室，会起到重要推动作用。另一方面，推行行政执法责任制工作环节多、涉及面广、专业性强、工作量大，也需要行政机关加强组织协调和督促落实。各级气象部门应当重视培养一支责任心强、专业水平高、综合素质好的气象法制综合管理人才队伍，及时研究解决推行行政执法责任制工作中遇到的各种问题。

在推行气象行政执法责任制时，需要重视梳理执法依据、分解执法职权和确定执法责任的基础工作。梳理执法依据应当全面、准确，尤其要注意定期更新，及时把新出台的相关法律法规纳入其中。各级气象主管机构应当主动公开执法依据，切实保障行政相对人的知情权。分解执法职权时，则需要注意部门内部科学合理的分工。因气象部门执法力量薄弱的现状，采用部门内相对集中行政执法权有其必要性。但进行综合执法，并不能忽略各职能机构相关的职责履行。

二、科学确定评议考核对象、内容和标准

1. 明确评议考核的对象

与气象行政执法责任制的规范对象一致，评议考核的对象理论上包括具有行政执法单位主体资格的各级气象主管机构和在具体岗位上从事气象行政执法活动的工作人员。行政执法单位主体即依法具备行政执法权的行政机关或其他组织。各级气象主管机构都属于具备行政执法单位主体资格的范围。按照"行政执法"这一概念的狭义理解，气象行政执法人员应当是指取得相应资格，依法从事气象行政监督检查、气象行政处罚和气象行政强制等工作的人员。据此范围，被评议考核的对象是比较清楚的。评议考核制度应当围绕以上两类对象进行设计。需要指出的是，各级气象主管机构尤其是基层气象主管机构应当合理设置行政执法机构，加强执法队伍建设，避免出现评议考核对象泛化的现象。

2. 确定评议考核的内容和标准

对执法单位评议考核的事项，主要应当包括该单位是否按照气象相关法律法规的规定开展了行政监督检查，是否依照职责权限查处了气象违法行为，行政处罚等措施是否公正合理，自由裁量权掌握的是否适度等。对执法个人评议考核的事项，主要应当包括该执法人员是否严格依法从事执法活动，执法活动过程中是否出现滥用职权、玩忽职守、徇私舞弊、不作为等。依据《中华人民共和国公务员法》规定，公务员（包括行政执法类公务员）考核的内容，包括德、能、勤、绩、廉五个方面，重点考核工作实绩。笔者认为，对于从事气象行政执法的人员进行评议考核时有必要参照以上内容及相关政策制度执行。

对行政执法工作进行评议考核的一个难点，在于衡量行政执法单位或行政执法工作人员是否优秀或合格的标准问题。例如，一名取得气象行政执法资格的工作人员，一年内既没有参与过行政监督检查、又没有参与过违法案件的处理，那么怎么确定其工作是否合格呢？执法单位也有相似的问题。笔者认为，评议考核的事项越具体越好，能够细化量化的应当细化量化，增强可操作性。如果实际工作中无法量化考核的内容，则应有指向性的考核内容。例如，对某气象行政执法单位的考核内容可包括对本行政区域内发现或接到举报的防雷安全违法案件应当及时进行查处，并做好记录，按要求报送上级气象主管机构。

3. 其他需要注意的问题

这一环节还需要注意的问题有：评议考核的过程应当公开公正，采取一定形式听取公众（行政相对人）意见，主动接受社会监督；应当完善奖惩机制，明确奖罚措施，对优秀的气象行政执法单位和个人给予表彰和奖励；行政执法行为出现重大过错的、行政执法行为被投诉并查实的、行政执法行为被提起行政复议并且复议决定撤销等情况，应直接取消该责任单位或个人的评优、评先资格等。

三、强化责任追究的执行力

对行政主体进行问责存在着重重困难。权力的天性和法律的运作规律决定了行政主体对自我限权的天然抵制。针对气象行政执法责任制推行过程中容易产生的问题，应当加以逐一分析解决。

1. 拓展监督主体

气象行政执法责任制如果仅限于一般监督尤其是主管监督的形式，难免陷入同体监督的形式主义。在气象法制工作机构发挥着不可替代作用的同时，气象行政监察部门也应主动参与到气象行政执法责任制的推行过程之中，对执法活动开展监督，对违法行政行为进行问责。2010年《国务院关于加强法治政府建设的意见》文件中专门用一章阐述强化行政法制监督和问责，提出加强政府内部层级监督和专门监督。明确要求"监察部门要全面履行法定职责，积极推进行政问责和政府绩效管理监察，严肃追究违法违纪人员的责任，促进行政机关廉政勤政建设。"《中华人民共和国行政监察法》关于监察机关监察职责范围的第十九条提到："监察机关对监察对象执法、廉政、效能情况进行监察，履行下列职责：（一）检查国家行政机关在遵守和执行法律、法规和人民政府的决定、命令中的问题……"这显然包括了行政执法相关内容。此外，还要创造条件鼓励和加强外部监督力量尤其是社会监督力量在推行气象行政执法责任制过程中发挥的作用。这项工作内容丰富、大有可为。以上两方面内容在《国务院办公厅关于推行行政执法责任制的若干意见》文件中也都有所体现。

2. 提高行政执法责任相关规定的可操作性

按照《中华人民共和国行政处罚法》《气象行政许可办法》（中国气象局第 17 号令）、《防雷装置设计审核和竣工验收规定》（中国气象局第 21 号令）等法律或者部门规章中，对行政执法相关法律责任是有规定的。但总体而言，比较笼统、模糊，缺乏实际可操作性。例如《防雷装置设计审核和竣工验收规定》的监督管理章节中有一条规定："县级以上地方气象主管机构进行防雷装置设计审核和竣工验收的监督检查时，不得妨碍正常的生产经营活动，不得索取或者收受任何财物和谋取其他利益。"但是在后面的罚则章节中仅提到："国家工作人员在防雷装置设计审核和竣工验收工作中由于玩忽职守导致重大雷电灾害事故的，由所在单位依法给予行政处分；构成犯罪的，依法追究刑事责任。"对此，各级气象主管机构可以更加详细地规定哪些行政执法过错行为或哪些情形应受到责任追究。这项工作要细致严谨，同时也可以在一定程度上避免形式主义。

3. 完善行政问责的启动机制

在已制定出台的气象行政执法责任制配套制度中，关于责任追究何时启动、如何启动，规定的较为模糊。为增强可操作性，笔者认为这些内容应当进一步予以明确和细化。责任追究环节的启动，应当是在出现气象行政执法过错情形下开始的。而发现行政执法过错主要包括以下几种情况：①上级行政机关通过案卷评查、评议考核时发现；②公民、法人或者其他组织对违法行政行为的投诉、举报；③媒体报道对违法行政行为进行曝光、披露；④通过人民法院的判决、复议机关的复议决定得知。在发现行政执法过错或者违法行政行为之后，应当及时组织审查并进行处理。涉及对相关责任人给予行政处分的，还需要监察部门和人事部门的直接参与。

四、结语

无论从现实履职要求还是从未来发展趋势来看，气象行政执法工作的任务都将越来越重，难度越来越大，要求越来越高。为了突出重在预防的原则、加强内部规范化管理，以适应新的形势和新的要求，气象部门应当采取有效措施，从多方面改进气象行政执法工作，夯实这一基础。

权责一致原则是现代政府行为的重要原则之一。有限政府通过确立责任机制而强化对政府自身的限制。必须清醒地认识到，推行气象行政执法责任制既是树立良好部门形象的重要举措，背后更切实关乎着政府形象的塑造问题。行政相对人的权益如果因不当的气象行政执法行为受到损害，影响的不仅仅是气象部门在社会公众心目中的形象，更会影响到社会公众对政府的信任感。因此，各级气象主管机构在行使公共权力时必须谨慎再谨慎，气象行政执法人员在开展行政执法活动时必须谨慎再谨慎。

北京城市热岛变化监测及对城市规划的考虑

刘勇洪[1]　马京津[2]　权维俊[3]

（1. 北京市气候中心；2. 北京市观象台；

3. 中国气象局京津冀环境气象预报预警中心）

摘要：1971—2012 年，以年平均气温计算的北京城市热岛强度增温率为 0.33℃ /10a，近 5 年（2008—2012 年）平均热岛为 1.12℃。1987—2001 年北京地区的热岛持续增强，2001 年之后由于北京申奥的成功进行了大面积的旧城改造和绿化，使得城市热岛强度和范围在 2005 年和 2008 年有所降低，2008 年之后热岛继续向东、南和北方向扩展，并出现了中心城区热岛与通州、顺义、大兴、昌平热岛连成片的趋势，到 2012 年城六区热岛面积百分比已从 1990 年的 31% 增加到 77%。对 2020 年城市规划图热岛模拟结果显示北京热岛已由"摊大饼"演变为"中心 + 周边分散"模式，城六区热岛面积由于绿地的大面积规划而降至 60%，未来几年保证规划绿地面积的落实是达到城市规划目的降低热岛的最重要途径。

关键词：气温热岛；地表热岛强度；热岛比例指数；城市规划；热岛模拟；北京

近年来，在全球增温和高速城市化的背景下，城市热环境被认为是主导城市生态环境的重要因素之一，城市热环境最明显的特征就是城市热岛效应（Urban Heat Island Effect，UHIE），它是一种由于城市建筑及人们活动导致的热量在城区空间范围内聚集的现象，是城市气候最明显的特征之一。城市热岛降低了人们生活的舒适度并加剧了大气污染，严重影响了居民生活质量，如何定量的监测城市热环境的动态变化及合理地进行城市规划已成为当前城市热岛研究的重要内容。目前，城市热岛的研究主要有两种手段：气象观测和遥感。气象观测由于具有观测资料时效长、定点、准确、定量的优势，一直被作为基础手段用于研究城市热岛的时空演变规律。除了气象观测手段外，遥感则是近年来普遍用于城市热岛研究的另一种重要手段，它具有时间同步性好、覆盖范围广、空间结构直观定量等特点以及可以减少局部环境人为干扰和降低成本等优势。但上述研究很少把气象观测与遥感结合起来进行定量监测和相互验证，而且缺乏多种不同分辨率卫星资料之间的相互验证。因此，本文尝试在分析长期气象观测资料基础上，充分利用多种卫星资料，引入定量指标来开展北京地区城市热岛变化的定量监测和相互验证，以确定北京城市热岛变化是否在气象观测和遥感观测上具有一致性。另外，城市的热环境与城市规划之间存在着较为密切的关系，本文将引入城市规划资料利用热岛定量指标开展未来城市热岛模拟预测研究，对于城市规划中的城市热环境问题进行评估具有重要意义。

一、资料与方法

1. 资料

（1）气象资料：北京地区 1971—2012 年 20 个常规气象台站中单站逐年年平均气温资料，由北京市气象信息中心提供。气象台站资料用来分析北京气温城市热岛变化分析。

（2）城市规划土地利用资料：北京地区 2020 年城市规划土地利用资料（2004 年编制，包括林地、农田、草地、建筑、水体、未利用地等），由北京城市规划研究院提供。

（3）卫星遥感资料：①选择北京晴空 1990、1996、2001、2004、2008 和 2012 年等不同年份的 6 景 NOAA/AVHRR 下午 1B 数据，包括 1 景 NOAA11、2 景 NOAA14、1 景 NOAA16、2 景 NOAA18 数据，数据由北京市气候中心提供；②选择北京夏季晴空 1987、1992、2001、2005、2008 和 2011 年不同年份的 6 景 Landsat-TM 数据，用 ENVI 软件经过辐射校正和 FLAASH 大气校正，统一到横轴麦卡托投影，并用双线性重采样法采样到同样大小。NOAA/AVHRR 资料用于北京整个地区城市热岛时空变化分析，Landsat-TM 用于北京城六区的精细化城市热岛空间格局分析，包含城区（东城区、西城区）、海淀、朝阳、丰台、石景山等，城六区是北京的主要城市区域，其热岛强度变化可以反映北京总体热岛状况。

2. 研究方法

（1）气温热岛计算：把北京 20 个气象台站按照距离北京城六区边界的远近和所处位置划分为城市、近郊和远郊三类，并把气温都修正到海平面高度。在这里规定气温热岛为城市和远郊气温的距平值，可以计算北京地区逐年的气温热岛值。

（2）地表温度反演：NOAA18/AVHRR1B 卫星地表温度的生成均采用 Quan 等（2012 年）提出的改进型的 Becker 分裂窗方法。Landsat-TM 地表温度反演采用 JIMENEZ-MUNOZ 等提出的单通道算法反演地表温度。

（3）地表热岛强度计算：在这里，采用叶彩华（2010 年）提出的地表热岛强度指数（Urban Heat island Intensity Index，UHII）和地表热岛比例指数（Urban Heat island Proportion Index，UHPI）的计算方法来定量估算城市地表热岛强度。

（4）城市热岛的规划模拟：北京城市热岛效应与城市土地利用/覆盖类型及其空间分布有着紧密关系，平均温度具有水体＜林地＜农田＜草地＜裸地＜城镇等特征，在这里根据土地利用类型与热岛强度等级的关系对 2020 年北京城市规划进行热岛强度等级模拟。

二、结果与分析

1. 气温城市热岛时间变化

1971—1980 年，城市市区、近郊区和远郊区的年均气温差异很小，1980 年之后，城市的气温高于近郊和远郊，且随着年份的推移增温趋势明显加快，城市与近郊区和远郊区的温差不断加大。1971—2012 年，不同年份的气温距平有差异，如 2000 年气温距平达 0.93℃，2006 年降至 0.81℃，到 2010 年升至 1.16℃，虽然城市区和远郊区的气温距平在不同年代有波动，但气温距平随时间推移呈增加趋势。对这种趋势线性模拟的结果显示：北京从 20 世纪 70 年代初至今，城市热岛强度（城市区与远郊区站气温距平）以年平均气温计算，热岛强度年增温率为 0.33℃/10a，这与林学椿等得出的"1961—2000 年北京热岛强度的增温率为 0.31℃/10a"结论接近。其中，2006—2010 年平均热岛强度为 0.972℃，而近 5 年（2008—2012 年）平均热岛强度为 1.12℃。表明随着北京城市建设和城市化速度的加快，北京城市热岛强度也在明显地增加。

2. 基于 NOAA/AVHRR 卫星资料的北京城市热岛时空变化

1990 年，北京的热岛主要集中于城区（东城和西城），以较强热岛以上为主，城区邻近地区、通州、大兴、密云等部分城镇区域和永定河谷等裸露砂壤地区有弱热岛；1990 年之后城市热岛范围向四周尤其向丰台、海淀、朝阳扩展明显；1996 年，除了城区之外，丰台、海淀南部、永定河谷以及房山山区前沿暖区等地出现明显的较强热岛，郊区县城大兴、通州、顺义、平谷、密云等城镇出现弱热岛；2001 年，热岛强度和范围明显增加，向南、向北扩展趋势明显，城六区大部为较强热岛和强热岛所笼罩，各个郊区县城也出现明显的较强热岛；2001 年后，由于北京申奥成功，开展了大面积的旧城改造和大范围的绿化措施，使得热岛强度得到一定缓解；2004 年和 2008 年中心城区、海淀北部和大兴北部区域的热岛强度和范围均较 2001 年有所减小，但仍呈现向东和东北方向扩展的趋势，这与期间通州和朝阳区东北望京地区快速发展密切相关。到 2012 年城市热岛范围已超过 2001 年，主要是郊区县城如通州、大兴、顺义和昌平等的热岛强度和范围明显增强，虽然中心城区的热岛强度由于城市绿化原因相比 2001 年有所减小，但已出现了中心城区热岛与通州、顺义、昌平、大兴热岛连成片的趋势。

如果以弱热岛等级以上面积分别统计城六区各年份的热岛面积，则 1990、1996、2000、2001、2004、2008 和 2012 年的热岛面积分别为 442、773、807、1002、862、908 和 1083 平方千米，面积百分比从 1990 年的 32% 增加到 2012 年的 77%，表明当前北京主要城市大部分区域为热岛所覆盖，热岛现象已非常严重。

3. 基于 Landsat-TM 卫星资料的北京城市热岛时空变化

Landsat-TM 卫星资料能更精细地监测城市热岛，与前面 NOAA/AVHRR 数据监测结果类似，1987 年北京热岛强度和范围很小，热岛主要集中在城区（东城、西城）、石景山首钢地区、丰台城区和朝阳与东城相邻的城市地区；1996 年城区（东城、西城）热岛强度和范围均有所加强，海淀、朝阳均出现明显热岛；1996 年后热岛向四周扩散，到 2001 年达到一个高值，城六区大部分为热岛所覆盖，随着北京申奥的成功，实行了大规模的旧城改造和城市绿化，2005 年和 2008 年城市热岛强度有所降低，但 2008 年奥运会后，热岛又开始明显增强和扩展，到 2011 年城市热岛范围和强度已超过了 2001 年。另外，在各个时期，北京城六区水体所在区域如前海、后海、南海、北海、紫竹院、玉渊潭、昆明湖和大片绿色所在区域如天坛公园、朝阳公园、奥林匹克公园等地都不存在热岛效应，表明水体和大的绿地对城市热岛有明显减缓作用。

4. 北京城市热岛时空定量比较

根据 Landsat-TM 资料计算的热岛强度 UHII，可以计算北京城六区 1987、1996、2001、2005、2008 和 2011 年城市热岛比例指数，1987—2011 年北京热岛比例指数 UHPI 总体呈增加趋势，1987 年 UHPI 还很低（0.1175），此后持续增长，到 2001 年达到一个高峰值（0.4559），2001 年后有所减少，2005 年与 2008 年均低于 2001 年，2008 年奥运会后持续增加，2011 年达到新的高峰值（0.5038），这与前面气温监测北京城市热岛的趋势基本一致。

利用 2012 年 8 月 22 日的 NOAA18/AVHRR 影像，可以计算得到 2012 年北京市各区县 UHPI，以反映近期北京地区各区县热岛强度状况：北京各区县 UHPI，以城区热岛强度最高（0.92），丰台次之（0.77），海淀第三（0.64），石景山也较高（0.63）；而北京山区县延庆、密云、怀柔 UHPI 均很低，在 0.05 以下，热岛强度非常低。

5. 北京平原城市热岛评估

北京五环以内区域热岛十分明显，近一半区域处于热岛"需要缓解"和"急需缓解"状态，而水体或大片绿地所在区域，例如北海、玉渊潭、紫竹院公园、昆明湖及天坛公园等评估为安全状态。北京平原地区城市热岛"急需缓解"的区域主要特征为：①以老旧建筑区为主，绿化少，不透水面积大，长期处于强热岛区域，如城区的前门、海淀清河、西北旺、田村和石景山苹果园；②不透水面积大，建材用地密集区域，如朝阳的十八里店、海淀西三旗等；③新建大型密集居民区，密度大、绿化较少区域，如昌平回龙观、霍营、天通苑、朝阳望京、丰台方庄等；④郊区县城等，如昌平城区、通州城区、顺义城区、密云城区等；⑤其他高不透水盖及高建筑密度等区域，如朝阳的金盏、CBD、黑庄户、首都机场，丰台的右安门、太平桥、卢沟桥，大兴的西红门、金星、旧宫等地。

另外，北京的东南西三环到西五环区域之间老旧建筑小区多、建材城多、绿化少、水体少，又连接大兴亦庄工业区，自 2001 年以来就长期处于强热岛区域，造就了北京面积最大的热岛区域，是当前热岛"急需缓解"区域。而在北部朝阳与昌平交界区域、丰台与大兴交界区域出现了大量的"点状"热岛区域，需要防止连成片热岛进一步扩大化趋势。

6. 城市热岛预测与绿地规划建议

根据《北京城市总体规划（2004—2020）》，北京规划了 2 道绿化隔离地区，第一道绿化隔离地区位于四环路周边的地区，用于隔离城中心地区和其他边缘集团，功能定位为城市公园环。第二道绿化隔离地区为第一道绿化隔离带及中心城边缘集团外界至规划六环路外侧 1000 米绿化带。因此，在 2020 年北京城市规划土地利用类型中出现了大面积的绿地，与 2012 年相比，2020 年的城市热岛强度范围和大小都明显减弱，城六区热岛面积比例降到 60%（2012 年为 77%），具体到城六区，城区（东城、西城）、海淀、朝阳、丰台、石景山等区的热岛面积百分比分别减少7%、15%、28%、22% 和 18%，这主要是由于第二道绿化隔离带减缓热岛效应的结果，在东南三环和东南五环之间的原先大片热岛区也由于规划中的绿地建设而大部分消失。热岛布局由"摊大饼"型热岛向"中心＋四周分散"型热岛发展，中心城区热岛强度和范围明显减弱，周边广大远郊区将出现分散型小热岛，如大兴、顺义、平谷、房山、昌平、通州等区的较强热岛以上等级面积百分比分别比 2008 年增加了 1%、1%、3%、4%、4% 和 5%。这与北京"抑制城中心发展、大力发展卫星城镇"策略相适应。实际上，到 2013 年北京建成的绿地面积不到 2020 年规划绿地的 60%，绿地具体建设与规划脱节比较严重，这是北京热岛面积至今仍在增加的最重要原因。因此，未来几年保证规划绿地面积的落实是达到城市规划目的降低热岛的最重要途径。

三、结论

北京现有城市热岛现象非常严重，2012 年城六区热岛面积比例达到 77%，且呈加重趋势，而按照 2020 年规划模拟的城六区热岛面积仅为 60%，由于当前北京的绿地在具体建设过程中与规划脱节比较严重，未来几年保证规划绿地面积的落实是达到城市规划目的降低热岛的最重要途径。

消防工作中的环保问题及对策探讨

曲毅　陈国良

（北京市公安局消防局科研中心）

摘要：消防工作的目的是消除或减少火灾的发生，确保人员生命和财产安全，但是如果消防工作措施不当，也可能对环保造成不利的影响。本文分析了火灾对环境的破坏、消防控灾对环境的不利影响、建筑防火与节能的矛盾等消防工作中存在的环保问题，并从严格落实消防环保的相关法律法规、提高消防产品的环保性能、加强消防环保技术的研发应用及制定消防环保产品鼓励措施等方面探讨了降低消防工作对环保不利影响的对策措施。

关键词：火灾；消防；环保；对策

一、引言

消防工作的目的是消除或减少火灾的发生，确保人员生命和财产安全。消防工作的有效开展，在确保居民生命和财产安全、提高居民的安全程度和幸福感受、维护社会的安全稳定方面发挥了巨大的作用。但是如果消防工作措施不当，也会对环保造成不利的影响。2005 年 1 月 13 日，中国石油天然气股份有限公司吉林石化分公司双苯厂硝基苯精馏塔发生爆炸，造成 8 人死亡、60 人受伤，直接经济损失 6908 万元，并引发松花江水污染。据相关报道，哈尔滨全市停水可能是由于上游石化公司双苯厂发生爆炸后，消防扑救用水溶解有毒液体后流入排水管道，再排入松花江，造成的下游河段污染。事件的发生引起了人们对消防与环保之间协调发展问题的思考，并大力开展消防环保研究，开发绿色消防技术，以期在实现消防安全目标的同时，实现环境的可持续发展。

二、消防工作中的环保问题

（一）火灾对环境的破坏

空气污染：火灾过程中会生成二氧化碳、一氧化碳、氰化氢、氯化氢、二氧化硫、氨气等气体，其中有的是温室性气体，易造成温室效应；有的是剧毒物质，直接威胁生命安全；由火灾气体经化学反应形成包含硫酸盐、硝酸盐、氯化物、铵盐、有机气溶胶等物质的烟粒，易导致人员疾病、能见度低、腐蚀金属。

水体污染：石油化工厂是以石油或天然气为主要原料，通过不同的生产工艺过程、加工方法，生产各种石油产品、有机化工原料、化学纤维及化肥的工业。为了取、排水方便，这些工厂一般都建在江、河、湖、库、海边，各种成分的物料在这里加工、储存、装卸、输送。如果发生火灾导致容器和管道破裂，物料就会泄漏出来，通过排污管道或其他各种渠道流入附近的江、河、湖、库以及海里，造成相应的水体污染。

　　土壤污染：石化工厂火灾引起容器、管道破裂，泄漏的有毒液体沿着地表渗漏，致使大量有毒有害物质被土壤"过滤"而留在其中；另外，火灾生成的大量有毒有害烟粒自然沉降或在雨水的作用下沉降到土壤表面，长时间难以二次降解或带走，造成土地严重污染，不仅植物难以生长，而且会污染地下水体。

　　生态破坏：森林火灾烧毁大面积的林木和大量的林副产品，破坏森林结构，森林火灾后，如果不能及时人工种草植树，就会引起山洪暴发、山体滑坡、水土流失、土壤贫瘠、地下水位降低，直至水源枯竭。同时，森林火灾使大量的动植物丧生灭绝，甚至使一些珍稀的动植物物种绝迹，使整个生态系统中各种生物群落之间赖以维系的食物链遭到破坏。

（二）消防控灾对环境的不利影响

　　消防行动的目标就是防止火灾发生，降低财产损失，减少人员伤亡，控制危险化学品扩散范围，其本身对环境保护具有积极的作用。但是如果在具体控灾过程中处置不当，也会对环境造成不利影响，主要表现为灭火剂污染、消防污水污染、阻燃剂污染和防火涂料污染。

　　灭火剂污染：消防灭火中使用的氯代烷气体灭火剂如1301、1211等氟氯烃、氟溴烃是造成大气平流层臭氧层破坏的主要杀手，臭氧层耗损造成大量的紫外线直接辐射地面，导致人类皮肤癌、白内障发病率增高，并抑制人体免疫系统功能；农作物受害减产，影响粮食生产和食品供应；破坏海洋生态系统的食物链，导致生态平衡破坏。泡沫灭火剂流入水体会造成水体污染，同时由于难以降解，会对土壤造成污染。

　　消防污水污染：消防灭火过程中最常用的灭火剂是水，一般在火灾的扑救过程中会使用大量的水来冷却可燃物或扑灭火，在火场使用过的水会将火灾中产生的有害物质带走，排入江、河、湖、库等而造成水体污染。特别是扑救化工产品火灾过程中产生的废水会加重水体的污染，这些废水渗入火场周围的农田、土地也会造成土壤的污染。

　　阻燃剂／防火涂料污染：建筑中使用的易燃装修装饰材料都需要进行阻燃处理，其中有机阻燃剂在火灾发生时会释放出大量的有毒烟气，且卤系阻燃剂的燃烧产物（卤化物）具有很长的大气寿命，严重污染大气环境，也是造成臭氧层破坏的根源之一。钢结构、电缆、混凝土、隧道表面经常需要使用防火涂料来提高其耐火性能，这些防火涂料在燃烧时也会产生有毒烟气，当采用溶剂性防火涂料时还会产生挥发性气体污染环境。

（三）建筑防火与节能的矛盾

　　为了节省能源，建筑外墙需要进行保温处理。建筑外保温所用的材料主要有聚苯乙烯、聚氨酯、发泡橡胶等有机材料和岩棉、矿棉、玻璃棉等无机材料。这些材料中，有机材料耐热差、易燃烧，而且在燃烧时释放大量热量、产生大量有毒烟气，不仅会加速大火蔓延，且由于施工工艺特点导致火灾发生后不易扑救，容易造成人员伤亡。

三、消防环保的对策分析

（一）研发使用消防环保产品

1. 环保型灭火剂

七氟丙烷：主要是化学灭火，具有较高的灭火效率，无色、无味、低毒、不导电、不污染被保护对象，不会对财物和精密设施造成损坏。由于七氟丙烷不含有氯或溴，不会对大气臭氧层产生破坏作用，可用于替代对环境危害的哈龙气体灭火剂。缺点是七氟丙烷灭火系统的使用成本较高。

二氧化碳：主要依靠窒息作用和部分冷却作用灭火，是一种不燃烧、不助燃的惰性气体，无色无味，易于液化，制造方便，价格低廉，是目前被广泛使用的气体灭火剂品种之一，可以作为哈龙替代产品。但是由于其属于温室效应气体，且其对人员致死浓度（20%）小于最低灭火浓度（34%），意外情况下会导致人员伤亡，使用场所受到一定的限制。

细水雾：主要是通过冷却、窒息灭火，可以用于保护经常有人的场所。细水雾灭火用水量少，具有良好的电绝缘性，对环境无污染，能够降低火灾总烟气含量的毒性，可以用作哈龙替代灭火剂。缺点是设备结构复杂，喷头易受使用环境灰尘影响，造价较高。

混合气体（IG-541）：又称为烟烙尽，由氮气、氩气、二氧化碳按 52 ∶ 40 ∶ 8 的比例组合而成，通过降低火灾区域空气中的氧含量实现窒息灭火。其中的二氧化碳可以在灭火时使人体能够在低于 12% 的氧气浓度时仍能通过加大呼吸深度和加快呼吸频率而获得足够氧气。喷放时环境温度变化小，且不影响能见度。缺点是灭火剂用量大，瓶组所需空间大。

气溶胶：主要是通过烟火剂燃烧形成由固态气溶胶和惰性气体组成的混合物，利用惰性气体的窒息作用和固体颗粒吸收燃烧反应过程中的自由基后中断链反应而灭火，具有高效、灭火成本低、灭火后无复燃现象等优点，缺点是燃烧残留物会对精密仪器等保护对象产生污染和腐蚀。

2. 环保型消防车

涡喷消防车：将航空燃气涡轮发动机作为喷射灭火剂的动力，将其安装在汽车底盘上，配置常规消防车的水箱、泡沫灭火剂箱、水泵，能够产生大流量"气体－细水雾"（或"气体－泡沫－超细干粉灭火剂"）射流，具有速度快、功率大、流量大、射程远、覆盖面积大等特点，已在机场和油田消防中发挥出巨大灭火威力，主要用于油田、石化工厂、天然气泵站、机场等需要快速扑灭油气大火的场所。

三相射流消防车：充分利用压缩气体爆发时的动能，将"气体－水系灭火剂－超细干粉灭火剂"以混合射流的方式射出，不但复合灭火剂的喷射距离大幅提高，而且其中绿色的超细干粉灭火剂从水或泡沫灭火剂射流中分离出来，生成蓝色气溶胶灭火剂，笼罩火焰，发挥了"水系灭火剂－超细干粉灭火剂"的复合灭火效，使控制火势的能力和灭火效率大幅度提高。具有灭火速度快、抗复燃效果好、智能控制检测等特点。

细水雾消防车：利用压缩气体释压时迅速膨胀使水射流被切割粉碎，产生出高射速"气体－

水雾"射流，用于消防灭火。应用航空空气动力学技术研制出的喷射系统，不仅克服了细水雾喷射不远的世界性难题，而且高射速的细水雾射流产生出对火焰的很强冲击力，克服了细小水滴难以射入火焰中心区的缺点，大幅度提高了水系灭火剂的灭火效率，同时也可喷射"干泡沫"射流灭火。细水雾吸收火灾产生的有毒烟气，降温散热，有利于救助火灾中的遇险人员。主要用于民宅、宾馆、医院、娱乐场所等的消防。

机器人消防车：以任意底盘的消防车为载体，加装无线遥控执行系统构成，采用轮式行走结构，点火、行走、转向、驻车。水泵以及消防炮的转动、俯仰、喷射灭火剂等一系列过程采用无线遥控方式，遥控行走速度为 10km/h，有效控制距离可达 200 ~ 500m。机器人消防车还具有侦察和自救功能，将灾害现场通过摄像机无线传输给指挥员，让指挥员调整抢救方案。机器人身上装有多个喷口，当温度升到临界点时，水喷口自动打开喷水自救。特别适用于救援人员无法靠近作业的易燃、易爆、高温、有毒等火灾场所。

消防摩托车：具有高效节能、工作范围广、易于操作等特点，适用于山路、沙滩、坑洼路等多种地形，解决了因巷道狭窄、矮小、普通消防车无法通过的问题，主要用于迅速扑救初期火灾和小型火灾，可以根据需要配备泡沫、细水雾等系统，一般还具备移动通信系统、破拆工具、侦检器材和个人防护装备，具备单兵作战和扑救 A、B 类火灾的特点，为消防队员迅速到场及时展开战斗并控制火灾提供了装备保障。

3. 环保型防火涂料

水性防火涂料：以饰面型防火涂料和厚浆型防火涂料为主，从成膜物性质上大体可分为合成聚合物乳液型、水溶性树脂型和无机黏合剂型，三者之中无机黏合剂型防火涂料是对环境最友好的品种。其中，膨胀型防火涂料遇火或遇热后可发泡生成比原来涂层厚数十倍的隔热层，能够起到比非膨胀型防火涂料更好的阻燃效果。

高固体成分防火涂料：指固体成分含量超过 60% 甚至达到 75% ~ 80% 的涂料，由于其所含的有机可挥发成分比普通的溶剂型涂料少，因而对环境的污染轻，并且一次施工可得到较厚的漆膜。由于高固体成分涂料仍有较高的可挥发有机物，随着人们环保及健康意识的提高，它的应用范围以后将会受到越来越多的限制。

液体无溶剂防火涂料：又称为超高固体成分涂料，主要以低分子量、低黏度的液体树脂及固化剂体系为基料，并用活性稀释剂来进一步降低黏度从而保证涂料体系的综合性能，含有的挥发性有机化合物（VOC）很低，甚至不含挥发性有机化合物。

（二）研究应用消防环保技术

1. 中水灭火系统

国家体育场、国家游泳中心等多个奥运场馆均设置有雨洪综合利用系统在 24 小时不间断运转，可以将赛场及周边区域的雨水收集、净化后，提供给场馆使用。运用雨洪综合利用工程既可以为其周边的绿色植物"解渴"，又可以兼顾水资源节约。许多场馆还设置有中水处理系统，使用过的废水经过中水处理系统处理、净化之后可以重新供绿色植物浇灌和消防灭火系统使用，不但实现了污水"零排放"，还令中水、污水"资源化"。

2. 数字化消防灭火救援动态预案系统

数字化消防灭火救援动态预案系统是一套集火灾模拟、疏散分析、力量部署、角色训练、快速定位等多种功能于一体的三维立体平台，实现了火灾分析模拟技术和训练系统的有机统一；实现了消防灭火预案的数字化、立体化；实现了各种消防安保力量的协同训练；实现了消防灭火救援训练与实战的结合。通过该系统的应用，可以在建筑完工以前尽早熟悉其火灾特点和消防设施位置，减少了现场调研、演练的频率，因此可以缓解交通拥堵、节约能源、减少尾气排放；减少水、泡沫等灭火剂的消耗；节省费用支出，降低演练对保护单位运营的影响。

四、结语

随着环保问题的日益严重，人们对各行各业的环保要求也越来越高，消防工作中的环保问题也将获得广泛的重视。为了提高消防工作的成效，减少消防工作对环保的不利影响，有必要继续深化环保型灭火剂、灭火系统研究，加强环保型防火涂料、阻燃材料的研制，完善高效环保型消防车辆的研发，增强消防控灾过程中的环保措施，拓展消防环保科技系统的研究应用，为消防工作的可持续发展提供坚实的技术支撑。

城市化对北京地区强降水及其降水系统的影响研究

李青春　郑祚芳　苗世光　张文龙

（中国气象局北京城市气象研究所）

摘要：本文利用多源观测资料分析北京地区降水量的时空统计特征及其城市化影响特征。利用加密观测分析和数值模拟方法，分析城市化非均匀下垫面对降水的影响机理，研究城市局地暴雨（或强对流）发生发展细化特征，探讨城市对强降水天气系统的影响，并提出了开展城市强降水天气精细预报研究的思路与城市防涝减灾的一些建议。

关键词：城市化影响；降水量；降水天气系统；边界层系统

一、引言

研究认为，在有利的天气系统背景下，中小尺度系统的发生、发展会触发一次次降水天气的产生，最终形成暴雨天气过程。在京津冀地区经常看到一些孤立存在的中尺度系统造成的局地暴雨现象，这些中尺度系统大多与复杂地形、下垫面特征有关。

城市化的快速发展显著改变了局地大气的热力和动力结构，进而对天气、气候、大气环境等产生不可忽视的影响。近年来，大城市不断出现局地暴雨引发的城市沥涝灾害事件，对城市交通、居民生活和生命财产安全造成严重的影响和危害。城市局地强降水等高影响天气的预报和服务面临巨大的困难和挑战。因此，城市气象研究的最主要任务之一是开展城市化对降水天气系统的影响机理研究，提高精细预报水平。研究内容主要包括：①主要利用多源观测资料开展降水量的分布不均匀特征，局地、极端、短历时统计特征；②利用加密观测分析和数值模拟方法，分析城市化非均匀下垫面对降水的影响机理，研究城市局地暴雨（或强对流）发生发展的细化特征，探讨城市对暴雨中尺度对流系统的影响；③开展边界层系统（过程）研究，包括辐合线、地形或热岛局地环流、偏东风、暴雨雪形成的作用和影响等；④在此基础上，总结、归纳得出边界层影响系统的概念模型。本文重点介绍针对①和②项研究的一些初步结果。

二、北京周边地形与城市化

北京市位于华北平原的北端，北纬39° 28′ ～ 41° 05′，东经115° 25′ ～ 117° 30′。周边地形比较复杂，北面是燕山山脉，西部是太行山北部，东部、南部是平坦的华北平原。房山、大兴的西南部为百花山的东南坡，昌平、海淀、门头沟位于笔架山和西山的东侧和东南坡，密云、怀柔的东、西、北侧为山地，南侧为平原，为向南开口的喇叭口谷地。

严格划定北京的城市化发展阶段是一项十分困难的工作，相关文献以及对北京社会经济指标统计数据分析大致如下。

第一阶段：1949 年以前。

第二阶段：1949—1980 年，市区面积以 7.2km²/a 的速度扩张。

第三阶段：1980—1985 年、1985—1989 年、1989—1994 年分别以 10.0km²/a、12.1km²/a、8.5km²/a 的速度快速扩张。

因此，大致将 1990 年以后划定为北京进入城市化快速发展阶段。

三、北京城市化对降水影响的观测事实分析

（一）北京地区降水量的变化趋势

以国家基本站北京观象台作为北京地区的代表站，利用 1951—2011 年（61 年）日降水资料统计分析得出年平均降水量、夏季平均降水量，再分析其年际变化趋势得出（图略）：北京多年平均降水量和夏季平均降水量分别为 590.0 mm 和 430.5 mm，年降水量、夏季降水量为波动减少趋势，年降水量和夏季降水量线性变率分别为 40.3 mm/10a 和 40.1 mm/10a。1999—2007 年（为干旱期）年降水量持续减少，1999 年、2006 年减少特征更为突出，2008 年以后有所好转。与年降水量相对应，1999—2010 年夏季降水量连续 11 年持续减少，2011 年夏季明显好转。北京夏季降水量约占全年降水量为 71.3%（多年平均），即北京有 71.3% 的降水量发生在夏季。分析夏季降水量占全年降水量的百分比的变化趋势（图略）得出，20 世纪 90 年代以后夏季降水量所占比例开始减小。

（二）夏季不同等级降水的分布特征

统计计算 1980—2011 年各站点不同等级降水日数，对北京地区夏季小雨、大雨、中雨、暴雨以上累计日数分布图进行分析得出，北京地区夏季小雨多出现在西北部山区（延庆），小雨日数沿地势依次减少，东南部地区最少；中雨多出现在西北部山区（延庆）和平谷东部地区，大兴东部到顺义最少；大雨高发区域在城区—东北部（朝阳、顺义）；暴雨以上高发区域主要在城区西部和西南部（丰台），其次在密云南部和平谷地区。

夏季小雨、大雨、中雨、暴雨以上各等级降水的累计降水量分布特征（图略）与相对应的各等级降雨日数分布特征基本一致。在量值上，以暴雨以上、大雨日的累计降水量最大。

因此，得出大雨、暴雨以上降水的高发区域与地形和城市有密切关系。

（三）城市对降水的影响研究

1. 统计特征

分析计算夏季北京区域内平均累计降雨日数、降水量时间序列的变化趋势（表 1），结果显示：降雨日数、降水量均呈减少趋势，降雨日数减少不明显（-1.4 d/10a），而降水量减少趋势明显（-24.1 mm/10a）。分析城区站（海淀、朝阳、石景山和丰台）各等级降雨日数的变化趋势，城区北部（海淀、朝阳、石景山）的大雨以 2.4~3.1 d/10a 的速度增多，小雨、中雨、暴雨以上

的降雨日数为减少趋势。位于城区西南部丰台站的暴雨以上日数略有增多（0.02 d/10a），而小雨、中雨、大雨日数为减少趋势。

表 1　北京地区夏季各等级降水特征及变化趋势统计表

		小雨	中雨	大雨	暴雨以上
累计降雨日数（d）		797	196	104	43
占夏季总降雨日的百分比		69.9%	17.2%	9.1%	3.8%
累计降水量（mm）		2067.7	3143.5	3601.9	3266.9
占夏季总降水量的百分比		17.2%	26.0%	29.8%	27.0%
线性趋势（d/10a）	海淀	-1.4	-0.24	0.31	-0.03
	朝阳	-0.2	-0.02	0.24	-0.19
	石景山	-0.34	-0.03	0.30	-0.35
	丰台	-0.70	-0.16	-0.49	0.02

注：累计降雨日数、降水量为区域内 20 个气象站的平均值。

2. 对系统影响的暴雨个例研究

2007 年 8 月 1 日前半夜，北京城北局地大暴雨天气，20 : 00—22 : 00 和平西桥降雨量 134 mm、奥体中心 104 mm、大学生体育馆 83 mm。造成北三环立交桥桥下积水（和平西桥达 2 m 深）。

从天气形势分析看，北京主要受东北冷涡外围系统影响，主体冷空气刚刚过境，有补充冷空气，以横槽形式南下。白天晴热少云，近地层增温明显，城市热岛明显。与高空横槽对应的冷空气从东北部冷空气南下，使其与城市热岛之间的锋区快速加强（包括对流系统前端的雷暴出流的触发作用），在城市热岛北部边缘（城区北部）形成中尺度强锋区。与北部南下冷空气相对应的对流云带在南移过程中在强锋区附近强烈发展，形成局地大暴雨天气。

2006 年 7 月 9 日 01 时至 05 时门头沟模式口发生局地暴雨天气（图略）。在北京城区西侧靠近西部山区的区域，地形与城市热岛之间的水平温度梯度在傍晚前后或凌晨前后最强。

降水前（图略）受西、西北冷空气南下的影响，温度梯度进一步增大。降水前 3 ~ 4 个小时，在城区与近郊之间形成了大于 1 ℃/10 km 的水平温度梯度，梯度方向呈东南—西北向，即暖区指向冷区的方向正好与西山走向垂直，西山前（暴雨中心）的最大温度梯度，该地区为暴雨落区。温度梯度在暴雨过程中一直维持。

四、城市化对暴雨天气系统影响的数值模拟

采用 WRFV3.1（将单层 UCM 模式耦合到了 WRF 模式中），在 UCM 模式中，考虑了城市建筑及道路几何特征，对建筑物顶、墙体以及道路面的热量传输进行了计算。模拟域为 15—3—1 km 三重嵌套，水平格点数分别为 160×120、251×251 及 281×281，垂直方向 37 层。初始条

件和边界条件由 6 小时间隔的 NCEP 资料提供。物理过程方案：WM-3 微物理过程方案，Dud-hia 短波辐射方案，RRTM 长波辐射方案以及 YSU 边界层方案。模式外层采用 Kain Fritch 的积云对流方案，内两层不采用积云对流方案。

引入了由 Landsat TM 提取的京津冀区域 30 m 分辨率下垫面 GIS 数据集，代替美国 USGS 提供的 30 s 分辨率地表数据并插值到模拟区域内。对 2011 年 6 月 23 日北京大暴雨过程进行敏感性试验与控制试验，研究城市下垫面对强降水天气的影响。

分析比较控制试验、敏感性试验模拟降水量与实况降水量分布图看出，与实况降水量相比，控制试验、敏感性试验模拟的暴雨中心位置较好，但降水量值均偏大。表明 WRF/UCM 系统对本次极端强降水过程具备较好的模拟能力。

相比于控制试验，敏感性试验模拟的区域平均雨量、暴雨中心比控制试验小，雨区分布相对更接近实况。敏感性试验模拟的降水开始时间要比控制试验晚约 2 小时，表明城市下垫面可能会对系统移动速度产生影响。

为进一步分析城市化发展对移经本地的天气系统强度的影响，在模拟暴雨强盛期（6 月 23 日 18 时）沿暴雨中心（39.93° N）制作了垂直速度及水汽混合比的纬度剖面。在控制试验中模拟的中小尺度对流系统中心最大垂直速度达 6 m/s 以上。而在引入了更精细的土地利用资料的敏感性试验中模拟的对流系统水平尺度更小，系统中心最大垂直速度仅为 1.5 m/s 左右，明显偏弱、尺度偏小，其他物理量如涡度、散度等均具有类似的结果（图略）。因此，表明城市对移经本地的天气系统强度产生较明显的影响，会使移经本地的天气系统移动速度减慢（使雨量增大），同时影响使降水系统变小（使降水的局地性增强）。

五、城市强降水天气精细预报与城市防涝减灾的一些思考

众所周知，在目前的技术水平下数值模式对中小尺度、边界层对流系统预报能力有限，提高数值预报准确性难度大。因此，开展短时－临近预报技术研究是提高短时－临近预报水平一个十分重要的途径。重点任务是利用定量降水估算 PQE、定量降水预报 PQF，开展降水落区预报研究。另外，在深入开展天气系统研究前提下，开展局地环境条件（复杂地形、城市下垫面）的影响（落区、量值）研究。主要包括：高时空密度新型探测资料开发应用，雷达反演 VDRS 和 VIPS 应用，利用先进数值模式开展模拟试验研究。还需要开展暴雨风险（积水模型、积水预报）预警研究，建立城市气象灾害预警与联防系统。最重要的是在气象灾害防灾减灾方面，从上到下、从指挥决策层到广大民众，实现由"应急"到"预防"的观念转变。

公众灾害教育开展模式初探

张英

（北京市地震局）

如何开展公众灾害教育，提高全民防灾素养是一个亟待研究的课题，研究者从开展模式等方面提供了一些思路。除对学校灾害教育进行研究外，按照灾害教育体系的划分，还需对我国公众灾害教育开展模式进行探索。已有研究忽视公众灾害教育理论与实践研究，而重视学校层面的开展。我国公众灾害教育状况并不理想，其研究尚不深入，多只停留在表面。故需进行公众灾害教育研究，二者并重，尝试提出基于案例研究的公众灾害教育开展模式，分别从实施主体、途径与方法来探讨，分析不同实施主体的价值，以促进公众灾害教育的实践。构建学生—家庭—社会"三位一体"、学校教育与公众教育"双核互动"的灾害教育体系。我国自然灾害频发，损失日趋严重，且公民防灾素养不高，在对正规灾害教育研究之后，需要把研究视野从学校灾害教育扩展到公众教育。

一、灾害教育缘起

可持续发展是一个世界性课题，人口、资源、环境、发展问题历来是经济社会发展关注的热点。灾害（disaster）是极具破坏力的因子，是经济、社会、环境实现可持续发展的重大制约因素，防灾减灾是研究如何实现可持续发展的一个重大课题。1999 年 12 月联合国大会通过了国际减灾战略，2002 年减灾被确认为世界首脑会议《约翰内斯堡执行计划》中可持续发展的关键组成部分。灾害与环境是人地关系的两个重要组成方面，防灾减灾与环境保护同样至关重要，理应纳入可持续发展视角，理应成为生态文明建设应有之义。

"国际防灾十年"提出"教育是减轻灾害的中心，知识是减轻灾害成败的关键"，呼吁国际社会采取一致行动以减少自然灾害带来的影响，以期使各国增进减灾能力，利用现有的科技知识提升防救灾技术水准，借由技术协助、技术转移、教育训练及效果评价等措施，发展更有效的自然灾害评估、预测预防及减灾的方法。从 1991 年以来的减灾日主题看，减轻自然灾害一直非常重视教育，特别是 2000 年、2006 年和 2007 年的主题都与学校和教育有关，强调学校及社会教育在减轻自然灾害中所起的作用。在各种减灾措施中，教育和培训是不可分割的关键措施之一。灾害可以预防和减轻，灾害教育可以让人们获得更充分的防灾减灾所必需的知识、技能以及态度。

汶川大地震后，中央提出要将防灾减灾知识纳入国民教育体系，不少专家学者也呼吁把灾害教育研究纳入可持续发展战略体系，《"十二五"国家防灾减灾发展规划》也凸显其重视程度。但灾害教育实施现状却不尽如人意。因此，开展灾害教育理论与实践研究意义重大且迫在眉睫。灾害教育理论研究与实践研究既符合国家需要，又能促进学科发展，提高公民灾害意识与防灾素养，保证人民群众生命安全。

　　灾害教育可以从一定程度解决公民灾害意识、防灾素养存在的一系列问题，从某个程度说灾害教育是可以救命的。在政策法律、法规保障之外，在防灾减灾科技支撑之外，在建筑质量安全问题之外，在灾害救援救助之外，灾害教育是至关重要的，是完备的防灾减灾体系之一。

　　减灾教育与防灾教育不能涵盖这一教育的全部内涵，灾害教育的称谓更加合适。灾害教育是以培养公民具有灾害意识、防灾素养为核心的教育。其目的是使受教育者掌握一定的关于灾害本身及防灾、减灾、救灾的知识，树立正确的灾害观，正确地进行相应防灾、减灾、救灾、备灾活动。灾害教育应该是由学校、社会、家庭构成的"三位一体"的灾害教育体系，学校教育与公众教育"双核互动"。

二、国外公众灾害教育概况

　　国外许多国家已经形成了独具特色、行之有效的灾害教育体系，其中面向公众的灾害教育是灾害教育体系的重要组成部分，国内有部分学者对其进行了研究。国外公众灾害教育的实践非常具有借鉴意义。

　　美国长期以来都很重视公众灾害教育，其特点是构建"防灾型社区"，以社区为单位传授公众灾害的知识和技能，建立社区组织及个人的防救灾理念，以提升整个社会的防救灾管理水平。早在1985年，美国洛杉矶消防局就成立了社区灾害反应和救助队伍向所有市民提供救灾培训，并且制定有详细的救灾培训计划；"9·11"事件后，美国政府愈加积极推动建立以"防灾型社区"为中心的公众安全文化教育体系，建立并提升社区在备灾、御灾、灾后修复与重建三大方面的能力；此体系鼓励普通民众组成"社区应急反应队"，并且对反应队的培训时间和内容都有详细具体的规定，如规定反应队的培训时间需要7个星期，每周至少要培训1个小时，培训的具体内容包括灾难预备、灭火、灾难医疗救护、轻度搜索和营救行动、灾难心理和搜救队的组织、课程复习和灾难模拟等项目。美国利用多种手段进行公众灾害教育的宣传，如美国联邦应急管理局的官方网站上设立了专门的灾害知识版块，且对对象的年龄、文化程度有所区分，有少儿版和成人版；美国还将9月11日设立为美国重要的防灾纪念日，以此加强公众灾害教育。美国的这种公众安全文化教育体系有很强的整体性和实用性，在提升整个社会的防灾能力方面有非常显著的效果。

　　日本是一个自然灾害尤其是地震灾害严重的国家，使得日本非常重视灾害教育，其灾害教育处于国际领先水平。日本防灾救灾管理体系经历了由单灾种防灾管理体系向多灾种综合防灾管理体系转变，再向综合性国家危机管理体系转变的过程。在内阁危机管理体系下，日本政府中央各部门如警察厅、消防厅、国土厅、防卫厅、厚生省、法务省、外务省等，也相应制定和实施了部门危机管理体制。全国各都道府县都设立了防灾中心，形成了从中央到地方的整体管理体系。日本的公众灾害教育除了重视以社区为单位的灾害教育，其灾害教育场馆和媒体的运用也非常有特色。日本倡导"自己的区域自己来维护"的理念，所以是社区组织承担对居民的防灾教育，日本政府鼓励社区内居民自发成立灾害防治和救助团体，如消防团、水防团、妇女防火俱乐部、少年防火俱乐部等，这些团体平时负责社区内的灾情隐患排查、防灾教育和培训，灾害发生时负责疏散居民、抢救伤员等，非常有利于社区的自助与互助。另外，日本的防灾教育场馆是日本进行灾害教育的重要手段，在公众灾害教育中起了非常巨大的作用。这种场馆有把灾害遗址作为灾害教育基地，也有专门建立的高科技灾害教育中心。如北淡町震灾纪念公园，一些地震的实景被保留下来，人们在园内可以看到由实物再现的高速公路倒塌后的场景和被完整保存下来长达 140 米的地震断层，还可看到挖掘后裸露的地层内部断裂剖面，这些实景非常具有感染力；而且人们在这里不仅可以了解过去发生过的地震，还可以看到今后 30 年可能发生的地震预测。京都市民防灾教育中心是日本专门为市民建立的防灾教育及培训的中心。在灾害教育宣传方面，日本非常重视媒体的作用，日本认为媒体是"政府应对危机的最好朋友"，政府早在 1961 年制定的《灾害对策基本法》中就明确规定日本广播协会（NHK）属于国家指定的防灾公共机构，从法律上确立了公共电视台在国家防灾体制中的地位。此外，日本各级政府还通过向市民发放各种灾害教育材料进行社会自然灾害教育，如东京目黑区就组织编写了《市民防灾行动指南》宣传手册，下发给居民阅读；日本政府还将每年的 9 月 1 日（为纪念 1923 年 9 月 1 日关东大地震而设）定为全国防灾日，以集中进行公众灾害教育。

以上，我们可以看到各国建立的灾害教育系统中公众灾害教育内容和手段既有相似点，也有不同之处。相似之处包括：以社区为单位的自然灾害教育实用性强、效果好，是提升整个社会防灾能力的有效手段；建立减灾教育场所也非常有助于公众灾害教育的实施；建立灾害纪念日，印刷和发放灾害材料是各国实施公众灾害教育的普遍手段；规定媒体在公众灾害教育中的法律地位也许更有利于发挥媒体的作用。但是由于各国情况不同，各国具体的公众灾害教育内容和一些实施手段并不相同。国外组织实施民众防灾教育的渠道是多种多样的，其中政府起着关键的主导性作用。在此基础上，各国一般都把学校、社区和公共媒体作为实施民众防灾教育的主渠道。由于许多国家人口普遍以社区聚集分布，所以各国普遍认识到了社区在民众防灾教育中有着重要的地位和作用，重视充分发挥社区的作用，以推动民众防灾教育工作；而现在已经是信息时代，各国都很注重通过媒体进行灾害教育的手段；而且各国非常注重教育内容的规范性，教育内容是根据所在地的具体情况而精心选择的，教育计划是根据民众的实际情况而认真制定的，教育步骤是根据需循序渐进的原则而逐步实施的，具体规范的防灾教育内容能极大地提高民众应对灾害的针对性和有效性。从而让民众具备全面系统的防灾能力培养：一是要了解灾害，具备较强的危机意识；二是掌握防灾手段和措施，知道面对灾害应如何处理；三是具备良好的心理应对能力，在灾害发生后能保持头脑冷静、行动自主。并且营造浓厚持久的民众防灾教育氛围，使民众时刻都能受到灾害教育，形成永久的灾害意识。而设立灾害纪念日、建立灾害主题纪念馆或纪念公园等是各国采取的有效手段。

比较我国和各国的公众灾害教育，可以看出教育途径大体类似，都包括建立和使用灾害教育场所、媒体宣传和集中宣传三类。但是国外以社区为单位的公众灾害教育的实施程序、灾害教育场馆的运行方法，还有确定媒体在灾害教育中的法律责任和地位，从而建立一整套适合本国的完善社会安全文化体系等内容仍然非常值得我们学习和借鉴。

三、公众灾害教育存在的问题

公众灾害教育能够有效地提高公众的防灾素养和灾害意识，对灾害形成原因以及分布有深入的了解，掌握一些防灾减灾、应急避险的知识和技能，能不同程度地改变公众的观念和行为，形成积极的态度，正确对待灾害，同时还能向家庭与社会扩散，带动提升全民防灾素养。在这样的教育背景下，专家能在防灾管理、防灾科技等诸多方面发挥社会作用，从而实现真正意义上的全社会防灾减灾。

我国公众灾害教育状况并不理想，其研究尚不深入，大多只停留在表面。公众灾害教育实施主体是谁？通过何种途径开展？实施效果如何？现阶段，不同的公众灾害教育开展模式实践中都存在一系列问题，如灾害教育类场所就存在以下问题：教育功能尚待开发；缺乏相应机制和专门人员；未与学校教育教学资源相联系。为促进公众灾害教育的开展，公众灾害教育开展模式、价值研究与效果评价等亟待研究。

四、开展模式

研究选择不同公众灾害教育实施主体分析其在提高公民防灾素养方面的作用，以明确公众灾害教育的开展方向。政府部门应该统一协作，明确责任，如地震局开展防震减灾科普示范学校建设活动，通过由上而下的形式，提高学生防灾素养，之后向社会公众传递。公众灾害教育是减灾事业的重要组成部分。加强公众灾害教育是提高我国综合减灾能力的重要战略措施。《中华人民共和国防震减灾法》等法律法规对此项工作做出了明确规定。如第七条规定，各级人民政府应当组织开展防震减灾知识的宣传教育，增强公民的防震减灾意识，提高全社会的防震减灾能力；第四十四条规定，机关、团体、企业、事业等单位，应当按照所在地人民政府的要求，结合各自实际情况，加强对本单位人员的地震应急知识宣传教育，开展地震应急救援演练。学校应当进行地震应急知识教育，组织开展必要的地震应急救援演练，培养学生的安全意识和自救互救能力。新闻媒体应当开展地震灾害预防和应急、自救互救知识的公益宣传等。

灾害遗址、灾害纪念公园是重要的社会灾害教育场所，防灾纪念馆等场所要使用恰当的教育方式与方法，解说是该场所进行灾害教育的手段之一。学会组织应该通过学术交流，开展基于研究的灾害教育。媒体、NGO 的角色与作用需要进一步深入研究，大众的消息来源主要来自于媒体，媒体对突发灾害事件的报道方式、报道内容、报道视角都至关重要并值得研究。NGO在公民社会建设过程中意义重大，与基于社区的公众灾害教育开展模式尚需进一步研究。总之，公众灾害教育实施主体应该统一协作，形成合理结构，发挥更大的功能，通过教育减轻灾害所带来的影响。如开展全民防灾周运动，开展以社区为单元的公众教育，使民众形成"自助为主、共助为辅、公助为补"的意识，自力更生，在灾害来临时最大程度保护自己的生命，共同促进公众灾害教育的开展，提高全民防灾素养。

建立社区防灾合作机制

赵怡婷 吴克捷

（北京市城市规划设计研究院）

摘要：国内外社区防灾建设经验表明，社区防灾建设需要建立社区、社会、政府之间可持续的合作机制，从而实现社区防灾资源的最大化利用。本文主要借鉴美国、日本以及中国台湾在社区防灾建设管理方面的具体经验，分别从政府、社会以及社区层面详细分析相应的管理机构及志愿团体组成构架，其主要防灾职能以及不同层级、不同组织之间的合作关系，以期整合社区、社会、政府的防灾资源优势，建立三者之间的合作防灾机制，以实现"社区自助""社会互助""国家公助"相结合的社区防灾协作模式。

关键词：社区防灾；综合管理；合作机制

社区既是社会管理的基本单元，也是城市防灾的前沿阵地。社区环境的营建与服务设施的配备直接关乎居民日常生活的安全与质量；而社区作为灾害发生后第一时间开展灾害救援的场所以及社会最基层的组织管理单元，在防灾过程中发挥了减小伤亡损失与基层动员的重要作用。

在社区的防灾建设过程中，社区、社会、政府均发挥重要的作用。目前，国内社区防灾建设大部分采取自上而下的行政管理体制，对社区特点及其防灾的多样化需求兼顾不足，较易产生社区灾害防救的盲点。而搭建社区、社会、政府之间的合作防灾机制，实现"自助、互助、公助"相结合的社区防灾协作模式，将是提升社区防灾安全的有力保障。其中，"自助"指社区居民依靠自己、家人以及社区邻里之间的力量自主开展灾害防救工作；"互助"指社区借助社会民间组织、志愿者团体、专业防灾团队及企事业单位等社会力量，形成不同社会群体之间的资源共享机制；而"公助"则为国家和地方行政机构运用公共资源引导和协助社区的防灾建设。

一、组建综合防灾管理部门

国内外相关经验表明，从国家到地方层面设立的综合防灾指挥机构是灾害防救工作的主要推动者，如日本的防灾会议、美国的应急管理部门、中国台湾的灾害防救会报等，详见表1。各级综合防灾部门的负责人多由该级政府一把手兼任，并负责组建由各防灾相关部门指挥人员、专家学者及交通、医疗、通信等重要公共事业机构代表等组成的决策团队，以综合统筹防灾部署及计划制定。一旦发生灾害，该部门将迅速组建负责灾害应对与灾后重建的灾害紧急对策机构，以最大程度发挥一线防灾部门的能动性。

表1 综合防灾机构比较表

	部门设置		负责人	主要成员	社区联系	救灾主体
	常设部门	应急部门				
美国	国土安全部（FEMA），州、地方应急管理局	国土安全行动中心，州、地方应急行动中心	国土安全部部长，州长、地方市长	企业、基础设施建设部门、非政府组织、教育部门、媒体	地方应急行动中心下设社区联系部门	地方消防机构、FEMA救援队
日本	中央、都道府县、市町村防灾会议	重大、都道府县、市町村灾害对策本部	内阁总理大臣、国土厅厅长、各级政府首长	银行、红十字会、交通、通信部门首长，国土厅防灾局、消防厅长官	在学区内设灾害救助地区本部	消防机关、警察、自卫队
中国台湾	中央、直辖市、县市防灾会报	中央、直辖市、县市灾害应对中心	直辖市、县（市）政府首长	有关机关、单位首长，军事机关代表及相关专家、学者	村里长办公室	消防、民防灾害防救团队

二、明确专业防灾执行部门

根据日本的经验，防救灾工作第一线主要由地方消防部门担当，其职能不仅涵盖地区的消防灭火工作，更担负各类灾害防救与保护居民生命财产安全的职责。

以日本"消防员地区担当制度"为例。日本消防组织法第1条明确规定"消防是运用相关设施与人员，保护火灾时国民生命、身体与财产的安全，并且以排除风灾、火灾与地震的灾害以及减轻上述灾害的危害等为任务。"换言之，消防部门所应对的灾害种类，除了传统的火灾及人为事件之外，还包括各类自然灾害。因此，在消防部门的组织设置上，也相应设有多灾种综合应对的防灾部、救护部及宣传教育部门，以支援和指导公众进行适时适宜的灾害应对。硬件配置方面，除传统消防器械外，还可增添必要的救护医疗设备，以方便灾时紧急救治。

消防机构的空间布局方面，以东京消防厅各外勤单位管辖区布局为例，可以看到整个东京都在东京消防厅辖区范围内，其业务管辖区域将整个东京都分成10个大区（10个方面本部），辖下有80个消防署、2个消防分署、207个出张所（消防站）。以东京丸之内消防署为例，其所辖范围包括东京车站、日本皇居、日比谷公园、有乐町等地区，总面积约2.5平方千米。

依据现有国内消防专项规划标准，普通消防站宜在接到指令后5分钟内到达目标地点，城区消防辖区范围不应大于7平方千米。为了保障社区能及时得到救灾援助，社区应处在消防站的服务辖区范围内，即尽可能实现7平方千米的消防服务区的城区全覆盖。

与以上标准相比，目前北京地区的消防机构布局在密度和区域覆盖率方面均存在一定的差距。依据2009年《北京市消防站规划》，北京中心城区共规划消防站122个，市域206个，每个消防站按 40 人的标准配置。即使如此，北京市消防人员配置比率与日本东京的 682 ∶ 1 和日本平均的 1 ∶ 829 相比，仍有不小差距。

三、促进社会"多元化"防灾参与

社会团体是社区防灾建设的重要支撑。在中国台湾，消防救难团队、义警、后备军人组织、民防等社会志愿组织、以高校专家为代表的专业防灾团队和企事业单位等是支援社区防灾工作的重要力量。这些社会组织不仅在平时为社区防灾建设提供人力、物力以及技术等支持；一旦灾害发生，又立即在灾后初期投入社区救援工作。

1. 社会防灾志愿者

社区防灾建设具有较强的综合性，因此防灾志愿者的组成结构亦应涵盖不同专业领域与层次。以日本为例，日本的防灾志愿者依其技能及资历分为 4 个层级：①一般型志愿者，即志愿经验较少，且不限资格及专业技能者；②志愿活动筹划人员，即拥有较丰富的志愿经验，且掌握志愿中心运作所需知识技术，但由于没有法令支持，只有获得受灾地居民认可后才能发挥其能力；③专业型志愿者，主要包括医生、护理人员、药剂师、律师、看护人员、社工人员、心理咨询师、建筑师等专业人士；④相关组织机构，主要包括非政府组织（NGO）、非营利组织（NPO）、大学、建设企业、食品相关企业等，详见表 2。

表 2　日本防灾志愿者分类表

	相关资质	主要成员
一般型志愿者	不限资格及专业技能	一般群众
骨干型志愿者	志愿经验、知识技术丰富	接受相关培训，并取得机构认证者
专业型志愿者	具备防灾相关专业技能	包括医护人员、律师、消防治安人员、心理咨询师、建筑师等专业人士
相关组织机构	—	非政府组织、非营利组织、大学等

中国台湾于 1998 年由其内政部消防署推动"民力运用计划"，该计划组织建立起社区传统义灾、凤凰志工、睦邻救援队、社区巡守队等多元化的民间志愿防灾组织，其工作涵盖医疗救护、火灾扑救、防灾宣传、治安保障、灾后支援等多个方面，成员来自社区居民、专业医护人员、学术团体及社会各界热心人士，形成了中国台湾地区防灾社区建设的中坚力量，详见表 3。

2. 专业团体

在防灾社区建设的过程中，专业团队也发挥了重要的技术和人力指导作用。如美国的专业防灾组织"应急反应队"（CERTs）已经将培训对象扩展至社区层级，并促进社区居民参与到组织运作中。在中国台湾"社区防救灾总体营造计划"的推动过程中，专业团队不仅协助社区进行防灾教育宣导，强化居民对于环境灾害风险的认知与应对技能，更参与到社区灾害防救议题的讨论及规划拟定过程中，以协助社区灾害应对能力的提升。

表 3 中国台湾防灾志愿团体类型

	类型一 义务消防团体	类型二 社区自发互助居民	类型三 社区自主防灾组织
时间	20世纪60年代至今	1996年至今	1999年至今
推动者	消防部门	社区	学术团体
灾害类型	火灾	地震及滑坡	地震、洪灾、泥石流
主要成员	个体志愿者	社区领导、居民	社区领导、团体、居民
工作重点	灾害紧急应对	灾害应对与灾后重建	减灾、整备、应急应对
培训模式	基本的应急技能培训	——	社区"工作坊"、基本应急技能培训，灾害仿真演练

　　在我国现阶段社区防灾建设过程中，研究人员、工程技术人员的参与度还十分有限。建议可采用合作协议形式，联合地区大专院校、规划师、相关工程建设单位、社区学校的相关人员，组建专业防灾队伍，与社区之间建立稳定的合作关系，从而在协助社区防灾建设的同时，促进各专业机构深入了解社区的特征与需求，掌握社会基层的第一手资料，以积攒各学科及专业技术力量的实践经验，详见表4。

表 4 地方专业团队的社区防灾参与

	主要参与者	资讯内容
规划	城市规划师、建筑师、社区规划师	社区场所、建筑及设施
工程建设	土木工程师、测绘人员、地质勘探人员	地震、水灾、地质灾害等各灾种防灾工程咨询
环境生态	环境工程师，环境、生态相关民间团体	社区生态景观
资讯	相关企业专业人员，大专院校学术人员	社区防灾信息相关技术

四、培育社区自主防灾组织

　　社区层面，应以居民为主体，提高社区各团体，如社区物业、业主委员会、各类社区志愿团体、社区企事业单位等的防灾参与度，并通过组建社区自主防灾组织，充分整合社区已有防灾资源，开展综合性的社区防灾工作。

　　各地区防灾社区建设经验表明，以社区为单位，结合社区行政单位、志愿团体、事业单位、服务部门、社区企业等力量的整体参与，将是影响社区防灾建设效果的关键因素。

五、总结

　　建立基于社区的防灾合作机制，通过社区、社会、政府的多方参与，提升社区作为城市基本组成单元的防灾安全性能，将是未来城市防灾建设的重要方向。其中，政府宜从宏观层面提升城市整体的灾害预警与资源调配能力，制定社区防灾鼓励政策，协助社区制定灾害防救计划，并为社区提供必要的资金与物资支持等；社会层面，训练有素的专业团队是社区防灾的有力支撑，并在社区防灾培训、社区弱势群体服务、防灾物资供给以及防灾经验传授等方面均发挥着重要促进作用；社区层面，居民是社区防灾的主体，通过社区自主防灾组织以及社区防灾志愿团体的组建，促进社区行动力及凝聚力的提高，从而将社区防灾安全真正融入社区日常建设过程。

　　社区防灾合作机制的搭建不能一蹴而就，也不应成为居民日常生活的负担，而应以社区居民的共识为基础，促进社区、社会与政府之间以合作的姿态持续性地参与到社区防灾建设之中。

1981—2013 年京津冀持续性霾天气的气候特征

王冀

（北京市气象局）

摘要：利用 1981—2013 年京津冀霾日统计资料，对京津冀持续性霾事件的基本时空分布特征和变化趋势进行了详细分析，结果表明持续性霾天气主要集中在北京、天津北部和河北西南部，年平均持续性霾日数占到霾的年总日数一半以上。京津冀霾事件的平均持续时间为 1~4 天，北京城区、天津北部和河北西南大部平均霾事件在 2~4 天。京津冀地区 1981—2013 年非持续性霾日数没有显著的变化趋势，持续性霾日数及其所占百分率均呈显著增加趋势。持续性霾高发区的范围呈现年代际加速增大趋势，2000 年之后扩展趋势最为显著。

关键词：京津冀；霾；气候态；时空特征

一、引言

霾是发生在大气近地面层中的一种较为严重的灾害性天气，霾发生时大量极细微的干尘粒等均匀地浮游在空中，造成空气普遍浑浊，不仅使能见度恶化，带来严重水陆空交通问题，而且使空气质量下降，对人体健康造成严重危害，包括严重的呼吸道和心血管疾病以及肺癌。近年来，我国中东部地区经常遭受霾天气影响，很多大城市霾天气明显增多，霾的问题日益成为人们关注的重点。前期的研究表明，我国霾天气主要分布在中东部地区，京津冀、长三角和珠三角是我国霾的多发区。1961 年以来，全国平均年霾日数呈增加趋势，特别是 1980 年以后霾日数明显增加，且多发生在冬季。经济迅速发展、城市化等人类活动增强所造成的大气气溶胶浓度的上升是霾日数增多的一个重要原因，风速、相对湿度等大尺度气象条件的变化以及由此形成的近地层输送扩散条件的改变也与霾天气的发生频次密切相关。

近年来，我国不断增多的霾日表现出一个显著特征，就是持续性增强，一旦出现霾，往往持续数日甚至更长时间，对人体健康造成更为严重的危害，影响更大。如 2013 年 1 月全国出现数次大范围的持续性雾和霾天气过程，并形成了规模空前的复合污染形势。

目前，对持续性霾的研究还比较少，较多研究限于个例，而对其整体气候特征及长期演变特征缺乏更深入的研究。京津冀城市群是华北地区城市群的主体，赵普生等对京津冀区域的霾天气特征分析发现，京津冀地区夏季和冬季霾日数较高，霾日高值区主要位于城市区域，其中北京、天津、保定、石家庄、邯郸和邢台等地最为明显。这些都是将所有霾日作为总体进行分析的结果，其中持续性霾的特征又如何，其在年霾日增加趋势中的贡献有多大，都是需要进一步研究的科学问题。本文将对京津冀地区持续性霾的气候特征及其长期演变趋势进行深入系统分析，了解持续性霾的气候变化特征，为霾的预测研究提供理论依据。

二、资料和方法

本文所用资料来源于国家气象信息中心 2014 年最新整理更新的雾霾专题数据集（V1.0），该数据集包含了中国基本气象站、基准气象站、一般气象站观测的雾霾天气现象（包含雾、轻雾、霾三类）日值、每日四个标准时次（世界时 00/06/12/18）的定时能见度、相对湿度、风等观测值，数据集已经进行了界限值（或允许值）、内部一致性和空间一致性的质量控制。

由于实际观测中对霾和雾的识别存在一定的困难，需借助一些辅助标准进行判别，但目前全国没有统一的辅助判别标准，直接使用地面观测的天气现象资料分析霾日可能不够客观。因此，在进行霾的气候分析时，国际上通常按照统一的定量标准，使用天气现象、能见度和相对湿度来综合判断，如用相对湿度 90% 来区分轻雾与霾。为此，本研究也借鉴这一思路，考虑到雾和霾在观测中存在一定的误判可能性，会造成霾日观测的"空测"和"漏测"，对资料集的霾日进行了订正。空测指本不是霾日，记为了霾日，依据观测规范，霾的条件是能见度在 10 km 以下，因此将资料集中，白天 3 个观测时次能见度大于或等于 10 km 的剔出。漏测指本该是霾日，没有记为霾日，依据观测规范，对于轻雾和雾日，如果白天 3 个观测时次能见度在 1 ～ 10 km，日最大相对湿度在 80% 以下，实际上并不符合轻雾或雾的条件，而符合霾的条件，因此将这部分定为漏测，订正为霾日。

选取京津冀地区资料序列长、完整性良好的 104 个台站（其中北京 16 个、天津 11 个、河北 77 个）开展研究，各站资料长度为 1981—2013 年共 33 年，气候态取为 1981—2010 年共 30 年。

根据气象行业标准《霾的观测和预报等级》，从有烟或霾发生到结束，称为一次霾事件；将连续 2 天及以上有烟或霾发生，定为一次持续性霾事件。霾发生天数为 1 天的，为非持续性霾事件。

三、持续性霾的气候态特征

1. 空间分布

从多年平均的发生频次、年总日数和持续时间来看，京津冀霾事件空间分布具有明显的地域特征。所有霾事件发生频次和年总日数空间分布特征具有较高的一致性，霾事件的多发区主要集中在北京、天津和河北西南部地区，平均每年超过 24 次（相当于每月发生 2 次以上霾事件），每年总的霾日数超过 30 天，其中一个高频次中心位于北京昌平地区，多年平均霾事件发生频次为 63.6 次 / 年，年总日数高达 155.3 天；另外一个高频次中心位于河北西南部地区，频次为 40~50 次 / 年。在霾的多发区，持续性霾的贡献比例很高，从频次上看，北京大部地区持续性霾事件占到所有霾事件的三成以上，河北西南部地区持续性霾事件的比例高达四成以上；从年霾日数来看，持续性霾事件在北京和河北西南部地区所占比例均超过五成，部分地区达到六至七成以上；而在霾的少发区，持续性霾事件的比例也很低。北京、天津北部及河北西南部地区以持续性霾天气为主，而河北北部及东部地区以非持续性霾天气为主。可见，霾发生频次高、总日数多的地区主要由持续性霾天气造成。从霾事件持续时间来看，河北南部地区霾事件持续时间相对较长一些，最长持续时间发生在河北的赞皇，一次霾事件最长持续达 21 天，北京最长持续时间不超过 15 天，天津为 11 天。整个京津冀地区霾事件的平均持续时间为 1~4 天，北京城区、天津北部和河北西南大部平均霾事件在 2 ~ 4 天，河北西南地区的武安，平均持续时间最长，为 4.41 天。

2. 季节变化

京津冀霾事件主要发生在冬季，其次为春、秋季，夏季霾事件发生日数最少，这与前人结论一致。冬季，北京和天津的大部地区、河北的中部和南部地区平均霾日超过 10 天，其中北京城区、天津北部和河北西南部霾日达到 20 天以上，部分地区超过 30 天；而北京北部、天津南部、河北北部和东部沿海地区霾日不到 10 天。春季和秋季的霾日分布特征比较接近，北京城区、天津北部和河北西南部霾日偏多，超过 10 天，部分地区在 20 天以上；而其余大部地区霾日偏少，不足 10 天。夏季京津冀地区整体霾日很少，但在北京城区、河北西南部分地区存在超过 10 天的区域。

四、持续性霾的长期演变特征

1. 持续性霾事件的时间演变

对京津冀地区年平均霾日数的演变分析发现，所有霾事件的年平均霾日数呈明显上升趋势（趋势系数 4.1 天 /10 年），这主要是由持续性霾事件的增加引起的，而非持续性霾事件的年平均霾日数呈平稳变化趋势（趋势系数 −0.01 天 /10a）。持续性霾事件的年平均霾日数与霾总日数的上升趋势基本一致，并且 1990 年之后持续性雾霾日数与雾霾总日数具有相同的年际变化特征，相关系数为 0.96（超过了 0.001% 的显著性检验）。

进一步计算历年持续性霾日数占霾总日数的百分比发现，持续性霾日所占百分比的总体上升趋势更为显著（趋势系数 4.5%/10a）。1990 年之前该百分比小于 50%，表明非持续性霾日数大于持续性霾日数，而在 1990 年之后持续性霾日数持续显著增加，至 2013 年该百分比达到最大，为 71%。

从各季节来看，京津冀霾事件主要发生在冬季，其次为春、秋季，夏季霾事件发生日数最少，这与前文中空间的分布是一致的，尤其在 20 世纪 80 年代到 90 年代中期。春季霾日在 20 世纪 90 年代略多于秋季，21 世纪以来与秋季相当。夏季霾日在 1997 后有明显上升趋势，近几年来霾日波动较大，与春、秋季接近。1981—2010 年夏季霾总日数的增加趋势最明显，为 2.9 天 /10 年，其次为秋季，为 0.9 天 /10 年，春季和冬季霾发生总日数变化趋势不显著，有略微增加趋势，分别为 0.42 天 /10 年和 0.35 天 /10 年。

持续性霾日四季都呈现出增加趋势，其中夏季增加最明显，为 2.3 天 /10 年，且同总霾日一样在 1997 年后增加显著；而非持续性霾日除了夏季略微增加（0.6 天 /10 年）外，冬季为减少趋势，春季和秋季变化不显著。

2. 霾变化趋势的空间分布

前文分析中发现，京津冀地区平均霾总日数与持续性霾日数有着一致的上升趋势，非持续性霾日数则呈微弱的下降趋势，这样的特征是否具有空间分布上的一致性？为此，我们计算了京津冀地区 1981—2013 年各站霾日变化趋势的空间分布。霾总日数和持续性霾日数呈现上升趋势的台站占全部台站的比例均为 52%，上升趋势最显著地区分布在北京、天津和河北西南部，河北中东部地区有弱的下降趋势。非持续性霾日数呈现上升趋势的台站占全部台站的 48%，较持续性霾日数上升趋势的站点少，其中上升显著的地区集中在京津地区；而下降趋势台站占全部测站的 52%，主要集中在河北东南部地区，下降最显著的地区为河北的滦州，为 8.2 天 /10 年。

非持续性和持续性霾日差值的变化趋势分布更加突出反映了京津冀地区霾变化趋势的差异。可以发现，持续性霾日较非持续性霾日增加的台站数占到了全部台站的 67%，主要区域位于京津地区以及河北西南的石家庄、邢台、邯郸，最显著的位于天津的蓟县和宝坻；减少趋势的台站数占全部台站的 33%，主要位于河北东南部的廊坊、沧州、衡水地区，最显著地区为易县。由以上分析可知，除河北东南部地区持续性雾霾呈减少趋势外，京津冀地区有三分之二区域是呈增加趋势，京津和河北西南部的上升趋势最为显著。

1981—2013 年，京津冀大部持续性霾存在总体一致的上升趋势，而非持续性霾则为微弱的下降趋势，这种特点在不同年代是否存在变化？分析发现，非持续性霾在 20 世纪 80 年代主要集中在河北的东部地区，中心位于河北的衡水；20 世纪 90 年代非持续性霾正距平面积明显增加，大部分地区霾均为正距平；进入 21 世纪之后，河北东部以及京津地区的非持续霾日增加。

从京津冀持续性霾年代际变化特点发现，在 20 世纪 80 年代主要持续性霾的高值区位于河北东南部地区（沧州、衡水）；而在 20 世纪 90 年代则在石家庄地区存在明显的高值中心；进入 21 世纪之后，在京津冀地区形成了两个明显的高值中心，其中一个中心位于京津地区（北京和天津的西部），另外一个中心位于河北西南的邯郸地区。

不同年代持续性霾日占总霾日的百分比的空间分布，可以从一个侧面反映持续性霾天气高发区的年代际变化。前文中分析发现京津冀地区总体上持续性霾所占百分比越来越大，但在空间分布上是否是一致的增加？在 20 世纪 80 年代持续性霾百分比 50% 的高值区（表示该地区为持续性霾的高发区）主要位于河北南部的石家庄和北京西南的门头沟地区；而到 20 世纪 90 年代，百分比高值范围不断扩大，北部的高值中心由北京逐渐扩展至天津地区，而南部的百分比高值中心不断向东南方向扩展；进入 21 世纪之后这种扩展趋势更加显著，其中河北南部的百分比超过 70% 高值区域包括石家庄、邢台、邯郸地区，北部的北京、天津中心区的范围也在增加，中心值可达 80% 左右，表明持续性霾高发区的范围呈现年代际加速增大趋势。

五、结论与讨论

通过对京津冀地区持续性霾事件的时空变化特征分析，可以得出如下结论。

（1）从多年平均的气候态来看，持续性霾天气主要集中在北京、天津北部和河北西南部，其事件发生的频次比例占到总事件数的 30% 以上，部分地区超过 40%；年平均持续性霾日数占到霾的年总日数一半以上。京津冀霾事件的平均持续时间为 1~4 天，北京城区、天津北部和河北西南大部平均霾事件在 2~4 天，河北西南地区的武安平均持续时间最长，为 4.41 天。

（2）京津冀地区 1981—2013 年非持续性霾日数没有显著的变化趋势，持续性霾日数及其所占百分比均呈显著增加趋势。除河北东南部地区持续性霾事件呈减少趋势外，京津冀地区有三分之二区域是呈增加趋势，京津和河北西南部的上升趋势最为显著。

（3）持续性霾高发的范围呈现年代际加速增大趋势，在20世纪80年代持续性霾高发区主要位于河北南部的石家庄和北京西南的门头沟地区；而到20世纪90年代，高发区范围不断扩大；进入21世纪之后，这种扩展趋势更加显著。

本文初步分析了京津冀地区持续性霾天气的气候特征，发现京津冀霾日的增加是由于持续性霾的增加造成的，非持续性霾并没有显著的变化趋势。造成京津冀持续性霾日这种年代际变化的原因是什么以及持续性霾日事件发生时的气象条件与环流背景又是什么样的？这些问题均需要我们对京津冀持续性霾事件做进一步深入分析研究，为京津冀霾的气候预测研究打下基础。

鲁甸地震的安全城镇化建设警示
—— "五大问题"透析"小灾"何以酿"大害"

金磊

（北京减灾协会）

2014 年 8 月 3 日 16 时 30 分，云南昭通市鲁甸县发生 6.5 级地震，截至 8 月 10 日已致 617 人死亡，数千人受伤，数十万间房间倒塌，上百万人受灾。震后又发生特大暴雨、泥石流、堰塞湖等次生灾害，导致生命线系统中断（通信断、供电断、供水断、道路中断等），尽管 8 月 9 日生命线系统已经抢通，但震源浅、人口密、抗震差、无准备、重度贫困等因素叠加，使鲁甸地震"小灾大害"成为议题，使对自然灾害的未雨绸缪、日常防范再次给中国广大尚贫困，特别是在防灾减灾上无备的县域城镇敲响警钟。2014 年 8 月 10 日上午 10 时，云南全省为鲁甸地震遇难者举行了 3 分钟追悼默哀仪式，这体现了对生命的尊重，但这种太熟悉了的做法，又让我们顿生联想：仅从 2008 年汶川地震后，玉树、芦山等灾难均有此仪式，但我们的管理者从中汲取了什么？城镇化建设在灾难后补强了什么？"事前"防灾为什么总是淡忘，国人擅长的为什么总是不计成本的全民捐款祈福、手挖废墟？用浑浊的水泡面充饥如何确保救援队冲锋在前的救援力？面对满目疮痍的废墟，人们不能止步于哀悼和叹息，必须刨开废墟、找准问题原因所在且付诸行动，才能真正为中国新型城镇化，尤其是贫困乡镇搭建安全的未来，走出灾难阴影，建成美丽的乡村。

一、反思追问鲁甸地震"小灾大害"的五大问题

1. 鲁甸地震并非真的"突如其来"

云南鲁甸地震再次引发公众对地震预报预警的关注。有报道称，成都高新减灾研究所利用一套名为 ICL 的地震预警系统，为昭通和昆明分别提供了 10 秒、57 秒的预警，26 所学校收到并及时发出警报。事实上，学术界在地震预警可否兼顾快速并准确、有预警后是否会加剧恐慌、中国要在多大有效范围内准确布点地震仪以减少预警盲区有争论，但至少一点，2014 年 7 月 9 日中国地震局发布《关于加强地震预警管理的通知》，它意在启动覆盖全国的"国家地震烈度速报及预警工程"建议，同时国家要允许地震预测、预报、预警的试错。历史上云南地震不可小视，以百年地震为例：1996 年丽江 7.0 级地震（中甸—大理地震带）、1988 年澜沧 7.6 级地震（腾冲—耿马地震带）、1983 年越南莱州 7.0 级地震（思茅、普洱—莱州地震带）、1974 年大关 7.1 级地震（大关—马边地震带）、1970 年通海 7.7 级地震（通海—石屏地震带）、1833 年嵩明杨林 8 级地震（小江地震带）、等。鲁甸地震几年前就通过 GPS 观测发现有地质突变，此次地震位于云南小江断裂带，时常有突发性强震，1900 年以来，该区域发生 6 级以上地震 15 次，1974 年大关 7.1 级地震致 1423 人死亡，2004 年 8 月 10 日鲁甸 5.6 级地震已为加强水库安全监测敲起警

钟。另据中国地震局通报，2014 年地震趋势会商再次将鲁甸确定为危险区，中国地球物理学会天灾预测委员会年度预测也将此地区圈定为地震重点地区……问题是一切都停滞在接近成功的小圈子中，地震"噩运"还是降临了人间，至少说明我们尚未真正形成预测地震预警能力。

2. 鲁甸地震何以"小灾"酿"大害"

地震是可怕的，但真正酿成人员伤亡及巨大损失的是地震造成的房倒屋塌。据中国地震局 8 月 7 日发布鲁甸地震烈度图，此次地震鲁甸县龙头山镇、火德江镇和巧家县包谷垴乡为最高烈度达 IX 度（9 度），等震线长轴总体呈北北西走向，而云南、四川、贵州 10 个县（区）受灾为 VI 度及以上灾害，此次地震远比 2013 年 4 月 20 日雅安地震（遇难人数 196 人）高，主因是质量差的建筑师"杀人"凶手。总体来看，有五个原因说明鲁甸地震伤亡大，即它系云南自 21 世纪以来最大地震，公众的松懈是致使大害的原因；12 千米的浅源地震使地表振动强烈；灾区人口密度高达 265 人 / 平方千米，比全省高 1 倍；震区属国家特别贫困区，建筑物抗震能力较弱；鲁甸位于多个断裂带之间，地形崎岖、构造复杂、地层破碎，又恰值雨季，滚石、滑坡、泥石流、堰塞湖等次生灾害易发。在这些客观原因背后应透析为什么农村危房能"震"出原形呢？农村危旧房改造固然紧迫，但自上而下防灾减灾理念的缺失，才是导致历次震灾建筑损毁严重的原因，汶川地震才过去 6 年，许多人都失忆了。土墙房子是此次震区较为普遍的民用建筑类型，如受灾严重地包谷垴乡的红石岩村，许多遇难者都是从垮塌的土房中挖出来的，由于贫困，灾区许多民居房屋材料相当简陋，至于何为抗震、防灾的标准全然不知，这与农民自身有关，也与当地政府在防灾减灾上的"不作为"有关。与质量差的民居相比，一些希望小学在地震中基本上经受住了考验。2008 年汶川地震，校舍倒塌阴影历历在目，国家《防震减灾法》也规定，要对学校、医院等人员密集的建设工程，按照高于当地房屋建筑的抗震设防要求设计与施工。它留下的启示是：地震下的建筑安全并非奢望，在天灾面前，民居安全可否向校舍靠近一些呢？

3. 鲁甸地震再次质疑国人避灾低下的"软实力"

就在鲁甸地震发生一周前的 7 月 28 日，正值中国唐山大地震 38 周年纪念，笔者与一位建筑界的人士交流纪念反思事宜，他反问我道，2014 年与 1976 年有何不同，为什么要选择当日纪念呢？这种不应有的淡忘不仅在民间，也在某些专业管理层面严重存在，难道不是吗？迄今我们的防灾减灾立法都极为忽视对"灾难纪念日"的法定教育之规定，这不能说不是中国公众安全自护文化意识低下的原因之一。鲁甸地震灾区，山陡、房子烂害死人，其实没有文化，既缺乏地震避灾知识，又不懂紧急救援与逃生是招致灾情加大的重要原因。事实上，对于灾情，岂止地震，面对不测，该怎么做，去哪里避难，哪些危险地方不能去，哪些救援方式更危险，使用何种交通工具，如何处理伤员，从哪里获取避难信息，如何得到企业、社区乃至学校的支援……细致入微的防灾指南都需要通过常态的手册、宣传、演练来深入每个人的生活。中国公众的防灾文化教育，已经历了从小到大的无数次灾难的体验，重在引导公众减少淡忘，真正做到从灾难学习灾难，吃一堑长一智。

4. 鲁甸地震追问该如何破解中国"灾害贫困链"

2014 年 6 月，住建部、国家发改委、财政部联合发文要求切实做好 2014 年农村危房改造工程，要求各地按照优先帮助住房最危险、经济最贫困农户解决最基本的安全住房需求，要求改造后的住房的主要部件合格、房屋结构安全。然而，云南省今年预下达昭通市的农村危房改造及地震安居工程统计显示，截至 2014 年 6 月 2 日，全省开工率仅 37.92%，竣工率 16.7%，其中鲁甸县的开工率 24.14%，竣工率 13.79%，如此危旧房改造工程怎能跑赢并抵御住这场地震呢？从贫困山区的安居适用技术看，有抗震设计的砖混结构不失为一种最经济适用的建筑形式，重要的是看似简单的民居建筑要由专业的设计院设计抗震效果才可以。虽然，总体上讲与框架结构相比，砖混结构的抗震效果稍逊色，但专业设计的改造，花费不多，能有效抵御 6 至 7 级地震的效果，重要的是由专业机构设计并指导施工，并不需要太高的花费。这决不是资金短缺造成的，而是各级政府防灾意识薄弱所致，由于缺乏资金、缺少防灾减灾视野，干脆停滞不前，防灾减灾建设上的推动迟缓。所以，要理顺建设主管部门与防灾减灾监测预报部门关系，在实践中完善各类抗震技术预测的应用，变被动的抗震为主动的隔震，逐步推广适宜普通民居的隔震技术产品。从抗震减灾上切断"灾害与贫困"的链条，是下一步灾后重建的任务，更将成为制定贫困城镇走出灾难制约战略的关键。

5. 鲁甸地震应急救援仍有"乱象"

每一次灾难都是一次考验，鲁甸地震的应急救援，也见证着我国防灾减灾救灾上的进步。如可以用现代科学观念，指导抗震救灾作一总评价，因为灾害信息充分共享，应急管理体制机制开始完善。但也必须看到，尚有许多救灾中的"乱象"发生，如为什么早已开办的国家应急广播，在灾后两天才匆匆在鲁甸开播；为什么灾区几乎没有任何应急备用（供电、供水、供通信）；鲁甸灾区救援发现，灾区的各项基础工作十分薄弱，不仅公众安全自护文化意识差，各级管理者也十分欠缺应急管理能力；防灾减灾该有备无患，但在鲁甸地震救援上，迟迟让专业人干专业事有所懈怠，诸如要让出生命通道，不要驾车自行前往灾区救援；没有基础避险知识的普通志愿者不要盲目进灾区……警示及告知，也是至少两天后才发布。面对灾害应急需要爱心，但不能仅靠爱心，必须要让专业机构从救援工作一开始就投入专业救援，逐步告别"人民战争"式的不计成本的救灾模式。

二、鲁甸灾后重建要科学筹划

灾后恢复重建是每一次大灾后的国家举措，应注意的是鲁甸地震的灾后重建规划恰好与几个关键时间点重合，即国家正启动"十三五"规划编制、2014 年 3 月中旬国务院刚颁布《国家新型城镇化规划（2014—2020 年）》，这些发展新思路、新起点都必须要求具有复杂地势、灾难深重的鲁甸地区的灾后重建要有新观念，即如何使灾后重建视野再宽泛些，灾后重建的眼光再远些，灾后重建的落点更扎实些。何为灾后重建的新问题和新方法，笔者总体认为不要先盲目规定时间，而要研究透彻；历史上的灾后重建个案太追求表面"光鲜"，要经历时代检验才可说好！这是本次灾后重建应特别注意的原则。为此，要研究城镇化建设本身面临的"灾情"。城镇化建设是否合理主要不能以速度的快慢为标准，重在看城镇化的健康质量，重在看城镇化是否能做到可持续发展。城镇化的新，旨在促进"四化"的同步发展，即城镇化应是工业化的加速器，是农业现代化的引擎，是信息化的载体，健康的城镇化还要促进它们间的相互协调发展。化解城镇化"隐忧"，先要改变一味求快的城镇化风险，因为"快"会导致规划不合理，引发建筑质量难达标，要正视用鲜血拷问农村民房脆弱的抗震性能。

2013 年芦山地震是一次与汶川地震有相关性的强震，尽管国家已启动了最高的级别响应，但芦山县辖 6 镇 6 乡，曾是 2008 年"5·12"地震的重灾县之一，两次大灾让人们见证了罕见震灾中人与自然的力量。无论是汶川"5·12"，芦山"4·20"，都给城镇化建设补上了安全减灾的警示课，无情的灾害暴露了当下中国尤其是西部城乡防灾减灾能力上的脆弱性。事实上，灾难在使山河破碎、生灵涂炭的同时，还要求人们在这重灾洗劫的土地上反思生态安全的价值，反思灾害风险的认知，反思所有可吞噬生命的元凶。纵观我国城镇化建设中的灾情，主要集中在自然灾害与人为灾害两大类，前者指地震地质灾害、极端气象灾害、旱涝、雷击与生态灾害、环境灾害侵蚀等，对西南诸地山地综合灾情更为严峻；后者指城镇的工业化事故、建筑安全、不安全用电、交通恶性事故、城镇化生命线系统事故等。这里特别提及的是要关注我国历史文化名城名镇名村的遗产安全保护问题，尤其要研究贫困乡镇的"贫困—灾害—更贫困"的灾害链。大量发生在乡镇一级的自然与人为灾害说明，有相当多不应重复的灾难"沉疴"，灾难发生后再多的"积极作为"，也难改变形成事故灾难发生前那些无数的不作为。要承认，不合理的城镇化是诱因山区地灾的关键。如四川丹巴县城，过去是一个仅有数十间低矮房屋的小村庄，它们错落在山前靠河的一片古滑坡体平地上，然而今日，这块平地已被数百栋房屋挤满，滑坡体上 8 层以上楼房比比皆是，十分危险。近年来，导致地灾发生的人为活动已近 60%，无论怎样控制中西部山区城镇化的发展速度还会提升，因此要从最初的城镇规划入手，不能不"设防"。必须警惕，在地震灾区、三峡库区、舟曲泥石流灾区等，地质作用的不利影响还未消除，一旦遭遇地震和强降雨，地质灾害的依法和多发连锁状态难以避免。因此，要尤其加大对山区城镇地灾的风险管理，开展承载力安全评价，调整灾后重建的城镇功能，强制性地进行标准化的防灾工程危险性评估，清晰规划禁建区、限建区和宜建区。从新型城镇化安全建设的实际出发要承认：现状规划布局的风险不断加剧；城镇化基础设施欠账日趋加大，与安全风险防控要求相去甚远；综合管理风险日益凸现，突发应急管理方式落后；城镇化建设中的新问题使灾害风险控制难度加大。新型城镇化的安全减灾建设是实现中央城镇化目标的重要保障，这不仅需要有宏观层面的顶层设计，更离不开城镇公众安全文化自觉投入所形成的力量。从顶层设计出发有三点思考。

（1）住建部应牵头启动《城镇化综合防灾规划条例》的编制。尽管近十年来，各级城市总体规划中都有了防灾规划篇，但现实的看它并未在城市防灾规划建设中起到作用。这不仅源自规划本身欠科学、欠深入，也源自它尚未与城市总体运行的应急管理体系相衔接，此种状况必然要改变，不如此城镇化安全发展就无实施总纲目。

（2）城镇化建设要抓住时机，改变"不设防的农村"的窘迫局面。新型城镇化建设以提高质量、健康安全发展为前提，但现实的问题是全国大中城市的建设有一定的安全防灾保障，问题是量大面广的农村住房缺少本质安全的设防，不抗震、不防火、无法应对地质灾害等隐患，都成为支撑城镇化发展的障碍，为此适度选择示范区开展农村防灾减灾工程设防研究极为必要。

（3）城镇化安全建设借鉴灾害经济学的思路，促进灾害保险的早日落实。自2004年至2014年，我国每年的中央一号文件都对发展量大面广的农村保险有指导意见，这是高风险时代确保城镇化进程的安全抉择。如何探索城镇化与农村的大灾风险分散机制，如何探索自然巨灾条件下的城镇化保险思路，如何针对农民及乡镇设计可行的灾害保险险种等都需要拓展城镇化建设的思路，都将是推进基本公共服务城乡均等化的关键，这是必须有所突破的地方。

如上所述，安全城镇化建设要能提质，还必须从基础入手，即强化国民安全文化自护教育。新型城镇化的城乡防灾减灾舆情报告一再揭示，中国必须强化以提升国民安全自护文化教育为中心的安全文化普及，在这方面农村是第一位的。农民是城镇化的主体，无论怎样抬高农民进城的门槛，量大面广的国民公共安全教育的重点也集中在农村。2014年7月10日的湖南湘潭一幼儿园校车翻入水库致11人遇难的事故，在它警示人们的一系列问题中，加大乡村教育投入已是重要问题。高度重视校车问题迄今也有形式主义作祟，追求有校车、追求有文件，但缺乏学校（幼儿园）为什么要设校园接送的安全分析。有资料称：在过去10年中，我国乡村的中小学、幼儿园撤点并校十分严重，10年间全国农村中小学减少了22.94万所，教学点也减少了6成，盲目地撤点并校的后遗症是校车在长距离跋涉中，不出事故是侥幸和偶然，而出事故才是必然。这种教育资源的不公平是导致乡村各类事故高发的原因，源自安全防范投入不足，更源自对安全文化教育的漠视。

从灾害上可透视国人的心态。试想一下，如果有一部电影描写一场假想中的可怕瘟疫如何毁坏了中国某个城市，该片极可能逃脱不了被"群起而攻之"的命运：该城人会认为这是对他们的诅咒，至少会觉得这种虚构是不吉利的。也就是说，国人缺乏一种接受这种虚构灾难的心理承受力，这与某些防灾文化素质高的西方国家坦然面对虚拟中的家园被彻底毁灭截然不同。实际上，当灾难真的降临的时候，我们的民族是不乏与灾难抗争的，只是这种消极的应对不等同于积极地面对。人们在谈到防灾时，大多谈的是政治价值，或者经济价值，却较少谈到防灾减灾安全的文化价值。有些人以为，文化不就那么回事嘛，它的价值能有几何？这实在是一种认识上的偏见与误解。我们固然应对安全防灾的政治价值、经济价值予以高度重视，但同时防灾的文化价值更应引起人们的关注。何为防灾的文化价值？防灾事业作为一种文化的产物，它的客观文化价值体现在为人们（或社会）的物质与精神需求做出贡献的大小。贡献大则文化价值高，反之则文化价值低。说得通俗点，就是人们在日常吃、穿、住、行等生活中，用了多少防灾？起了多大作用？这个"作用"就是我们所说的文化价值。以防灾安全的消防文化为例，消防的文化价值，有着它的特殊意义。消防文化作为政治、经济在观念形态上的一种反映，既抽象又具体，既无形又有形，看似可有可无，其实极其重要。消防文化往往表现为人的精神和意识、观念和理论、知识和素质、情操和品格，是社会精神风貌与精神内蕴、美学情趣与美学追求、价值尺度与价值取向的高度凝聚。消防文化是中华火文化的重要组成部分。消防的文化价值，绝非仅仅是保护了几座名胜古迹，挽救了多少人的生命，它的文化价值更在于引导人们选择并树立正确的人生观、价值观。

　　大量的事故灾难教训告诫人们：要痛定思痛，要痛下决心，更要痛改前疏。国民安全教育重点在农村，而农村社会的安全文化"孤岛"现象更表现在乡村校园及孩子们。对此我们尤应抓住三个要点：其一，安全文化教育要作为一门独立课程纳入全日制教育中，从安全养成教育出发，有教育专家分析，一个人的六年小学可以影响学生的六十年，为此安全文化教育要切实从小学抓起，再通过中学、大学的全程教育来巩固，基本上完成了对每个人应掌握安全防范意识和自救互救能力的培养，这种教育不是现实社会中急于求成的避险教育，而重在培养一种生活习惯、一种文化素养和技能；其二，安全文化教育必须要有配套完善的教材，首先要从小学、中学、大学生的特点出发，推出有深度、有广度的安全教育模式，安全防灾教材要突出实用性及生动性，对安全文化知识及技能，不仅要教，而且要考，真正摆脱长期以往安全教育走形式的毛病；其三，国家如中宣部等要推进《国民安全文化教育规划》，特别将建设新型城镇化的人为城市目标予以分解，逐步梳理每年的"中小学安全教育日""国际气象日""国家防灾日""国际环境日""国际减灾日""国家消防日"等防灾纪念活动的关系，使之成为一个整体并纳入国民安全文化总体教育体系中。在此基础上，尤其重视乡村、社区的安全文化建设及自救互救演练教育，并使之常态化、经常化，只有这样公众才能自觉地在灾难中寻因并学会淡定，增强忧患意识。同样，城镇及城市管理者也才可树立防灾减灾、安全发展的底线思维，凡事从最坏处着想，向最好处努力，宁可备而不用，也不可用而不备，真正做到城市管理者要做应急管理"第一响应者"和"第一责任人"，切不可再造成政府行为在防灾减灾上的短视及管理的缺失。

　　总之，面对"小震级大损伤"的鲁甸地震，百姓期待建震不倒的住家，所以要以灾后重建的系统化研究为先，追求科学的"慢"规划，不贪一时之功，不图一时之名，要敢于管住在灾后重建上"战役式"的乱建滥建的冲动，反对"短命规划"，更不能有灾后重建的遗憾。此外，从总体设计出发，保险业作为减震器，最大的作用还是在救援之后的损失补偿和灾害救助，而救灾前期不仅是灾区急需物资的补给，更要为防灾做好基础性工作。由于理赔关乎公众大局，所以理赔的巨灾保险产品优化设计尤其必要。防灾减灾，尤其是新型城镇化目标下的安全建设，更将折射国家治理能力的新提升。

气候变化对北京城市灾害的影响及适应性减灾对策

郑大玮

（北京减灾协会，中国农业大学）

一、北京地区的气候变化特征

1. 北京地区的气候特征与城市发展

气候变化已成为全球最大的环境挑战和城市可持续发展的主要制约因素。

北京是中国的首都和政治文化中心，地处华北平原北部，三面环山，属暖温带半湿润半干旱大陆性季风气候，平原地区年平均气温 12℃ 左右，最热月平均气温与最冷月相差 30℃ 以上；平均年降水量 584.6 mm，但 70% 以上集中在 7 月至 8 月。山区随海拔升高气温降低，迎风坡年降水量可达 700 ~ 800 mm，背风坡仅 400 多 mm。北京市现有辖区在 1949 年时的总人口不过 209 万，其中城市人口不足 100 万，中心城区基本上限于城墙内的几十平方千米。至 2012 年末，常住人口已增长到 2069.3 万，建成区面积扩大到 1268 平方千米，耕地面积减少过半。

2. 北京地区的气候变化

在全球气候变化和北京城市发展的双重驱动下，近几十年来北京城市气候发生了显著的改变。

根据北京市气候中心的资料，1957—2007 年北京年平均气温增幅为 0.39℃/10 年，高于全国（0.26℃/10 年）及华北（0.33℃/10 年）同期的升幅。其中 0.19℃/10 年的增温为城市热岛效应所引起，0.20℃/10 年为全球气候变暖的基本趋势所引起，城区和近郊区与远郊的气温差越来越大。最暖的 10 年均出现在 1991 年以后。

近百年北京地区降水量的年际变化较大，变化率达 0.58，最少年的 242 mm 与最多年的 1406 mm 相差近 5 倍，旱涝灾害频繁发生。

值得注意的是，近 50 年来降水量呈持续下降趋势，1999—2007 年期间平均不到 400 mm，2008 年以后虽有所回升，当年仍显著低于 20 世纪 50 到 70 年代的平均水平。

北京地区气候显著暖干化的特征与整个华北地区基本一致，风速与太阳辐射减弱也与全球气候变化的趋势基本吻合。

在气候暖干化的同时，干旱、暴雨洪涝、热浪、低温等极端天气和气候事件总体上有增多的趋势，但大风、冰雹、沙尘暴等极端事件有减少的趋势。

二、气候变化与城市发展带来的北京城市灾害新特点

历史上北京地区的主要气象灾害是干旱、洪涝、低温、热浪、大风、冰雹、风沙等，这些灾害目前仍然存在，但发生特点与危害特征有很大改变。如雾霾在过去基本不成为灾害，现在

却成为危害最大的气象灾害之一。北京城市气象灾害的新特点，既与气候变化有关，也与城市发展等人为原因有关。

1. 雾霾

近年来北京连续出现雾霾天气，大气污染物 PM2.5 严重超标，2014 年 2 月 20 日至 26 日连续 7 天处于重度或严重污染状态。严重的大气污染在空气湿度很大的情况下还有可能引发"污闪"，导致电网事故。北京大气污染的形成既有人为因素，也有自然因素。

从人为因素看，虽然本地的重化工业已大部搬迁或下马，但周边省市的大量重化工业企业环绕且以燃煤为主要能源，导致在刮偏南风或偏东风时大气污染显著加重。本市机动车数量迅速增长，目前已超过 500 万辆，成为最主要的本地污染源。建筑工地扬尘和冬季取暖排放也是重要来源。

从自然因素看，北京地区三面环山类似盆地，刮偏东或偏南风时，污染气团受山脉阻挡，尤其冬季常出现低层大气逆温结构，污染空气难以扩散稀释。山区与平原热力性质差异形成的山谷风有利于污染物扩散，但由于城市规模迅速扩大，形成明显的城市气候特征，山谷风已不能驱散城市污染气团。风速减弱是全球气候变化一个显著特点，高层建筑林立使城市区域的风速更加减弱。非得等到天气系统改变，刮大风或下大雨才能使空气变得清新。风雨过后则一天不如一天。夏季由于对流强和多雨，空气质量明显好于其他季节。

2. 城市内涝

永定河曾多次决口泛滥冲进北京城，潮白河与其他河流也经常泛滥成灾。1949 年以后由于实施了一系列水利工程，1969 年以后再未发生严重的泛滥成灾，但城市内涝却日益加重。近年来多次发生城市局地暴雨导致全市交通瘫痪。2012 年 7 月 21 日的全市性暴雨更造成 79 人死亡，其中 5 人发生在中心城区。

人为原因：城市规模扩大，下垫面由土壤和植被变成不透水的沥青或水泥，径流系数增大数倍，洪峰提前，洪量增大。原有的城市河流大多淤塞或改成地下暗河，加上 20 世纪 50 年代照搬苏联标准建设城市排水管道，导致泄洪能力下降。现代高层建筑林立和大量立交桥及低槽路使得下垫面起伏不平，人为造成许多低洼易积水处。城市下垫面热力不均匀，易发生局地强对流，加上城市空气中的凝结核较多，使得城市降水明显多于郊区。

自然原因：气候变化导致极端事件增多。

3. 热浪

气候变暖使得热浪灾害明显加重且发生提前。北京地区最热时段一般在 7 月中下旬，但极端高温天气往往出现在雨季到来前的 6 月上中旬。2014 年 5 月 29 日最高气温达到 41℃，打破了历史同期纪录。炎热天气下，天安门广场等城市水泥地面上的气温要比公园和郊区高出 2 ~ 3℃。

4. 干旱与水资源危机

历史上北京地区并不缺水，20 世纪 50 年代北京郊区还有大量沼泽和低洼易涝地，洪涝灾害发生次数明显多于干旱，西郊大多数村名带有水字旁。60 多年来，北京地区的干旱日益严重，人均水资源由 20 世纪 50 年代的约 2000 立方米减少到目前的不足 100 立方米。即使在南水北调工程正常输水后，人均水资源也只有 150 立方米，仍处于极度缺水状况。

自然原因：由于气候的暖干化，北京地区年代际平均降水量由 20 世纪 50 年代的 781.9 mm 减少到 21 世纪初的 419.1 mm，下降了 46.4%。由于上游降水量减少和层层拦蓄，导致密云、官厅两大水库的来水量从 20 世纪 60 年代的年均 25 亿立方米锐减到近几年的 2～3 亿立方米。同期年平均气温上升约 2℃，加上人口增长，导致用水量大幅度增加。由于多年超采，有些地区的浅层地下水已基本疏干，出现地面沉降。北京附近也没有大的水体可以引水。

人为原因：60 多年来，北京人口增长近 10 倍，随着经济发展与生活水平的提高，用水量迅速增长，供需矛盾日益突出。尤其是盛夏热浪天气，洗浴等生活用水与工业冷却用水剧增。

5. 低温灾害

尽管气候不断变暖，但由于波动加剧和承灾体的脆弱性增大，低温灾害的危害仍很严重。2001 年 12 月 7 日的一场小雪，由于融雪后冷空气侵袭结冰，导致全城交通瘫痪。2010 年 1 月 5 日至 6 日，平原地区普遍出现 -20℃的极端低温，为 1966 年以来的最低值。在连续多年的暖冬之后，2010—2013 年连续各冬季温度偏低，郊区的越冬作物和城区的林木发生冻害。2005 年的低温和上游输气管道故障还一度造成全市的能源危机。

6. 雷电

历史上北京地区的雷电灾害以直击雷为主，现在由于普遍居住在楼房，大量高层建筑都设有避雷针，除个别公园偶尔发生游人被雷击外，极少发生城区雷电直击伤人事故。但由于家用电器的普及和电子设备的大量使用，感应雷击事故频繁发生，经济损失巨大。

三、气候变化情景下的减灾对策调整

IPCC 把减缓和适应作为应对气候变化的两大对策。其中，适应是指通过调整自然和人类系统以应对实际发生的或预估的气候变化或影响。根据这一定义，减灾领域的适应是指针对气候变化带来的灾害新特点，对原有的减灾对策进行适当的调整。

1. 全面评估气候变化对北京城市气象灾害的影响与风险

北京城市气象灾害的新特点是气候变化与城市发展双重驱动的结果，需要进行归因研究。如水资源的日益紧缺，降水量的减少可使人均水资源量减少近半，但人口增长和城市发展可使人均水资源量减少为 1/10。

风险分析不但要看外界环境因素的变化，更要看承灾体脆弱性的变化。虽然气候总体上是在变暖，但城市园林植物由于前期缺乏抗寒锻炼，在突然降温时，所受到的冻害要比前期冷凉条件下同等低温的冻害更加严重。

2. 根据城市灾害的新特点修订生命线系统的工程标准

随着气候变化和城市灾害发生特点的改变，交通、供电、供水、供热、排水等城市生命线系统的工程建设和维护标准需要作相应调整。如过去定为两年一遇暴雨重现期的城市排水系统，由于城市扩展，实际已不足 0.5 年一遇。过去城市防雷以直击雷为主，现在建筑物防雷设计应以感应雷为主。城市供水标准修订要考虑热浪天气生活用水与工业用水的增量，供电标准修订要考虑热浪天气空调或寒潮天气供暖用电的增加。城市道路铺设要根据气候变暖后的夏季路面温度调整沥青标号。

3. 根据城市灾害的新特点调整城市发展规划

由于城市热岛效应加剧和风速减弱，为改善城市气候与环境，在城市发展规划中要留出足够的绿地与水面，留出与当地盛行风向一致的道路和绿带作为风廊。市区楼房的走向和建筑设计要注意通风。

4. 根据城市灾害的新特点改进监测预警和气象服务

气候变化和城市发展导致城市局地暴雨频发，城市内涝的洪峰迅速形成和消失，这就需要加密城市雨量和径流监测点，利用雷达积极开展中小尺度和超短时天气预报。城市雾霾的发生也带有明显的时间性与局地性，需要更高精度的监测和预警，为高速公路、机场等提供有针对性的气象保障。老年人和心血管病人对寒潮、热浪及其他骤变尤为敏感，在气候变化的背景下，有必要开展针对特殊脆弱人群的气象服务。

5. 建立健全社区应对气候变化和极端事件的应急机制

2012 年 7 月 21 日的特大暴雨洪涝灾害中，虽然北京市政府连夜动员十几万人应急救援，但仍然是杯水车薪，造成巨大伤亡和财产损失。对于城市巨灾，政府与专业部门的能力是有限的，要动员全社会的力量，才能最大限度地减轻灾害损失。为此，必须建立健全社区应对气候变化和极端事件的应急机制。首先，要明确社区、家庭和市民在减灾中的责任；其次，要组织城市社区编制主要灾害的应急预案；再次，要建立社区和企事业单位的减灾志愿者队伍，并进行有计划的技术培训；最后，除政府建立的减灾物资储备和避险场所外，提倡社区和家庭建立必要的救援物资储备，调查现有社会减灾资源，确定应急状态下对社会减灾资源的临时调用制度。如发生热浪天气或因暴雨、冰雪等灾害使部分人群回不了家时，体育馆、影剧院、会议室等公共场所可用来临时安置。

特大城市安全运行的综合减灾对策研究
——兼谈"安全北京论"的理论框架与建设思路

金磊

（北京减灾协会）

摘要：本文根据笔者近年来每年参加的"首都圈巨灾应对高峰论坛"的报告及 2014 年 3 月国务院颁布的《国家新型城镇化规划（2014—2020 年）》为基点，研究了从安全减灾视角看中国日益突出的"大城市病"的问题。经过大城市减灾的规律分析，特别研究了巨灾背景及多重灾害下的综合减灾对策，尤其探寻了适合北京特大城市可持续发展的安全减灾思路，并从理论框架与实践层面上提出"安全北京论"的目标与方法。

关键词：特大城市；综合减灾；安全北京论；巨灾风险

一、引言

2014 年 8 月下旬北京市发改委将启动"'十三五'时期维护首都公共安全对策研究"重点规划项目，它是国家正编制的"十三五"规划的子环节，也是从质量上提升特大城市安全运行并落实《国家新型城镇化规划（2014—2020 年）》的重要内容。笔者在过去十年间，先后在各级领导支持下主持了北京市"十一五"（2006—2010 年）、"十二五"（2011—2015 年）综合减灾应急管理规划编研。实践与理论探索使笔者对北京市综合减灾的问题有了深刻认知，对北京自然灾情与人为灾害的特点有所把握，无论从北京作为特大城市的综合减灾对策研究上，还是国内外大城市综合减灾管理绩效的比较上看，北京城乡综合减灾安全运行模式都亟待再研究。此外，2014 年 7 月国家召开《国家综合防灾减灾"十三五"规划编制工作方案》会，无疑它们都将在不同层面丰富北京等特大城市综合减灾战略的制定。

2014 年 2 月 25 日，习总书记在考察北京城市建设工作中指出"城市规划在城市发展中起着重要引领作用，考察一个城市首先看规划，规划科学是最大的效益，规划失误是最大的浪费，规划折腾是最大的机会。"这则话本质上在肯定城镇化是中国现代化必由之路的同时，强调城镇化发展必须注重质量提升。对此，原住建部副部长仇保兴在一系列演讲上说要守住城镇化发展的"底线"。本文认为，在新型城镇化建设的一系列应守住的"底线"中，城市与城镇的安全减灾是生命线，它更是衡量城镇化发展质量的标志。为此我们可以试问中国新型城镇化安全减灾规划布局准备好了吗？ 2014 年 3 月又颁布《国家新型城镇化规划（2014—2020 年）》，使发展与安全减灾"两难"的棘手问题，直指城乡建设如何发展才能摆脱危机之境。2014 年 4 月以来，蔓延加剧的灾难"城市病"，尤其是"大城市病"，使快速发展的大中城市成为关注重点，在多元的城市"病因"中，规划布局不完善、功能定位不合理、管理方式不科学都愈演愈烈。2014 年 5 月以来的全国十多个城市的暴雨再次考验城市底线思维：东莞女大学生被冲入下水道死亡，深圳机场再次变成"水帘洞",广东电网 60 多条线路在暴雨下跳闸都再次说明,拘泥于头痛医头、脚痛医脚的城市"应急",只能一次次陷入错误重复的怪圈之中。新型城镇化建设不仅应谨防灾害陷阱,更该善于反思并总结,使灾难个案及曾有过的失误成为城市安全发展的"推进器"。据此,笔者为探讨城镇化进程中的灾情发展特点及规律,提出对 2014 年乃至未来中国新型城镇化有效的应对灾难危机的规划发展策略尤为迫切。面对日益复杂的灾害形势及由"乡村中国"向"城镇中国"的华丽转身,我们一定要问当下城镇化建设,不可再比速度、比规模,而要认真思考防灾减灾城镇化保障的规划对策,据此本文从问题与对策两大方面做出分析。

二、问题:大城市安全运行为什么缺失科学的综合减灾规划

2014 年 4 月中旬,在《国家新型城镇化规划(2014—2020 年)》发布仅一个月后,全国至少三个省发布新型城镇化规划,在它们出炉的规划中看到的还是要构建几个大城市群,打造几百个城市综合体,虽也提及保护特色民族村寨,但基本上没有从安全减灾可持续发展角度上提出"安全城镇化"设计的思路。对此,极有必要从国家层面强调新型城镇化建设目标的安全可持续性,尤其要告诫规划编制者应懂得必要的区域安全及综合减灾的知识,并提升能力建设。新型城镇化建设应是可持续的,就是要避免片面城镇化、空心城镇化、单向城镇化、粗放城镇化以及无序城镇化,就要充分研究并解读中国新型城镇化发展所面临的一系列障碍及焦点问题,要承认安全减灾是左右新型城镇化发展的主要障碍之一,它在警示城镇化建设勿急功近利,更强调所有城镇化建设要选择安全可靠的防灾逻辑与规划策略,要深刻认识城镇化建设与天灾人祸隐患间的内在关系,特别要善于找到城镇化建设中无序发展表现出的灾难新形势与新特点。

1. 要研究国内外灾情动态对城镇化的影响

世界气象组织(WMO)2014 年 4 月 15 日表示,建模分析表明,在 2014 年第二季度结束之前即有可能出现厄尔尼诺现象。据有关学者分析,自 1763 年的 19 次强厄尔尼诺事件,70% 以上的厄尔尼诺都发生在太平洋地震活动年,特别是 1900 年以来的 7 次强厄尔尼诺事件几乎无一例外地全部出现在太平洋地震活动年,具体看:1950—1979 年间,共有 15 个暖水年,其中 12 年都发生了 8 级以上强震,进一步观察自 2014 年 4 月 2 日至 11 日,智利北部沿岸近海发生 8.1 级地震 1 次、7.8 级地震 1 次、6 级地震 5 次,确实说明地震与厄尔尼诺现象有相关性。厄尔尼诺现象指东太平洋海域海水的周期性变暖,它会提高气温,并影响全球或区域天气,最近一次大型厄尔尼诺事件发生在 1997—1998 年,已经导致成千上万人死亡和数百亿美元损失。2014 年 3 月中旬,美国国家海洋和大气管理局(NOAA)预测,估计厄尔尼诺现象在 2014 年夏天发生概率达 50%,2014 年 3 月末联合国政府间气候变化专门委员会(IPCC)也发布了气候变化对人类和生态系统影响的最新报告,强调从防灾减灾上改进气候变化经济模型势在必行。另据国际科学理事会和国际社会科学理事会发起的"未来地球计划",在强调防灾减灾策略时,进一步明示要加强自然科学与社会科学的融合研究。2013 年 9 月中旬,瑞士再保险公司发布报告指出,全球范围内受到水灾威胁的人数超过任何其他自然灾害,其中亚洲城市面临灾害威胁的人数也最多。瑞士再保险公司最新出版物《关注风险:全球城市自然灾害风险排名》中阐述了自然灾害

风险指数，并对全球 616 座城市面临的人身和经济风险做出比较。瑞士再保险公司首席承保官韦博强调："仅主要河流的河水泛滥就有可能影响到 3.8 亿生活在城市中的民众；此外有近 2.8 亿人要受到强烈地震的影响。我们需要更好地了解如何让城市更具抗风险能力以及需要进行哪些投资和基础设施建设来尽可能减少生命、财产的经济损失。"

在 2014 年 5 月召开的第三届世界滑坡论坛上，联合国国际减灾战略署亚太地区负责人表示：人类对地震、洪水等自然现象的认识存在误区。1994 年在日本横滨召开联合国第一次世界减灾大会，关注的还仅仅是自然灾害；2005 年召开的第二次世界减灾大会，已将减灾观念深入到今后的可持续发展行动中，强调加强减灾体系建设，通过开发灾害早期预警系统，增强减灾能力，降低灾后重建阶段的风险；2015 年 3 月第三次世界减灾大会将在日本仙台举行，届时将形成 2015 年后全球的减灾框架。防灾减灾的内涵是什么？是人类通过自身行为减少致灾因子对人类生命财产的破坏，在这方面为保障完善的防灾规划，科技与社会要紧密结合。如何面对新型城镇化建设的"灾情"，化解城镇化"隐忧"，先要改变一味求快的城镇化风险，因为"快"会导致规划不合理，引发建筑质量难达标。

2. 要研究"京津冀一体化"的特大城市的灾害风险

随着快速城市化的发展，"大城市病"带来的问题日益凸显，尽管时下有学者以大城市是"发动机"、大城市是"大旗舰"、大城市是"孵化器"等为大有大的好处去辩解，但大城市乃至超大城市无法回避的事故灾难现实及救灾避险难度，已经考验它们薄弱的承载能力。"大城市病"来势汹汹，不仅说明人们敬畏自然与历史不够，更表明千篇一律已成为中国大城市的缩影，楼群高耸的逼仄空间，寸草不存广场上的烈日炙烤，逢暴雨即涝且堵的城市交通，生命线系统频发塌陷、断电的现象，都使大城市人生活失去了尊严，更拷问着城市生命线系统关键基础设施的可靠性与安全保证能力。自 2004 年修编的《北京城市总体规划（2004—2020 年）》，时隔仅十年，北京城已不堪重负，不管用"补充""调整"，还是新一轮修改，庞大而"臃肿"的北京城都必须做新一轮的愿景安全规划。无论是北京重修规划，还是筹谋京津冀共同体，都在一定程度上为北京减负。以疏解非首都核心功能为题，来强调北京的发展再不能"摊大饼"，因为北京已处于生态安全、公共安全、资源安全几大脆弱风险包围之中，已显现发展中数不清的"负面清单"。

北京总体事故灾害面临的形势可归纳为：城市运行相当脆弱，任何外力干扰都会致城市运行不稳定；自然灾害威胁加剧，突发性强，防不胜防；事故灾难频发高发，无数在建超高层、地下空间设施等成为北京隐患中的"炸弹"；公共卫生事件不容忽视，北京 70% 的供应源自外省市，疫情及食品安全风险持续存在，特别是"大背景"理念下的无序增长，为有效的城市综合减灾规划形成难以克服的障碍。2013 年一季度国务院安委会下发《关于开展安全发展示范城市创建工作的指导意见》，在十个城市中大城市涉及北京市、长春市、杭州市、广州市等，共提出九项重点任务指标，其中与编制城市防灾减灾规划有直接意义的是：坚持淘汰落后产能以调整经济结构，着力发展本质安全型企业，着力提高事故救援和应急处置能力等。以 2012 年 1 月 30 日及 31 日印度两次大停电为例，它分别使 3.7 亿人和 6 亿人坠入黑暗，就停电事故影响到的人口数量论，创下世界大停电史排行榜的冠亚军。中国虽然有防止大停电事故的"三道防线"之秘密"武器"，但我国的电网网架结构相当薄弱，北京等大城市的电能供给主要依赖外部，不仅二十年内已有较严重的事故停电，未来也不排除大面积事故断电之危险性。就全国来看，2008—2012年可排列出的事故断电有：郴州大停电（2008年1月至2月）、广州东山口大停电（2010年7月）、惠州大停电（2010年7月）、郑州市区大面积停电（2012年7月）、深圳大停电（2012年4月）、西安城南大面积停电（2012年6月）、浙江受台风"海葵"影响113万居民停电、浙江宁波受台风"菲特"影响百万居民停电（2013年10月）。供电作为城市生命线系统的关键子系统，是影响生命线系统主链条的各子系统，事故断电挑战着当代城市社会的底线。

由"大北京"或称京津冀一体化的发展模式，让人们更加意识到超大城市或称城市群要有一个超越经济空间发展布局之外的安全减灾度量，发展城市群决不等于"一群城市"，面对诸多高频事故与酿灾潜势，京津冀在防灾减灾规划策略上首先要打破行业壁垒，京津冀要站在一体化的视野下，用综合减灾思路，应对雾霾，应对强降雨及高温，应对工业化事故，应对水安全，应对所有突发事件和灾难。

3. 要研究中国城市典型的人为灾害趋势

2013年全国城市人为事故呈不断波动状态，事故不断反弹，面对难以实现的安全目标，人们自然要问：为什么计划的挺好，做到却很难，问题症结在哪儿？事故灾难的人为性呈现什么特点，2013年6月至10月国务院组织在全国各行业开展安全生产大检查，提出了"全覆盖、零容忍、严执法、重实效"的十二字原则。总体上看，2001—2013年11月中旬，全国共发生124起特别重大事故（造成30人以上死亡，或100人以上重伤，或1亿元以上直接经济损失的事故）。2013年最令人心痛的当属山东保利民爆济南科技有限公司"5·20"特大爆炸事故（33人死亡，19人伤），2013年6月3日吉林德惠市吉林宝源丰禽业有限公司火灾（死120人，伤77人），2013年11月22日青岛输油管道泄漏爆炸事故（死62人，伤177人）。面对一个个技术灾害毁灭城市发展的个案，面对密不透风的楼群、立体交错的街道、慢慢蠕动的车流、躁动不安的人流，城市系统无时无刻不隐藏着技术与人为的脆弱。一次停水、一次停电、一次断燃气或一次计算机系统的病毒感染，都有可能使整个城市陷入紧急状态。面对现实，我们在发展高科技的同时决不要过分依赖高科技，别让高技术最终成为毁灭城市的"导火索"。更严重的是"石化围城"已不仅是一个城市的难题，大连、天津、宁波等沿海城市以及昆明、成都等内陆城市，都已布局或试图布局对当地GDP贡献颇多的石化项目。频发的事故与不断上升的伤亡数字，成为伴随中国油气管道行业高速发展的阴影。据不完全统计，1995—2012年全国共发生各类管道事故超千起。

面对迄今对青岛"11·22"爆炸事故的一连串拷问及暴露的问题，又是事前的安全防范漏洞百出，又是事中的应急预案软弱无力，但十分相似的事实是，事后各方又表态要不惜一切代价去救援，殊不知事到临头方知悔，晚矣！但事故风险区的12个社区约1.8万居民在转移疏散中心有余悸，"为什么我们要居住在危险源中，将来一旦再发生类似事故，谁来担保？"又是黄岛！它让人不得不记忆起24年前的1989年震惊全国的黄岛油库"8·12"特大火灾事故（19人遇难，100 多人受伤），尽管事故直接原因是由于非金属油罐本身存在缺陷，遭受对地雷击产生感应火花而引爆油气，但深层的看，黄岛油库区储油规模过大，生产布局不合理，长期存在安全隐患；油库安全生产管理存在不少漏洞，自 1975 年以来，该库区已发生累计跑油、着火事故多起，幸亏多次发现及时才未酿成大祸。显然，这是 20 年前曾解释的黄岛石化的隐患，但时至今日的"11·22"爆炸事故至少又说明，地下管网存在的安全隐患并未排查；输油管网紧邻居民区是一个天生"大忌"；石化企业作为高风险行业本应预案为先，但"11·22"事故反映了它的预案的无效性，因为它没有规划好与市政管线应急闭锁的关系。

面对青岛"11·22"灾难事故，2013 年 12 月 16 日又传来广州高楼火灾的惨案，在下雨的天气中，一场明火竟持续烧了 12 个小时，死亡 16 人。三年前，上海静安高层居民楼火灾，58 人丧生至今令人心有余悸。问题严重的是多场火灾相距太近，前次火灾并未换来教训和警示。2013 年 11 月 19 日北京朝阳小武基村大火死 12 人，12 月 11 日深圳荣健农贸市场大火致 16 人死，它们耐人寻味处都是"明"患，而非隐患。诚如媒体所说：如同雾霾只能靠风吹，火灾也只能靠等，因为建筑内部的消防是"真空"，外援再多也束手无策。事实上，最担忧的是城市有二十年"房龄"的居民高层建筑消防措施已坏，此种状况及隐患存在于全国数以万计居民楼宇中，再不抓紧务实的为百姓安全着想，防御火灾只是口号，下次"地雷"般高楼火灾悲剧还会一再上演。为防御更大的事故都要找上门来有三点思考，希望为构建化工危险园区安全保障体系及防火防爆有所启示。

（1）要大力推进"本质安全策略"建设，即力求从根源上消除并减少危险源的对策，在评价风险、生态、效益、公众等产业链优劣性指标时，以优化城乡安全布局为前提，充分考虑危险源的安全可控容量值。

（2）要大力推进"风险控制策略"建设，即在通过持续改进与不断完善的原则找准人的不安全行为及安全管理措施欠缺，通过事故（人为与自然）隐患辨识，发现造成灾难性后果的"多米诺"效应的潜在风险要素，降低事故可扩展的规模与趋势。

（3）要大力推进"制度与文化策略"建设，即通过完善与改进安全制度与安全文化建设，营造化工危化企业有保障的生产与生活园区，这就要形成一个体系化的安全主体责任制度，并从人的观念、道德、伦理、态度、情感诸方面，不断提升人的超越技术技能的安全素质并改进安全行为，完成从被动服从安全管理向自觉主动按安全规律采取行动转换。

要承认全国主要的城市应急管理至今并未做好，对违章科学预防、对风险心中有数也距离甚远，全国各类事故仍居高不下。2013 年 10 月，全国电力行业人身伤亡事故呈上升态势，高处坠落、触电事故占主流。9 月 11 日，广州白云区增保仓库爆炸案已致 8 人死亡、36 人受伤，而 5 年前，广州黄埔区也发生过一起 8 人死亡的爆炸事件，两起事件有着惊人相似之处，即引发事故的罪魁祸首竟是"玩具枪圆形塑料击发帽"，且事故都是在装卸过程中发生的。大量事故隐患呈现顽固的特性，致使液氮泄漏、瓦斯爆炸、桥梁垮塌、铁水外溢、吊车断臂、车辆坠落、校园踩踏、校车闷人、车间及公共场所起火等"情节"不断重演。2013 年 12 月 8 日下午 4 时，成自泸高速路自贡至成都方向突发惨烈车祸，致 8 死、26 伤。国外也同样有惨剧启示：2013 年 11

月 29 日，巴西圣保罗的标志性建筑——拉美纪念馆发生大火，15 个小时后大火才被扑灭；2013 年 1 月 27 日，巴西夜店火灾，造成 235 人死亡，两场大火敲响安全警钟，也应警示国人，与我们并非无关。综合 2013 年我国 49 起重特大事故的规律，可发现"五不"特点：①安全发展的理念不牢固；②企业主体安全责任不落实；③隐患排查治理不认真；④安全应急处置不得力；⑤安全监管不到位。

三、对策："十三五"规划，大城市安全运行需要顶层设计的保障

2014 年 4 月，国家发改委公布 25 项"十三五"规划前期研究重大课题，并强调这是有助于市县改革的城镇化规划，是中国第一个百年目标的重要节点。但纵览这些议题明显发现除有涉及生态文明（而非生态安全）、应对全球气候变化（而非中国综合灾情）的议题外，没有中国城乡综合减灾战略规划研究的命题。据此，要结合中国新型城镇化建设目标及公布的《国家新型城镇化发展规划（2014—2020 年）》展开真正综合安全的防灾减灾规划研究，是中国新型城镇化必须具备的总体安全观。如京津冀一体化是个大战略，其区域范围有 21.6 万平方千米，整个区域有京津双核作为国际中心，还有若干副中心。这么多层次的中心，势必形成多核多圈层的都市圈网络结构。在生态安全上如何在京津冀一体化大背景下瞄目高耗能、高耗水、高占地、高污染、低附加值的企业，如何为超大城市的安全承载力"减负"，都成为必须作顶层设计规划的事，在防灾减灾上要努力打造京津冀联手的"灾区"通信网，举办跨区域防灾应急通信拉动演练活动等，都成为必须研究和实践的课题。要适应新型城镇化不同等级城乡一体化的发展格局，必须编制可形成新秩序的顶层规划，它之所以能破局，不仅要解决一系列防灾减灾主题，还要做出重大突破的是实现"多规合一"，即从综合减灾层面将"十三五"规划与城市正启动的总体规划统一起来，真正实现为保障新型城镇化安全健康发展的"多规合一"的规划。

1. 城市生命线系统安全是"第一位"

2013 年 9 月，国务院为医治城市生命线系统脆弱短板开出"药方"，出台《关于加强城市基础设施建设的意见》，2014 年 1 月 1 日国务院颁布《城镇排水与污水处理条例》，它们都从安全视角剑指公众反映强烈的城市内涝、交通拥堵、"吃人井盖""坠落的电梯"等问题，它启示人们要从细微处着手，解决"民生优先"的每一个城市安全生存问题。城市基础设施建设不仅是"看得见的福利"，更能为城市安全发展形成新的产业及增长点，但真要找到城市承载力存在多少"弱项"，发现并明白给城市生命线在常态与灾时运营带来多少挑战。在国务院的《关于加强城市基础设施建设的意见》中，尤强调"安全为重"是道路交通管理的最重要原则，这就需要以"底层"思维解决现存问题，更多关注弱势道路使用者，通过精细化交通设计，逐步提高新建和改造道路的使用效率及安全保障能力。内涝被认为是城镇化的"内伤"，据国家防汛办统计，2008 年以来我国每年洪涝必成灾的城市在 130 座以上，2013 年竟达到 234 座，据住建部统计，2008—2010 年间有 62% 的城市发生着不同程度的内涝，最大积水深度超过 0.5 米的占 74.6%，其中水灾持续超过 3 小时的有 137 座。从沿海城市到内陆城市，从北方城市到南方城市，无不饱受内涝之困，最令人无法理解的是深圳等新型城市为什么更不堪一击。

城市生命线系统设施的相互依赖关系是复杂而脆弱的，自然、人为或技术因素的扰动和破坏都可能打破其间的协调互动关系，进而产生"多米诺骨牌"式的崩溃。当代城市属高度不确定的风险社会，共同诱因的事故灾难所致崩溃是不可回避的危险，特别是复杂环境的常规应急管理模式是难以驾驭的，所以要改变城市应急管理给予应急预案的作用过高的估计，问题在于城市生命线系统非常规突发事件多为不可预测的，预案难以精确地对其全面覆盖；城市生命线系统的瓦解往往是整体性的，不可以碎片化的方式应对整体式危机，如企业安全与社会福祉密切相关，问题是企业缺少与社区公众进行风险沟通的机制，生命线系统一旦出事的应急协调乏力；在事后救援的理念下，一再重复失当的风险防范的错误，所以安全保障之策是关口前移、注重源头、立足长远，在各个环节不仅抓预案，还要落实安全减灾规划设计的大计。基于此，城市生命线系统需要营造防范非常规突发事件风险的系统合作局面，打破行业与部门界限，统一调动铁路、民航、路政、电力、水务、供水、供暖等多个基础设施相关行业与部门之力，协同应对，协调联动。

2. 城市综合减灾如何治愈"大城市病"

城市病原指城市发展过程中的必然现象，它在城市化进程中尤其严重。或从城市防灾减灾的安全发展看，"城市病"的根源在于城市资源与社会需求的矛盾加剧，致使城市承载力"过载"及机制失调而产生的负面效应。从城市病，尤其是"大城市病"出发，无论是"急症""慢症"，还是自然与人为交织的"并发症"，治理难度都很大，它越来越体现在城市机体的安康建设上。以城市空间看，无论是高耸入云的超高层设计，还是地下空间的拼命掘进，都暴露出安全减灾失控的城市建设理念上的病症。高层及超高层建筑是城市的第一空间，无论国内如何强力推进，也必须承认，超高层建筑的自防灾与外力救援是世界性难题，任何高新防灾技术尚明显滞后于高层建筑发展，不顾城市安危的一意孤行是北京、上海、天津、重庆等超大城市正酿下的恶果；同样开发日盛的地下空间已是城市的第二空间，但由于它本身具有隐蔽、空间相对密闭、逃生通道少、不利于人员疏散、遇灾施救难度大等特性，易发生坍塌、火灾、水灾及恐怖袭击等事件，地下空间开发建设管理上的隐患与薄弱环节明显，是当今"大城市病"愈演愈烈的病症。从大城市安全减灾的顶层设计出发，必须意识到：城市人口的无序增加，导致城市建设环境系统风险的积累，从而诱发城市发生事故灾难的高度可能性；大城市的"城市病"并不是大城市的"专属病"吗？答案再争议，也说明健康的大城市发展是有条件的，无序肯定不健康，无序自然会追求一蹴而就而导致混乱，大城市的复杂性与灾害的连续性及放大性，自然的耦合会使危害成倍加大，城市病症是必然的；城市发展方针的一变再变，使城市不知为什么而建，城市应对灾害的准备和能力严重不足，致使无生态的、欠稳定性的城市风险加剧。据此可提出超大城市应对灾变"病患"的三个主要策略。

（1）城市用地的安全选址与再评价。选址安全与否是决定城市本质安全的最核心因素，城市的各类建设用地要把为城市营造本质安全的项目置于首位，城市建设要避开洪水淹没区、采空区、软弱地基、沉陷区、地质断裂带和山洪、泥石流、滑坡、崩塌等地区灾害易发地带，同时更要避让工业化灾害易发区。

（2）合理安排城市功能的安全布局，特别要据城市致灾因子风险分析与诊断结果，协调优化城市布局，该调整必须做出重大调整，从城市防灾抗灾视角出发，要使建设项目的选址、功能、使用、密度、形态、交通等要素有最充分的安全运行及安全救助的通道，确保"生命线工程"可御灾设计与智能化防范。

（3）"大城市病"致灾毁灭了城市的本质，解构了人们在过美好安详生活的可能，所以构建起立体防护的应对之策是有价值的，所谓"立体防护"即同时从防灾规划上强调人的安全行为与工程建设的品质。大城市如井喷般的公共安全事件及自然灾害，其后果严重、教训深刻，城市若连吃、住、行这些最基本的需求都充满风险，连喝上清洁的水、呼吸到清新的空气这些最底线的生存权力都无法保障，何谈现代化，何谈新型城镇化的目标。一旦逃离大城市命题成真，我们该如何面对子孙？所以，大城市发展规划的顶层设计，要源于灾变源头治理的顶层推动与常态化机制，源自以灾变最大危险性为先导的防灾规划与应急准备的协调，源自强化灾变责任意识下，全民安全自护文化及避险能力的提升。

四、模式：首都圈综合减灾需要"安全北京论"的目标与方法

中外大城市一系列防灾减灾实践证明，应急救援需要不断"升级"，应急管理组织需要一元化、综合减灾保障亟待社会化、政府管理工作离不开科学量化。回眸2014年7月至今，世界大城市有一系列典型的不安全危机事件，每每都在警示着北京：2014年7月15日莫斯科地铁早高峰发生地铁脱轨事故，造成19人死亡，百人受伤，成为莫斯科地铁开通80年来最严重的事故；2014年7月19日沪昆高速湖南段发生特大交通事故，致43人遇难；2014年7月31日中国台湾高雄市内丙烯泄漏，发生连环气爆，致30人遇难、280人伤，成为台湾18年来最大石化事故；2014年8月2日江苏昆山发生工业爆炸，致69人遇难、200人深度烧伤……如此多的事故灾祸惨痛教训，换来的不应只是点燃的蜡烛和无奈的叹息，而必须联想到大城市安全运行该如何警醒。事故与灾难，它们不可能与北京无关，北京绝没有安全"保票"可打。所以，深究灾害细节，会发现当下繁华大发展背后的虚弱"内脏"。为此，对安全北京建设要强化红线意识，要全力促进安全发展。无论是北京还是全国大中城市，如以开发地下空间为标志的快速地铁建设，已经实在令人胆战心惊，如何科学地评估大城市地下空间的安全可用资源，如何在质量前提下要速度，一定是有限度的，任何摸石头过河的策略是有悖于地下空间建设安全性的。为此提出"安全北京论"的如下框架及思考。

（1）安全北京应是一个全面且本质安全的城市，其自然灾害、人为灾害、公共卫生事件、社会事件四大类危机事件时刻处于顶层设计的安全状态监控之下。

（2）安全北京应是一个有综合应急管理能力的城市，要有综合减灾立法为前提保障的综合应急管理及处置能力，在这方面要有与中央政府相协调的、区别于一般直辖市的、特殊的"属地管理"的职能。

（3）安全北京对各类灾变应有综合"跨界"的控制力、指挥力、决策力，具有国内外灾害防御及协调救援的快速反应能力及认知水平。

（4）安全北京要求自身具备一流的生命线系统及高可靠指挥体系，不仅保障系统安全可靠还应快速自修复，还要有较充分的备灾容量以及快速疏导拓展空间的能力。

（5）安全北京要求市民在安全意识上具备国际化水准，不仅市民要有安全文化养成教育的素质与技能，同时要求至少城市人口（含外来打工者）有60%以上接受过防灾教育且有达到世界卫生组织要求的安全社区标准的必要数量。

（6）安全北京要具备极强的应对巨灾的抗毁能力，面对各类巨灾要能保障60%以上的市民安全且有能力参加自救互救，使城市重要设施能良好运行，尤其要在巨灾下处于良好稳定应变的状态与能力。

（7）安全北京要使政府及公务员成为安全应急监管的"先行者"，即北京公共安全建设无论在理论与实践上、自护文化培训与演练上、工程与非工程策略上都要成为全国的榜样，同时拥有一支强大的防灾自愿者队伍。

（8）安全北京更要具备世界城市之观念，要具备跨国减灾的能力，要具备融入国际社会并确立新的灾害区划及"警戒线"的保障能力等。

总之，特大城市的综合减灾问题是个系统工程，它不仅有赖于宏观策略，更离不开精细化管理，当前的迫切任务是要正视灾情、面对现实，从北京城市可持续发展的区域观入手，用综合减灾之思去医治"大城市病"，真正建立起服务北京功能的大安全观及综合减灾的体制与机制。

台湾土石灾害防治策略探讨

纪茂杰

摘要：台湾地区由于地形陡峭、地质破碎、豪雨集中、地狭人稠，平地开发趋于饱和。随着社会经济快速发展，以前未使用之山坡地，现在都已陆续开发使用。然而由于对山崩与土石流的认识不足，以致土地利用不当，土石流灾害不断发生，造成生命财产的重大损失。2009 年"莫拉克"台风侵噬台湾并重创阿里山，不仅乡民赖以生存的农作物因水灾蹂躏而化为乌有，各项生态步道及观光资源更遭受严重破坏，使得观光客锐减，严重影响部落居民的生计。因此，本文旨在说明有关这些自然现象的发生原因与形成条件，让民众正确认知土石流与土石灾害发生原因及机制，充分做好减灾准备与减灾行动，来降低土石灾害并确保民众生命安全、生活质量与经济发展成果。

关键词：山崩；土石流；减灾

一、前言

台湾从 1998 年开始实施"隔周休二日"，2001 年"周休二日"开始，相对也带动台湾内旅游风气蓬勃发展，其中阿里山国家森林游乐区更是台湾内主要观光游憩据点之一。依"交通部"观光旅游局资料"历年台湾民众旅游状况调查"，2001—2009 年间阿里山国家森林游乐区游客人数的全年人次从 2001 年的 363176 次增为 2009 年的 1064776 次，约有 2 倍的成长。但是，如果进一步比较 2007—2010 年下半年的游客人数，不难发现在 2009 年 8 月起至年底，游客人数较 2007 年、2008 年减少约 20 万人次，较 2010 年减少了将近 30 万人次，详见表 1。追究原因主要是 2009 年"莫拉克"台风侵噬台湾，豪大雨重创阿里山乡各聚落，造成全乡损失惨重，一夕之间，道路"柔肠寸断"，让阿里山乡各部落土地崩裂、机械倾斜、管线损坏等，不仅乡民赖以生存的农作物因水灾蹂躏而化为乌有，各项生态步道及观光资源更遭受严重破坏，使得观光客锐减，严重影响部落居民的生计。

表 1 2007—2010 年阿里山森林游乐区游客人数统计表（人次）

年 \ 月	7 月	8 月	9 月	10 月	11 月	12 月
2007	73016	32292	42656	38273	51632	67946
2008	69185	76090	29520	49923	57399	61446
2009	111117	24255	0	1835	10877	19335
2010	60333	49033	36358	73859	99632	90453

2009 年 8 月 8 日 "莫拉克" 台风侵袭台湾，挟带大量豪雨造成全台人民生命财产极大损失，接连三天在中南部降下高达 2800 多毫米的雨量，相当于以往一整年的平均雨量，造成山崩、土石流、淹水等严重灾情，全台湾上下旋即积极投入受灾地区的紧急抢救、抢险、抢修与救援、救助等工作。为了进行 "莫拉克" 灾后重建工作，"行政院" 拟定了 "区域重建纲要计划"，作为所有重建工作的上位指导。该计划于 2009 年 9 月 6 日由 "经建会" 提出草案，2009 年 10 月 9 日 "行政院" 核定成为正式的重建纲要计划。此次风灾留给了台湾难以估计的创伤，阿里山乡亦无法幸免。阿里山乡共有 12 个村，其中里佳、来吉、乐野、达邦、特富野、茶山、新美及山美等八个邹族部落于风灾期间皆断水、断电及断信，道路损坏严重，风灾后一个月才抢通所有邹族部落；阿里山公路上以及通往新美、茶山及李家的道路，不仅坍方严重，处处可见悬挂半空的路基、不断滑动崩落的土堆以及落石；主要道路的毁损及景观的严重破坏导致观光严重受创。此外，阿里山乡部分农作物及产业道路损毁，不仅让观光游客人数锐减，也间接使邹族人们的生计面临莫大的挑战。

近年来因为气候异常，每逢台风往往带来 50 年频率以上的豪大雨，造成南部低洼地区民众饱受淹水之苦。台湾是在两大板块挤压之下产生的，地质年代约两百万年。全岛地形高低悬殊，主要是由山坡地及高山林地组成，地层破碎带非常丰富。境内地势错综复杂，部分平地和河谷平坦地的土壤为冲积土，山坡地和高山地区则以崩积土、黄壤、石质土为主，少部分是红土等。河川发育旺盛，上游幼年期河段成长迅速，溪涧流水湍急，快速切割坡地成沟，边坡侵蚀严重，大量土石滑坍经过溪流运送，在接触缓坡的地方形成巨大的冲积扇，为台湾地理特征之一，却也往往是洪灾严重地区。此外，台湾内道路建设在过去大多因地形考虑，运用边坡稳定方式，沿着边坡开辟道路，因此当遭逢天然或人为灾害时易导致崩塌，造成情节不等的灾害，甚至发生道路瘫痪的情形。因此，如何让民众正确认知土石流与土石灾害发生原因及机制，有效提升防灾、救灾作业效能，来降低土石灾害，并确保民众生命安全、生活质量与经济发展成果，实为当前政府主管机关责无旁贷的要务。

二、台湾地区土石流问题

台湾地区由于地形陡峭、地质破碎、豪雨集中、地狭人稠，平地开发趋于饱和，随着社会经济快速发展，以前未使用的山坡地，现在都已陆续开发使用。山坡地大量开发，破坏了原有的水土保持，因此土石流的灾害不断发生。如 1990 年 "欧菲莉" 台风侵袭花莲县铜门村，发生严重的土石流，造成重大生命财产损失；1994 年 "提姆" 台风挟带暴雨于花莲县丰滨乡登陆，造成泥性土石流，泥浆掩埋了新社村东兴部落二十余户房舍，并冲断花东海岸公路；1996 年 "贺伯" 台风挟着强风豪雨侵袭台湾，造成南投县陈有兰溪及阿里山山区发生严重土石流灾害，灾情惨重，死亡人数超过 40 人，财物损失不计其数；2000 年 "碧利斯" 台风侵袭台湾，造成溪水暴涨及山区土石流，以花莲、台中受创最巨，死亡 11 人，农损金额逾 47 亿元；2005 年 "海棠" 台风侵台，枫港大桥遭洪水冲毁，中南部严重淹水，全台多处道路坍方，死亡 12 人、失踪 3 人，农损金额逾 48 亿元；2008 年 "辛乐克" 台风侵台，造成后丰大桥断落、丰丘明隧道崩塌，庐山温泉区饭店遭土石流冲垮，死亡14人，失踪7人；到2009年的"莫拉克"台风，造成高雄甲仙小林村遭土石流淹没，知本温泉区多户建筑遭洪水吞噬，屏东县林边、佳冬两乡严重淹水，死亡41人，失踪60人，农损金额约68亿元，创下近年来死亡人数及失踪人数之最。因此，政府将土石流灾害防治任务作为天然灾害防治工作重要课题之一。这一连串的灾损与人员伤亡透过电视媒体及新闻媒体的全面报导，让全台湾人民对土石流及其灾害有了非常深刻的认识。

2009年9月21日集集大地震后，大量松散的土方堆积在山坡上或山谷间，更是大大提高了发生土石流的可能性。经前人多年研究显示降雨特性与土石流发生有相当密切的关系，因此降雨特性参数，包括降雨强度、降雨延时、累积雨量及临前降雨量常被用来分析判断土石流的发生。如何避免或减少土石流灾害不但是政府当前重要施政项目之一，也是学术界研究与教学的重要课题。表2为台湾近年来发生台风及土石流类型的统计数据表。

表2　台湾近年来发生台风及土石流类型的统计表

发生时间	发生地点	台风名称	土石流类型
1990 年	花莲县	欧菲莉台风	泥流
1994 年	花莲县	提姆台风	泥流
1996 年	南投县	贺伯台风	砾石型土石流
1996 年	花莲县	尔尼台风	一般型土石流
1997 年	台北市	温妮台风	泥流
1998 年	台北县	瑞伯台风	泥流
1998 年	台北县	瑞伯台风	一般型土石流（偏泥流）
2000 年	花莲县	碧利斯台风	砾石型土石流
2000 年	台东县	象神台风	砾石型土石流
2001 年	花莲县	桃芝台风	砾石型土石流
2001 年	台北县	纳莉台风	一般型土石流（偏泥流）
2004 年	台中县	敏督利台风	砾石型土石流
2004 年	新竹县	艾利台风	砾石型土石流
2005 年	屏东县	海棠台风	砾石型土石流
2008 年	宜兰县	卡玫基台风	砾石型土石流
2008 年	南投县	辛乐克台风	砾石型土石流
2009 年	高雄县、屏东县	莫拉克台风	砾石型土石流

三、土石灾害形成的条件

台湾的坡地，尤其中高海拔地区，雨量充沛、地形陡峭且地质脆弱，在山高水急加上各项地质活动频繁条件下，崩塌、地滑等灾害便自然的习以常见。土石流系指土、石与水混合后所形成的一种集体运动的流动体，而土石流灾害的发生，乃因泥、砂、砾及巨石等地质材料与水的混合物受重力作用后产生流动所造成的灾害。土石流的发生系在陡峻的溪谷或斜坡面上崩塌土石或经风化的砾石、岩屑等堆积土层，在山洪暴发、地表径流或土层地下水位上升等作用下，失去原有安定状态，土、砂、砾、石伴随着洪流在重力作用下沿着溪床或自然坡面形成的一种高浓度集体流动现象。土石流常常是不可避免的自然现象，但是人类的活动也可使削平作用加快、加多或加大，有时是无意的或有意的，其主要成因包括丰富的松散土石、适当的地形坡度、充分的降雨条件、堆积地质材料的不稳定性等条件。

1. 丰富的松散土石

丰富的松散土石是指河流上游河谷中堆积物的量。河流上游的堆积物来源除了地表土壤冲蚀所残留于河谷中之外，最主要来源为河流上游边坡土石因崩塌或地滑而堆积于河谷中的松散土层。当下雨时，因为雨水渗入会使原本已堆积的土石地质材料达到饱和，进而产生流动体的运动，形成土石流。

沟谷两侧谷壁具有发达不连续面的高度破碎状岩石边坡，当两侧岩石受到豪雨的侵蚀、浸润，山坡内的岩石便会因水压力的作用而崩坍（即山崩）；另一方面，如果遇上土石流冲刷、淘蚀两侧谷壁，两侧破碎岩石也会崩塌而增加土石流的量。在地质构造复杂、断裂皱褶发达、地震多、山坡稳定性差、岩层破碎或山崩地滑多的地区能为土石流形成提供丰富的松散土石。此外，山坡地不当利用与开发、森林被乱砍滥伐、山坡地的道路开发、工程弃土及矿区弃渣的处理不当等均能为土石流形成提供大量的松散土石。

2. 适当的地形坡度

坡度是指地表面的倾斜状况，地表面的倾斜角度即为此地形的坡度。一般坡度越大，整个冲蚀的动力便越大，从而越容易造成土石流。当土石流流经坡度较陡的地方，由于其强大的侵蚀力，将侵蚀渠岸及渠床物质，被侵蚀的泥石物质与原土石流混合后使土石流规模逐渐增大。当土石流流经坡度较缓的地方，由于动力减小，泥石与水逐渐分离，部分泥石逐渐沉积，使土石流规模逐渐减小，直至土石流完全停止流动。台湾地区以河床坡度10°、集水面积10公顷以上地区较易于发生土石流。

3. 充分的降雨条件

土石流为流动体，流动体中最主要的动力来源就是水流，充足的水量通常源自降雨强度与累积雨量。水不仅是土石流体的重要组成部分之一，更是激发土石流的直接条件，因此雨量特性与土石流发生的关系常被用来作为土石流预报的依据。土石流的力学机制是水经由入渗流到坡面土壤后降低土壤内固态物质间的摩擦力与凝聚力，增加土壤内的孔隙压力使得土壤内的有效应力减少；当水持续入渗，孔隙压力逐渐增加，当有效应力趋近于零时，土壤便发生液化而形成土石流。在亚热带地区，水的主要来源是降雨。降雨特性影响土壤含水量及入渗情形，进而影响土石流发生时间及土石流规模大小。

四、台湾土石灾害发生的原因

台湾地区由于地形陡峭、地质破碎、豪雨集中、地狭人稠，平地开发趋于饱和，随着社会经济快速发展，以前未使用的山坡地，现在都已陆续开发使用。山坡地大量开发，破坏了原有的水土保持，因此土石流的灾害不断发生。此外，"9·21"集集大地震后，大量松散的土方堆积在山坡上或山谷间，更是大大提高了发生土石流的可能性。纵观其原因，可归纳如下。

1. 地质环境

土石流的发生与地质环境有相当的关系，台湾位于欧亚大陆板块与菲律宾海板块的交界上，属于地质作用频繁的活动带。台湾土地总面积约为 360 万余公顷，其中高山、丘陵及台地共 264 万余公顷，约占全岛总面积的三分之二，这些山坡地地表破碎、地质复杂脆弱且断层多，断层（带）、褶皱及节理发达，提供大量土石流材料，陡峻的地形地势造就了河短流急且密布的地形地貌，即使是单纯的重力作用，也会引起土石的崩塌，在先天上已经是不安定的地质环境。

2. 气候变迁及雨量

台湾属于亚热带气候、台风频繁，具有高温潮湿的环境，加上梅雨与台风季节暴雨集中等不利的气象条件。依据 1949—1990 年的气象记录，平均年降雨量高达 2512 毫米。当降雨量或降雨强度超过某一崩塌区所能抵抗的临界雨量时，该崩塌地即开始破坏而崩溃，而未崩塌的地质受到雨水入侵，在水压力大于内聚力后，也发生崩溃现象。根据记录，在过去数十年中，台湾大规模的坡地灾害，几乎全都是由于豪雨所造成，尤其在"9·21"大地震发生后，原本破碎、脆弱的地质更加"柔肠寸断"，除增加了可见的崩积土石外，未崩塌的土石亦产生了不易察觉的裂缝。降雨应该是引爆土石流灾害的真正因子，而降雨的来源主要以台风所带来的豪雨为主，不过近一两年来，即使降雨的雨量不大，也能引起土石流，非常值得警惕。另外，根据近三十年的统计，台湾天然灾害发生频率已从 3.2 次增加到 7.2 次，天气形态也跟着在改变，可见全球气候的变迁对台湾气候亦产生了影响。

3. 工程开发

近数十年来，由于人口快速增加，经济蓬勃发展，在平原面积不足的情况下，山坡地开发成为必然的趋势。为满足物质生活与质量的需求，许多原本不应进行工程开发的山坡地也被过度开发利用。特别是公路与桥梁等公共建设，政府为给人民提供便利的生活服务，无论是高山峻岭或是临渊深谷，只要是有人居住的地方就有道路通达。但是如果选线不当，通过脆弱地质段，就可能造成坍方及土石流；此外，桥梁的建设通常也是选择最短的距离兴建，因此若土石流攻击朝向桥墩而来，强度不足的桥梁毁损阻塞土石而成为拦砂坝时，可能使得土石流受阻而越堤侵入民宅，甚至冲毁堤防，造成重大伤亡。可见工程的建设虽然未必直接造成土石流的灾害，却会间接的带来土石流的破坏。不当的工程开发使得自然界中许多潜在的灾害正逐年地被加速诱发，让原已不稳定的地质环境正被快速地破坏，因此人为的开发行为引致坡地发生灾害就时有所闻。

4. 农业发展

山坡地农业使用政策是以种植兼顾水土资源保育与经济作物为主，但是造林无利可图，导致林农往往大量砍除森林，改种其他较富经济性的作物。而林地违规使用的结果却是造成水土流失等灾害的元凶，直接或间接损及水土资源的保育。在已是不稳定地质条件下从事投机性栽培，使得土地不断破坏与超限利用，因而致生土石灾害。此外，在缺乏人力执行保育、取缔违规使用及环境敏感地区土地取得困难的情形下，即使有人造卫星勘查出的危险地区数据库，亦无法先行防制与保护。

五、土石灾害防治策略

美国国家科学院出版的特别报 176 号指出"坡地灾害的损失常超过震灾，80% 以上的坡地灾害是人为因素造成的，人类才是坡地灾害的最大制造者"。影响坡地稳定性的人为因素包括开辟山区道路、超限使用山坡地、乱砍滥伐、边坡保护不足或不当等。因此，坡地开发评估阶段应依据自然条件慎选工址以避灾，且开发施工亦须符合相关法规规定，尽量避开潜在不稳定地区，秉持"防灾胜于救灾"。占全台面积三分之二的丘陵及山地，随着经济发展、社会结构变迁与成长，已成为目前及未来社会发展所需的地带，唯此一地带却因岩体破碎，而容易发生山崩灾害及土石流，故相关开发建设不得不慎，以制定周全的法规体系，以防治地质灾害，提高生活环境及工程建设的质量，兼顾经济发展与安全开发的需要，诚为当务之急。

1. 土石流潜势溪流调查

土石流危险溪流的判定，是土石流防灾措施中最重要的一环，准确的判释可以使防灾措施的规划与设计达到预期的效果，而可防止土石流灾害于未然。土石流潜势溪流是指溪床坡度大于 10° 以上，且该点以上的集水面积大于 3 公顷者，应视为土石流潜在地点。另如溪流下游出口或溢流点处，有住户 3 户以上或有重要桥梁、道路需保护者，亦需列为调查范围，调查时应依现地各项特征，将危险度区分为高、中、低等三等级。

2. 土石流防灾疏散避难规划

台湾地区多数山坡地具有坡度陡峭、地质脆弱和水流湍急等不利于土体安定的地面条件，加上地震、暴雨集中及人为恣意开垦等外力的作用，使得崩塌、地滑、土石流、山地洪灾等天然灾害频发。特别在"9·21"集集大地震后，瞬间造成全台地形景观上的巨变，尤以中部山区的崩塌松散土方，已严重危及山区农业经济发展、道路交通建设及民众生命财产安全。事实证明在"9·21"地震后，每遇豪雨，甚至一般性的降雨，都能引发规模不一的土石崩塌和土石流灾害。

为建立区域性坡地防灾疏散系统及土石流潜在灾害聚落已有的调查和评估，分析土石流可能成灾状况（或条件）、规模及波及范围，以拟定紧急避难路线、安全避难区和救援方法，最后综合以上所有调查及研发的成果，包括居住环境发生时的简易判别方法、土石流灾害分布、危机判断及处量方式、避难路线、避难处所（安全区）、紧急救援联络系统、山坡地等资料，对于已规划避难路线、避难处所（安全区）将办理疏散演练的地点，修订疏散演练指导原则并于现场予以指导；并经由相关防灾倡导与座谈，提升民众避难意识及土石流灾害防治与应变相关知识，进而达到预防土石流发生，或者在土石流活动过程中，降低灾害或其危害影响程度。

3. 土石流防范自我检查表

（1）坡地陡峭的山坡地不宜盖房子。

（2）有活动断层的山坡地不宜盖房子。

（3）崩塌区、地层破碎或顺向坡有滑动之虑者不宜盖房子。

（4）有危害安全的矿场或坑道不宜盖房子。

（5）河川扇状堆积地或废土堆上不宜盖房子。

（6）土石流河岸或向源侵蚀的地方不宜盖房子。

六、土石灾害的整治

当我们在考虑土石灾害的防治问题时，必须认清两项事实，即土石灾害的发生有些并非是人力所能克服与土石灾害的防治常是为了以各项工法防止新的事件发生或是稳定一个旧的灾害问题。防灾工作可从建立观测系统来着手进行，而土石灾害方面的整治工作主要是以工程施作为主。此外，山岭间可进行造林，利用树种之根、茎、树叶来涵养水源，避免集水区内地表冲蚀及沟谷间坍方等情形出现，此为间接防止土石流的防灾方法。

1. 工程防治方面

对具有土石流危险潜势溪流选择适当整治工法，对土石流流动予以控制，达到抑制、拦阻、消能、淤积的防治目的。通常因上游、中游以及下游的运动及堆积形态不同，而有不一样的防治工作。

其整治方法分述如下。

（1）上游地区以稳定边坡为主：采用抑制工法，使用的方法包括治水、治坡、治沟、植生、水土保持及固床等方式。尽量抑制沟谷的河床与沟谷两侧的谷壁受到切蚀及侧蚀作用，让上游发生减少堆积的地质材料，进而无法提供产生土石流的土石材料。

（2）中游地区控制土石流运动：拦挡（护床固坡）、导排、调节、拦砂坝群，以减缓溪床坡度、增加溪床粗糙度、稳固溪岸坡脚，达到降低流速、减少冲刷的目的。由于土石流在流动过程中，前端的巨大石块破坏力很大，并强烈地冲刷溪床，此法将可使流动的土石减少，从而直接冲击沟谷。

（3）下游地区预防（减轻）土石流造成灾害：以疏导或躲避为主，采用疏浚工法，使用的方法包括渠道或导流堤等方式。设置预警系统、避难所保护措施（假隧道、防护墙、防护格栅）、疏导工法（排导渠道、排道槽、导流堤）、淤积池、拱桥等，土石流从上游至下游所携带的土石方量相当庞大，此法可诱导庞大的土石流沿着通畅可宣泄的方向流动，以避免发生灾害。

2. 边坡安全监测

在坡地开发过程中必须进行地质构造调查、地质钻探、降雨量和地下水位调查与地形测量等必要的调查与监测，来了解边坡的地质、地形、地下水、降雨情形以及边坡是否滑动等特性，进而提供边坡灾害的预警与整治的根据。

3. 做好台湾土地利用规划

目前，山坡地或其邻近区域现阶段的开发建设，都需要经过学者、专家们完整的评估考虑，确定开发不会影响当地地质环境、生态、自然景观、经济、观光等之后，才准许开发居住。但是，常有少数没有遵循这些法律规章，到处乱砍滥伐，恣意变更土地利用名目，使得山坡中水土保持不良的情形持续恶化，山体内的水土流失更为严重，才埋下土石流灾害的恶因。因此，迅速建立台湾土地利用的相关规划信息，提供给开发者或使用者一套完整的土地利用信息系统，并且遵循法律规章和学者、专家们的意见，才能够使土石流的灾害减到最低。

七、结论

近年来，平原居住人口不断增加，在土地利用不足的情况下，人们进而开始在山坡地建设、开发，若建设未依照坡地开发原则的规范，而泛滥使用山坡地，会造成严重的灾害。土石流的形成原因非常复杂，在土石流的防灾方面，不能完全依赖土石流发生预警及预报系统，也不能过度期望土石流防治工程来完全抑制土石流的发生或拦挡土石流的流动。人们必须要有风险的观念，了解土石流的发生与流动具有很高的不确定，雨量大时，土石流潜在地区（尤其地震灾区）发生土石流的机会相对就会比较高，当地附近的区民就要有危机意识及减少灾害的准备与行动。土石流是一种自然现象，人们虽然不能完全阻止它的发生，但是可以透过水土保持及环境保育的观念减少其发生的概率，也可以透过雨量预报所提供的警讯，做好充分的减灾准备与减灾行动，以减少土石流灾害。因此，在灾难发生前若能先想到预防，对于人民生命财产的保障才是最重要的。

京台大城市综合减灾应急管理暨首都圈巨灾应对高峰论坛
辐射事故应变与核鉴识

李承龙[1]　陈莹娌[2]　刘祺章[3]

（1.台湾警察专科学校刑事警察科；2.新竹交通大学科技管理研究所；

3.原子能委员会辐射侦测中心）

摘要：自从日本"3·11"地震引起的福岛核灾辐射事故意以来，也有恐怖分子扬言针对首都城市发动涉及放射性物质的恐怖攻击，例如朝鲜也多次扬言用核武器攻击瞄准首尔，放射性物质无色无味，对于人体健康却有极大杀伤力，此类潜在巨灾的隐忧，引发世人更加重视辐射事故处理与核鉴识之发展。如何面对此类潜在危机，架构一套紧急应变程序、鉴识流程，甚至如何向国际求援都是当前重要的议题。

核恐怖攻击、放射性物质走私和贩运及盗窃、非法占有或非法出售核原料和放射性物质等犯罪事件是一个国际上关切的问题，而在打击这些不同的犯罪方式中，核鉴识已成为非常重要的工具。除讨论面对辐射现场的紧急应变注意事项，还应探讨从辐射防护措施、证据保全、采集、保存、运送、鉴识等注意事项，乃至权责分工及通报规划建议。核鉴识是一个新兴的跨领域科学，结合鉴识科学及原子科学，在面对国际上非法贩卖核物质和放射性物质、核走私及窃盗案件逐渐增加的情况下，实有必要强化教育相关知识、培育研究人员、整合设备仪器，并发展相关工具、程序，制定核鉴识法律，以洞察违禁物的移动和参与非法活动的案件，帮助国际侦察，遏阻核原料及放射性物质在国际上的非法流通，必要时也能请求国际对于处理核物质及放射性物质之援助。

本研究为辐射事故紧急应变与核鉴识之初探，其目的为启动相关研究议题，引起学术界对辐射事故现场和核鉴识的关注，相关建议供日后对于发展核鉴识与处理辐射现场之紧急应变措施有所参考。

关键词：辐射事故；紧急应变；核鉴识；核生化攻击；辐射弹

一、前言

2011年3月11日日本发生规模9.0级地震、海啸，尤其地震引起的福岛核子灾害——第7级的核安事故，引起全球对于核能安全议题的高度关注。也曾有恐怖分子扬言发动涉及放射性物质的恐怖攻击，甚至连朝鲜也多次扬言用核武器攻击瞄准首尔，引发世人更加重视辐射事故与核鉴识。虽然国际十分重视这个新兴领域，但学术界却鲜少关注此核安议题，认知不足、缺乏研究人员、仪器设备尚未整合、核鉴识能量缺乏，作为地球村的一员，在面对国际上非法贩卖核物质和放射性物质、核走私及窃盗案件逐渐增加的情况下，实有必要强化教育相关知识、培育研究人员、整合设备仪器，并发展工具、程序，以洞察违禁物的移动和参与非法活动的案件，帮助国际侦察，遏阻核物质及放射性物质在国际上的流通，必要时也能请求国际对于处理核物质及放射性物质之援助。

核鉴识（Nuclear Forensics）起源于20世纪90年代，在非法运输核物质案件被报导后，核鉴识渐渐崛起，显而易见的是可应用在非法弃置核废料或核外泄等问题，亦有被运用在与辐射、质谱技术和电子显微镜相关的调查。过去核鉴识相关的技术为美苏冷战期间所发展出来，其目的是为了监视、辨识彼此发展核武的情况，但自美国发生"9·11"恐怖攻击事故之后，国际恐怖组织积极取得相关原料以发展核武，导致国际间核原料走私的事故日渐猖獗，此现象引起国际的重视与关注，因为放射性武器所产生的游离辐射，具无色、无味的特性，却对环境与人体健康有极大杀伤力。

国际核鉴识技术的建立以及辐射事故处理程序的研究已发展许久，许多组织如国际原子能总署（International Atomic Energy Agency，IAEA）及国际核走私禁止技术工作小组（Nuclear Smuggling International Technical Working Group，ITWG）早已发展完备的设备以及成熟的技术，并且提供其会员国必要的咨询以及协助。

本文希望能引起对核鉴识分析的重视，了解辐射现场与一般犯罪现场的基本差异后，正视问题的根本，克服非必要的恐惧，探讨从辐射防护措施、证据保全、采集、保存、运送、鉴识等，乃至权责分工及通报规划建议提供较明确的标准处理规范，可供大家遵循，进一步透过核鉴识的方法，找出放射性物质的制造来源或放置者，追出根源、缉获真凶。

二、研究方法与设计

本研究将探讨辐射事故与核鉴识的重要性与处理流程，以次级数据研究法及比较分析法为研究工具，参考国际相关文献以及放射性物质处理作业流程，以现有处理方法为基础，建议处理的作业流程参考，以辐射事故现场应变为讨论重点。

三、辐射事故应变与讨论

1. 辐射事故现场应变

现场封锁：由警戒线小组负责，首位到达现场者通常为警方或消防人员，主要任务应立即进行辐射侦检、封锁现场与疏散民众，并且提供救援，移走伤员、防止污染，阻止辐射扩散，借以保护自己。

记录过程：由现场调查小组刑事摄影人员负责，虽然在极端的情况下，辐射才会对相机底片造成影响，但仍建议使用录像机或数字摄影器材从事记录搜证的过程，在辐射事故现场尚未进行采证作业前，先进行全面性的拍照和摄影。

初步分析与检测：检测的人员必须避免接触可疑的辐射物质，皮肤接触、呼吸接触及经由食物摄入都会对健康有危害，因此在确认现场没有散播性辐射污染之前，现场人员应避免在现场饮食或是吸烟。

向上通报：由通报事务小组负责，当辐射危害警告启动之后，首位通报者必须向通报事务组长报备辐射危害已发生之事实。

判断辐射物质大致位置：由首位通报人员或第一线作业人员负责，必须确认辐射物质的位置，此阶段只需确认大致的位置即可。举例来说，将放射性物质的位置缩小到某一行李箱、某辆汽车或是某容器中。

辐射来源辨认：由首位通报人员负责，如果发现事故现场中的辐射其实并无造成严重的辐射危害，这种情况下必须详细记录细节并且终止通报的程序。

辐射物质保存：若事故认定为非法走私但无辐射危害之性质，则必须立即将非法走私之物品运离。有些物质只是表面的放射值高，但表层下几厘米的辐射值却大大降低。因此，运用工具已进行辐射物质管理及采样非常重要，以避免直接接触辐射物质。关于辐射物质之包装以及运送规定可参考 IAEA 所规定之核能材料及核能设备防护之标准。

辐射现场勘察：可立即辨认的辐射物质且并不会造成其他的危害，则应立即由通报人员直接处理，但若涉及非法走私或辐射物质，则应交由现场调查小组以及辐射评估小组处理。

现场调查安全：由现场调查小组以及辐射评估小组负责，在辐射物质事故，特别是与核能物质相关的事件中，现场调查人员往往身陷辐射污染的风险，因此在采集证据时，应采取必要的防护措施。

传统鉴识证据收集：由现场调查小组负责，传统的鉴识证据常常与放射性证据发生交叉污染，借由缩短证据搜集时间、考虑距离和屏蔽，方可让调查小组人员受到最少的辐射污染。

2. 核鉴识

（1）核鉴识证据收集：在污染管制区作业时必须考虑辐射物质特性与安全相关的因素，确保所有的防护措施按照国际原子能总署对工作人员的防护要求。现场采证作业建议由两人的团队进行，一个人负责样本采集，另一个人提供协助，包括取收工具、持证据袋打开和密封的作业、初步测量收集到的样品辐射值等。取样组的成员应始终戴两层手套，负责采样的人更应时常更换外层手套以避免交叉污染。进行样品接送时应确认污染状况，离开现场时，人员以及设备等都需经过污染检测，如有必要则进行除污。

（2）核证物监管链：从搜集证据开始至鉴定结果各阶段，以证物监管链记录相关证据的所有活动，在事故现场等待运出时，必须确保安全，保护好所有证据；每个样品容器应标上独特的标号；证据采验日志，应将该标号与事故现场的特定位置、日期、时间及收集方法的细节联系起来。监管链中应记录搜集及处理证据的保管人，数据之获取、由谁取得、何时取得等也都要做书面的记录，并确保数据之完整性，保证未被窜改。

（3）证物运送：由调查小组负责，在将证据运往事先确定的中间储存设施或运往核鉴识实验室时，现场指挥人员需考虑辐射安全，并且妥善保存。包装的容器不应重复使用，另交通工具也不应用来运送其他物品以避免交叉污染。

会员国也可以请求国际原子能总署（IAEA）协助将放射性物质从事故现场或保存场所运送至核鉴识实验室，或请求防止证据受到污染的包装建议，核鉴识实验室随后要维护这些数据的完整性，这些证物监管链的书面资料主要能将分析结果、结论与样品的独特性等特征串联起来。

完整的证物监管链，方可确保物证在法庭上的证据力和证据能力，这样的鉴定结果方可作为证据使用。

将现场移交给其他的负责单位前，事故调查小组应进行最终的检查，所有的参与者应认真地搜索各环节，以确保搜索完整性：确认都已检查过，文件档案应避免任何失误或疏漏，摄影应记录事故现场的最终情形，所有的证物在运离现场前都应做记录，所有的调查器材也应一并收好。将现场交给其他单位之前应记录日期及现场是由谁交付给哪位负责人。事故调查小组完成任务前，都不应把现场交给其他单位处置。

3. 国际请求核鉴识援助程序

参考 IAEA 的相关规定，向国际请求核鉴识援助程序，应通报国际原子能总署（IAEA）来请求核鉴识调查援助的程序，该规定略叙如下。

目的：面对事故时，应确定本身核鉴识实验室的能力以及向 IAEA 的请求项目，并订立合作契约以获得协助。以下步骤为国际原子能总署提供成员国，衡量核鉴识援助需求以及向国际原子能总署请求援助之步骤。

（1）联系核鉴识专家并建立沟通管道。

（2）联系国际原子能总署核保安办公室，寻求核鉴识需求评估的援助，并取得国际核鉴识实验室的联系方式。

（3）向国际原子能总署通报对于核鉴识援助的需求。

（4）确认国际原子能总署和国际核鉴识实验室的联系人。

（5）建立国际核鉴识实验室和国际原子能总署联系人之间的沟通管道。

放射性物质运送。请求将放射性物质从保存场所运至能进行核鉴识分析之核鉴识实验室（例如国际核鉴识实验室），由于需要将放射性物质从事故现场运至适当的保存设施，此时请求国际援助未必可行，但可寻求以下相关作业之咨询：

（1）包装和运送之方法，以符合法律规定或是符合 IAEA 之规范；

（2）在包装和运输中防止交叉污染之方法；

（3）运往指定的国际核鉴识实验室之建议；

（4）指定国际核鉴识实验室提供援助。

此步骤为事先评估期望的核鉴识分析能力以及能提供此分析能力的鉴识实验室。自国际核鉴识实验室之对外联络窗口，取得有能力提供核鉴识分析的实验室名单。

确认以下核鉴识分析项目：

（1）通过特性分类以确认核原料的性质，例如物理结构、透过光学显微镜以及伽马射线检测元素组成以及同位素；

（2）核归属分析；

（3）解读与辐射物质来源相关的非核鉴识分析；

（4）解读受放射性物质污染的传统鉴识分析；

（5）筛选可提供核鉴识援助的国际核鉴识实验室；

（6）联系并确认这些筛选出来的国际核鉴识实验室有能力且愿意提供援助；

（7）与选定的核鉴识实验室共同规划订立双边协议；

（8）确保将在国家对国家的基础上进行实际的运作。

完成工作：在国际核鉴识实验室将最终报告发送给申请国后，即核鉴识援助工作结束。除此之外，鼓励申请国评估该核鉴识实验室并提供回馈意见给国际原子能总署。此外，申请国可自行决定是否将最终报告交送国际原子能总署。

四、结论与建议

本研究主要讨论有关辐射事故处理作业流程，包括现场应变应实行之步骤，如防护措施、证据采样、保存运送乃至权责分工以及通报规划。辐射事故之处理流程在国际发展较为完备，但学术界甚少与此相关之研究，本文乃整理国际现行之处理准则，以供有志者研究参考。

未来之发展可朝规范以及实务的两方面建议进行。规范方面，如建议强化鉴识人员辐射安全教育训练、鉴识人员辐射防护设备之建置、放射性物质分析配备及核鉴识实验室分析设备之建置、现场重建标准流程之建置等，可参照国际之细则。实务方面，先就现有实验室环境的缺失探讨，如放射物质材料、制造厂商、安装设备、活度与日期等亦不完备。因此，建议重视辐射事故现场处理和强化核鉴识实验室环境之发展以及核数据库之建立等，应为未来着重之发展方向。

灾害历时与救灾资源需求架构初探

施国铨[1] 黄俊能[2] 萧文亿[3]

（1. 台湾云林科技大学工程科技研究所；2. 台湾警察大学行政警察学系；

3. 台湾高雄应用科技大学电子工程博士班）

摘要：灾害的发生经常导致对生命与财产安全的威胁，以公务机关的观点而言，如何在借由现有的资源调度有效地将灾害影响降至最低是救灾单位经常面临的挑战，而若能将灾害历时降至最低则是与救灾效率极为相关的方式之一。本研究引用代理人基模拟的方式呈现灾害过程，救灾相关的不同代理人（警消资源、行政机关、通报管道等）的互动以决定救灾相关情境，以建立灾害历时与救灾资源需求之间的关系，并以台湾地方政府的真实案例为模拟情境，初步分析"中央"与地方政府相关机制或决策的重要性。

关键词：代理人基模拟；灾害历时；灾害应变中心；救灾资源

一、前言

在救灾实务中，灾害应变中心以辅助角色为主，在信息传达上亦有赖各部会依权责纵向至下级地方单位汇整，再借由各行政体系的信息传达或通报系统汇整，但在各类灾害中，因地方政府负有实际救灾之责，故满足灾区实务应变之需求为根本工作。一旦灾害发生，则经常可见"中央"急于掌握灾情，而地方政府急于救灾而无暇他顾。

然而灾害的发生往往具有地域的特殊性，透过日常资料累积以突显特定地区的基本防灾特性与需求并非缘木求鱼，例如制作灾害的潜势地图就是常见的灾害分析方式。但是对于救灾资源是否充足或人力、物力的动员是否合理或符合灾时需求则是常年来对政府机关极大的挑战，因此若能借由地区救灾资料的分析以取得地区灾害之特性，应可为决策分析之基础。

对于复杂且参与单位众多的救灾机制，经常因为有限的救灾资源和行政机关的人力或效率而受到限制，因此如何完整呈现此种错综复杂又相互影响的关系则是过去研究分析最大的瓶颈，此类问题则与近年来各类领域所使用的代理人基模拟条件极为相符，如国土安全防护（Homeland Security）议题中就以其为各类研究中最常使用的方法，其在呈现各类现实生活中的议题中极具弹性且可具体呈现问题之本质，进而假想可能发生的情境加以分析，因此本研究所采用之分析亦以代理人基模拟的方式进行。

二、分析模式之建立

1. 模拟工具

本研究使用 AnyLogic 为代理人基模拟的建模工具，灾害发生的生命周期即以代理人的方式呈现。为了描述每一个灾害的生命周期，首先针对灾害的历程与救灾效率之间的关系加以说明。

2.灾害历程与救灾效率

对于灾害发生的历程，本研究采取解析方式，借以进一步理清各项重要因子与应变处置成效之关系。

任一灾害若能抢救适当并实时而达最有效率之情形，是为救灾工作之最理想境界，在实务则或多或少遭遇困难，主要仍须考虑现实生活中的各项因素：

（1）通报延迟或监控效率；

（2）救灾人力、物力是否充足；

（3）主管机关指挥与调派；

（4）灾害发生地点所需路程；

（5）地理因素（如山区、悬崖、密林、孤岛等）或人为因素（私有土地、因特殊考虑拒绝救灾人员进入或借道）。

3.灾害严重程度

现有制度的救灾记录和灾害发生的相关记录仍以文字描述为主，灾害时间的登载则以起讫时间、各单位回报处置状况时间等为主，严格来说并没有充分的信息可以进一步解析前述各项因子之信息，尚不足以利用统计 ANOVA 或其他因子分析工具理清各因子之显著性与比重，但各单位却也无法认定可忽略前述因子。在初步模式分析工作中，基于相关因子不可忽略的情况下，初拟之设定说明见表 1（实务面则须视地区特定加以修订）。

表 1　灾害时间因子设定

需时评估	
通报时间	常态分配（负值不计）
正常通报平均值：2 分钟	
正常通报标准偏差：0.5 分钟	
通报延迟	卡瓦松分配，峰值时间为 3 分钟（若发生时加入）
救灾路程	依地方政府环境设定：常态分配（负值不计）
抵达需时平均值：10 分钟（全县或全市平均）	
抵达需时标准偏差：3 分钟（因偏远程度而增加）	
时程参数	
资源系数	资源充足时之救灾效率：1（即无延长）
灾害种类对应之资源相依程度：人员预设为 0.05；车辆为 0.1	

579

续表

（越高表示因资源不足延长之时间越长，原则上不订上限，但不为负值，视灾害类别决定）	
资源不足时的时程延长为上述因子相加：1+0.05（人）；1+0.1（车）	
行政效率	行政效率无延迟之救灾效率：1　（即无延长）
一般行政效率：1.3　（考虑信息不充分，人员未常驻）	
开设应变中心时：1　（即无延长，因信息充分、人员常驻故达最佳效率）	
开设应变中心但业务量超过负荷：1.15	
救灾难度	依常见救灾难度或地理因素等设定，取常态分配
符合一般标准者，即取平均值：1（即无延长）	
标准偏差视各地环境而定，暂定0.1	
视救灾难度可能增加或减少整体救灾时程，但其值不过于接近甚至低于0，否则极易偏离实务	

在各项参数中可再进一步表示如下：

救灾总时程 = 标准救灾时间 × 资源系数 × 行政效率 × 救灾难度

灾害历时 = 通报时间 + 通报延迟 + 救灾路程 + 救灾总时程

本研究所称灾害严重程度主要以灾害发生之期程以及资源需求数量为评估原则，并非以灾害中伤亡人数或经济灾损程度为评估原则。在警消人力与车辆的配置上，初步设定基本出勤员2人配合使用1辆载具。考虑前述相关因素后，将灾害分为以下4个等级。

轻微：即不需动警消人力与载具即可完成救灾，其救灾程序主要由灾害主管机关与乡镇区之基层公务人员处理即可。（需求倍率：0）

一般：需动员基本数量的警消人力与载具进行处理，并配合灾害主管机关与乡镇区之基层公务人员共同处理。（需求倍率：1）

严重：须动员大量警消人力与载具进行处理。（需求倍率：5）

极端：已发生大规模、大范围之伤亡灾情，需为大量人力、物力之动员进行第一线救灾。（需求倍率：100）

在救灾的历程中，警消人力、物力的需求与灾害严重度也会随着救灾动作或灾害时程的演进而逐渐转为轻微，进而完成所有救灾工作，因此"标准救灾时间"（即不受任何影响可完成救灾时间或平均救灾时间）也依灾害严重度进一步拆解，初步设定如下。

轻微至完成救灾：依数据显示，多数轻微灾害从接收通报至完成救灾工作需时为 20 ～ 30 分钟，考虑其他时程因子（报案时间、通报延迟、路程及其他时程参数），故判定为轻微之概率为 60%，标准救灾时间基本设定为 15 分钟。。

一般至轻微：一般灾害发生多在 3 ～ 5 小时内结束，考虑其他时程参数的加成以及后续"轻微至完成救灾"阶段之时程，标准救灾时间定为 45 分钟，概率为 60%。

严重至一般：此部分数据之离散程度较大，自数小时至数日间呈现，考虑其他时程参数的加成以及后续"一般至轻微""轻微至完成救灾"阶段之时程，暂定为 300 分钟（即 5 小时），概率为 1.999%。

极端至严重：此部分在现有案例中无具体资料，考虑"莫拉克"与"9·21"震灾者则以周或数十天计，目前初设为 7200 分钟（即 5 天），但目前仅为表达极严重之灾例，故取 0.001% 加以呈现。

所有灾害均由极端、严重、一般、轻微的顺序改变状态直至结束（初始状况则依概率而定），故每一个灾害过程中亦属于动态的方式呈现，无法使用一般数学模式进行分析。

4. 救灾资源与主管机关

不同灾害类别影响其救灾内容、地方政府的主管机关等均不相同，故必须加以理清，以区别责任与应变处置作为的内容。

此一部分研究同样将地方应变中心内之各主管机关以代理人表示并对应表 2 中的各项灾害，因此在其主管之灾害发生时就必须投入救灾（每一灾害至少有一个主责单位，并可能有多个协助单位）。在平时，可能受限于各机关间独立运作、人员未能常驻、机关间情报传递较无效率等，因此其灾害的时程参数订为 1.3（即延长 30%），考虑灾害应变中心成立后，前述原因可以大幅降低，故修正为 1（即无延长），但其业务负荷量终有上限，因此一旦发生大量灾情时，仍有可能因为其负荷过重而降低救灾效率，因此折中取 1.15。此一系数为初设值，就目前收集之资料暂无法针对此一项目进行解析，且涉及各单位行政效率之议题较为繁杂，日后可依专家意见与地区特性加以修正。

表 2 　灾害类别

程序编号	定义	程序编号	定义	程序编号	定义
1	房屋淹水	7	土石崩塌	13	围篱倒塌
2	道路坍方	8	交通号志损坏	14	房屋损坏
3	电线（杆）毁损	9	招牌广告掉落	15	瓦斯漏气
4	人员受困	10	土石流	16	路面坍方
5	路树倾倒	11	道路、桥梁损坏	17	积水地区
6	堤防溃决	12	电线杆毁损	18	其他

第一线救灾之人力与物力终究以警消人员与车辆为主，因此在灾害主管机关之外，警消单

位仍为第一考虑，为此本研究另设一代理人表示警消单位，以进一步理清第一线救灾所需之人力、物力对灾害时程之影响。另一方面，警消单位本已是常驻必要人力之单位，因此不再依其他主管机关之形式设定"行政效率"之时程参数，改以可动员之人力与车辆加以量化表示，一旦发生资源不足时，灾害则均依据"资源依赖度"作为时程参数以考虑灾害时程的延长，同时依据灾害类别的不同加以评估。因此，在判断救灾是否有效率之关键议题上即为人力、车辆是否充足，此一部分信息亦为 EMIS 及相关救灾报告中陈述之重要数据。

至此，本研究之模型已考虑灾害时程、灾害类别、主管机关及其业务负荷、第一线救灾之警消人力及车辆，此一部分在灾害发生历程中皆为相互影响之因子，任何一因子稍加变动都有可能对最终的灾害时程产生影响，在各方皆为有效率的最理想情况下，虽然不可能抑止灾害发生（防灾亦非本研究之研究范畴），但已能确保最有效率之救灾模式将灾害时程降至最短。另一方面，灾害应变经常面对有特殊需求的个案，如需空勤单位救灾、重型机械抢救等，仍应临机应变，此一部分仍应考虑在灾害监控与搜索救援工作应注意之事项。现阶段分析模型尚着重于一般救灾需求，并试图以"中央"灾害应变中心之观点以较全面性的角度衡量人力、物力之需求及调度。

5. 灾情通报与延迟

对于民众或灾民而言，灾情通报仍以拨打 119 或 1999（台北市、新北市、高雄市）的方式为主，因此在各地方政府仍由警消单位接获通报后记录、呈报、转会灾害权责单位，若涉及人民的伤亡或威胁，警消单位仍身负第一线救灾之责，另一方面能在第一时间救灾也是普遍对救灾工作之要求。灾情监控首要仍以通报管道畅通为原则，本研究针对此一议题以话务之负荷量之方式呈现。

6. "中央"灾害应变中心

透过所有代理人之互动，推估"中央"灾害应变中心面对灾情发生时不同策略可能导致的后果。首先为灾害情报周期性确认，除了灾害发生当下之第一次回报外，亦须定期与地方政府（若未成立应变中心）或应变中心联系，以免重大灾情发生而无人闻问，一旦确认人力、物力短缺需支持时，随即召开决策会议，经指挥官决议后，于灾害发生地就近调度人力、物力支持，然而此一流程仍需时间进行，因此在本研究提出的模式中，在各个阶段间亦设定延时，包含：①决策会议时间需时之平均值 20 分钟、标准偏差 5 分钟，即半小时内，取常态分布；②资源调集及抵达目的地需时之平均值 20 分钟、标准偏差 5 分钟，取常态分布。

至此，在相关参变量设定并依需求设立代理人后，已完成灾害历程模拟的基本架构。

7. 模拟分析

本研究以一特定地方政府的真实案例信息为仿真分析的基本情境，模拟时间每秒对应实际案例分钟单位。为拟定"中央"灾害应变中心运作过程中的基本策略，敏感度分析有助于理清相关细节，故目前针对分析项目说明如下。

灾情确认频率：即"中央"灾害应变中心向地方应变中心要求整合灾情信息的间隔时间。若"中央"要求过于频繁，则在重大灾情发生或初期灾情发生密集时容易造成地方应变中心不必要的负担；反之，若"中央"只待地方告知或未有预防性支持措施者，也容易错失第一时间救灾的契机（模型中地方政府各部分须配合"中央"提供情资而占用单位行政资源）。

备援人力物力："中央"在确认灾情区域后能就近在未受灾之地方政府调配资源，为此若能确认一备援能量基数供第一时间投入救灾，亦应有助于灾害应变之效率。

其他相关因素有：①地方应变中心开设与否；②"中央"灾害应变中心开设与否；③其他反映地方政府灾害应变特质的相关参数，包含救灾标准时间、救灾距离、救灾难度、行政部门权责及能量等。原则上皆可在信息取得并具体确认之后加以分析。

8. 各级灾害应变中心之重要性

基于本研究模型之相关设定，可初步观察地方政府的应变中心是否成立之重要性。由敏感度分析可以发现，灾害整体时程由应变中心开设之92483.367（分钟）增加至100147.258（分钟），实际增加约10%。

另一方面，亦可测试"中央"应变中心成立与否之影响。就此一案例之分析结果，"中央"是否成立灾害应变中心对台中市面对"苏拉"台风时并无太大差异，实际上也确无重大救灾需求，但基于本研究模型中仍设有极低之重大灾害发生概率（0.01%），少数模拟结果中仍会发生灾害总时程大幅跳升的情形。

9. 监控时间间隔与资源支持

基于个案分析，本研究进一步分析灾情监控间隔对灾害时程的影响程度，共测试由间隔10分钟至360分钟（6小时），就目前之信息暂无具体结果可看出监控时间间隔对灾害总时程的影响度，检讨原因为案例灾情较轻微。在资源支持的部分，亦未能显示其重要性。

10. "中央"灾害应变中心之重要性

为了确认"中央"灾害应变中心成立之重要性，调整重大灾害与极端灾害之概率分别为4.8%及0.2%，其他信息维持不变，则仍可发现"中央"灾害应变中心成立在重大灾害发生时仍能降低灾害总时程，约减少平均1000余小时，此即为重大灾情发生时"中央"灾害应变中心存在之重要性测试，但因如此设定已偏离现阶段的案例情境，因此在灾情监控间隔与资源量部分则不另行比较。

三、结论与建议

现阶段的分析结果中，仅能显现所建立之模式确实可以反映出地方应变中心与"中央"应变中心成立对灾害总时程之影响，仿真分析结果显示可大致符合实际灾情，已为后续分析确立基础。

本研究现阶段所能呈现者仍只是研究架构的初探，所采用的仿真资料虽经由"中央"与地方政府于实际案例中取得，对于灾害历时评估的统计分析仍有进一步发展的空间，须进一步收集更多资料以资佐证，然而此类资料与一线人员的派遣与调派息息相关，若能透过完整的统计分析应可更趋于真实。

第三章 专家建议

"7·21洪灾"的启示与建议

吴正华 郑大玮 阮水根 韩淑云

（北京减灾协会）

与北京地区 1951 年以来的几次特大暴雨天气过程相比，2012 年 7 月 21 日的特大暴雨天气过程呈现不同的特点：首先是单站最大总雨量超过 500 毫米，创 1951 年以来的新纪录；其次是强降水区域大，24 小时总雨量大于 200 毫米的区域近 6000 平方千米，占北京总面积的 35%；三是改写了北京区域 24 小时最大降水量的地理分布，使北京出现了第三个 24 小时降水强度大于 400 毫米的区域，即房山区河北镇（541 毫米）和漫水河（408 毫米），以前出现的 2 个大于 400 毫米区域分别是怀柔区八道河附近（1972 年 7 月 27 日，479.2 毫米）和朝阳区来广营（1963 年 8 月 8 日，464 毫米）。

尽管事先发出预警，市政府采取了有力救援措施，"7·21" 特大暴雨洪涝仍然造成了重大伤亡和惨重损失。痛定思痛，需要认真总结经验教训，有以下几点值得特别关注。

（1）只讲"靠山吃山、靠水吃水"的老观念，缺乏"养山护水，防范山害水患"的忧患意识，无节制地向自然索取，破坏人与自然的和谐，必然会遭到自然的无情报复。这场特大洪灾正是大自然的一种报复行为。如房山区许多自然村过去都是远离河道，而今是新村向河边拓展，沿河而建。新开发的乡镇企业、房地产业和旅游设施也是不断侵占河道。被近 30 年持续干旱、河道断流的景象迷惑，心存侥幸，致使原来 20 ～ 30 米宽的河道逐渐变窄，有的只剩几米宽，一旦突降暴雨引发山洪便深受其害。

（2）现代化道路网是城市化发展的重要标志，同时又是城市灾害频发的要害部位。但需要反思的是，为什么在已经发出暴雨警报，预先采取防洪应急响应，派出应急救助人员，易涝点实施排涝预案之后，还会有多处积涝事故发生，甚至出现开车溺亡事件。这除了降水强度大、排水管道能力不足等原因外，还要从道路防积涝的工程措施和应急管理的细节等方面总结教训。特别应该引起注意的是，积涝较深的道路均属低洼下凹式路面。

（3）这次洪灾的死亡人数之多，似乎超过多数人的估计。除了洪水大、溃涝深等原因外，还与公民自身防灾意识不强、避险自救能力不足有很大关系。

为此有如下建议。

（1）用科学发展观反思北京新农村建设发展的思路，制定人与自然和谐的农村长远发展规划。在灾后恢复重建中要统筹做好重建规划，包括恢复原有河道，并修好堤防；严格执行河道管理条例，凡侵占河道的违章建筑物一律拆除，该搬迁者应组织搬迁安置；对沿河的企业工厂的防洪设施逐个评估、责令整改。今后发展乡镇企业、投资第二和第三产业的项目时，不仅要有环境评估报告（确保不破坏生态环境），还要对可能出现的灾害（自然的和人为的）风险进行周密评估，把防灾减灾工程资金列入项目投资预算之内，并把安全减灾作为一票否决的指标列入项目验收内容。

（2）尽快修订《北京城市总体规划（2004—2020年）》中雨水排除规划。目前，2004年前制定的规划描述的现状和问题与近几年的实情有差距，确立的规划目标较低，设定的排水标准不高，任务措施亦已不适应。因此，应立即修订和调整，在科学论证前提下，重新制定规划目标，做好顶层设计，力争在规划期内分步实现排水管道覆盖率达到100%，彻底治理城区、城郊和出京部分交通干线积水点；提高规划标准，加大资金投入，建设和改造城区、城郊等排水管道系统，到规划后期全市实现每小时排水56～66毫米，达到5～10年一遇标准，特别重要地区和积水严重地区应达到10～15年一遇甚至更高的标准；与此同时，集中力量构建生态水网以及雨水回收与地上地下集约化储水系统，实施重要排水泵站新改扩建、排水管线配套和低洼区自排与滞蓄洪区的建设、重点地段明渠整治以及应急设备购置等。

（3）在低洼下凹式路段采取最大限度减少四周地表雨水向低洼道路汇集的工程措施。可借鉴社区拦储雨洪的经验，由专业人员提出近期可行且投资不大的方案；高速公路的下沉式路段或与铁路桥交叉的路段，仅关注防滑坡、崩塌是不够的，还须在两侧坡形地表修建引洪功能很强的导流排水沟，把两侧地表雨水排向远离高速路面的区域，最大限度减少高速路两侧排水沟的积水量，防止道路积涝。目前北京在交通干线易涝路段用红线和黄线标示路面积水深度，警示开车人勿涉深水的措施还有不足，特别是夜间开车人在雨水中无法辨认，应改在低洼路段的两头右侧安装黄灯和红灯，自动警示道路积水深度，能更有效防止车辆被淹。

（4）全面部署基层各类应急预案的编制工作，组成指导小组与专家顾问组，编写框架指南。首先选择多发和重大灾害，如洪涝、地震、火灾、泥石流等。基层应急预案编制应与市、区县级预案衔接，但格式、体例和内容应有所区别，突出可操作性，应急措施要落实具体地点、对象和人员。以城市洪涝为例，每个社区应负责对所在范围危房住户救援和临时安置，对附近被淹车辆实施救助，对井盖冲走、局部塌陷、断头电线和积水过深路段等危险地点派人监视竖立标志，防止行人靠近，并报市政部门应急抢修。山区和沿河农村应事先确定避险地点，收到预警信息，村干部和志愿者尽快组织村民转移并安排临时饮食和休息。

（5）现有市和区县级预案，除结合本次灾害经验教训适当修订外，还应责成相关部门编制相衔接的实施细则。如首都机场和火车站因暴雨洪涝使大量乘客滞留时，应组织有关部门动员公交资源疏导乘客，利用影剧院、体育馆等公共场所和部分旅馆临时安置，提供饮食、御寒用品和医疗条件。安置机场滞留旅客所需费用原则上应由航空公司支付，北京市可适当补贴。发生特大灾害时，对车辆收费和罚款办法应明确规定临时调整办法，对趁灾讹诈收取高额费用的出租车与哄抬物价的餐馆、商店、修车行等应予以揭露和严惩。

（6）全面部署救灾志愿者队伍建设，争取3年内在所有社区与农村建立占人口适当比例的志愿者队伍，在专业部门指导下开展系统性培训。可根据不同灾种的需要有所分工，有些侧重医疗急救，有些侧重工程抢险，有些侧重心理辅导，有些侧重救灾物资输送。掌握较高水平、较多技能的可颁发专业证书，做出重要贡献的志愿者要给予表彰奖励。

（7）市应急管理委员会应通过这次特大洪灾的总结，以更大的力度加强安全防灾减灾科普工作，包括制定全面而实效的减灾科普规划；组建全市性减灾科普工作网络；协调整合多学科安全减灾科普教育培训资源；建立常态化的防灾减灾演习训练管理制度；利用社会资源（如大型商场、影院等公共场所以及洗车站和汽车维修店等）散发防灾避险技能宣传小册子或卡片；加大对非常住流动人口的安全教育和管理等。

（8）应及时调整、合理布局应急避难场所。虽然本市已初步建成若干灾害避险场所，但大多是按照躲避地震设置的地下场所，完全不适合避洪要求，由于洪涝是本市更为常发的重大灾害，城市和郊区平原沿河与低洼地段的临时避洪场所应充分利用附近较高地段的现有设施，对周边地势低洼的平原和滞洪区应修建地基牢固的避洪楼，山区农村应选择确定附近相对高地建立临时避险场所。鉴于地下室在特大洪涝中尤其脆弱，可利用此次洪涝的契机，动员地下空间租住人员搬迁到地上，加快本市地下空间的改造与科学利用。

（9）完善和丰富应对巨灾的应急机制、应对方式。对灾害的预防、响应、救助等行动应更加人性化、精细化、大众化，如在各类媒体、手机和显示屏上发布预警，可图文并茂或在预警内容的上方显示带有颜色的预警信号，使预警更醒目、更有吸引力。

气候变化和城市化对气象灾害叠加影响简析与建议

阮水根　郑大玮　韩淑云

（北京减灾协会）

IPCC（联合国政府间气候变化专门委员会）第五次评估报告指出：从 1880 年到 2012 年全球地表平均温度升高了 0.85℃。我国气候变暖趋势与全球一致，自 1913 年以来地表平均温度升高了 0.91℃，最近 60 年平均每 10 年约升高 0.23℃，几乎是全球的两倍。

全球气候变暖后不仅气候平均值会发生变化，同时使气象灾害的发生更加频繁，强度更强，危害更为严重。据统计，20 世纪 90 年代世界发生的重大气象灾害比 50 年代多 5 倍，未来 100 年内每年造成的损失将高达 3000 多亿美元。气候变化已成为全球最大的环境挑战和城市可持续发展的主要制约因素。北京也不例外。北京地处华北平原北部，三面环山，属暖温带半湿润半干旱大陆性季风气候，平原地区年平均气温 12℃左右，最热月平均气温与最冷月相差在 30℃以上；平均年降水量 584.6mm。根据资料，1957—2007 年北京年平均气温增幅为 0.39℃ /10 年，高于全国（0.23℃ /10 年）及华北（0.33℃ /10 年）同期的升幅。城区和近郊区与远郊的气温差越来越大，最暖的 10 年均出现在 1991 年以后。

与此同时，还必须看到，城市化的推进使北京市人口、资源、财富越来越多。以人口和土地为例，北京市现有辖区在 1949 年时的总人口不过 209 万，其中城市人口不足 100 万，中心城区基本上限于城墙内的几十平方千米；至 2012 年末，常住人口已增长到 2069.3 万，建成区面积扩大到 1268 平方千米，耕地面积减少过半。从灾害学角度分析，城市化后的影响有两个方面，一是随着城市化的发展，人类活动改变了城市下垫面和城市结构，导致城市"热岛""干岛""湿岛""混沌岛""雨岛"等城市气候效应越来越突出，对气象灾害风险有明显的"放大"作用，也使灾害频发；二是作为承载体的整个城市，城市人口、财富、建筑、基础设施聚集，使生态环境、土地利用、城市主体功能与空间结构不断改变，加剧了城市对于气象灾害的敏感性与脆弱性。

而气候变化与城市化的叠加，更增加了极端天气气候事件及其次生灾害的出现频率，使气象灾害种类增多、影响范围增大、季节性特点越来越模糊。在这种双重影响驱动下，使城市环境和城市社会经济变得更加脆弱。尤其值得注意的是，自 20 世纪 90 年代以来，北京所发生的气象灾害的特点与危害特征有了很大改变，带来了一些北京城市灾害新特点，即一般的气象现象变成新的气象灾害，气象致灾因子变强，城市连年内涝，热浪加重提前，降雨与水资源匮乏，气象灾害连锁性频显。

针对上述气候变化与城市化叠加影响和交叉影响的分析，我们从减灾、适应、减缓及其相互结合的多个角度提出如下建议。

1. 确立综合减灾的战略思维应对重大气象灾害

对未来城市气象灾害的分析、判断，首先应从致灾因子方面考虑，也就是重大气象灾害的发生发展既会受到传统的气象因素的驱动，也会受到气候变化的影响以及城市化推进的影响，甚至两者的双重及交叉影响。城市气象灾害将呈现出强度更强、危害更严重的"巨灾型"和"气象灾害链型"的趋势；同时还必须考虑城市经济不断扩张和防御能力的薄弱所带来的不利因素。由此可以清晰地显示，未来气象灾害的致灾因子越来越复杂，波及的灾种越来越多，影响会延伸、叠加。因此，对原生的"上游"气象灾害的防御，必须确立从多角度着眼，从关键领域着手，用综合减灾的思路与办法科学应对的战略思想，并将这一战略贯穿到今后的基础设施建设、工程项目选择、安全领域科研课题设定以及防灾减灾科普宣传和常规教育等工作中去。

2. 制定适应京津冀气象灾害新特点、新趋势的防灾减灾规划

由于气象灾害与气候变化是无界线的，因此在气候变暖和城市化的双重影响下的城市气象灾害风险增大、热岛效应日益加剧、城市风场不断减弱，促使我们必须及早启动适应气象灾害新特点的京津冀以及北京地区的防灾减灾规划，并把正在制定中的一体化的京津冀发展规划和两个防灾减灾规划科学有机地结合起来，以一体化的适应、减缓和综合减灾思路制定两个规划；而对正在制定中的一体化的京津冀发展规划要充实完善，调整交通、供电、供水、供热、排水等城市生命线系统的工程建设和维护标准。尤其是要提高暴雨重现期的排水标准、防御直击雷与感应雷相结合的建筑物标准、抗高温与抗低温的道路建设标准等；大型工程项目上马须先进行气候可行性论证，以最大化规避气候风险，减轻灾害影响；要保护、改善和恢复原有的生态区域，留出足够的绿地与水面；要控制城区高层建筑总量和新建高楼高度，留出与当地盛行风向一致的道路和绿带作为风廊；要禁止设计与建设成排高层建筑群，市区楼房的走向和建筑设计要注意通风；要控制中心城区的扩张，发展北京郊区、周边卫星城，京津冀卫星城规模要适当。不宜过大，围北京的各卫星城间要留出足够距离。

3. 加强京津冀自然生态系统的保护和恢复

未来的气候变化与城市化将使整个华北区域的自然生态系统负面影响更加显著，京津冀生态安全形势不容乐观，可能的情景是：湿地、草原、森林三大生态系统进一步退化、面积减少；湿地植被出现由湿生植物向沙生植物转化，湿生和挺水植物快速向湖心推进的趋势；草地面积萎缩，草场产草量、品质及多样性下降；森林物种的多样性和稳定性降低，但仍具有一定的碳汇功能。因此，京津冀必须联手启动和做好一体化的生态系统保护总体规划，综合应对重大气象灾害。从适应与减灾出发，建立生态系统综合监测体系，做好临近生态区的工程项目和旅游新景点开发的气候论证和影响评价，加强旅游生态资源保护；注重气候变化与城市化背景下自然保护区的设计和可持续运行；加强治理、恢复湿地生态系统，严格实行退耕还湿，建立、完善湿地保护机制；实施退耕还草、围栏封育和人工草场建设，防止过度放牧，有计划地保护、重建草原生态系统；维护、扩大森林资源，改善动植物生存环境条件，倡导植树造林，加强自然林火和病虫害的防御治理。

4. 加快发展、完善和优化全市重大灾害风险转移体系

近年来，由气候变化导致的重大气象灾害频发，经济损失不断增加。作为适应与减缓的需要，必须创新一种科学方式来积极应对。而金融保险业为了适应气候变化和城市化带给应对灾

害的新挑战，迫切需要有权威机构提供客观的灾害数据来决定是否理赔，以免去大量核灾过程和成本，也免去核灾工作中的争议。气象指数保险生逢其时，它正是转移气象灾害风险的重要手段。所谓气象指数保险，是指以一个或几个气象要素为触发条件，当达到这些条件后保险公司可依据气象要素指数向保户支付保险金。自2009年起，不少省市开始试点烟草种植霜冻和暴雨洪涝、杂交水稻天气、蜜橘低温等气象指数保险；也有一些地区尝试推出高温险产品。本市亦开始试点供暖气象指数保险。因此，本市必须拓展思路，扶持气象与保险、其他产业部门的深度合作，加快发展气象指数保险，有计划、有重点地开展重大气象灾害的保险工作，不断完善全市灾害风险转移体系。

5. 全面评估北京地区重大气象灾害的影响与风险

从应对与减缓来看，在灾前预防、灾中处置和灾后重建中都必须进行灾害的影响与风险评估，而风险评估首先要弄清其危险性。对北京而言，近几年发生的气象灾害以及表现出的城市气象灾害发展的新趋势、新特点是气候变化与城市化双重驱动与两者相互影响的结果，因此需要对每个灾种和"灾害链"进行综合减灾分析和归因研究。如水资源的日益紧缺、降水量的锐减是其重要因素，它可使人均水资源量减少近半，但是人口增长和城市发展的因素更甚，它可使人均水资源量减少为1/10。另外，风险分析不但要看外界环境因素的变化，更要看城市承载体的脆弱性变化。譬如，气候总体上是在干暖化，因此城市生态环境中的树木、园林植物、草场、森林、湿地等由于前期缺乏抗寒、抗旱锻炼，在突然降温和较长时间的无降水情景下，所受到的冻害与干旱要比前期在冷凉与较湿润条件下危害更加严重。

6. 组建有针对性的防灾减灾专门机构

当前，京津冀区域的协同发展面临巨灾和灾害链的制约，而气象灾害是城市巨灾和灾害链的上游灾害。仅就气象灾害风险而言，京津冀尤其是北京深受气候变化、城市化推进以及两者叠加激发的气象灾害三方面的影响。为了更好地应对，也为了使建议可行、可落实，我们认为应在京津冀协同发展领导小组内和北京市区域协同发展改革领导小组内组建一个协同应对巨灾又相对独立的防灾减灾办公机构，改变综合减灾工作薄弱，尤其是跨省市综合减灾工作无人管的局面，要求其具体负责：建立与完善防灾减灾运行的系统机制，制定京津冀区域各灾种的防灾减灾法律法规，特别是各省市未涵盖到的法规空缺部分；制定与实施京津冀及北京市的防灾减灾规划和生态保护规划，在新的北京市发展规划中对有关防灾减灾内容加以充实与补充；确立京津冀及北京市生态系统保护修复的运行规则及相关制度，调研出台生态系统保护方面的支持性政策以及监督、检查有关其他日常的防灾减灾工作，等等。

新型城镇化气象服务与防灾减灾体系建设的分析与建议

阮水根 韩淑云

（北京减灾协会）

城镇化是一个发展中的概念。中央经济工作会议已经把"加快城镇化建设速度"列为 2013 年经济工作六大任务之一。

为适应新型城镇化进程，气象工作及城市气象服务保障必将面临新的机遇与挑战。"十一五"时期，我国气象服务保障工作在防灾减灾服务能力建设和气象服务体制机制建设等方面取得了明显成效。

（1）气象灾害监测预报和预警水平取得长足进步，气象灾害防御能力不断增强。天气预报准确率稳步提高，晴雨预报准确率从 2007 年的 84.9% 提高到 2011 年的 87.1%。在决策气象服务、专业气象服务以及重大活动保障、突发公共事件应急服务等方面的服务能力不断增强。

（2）气象服务发展的长效机制逐步建立，《气象灾害防御条例》《国家气象灾害应急预案》《国家气象灾害防御规划（2009—2020 年）》以及国办 33 号文件的出台，表明气象服务日渐规范、法制化。

（3）气象服务发展的外部环境逐渐优化，部门联动机制不断健全。气象部门与农业、民政、国土资源、环保、交通运输、水利、旅游等 20 多个部门签署了合作协议，初步形成资源及信息由气象部门直接提供，其他部门与社会力量间接传播的联动、协调机制。

（4）充分利用社会资源开展气象服务，社会参与机制稳步推进，初步建成包括广播、电视、报纸、电话、手机短信、网络、警报系统、海洋预警电台等多种传播手段的气象服务信息发布平台，不断建立完善突发公共事件预警信息发布系统，气象信息公众覆盖率已经达到 90% 以上。

（5）气象服务社会效益显著提升。5 年来，全国因气象灾害造成的死亡人数较前 5 年减少 1980 人，造成的经济损失占 GDP 比例的平均值（0.91%）较前 5 年（1.22%）明显降低。气象服务在各部门和社会公众中的满意度稳步提高。

同样，"十一五"期间北京气象服务工作在首都防灾减灾、城市运行及应急保障中的作用日益彰显。首先，基本业务现代化水平明显提高。建成了集自动气象站网、三维闪电定位、环境监测和风能观测等为一体的综合大气探测系统和达到同期国内领先水平的气象通信网络与高性能计算机系统；研发建立了精细化气象预报业务系统，短时临近天气预报技术取得长足进步，灾害性天气预报能力明显增强。同时，北京城市气象服务效益显著，奥运会、残奥会和新中国成立 60 周年庆祝活动气象服务受到了党中央和国务院的表彰以及社会公众的充分肯定，大型活动气象服务已进入常态化运行以及为交通、能源等 10 多个行业和市民生活提供了 60 余项精细化、个性化气象服务产品；建成多种传播手段的气象服务信息发布平台，提升了气象信息覆盖面和发布时效；气候资源开发利用服务能力逐步增强。虽然，"十一五"期间北京气象服务保障工作与全国的气象服务工作一样取得了巨大成绩，但是也存在若干问题与不足。

（1）气象服务保障缺乏政府有效的政策与投入。作为基础性公益事业，国家对气象工作实行统一管理，在其业务布局中省以下气象部门主要负责提供气象观测和基本气象服务。但国家气象事业不可能完全满足地方需求，近年来地方气象事业快速发展，对地方政府政策和资金投入的需求非常迫切。北京要建设有中国特色世界城市，面临的气象服务需求远远高于其他省市，首都气象事业发展必须适当超前，必须深入认识气象工作的价值，加强领导，全面推进首都气象事业发展。

（2）社会对气象工作的片面理解。气象事业不仅仅是天气预报，还涵盖气候变化、雷电、大气成分、生态与农业气象、人工影响天气等诸多领域，中央还要求加强气象灾害防御、风能太阳能开发利用、突发事件预警信息发布和雷电防御等职能，特别是气象防灾减灾并不只有防汛抗旱和应急管理。气象防灾减灾是一个复杂的系统工程，包括风险评估、服务城市规划、教育培训、预报预警、准备预防、应急、救援、恢复、重建等一系列过程。

（3）防灾减灾体系的气候问题在城镇化发展中是薄弱环节。应对气候变化不仅包括节能减排，还应该包括适应气候变化的气候管理。北京处于气候变化相对敏感地区，城市建设必须根据气候及气候变化评估灾害风险、调整产业结构、优化城市布局，特别是在新型城镇化发展的初期，务必要对城市、城镇、区域等规划和重大项目进行气候可行性论证，更加重视适应和减缓气候变化工作，才能从规划和设计一开始就避免城镇化发展和项目运行中出现由于气候变化或气象灾害导致的危害与影响的扩大和加重。

（4）气象服务保障能力与服务需求的矛盾日渐凸显。第一，气象观测站网布局不尽合理，特别是气象灾害监测尚存在盲区，并且气象观测环境得不到有效的保护，观测数据连续性和一致性无法保障；第二，气象预报预警技术水平还有很大提升空间，目前主要受制于科研项目偏少和吸引人才相关政策的不完善；第三，气象基本信息的处理存在不足，数据标准、基本信息库和共享平台建设等方面相对滞后，这已经成为制约气象服务系统建设和服务能力提高的瓶颈；第四，专业气象服务产品制作的自动化能力不足，服务产品库建设进度缓慢，尤其缺乏综合性产品制作、分发平台；第五，气象信息社会管理欠缺，对发布后的信息无法监控，缺乏集多终端发布、信息监控、数据分析、用户沟通等多种功能于一体的综合平台。

加之，新型城镇化的发展又带来若干新的气象问题。

（1）城镇化使气象灾害影响加重。城镇化进程中，由于城市基础设施薄弱，应急响应和城市运行管理措施滞后等问题，导致气象灾害及其次生灾害造成的经济损失和人员伤亡日趋严重。如2012年"7·21"特大暴雨和"11·3"暴雪等气象灾害对本市城市运行和市民生活造成严重影响，生命财产损失严重，其中"7·21"特大暴雨造成79人死亡，经济损失超百亿元；"11·3"暴雪导致延庆县1815户供暖中断，京藏高速水关长城至八达岭大桥852辆车滞留和2000余人被困，S2线一度停运，10千伏配网故障158起，3.6万户居民用电受到影响。

（2）城镇化改变了城市气候特征。观测数据表明20世纪以来大气中各种温室气体的浓度都在增加。1750年之前，大气中二氧化碳含量基本维持在280mg/L。工业革命后，随着人类活动和城镇化的发展，化石燃料（煤炭、石油等）的过度消耗和森林植被的大量破坏，使人为排放的二氧化碳等温室气体不断增长，大气中二氧化碳含量逐渐上升，每年大约上升 1.8mg/L（约 0.4%），已上升到近 360mg/L，19 世纪全球表面平均温度已经上升了 0.3 ~ 0.6℃，全球海平面上升了 10 ~ 25 厘米。许多学者的预测表明，到 21 世纪中叶，大气中二氧化碳的浓度将达到 560mg/L，全球平均温度可能上升 1.5 ~ 4℃。

（3）城镇化使城市脆弱性更为显著。伴随城镇化的快速推进，城镇化作为一个综合承载体，其受气象灾害侵袭的总体脆弱性增强，气象灾害风险增大。主要表现在：一是城镇化改变了地面的自然状态，使危害加重，如热岛效应使高温天气加剧；二是工业和机动车排放气溶胶增加，在特定的风场和大气层下产生更多的雾霾等灾害；三是无序的高层建筑，一方面易导致狭管效应使局部风速增大、风灾频发，另一方面又堵塞了空气的流动，造成污染物的不易扩散，使中心地区成为气象灾害影响更加严重的区域；再者从承载体本身特征看，特大城市的社会经济快速发展，使城镇的财富、人口、建筑物、社会活动等更加集聚与扩大，进而让这些物理暴露和社会暴露在重大气象灾害侵袭下，损失更重，伤亡更多。

（4）城镇化加剧灾害链与巨灾的发生及危害。由于城市经济发展人口密度大，支撑城市运行的交通（物流）、电力、通信、供水、排水、供气等综合网络相互关联度高，这些系统都对气象条件具有高度依存性。因此，不科学的城镇化发展方式和建设，会使单一的重大气象灾害诱发更多、更重的次生灾害，如大暴雨可使内涝、地质灾害、交通事故等频发，损失与人员伤亡更惨。需要强调的是，不合理的城镇化发展，若城市生命线中某一系统受到气象巨灾（上游灾害）的冲击，而城市中相互关联的另一系统在受到气象巨灾冲击的同时，又受到某一系统的迭加冲击，从而进一步扩大、延伸并再扩散波及另外一个相关的系统，使更大范围、更多系统受到冲击，继而造成巨大综合性社会影响和损失。

基于上述分析，有以下建议。

（1）针对新型城镇化发展进程中气象服务对象的新变化和服务内容的新需求，必须科学构筑新一代新型城镇化气象服务保障与防灾减灾体系。为此，应先制定建设该体系的发展规划，做好顶层设计，理清发展思路，提出总体战略；同时根据北京实际，确立建设的主要目标、重大任务以及对策措施，特别是其目标应该切中体系的核心问题，适度超前，具有先进性，有可考核的指标，有定量化要求；其重大任务与对策应由需求做牵引，任务的内容具体、清晰，可操作性强，并应紧紧围绕主要目标，分解到位，以便实施。

（2）建设上述体系的一个关键是如何做好新型城镇化的弱势群体和薄弱地区的气象服务和防灾减灾工作。显然，这"两弱"作为城镇化中的承载体受到城市重大气象灾害侵袭，特别是遭遇由其诱发的其他灾害综合影响时，损失与伤亡会更重。因此，各级政府应重视和指导该体系的建设工作，把这一体系的发展纳入当地经济和社会发展规划，把"两弱"载体的气象服务与气象防灾减灾工作归入政府的公共服务体系中，加大财政投入，建立稳定、可持续的长效机制；在创新监测预警运行机制和制度的基础上，开拓和完善"两弱"载体的气象预警信息发布渠道与发布模式，强化"两弱"载体气象监测、预报、预警举措，加强对"两弱"载体气象防灾减灾技能与知识的宣传和普及，切实提升其应对高影响天气能力。

（3）随着新型城镇化的推进，诸如热岛、内涝、混浊岛等与重大气象灾害密切相关的"城市气象病"日益加重、频发；反之，就可减少、削减。这是全社会和每个公民都摆脱不了又必须面对的现实。至此，撇开个人、每家每户和单位，仅以城市管理、项目建设者角度进行审视，我们认为尤其像北京这样基本定型的特大城市，应该先做好预防、控制和治理，也就是应着力做好新型城镇化的城市规划，收缩中心城区直径，限制郊区与周边卫星城镇的规模，提高城市建设密度，留出更多的通风空间与通道，再不要走摊大饼式的城市发展模式，同时尽力恢复原有的自然生态环境（如水系、湿地、森林）等；再从气象服务人员角度说，首先要切实减轻和减缓其影响，必须做到对气象灾害监测连贯、不漏，预报准确、及时，预警发得出、全覆盖；要科学响应和应对其危害，必须做到把常规与应急的气象保障紧密结合起来，做到气象服务及处置城乡一体化、均等化，服务方式及产品社会化、人性化，信息与内容专业化、智能化，作到预警信息和服务产品通过政府至区县至社区、街道乃至到乡镇一条线，通过各类媒体、部门显示屏等第二条线，入街、入村、入户到人，做到气象部门服务机构与社会安全机构的无缝隙、全时空、全天候的对接。

关于京津冀一体化协调发展的建议

郑大玮

（北京减灾协会）

习总书记最近就京津冀协调发展做出了七点指示，对于促进首都圈和环渤海经济圈的经济、社会发展具有深远的意义。为贯彻落实习总书记的指示，提出以下建议。

1. 成立京津冀一体化发展的协调机构

京津冀与长三角、珠三角是我国三大都市圈和主要经济增长极。长三角和珠三角主要在市场机制推动下，经济一体化发展的进展较快，而京津冀都市圈一体化发展的进程相对缓慢。由于京津冀，特别是北京作为首都的特殊地位，除坚持市场机制的决定性作用外，还必须加强中央政府的协调与推动。建议成立由副总理或国务委员兼职牵头的协调机构，三地政府负责人作为成员参加，统筹三地的经济社会发展、城市规划建设、环境保护与水资源配置。三地联合可称为直隶大区或京畿大区，要提出大区整体的综合发展目标和年度考核指标，社会经济发展的主要指标在国家统计年鉴上要单独列出。京津冀三地的经济发展、社会管理与生态保护等对口管理部门，也要建立与一体化协调发展相配套的协商议事与共同决策机制。

2. 调整产业结构与布局

综合考虑经济发展需要、资源承载力和环境容量调整产业结构与布局，压减过剩产能，发展具有优势的高新技术产业。本地区现有重化工业大多集中在窝风的太行山与燕山的山前人口密集地带，必须保留的重化工业要改进工艺，降低污染物排放强度，并向滨海人口稀少、通风良好地区迁移。河北省要充分发挥京津两市的腹地功能，承担起保障两市农产品市场供应和承接两市产业与人口转移的任务，京津的优势二三产业要向周边河北省县市扩散。

3. 扭转摊大饼式城市扩展模式

目前的许多环境问题与交通拥堵等城市病都是由于城市摊大饼式盲目发展造成的。要逐步改变北京市和天津市中心城区人口过于密集的状态，将若干大型企业和事业单位向周边中小城市和卫星城转移，同时按人口比例配套发展优质的服务业，带动部分人口外迁，以缓解中心城区的交通与环境压力。为此，要尽快解决三地医疗、教育、退休养老等公共服务互通共享的问题，接触京津两市企业、人员和家属搬迁到周边河北省中小城市的后顾之忧。

4. 加强大气污染的综合治理

首先要强调从污染源头治理。除调整产业结构与布局外，三地燃油质量与汽车尾气排放要率先实行欧洲标准，取缔露天烧烤，所有炉灶上方一律安装吸烟罩。努力提高城市地区的绿化覆盖率，见缝插针植树种草，消除裸露土壤，三层以下楼房的墙壁和平顶要布满攀缘植物。郊区尽量利用非耕地营建一批片林和林带，同时充分利用农田的环境效益，特别是冬小麦抑制冬春就地沙尘的作用无可替代。鉴于我国人均耕地面积居世界末列，东部沿海发达地区不可能像俄罗斯与加拿大那样，可以牺牲城市周边的全部耕地来建成森林城市，而应参考西欧建设紧凑型城市的经验，保持城市空间、农业空间与生态空间三者的平衡。农业生产要推广缓释化肥与配方施肥，减少集中施肥时因化肥挥发形成的 PM2.5 铵盐微粒污染大气。

5. 建立水资源按流域统一管理机制

水资源匮乏是制约京津冀地区经济社会发展的主要瓶颈，上中下游分割管理与掠夺性开发是海河流域水资源状况持续恶化的根本原因。北京市的密云、官厅两大水库的来水量已减少了90% 以上，上游地区降水量减少 15% ~ 20% 并非径流大幅度减少的主要原因。要利用南水北调的契机，像黄河、塔里木河一样尽快实行全流域统一管理和优化配置水资源。京津两市要向上游地区的经济发展提供支援，对水资源的保护提供生态补偿。同时，上游地区对过境水资源不得超量拦蓄与开采。力争整个京津冀地区在南水北调实施之后能够遏制住地下水位继续下降的势头。在此基础上，恢复京西、京南和津东的部分湿地，包括恢复京西稻和小站稻等名优特产的部分产地。

2014 年 6 月 11 日

加强本市排涝设施和改进暴雨内涝应急管理的建议

北京减灾协会专家组

6月23日北京市遭受10年来最强的局地暴雨袭击，造成交通拥堵和部分地铁车站进水，虽然市政府和有关部门紧急启动应急预案，在很大程度上减轻了灾害损失，但仍有不少经验教训值得总结。现在北京刚刚进入汛期，类似的局地暴雨还有可能发生。这次暴雨并非历史上最强，随着北京气候的相对涝期正在到来，今后类似的暴雨内涝还将出现，加强城市防汛和改进应急管理工作势在必行。这场暴雨内涝也暴露出北京城市规划与管理中的许多问题。为此提出以下建议。

近期的应急措施如下。

（1）城区各单位和社区配合水务部门全面调查"6·23"暴雨中暴露出来的薄弱环节，"亡羊补牢"，采取预防和补救措施。如疏通低洼地区的排水管道，清除泄洪河道上的障碍，地铁站入口加高挡水栏，有可能被顶开的活动井盖加设铁链，加固危旧房屋设施等。

（2）由于暴雨空间分布不均匀原因，"6·23"未见渍涝的地区（特别是东城、朝阳等区）也不能麻痹大意，更应防患于未然。除结合当前形势对现有应急预案适当充实完善外，应逐步组织全市所有企事业单位和社区编制本单位或地区的防汛预案，目前可先组织低洼地区的企事业单位和社区编制防汛预案。仅靠水务部门的力量是有限的，需要动员全社会的力量来应对大的暴雨内涝。如相关企事业单位和社区应协助疏导所在地区的交通，为受困的过往人员提供救助，尽快排除管辖范围内的隐患和积水等。

（3）对本市媒体的新闻报道要予以引导。既需要对暴雨内涝中暴露出来的问题给予必要和实事求是的揭露和批评，更需要发动各行各业和社会公众对于如何在近期内改进本市的城市防汛工作献计献策，提供具有可操作性的建议。对于城市防汛中涌现出的先进事迹和有效措施也应充分报道。亦可组织媒体记者与气象、水文和城市管理方面专家进行座谈和沟通。

长远的改进措施如下。

（1）摊大饼式的无序扩张和不透水地面的急剧增加是北京城市内涝不断加剧的重要原因。为此，尽可能扩大绿地面积和透水地面建设，以增加雨水下渗量和减少径流形成量。除旧城区外，尽量少建深槽路，立交桥应适当抬高以减少桥下积水。

（2）本市的排水不畅是长期以来城市规划建设短期行为造成的严重后果，追求地表宏伟华丽，基础设施建设严重滞后欠账太多。过去北京城外有护城河环绕，城内也有若干条河流经过，下大雨后雨水很快进入河道向下游排出。后来这些城市河流绝大部分都被封盖变成路面，旧河道变成直径不大的排水管道，标准很低，泄洪能力很差。今后应像修建地铁那样，痛下决心修筑足够粗的几条主干排水道，并对目前全市的排水系统全面加粗。新建小区和新修道路都必须在配套排水系统完工后方可验收。

（3）北京还是一个严重缺水的城市，暴雨洪水既可能成灾，也有可能成为宝贵的水资源。应有计划地兴建一批地下蓄水池和将部分建筑的地下部分改造成蓄水池。在南水北调工程全线通达后，应部分恢复南郊地势低洼地带的原有湿地。大力推广雨洪利用工程社区建设工作。这些方面一是要制定切实可行的技术方案和实施计划；二是要列专项财政拨款，并吸纳民间资金补充。

（4）参考山区小流域综合治理的做法，运用遥感、地理信息系统等现代信息技术，按照地面和建筑物高程及不同下垫面的产流系数和暴雨后径流方向，把中心城区划分为若干类似小流域的区域，模拟计算各区内的可能流量及洪峰，为全面改进城市排涝系统今后的城市建设提供科学依据。

（5）加强本市气象监测预报工作，加强中小尺度天气精细预报的研究，力争进一步提高对局地暴雨短时预报的准确率。同时，加强局地对流天气的预警服务，适当增加中心城区的公益电子屏应急气象信息发布，市政府应急指挥中心与无线通信企业采取联合措施，认真解决灾害预报、警报信息传输"最后一公里"问题，在有可能发生重大突发灾害前，将应急预警短信及时发送到每位市民的手机。并规定在可能发生重大突发性灾害时，可暂时停止常规的电视和广播节目，穿插播出灾害应急信息。

2011 年 7 月 5 日

居安思危，做好防大灾的准备

郑大玮

（北京减灾协会）

2011 年我国粮食生产喜获八连增，虽与国家支持农业政策力度加大有关，但也要看到人均粮食占有量仍不宽裕，仅刚刚恢复到 20 世纪 90 年代后期水平。威胁粮食安全的主要因素仍然存在，有些还在发展，确保未来粮食安全，任务仍然十分艰巨，不可掉以轻心。

八连增的原因：① 2003 年以来中央狠抓粮食生产不放松，连续出台"一号文件"，制定了一系列保护和鼓励粮食生产的政策；②压缩其他作物，扩大了粮食作物播种面积；③气象条件相对有利，北方降水回升，对粮食生产威胁最大的旱灾虽然频繁发生，但大多不是在主产区或关键期，受灾面积远不如 1960—1961 年、1978—1981 年、1999—2003 年等连旱期大。如 2011 年的冬旱，小麦处于休眠或缓慢生长期，需水不多且多数麦田底墒良好；初夏长江中下游干旱严重，但小麦、油菜处于灌浆成熟期需水较少，转涝后正好赶上水稻插秧；贵州等地夏旱虽然严重，但耕地面积不多，也不是主产区。

影响粮食安全的隐患：①进城打工农民不能融入城市社会，使得土地难以流转，经营规模狭小，导致种地收入微薄，留在农村的劳动力素质显著下降，耕种日益粗放甚至抛荒；②地方政府热衷于房地产开发，违规滥占耕地屡禁不止；③北方有些地区依靠超量抽取地下水维持生产，成本上升不堪承受，有的地方甚至水源基本枯竭；④ 2011 年是气象灾害相对较轻的一年，历史经验轻灾年后往往反弹，明年有可能是太阳黑子高峰年，历史上太阳黑子高峰年和低谷年附近往往大气环流异常，相对多灾。

加强农业减灾的建议如下。

（1）编制预案，做好防灾物质与技术准备。农业生产上，干旱、涝渍、冷害、冻害和大多数病虫害等累积型灾害的危害大于突发型灾害，做好灾前预防和早期抗灾事半功倍，临时应急处置则事倍功半。农业减灾以生物为对象，灾害周期较长，现有应急预案主要强调职责和应急措施，技术可操作性差，不能适应农业应对累积型灾害的需要。应按不同灾种、作物和地区分类组织编制预案（可不加"应急"二字）。

（2）加强农业减灾知识和技术培训。多年来农业减灾科研与培训薄弱，许多干部甚至有些技术人员缺乏农业灾害与减灾的知识与技术，经常将冻害与干旱、气象干旱与农业干旱、霜冻与其他灾害或技术事故混淆以致决策失误，造成减灾资源浪费。把气象灾害误认为假种子和假农药，甚至酿成社会事件屡有发生。如 1995 年 4 月北京市小麦叶片因霜冻枯萎，有些农民误认为是伪劣农药所致，大兴区数百农民包围镇政府要求赔偿；2005 年河北省涿州农民把受霜冻危害麦秸倒在北京市农林科学院大门，认为是假种子造成。

（3）建立主要推广品种抗旱、抗寒性等鉴定制度。盲目引种与不合理布局是酿成灾害的重要原因。现有品种区域试验主要靠田间目测判断，如果几年内未发生灾害，就难以确定品种的抗灾性能，必须建立一整套科学的鉴定方法与程序。

（4）重视传统有效抗灾措施的应用与推广。镇压是北方小麦减轻冬旱威胁和预防春季倒伏的有效措施，但现在农村都找不到碌碡了。2009 年辽西和内蒙古东部玉米前期长势超历史，但在夏旱中迅速枯死绝收，不但媒体毫无反应，许多技术人员也没有料到，原因之一是 6 月多雨，茎叶旺盛但根系发育不良。过去老农有"三铲三耥"中耕蹲苗促根的习惯，现在播后就进城打工，没人干了。这些抗灾措施花钱都不多，但效果显著，应研制适宜农机具，由合作经济组织进行有偿服务。

2012 年 3 月 11 日

适应灾害事故多发形势，大力加强减灾科普宣传

郑大玮　韩淑云

（北京减灾协会）

2011年国内外先后发生了北方冬春连旱、日本特大地震并引发海啸与核泄漏、长江中下游旱涝急转、北京夏季多次发生暴雨内涝等重大灾害。同时，社会上还流传"2012年全球大灾难""三峡工程引发地震与南方旱涝""日本核污染危及我国"等谣传，对首都的城市建设、经济发展和社会稳定都造成了一定影响，3月还一度发生了抢购碘盐的风潮。与此同时，北京城市的急剧扩展与人口无序增加给资源环境带来的巨大压力，物价上涨与国际国内政治经济形势变化对首都社会稳定的潜在影响也不容忽视。

频繁发生的灾害事故和谣传表明，必须大力加强首都安全减灾的科普宣传，提高全体市民科学认识和应对灾害事故的能力，才能最大限度地减轻灾害损失，为北京市建设具有中国特色的世界城市提供安全保障。目前，本市虽然开展了大量的减灾科普宣传活动，但还存在科普宣传人员数量少、素质不高、减灾知识普及面窄、盲区较多、针对性不强、热点问题没有及时抓住等缺陷。为此提出以下建议。

1. 加强减灾科普宣传队伍建设

目前，减灾科普宣讲仍以老专家为主，虽然阅历广、经验丰富，但年事已高，难以应付日益增大的社会需求。虽有一些中青年科技人员参加了各种形式的科普工作，但大多只掌握本专业或某领域的减灾知识和技能，缺少能综合各类灾害事故进行减灾科普的人员。建议市应急委、民防局、教育局等从本市减灾相关机构和学校教师中物色一批有志青年，进行系统培训后作为向基层社区进行综合减灾科普宣传的骨干队伍，老专家的主要培训任务从直接面向基层社区转变为主要面向科普宣传队伍的素质提高。

2. 加强减灾科普宣传的教材教具建设

科普宣传教育的效果很大程度上取决于教材教具的质量，包括内容和形式两个方面。在内容上，应尽量贴近生活与生产，针对不同人群的特点与需求；在形式上，充分利用现代信息技术，编制系列减灾培训教材与声像制品。建议由市应急委邀集市科委、市教育局、民防局和北京减灾协会，共同商讨制定本市"十二五"减灾科普教育培训材料编写计划与中小学安全减灾教育大纲。

3. 加强薄弱社区与科普盲区盲点的减灾宣传普及工作

目前，多个城市社区与企事业单位开展安全减灾科普宣传较好，但仍存在一些薄弱环节与社区，甚至是盲区和盲点。如进城务工人员集中居住地、农村青壮年外出打工的空巢户、与子女分居且外出活动困难的老人等。可以由附近学校组织中学生有针对性地进行安全减灾的科普宣传，适当安排学生参加公益性社会活动，也有助于学生了解自然与社会，增强社会责任心与

工作能力，有利于学生的全面发展。

4. 制定针对突发性灾害事故和舆论热点的科普宣传方案

安全减灾科普宣传既要坚持不懈长期开展，又要注意抓住当前热点。但目前在发生突发事件时，相关科普宣传往往滞后或报道不够准确。如群众中"三峡工程导致南方低温冰雪灾害、诱发长江流域旱涝急转"等谣传流行很长时间才有专家在报刊上给予澄清；2009年和2011年对于北方小麦冬旱的报道中混淆了冻害与干旱、气象干旱与农业干旱，对公众有所误导。建议市应急委按照不同灾害事故种类建立分类咨询专家库，并要求他们注意积累相关资料。一旦发生某种灾害或事故，或结合当前热点问题，有针对性地开展科普宣传，解除公众的疑惑，解释政府与相关机构的行动，以减少和消除不稳定因素，调动全社会的力量减灾。应建立发生突发事件或出现谣传时，媒体与相关部门咨询专家会商的制度，不要自以为是、盲目报道。

2011 年 12 月 30 日

严重雾霾天气产生原因分析和综合治理对策建议

郑大玮

（北京减灾协会）

一、雾霾污染严重的原因

1. 污染源

（1）本地源为主：其中汽车尾气是首要原因，我国油品含硫量比发达国家高出数倍；其他还有发电厂烟尘、餐馆和家庭炊事、郊区工业烟尘、氮素化肥、烟花爆竹、春季沙尘等。

（2）外来源有增加并连片趋势：周边省区工业污染物由偏南风输送。

2. 不利于大气污染物扩散稀释的条件

（1）高压控制，尤其是夜间近地气层形成稳定的逆温结构时，地面基本无风，大气污染物难以扩散稀释。因此，严重雾霾天气大多出现在冬半年。

（2）类似盆地和谷地的地形不利于大气污染物扩散。我国严重污染城市都在北方，特别是污染最严重的太原、兰州、乌鲁木齐等都处于盆地或谷地中。北京三面环山，地形类似盆地，也不利于污染物扩散。全国空气质量最好的城市基本上都在沿海地区，因为地势开阔，又有海陆风调节。

（3）特大城市形成特殊的城市气候，使得周围大气污染物向城市中心集中。北京地区的山谷风具有类似海陆风的效应，在 20 世纪 50 和 60 年代曾经起到良好的城市调节作用。但目前已形成庞大的城市气团，非得刮大风或下大雨才能使大气污染物刮走或沉降。上海地势开阔且靠海，扩散条件先天比北京有利，但由于建筑物更加密集和城市规模更大，风速减弱比北京更甚，仍然成为南方污染严重城市之一。

3. 北京市大气污染治理赶不上 PM2.5 污染增长的原因

（1）全球气候变化导致风速不断减小，北京冬季大风减少尤为明显。

（2）十多年来做出了巨大努力，冶金、煤矿、石化等污染大户企业和大部分制造业企业都已外迁，空气质量比 20 世纪 90 年代有所好转。但过去的努力主要针对 PM10，包括沙尘和工业烟尘，忽视了 PM2.5 的严重污染。

（3）由于城市规模摊大饼式迅速膨胀和机动车数量迅速增加，使得大气污染治理的速度赶不上 PM2.5 污染物的增长，污染物扩散稀释速度赶不上积累速度。

（4）周边省区工业无序发展，外来污染源显著增长。北京奥运期间空气质量优良与周边省区大量工业企业临时性停产不无关系。

（5）今冬为 1977 年以来最冷且多雪一年，但大风天数并不多，长期被冷高压笼罩，易形成雾霾天气。

（6）因严重缺水和管理不善，中心城区绿化效果不好，林木生长缓慢，冬季树叶枯落后更不能发挥作用。

二、综合治理对策

1. 根本途径是减少和消除污染源

（1）治理汽车尾气排放：控制汽车数量盲目增加；公车改用红牌，严格控制非公务使用；参照欧洲标准改进汽油品质；所有汽车一律安装新型过滤器，以减少尾气污染物含量；限制进入中心城区汽车数量；出租车改用燃气，加快电动汽车的生产和替代。

（2）餐馆、食堂和家庭厨房一律安装油烟罩，取缔露天烧烤。

（3）工业企业继续外迁，所有燃煤以电力和天然气替代。

（4）与周边省区统筹协调综合治理，加快经济发展转型，仍有大气污染的企业转移到沿海和风廊区。

（5）春节烟花爆竹提倡由社区统一组织，限时限量燃放；提高烟花爆竹生产的质量标准，降低噪声和烟尘量。

（6）改用缓释化肥，控制过量和在不利天气使用。

2. 创造吸收和扩散污染物的环境条件

（1）远郊造林不解近渴，效果有限，关键在于中心城区的绿化。应结合旧城改造适当扩大绿地面积。现有社区应见缝插针植树，楼顶和墙面也尽可能绿化。改造城区下垫面，树木周围应改造为渗水地面和路面，促进树木长高和茂密。远郊平原沿环线公路营造林带，并在两侧适当配置片林。

（2）农作物也具有一定的净化作用，尤其小麦在冬春覆盖地面遏制本地沙尘的作用不可替代，包括林下空地在内的非耕地也要尽可能种草以覆盖土壤。

（3）南水北调进京后适当增加城市水体面积。

（4）加强雨季利用地下空间蓄积雨水，严重灰霾天气在中心城区利用集雨和中水组织在路面喷洒。

（5）北京市气象局 20 世纪 90 年代试验机场人工消雾取得良好效果，应继续研发并逐步扩大推广到高速公路和中心城区人口密集区。

（6）新城新区规划建设要留出风廊，防止高层建筑过于密集而挡风窝风。

（7）研制性能价格比优良的家用空气清洁器。

（8）尽管北京山区已全面绿化，但植被生物量不大，应充分利用干旱气候期过后降水增加的机遇，加强抚育管理，促进林木高大茂密，增大山区与平原的温差和山谷风的强度。

3. 严重雾霾天发出预警后的应急防范措施

（1）在中心城区主要街区都建立监测点，区别雾与霾，鉴别其中所含有害物质。单纯性水雾如含有害物质不多，主要影响交通，对健康危害不大。但雾霾和灰霾必定含有大量有害物质，需根据其浓度和危害程度发出预警。

（2）确保预警信号能够传递给所有市民，重点保护患敏感疾病人员和危重病人。

（3）进入中心城区按单双号限行，大部分公车停驶。

（4）排污量大的企业调整工作日与周末假日对调，停产或减量生产。

（5）暂停涉及土工的建筑施工。

（6）学校暂时停课。

（7）必要的公众活动应提供口罩。

（8）公共场所启动空气净化器。

（9）严重灰霾天气出动全部洒水车喷洒路面和地面，重要地段利用高层建筑人工向下喷洒造雨降尘。

（10）上述措施应在整个华北区域协调行动。

"热浪滚滚，高温不退"的应对与建议

阮水根　韩淑云　郑大玮

（北京减灾协会）

进入 7 月以来，我国大部相继出现较长时日的高温热浪天气，尤其是南方不少地方的最高气温和高温持续时间均打破了有气象资料以来的历史极值。今年的这一高温天气呈现出"范围广、日数多、持续时间长、强度大"的特点。为此，中国气象局于 7 月 30 日启动了今年首个高温最高级别的应急响应，即高温预警从黄色升为橙色。华北虽然高温天气不如江淮、西南、华南地区那样"热烈"，但北京地区在 7 月上旬连续 4 天出现 35℃以上高温天气，下旬亦出现了 3 天高温，其中一天的最高气温达到了 38.2℃，连日的高温让社会公众叫苦不迭。

造成近期我国南方持续高温天气的原因是今年雨带较早北移，使南方大部分时间都为副热带高压控制，副热带高压控制时间越长，高温持续就越久，高温强度也进一步增强。7 月下旬中副热带高压又进一步加强与西伸，同时西北地区东部的大陆高压与副高作用叠加，导致高温范围向北扩展，使华北出现大范围高温天气。

夏天高温尤其是入伏后的持续性高温天气危害极大，它不仅造成大地干裂、绿植发黄、农田干旱、农业减产甚至绝收；也会造成大范围缺水，河湖断流，人畜饮水困难，引发森林草原火灾；还易发生用电超负荷，中暑者猛增，直接危害人民生活和健康。

对于地处中低纬度的我国来说，夏季的高温热浪也是一种不可避免的自然灾害。高温来临，热浪侵袭，社会和公众完全能够有效地采取各种措施来减轻、减少这一灾害对我们的影响。应如何应对高温热浪呢？我们认为，对高温热浪灾害应从适应、减轻和积极应对多个角度出发。

1. 职能部门与政府层面高温防范措施。

（1）修订完善涉及高温热浪的应急总体预案，适时启动应对高温热浪应急预案，及时通过电台、电视台、报纸等媒体发布高温热浪警报；利用市内各类电子屏幕显示高温数据、警报和防暑注意事项；公共卫生部门本身及媒体可增加有关热浪知识的宣传教育，宣传如何防御热浪、避免因此而致病，特别是对易受热浪侵袭的危险人群加强宣传和服务工作；要求医院、社区服务做好应对高温热浪的充足准备；供电、供水部门保证热浪警报期间足够的电力和水源供应；提醒公众热浪来临应尽可能打开空调或到凉爽环境下避暑等，尽量减少因受热浪影响致病致死的人数。

（2）切实执行《应急预案》和《防暑降温措施管理办法》并明确，日最高气温达到 40℃以上，应当停止当日室外露天作业；日最高气温达到 37℃以上、40℃以下时，用人单位全天安排劳动者室外露天作业时间累计不得超过 6 小时，连续作业时间不得超过国家规定，且在气温最高时段 3 小时内不得安排室外露天作业；日最高气温达到 35℃以上、37℃以下时，用人单位应当采取换班轮休等方式，缩短劳动者连续作业时间和强度，并且不得安排室外露天作业劳动者加班；对于高温天气下必须安排的露天作业要采取严格的保护措施，采取轮换作业，提供充足清凉饮料和医疗救护等措施；鉴于今年夏季的天气气候特点和气象部门的预测，各个单位与社会公众要注意做好与高温天气打持久战的准备，同时注意防火防电，避免因用电量过高，电线、变压器等电力设备负载大而引发火灾。

（3）高温天气下，必要时对部分企业限电或停电以保证民用电供应。学校、企业、事业单位可调整上学、上班时间，延长高温时段的休息时间。社区医院与社区管理部门要掌握本辖区内高温敏感脆弱人群的名单，组织志愿者就近开展服务，提醒家属和监护人加强中暑的预防工作，提供解暑药物。力求在发生症状的初期及时救治，以减轻医院的负担。酷热天气可开放人口密集居民区的人防工程等可利用的地下空间和附近影剧院、体育场馆、礼堂等，供居民纳凉休息；提醒司机适当降低车速，增加间歇次数，轮胎充气不要过满，及时观测水箱和轮胎温度，防止发生自燃。车辆密集的重要道路增加洒水次数以降低地面温度。

2. 单位与社团层面高温防范措施

制定或修订、完善防御高温热浪天气应急预案，要将应对高温酷热天气及预防人员中暑作为近期安全工作的重点之一和当务之急。在必须外出工作和活动前应做好防晒准备，带遮阳伞、遮阳帽，尽量穿浅色透气性好的服装，还可随身携带一些仁丹、十滴水、藿香正气水等药品，注意及时补充水，以缓解高温或轻度中暑带来的不适；中暑通常伴有头晕、目眩、胸闷、恶心、呕吐、腹痛、发热等症状，严重的甚至晕倒，一旦发现作业人群中有中暑症状，应立即停止高温下活动，及时补充水分，并到阴凉通风处平躺休息，解开衣领，降低体温，严重的应及时到医院就医；必须在高温下进行户外作业的人群，要合理安排作息时间，尽量避开中午高温时间作业，工作场所要准备必要的清凉饮料和防暑药品，如感不适，应迅速结束劳动，转移到阴凉处休息；同时，还必须提醒公众，由于夏季昼长夜短，天气炎热，人们的睡眠不足，有条件的可以适当补充午睡，确保有更多的精力投入下午的工作。

3. 家庭与个人层面高温防范措施

要通过多种渠道，学习、熟悉和掌握防御与抗击高温热浪的基本知识与技能。室内要通风，白天尽量避免或减少户外活动，尤其是 10 至 16 时不要在烈日下外出运动，不宜在阳台、树下或露天睡觉，适当晚睡早起，中午宜午睡；在室外应戴草帽，穿浅色衣服，并且应备有饮用水和防暑药品，如感到头晕不舒服应立即停止劳动，到阴凉处休息；浑身大汗时，不宜立即用冷水洗澡，应先擦干汗水，稍事休息后再用温水洗澡；室内空调、电扇不要直接对着头部或身体的某一部位长时间吹；注意饮食卫生，不吃不卫生食品，不喝生水；老弱病人应定时做健康检查，如遇不适，及时就医，减少外出，如要外出，一定要有家人陪同，宜多静坐，戒躁戒怒，不要过分纳凉；婴幼儿避免衣被过厚，衣着以宽松、透气、短小为宜，不宜多吃冷饮，食物要新鲜煮透，天天洗澡，避免生痱子，出现消化不良，要及时就医，最好不要睡凉席；孕妇切忌大捂大盖，居室要通风换气，最好不要睡凉席，常洗澡勤换衣，衣着以宽大、透气为宜，不可贪吃过凉食物。

606

4. 长期措施

随着全球气候变化，未来高温天气还会增加，危害会加重。

（1）增加城市绿地和水体面积，改进建筑材料和结构的绝热性能，以减轻城市热岛效应。

（2）夏季到来之前储备充足的防暑药品，扩大生产清凉保健饮料。

（3）加大城市地下空间开发利用力度，炎热天气大量业务活动可在地下空间进行。

2013 年 8 月 1 日

对雾霾天气的分析与建议

阮水根　韩淑云　关正华

（北京减灾协会）

　　新年伊始，北京就陷入了"十面霾伏"的困境。1月1日到31日北京雾霾日数多达25天，仅有6天不是雾霾日，导致交通严重受阻，呼吸道感染患者骤增，公众的健康安全受到威胁。连续几场雾霾天气成为北京今冬媒体和公众最为关心的话题之一。如何控制和应对北京的雾霾天气，让全社会、市民在遭遇雾霾天气时尽可能减少伤害，是当前北京市防灾减灾和构筑北京安全屏障的紧迫工作之一。

　　雾是由大量悬浮在近地面空气中的微细水滴或冰晶组成的气溶胶系统，霾是由悬浮在空气中的大量微小尘粒、烟粒、盐粒、黑碳粒子、有机碳氢化合物等非水成物集合体组成的气溶胶系统。可见，雾和霾是两种不同的灾害，虽然能使能见度恶化和空气混浊，但它们的危害有差异。雾天由于湿度大，能见度更差，对交通阻塞和引发交通事故影响越发严重；而霾天的本质是细粒子的气溶胶污染，这些霾粒子极易被人体吸收，它所携带的污染物刺激支气管，加重哮喘、鼻炎等呼吸系统病症，同时霾粒子有携带细菌的能力及具有化学和生物特性，进而诱发致病。

　　雾霾天气形成既受气象条件的影响，也与大气污染物排放增加有关。近期雾霾天气偏多、偏重的原因主要有：一是我国冬季气溶胶背景浓度高，有利于催生雾霾形成；二是大气环流异常导致静稳天气多，易造成污染物在近地面层积聚，从而导致雾霾天气多发。研究和大量实例均表明，只要有冷空气活动雾霾天气就即时消散。

　　当前，媒体、各类论坛和学术讨论就应对雾霾天气提出了许多真知灼见。这里，我们针对北京地区的雾霾灾害的实际给出建议。

　　（1）以北京1993—2002年与2003—2012年两个十年平均的1月资料进行分析，1月平均风速从2.5米/秒降至2.3秒/米，平均雾霾天日数从2.1天升至4.4天，霾日从0.8天升至3.9天，而相对湿度从43.7%降至41.9%。显见，造成北京雾霾天气日趋严重的重要原因之一是由于北京城区的高层建筑多而密集，空气流动受阻，城市干热岛效应加剧。因此，我们必须科学调整和完善城市建设规划，城市化推进和工业区建设必须合理布局；新工程项目要放在盛行风的下方，污染排放项目不允许在京发展；城市的高层建筑应该节制，尤其不能密集成群建设；要保护和发展城市湿地、草场、森林与绿化带，使城市发展不成为削弱风力、强化大气稳定度、妨碍雾霾粒子扩散输送的"帮凶"。

　　（2）再将北京与上海的风场状况作一比较，虽然两市的地理位置不同，但从20世纪70年代开始至今近地层风速都呈下降趋势，上海平均每年下降0.031米/秒，而北京为0.014米/秒，下降幅度不到上海的一半。这表明大气扩散能力的削弱趋势北京比上海要缓和，但从雾害霾害的实质是异常稳定的大气、人为排放大量的细尘粒和一定量或丰富的水汽共同作用的综合结果看，污染物的排放对造成北京雾霾的频发和严重程度影响更大。因此，就北京控制、治理雾霾而言，必须采取更为严格的措施，重视监督、控制和减少局地烹饪源、汽车尾气和燃煤、燃油排放，重点控制工业和燃煤过程，更加关注柴油车排放和油品质量。加之，雾霾天气范围大，其控制、治理必须更加紧密地实施各省市间的联动、联控、联治的同步行动。

（3）客观全面地评估雾霾天气既是当务之急，也是正确应对这一灾害的基础和前提。而目前尚未开展专项综合性评估雾霾霾害的工作，现有的环境评价（如对工程项目及空气质量）仅对污染排放进行评估。而全面的评估应该包括对雾霾天气的形成、发展、消亡及其影响范围、时间、强度进行分析评估，同时对大气环境、城市中的排放物来源与灰霾粒子的构成、分布进行实时实地的跟踪评估，最后还应对城市的承载体、公众健康、交通等的危害进行影响与风险评估。为此，必须完善、强化评估体系、评估程序和评估方法，并由高一级的政府部门来牵头（如应急管理部门）实施，对涵盖上述诸多领域和影响到全市每个人的雾霾灾害进行综合性评估。

（4）除了上述几个方面如何控制、治理雾霾外，还有一个问题是，如果发生严重的雾害霾害，你如何科学应对？显然，其中关键的一点就是制定综合应对雾霾天气的专项应急预案。目前，还没有看到专门针对雾霾灾害的专项应急预案，尤其是综合、协调、一体化的预防备灾、监测预警、应急响应、联动救助等以及涉及各个领域（部门）的应对行动更为鲜见。因此，北京地区应及早着手参照应对有关灾害的工作经验，由应急管理部门牵头，气象、环保、交通、卫生、教育等部门联合开展雾霾天气影响研究，并在此基础上先做好顶层设计，使预案内容精细化、人性化和公众化，真正制定出操作性很强的综合应对雾霾灾害的部门联动专项应急预案，明确各部门应对措施，有效应对不利影响。

2013 年 2 月 18 日

用"安全北京论"保障北京世界城市的建设

金磊

（北京减灾协会）

1. 从北京"7·21"洪灾的科学反思教训入手

令世界震惊的北京"7·21"灾难，在 16 个小时中，暴雨横扫北京 1.68 万平方千米，受灾人口达 200 万人，生命线系统全面瘫痪，最让人无法接受的是截至 8 月初已有 79 名遇难者，创下新中国城市洪涝灾害城市死亡人数之最。尽管各方有北京迎战 61 年来最大暴雨的赞叹声，尽管报纸与电视上时常见到抢险救灾的美好身影，尽管雨夜里有奋力救援者的仁义、善良与勇敢，但痛定思痛，我们会发现在整个"7·21"事件的全过程中，不仅该昭示城市文明及生命本真的价值，更该反思北京"7·21"暴雨致灾的诸多深层含义。

反思一：北京"7·21"暴雨之灾有"61 年一遇"的种种说法，它本质上是告知社会这是一场自然灾难，我以为这有难解的迷思。首先自 1951 年至今，北京历史上有过几次相仿的特大暴雨天气，如 1963 年 8 月 8 日朝阳区来广营 464 毫米暴雨（死亡 27 人），1972 年 7 月 27 日怀柔八道河 479.2 毫米暴雨，问题是今天与 50 年前相比，城市化率大为提高，现代的高速摊大饼式的城市规划建设在给城市带来繁荣的同时，更为城市安全保障留下难以跨越的危机。对于"水安全"的属性问题，2010 年的"世界减灾日"上联合国秘书长潘基文曾指出，在当代社会已难再找到纯粹的致社会之灾的自然灾害了，全球尤其是大城市要格外关注自然诱因造成的灾难扩大化问题。因此，对"7·21"暴雨之灾的"61 年一遇"自然灾难说，最有说服力的说法应是，北京的不堪一击缘于自然之灾，而其脆弱的应对能力表现与突发事件的无序化是综合减灾应急管理缺失造成的。

反思二：纵观北京"7·21"事件的诸多细节，自然会质疑，暴雨之灾究竟考验了怎样的北京精神，仅"包容"一词虽然在常态下彰显着公正和正义，但面对突发事件，面对北京跻身世界城市的远景目标，能让世界及国民看到的已不再是一个欠宜居的城市，更是一个安全承载率已到极限，本质上在危险膨胀、城市化发展质量不高、缺少安全保障的城市。当下京城忙碌于建设世界城市的一系列壮举中，一方面加速 CBD 建设，另一方面在做金融街扩容，仅仅是一场历史性大暴雨已让北京市民找不到最基本的生存底线，渴望雨水的北京，竟然在暴雨下"窒息"，它怎能不让我们发问这还是不是我们的家园，北京还是不是城市！如果说，"7·21"暴雨之灾考验北京应对大灾的能力，那我更想客观的陈述：它确考验出北京自 2003 年"非典"至今不断建立的、但本质上仍薄弱的城市应急体系；它确考验出北京在遭遇突发事件下管理无序、极度脆弱、再现"非典"当年场景一般的状况；它确考验出如此超大规模城市在规划建设上"求速欠安"的战略错误及管理缺失；它确考验出城市综合减灾应急管理欠协调整合能力的事实；它确考验出全市范围内安全文化自觉意识不到位，常态下种种安全文化教育走过场，安全社区建设走形式留下的种种弊端。

2. 北京城乡事故灾难风险源的透视

人口、资源、环境、安全是当今世界面临的四大挑战，北京既是世界上灾害最严重的大都市之一，也是在综合减灾管理及认知上有缺陷的国际化大都市，世界城市的目标考验并衡量着北京防灾减灾的水准。北京的灾情用历史统计学的视角看：以死亡人数和财产损失的相对值计，近2000年中大灾有217年，中小灾有550年，分别占11%和27.5%，其中既有自然灾害，也有带一定人为因素的城市灾害，具有多源性、连续性、潜在性和突发性等。北京有着3000多年建城史和800多年建都史，自然灾害种类齐全，随着首都城市化发展各类灾难及重大事故隐患呈增长趋势。当今衡量国家与地区，考量城市社会进步与发展的标志，已不再是单纯的GDP增幅，必须融入安全减灾的能力建设。

经过北京减灾协会近十几年的调研分析，可归纳北京高速城市化发展的新灾害源特点：①城市化发展对城市水文的影响，在提高地面经济指数时，加剧了城市沥涝灾害；②城市极端天气加剧，大风狭管效应加强，风灾加大；③城市热岛效应伴随城市化环境污染，降低了城市生态安全度；④城市化使地质灾害上升，地面沉降等慢性灾害频发；⑤城市生命线系统事故率上升，暴露了城市地下管网建设的先天不足，同时地下管网的高事故率对地下空间的安全也造成威胁；⑥地上地下交通事故持续，使城市安全运行困境重重，巨大的交通运力问责下，城市人口仍然无序猛增；⑦城市工业化事故拷问的不仅仅是安全生产问题，同时也拷问安全生活；⑧安全减灾的指向从单纯自然灾害转向关注人为灾害，关注城市如何应对复合型巨灾等极端综合减灾问题，也就是不仅要关注传统安全，更要研究非传统安全。

据此北京灾害背景总体可概括为：①北京地处我国暖温带半湿润半干旱季风气候带，有较重的旱、涝、风、雪、雾、雷等气候灾害；②北京地处华北地震带北翼，受河北、山西地震带"静中总动"危险之包围，历史上属中国6大古都唯一多震的国都，近3800年的统计北京处在6大地震带包围之中，发生过5级以上的地震80次，其中7级以上大震6次，早在1994年全国地震减灾会议已将北京列为全国60个处于6级8度地震威胁的城市之首；③北京城市灾害种类随城市的发展而变迁，1949年前已用"旱涝蝗震疫"概括，它基本上反映出一个农业国的旧城市特征。

通过对北京城市综合应急管理现状及未来学研究，可把北京现在的"主要突发公共事件"归纳为四大类13分类：①自然灾害（水旱、地震、地质、气象灾害及森林火灾）；②事故灾害（安全事故、环境污染和生态破坏事故）；③公共卫生事件（重大传染病疫情、重大动植物疫情、食品安全和职业危害）；④社会安全事件（重大群体事件、重大刑事案件、涉外突发事件）。

"十二五"期间即2020年前对北京城市安全构成较大威胁的灾害与突发事件主要包括以下类型：

（1）首都地区及周边发生6级地震可能性较大；

（2）城市气象巨灾会频发，如城市暴雨沥涝灾害、雷电灾害、城市大气公害等；

（3）以各种能源缺口为中心的能源供给短缺、能源网络的事故控制风险加剧；

（4）巨大的城市道路交通流，使城市交通隐患加大，重点是道路、轨道、地铁安全等；

（5）火灾及爆炸的危险性，除企业危化品外，超高层建筑与地下空间安危加剧，尤其是数以千计的有 20 年楼龄的 12 层以上的普通居民楼的消防隐患；

（6）信息安全、高技术犯罪及社会恐怖事件的无国界性及增长势头；

（7）由一种灾害诱发多种灾害的复杂链式反应等。

据此，可归纳现阶段北京城市公共安全威胁还主要呈现六大特点：

（1）灾害种类形态有多样性、集中性，时间上呈多频次，空间上呈多领域；

（2）多种传统的和非传统的、自然的和社会的风险、矛盾交织并存，并且成为现代城市公共安全的重要威胁；

（3）灾害的发展更体现复杂性、连锁性及危机的放大性，突发事件对城市的威胁不仅在于灾害引发后果的严重性，还在于事故潜在的长时间的破坏力；

（4）公共安全事件国际化程度加大，防控难度增大，造成的损失难以评估，对防灾减灾救援等专门队伍及管理提出更高要求；

（5）世界城市的高端需求所反映并暴露出的危机事件的跨界影响力，使北京城市应急建设面临长期考验及多方面的超常规性；

（6）城市在综合救援能力的可靠保障上尚有差距，占 60％的城市生命线系统存在不同程度的"事故率"，影响救援全面可靠性的提高。

3．"安全北京论"的理论体系建构

对于国家乃至大城市安全的重要度，2010 年 6 月 7 日中国科学院、中国工程院院士"两会"上，胡锦涛主席特别就当前重点应推进的科技发展工作提出了八点意见，内容广泛涉及安全可持续、安全农业、生物安全、食品安全等关键词，其中第八点尤其适用于北京建设世界城市的宏观战略的制定，即"大力发展国家安全和公共安全科学技术，提高对传统和非传统国家安全和公共安全的监测、预警、应对、管理能力"。北京减灾协会专家于 2003 年 10 月针对 2008 年北京奥运会推出了《安全奥运论》（清华大学出版社 2003 年 10 月出版），该书提出了北京未来十大灾害源，并大胆预测了 2008 年北京最大极端条件灾害风险。该书强调了研究城市综合减灾观建设策略，不仅为 2008 年北京安全奥运会，更为 2009 年 60 周年国庆及北京的可持续发展战略研究提供了有效方法及管理思辨。

"十二五"期间是北京步入"世界城市"高端目标的起始点，北京市综合应急管理建设的总体思路是：要把世界城市建设同综合减灾工作一起抓，努力推进北京市作为世界城市的综合应急各项能力建设。健全和完善现代化城市综合防灾减灾体系，全面提高城市整体防灾抗毁和救援保障能力，特别是巨灾应对能力。建设"安全北京"，为"人文北京、科技北京、绿色北京"建设提供安全保障。在北京综合防灾减灾能力和世界城市建设发展同上一个新台阶的基础上，按步骤分阶段强化世界城市目标下的安全应急建设。面对事故灾难不断增长、自然灾害防范能力不足、公共卫生事件频繁出现、社会危机事件不少的客观性，北京全球化视野的"世界城市"安全标准应充分考虑城市民生的安全利益、安全权利及安全制度的实际。具体表现在安全北京的建设上，从理念上讲：

（1）安全北京应是一个全面且本质安全的城市，其自然灾害、人为灾害、公共卫生事件、社会事件四大类危机事件时刻处于顶层设计安全状态的监控之中；

（2）安全北京应是一个有综合应急管理能力的城市，要有以综合减灾立法为前提保障的综合应急管理及处置能力，在这方面要有与中央政府相协调的、区别于一般直辖市的特殊的"属地管理"的职能；

（3）安全北京对各类灾变应有综合"跨界"的控制力、指挥力、决策力，具有国内外灾害防御及协调救援的快速反应能力及认知水平；

（4）安全北京要求自身具备一流的生命线系统及高可靠指挥体系，不仅保障系统安全可靠还应快速自修复，还要有较充分的备灾容量以及快速疏导拓展能力；

（5）安全北京要求市民的国际化水准，不仅市民要具备安全文化养成化教育的素质与技能，同时要求至少城市人口有60%以上接受过防灾教育且有达到世界卫生组织要求的安全社区标准的必要数量；

（6）安全北京要具备极强的应对巨灾的抗毁能力，面对各类巨灾要能保障60%以上的市民安全且有能力参加自救互救，使城市重要设施能良好运行，尤其要在应对巨灾时处于良好的稳定应变的状态；

（7）安全北京要使政府及公务员成为安全应急监管的"先行者"，即北京公共安全建设无论在理论与实践上，文化与演练上，工程与非工程策略上都要成为全国的榜样；

（8）安全北京更要具备世界城市之观念，要具备跨国减灾的能力，要具备融入国际社会并确立新的灾害区划及"警戒线"的保障能力等。

建设"安全北京"的相应安全目标中，北京市应对突发事件及巨灾的综合能力上更应明显提高，这种提高即要研究城市经济快速发展的安全瓶颈；要研究何为适宜世界城市的经济安全增长方式；何为有效的文化与教育上的安全模式；与公众居住适宜的安全住行关系与规划设计理念等。基于此北京世界城市的应急管理建设新任务：①世界城市及首都圈、大北京的发展目标都带来无法阻挡的人口膨胀，这是"十二五"规划中必须权衡的安全承载力问题，是人口无限增加，还是控制性发展，已成为北京"世界城市"应急建设的重度思考，它不仅要重新加倍考虑能源，还有应急储备；②应急的综合化，由于综合灾情、综合管理、综合优化、综合处置及综合评价，使原本的应急任务无法胜任，面临新调整；③世界城市的安全水准取决于应急反应的标准化，北京市迄今没有从全市层面入手的标准化体系，这专指城市各类工程应急减灾工程从设计、施工的应急建设标准等；④应急预案要精细化，如果说自"十五""十一五"编制发布应急预案对城市应急起到了作用，但从实用、适用、可操作性等层面入手，北京城市管理的应急预案要在体系化调整的同时，用精细化的水准逐一重审；⑤应急联动机制的效率化，在应急管理中，实施应急救援第一位的是各职能部门，执行机构的相互联动，确保无障碍运行的高效率；⑥应急参与的公众化，北京要在大力发展应急志愿者队伍时，支持并利用非政府组织的救援力量，形成除社区外的公众化的应急社会力量；⑦应急信息传播的透明化，这不仅指各种媒体在应急活动中的作用，还包括如何辟谣、稳定并疏导公众恐怖心理等方面。

气象灾害预警简析及其若干建议

阮水根　韩淑云

（北京减灾协会）

随着气候变暖和城市化进程的加快，自然灾害频发，巨灾日益增多，对大城市的危害越来越大。巨灾与灾害链的发生已经成为制约一个城市、一个区域乃至整个国家当前和未来发展的重大障碍。日本 2011 年的"3·11"大地震、海啸和核灾难就是一个明证。进入 21 世纪后，北京市每年都遭遇暴雨洪涝、冰雪、雾霾等灾害，2004 年 7 月 10 日、2011 年 6 月 23 日和 2012 年 7 月 21 日等几次暴雨灾害和 2013 年 1 月连续 25 天的雾霾，给全社会留下了极其深刻的印象。虽然近几年北京市在防灾减灾、灾害灾难应对处置和应急管理等工作中取得了十分显著的进展和明显的社会经济效益，同时也已投入大量的科研资金，对灾害理论和灾害防御等领域进行了不少的研究，取得了一批科研成果，但是与全社会的需求及特大城市防御巨灾的要求相比，确实仍存在不少差距。以防灾减灾和预警体系为例，当前尚存在如下主要问题：一是灾害预警的针对性、时效性、覆盖率有待进一步提高；二是灾害预警信息的联动响应与运行机制有待进一步完善；三是灾害预警系统的现代化建设有待进一步加强。

这些问题与差距对气象领域也不例外，特别是结合灾害性天气的预警工作，更有必要对气象灾害预警的新需求进行深入的调研与分析。首先，城镇化伴随着城市的数字化、智能化和信息化的发展，导致城市生命线系统的扩张与复杂化，使这些系统的运行更为脆弱，对气象灾害越来越敏感，使其要求气象灾害监测预警业务前移，并变传统的天气预报为常态化值守的灾害预警和应急服务；其次，全球气候变暖使原生的气象灾害频发，灾害强度变强，更易诱发危害严重的巨灾或灾害链，也使气象灾害和其他灾害间的监测预警工作更为紧密地联系起来，对气象灾害预警信息的需求也更为迫切；再者，经济的快速发展，城乡生活水平和质量的不断提升，使社会公众对社区防灾减灾越来越重视，需要更准确、更及时、更周到的气象灾害预报预警，要求气象灾害预警时空尺度细化，预警分区分时，空间分辨率缩小到乡镇乃至街道村庄，预警时效尽力延长提前量。同时，社会公众对气象灾害预警的个性化需求也越发重视，既需要面向全社会的气象灾害预警，还需要量身定制的气象灾害预警；既需要通俗易懂、清晰好记的预警文字信息，还需要简单明了、附图示、有区域特色、生动感人的专业化信息；既需要普遍意义的防灾减灾措施，还需要人性化、可操作、有实效的自救、互救建议。

综合上述分析，可以说加快改进和完善包括气象灾害在内的灾害预警业务是必要的，也是十分紧迫的。气象灾害是自然灾害中的一种原生灾害，气象灾害与各灾种在灾害发生发展和相互影响关系上都是密不可分的。做好气象灾害预警及其信号的发布可以使灾害链上的原生气象灾害预警真正起到对各灾种的灾前的"发令枪"和临灾的"消息树"作用。为此，我们针对影响气象灾害预警效用的信息制作、发布、传输、响应四个关节点，提出如下相关建议。

（1）从预警信息制作角度看，制约各灾种预警效用发挥的是能否有效、清晰监测致灾因子、灾害发生和危害情景，能否做出准确及时的灾害预报预警。基于这一点，在各灾种业务、研究部门做好常规意义中各自灾害的监测和预报预警方法、手段的开发工作的同时，我们认为由于目前的各灾种的监测系统密度不高、设备不精，尤其是次生灾害的探测网较为薄弱，严重影响预报预警水平的提高；还由于气象灾害链上原生、次生灾害又是上中下游关系，在影响链上是融合叠加的关系，相互影响着各灾种预警质量的提升。因此，我们建议：一是必须加快发展和完善各灾种的监测系统，采集更密更丰富的致灾因子资料、灾情信息和实时受灾情景；二是强化上下游灾害业务与研究单位之间取长补短、联合攻关，在预报预警方法、工具方面进行合作和协同研究，更快地提高灾害预警水平与能力；三是加强不同部门间的联动，在致灾、成灾临界气象条件的预报预警业务上，创新其运行机制，集中力量寻求突破。

（2）从预警信息发布角度看，制约各灾种预警效用发挥的是能否减少发布环节、优化发布资源、集成与采用高科技手段及时发布预警信息。2014年我们做的调研和相关部门的问卷调查显示：就暴雨预警信息发布而言，在收到预警信息又采取应对行动的人群中看到听到黄色预警并响应的比例不到六成，看到听到橙色预警响应的比例接近八成，看到听到红色预警响应的比例超过九成，四级预警平均响应比例不足2/3。为此，我们建议：首先，应科学、正确、合理发布各类灾害预警信息，使预警信息的效用最大化；同时，可在正展开试运行的市气象局预警中心"国家突发公共事件预警信息发布管理平台"项目（以下简称"国突平台"）以及正在加快实现"国突平台"与各灾种预警如洪水、森林火险、地质灾害、空气重污染等对接的基础上，扩大预警中心职责，扩充该平台功能，在市预警中心建设全市各灾种管理及业务部门必须实时输入提交的集各类灾害各种信息与资料于一体的共有、公用的云计算海量数据库，并建立配套、有序、透明、统一的信息与资料应用规范，必要时甚至可采用立法形式，以求彻底解决长期未能实现的资料共享难题。

（3）从预警信息传输角度看，灾害预警信息传输既涉及传输技术，又涉及传输渠道，还涉及传输末端的接收方式。上述暴雨预警调研数据表明，有59%的被调查人认可预警信号发布传输是及时或非常及时，有41%的人认为不及时或不确定及时与否；另外经历"7·21"特大暴雨灾害后，由于防灾减灾意识的提高和通信技术、手段增多优化，使接收预警信息比例有了变化，今年9月初暴雨接收预警信息人数比例为71%，比"7·21"暴雨预警接收比例高出25%。这些调研数据启示，上面提到的有关信息传输三个因素的综合，能够直接影响公众认可的发布时效、公众接收响应的多寡，并最终影响预警信息的覆盖率及其效用的发挥。因此，我们建议：预警信息的传输必须实现多元化、全覆盖，把灾害预警传出去、接收好，彻底解决预警信号的"最后一公里"问题。对城区和郊县应改变只依赖电视与电台的现状，要开拓利用新媒体如网络、手机软件等方式；对农村山区除提升并充分利用先进的传输途径外，还应利用一切行之有效的手段，甚至是传统的乡村广播、大喇叭、敲锣、人传人等办法，以期实现预警信息覆盖率达到100%的目标。

（4）从预警信息响应角度看，影响预警效用的一个很重要因素是灾害预警信息发布传输后，社会公众的反应及能否采取相应的措施。上述暴雨预警调研数据还显示，有40%的人群不了解经常在电视电台看到听到的这类气象预警，仅有六成人了解（不要说其他灾种的预警了）；而在收到预警信息又采取应对行动的人群中，其四级预警平均响应比例只达 66%，如果再考虑今年调查的接收预警信息的比例，那么整个人群的实际响应比例仅有 44.9%。可见，民众的风险防范意识淡薄，预警信息响应非常不利。如果"7·21"的 400 多毫米的特大暴雨不降在房山而落在城区，按这样的响应状况，其危害不堪设想。至此，我们建议：一是切切实实加强包括气象灾害预警在内的灾害预警科普宣传，加大灾害预警科普宣传的投入；二是采取可动用的各种方法，深入乡村社区，覆盖到每个家庭每个人，把灾害预警科普宣传落到实处；三是今后的应急预案特别是基层社区、乡村的预案修订完善，一定要结合最基层的实情，有特色地细化具体化，将气象灾害预警及其防范措施纳入进去，做好科普宣传，使预警真正成为临灾中避灾自救互救的指南和行动手册。

2014 年 12 月 19 日

做好当前抗旱工作的建议

郑大玮

（北京减灾协会，中国农业大学教授）

今年以来本市长期受西北气流控制，降水偏少，已形成冬春和初夏连旱趋势。虽然小麦获得较好收成，但不少地区春播严重缺墒，山区尤其困难，至今仍有不少地块在等雨播种。历史经验表明，春夏连旱是对本市农业生产威胁最大的干旱类型，农谚有"前旱不算旱，后旱减一半"之说。昨夜虽然普降小到中雨，但北部山区雨量明显偏少，平原地区大部超过10毫米，但也不足以解除旱情。目前，南方暖湿空气仍比常年偏南，本市干旱仍将延续一段时期，抗旱播种和保苗已到关键时期，为此提出以下建议。

（1）山区旱地离水源较近，已于5月初乘雨强播的作物，要加强中耕保墒；尚未播种的近村地要挖掘水源抢时播种。

（2）浅山区等雨播种的地块，由于农时已晚，原有品种大多不能在秋霜冻前成熟，目前只能抢种早熟品种玉米，如延至6月下旬降透雨，则只能种特早熟品种玉米和早熟品种谷子。深山区到6月下旬只能播种特早熟品种谷子或绿豆、荞麦等。上述救灾作物种子现在就应设法筹集，一旦需要能立即调运到受灾地区。

（3）平原地区夏收在即，渠灌或管灌麦田小麦收获前最好给夏玉米播种浇一次底墒水，麦收后立即免耕铁茬播种，收一块种一块，缩短农耗时间以减少跑墒。有喷灌条件的也可播后再浇。

（4）虽然近年本市在解决山区人畜饮水困难方面已取得很大成绩，但在初夏高温天气干旱迅速发展时，往往会出现新的饮水困难村或原有饮用水源枯竭，目前应密切注视旱情的发展，并为开展应急输水做好准备。

（5）山区要做好旱涝急转的防范工作，及时检修各项中小水利工程，以消除隐患和准备雨季蓄水。泥石流险区的山区农村要加强灾害预警和防范。